JN234590

統計的因果推論
モデル・推論・推測

Judea Pearl [著]

黒木 学 [訳]

Causality:
Models, Reasoning, and Inference

共立出版

Causality: Models, Reasoning, and Inference by Judea Pearl
Published by Cambridge University Press, 2000.
© Judea Pearl, 2000. All rights reserved.

訳者まえがき

　本書は，2000 年に刊行された Judea Pearl 教授の著書 *Causality: Models, Reasoning, and Inference* (Cambridge University Press) の日本語訳である．Pearl 教授は UCLA コンピュータサイエンス学科の教授であり，「人工知能分野の巨人のひとり」(Richard Korf, UCLA 教授) として数えられている研究者である．この表現が誇張されたものではないことは, Benjamin Franklin Medal や Lakatos Award をはじめとして，国際的な学術賞を数多く受賞していることから容易にわかるであろう．Pearl 教授は，ベイジアン・ネットワークを開発し，人工知能の分野に確率論的アプローチを導入したパイオニアの一人であり，グラフィカル・モデルと因果推論を体系的に結びつけることによって，因果関係の数理的取り扱いを可能にした代表的な研究者でもある．その研究成果は，人工知能という枠をはるかに超えて，工学・医学・哲学・経済学・政治学にまで影響を与えており，科学技術の発展に大きく貢献していることはいうまでもない．

　さて，近年，国内外において因果推論に関する書籍が数多く出版され，大量データを用いた因果推論技術の研究も急速に行われる一方で，統計科学と因果推論の境界線をあいまいにしたまま議論している文献も多い．これに対して，原著は，因果推論の背後にある哲学的考え方を踏まえながら，グラフィカル・モデルや反事実モデルといった数理解析法を用いて因果関係の解明に迫るという独創的なアイデアに基づいて執筆されており，統計科学と因果推論の類似点や相違点も詳しく記述されている．このように，哲学的側面と数理的側面の両面から因果推論を詳しく解説した教科書は，原著以外にはない．

　原著では，広範囲にわたる因果推論問題が扱われているため，訳語についてはかなり苦労した．また，原著がわかりにくいという読者がいることを考慮し，翻訳する際，訳語や文体の統一に努める一方で，平易で簡潔な訳文を心がけた．それゆえに，意訳せざるをえなかった部分や英語のままのほうが適切と判断した部分が多々ある．これらのことが大過ないことを願っているが，不適切に翻訳されている部分があるとすれば，それは訳者の語彙力・英語力のなさによるものである．いうまでもなく，本書に関するすべての責任は翻訳者にあり，読者諸賢のご意見・ご叱正をいただければ幸いである．ただし，翻訳者として，*Causality: Models, Reasoning, and Inference* は原著で読むべき教科書であることを強調しておきたい．本書を読んで因果推論に興味をもった読者はぜひとも原著に目を通してほしい．Pearl 教授の深い洞察力，幅広い知識そして独創性に基づいた理論展開，そしてユーモアあふれる記述に感動するはずである．

　翻訳にあたってご協力いただいた多くの方々に，この場をお借りしてお礼を申し上げたい．まず，UCLA の Judea Pearl 教授にお礼を申し上げたい．翻訳者は，2005 年 10 月から 2006 年 4 月までの間，UCLA コンピュータサイエンス学科認知システム研究室に在外研究員として在籍さ

せていただいた．本書の企画は，その在外研究を終えて帰国する直前の会食会で Pearl 教授から原著の翻訳をもち掛けられたことから始まっている．よく知られているように，Pearl 教授は，世界の因果推論研究を先導する研究者の一人としてだけでなく Daniel Pearl Foundation（多くのメディアで取り上げられ，映画化もされている）の設立者として，人間の理解を超えるほど多忙な生活を送っている．それにもかかわらず，在外研究期間中，いく度となく翻訳者と議論するために貴重な時間を割いていただいた．その議論の際にいただいたコメントは非常に有益なものばかりであり，それらは翻訳者の現在の研究につながっている．また，在外研究期間中，Pearl 教授のユーモアを交えた独特の講義方法や人間味溢れる議論スタイル，そして人間の常識では考えられないほどの研究に対する集中力を直接肌で感じることができた．このことは，翻訳者の研究生活においてよい刺激となっただけでなく，何事にも変えがたいほど大きな財産にもなっている．帰国後も，Pearl 教授には，原著の内容について何度もメールで問い合わせ，その都度丁寧かつ迅速にご教示いただいた．また，翻訳書の構成・内容について，さまざまなコメントをいただいた．そのコメントのいくつかは追記という形で掲載してある．そのうえ，日本語版に心のこもったメッセージをいただいた．

また，翻訳を始めた当時は京都大学の特別研究員であり，現在は（株）日本イーライリリーに勤務している蔡 志紅博士にも感謝の意を表したい．蔡博士には翻訳原稿すべてに目を通していただき，全編を通して非常に細やかで有益なコメントをいただいた．本書は諸事情により共訳とはなっていないが，蔡博士は事実上の共訳者であるといってよい．また，大庭幸治氏，嘉田晃子氏，小森哲志氏，佐藤万里子氏，佐藤 龍氏，深瀬健二郎氏，吉村健一氏，米本直裕氏には医学統計実務家・読者・研究者という立場から有益なコメントを数多くいただいた．彼らとの議論によって，医学や哲学における因果推論問題に対する理解を深めることができただけでなく，翻訳書の記述がかなり洗練された．洗練されていない文章があるとすれば，それは彼らのコメントを見落とした翻訳者の責任である．

さらに，翻訳者が因果推論の研究を行うにあたり，日本の統計的因果推論研究を牽引する二人の研究者，東京工業大学の宮川雅巳教授と京都大学の佐藤俊哉教授にもお礼を申し上げたい．国内ではグラフィカルモデリングの第一人者であり，大学院時代の指導教官であった宮川教授から修士論文課題として Judea Pearl (1995). "Causal Diagrams for Empirical Research," *Biometrika*, **82**, pp.669–710 を紹介していただいたことが，この分野の研究をはじめるきっかけとなった．また，日本の計量生物学界を牽引する医療統計学者の一人であり，Kyoto Biostatistics Seminar (KBS) の主催者である佐藤教授には，セミナーを通して，翻訳者が統計的因果推論の研究を進めるにあたって数多くのコメントをいただいた．

共立出版の信沢孝一氏には，翻訳にあたって叱咤激励していただいたうえに，翻訳書にかかる契約から出版に至るまで，数多くの相談にのっていただいた．

最後に，翻訳書の完成に 2 年の歳月がかかってしまい，出版が予定よりも大幅に遅れてしまった．翻訳者の怠慢により関係各者にご迷惑をおかけしたことを心からお詫び申しあげたい．

2008 年 10 月

黒　木　　学

まえがき

　物理学，行動科学，社会科学，生物学をはじめとする多くの研究分野では，変数間あるいは事象間の因果関係を明らかにすることが主な研究目的となっている．しかし，データから，場合によっては理論からでさえ，因果関係を適切に引き出す方法論について，激しい議論が繰り広げられてきた．

　因果推論には，次のような2つの基本問題がある．
(1) 因果関係を適切に推測するために必要となる経験的証拠は何か？
(2) 興味ある現象について因果的情報が得られた場合，その情報から何がどのように推測できるのか？

因果的主張を明確に表現する意味論が存在しないこと，そして因果関係に関する問題を記述し，その答えを導くための有効な数学的ツールがなかったことにより，現在に至るまでこういった問題に対して満足のいく答えを得ることができなかった．

　この10年の間にグラフィカル・モデルが発展したことによって，因果推論は謎に包まれた概念から明確に定義された意味論と論理をもつ数学的対象へと大きな変化を遂げた．因果関係に関するパラドックスや論争が解決され，扱いにくい概念が記述できるようになった．そして，今まで因果的情報は形而上学的あるいは扱いにくいものと思われてきたが，現在では，初等的な数学を使って，この情報に関する実際的な問題を解決できるようになった．いうならば，因果関係を数学的に扱うことができるようになったのである．

　本書では，統計科学，人工知能，哲学，認知科学，健康科学，社会科学といった分野の読者を対象に，この因果推論の変遷を体系的に解説する．本書では，因果推論の概念的でかつ数学的な発展について述べた後，データに基づく潜在的因果関係の解明，知識とデータを統合した因果関係の導出，行動や政策の効果の予測，観察事象やシナリオに対する説明の評価，そしてもっと一般に，因果的主張を立証するために必要となる仮定の識別および解明，といった問題を解決するための実用的方法論に重点をおく．

　10年前，*Probabilistic Reasoning in Intelligent Systems* (1988) を執筆していたころ，著者は経験主義という伝統の中で研究を行っていた．この伝統では，確率関係が人間知識の基礎を構成しているのに対して，因果関係は確率関係の複雑なパターンを簡潔にし，整理するのに有用な方法を与えているにすぎない．しかし，現在では，著者はこれとは異なった考えをもっている．つまり，因果関係は物理的な現実とその現実についての人間の理解の両方を構成する基本的要素であり，確率関係は世界についての我々の理解の基礎をなしており，かつその理解を前進させる因果メカニズムの表層的な現象とみなす．これが，現段階における著者の立場である．

そのため，因果関係に関する考察については直観と適切な判断に任せることにして，確率的または統計的な推測にのみ数学的ツールを用いるという一般的な慣習は，科学の進歩を大きく妨げていると著者は考える．そこで，本書では，確率関係と同じように因果関係を扱う数学的ツールを与えることを試みる．その前提条件は，驚くほど簡単で，その結果は，あきれるくらい単純である．読者が確率論に関する基本的知識をもち，かつグラフに親しんでいるのであれば，思考するだけでは解けないような複雑な因果的問題を解決することができる．確率計算を拡張するだけで，読者は次のような問題を数学的に扱うことができる．介入はどのような影響を与えるのか，交絡を調整するのにどのような尺度が適切なのか，因果道にある観測量をどうやって利用したらよいのか，ある測定量の集合をもう一つの集合へどうやって交換したらよいのか，そしてある事象がもう一つの事象の実際の原因であった確率をどうやって推定したらよいのか．

本書では，論理学や確率論に関する専門知識について何も必要としない．しかし，これらの学問における一般的な知識があれば，理解の助けになると思われる．そこで，第1章では，グラフィカル・モデルと因果ダイアグラムに関するここ10年の発展について概説するとともに，本書を理解するのに必要な確率論とグラフ記号に関する基本的な背景をまとめている．また，基本的な理論的フレームワークを与えて主な問題点を提起し，どの章でこれらの問題に答えるのかを示す．

第2章以降では，序論を与えて読者に方向性を示し，簡単に飛ばし読みができるようにしている．これは，数学的な最新の話題や特定分野への応用，そして，主に専門家が興味の対象としている研究分野を避けるための回り道を示すものである．

本書は，UCLA に所属している著者の研究チームが挑戦してきた問題を年代順に紹介し，これらの研究に対する我々の興奮を読者の前に再現する形で構成してある．入門（第1章）に続いて，実データから因果関係を発見するという問題にどのように取り組んだらよいのか，発見された因果関係の妥当性がどのように保証されるのかという最も難しい問題から議論を始める（第2章）．その後，識別問題，すなわち，因果関係から生じる断片的な知識とデータの組み合わせから行動や政策の直接効果や間接効果を予測する問題へと進める（第3章と第4章）．これらの研究成果の社会科学や健康科学における位置づけについてはそれぞれ第5章と第6章で議論し，そこで構造方程式と交絡の概念を考察する．第7章では，反事実と構造モデルに関する形式的理論を紹介したうえで，続いて哲学，統計学，経済学において関連するアプローチを議論し，これらを統一する．第8章から第10章では，反事実解析の応用について議論する．そこでは，因果効果の存在範囲を求める方法論を与え，不完全実験や法的責任，必要性や十分性の確率，そして単一事象原因への応用について解説する．本書の締めくくりとして，著者が UCLA で行った一般講演を収録している（エピローグ）．これは，因果関係の歴史的側面と概念的側面についての入門的な解説となるであろう．

因果推論の非数学的な側面について興味のある読者は，エピローグから読み始め，それ以外の章については歴史的な部分や概念的な部分，すなわち，1.1.1項，3.3.3項，4.5.3項，5.1節，5.4.1項，6.1節，7.2節，7.4節，7.5節，8.3節，9.1節，9.3節，10.1節と読み進めていくとよい．数学的な側面や計算ツールを追求したいと考えている読者は，7.1節から読み始め，そして1.2節，第3章，4.2～4.4節，5.2～5.3節，6.2～6.3節，7.3節，第8～10章の順で，ツール構築に関する項目を読み進めていくとよいであろう．

この研究に協力してくれた多くの人々に感謝の意を表したい．まず，UCLA の認知システム研究室のメンバーである，Alex Balke, Blai Bonet, David Chickering, Adnan Darwiche, Rina Dechter, David Galles, Hector Geffner, Dan Geiger, Moisés Goldszmidt, Jin Kim, Jin Tian, Thomas Verma に感謝したい．本書の核となる多くの部分は，彼らの研究とアイデアによって作り上げられたものである．Tom と Dan は因果グラフにおいて最も基本となる定理のいくつかを証明した．Hector, Adnan, Moisés は，著者に行動と変化について最も論理的なアプローチを理解させる役割を果たしてくれた．Alex と David からは反事実がその名前が示す意味よりも簡単なものであることを教わった．

著者が統計学，経済学，疫学，哲学，社会科学といった平穏に保たれていた研究領域での開拓を始めたとき，学術的同僚と職業的同僚から惜しみない時間とアイデアを提供していただいた．Phil Dawid, Steffen Lauritzen, Don Rubin, Art Dempster, David Freedman, David Cox は著者にとって統計学分野での良き助言者であり，聞き手でもあった．また，経済学の分野では，John Aldrich, Kevin Hoover, James Heckman, Ed Leamer, Herbert Simon と多くの議論を行ったが，このことは著者にとって有益なものであった．疫学に対する著者の取り組みは Sander Greenland および James Robins との非常に幸運で生産的な共同研究に結びついた．James Woodward, Nancy Cartwright, Brian Skyrms, Clark Glymour, Peter Spirtes との哲学的な議論により，哲学の分野内外における因果推論に対する著者の考え方が精錬された．さらに，人工知能の分野においては，Nils Nilsson, Ray Reiter, Don Michie, Joe Halpern, David Heckerman と議論を行うとともに，彼らから激励を受けた．このことは著者にとって有益なものであった．

The National Science Foundation には，これらの研究成果を得るために，一貫して誠実な支援を受けた．それは感謝に値するものであるが，そのなかでも，H. Moraff, Y.T. Chien, Larry Reeker には特別に感謝の意を表したい．これ以外にも，the Air Force Office of Scientific Research の Abraham Waksman, the Office and Naval Research の Michael Shneier, the California MICRO Program, Northrop Corporation, Rockwell International, Hewlett-Packard, Microsoft からも研究の支援を受けた．

掲載論文の転載に快諾した Academic Press や Morgan Kaufmann Publishers にも感謝したい．Oxford University Press からは Judea Pearl (1995). "Causal Diagrams for Empirical Research," *Biometrika*, **82**, pp.669–710 の転載許可を得て，第 3 章に掲載した．Sage Publications, Inc. からは Judea Pearl (1998). "Graphs, Causality, and Structural Equation Models," *Sociological Methods and Research*, **27**, pp.226–84 の転載許可を得て，第 5 章に掲載した．第 7 章には，Kluwer Academic Publishers の転載許可を得て，David Galles and Judea Pearl (1998). "An Axiomatic Characterization of Causal Counterfactuals," *Foundations of Science*, **1**, pp.151–82 を掲載した．また，Elsevier Science からは David Galles and Judea Pearl (1997). "Axioms of Causal Relevance," *Artificial Intelligence*, **97**, pp.9–43 の転載許可を得て，これも第 7 章に掲載した．The American Statistical Association からは Alexander Balke and Judea Pearl (1997). "Bounds on Treatment Effects from Studies with Imperfect Compliance," *Journal of the American Statistical Association*, **92**, pp.1171–6 の転載許可を得て，改訂したものを第 8 章に掲載した．

Kaoru Mulvihill は，原稿に挿絵を入れ，丁寧にタイプしてくれた．Jin Tian と Blai Bonet は，いくつかの章を校正するのを手伝ってくれた．Matt Darnell は本書を丁寧に編集してくれた．Alan Harvey は，執筆をしている間，著者の心を和ませてくれただけでなく，事実上の編集者でもあった．

 最後に，著者を微笑みで救ってくれた家族，Tammy, Danny, Michelle, Leora, そして大きな愛で包み，支えてくれた妻 Ruth に感謝したい．著者がユーモアを忘れることなく，無事に本書を書き上げることができたのは，彼らのおかげである．

J. P.
Los Angeles
August 1999

日本語版のためのまえがき

It has been more than eight years since this book first appeared in print and offered English readers a comprehensive, demystified and friendly account of causation. The popular reception of the book and the rapid growth of the field have led to a healthy transformation in the way empirical scientists think about causation and have made causal inference an indispensable tool in mainstream research. This translation now invites Japanese speaking readers to join this exciting development and apply it in their research and education. It offers a panoramic view of the mathematical concepts and tools that underly causal modeling, as well as summaries of new developments and annotated bibliographical references to new results at the end of each chapter.

The immediate beneficiaries of these developments will be researchers in the health, social and behavioral sciences who would be empowered with a friendly yet precise mathematical language for articulating assumptions and predicting the effect of actions and policies from both experimental and observational studies. Yet the long term beneficiaries will be students and educators in the empirical and cognitive sciences: students of statistics who wonder why instructors are reluctant to discuss causality in class; students of epidemiology and health science who wonder why simple concepts such as "confounding" are so terribly hard to define mathematically; students of economics and social science who so often doubt the meaning of the parameters they labor to estimate; and, naturally, students of artificial intelligence and cognitive science, who write programs and theories for knowledge discovery, causal explanations and causal speech.

I am extremely grateful to my friend and colleague, professor Manabu Kuroki, for undertaking the challenge of translating this book to Japanese. Although I do not read Japanese myself, I feel confident that Kuroki's translation conveys accurately both the substance and the style of the original English text, and would thus encourage my esteem colleagues in Japan to benefit from, as well as contribute to this challenging development.

J. P.
Los Angeles, California
October, 2008

今は亡きわが息子　ダニエルに捧ぐ
人間を愛し　惨劇の犠牲となったが
その死は必ず報われる
愛は地に満ち　理性は世界に広まるだろう

目　　次

第1章　確率，グラフ，因果モデル入門　　1

- 1.1 確率論入門 …………………………………………………………………… 1
  - 1.1.1 なぜ確率が必要なのか？ ……………………………………………… 1
  - 1.1.2 確率論の基本概念 ……………………………………………………… 2
  - 1.1.3 予測的裏づけと診断的裏づけの組み合わせ ………………………… 7
  - 1.1.4 確率変数と期待値 ……………………………………………………… 8
  - 1.1.5 条件付き独立とグラフォイド ………………………………………… 10
- 1.2 グラフと確率 ………………………………………………………………… 12
  - 1.2.1 グラフの用語と記号 …………………………………………………… 12
  - 1.2.2 ベイジアン・ネットワーク …………………………………………… 13
  - 1.2.3 有向分離基準 …………………………………………………………… 16
  - 1.2.4 ベイジアン・ネットワークによる推論 ……………………………… 20
- 1.3 因果ベイジアン・ネットワーク …………………………………………… 22
  - 1.3.1 介入を記述するための因果ダイアグラム …………………………… 23
  - 1.3.2 因果関係と定常性 ……………………………………………………… 25
- 1.4 関数因果モデル ……………………………………………………………… 26
  - 1.4.1 構造方程式 ……………………………………………………………… 27
  - 1.4.2 因果モデルにおける確率的予測 ……………………………………… 30
  - 1.4.3 関数モデルにおける介入と因果効果 ………………………………… 32
  - 1.4.4 関数モデルにおける反事実 …………………………………………… 33
- 1.5 因果的用語と統計用語 ……………………………………………………… 38
- 1.6 追記：因果推論に対する2つの心理的障壁 ……………………………… 40

第2章　因果関係を推測するための理論　　43

- 2.1 はじめに：基本的な直観 …………………………………………………… 44
- 2.2 因果モデリングのフレームワーク ………………………………………… 46
- 2.3 モデルの優位性（Occamの剃刀） ………………………………………… 47
- 2.4 定常分布 ……………………………………………………………………… 50
- 2.5 DAG構造の復元 ……………………………………………………………… 52
- 2.6 潜在構造の復元 ……………………………………………………………… 54
- 2.7 因果関係に関する局所的な判定基準 ……………………………………… 57

2.8	非時間的因果関係と統計的時間	60
2.9	結論	62
	2.9.1 極小性，マルコフ条件，定常性	64
2.10	追記	66

第3章　因果ダイアグラムと因果効果の識別可能条件　　69

3.1	はじめに	70
3.2	マルコフ・モデルに基づく介入	72
	3.2.1 介入を表現するモデルとしてのグラフ	72
	3.2.2 変数としての介入	74
	3.2.3 介入効果の計算	76
	3.2.4 因果的量の識別可能性	80
3.3	交絡因子の制御	82
	3.3.1 バックドア基準	83
	3.3.2 フロントドア基準	85
	3.3.3 例：喫煙と遺伝子型の理論	87
3.4	介入の計算	89
	3.4.1 記号	89
	3.4.2 推論規則	89
	3.4.3 記号論に基づく因果効果の導出法：例	90
	3.4.4 代替実験による因果推論	93
3.5	識別のためのグラフィカル検証法	94
	3.5.1 識別可能モデル	96
	3.5.2 識別不能モデル	98
3.6	考察	99
	3.6.1 制約と拡張	99
	3.6.2 数学言語としてのダイアグラム	101
	3.6.3 グラフから潜在反応への変換	102
	3.6.4 Robins の G–推定量との関係	107
3.7	追記	109
	3.7.1 完全な識別可能条件	109
	3.7.2 応用と批判	110
	3.7.3 「強い意味での無視可能性」の解明	111

第4章　行動，計画，直接効果　　113

4.1	はじめに	114
	4.1.1 行動，行為，確率	114
	4.1.2 決定解析における行動	117
	4.1.3 行動と反事実	118

- 4.2 条件付き行動と確率的政策 …………………………………………… 119
- 4.3 どのような場合に介入効果は識別可能となるのか？ ……………… 120
  - 4.3.1 グラフィカル識別可能条件 ……………………………………… 121
  - 4.3.2 効率性に関する注意点 …………………………………………… 123
  - 4.3.3 因果効果に対する明示的表現の導出法 ………………………… 124
  - 4.3.4 要約 ………………………………………………………………… 125
- 4.4 計画の識別可能条件 …………………………………………………… 125
  - 4.4.1 動機づけ …………………………………………………………… 125
  - 4.4.2 計画の識別可能条件：記号と仮定 ……………………………… 128
  - 4.4.3 計画の識別可能条件：一般的な基準 …………………………… 129
  - 4.4.4 計画の識別可能条件：手続き …………………………………… 131
- 4.5 直接効果とその識別可能条件 ………………………………………… 134
  - 4.5.1 直接効果と総合効果 ……………………………………………… 134
  - 4.5.2 直接効果，定義と識別可能条件 ………………………………… 135
  - 4.5.3 例：大学入学試験における性差別 ……………………………… 136
- 4.6 追記 ……………………………………………………………………… 138
  - 4.6.1 平均的直接効果 …………………………………………………… 138
  - 4.6.2 平均的間接効果 …………………………………………………… 139

第5章 社会科学と経済学における因果関係と構造モデル　　141

- 5.1 はじめに ………………………………………………………………… 142
  - 5.1.1 言葉を探索する因果性 …………………………………………… 142
  - 5.1.2 SEM：なぜSEMの意味があいまいなものになってしまったか … 143
  - 5.1.3 数学言語としてのグラフ ………………………………………… 146
- 5.2 グラフとモデル検証 …………………………………………………… 148
  - 5.2.1 構造モデルの検証可能な意味 …………………………………… 148
  - 5.2.2 検証可能性の検討 ………………………………………………… 152
  - 5.2.3 モデルの同値性 …………………………………………………… 153
- 5.3 グラフと識別可能性 …………………………………………………… 158
  - 5.3.1 線形モデルにおけるパラメータの識別可能性 ………………… 158
  - 5.3.2 ノンパラメトリック・モデルでの識別可能性との比較 ……… 163
  - 5.3.3 因果効果：構造方程式モデルにおける介入の説明 …………… 165
- 5.4 いくつかの概念的裏づけ ……………………………………………… 168
  - 5.4.1 構造パラメータは何を意味しているのか ……………………… 168
  - 5.4.2 効果の分解に対する解釈 ………………………………………… 172
  - 5.4.3 外生性，超外生性と余剰 ………………………………………… 174
- 5.5 結論 ……………………………………………………………………… 179
- 5.6 追記 ……………………………………………………………………… 179
  - 5.6.1 計量経済学の覚醒？ ……………………………………………… 179
  - 5.6.2 線形モデルにおける識別可能条件 ……………………………… 180

5.6.3　因果的主張の頑健性 ……………………………………………………… 180

第6章　Simpsonのパラドックス，交絡，併合可能性　　183

- 6.1 Simpsonのパラドックス：その解剖学 ……………………………………… 184
  - 6.1.1　非パラドックスの物語 …………………………………………………… 184
  - 6.1.2　統計学的な苦悩の物語 …………………………………………………… 186
  - 6.1.3　因果関係と交換可能性 …………………………………………………… 187
  - 6.1.4　パラドックスの解決（もしくは，人間とはどのような機械なのか？）……… 191
- 6.2 交絡を統計的に検証する方法は存在しないにもかかわらず，多くの人がそうした方法があると考えており，しかもその考えが実はそう間違ったものではないのはなぜか　193
  - 6.2.1　はじめに …………………………………………………………………… 193
  - 6.2.2　因果的定義と関連的定義 ………………………………………………… 194
- 6.3 どのような場合に関連性基準による判定がうまくいかないのか ………… 196
  - 6.3.1　周辺性により十分性が成り立たない場合 ……………………………… 196
  - 6.3.2　近隣世界仮定により十分性が成り立たない場合 ……………………… 196
  - 6.3.3　無意味な代替変数により必要性が成り立たない場合 ………………… 197
  - 6.3.4　偶然的相殺により必要性が成り立たない場合 ………………………… 199
- 6.4 定常的不偏性と偶然的不偏性 ………………………………………………… 200
  - 6.4.1　動機づけ …………………………………………………………………… 200
  - 6.4.2　形式的定義 ………………………………………………………………… 202
  - 6.4.3　定常的非交絡に対する操作的検証法 …………………………………… 203
- 6.5 交絡，併合可能性，交換可能性 ……………………………………………… 204
  - 6.5.1　交絡と併合可能性 ………………………………………………………… 204
  - 6.5.2　交絡と交絡因子 …………………………………………………………… 205
  - 6.5.3　交換可能性と交絡の構造解析 …………………………………………… 207
- 6.6 結論 ……………………………………………………………………………… 210
- 6.7 追記 ……………………………………………………………………………… 211

第7章　構造に基づく反事実の論理　　213

- 7.1 構造モデル的意味論 …………………………………………………………… 214
  - 7.1.1　定義：因果モデル，行動，反事実 ……………………………………… 214
  - 7.1.2　反事実の評価：決定論的解析 …………………………………………… 219
  - 7.1.3　反事実の評価：確率的解析 ……………………………………………… 224
  - 7.1.4　ツイン・ネットワーク法 ………………………………………………… 225
- 7.2 構造モデルの応用と解釈 ……………………………………………………… 227
  - 7.2.1　線形経済モデルによる政策分析：例 …………………………………… 227
  - 7.2.2　反事実の経験的意味 ……………………………………………………… 229
  - 7.2.3　因果的説明，会話，そしてそれらの解釈 ……………………………… 233
  - 7.2.4　メカニズムから行動そして因果関係へ ………………………………… 235

	7.2.5	Simon の因果順序	238
7.3	原理的特徴づけ	240
	7.3.1	構造的反事実の原理	240
	7.3.2	反事実論による因果効果：例	244
	7.3.3	因果的関連性の原理	246
7.4	構造と類似性に基づく反事実	250
	7.4.1	Lewis の反事実との関係	250
	7.4.2	原理的比較	252
	7.4.3	イメージングと条件づけ	254
	7.4.4	Neyman–Rubin のフレームワークとの関係	255
	7.4.5	外生性再考：反事実的定義とグラフ的定義	258
7.5	構造的因果推論と確率的因果推論	261
	7.5.1	時間的順序の信頼性	261
	7.5.2	循環構造の危険性	262
	7.5.3	近隣世界という仮定	264
	7.5.4	特異的原因と一般的原因	265
	7.5.5	要約	268

第8章　不完全実験：因果効果の存在範囲と反事実　　　271

8.1	はじめに		271
	8.1.1	不完全実験と間接実験	271
	8.1.2	ノンコンプライアンスと Intent to Treat	273
8.2	因果効果の存在範囲		274
	8.2.1	問題の定式化	274
	8.2.2	潜在反応変数の展開	275
	8.2.3	線形計画法に基づく定式化	278
	8.2.4	自然な存在範囲	280
	8.2.5	実際に治療を受けた部分母集団における治療効果	281
	8.2.6	例：コレスチラミンの効果	282
8.3	反事実と法的責任		283
8.4	操作性の検証		285
8.5	有限標本に基づく因果推論		287
	8.5.1	ギブス・サンプリング	287
	8.5.2	標本数と事前分布の影響	288
	8.5.3	ノンコンプライアンスを伴う臨床試験データに基づく因果効果	289
	8.5.4	単一事象因果関係に対するベイズ推定	291
8.6	結論		292

第 9 章　原因の確率：説明と識別　295

- 9.1　はじめに ……………………………………………………………… 295
- 9.2　必要な原因と十分な原因：識別可能条件 …………………………… 297
  - 9.2.1　定義，概念，基本的関係 ……………………………………… 297
  - 9.2.2　外生性の下での存在範囲と基本的関係 ……………………… 301
  - 9.2.3　単調性と外生性の下での識別可能性 ………………………… 303
  - 9.2.4　単調性と非外生性の下での識別可能性 ……………………… 305
- 9.3　適用例 ………………………………………………………………… 307
  - 9.3.1　例 1：公正なコインに対する賭け …………………………… 307
  - 9.3.2　例 2：射撃隊 …………………………………………………… 309
  - 9.3.3　例 3：放射線の白血病への影響 ……………………………… 311
  - 9.3.4　例 4：実験および非実験データに基づく法律的責任 ……… 313
  - 9.3.5　結果の要約 ……………………………………………………… 315
- 9.4　非単調性モデルにおける識別可能性 ………………………………… 316
- 9.5　結論 …………………………………………………………………… 318

第 10 章　実際の原因　321

- 10.1　はじめに：必要な原因の不十分性 ………………………………… 322
  - 10.1.1　特異的原因再考 ……………………………………………… 322
  - 10.1.2　取り替えと構造的情報の役割 ……………………………… 323
  - 10.1.3　過剰決定と準従属性 ………………………………………… 325
  - 10.1.4　Mackie の INUS 条件 ………………………………………… 326
- 10.2　産出性，従属性，持続性 …………………………………………… 328
- 10.3　因果的選択肢と持続性に基づく因果関係 ………………………… 330
  - 10.3.1　因果的選択肢：定義とその意味 …………………………… 330
  - 10.3.2　例：論理和から一般的定式化へ …………………………… 333
  - 10.3.3　選択肢，取り替え，単一事象原因の確率 ………………… 335
  - 10.3.4　パス切替型の因果関係 ……………………………………… 337
  - 10.3.5　時間的な取り替え …………………………………………… 338
- 10.4　結論 …………………………………………………………………… 340
- 10.5　追記 …………………………………………………………………… 342

エピローグ　因果関係の芸術と科学　345

参考文献　371

索　　引　393

第1章

確率, グラフ, 因果モデル入門

> 偶然が思想を与え, 偶然がそれを奪う[a].
> Pascal (1670)

1.1 確率論入門

1.1.1 なぜ確率が必要なのか？

確率は例外, 疑念, 規則性の欠如という意味を含んでいるのに対して, 因果は法則的な必然性という意味を含んでいる. それにもかかわらず, 因果関係を確率論的な立場に基づいて解析することから始める. 事実, 因果関係を確率論的な立場に基づいて解析することを重視しなければならない決定的な理由が2つある. その理由の一つは簡単に理解できるものであるが, もう一つは理解しにくいものである.

前者は, 因果関係がしばしば不確実性を伴う状況で話題にのぼっているという事実に基づくものである. たとえば, 「無謀運転をすれば交通事故が起こる」とか「あなたは怠け者だから講義の単位を取れないだろう」(Suppes 1970) ということがある. これは条件部分が結論部分を引き起こす傾向があることを述べているのであって, 明らかに絶対的な確信があって述べたものではない. したがって, このような話題を扱うことを目的とした因果理論はいかなるものであっても, さまざまな可能性を区別する言語, すなわち, 確率言語で記述されなければならない. このような理由により, 経済学, 疫学, 社会学, 心理学をはじめとして, 因果モデルを利用している多くの分野では, 確率論が公式的な数学言語となっている. これらの分野の研究者は, 単に因果関係の有無に関心があるだけでなく, ノイズを含む観察データから因果関係を推測する方法論や因果関係の相対的な大きさにも関心をもっている. 統計解析法を援用した確率論は, このような事実に対処し, そこから推論を引き出す原理と方法を与えている.

もう一つの理由は, 自然言語を用いた断定的な因果表現でさえ例外に左右されやすく, 標準的で決定論的な論理規則に従って因果関係を記述した場合には, そのような例外が深刻な問題を引き起こすことがあるという事実によるものである. 例として, 次の2つのもっともらしい前提を考えよう.

1. 自宅の屋根が濡れているときにはいつでも隣の家の屋根も濡れている.

---

[a] 訳者注：松浪信三郎訳 (1965).『世界の思想8 パスカル・パンセ』, 河出書房新社.

2. 自宅の屋根にホースで水をかけると，自宅の屋根は濡れる．

これらの前提を文面のとおり受け取ってしまうと，「自宅の屋根にホースで水をかけると，隣の家の屋根も濡れる」という信じがたい結論が導かれる．

前提1に対する例外を考えてみればわかるように，このようなパラドックスが引き起こされてしまう原因は，日常言語による記述力の限界にある．実際，この例外を詳しく解明し，たとえば，

1*. 隣の家の屋根がビニールシートで覆われていたり，自宅の屋根にホースで水をかけたりする場合などを除いて，自宅の屋根が濡れているときにはいつでも隣の家の屋根も濡れている．

と記述すれば，このようなパラドックスは生じなくなる．確率論はあいまいな例外を許容するように整備されている．そのため，確率論を使えば，このようなパラドックスを気にすることなく因果関係に関する主要課題に取り組むことができる．

次章以降でわかるように，例外を許容することによって解決できる因果的問題はほんの一部にすぎない．本書では，これ以外に，推論，介入，識別，結果，交絡，反事実，説明といった問題を扱う．こういった問題を確率言語で記述することによって，言語の違いを超えた因果関係の普遍性を強調する．第7章では，この問題を決定論的な論理言語で記述し直し，非観測的事実に対する不確実性を表現するために確率言語を導入する．

1.1.2 確率論の基本概念[b]

本書では，有限個の離散型確率変数からなるシステムを中心に議論する．そのため，必要となる知識は確率論の基本概念とその初等的な記法のみである．連続型確率変数への拡張については概説のみにとどめることとし，一般化について詳しく述べることはしない．確率論の詳細に興味のある読者は，Feller (1950), Hoel et al. (1971), Suppes (1970) などの優れた教科書があるのでそれらを参照されたい．本項では，確率の基本概念について簡単にまとめる．その大部分は Pearl (1988b) に基づくものであるが，特にベイズ推論，そして，それと不確実性の下での人間の推論における心理学との関係に重点をおく．そのような記述は標準的な教科書にはほとんど見当たらない．

本書では，確率のベイズ的解釈に基づいて議論する．ベイズ的解釈に従って，事象に対する確信度は確率として記述される．また，データは確信の程度を強め，更新し，あるいは弱めるために使われる．この定式化の方法では，確信度はある言語で表された命題（真あるいは偽の値をとる命題）に対して割り当てられ，そして確率計算の規則を用いて組み合わされ，操作される．本書では，文章的命題とその命題で表現された実際の事象を区別しない．たとえば，A が「Ted Kennedy は 2004 年に大統領候補指名を目指すだろう」という命題を表すとき，$P(A|K)$ は一連の知識 K を与えたときの，A で表現された事象に対する主観的な確信度を表す．ここに，K にはアメリカの政策に対するその人の想像，Kennedy が行った演説，Kennedy の過去の業績や人柄に対する評

---

[b] 訳者注：1.1.2 項と 1.1.3 項は，南川忠利訳 (1991). Bayes の方法．大須賀節雄監訳．『人工知能大辞典』，丸善，pp.1026–1034 を参考にした．

1.1 確率論入門

価が含まれていてもかまわない．このような確率表現を定義する際，簡単のために K を除いて $P(A)$ と表記する．しかし，背景情報が変化するときには，その背景情報を信じる理由を明らかにしなければならず，K（またはそのいくつかの要素）を明確に記述しておかなければならない．

ベイズの定式化を行う際，確信度は確率計算に関する3つの基本公理に従うものとする．

$$0 \leq P(A) \leq 1 \tag{1.1}$$

$$P(\text{確実な命題}) = 1 \tag{1.2}$$

$$A と B が排反であるならば \quad P(A \text{ または } B) = P(A) + P(B) \tag{1.3}$$

第三の公理は，事象の和集合に対して割り当てられた確信度が共通部分のない事象に割り当てられた確信度の和と一致することを述べたものである．事象 A は $(A \wedge B)$ と $(A \wedge \neg B)$ という2つの事象の和集合として記述できる．したがって，事象 A に対応する確率は

$$P(A) = P(A, B) + P(A, \neg B) \tag{1.4}$$

と書ける[1]．ここに，$P(A, B)$ は $P(A \wedge B)$ を意味する．もっと一般に，$B_i, i = 1, 2, \cdots, n$ を互いに排反で完全な命題（**分割**あるいは**変数**とよばれる）とするとき，$P(A)$ は $P(A, B_i), i = 1, 2, \cdots, n$ を用いて

$$P(A) = \sum_{i=1}^{n} P(A, B_i) \tag{1.5}$$

と計算することができる．この公式は「**全確率の公式**」として知られている．すべての B_i について確率を足し合わせる操作を B について周辺をとるという．また，周辺をとることによって得られる確率 $P(A)$ を A の**周辺確率**とよぶ．たとえば，A を「2つのサイコロの目が同じである」という命題，B_i を「最初に投げたサイコロの目は i である」という命題を表すものとすると，A の確率は積事象 $(A \wedge B_i), i = 1, 2, \cdots, 6$ を足し合わせることによって

$$P(A) = \sum_{i=1}^{6} P(A, B_i) = 6 \times \frac{1}{36} = \frac{1}{6} \tag{1.6}$$

となる．

ある命題とその否定のうち，どちらか1つは必ず真でなければならないことから，(1.2) 式と (1.4) 式より，

$$P(A) + P(\neg A) = 1 \tag{1.7}$$

がただちに得られる．

ベイズの定式化における基本表現は，**条件付き確率**による記述である．たとえば，$P(A|B)$ は絶対的な確信をもって B が既知であるという仮定の下での A に対する確信度を示している．$P(A|B) = P(A)$ が成り立つとき，A に対する確信度は B の真実がわかっても変化しないことから，A と B は**独立**であるという．また，$P(A|B, C) = P(A|C)$ が成り立つとき，A と B は C を与えたときに**条件付き独立**であるという．これは，C が既知であれば，B に関する情報を

---

[1] 記号 $\wedge, \vee, \neg, \Rightarrow$ はそれぞれ論理演算子である論理積，論理和，論理否定，論理包含を表す．

得たとしても A に対する確信度は変わらないことを意味する．

積事象に基づいて条件付き確率を

$$P(A|B) = \frac{P(A,B)}{P(B)} \quad (1.8)$$

と定義する伝統的な慣習とは異なり，ベイズ哲学者は条件付きという関係を積事象という関係よりも基礎的なもの，すなわち人間の知識構造と比較可能なものとして捉えている．この意味で，B を知識フレームまたは背景に関する指標とみなすことができ，$A|B$ は B によって規定された背景における事象 A（たとえば，疾病 B にかかっているという状況での症状 A）を意味している．したがって，経験的な知識はいつでも条件付き確率を用いて表現することができ，積事象に対する確信度は（必要であれば），(1.8) 式より条件付き確率の積として

$$P(A,B) = P(A|B)P(B) \quad (1.9)$$

と計算できる．

ここで，前述したサイコロ投げの例を考えよう．このとき，(1.6) 式において

$$P(A, B_i) = \frac{1}{36}$$

と直接的に評価するのは不自然である．このような評価を行う心理的背景として，2 つの事象が独立であることが仮定されている．この仮定を明らかにするためには，条件付き事象（サイコロの目が同じ $|B_i$）を用いて，積事象（サイコロの目が同じ，B_i）の確率を 2 つの積として

$$P(\text{サイコロの目が同じ}|B_i)P(B_i) = P(2\text{つ目が }i|B_i)P(B_i) = \frac{1}{6} \times \frac{1}{6} = \frac{1}{36}$$

と評価すべきである．

(1.5) 式からわかるように，任意の事象 A の確率は互いに排反で完全な事象 $B_i, i = 1, 2, \cdots, n$ を事象 A に条件づけ，そして和をとることによって

$$P(A) = \sum_{i=1}^{n} P(A|B_i)P(B_i) \quad (1.10)$$

と計算することができる．

この分解は，仮説推論，あるいは「仮定に基づく」推論の基礎となるものであり，任意の事象 A についての確信度を考えたとき，A が起こりうるすべての異なる事象に関する確信度の重みつき和として表現できることを述べている．たとえば，最初に振ったサイコロの目 X が 2 番目に振ったサイコロの目 Y よりも大きい確率は，X がとりうるすべての値を事象 $A : X > Y$ に条件づけることによって，

$$P(A) = \sum_{i=1}^{6} P(Y < X|X = i)P(X = i)$$
$$= \sum_{i=1}^{6} P(Y < i)\frac{1}{6} = \sum_{i=1}^{6}\sum_{j=1}^{i-1} P(Y = j)\frac{1}{6}$$

1.1 確率論入門

$$= \frac{1}{6}\sum_{i=2}^{6}\frac{i-1}{6} = \frac{5}{12}$$

となる．

ここで，共通知識を前提とする広い状況 K（たとえば，サイコロ投げの公平性）に対して (1.10) 式のような公式を常に適用できることをもう一度強調しておこう．(1.10) 式は

$$P(A|K) = \sum_{i=1}^{n} P(A|B_i, K)P(B_i|K) \tag{1.11}$$

の簡潔な表現である．この式は，任意の条件付き確率 $P(A|K)$ も本質的に確率関数であるという事実から得られる．したがって，この式は (1.10) 式を満たす．

乗法公式（(1.9) 式を参照）を**連鎖公式**として一般化しておくことは有用である．これは，n 個の事象からなる集合 $E_1, E_2, \cdots, E_n$ があるとき，積事象 $(E_1, E_2, \cdots, E_n)$ の確率は n 個の条件付き確率の積として

$$P(E_1, E_2, \cdots, E_n) = P(E_n|E_{n-1}, \cdots, E_2, E_1) \cdots P(E_2|E_1)P(E_1) \tag{1.12}$$

で与えられる．これは (1.9) 式を繰り返し適用することによって得られる．

ベイズ推論の本質はベイズの規則

$$P(H|e) = \frac{P(e|H)P(H)}{P(e)} \tag{1.13}$$

にある．すなわち，証拠 e を得たときの仮説 H に対する確信度は，それ以前に H に対して与えられた確信度 $P(H)$ と，H が真である場合に e が実現する尤度 $P(e|H)$ の積として計算することができる．このとき，$P(H|e)$ は**事後確率**，$P(H)$ は**事前確率**とよばれる．(1.13) 式の分母 $P(e)$ は正規化定数 $P(e) = P(e|H)P(H) + P(e|\neg H)P(\neg H)$ であり，$P(H|e)$ と $P(\neg H|e)$ の和が 1 であるという条件があればいつでも計算できるため，あまり問題にしなくてもよい．

一方，数学的には，(1.13) 式は条件付き確率の定義

$$P(A|B) = \frac{P(A, B)}{P(B)} \quad \text{および} \quad P(B|A) = \frac{P(A, B)}{P(A)} \tag{1.14}$$

から導かれるトートロジーとして軽視されることがあるが，ベイズの主観的確率論の研究者は，(1.13) 式をある証拠を得た場合に確信度を更新するための標準的な規則であると考えている．すなわち，純粋数学者は (1.14) 式のような条件付き確率を数学的構造体とみなしているのに対して，ベイズ推論研究者はそれらを，言葉の構成要素でかつ「A であることがわかったとき」という国語表現の忠実な翻訳であり，(1.14) 式は定義というよりも，経験的に立証可能な国語表現の関係であると考えている．特に，(1.14) 式より，A がわかったときの B に関する確信度は A がわかる前の $A \wedge B$ に関する確信度よりも小さくならないことがわかる．また，2つの確信度の比は A がわかったときの驚きの程度 $[P(A)]^{-1}$ に比例して増加する．

(1.13) 式は，確率 $P(H|e)$ ——人間にとって評価することが難しい量である——が経験的知識を確率で表現したものから直接計算できる量で記述できるという意味で重要である．たとえば，カジノで隣のテーブルの人が「12」と叫んだとき，それがダイスなのか，あるいはルーレットなの

かを判断することを考えてみよう．このとき，確率 $P(12|\text{ダイス})$ と $P(12|\text{ルーレット})$ については，ギャンブルに用いている道具に関するモデルから前者は 1/36, 後者は 1/38 であることがすぐにわかる．同様に，$P(\text{ダイス})$ と $P(\text{ルーレット})$ などの事前確率は，カジノにあるダイス用テーブルとルーレットの台数から推定することができる．しかし，$P(\text{ダイス}|12)$ を直接判断するのははるかに難しいことであり，まさにこのカジノで訓練を受けた専門家でないかぎり，そのような判断はできるものではない．

本項を終えるにあたり，**確率モデルの概念**(**確率空間**ともよばれる)について議論しておかなければならない．確率モデルは (1.1)〜(1.3) 式で与えた基本公理に従って，すべての論理命題 S の確率を計算することができるように情報を符号化したものである．原子命題を $A, B, C, \cdots$, とするとき，論理命題の集合は，原子命題を含むブールの公式のすべて，たとえば $S = (A \wedge B) \vee \neg C$ より構成される．確率モデルを規定する伝統的な方法として，**同時分布関数**が使われる．同時分布関数は，その言語におけるすべての**根元事象**(すべての原子命題あるいはその否定が一度だけ現れる連言命題)に非負の重みを，それらの総和が 1 になるように割り当てる関数である．たとえば，3 つの原子命題 A, B, C があるとき，その同時分布は 8 つの組み合わせ—$(A \wedge B \wedge C), (A \wedge B \wedge \neg C), \cdots, (\neg A \wedge \neg B \wedge \neg C)$—に対して非負の重みが，それらの総和が 1 になるように割り当てられる．

読者は，確率論の教科書に書かれている標本空間を根元事象の集合であると考えておいてよい．例として，A, B, C をそれぞれコイン 1, 2, 3 が表になるという命題であるとしよう．このとき，対応する標本空間は $\{\text{HHH, HHT, HTH}, \cdots, \text{TTT}\}$ なる集合である．実際，根元事象に対応する連言形を**点**(あるいは**配列**)とみなし，それ以外の形式をこれらの点からつくられた集合とみなすと便利である．ブールの公式は根元事象の選言形として表現される．したがって，根元事象は互いに排反であることから，確率の加法性((1.3) 式を参照)を利用することによって，常に $P(S)$ を計算することができる．また，条件付き確率も (1.14) 式を使うことによって同様に計算することができる．したがって，どのような同時確率関数であっても完全な確率モデルを表現している．

同時分布関数はきわめて重要な数学的構造体である．これによって，完全な確率モデルを規定するのに十分な情報を得ているかどうか，すでに得られている情報に矛盾がないかどうか，そしてどの時点で追加情報が必要となるのか，をすばやく判断することができる．その基準は単純であり，

(i) すでに得られている情報がすべての根元事象に対する確率を一意に決定するのに十分であるか，

(ii) 確率の総和が 1 となるか，

を調べるだけでよい．

しかし，実際には，同時分布関数が明確に規定されることはほとんどない．連続型確率変数に基づく解析では，分布関数は正規分布や指数分布のような代数的表現によって与えられる．一方，離散型確率変数に基づく解析では，小さな変数群どうしの局所的関係から分布全体を推測できるような間接的表現法が開発されている．グラフィカル・モデルはそのような分布表現のなかでも最も見通しのよいものであり，本書における議論の基礎となっている．その使用方法と数学的特徴付けについては次節以降で議論する．

1.1 確率論入門

1.1.3 予測的裏づけと診断的裏づけの組み合わせ

ベイズの規則((1.13)式を参照)の本質的な意味は，**オッズ**と**尤度比**パラメータを用いて説明することができる．(1.13)式を $P(\neg H|e)$ で割ることにより，

$$\frac{P(H|e)}{P(\neg H|e)} = \frac{P(e|H)}{P(e|\neg H)} \frac{P(H)}{P(\neg H)} \tag{1.15}$$

を得る．H に対する**事前オッズ**を

$$O(H) = \frac{P(H)}{P(\neg H)} = \frac{P(H)}{1 - P(H)} \tag{1.16}$$

と定義し，**尤度比**を

$$L(e|H) = \frac{P(e|H)}{P(e|\neg H)} \tag{1.17}$$

と定義すると，**事後オッズ**

$$O(H|e) = \frac{P(H|e)}{P(\neg H|e)} \tag{1.18}$$

はこれらの積として

$$O(H|e) = L(e|H)O(H) \tag{1.19}$$

と表現できる．このように，ベイズの規則より，事前にもっていた知識 K と得られた証拠 e の両方に基づいた仮説 H に対する確信度の総合的な大きさは，事前オッズ $O(H)$ と尤度比 $L(e|H)$ という2つの要素の積として規定されていることがわかる．前者は，背景知識から得られた仮説 H についての**予測的**，あるいは**前向き**の裏づけを評価しているのに対して，後者は実際に観測された証拠によって与えられた仮説 H についての**診断的**，あるいは**後ろ向きの裏づけ**を与えている[2]．

厳密にいえば，尤度比 $L(e|H)$ は暗黙のうちに存在している知識ベース K の内容に依存している場合がある．しかし，主に因果推論では，$P(e|H)$ という関係がかなり局所的であるという事実からベイズの方法の利点が得られる．すなわち，H が真であるという情報が得られたときの e の確率は，通常知識ベースにある他の命題には依存していないため，その確率を自然な形で推定することができる．たとえば，ある患者がある疾病 H に冒されていると確定している場合には，その患者が示す症状 e が現れる確率を推定することは容易である．症状は疾病がもつ不変的な特徴であって，それゆえに，疫学的条件，既往歴，故障した診断機器のような他の要因とはほとんど関係がないというパラダイムを基礎として，医学的知識は有機的に組織化されている．このような理由から，$P(H|e)$ とは対照的に，条件付き確率 $P(e|H)$ はベイズ解析において基礎的な関係を表しており，論理規則によく似たモジュール性をもっている．それによって「H ならば e が成り立つ」という規則についての確信度が，知識ベースに蓄積されている規則や事実の影響を受けることなく，主張する自信の程度に割り当てられている．

例 1.1.1 ある晩，防犯警報器のけたたましい音で目を覚ましたという状況を考えよう．こ

---

[2] H を曝露，e を疾病とするとき，尤度比 L は疫学の分野において「リスク比」とよばれている (Rothman and Greenland 1998, p.50)．また，(1.18)式は疾病 e にかかっている患者が曝露 H を受けたときのオッズを表している．

のとき，泥棒が侵入したと信じる確信度はどのくらいだろうか？ここでは説明のために，以下の判断を与えておこう．

(a) 泥棒が侵入したときに警報機が作動する可能性は95%である ― P(警報機作動 | 泥棒侵入あり) $= 0.95$．

(b) 以前に誤って警報機が作動したことがあることから，警報機が泥棒以外の原因で作動する可能性はわずかながら存在する（1%） ― P(警報機作動 | 泥棒侵入なし) $= 0.01$．

(c) これまでの犯罪例から判断すると，ある家がある晩に泥棒に入られる可能性は10,000分の1である ― P(泥棒侵入あり) $= 10^{-4}$．

以上の仮定と (1.19) 式より，

$$O(\text{泥棒侵入あり} | \text{警報機作動}) = L(\text{警報機作動} | \text{泥棒侵入あり})O(\text{泥棒侵入あり})$$
$$= \frac{0.95}{0.01}\frac{10^{-4}}{1-10^{-4}} = 0.0095$$

となる．また，

$$P(A) = \frac{O(A)}{1+O(A)} \tag{1.20}$$

より，

$$P(\text{泥棒侵入あり} | \text{警報機作動}) = \frac{0.0095}{1+0.0095} = 0.00941$$

となる．

したがって，警報機が作動したという証拠を得たことによって，後ろ向きの裏づけが「泥棒侵入あり」に与えられ，その結果，泥棒に入られた可能性は10,000分の1から10,000分の94.1，すなわち約100倍に増えたことになる．警報機が3か月にほぼ1回の割合で誤作動を起こすという条件の下では，泥棒が侵入するという確信度がまだ1%以下であるという事実は驚くようなことではない．ここに，P(泥棒侵入あり | 警報機作動) を計算するために，P(警報機作動 | 泥棒侵入あり) や P(警報機作動 | 泥棒侵入なし) という確率値を推定したが，実際にはその必要はないことに注意しよう．オッズだけが計算に取り入れられ，これらの確率の代わりにオッズの直接的な推定値が使われている．

1.1.4 確率変数と期待値

ある指定された領域におけるいくつかの可能な結果または**値**のうち1つをとるような属性，測定，あるいは質問項目を**変数**という．ある変数のとりうる値に対して確信度（確率）が割り当てられるとき，その変数を**確率変数**とよぶ[3]．たとえば，明日履く靴の色は「色」という確率変数であり，{黄色, 緑色, 赤色, ⋯} なる領域から1つの値をとる．

本書では，有限個の要素からなる確率変数の集合 V（**分割**ともよばれる）を考える．ここに，各変数 $X \in V$ は有限領域 D_X 上の値をとるものとする．また，確率変数名は大文字（たとえ

---

[3] これは，確率変数が標本空間（すなわち，根元事象の集合）から実数空間への写像であるという，教科書に書かれている定義をわずかながら一般化したものである．本書では，これを，標本空間から「値」とよばれる対象からなる任意の集合への写像と定義している．ここに，「値」には順序がついていても，ついていなくてもかまわない．

ば，X, Y, Z) で表すものとし，対応する変数がとりうる特定の値に対する一般的記号として小文字 (x, y, z) を用いる．たとえば，X をある対象物の色を示す確率変数とするとき，x は領域 {黄色, 緑色, 赤色, …} から任意の要素を1つ選択することを意味している．明らかに，命題 $X = $ 黄色 は**事象**，すなわち，「対象物の色は黄色である」という命題を満たす状態の部分集合を表している．また，任意の x に対して，$X = x$ は完全かつ互いに排反な状態の集合を示している．このことから，各変数 X はそれぞれの領域を分割したものと考えることができる．

本書における多くの議論では，変数集合を個々の要素の領域の直積を新たな領域とする複合変数として定義することができる．このため，変数と変数集合との記号による区別は行わない．したがって，Z が集合 $\{X, Y\}$ を表すとき，z は $x \in D_X$ と $y \in D_Y$ からなる組 (x, y) を表す．変数と変数集合との区別が必要となる場合には，添え字つきの文字 ($X_1, X_2, \cdots, X_n$，または $V_1, V_2, \cdots, V_n$) を用いて変数を表すものとする．

また，本書では，確率 $P(X = x), x \in D_X$ の省略記号として $P(x)$ を用いる．同様に，Z が集合 $\{X, Y\}$ を表すとき，$P(z)$ は

$$P(z) \triangleq P(Z = z) = P(X = x, Y = y), \quad x \in D_X, \quad y \in D_Y$$

と定義される．

確率変数 X が実数値をとるとき，X を**実数値確率変数**とよぶ．そのとき，X の平均あるいは**期待値**は

$$E(X) \triangleq \sum_{x \in D_x} x P(x) \tag{1.21}$$

と定義される．また，事象 $Y = y$ を与えたときの X の**条件付き平均**は

$$E(X|y) \triangleq \sum_{x \in D_x} x P(x|y) \tag{1.22}$$

と定義される．さらに，X の任意の関数 g に対して，その期待値は

$$E[g(X)] \triangleq \sum_{x \in D_x} g(x) P(x) \tag{1.23}$$

と定義される．特に，関数 $g(X) = (X - E(X))^2$ がよく注目されているが，その期待値は X の**分散**とよばれ，σ_X^2 と表記する．

$$\sigma_X^2 \triangleq E[(X - E(X))^2]$$

条件付き平均 $E(X|Y = y)$ は，すべてのとりうる値 x' に対して平均二乗誤差 $\sum_x (x - x')^2 P(x|y)$ を最小にするという意味で，$Y = y$ を与えたときの X の**最良推定値**である．

2つの変数 X と Y からなる関数 $g(X, Y)$ の期待値は同時分布 $P(x, y)$ を用いて

$$E[g(X, Y)] \triangleq \sum_{x \in D_x, y \in D_y} g(x, y) P(x, y)$$

と定義される．$g(X, Y) = (X - E(X))(Y - E(Y))$ の期待値は特に重要であり，X と Y の**共分散**

$$\sigma_{XY} \triangleq E[(X-E(X))(Y-E(Y))]$$

として知られている．また，これを正規化することによって，相関係数

$$\rho_{XY} = \frac{\sigma_{XY}}{\sigma_X \sigma_Y}$$

および**回帰係数**

$$r_{XY} \triangleq \rho_{XY} \frac{\sigma_X}{\sigma_Y} = \frac{\sigma_{XY}}{\sigma_Y^2}$$

を得ることができる．

$Z = z$ を与えたときの**条件付き分散**，**条件付き共分散**，そして**条件付き相関係数**は，期待値をとる際に条件付き分布 $P(x,y|z)$ を使うことによって，同様に定義される．特に，$Z = z$ を与えたときの**条件付き相関係数**は

$$\rho_{XY|z} = \frac{\sigma_{XY|z}}{\sigma_{X|z}\sigma_{Y|z}} \tag{1.24}$$

で定義される．そのほかの性質，特に正規分布固有の性質については，第 5 章（5.2.1 項）で与えることにする．

これらの定義は**離散型確率変数**，すなわち，実数値上の有限個あるいは可算個の値をとる変数に対しても適用することができる．期待値と相関係数は**連続型確率変数**の場合によく使われている．ここに，$f(x)$ を**密度関数**とするとき，任意の実数 a, b $(a < b)$ に対して，連続型確率関数を

$$P(a \leq X \leq b) = \int_a^b f(x)dx$$

と定義する．X が離散型確率変数である場合には，積分を

$$\int_{-\infty}^{\infty} f(x)dx \iff \sum_{x \in D_x} P(x) \tag{1.25}$$

と解釈することによって，$f(x)$ が確率関数 $P(x)$ と一致することがわかる．連続関数に慣れている読者は，本書で Σ が使われているときにはいつでもこの変換を思い出すとよい．たとえば，連続型確率変数 X の期待値については，(1.21) 式より

$$E(X) = \int_{-\infty}^{\infty} xf(x)dx$$

となる．分散，相関係数などについても同様に言い換えればよい．

次節では，因果モデルの解析における重要な概念である**条件付き独立性**を定義する．

1.1.5　条件付き独立とグラフォイド

定義 1.1.2（条件付き独立）

有限個の要素からなる確率変数集合 V に対して，$P(\cdot)$ を V の同時確率分布とし，X, Y, Z を V の部分集合で $P(y, z) > 0$ とする．

$$P(x|y,z) = P(x|z) \tag{1.26}$$

が成り立つとき，X と Y は Z を与えたときに条件付き独立であるという．すなわち，Z の値がわかれば，Y に関する情報を得たとしても，それが X に関する追加情報とはならないことを意味する（たとえていうなら，Z は X と Y を「分離」していることを意味する）． □

(1.26)式は，次の記述を簡略化したものである．集合 X の任意の要素 x と $P(Y=y, Z=z) > 0$ を満たす集合 Y と Z の要素 y, z に対して，

$$P(X=x|Y=y, Z=z) = P(X=x|Z=z) \tag{1.27}$$

が成り立つ．

本書では，Dawid (1979) の記号 $(X \perp\!\!\!\perp Y|Z)_P$ あるいは簡単に $(X \perp\!\!\!\perp Y|Z)$ を用いて，Z を与えたときに X と Y の条件付き独立であることを表記する．したがって，$P(y,z) > 0$ を満たす任意の x, y, z に対して

$$(X \perp\!\!\!\perp Y|Z)_P \qquad \text{iff} \quad P(x|y,z) = P(x|z) \tag{1.28}$$

である（iff は「必要十分条件」の簡潔表現として用いられる）．また，無条件独立（**周辺独立**ともよばれる）を $(X \perp\!\!\!\perp Y)$ と表記する．すなわち，$P(y) > 0$ に対して

$$(X \perp\!\!\!\perp Y) \qquad \text{iff} \quad P(x|y) = P(x) \tag{1.29}$$

である．$(X \perp\!\!\!\perp Y|Z)$ が成り立つならば任意の $V_i \in X$ と $V_j \in Y$ に対して条件付き独立となるが，逆は成り立たないことに注意する．

条件付き独立関係 $(X \perp\!\!\!\perp Y|Z)$ から得られる性質のいくつかを以下に列挙する．

対称性：$(X \perp\!\!\!\perp Y|Z) \Longrightarrow (Y \perp\!\!\!\perp X|Z)$

分解性：$(X \perp\!\!\!\perp YW|Z) \Longrightarrow (X \perp\!\!\!\perp Y|Z)$

弱結合性：$(X \perp\!\!\!\perp YW|Z) \Longrightarrow (X \perp\!\!\!\perp Y|ZW)$

縮約性：$(X \perp\!\!\!\perp Y|Z)$　かつ　$(X \perp\!\!\!\perp W|ZY) \Longrightarrow (X \perp\!\!\!\perp YW|Z)$

交差性：$(X \perp\!\!\!\perp W|ZY)$　かつ　$(X \perp\!\!\!\perp Y|ZW) \Longrightarrow (X \perp\!\!\!\perp YW|Z)$

（交差性は正値確率分布について成り立つ．）

(1.28)式と確率論の基本公理を用いることにより，これらの性質を簡単に証明することができる[4]．Pearl and Paz (1987) と Geiger et al. (1990) は，これらの性質を**グラフォイド原理**とよび，この原理によって，さまざまな状況における情報どうしの関連性に対する概念が規定されることを示している（Pearl 1988b）．たとえば，$(X \perp\!\!\!\perp Y|Z)$ を「部分集合 X の要素から部分集合 Y の要素までのすべての道は部分集合 Z の要素によって切断される」と解釈すれば，上述の性質はグラフにおいても成り立つ．

グラフォイド原理を直観的に説明すると以下のようになる（Pearl 1988b, p.85）．**対称性**は，知識 Z がいかなる状態であっても，Y から X に関する新しい情報を得られない場合には，X か

---

[4] これらの性質は，最初に Dawid (1979) と Spohn (1980) によってわずかながら異なった形式で与えられ，その後，彼らとは独立して，Pearl and Paz (1987) によって，情報どうしの関連性とグラフの関係を特徴づけるために与えられた．Geiger and Pearl (1993) は詳細に分析した．

らも Y に関する新しい情報を得ることはできないことを示している．**分解性**は，2つの項目を組み合わせた情報が X と関係のない場合には，それらの項目それぞれも X とは関係がないことを示している．**弱結合性**は，X とは関係のない情報 W が得られたとしても，もともと X と関係ない情報 Y が X と関連をもつようになるわけではないことを示している．**縮約性**は，X とは関係のない情報 Y が得られた後に W が X に関係しないならば，W は Y の情報を得る前も X とは関係がないことを示している．弱結合性と縮約性は，関係のない情報を得たとしても，その他の関連する命題の状態が変わることがない，すなわち，関係があるものは関係があり，関係のないものは関係がないことを意味している．**交差性**は，X と関係のない情報 Y が得られた後に W が X に関係しないならば，情報 W は情報 Y が得られる前も X とは関係がないことを示している．

1.2 グラフと確率

1.2.1 グラフの用語と記号

グラフは**頂点**（あるいは**ノード**）の集合 V と頂点どうしをつなぐ**辺**（あるいは**リンク**）の集合 E からなる．本書で扱うグラフでは，頂点は確率変数に対応し，辺は変数間に何らかの関係があることを表しているが，その意味は適用分野によって異なる．辺によって結ばれた2つの変数は**隣接する**といわれる．

グラフの辺は有向辺（1つの矢印をもつ辺：矢線）と無向辺（矢印のない辺）に分けることができる．いくつかの応用分野では，観測されない共通原因（しばしば**交絡因子**とよばれる）が存在することを示すために，「双方向」辺（双方向矢線）が使われる．このような辺は2つの矢印をもつ破線で表される（図 1.1(a)）．すべての辺が矢線であるとき（図 1.1(b)），そのグラフを**有向グラフ**とよぶ．グラフ G の辺からすべての矢印を取り除くことによって得られるグラフを G の**スケルトン**とよぶ．また，グラフにおいて，先行する辺の頂点から始まるような辺の列（たとえば，図 1.1(a) では $((W,Z),(Z,Y),(Y,X),(X,Z))$）を**道**という．すなわち，道は矢印の向きとは関係なく，辺に沿ってたどることのできる，切れることもなく交差することもない経路である．特に，すべての辺の組について矢印が前の辺の頂点から次の辺の頂点へ向かうとき，その道を**有向道**という．たとえば，図 1.1(a) の場合，道 $((W,Z),(Z,Y))$ は有向道であるが，$((W,Z),(Z,Y),(Y,X))$ や $((W,Z),(Z,X))$ は有向道ではない．2つの変数間に道が存在するとき，2つの頂点は**連結される**といい，そうではないとき**切断される**という．

有向グラフには，フィードバック・プロセスや相互的な因果関係を表す巡回閉路（たとえば，$X \to Y, Y \to X$）が含まれていてもかまわないが，自己ループ（たとえば，$X \to X$）は含まないものとする．巡回閉路のないグラフは**非巡回的**であるといわれる．有向でかつ非巡回的であるグラフ（図 1.1(b)）は**非巡回的有向グラフ** (directed acyclic graph; DAG) とよばれ，本書で行われる議論の多くで使われる．本書では，グラフにおけるさまざまな関係を記述するために，親族関係にたとえた用語（たとえば，**親**, **子**, **子孫**, **先祖**, **配偶者**）を用いる．親族関係はグラフにおけるすべての矢線に基づいて定義される．その際，グラフには巡回閉路を形成する矢線が含まれていてもかまわないが，無向辺や双方向矢線については無視する．たとえば，図 1.1(a) のグ

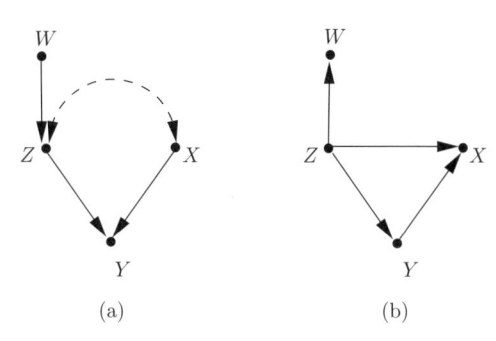

図 1.1 (a) 矢線と双方向矢線を含むグラフ．(b) (a) と同じスケルトンをもつ非巡回的有向グラフ (DAG)

ラフでは，Y は 2 つの親 (X, Z)，3 つの先祖 (X, Z, W) をもつが，子をもたない．一方，X は親をもたない（したがって，先祖ももたない）が，1 つの配偶者 (Z) と 1 つの子 (Y) をもつ．グラフにおける家族とは，ある頂点とその親すべてからなる頂点集合である．たとえば，図 1.1(a) のグラフでは，$\{W\}, \{Z, W\}, \{X\}$ と $\{Y, Z, X\}$ はそれぞれ家族である．

有向グラフにおいて親をもたない頂点を**ルート**とよび，子をもたない頂点を**シンク**とよぶ．すべての頂点がたかだか 1 つの親しかもたない連結された DAG を**ツリー**とよぶ．また，すべての頂点がたかだか 1 つの子しかもたないツリーを**連鎖経路**とよぶ．頂点のすべての組が辺によって連結しているグラフは**完全である**とよばれる．たとえば，図 1.1(a) のグラフでは (W, X) と (W, Y) は隣接していないため，連結しているが完全ではない．

1.2.2 ベイジアン・ネットワーク

確率・統計的モデリングにおけるグラフの役割は次の 3 つからなる．

1. 実質的な仮定を表現する便利な方法を提供すること．
2. 同時確率関数の簡潔な表現を円滑に行うこと．
3. 観察データに基づいて効率的な推論を円滑に行うこと．

以下では，項目 2 について議論を始めよう．

n 個の二値確率変数に対する同時分布 $P(x_1, \cdots, x_n)$ を規定する作業を考えよう．$P(x_1, \cdots, x_n)$ を明確に表現するためには，とてつもなく大きな 2^n 個のセルからなる表が必要となる．しかし，各変数が小さな部分集合に従属する場合には，実質的で簡潔な表現を得ることができる．このような従属情報を用いることによって，大きな同時分布関数をいくつかの小さな周辺分布関数——それぞれは確率変数の部分集合に対応する分布関数——に分解することができ，それらをうまくつなぎ合わせることによって全体の性質を導くことができる．グラフを用いれば，与えられた知識状態において変数集合がどのように互いに関連しているのかを明示的に表現することができるため，グラフはこのような分解を行う際に重要な役割を果たす．

有向グラフと無向グラフは，ともにこのような分解を行いやすくするために使われる．無向グラフは，しばしば**マルコフ・ネットワーク** (Pearl 1988b) ともよばれ，主に対称かつ空間的な関係を表現するために使われる (Isham 1981; Cox and Wermuth 1996; Lauritzen 1996)．有向グラフ，特に DAG は因果的あるいは時間的な関係を表現するために使われており (Lauritzen 1982;

Wermuth and Lauritzen 1983; Kiiveri et al. 1984)，ベイジアン・ネットワークとして知られている．ベイジアン・ネットワークは，

(1) 入力情報の主観性，
(2) 情報更新におけるベイズの定理への依存性，
(3) 1763 年の Thomas Bayes の論文で強調されているように，因果に基づく推論と証拠に基づく推論との相違性，

という 3 つの側面を強調するために，Pearl (1985) が名づけたものである．矢線と無向辺の両方を含むハイブリッド・グラフも統計的モデリングを行うために提案されている (Wermuth and Lauritzen 1990)．しかし，本書では，フィードバック・サイクルを表現するために巡回的有向グラフを利用することもあるが，主に非巡回的有向グラフを扱う．

非巡回的有向グラフに基づく逐次的因数分解は次のように与えられる．n 個の離散型確率変数 $X_1, X_2, \cdots, X_n$ で定義される分布 P を仮定する．このとき，連鎖公式 ((1.12) 式を参照) より，P は n 個の条件付き確率の積として

$$P(x_1, \cdots, x_n) = \prod_{j=1}^{n} P(x_j | x_1, \cdots, x_{j-1}) \tag{1.30}$$

と分解できる．ここで，ある変数 X_j の条件付き確率がその非子孫すべてでなく，その一部の頂点からなる部分集合によって規定されているものとしよう．すなわち，PA_j とよばれる非子孫の部分集合が与えられたとき，X_j は PA_j 以外の非子孫とは独立になると仮定する．このとき，(1.30) 式の積において，条件付き確率はそれぞれ

$$P(x_j | x_1, \cdots, x_{j-1}) = P(x_j | pa_j) \tag{1.31}$$

と書くことができる．これによって，必要な入力情報はかなり単純化される．X_j の非子孫 $X_1, \cdots, X_{j-1}$ すべての実現値を条件付きにしたときの X_j の確率分布を規定するのではなく，PA_j のとりうる実現値だけに注目すればよい．集合 PA_j は X_j の**マルコフ的親**，または単に**親**とよばれる．この名前の由来はこの概念を用いてグラフを構築する際に明らかとなる．

定義 1.2.1（マルコフ的親）

$V = \{X_1, \cdots, X_n\}$ を順序づけられた変数集合とし，$P(v)$ を V 上の同時確率分布とする．このとき，X_j の非子孫に対する部分集合 PA_j が，それを与えたときに PA_j 以外の非子孫すべてと X_j が独立となるような極小集合であるとき，PA_j を X_j のマルコフ的親という．すなわち，PA_j は

$$P(x_j | pa_j) = P(x_j | x_1, \cdots, x_{j-1}) \tag{1.32}$$

を満たす $\{X_1, \cdots, X_{j-1}\}$ の部分集合であって，(1.32) 式を満たす PA_j の真部分集合は存在しない[5]． □

定義 1.2.1 は，変数 X_j に対して X_j の確率を決定するのに十分な非子孫の部分集合 PA_j を割り当てている．すなわち，親集合 PA_j の値 pa_j がわかると，PA_j 以外の非子孫に対応する変数

---

[5] 小文字（たとえば，x_j, pa_j）は対応する変数（たとえば，X_j, PA_j）の実現値を表す．

1.2 グラフと確率

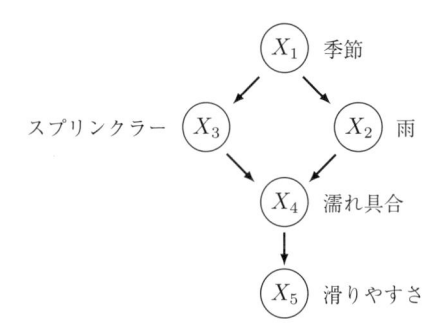

図 1.2 5つの変数間の従属関係を表現したベイジアン・ネットワーク

の情報を必要としない．この割り当ては DAG を用いて表現することができる．このとき，DAG では変数は頂点で表現され，PA_j の要素それぞれからその子 X_j へ矢線を引くことによって構成される．また，定義 1.2.1 は，このような DAG を構成するための簡便で逐次的な構成法を与えている．まず，頂点の組 (X_1, X_2) について，2 つの変数が従属しているときに限り X_1 から X_2 へ矢線を引く．次に，X_3 について，X_3 が $\{X_1, X_2\}$ と独立している場合には矢線を引かない．そうではない場合，X_2 が X_3 と X_1 を分離しているか，あるいは X_1 が X_3 と X_2 を分離しているかを調べる．X_2 が X_3 と X_1 を分離している場合には，X_2 から X_3 へ矢線を引く．X_1 が X_3 と X_2 を分離している場合には，X_1 から X_3 へ矢線を引く．どちらの状況も起こらない場合には，X_1 と X_2 の両方から X_3 へ矢線を引く．一般に，(1.32) 式で示すように，第 j 番目の構成において，X_j とその非子孫を分離するような X_j の非子孫集合のうち，極小なものを選択する．この集合を PA_j とよび，PA_j の各頂点から X_j へ矢線を引く．その結果，ベイジアン・ネットワークとよばれる非巡回的有向グラフが得られる．ここに，ベイジアン・ネットワークでは，X_i から X_j への矢線は X_j のマルコフ的親として X_i を割り当てることを意味している．これは定義 1.2.1 と一致する．

$P(v)$ が正値である場合には（すなわち，論理的な制約も定義的な制約もない），集合 PA_j は一意であり，どんなに起こりそうにないことであっても，v の構成要素は有限の生起確率をもつことが知られている (Pearl 1988b)．このような条件の下では，変数の順序が与えられると，$P(v)$ に対応するベイジアン・ネットワークは一意に定まる．

単純かつ代表的なベイジアン・ネットワークの例を図 1.2 に与える．これは，季節 (X_1)，雨が降るかどうか (X_2)，スプリンクラーを作動させるかどうか (X_3)，歩道が濡れているかどうか (X_4)，歩道が滑りやすいかどうか (X_5)，の 5 つの変数間の関係を表現したものである．ルートに対応する変数 X_1 は春，夏，秋，冬という 4 つの値からなるが，これ以外の変数はすべて二値である（すなわち，真あるいは偽の値をとる）．このネットワークは，因果的な直観と定義 1.2.1 に従って構成されている．たとえば，X_1 と X_5 の間には辺がないが，これは季節変動が他の条件（歩道が濡れているかどうか）を通して歩道の滑りやすさに影響を与えるという条件を表現したものである．X_4 を与えたとき X_5 と $\{X_1, X_2, X_3\}$ は条件付き独立になるため，この直観は (1.32) 式の独立条件と一致する．

定義 1.2.1 で与えた構成法を用いることにより，条件付き独立関係を記述するツールとして，変数順序に従ったベイジアン・ネットワークが定義される．連鎖公式 (1.30) 式を利用することに

よって，(1.32)式を満たす分布が

$$P(x_1, \cdots, x_n) = \prod_{i=1}^{n} P(x_i | pa_i) \tag{1.33}$$

という形に因数分解できることは明らかである．たとえば，図 1.2 の DAG からは，

$$P(x_1, x_2, x_3, x_4, x_5) = P(x_1)P(x_2|x_1)P(x_3|x_1)P(x_4|x_2, x_3)P(x_5|x_4) \tag{1.34}$$

という分解が導かれる．

P と G が与えられれば，変数の順序を気にしなくても P が (1.33) 式で与えた積に分解できるかどうかを検証することができるため，(1.33) 式で与えられる因数分解はもはや順序に依存したものではない．したがって，DAG G が確率分布 P のベイジアン・ネットワークであるための必要条件は，(1.33) 式のように P が G に従って逐次的に因数分解できることである．

定義 1.2.2（マルコフ整合性）

確率分布 P が DAG G に従って (1.33) 式のように因数分解できるとき，G は P を表す，G と P は整合する，あるいは P は G についてマルコフ的であるという[6]．　□

整合性は，DAG G が P によって表現される経験データ全体を説明する，すなわち，DAG G に従って P を生成する確率過程を記述するための必要十分条件である（たとえば，Pearl 1988b, pp.210–23）．そのため，統計的モデリングにおいて，DAG と確率の整合性を確認することは重要なことである．PA_i に対してあらかじめ与えられた値 pa_i に基づいてランダムに選ばれた X_i の値に対応する確率が $P_i(x_i|pa_i)$ であるならば，生成された $x_1, x_2, \cdots, x_n$ に対する全体の確率 P は G についてマルコフ的である（実際，$P_i(x_i|pa_i)$ に対して単に $P(x_i|pa_i)$ と選択すればよい）．

DAG G と整合する分布集合を特徴づけるよい方法は，それぞれの分布が満たさなければならない（条件付き）独立関係を列挙することである．この独立関係は**有向分離基準** (Pearl 1988b) とよばれるグラフィカル判定基準を用いることによって調べることができ，本書の議論において重要な役割を果たす．

1.2.3　有向分離基準

非巡回的有向グラフ G 上の頂点として表現される互いに排反な 3 つの変数集合 X, Y, Z を考えよう．G と整合する任意の分布において，Z を与えたときに X と Y が独立であるかどうかを検証するためには，Z に対応する頂点が X に含まれる任意の頂点と Y に含まれる任意の頂点との間の道をブロックするかどうかを検証しなければならない．ここに，道とはグラフにおける（任意の方向でよい）連続した辺のつながりであり，ブロックするとはある道によって連結された変数間の情報の流れを止めることであると解釈できる．以下にその定義を与える．

定義 1.2.3（有向分離基準）

道 p が次の条件のいずれかを満たすとき，道 p は頂点集合 Z によって有向分離される（ある

---

[6] 最近の文献では，「マルコフ的である」という表現が強調されているようである（たとえば，Spirtes et al. 1993; Lauritzen 1996）．Pearl (1988b, p.116) では，「G は P の I 写像である」という表現を用いている．

1.2 グラフと確率

いはブロックされる）という．

1. 道 p は，ある頂点 m が Z に含まれるような連鎖経路 $i \to m \to j$ あるいは分岐経路 $i \leftarrow m \to j$ を含む．
2. 道 p は，m もその子孫も Z に含まれないような合流経路（または合流）$i \to m \leftarrow j$ を含む．

集合 Z が X の頂点と Y の頂点の間のすべての道をブロックするとき，集合 Z は X と Y を有向分離するという． □

矢線に因果的な意味をもたせるようにすれば，有向分離基準の背後にあるイメージを簡単につかむことができる．因果連鎖経路 $i \to m \to j$ や因果分岐経路 $i \leftarrow m \to j$ では，両端にある 2 つの変数は周辺従属しているが，その間にある頂点で条件づける（すなわち，その値がわかる）と互いに独立になる（ブロックされる）．グラフの観点からいえば，m を与えた場合には i の情報が得られても j の確率分布に影響を与えることはないため，m で条件づけることによってその道に流れる情報はブロックされているように見える．これとは逆に，合流経路 $i \to m \leftarrow j$ は 2 つの原因が共通の結果をもつ状況を表している．この場合，両端にある 2 つの変数は（周辺）独立であるが，それらの間にある変数（共通の結果）あるいはその子孫を条件づけると，道がブロックされず連結されるために従属となる．これを図 1.2 の例で確認しよう．季節がわかれば，X_3 と X_2 は独立である（スプリンクラーは，季節に応じてあらかじめ備えつけられるものとする）．一方，歩道が濡れているかどうか，あるいは滑りやすいかどうかがわかれば，X_2 と X_3 は従属する．なぜなら，これらの原因のうち一つを否定すれば，もう一つの原因によって引き起こされたという確率を増加させることになるからである．

図 1.2 において，$X = \{X_2\}, Y = \{X_3\}, Z = \{X_1\}$ とおくと，Z は X_2 と X_3 を連結する 2 つの道をブロックしている．このことから，$Z = \{X_1\}$ は $X = \{X_2\}$ と $Y = \{X_3\}$ を有向分離していることがわかる．すなわち，道 $X_2 \leftarrow X_1 \to X_3$ は分岐経路であり，その道にある頂点 X_1 は Z の要素である．したがって，分岐経路 $X_2 \leftarrow X_1 \to X_3$ は Z によってブロックされる．一方，道 $X_2 \to X_4 \leftarrow X_3$ は合流経路であり，その道にある頂点 X_4 もその子孫も Z の要素ではない．したがって，合流経路 $X_2 \to X_4 \leftarrow X_3$ は Z によってブロックされる．しかし，$Z' = \{X_1, X_5\}$ は X と Y を有向分離しない．すなわち，X_5 は道 $X_2 \to X_4 \leftarrow X_3$（合流経路）にある頂点 X_4 の子孫であり，かつ Z' の要素であることから，$X_2 \to X_4 \leftarrow X_3$ は Z' によってブロックされていないことがわかる．たとえていうなら，X_4 で合流している矢線に沿って道が開かれているかのように，X_5 の情報を得ることによってその原因である X_2 と X_3 は従属するということである．

ブロックされている道にはない頂点を条件づけると道がブロックされなくなる場合があるということに気持ち悪さを感じる読者もいるかもしれない．しかし，これは一般的な因果関係が示すパターンであり，2 つの独立した原因が引き起こす共通の結果を観測することによって，これらの原因が従属する場合があることを意味している．なぜなら，結果が引き起こされたという条件の下では，原因の一つに関する情報を得ることによって，もう一つの原因が起こりやすい，ある

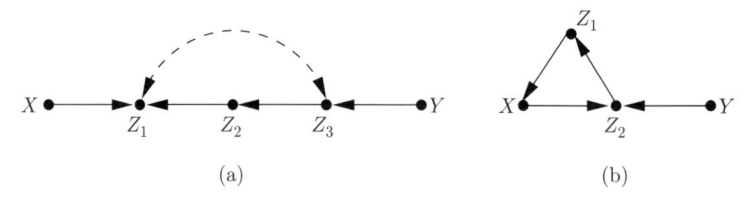

$$X \bullet \longrightarrow \bullet \longleftarrow \bullet \longleftarrow \bullet \longleftarrow \bullet Y \qquad X \bullet \longrightarrow \bullet \longleftarrow \bullet Y$$
$$ Z_1 Z_2 Z_3 Z_2$$
$$\text{(a)} \qquad\qquad\qquad\qquad \text{(b)}$$

図 1.3 有向分離基準を説明するためのグラフ．(a) では，X と Y は Z_2 により有向分離されるが，Z_1 では有向分離されない．(b) では，X と Y はいかなる頂点集合によっても有向分離されない．

いは起こりにくいという傾向がわかるからである．このパターンは，統計学の分野では**選択バイアス**あるいは **Berkson** のパラドックス (Berkson 1946) として，人工知能の分野では**言い逃れの効果**として知られている (Kim and Pearl 1983)．例として，ある大学院に入学するためには，大学在学時に良い成績を取っていること，あるいは特別な音楽的才能をもつことが必要であるとしよう．すべての大学院の在学生を母集団とした場合には，これらの2つの属性が無相関であっても，この大学院の在学生においては（負の）相関がみられる．実際，成績の良くない学生はすぐれた音楽的才能をもっているようであるが，このことはその大学院の入学資格要件を説明しているといえる．

図 1.3 を用いて有向分離基準を詳しく説明しよう．図 1.3(a) には双方向矢線 $Z_1 \leftarrow\!\!-\!\!\rightarrow Z_3$ があり，(b) には巡回道 $X \to Z_2 \to Z_1 \to X$ がある．図 1.3(a) では，$\{Z_1, Z_2, Z_3\}$ のどの要素も観測されない場合には，X と Y の間の2つの道はブロックされる．しかし，Z_1 は Z_1 自身と Z_3 の両方に関する「合流経路」をブロックしないため，Z_1 が測定された場合には，道 $X \to Z_1 \leftarrow\!\!-\!\!\rightarrow Z_3 \leftarrow Y$ はブロックされなくなる．実際，$X \to Z_1 \leftarrow Z_2 \leftarrow Z_3 \leftarrow Y$ では Z_1 が合流経路の合流点となっており，$X \to Z_1 \leftarrow\!\!-\!\!\rightarrow Z_3 \to Y$ では道 $Z_1 \leftarrow Z_2 \leftarrow Z_3$ において Z_1 が合流点 Z_3 の子孫となっている．図 1.3(b) では，X と Y は，空集合も含めて，いかなる頂点集合によっても有向分離されることはない．Z_2 で条件づけた場合，道 $X \leftarrow Z_1 \leftarrow Z_2 \leftarrow Y$ はブロックされるが，道 $X \to Z_2 \leftarrow Y$ はブロックされない．Z_1 で条件づけた場合には，再び道 $X \leftarrow Z_1 \leftarrow Z_2 \leftarrow Y$ はブロックされるが，Z_1 は合流点 Z_2 の子孫であるため，道 $X \to Z_2 \leftarrow Y$ はブロックされなくなる．

有向分離基準と条件付き独立性との関係については，Verma and Pearl (1988; また Geiger et al. 1990 も参照) によって次の定理が与えられている．

定理 1.2.4（有向分離基準の確率論的意味）

DAG G において，Z が X と Y を有向分離しているならば，G と整合するすべての確率分布において Z を与えたときに，X と Y は条件付き独立である．逆に，DAG G において，Z が X と Y を有向分離しないならば，G と整合する確率分布のうちの少なくとも1つにおいては Z を与えたときに X と Y は従属する． □

本来，定理 1.2.4 の後半部分は，もっと強い命題であり，有向分離基準が成り立たない場合には，G と整合するほとんどすべての確率分布において従属する．その理由は，ブロックされていない道に従って独立関係を生成するためには，巧妙なパラメータ調整を行わなければならないが，このような調整は現実問題ではほとんど起こらないからである（Spirtes et al. 1993; 2.4 節；2.9.1

1.2 グラフと確率

項を参照).

条件付き独立関係 $(X \perp\!\!\!\perp Y | Z)_P$ という確率的概念と有向分離基準というグラフ的概念を区別するために，後者を $(X \perp\!\!\!\perp Y | Z)_G$ と表記する．この表記を用いることによって，定理 1.2.4 は次のように簡潔に表現できる．

定理 1.2.5

DAG G における互いに排反な 3 つの頂点集合 (X, Y, Z) と任意の確率分布 P に対して，次が成り立つ．

(i) G と P が整合するならば，$(X \perp\!\!\!\perp Y | Z)_G \Longrightarrow (X \perp\!\!\!\perp Y | Z)_P$
(ii) G と整合するすべての確率分布において $(X \perp\!\!\!\perp Y | Z)_P$ が成り立つならば，$(X \perp\!\!\!\perp Y | Z)_G$
□

Lauritzen et al. (1990) は，モラルグラフという概念に基づいて，有向分離基準が成り立つかどうかを調べるもう一つの方法を与えている．$(X \perp\!\!\!\perp Y | Z)_G$ を検証するためには，G から $\{X, Y, Z\}$ およびそれらの先祖以外のすべての頂点を取り除く．次に，共通の子をもつ頂点のすべての組を無向辺で結び，すべての弧と矢線を無向辺に入れ替える．このとき，$(X \perp\!\!\!\perp Y | Z)_G$ が成り立つことと，得られた無向グラフにおいて Z が X と Y の間のすべての道を切断することとは同値である．

グラフの構成順序は有向分離基準と関係がないことに注意しよう．有向分離基準は単なる確率分布 P で成り立つ独立関係を規定するグラフのトポロジーにすぎない．実際，次の定理が証明されている (Pearl 1988b, p.120)．

定理 1.2.6（順序つきマルコフ条件）

確率分布 P が DAG G についてマルコフ的であるための必要十分条件は，G の矢線と一致する変数順序について，任意の変数が，G におけるその親を与えたとき，その親以外の非子孫すべてと条件付き独立になることである．
□

この定理は確率 P が DAG G についてマルコフ的であるかどうかを決定するための順序独立な基準となっている．

定理 1.2.7（親マルコフ条件）

確率分布 P が DAG G についてマルコフ的であるための必要十分条件は，任意の変数が，その親を与えたとき，(G における) その親以外の非子孫すべてと条件付き独立になることである (X_i の「非子孫」という場合，X_i そのものは除かれているものとする)．
□

この条件は，Kiiveri et al. (1984) と Lauritzen (1996) が「局所」マルコフ条件とよんでいるものであり，しばしばベイジアン・ネットワークの定義として用いられる (Howard and Matheson 1981)．しかし，実際には，順序付きマルコフ条件のほうが扱いやすい．

有向分離基準から導かれるもう一つの重要な性質は，2 つの DAG が観察的同値性かどうか，すなわち DAG G の一つと一致する任意の確率分布が他の DAG とも一致するかどうかを判断する

ための基準である．

定理 1.2.8（観察的同値性）

2つのDAGが観察的同値であるための必要十分条件は，その2つのグラフが同じスケルトンと同じv字合流をもつこと，すなわち，2つの合流する矢線がある場合には，その尾が矢線によって連結していないことである (Verma and Pearl 1990)[7]．　　□

観察的同値性は確率のみに基づく矢線の方向の推測可能性に対する限界を与えている．観察的同値である2つのネットワークを区別するためには，介入実験や時間情報が必要となる．たとえば，図1.2において，X_1からX_2への矢線の方向を逆にしても，v字合流が加えられることも，取り除かれることもない．このことから，矢線の方向を反転させることによって観察的同値であるネットワークが構成されるため，$X_1 \to X_2$という方向は確率的情報から決定できないことがわかる．一方，矢線$X_2 \to X_4$がもつ特徴と$X_4 \to X_5$がもつ特徴は異なっており，これらの方向を逆にすることによって新しいv字合流が生成される．このことから，時間情報がなくても，（図1.2のベイジアン・ネットワークを構成する）いくつかの確率分布Pでは，グラフにおけるいくつかの矢線の方向を決定できることがわかる．このような矢線の方向を決定する方法や，データに基づく因果構造推測問題に対するこのような制約の適用可能性については，第2章で議論する．

1.2.4　ベイジアン・ネットワークによる推論

ベイジアン・ネットワークは，人工知能 (AI) システムにおける予測や仮説形成を実行しやすくするために，1980年初頭に開発された．これらの作業を実行するためには，新しく入力される観測値がすでに得られている事前情報や観測値と矛盾しないという論理的な説明を見つけなければならない．数学的には，この問題は$P(y|x)$の計算に要約される．ここに，Xは観測値の集合であり，Yは予測あるいは診断を行う際に重要であると考えられる変数集合である．

同時分布Pが与えられたとき，$P(y|x)$の計算は概念的には自明であり，ベイズの規則を直接適用することによって

$$P(y|x) = \frac{\sum_s P(y,x,s)}{\sum_{y,s} P(y,x,s)} \quad (1.35)$$

を得ることができる．ここに，SはXとYを除くすべての変数からなる集合を表す．すべてのベイジアン・ネットワークが同時分布P（(1.33)式の積で与えられる）を定義できることから，DAG Gと，Gに基づいて定義される条件付き確率$P(x_i|pa_i)$を用いて，$P(y|x)$を計算できることは明らかである．

しかし，確率計算を効率的に実行する方法やネットワーク・トポロジーの表現レベルが大きな問題となる．後者は，この推論過程を説明するシステムにおいて重要となる．因果関係を議論する際には，このような推論技術は重要ではないが，それらは

(i) グラフ形式で確率的知識を構成する際の効率性，

---

[7] Verma and Pearl (1990) とは独立に，Frydenberg (1990) は連鎖グラフを用いて同じ基準を与えているが，そこでは正値性が仮定されている．

1.2 グラフと確率

(ii) 構成する際の論理的な確率（とその近似）計算の実行可能性，

という特徴をもっていることから，これについて簡単に述べる．詳しくは参考文献を参照されたい．

ベイジアン・ネットワークの確率計算を行うために最初に提案されたアルゴリズムは，メッセージ・パッシング・アーキテクチャーを用いたものであったが，その適用範囲はツリー構造に限られていた (Pearl 1982; Kim and Pearl 1983)．この技術では，各変数には簡単なプロセッサーが割り当てられ，隣接する頂点どうしのメッセージの非同期的な受け渡しが平衡状態に達するまで有限回実行される．それ以降，このようなツリー・プロパゲーション法（と同期的変動）を一般的なネットワークへ拡張する方法論が開発されている．最も使われている方法論は Lauritzen and Spiegelhalter (1988) のジョイン・ツリー・プロパゲーション法とカットセット・コンディショニング法 (Pearl 1988b, pp.204–10; Jensen 1996) である．ジョイン・ツリー・プロパゲーション法の場合，ネットワークをツリー構造を形成するようにいくつかのクラスター（クリーク）に分割し，各クラスターに対応する集合変数をその隣接点へメッセージの受け渡しができる複合変数として扱う．たとえば，図 1.2 のネットワークでは，3 つのクラスターからなるマルコフ整合性をもつ連鎖経路

$$\{X_1, X_2, X_3\} \to \{X_2, X_3, X_4\} \to \{X_4, X_5\}$$

を構成することができる．

カットセット・コンディショニング法では，変数集合は（特定の値を与えたときに）残りのネットワークがツリー構造を形成するように構成される．そのツリーに基づいて伝播が行われ，すべての変数集合を利用しつくすまで新しい変数集合を選択する．最後に，その結果を平均化する．たとえば，図 1.2 では，X_1 に任意の値（たとえば，$X_1 = $夏）を与えると，$X_2$ と X_3 の間の道は分離され，残りのネットワークはツリー構造となる．カットセット・コンディショニング法の主な利点として，必要とされる格納空間が，ジョイン・ツリーに基づく方法では指数的であるのに対して，カットセット・コンディショニング法では極小である（ネットワークの大きさに対して線形である）ことがあげられる．格納空間と時間の柔軟なトレードオフを実現するために，これら 2 つの基本アルゴリズムを組み合わせたハイブリッドな手法も提案されている (Shachter et al. 1994; Dechter 1996)．

一般的なネットワークに関する推論は「NP 困難」である (Cooper 1990) が，ここで紹介した方法に関する計算量は実行しなくても推定できる．推定値が合理的な限界を超えるような場合には，それに代わって確率論的シミュレーション (Pearl 1988b, pp.210–23) のような近似法が使われる．この場合には，ネットワークのトポロジーを利用して，連続的かつ同時に変数の局所的部分集合に基づくギブス・サンプリングが実行される．

DAG に関する詳細およびエキスパート・システムにおける証拠推論への応用については，Pearl (1988b), Lauritzen and Spiegelhalter (1988), Pearl (1993a), Spiegelhalter et al. (1993), Heckerman et al. (1995), Shafer (1996b, 1997) で議論されている．

1.3 因果ベイジアン・ネットワーク

条件付き独立関係を記述するツールとして DAG を解釈することはできるが，それは必ずしも因果関係を意味するものではない．実際，DAG は任意の変数順序に従った逐次的な独立関係の集合に対して適用可能であり，因果的な順序や時間的な順序を必要としない．一方，統計学や人工知能の応用分野の至るところで DAG モデルが使われているが，それは本来（しばしば無意識のうちに）因果的解釈を行うことに由来している．すなわち，DAG モデル一つひとつは，観察データの生成過程を説明可能なプロセスのシステムを表現したものである．因果的な解釈を行うことによって，DAG モデルが時間的な順序や因果的順序でよく使われる理由を説明することができる．

相関情報ではなく因果的情報に基づいて DAG モデルを構築する利点はいくつかある．第一の利点は，モデル構築を行う際に必要とされる判断は意味があり，かつ利用しやすく，信頼できるというものである．変数順序 $(X_5, X_1, X_3, X_2, X_4)$ に従って図 1.2 の関連性を表現した DAG を構築してみれば，読者にこのよさがわかってもらえるだろう．このような構築を行えば，独立関係のいくつかは他の独立関係よりも十分に納得できるものになることがわかる．また，我々がもっている因果関係に関する基本的知識と結びつけることによって，条件付き独立関係に関する判断が信頼できるものになる．図 1.2 の例では，X_4 がわかった（たとえば，歩道が濡れているかどうか）ときには，X_5 は X_2 や X_3 と条件付き独立であると主張することができる．このことは，雨やスプリンクラーは歩道の濡れ具合を通して滑りやすさへ影響を与えるという因果関係を考慮すればわかるであろう．因果的なつながりでは説明できない従属関係は，異常あるいは擬似的なものと考えられ，「逆説的」という烙印さえ押される（Berkson のパラドックス，1.2.3 項を参照）．

本書では，数度にわたって相関的知識よりも因果的知識のほうが上位にあることを説明する．極端な場合，人々は確率的情報をすべて無視して，因果的情報だけに注目する場合もある（6.1.4 項を参照）[8]．このことは，条件付き独立関係が本質的な知識を表現する主要な方法となっており，かつ統計学において広く利用されているグラフィカル・モデルの理論的フレームワーク (Wermuth and Lauritzen 1990; Cox and Wermuth 1996) に疑問を投げかけている[9]．統計的独立関係に基づく判断が因果関係の副産物であると考えれば，それらの関係を開発し表現することによって，我々が世界を知る，あるいは信じていることを表現するための自然かつ信頼できる方法が得られるであろう．事実，これが因果ベイジアン・ネットワークの背後にある哲学である．

因果関係に基づいてベイジアン・ネットワークを構築する第二の利点は因果構造の理解に基づくものであるが，外的あるいは自発的変化を表現し，反映させることができるということである．状況に応じて部分的なメカニズムを再構成する場合には，わずかに修正するだけでそれと同形なネットワーク・トポロジーに再変換することができる．たとえば，図 1.2 で故障したスプリンクラーを表現するためには，そのネットワークからスプリンクラーを表す頂点に向かう矢線をすべてを取り除けばよい．また，もし雨が降った場合にはスプリンクラーを消すという行動を表現す

---

[8] Tversky and Kahneman (1980) の実験は，確率的判断における因果的バイアスを明らかにしたものであり，この考察を正当化するもう一つの証拠となっている．たとえば，多くの人々は，青い目の母親は青い目の娘をもち，それが逆の場合よりも起こりうると信じている．しかし，実際には，2 つの確率は同じである．

[9] 著者は，統計学の同僚と同じように，条件付き独立関係の中心的役割を唱えるという誤りをおかした．Pearl (1988b, p.79) を参照されたい．

1.3 因果ベイジアン・ネットワーク

るためには，雨からスプリンクラーへの矢線を加えて $P(x_3|x_1, x_2)$ と変更すればよい．ネットワークを因果的方向ではなく，任意の変数順序，たとえば $(X_5, X_1, X_3, X_2, X_4)$ に基づいて構成する場合，そのような変化を再モデル化するにはもっと労力を必要とするであろう．このように再モデル化できるという柔軟性は，熟考的な行為者と即応的な行為者の区別を明確にさせ，かつ前者に訓練あるいは適応をさせなくても，すぐに新しい状況を処理させることができる性質と考えることができる．

1.3.1 介入を記述するための因果ダイアグラム

このような柔軟性の源泉は，ネットワークにおける親子関係のそれぞれが定常的でかつ自律的な物理的メカニズムを表現している，すなわち，興味ある関係について，それ以外の関係を変化させることなく，この関係を変化させることができるという仮定にある．このようなモジュール形式に基づいて知識を構成することによって，できるだけ少ない外部情報を用いて介入効果を予測することができる．実際，（妥当な）因果モデルは確率モデル以上に情報量が多い．同時分布からは，どのくらいの確率で事象が起こるのか，あるいは観測値が与えられたときに確率はどのように変化するのかといったことを知ることができる．これに対して，因果モデルからは，政策分析，治療管理あるいは日常的な活動計画といった介入によって，確率がどのようにして変化するのかということも知ることができる．十分に規定された同時分布を用いても，このような変化を導くことはできない．

モジュール性と介入の関係は以下のとおりである．多くの介入のそれぞれに対して新しい確率分布を規定するのではなく，介入を伴う直接的変化だけを規定する．そして，自律性により，その変化は局所的なものであり，特定の部分以外のメカニズムには広がらないと仮定する．介入により変化したメカニズムの特性と変化に関する性質が明らかになれば，(1.33) 式において対応する部分を修正し，それを使って新しい確率分布を計算することによって，介入を行ったときの全体的な効果を予測することができる．たとえば，図 1.2 において，スプリンクラーを作動させるという行動を記述するためには，矢線 $X_1 \to X_3$ を取り除いたうえで，X_3 を「作動」に割り当てればよい．この操作に対応するグラフは図 1.4 のようになり，これによって得られる確率変数の同時分布は

$$P_{X_3=作動}(x_1, x_2, x_4, x_5) = P(x_1)P(x_2|x_1)P(x_4|x_2, X_3=作動)P(x_5|x_4) \quad (1.36)$$

となる．ここに，右辺にあるすべての条件付き確率は，自律性により，(1.34) 式に与えられているものと同じである．

(1.36) 式では，条件付き確率 $P(x_3|x_1)$ がなくなっている．これは，行動する前にスプリンクラーと季節の間にどのような関係があっても，「スプリンクラーを作動させる」という行動を実行した場合には，その関係は存在しなくなることを表している．物理的にスプリンクラーを作動し続けているかぎり，この新しいメカニズムはスプリンクラーの状態を決定している．

「X_3 を作動させる」という行動「$do(X_3=作動)$」と，「X_3 が作動している」という観察「$X_3=作動$」の違いについて注意しよう．後者に関する結果は通常のベイズ的条件，すなわち，$P(x_1, x_2, x_4, x_5 | X_3 = 作動)$ から得られるのに対して，前者に関する結果は，矢線 $X_1 \to X_3$ を除いた切断グラフを

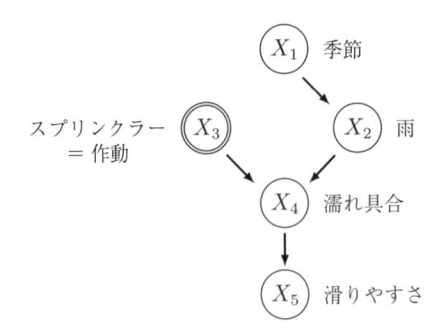

図 1.4 「スプリンクラー」を「作動させる」という行動のネットワーク表現

条件づけることによって得られる．これは実際に「観察する」ということと「実行する」ということの違いを表している．すなわち，スプリンクラーが作動していることを観察すれば，乾燥した季節には雨が降らないだろうなどと推測できる．しかし，「スプリンクラーを作動させる」という計画的な行動による効果を評価する際には，このような推論を行ってはならない．

もちろん，因果ダイアグラムを用いて行動したときの効果を予測するためには，（単なる従属的知識だけではなく）因果的知識に基づいており，かつシステムが自律性という原則に従って介入に反応することが保証されている，といった強い仮定が必要となる．これらの仮定は次に与える因果ベイジアン・ネットワークの定義としてまとめられる．

定義 1.3.1（因果ベイジアン・ネットワーク）

$P(v)$ を変数集合 V の確率分布とし，$P_x(v)$ を部分集合 X を定数 x とする介入 $do(X = x)$ から得られる分布とする[10]．ここに，介入を行わない（すなわち，$X = \phi$）場合の分布を表す $P(v)$ と介入による分布 $P_x(v), X \subseteq V$ すべてからなる集合を $\boldsymbol{P}_*$ と記す．任意の $P_x \in \boldsymbol{P}_*$ に対して次の 3 つの条件が成り立つとき，DAG G は $\boldsymbol{P}_*$ と整合する因果ベイジアン・ネットワークであるという．

(i) $P_x(v)$ は G についてマルコフ的である．

(ii) v_i が $X = x$ と一致するとき，任意の $V_i \in X$ に対して $P_x(v_i) = 1$ が成り立つ．

(iii) pa_i が $X = x$ と一致するとき，任意の $V_i \notin X$ に対して $P_x(v_i|pa_i) = P(v_i|pa_i)$ が成り立つ．すなわち，$P(v_i|pa_i)$ は V_i を含まない介入に対して不変である． □

定義 1.3.1 で与えた条件により，とてつもなく大きなスペースを必要とする介入空間 $\boldsymbol{P}_*$ を一つのベイジアン・ネットワーク G で簡潔に書き直すことができる．これによって，任意の介入 $do(X = x)$ から得られる分布 $P_x(v)$ は，x と一致するすべての v に対して**切断因数分解**

$$P_x(v) = \prod_{\{i|V_i \notin X\}} P(v_i|pa_i) \qquad (1.37)$$

と計算することができる．これは定義 1.3.1 から得られるものであり，(1.36) 式のような家族を取り除く作業を正当化している．G が $\boldsymbol{P}_*$ と整合する因果ベイジアン・ネットワークであるとき，次の 2 つの性質が成り立つ．

---

[10] 代数的操作を簡単にするために，第 2 章以降では記号 $P_x(v)$ を $P(v|do(x))$ で置き換える．

1.3 因果ベイジアン・ネットワーク

性質1：任意の i に対して

$$P(v_i|pa_i) = P_{pa_i}(v_i) \tag{1.38}$$

が成り立つ． □

性質2：任意の i および $\{V_i, PA_i\}$ と排反な任意の変数集合 S に対して

$$P_{pa_i, s}(v_i) = P_{pa_i}(v_i) \tag{1.39}$$

が成り立つ． □

性質1は，条件付き確率 $P(v_i|pa_i)$ が介入によって PA_i を pa_i としたときの V_i への効果と一致すると保証できる場合には，任意の親集合 PA_i はその子 V_i に対して外生変数であることを述べている．性質2は不変性の概念，すなわち，直接原因 PA_i に対して介入を行った後では，それ以外の介入は V_i の確率に対して影響を与えないことを述べている．

1.3.2 因果関係と定常性

このようなメカニズムに基づく介入の概念は，第2章および第3章で議論される「因果効果」や「因果的影響」といった概念に対して意味論的な基礎を与えている．たとえば，X_i が X_j に対して因果的な影響を与えるかどうかを検証するためには，(1.37) 式で与えた切断因数分解を用いて，介入 $do(X_i = x_i)$ を実行したときの X_j の周辺分布——すなわち，X_i の任意の値 x_i に対する確率 $P_{x_i}(x_j)$ ——を計算し，その分布が x_i に対して変化するかどうかを調べればよい．前節の例より，因果ダイアグラムにおける X_i の子孫に対応する変数だけが X_i の影響を受けることは容易にわかる．同時分布から条件付き確率 $P(x_i|pa_i)$ を取り除くことによって，X_i は切断グラフにおけるルートになる．有向分離基準を用いれば，ルートに対応する変数は，その子孫を除くすべての変数と独立であることがわかる．

このように因果関係を理解することによって，なぜ，そしてどうして因果関係が確率関係よりも定常的であるのかがよくわかる．因果関係は，我々の世界についての物理的な制約を客観的に表現しているので**存在論的**であるが，確率関係は世界について我々が知っていること，あるいは信じていることを表現しているので**認識論的**である．この違いは，定常性によって生じていると考えられる．したがって，因果関係は，環境に対する認識が変わったとしても，その環境に変化が起こらないかぎり不変である．これを説明するために，「スプリンクラーの状態は雨量に影響を与えない」という因果関係 S_1 を考え，これと確率的に対応する S_2 「スプリンクラーの状態と雨量は独立である」を比較しよう．S_2 は変化するが，S_1 は変わらない2つのケースを図1.2に与えた．まず，季節 (X_1) がいつなのかがわかると S_2 は偽から真に変わる．一方，その季節がわかったとき，歩道が濡れている ($X_4 = $ 真) であるとわかると，S_2 は真から偽に変化する．しかし，S_1 は季節や歩道に関する情報とは関係なく真である．

この例には，因果関係が対応する確率関係よりも定常であるという強い意味，そしてそれらの基礎となる存在論的–認識論的な違いを超えた意味がある．季節からスプリンクラーへの影響を規定するメカニズムが変化しても，S_1 で記述されている関係は変わらない．実際，この因果ダイアグラムで記述されるすべてのメカニズムにおいて変化が起こっても，S_1 は不変である．このこ

とから，因果関係はメカニズムの部分的変化に対しては感度が高いが，存在論的な変化に対しては強い頑健性をもつことがわかる．さらにいうならば，確率関係とは大きく異なり，因果関係 S_1 は因果的な変数（この例では X_3）を規定するメカニズムによって変わることはない．

この定常性という観点からいえば，確率構造ではなく因果構造を用いて知識を書き直したいと思う人がいるに違いない．周辺独立関係や条件付き独立関係のような確率関係は，コントロールされない観察研究に基づいて因果仮説を立てる最初の段階では有効であるかもしれない．しかし，知識が因果構造に割り当てられると，そのような確率関係は忘れ去られる傾向にある．対象とする研究領域における条件付き独立関係に関する判断はいずれも，獲得された因果構造から導かれたものである．これが，人々が（たとえば，豆の値段は1ブッシェル当たり$10を超えるといった）数値的確率についてまったくわかっていない場合でも，（たとえば，中国の豆の値段はロサンゼルスの交通量とは独立であるといった）ある条件付き独立関係を確信をもって主張できる理由である．

メカニズムがもつ定常性という構成要素は，因果関係の説明的記述とよばれるものの本質である．したがって，因果モデルでは介入という行動を符号化する必要はないが，その代わりとして，データがどのように生成されるのかという「説明」あるいは「理解」を与えていることが，主たる目的となっている[11]．物事を理解するのに何を利用してもかまわないが，一時的な関係よりも状況が変わっても適用できるような恒久的関係に基づいて理解することが望ましい．また，因果関係を説明する際に，なじみのある伝えやすい方法を用いたほうが，因果関係に対する十分な理解を得ることができる．定常性により，気圧の低下によって雨量を予測することができるのであって，気圧が低下したからといって雨が降るわけではない．事実，気圧計周辺の気圧を人工的な方法で低下させるという状況にある場合には，このような予測を適用することができない．メカニズムが変化した，あるいは追加されたといった新しい状況が起こった場合には，因果関係を正しく理解することによって予測することができる．そして，介入が行われない状況を含めて，最終的に得られた結果は操作という立場から見た因果関係の解釈にすぎないと考えてよい．したがって，物事が分解されたり，変形したり，自発的に変化したりといった状況を含めて，広い範囲で予測能力を獲得することによって，「データはどうやって生成されたのか」あるいは「対象物はどうやって動いているのか」について理解を深めることができる．

1.4 関数因果モデル

ベイジアン・ネットワークに因果的解釈を与える方法は，因果モデル（そして因果ダイアグラム）が遺伝学 (Wright 1921)，経済学 (Haavelmo 1943)，社会科学 (Duncan 1975) において初めて導入された方法とは根本的に異なっており，物理学や工学で日常的に使われている方法とも異なっている．これらのモデルでは，因果関係は決定論的な関数方程式で記述され，確率はその方程式に観測されない変数が含まれているという仮定に基づいて導入される．これは，自然現象に関するLaplaceの思想 (1814) を表したものである．これに従えば，自然法則は決定論的に記述

---

[11] このような探索的な説明は Dempster (1990)，Cox (1992)，Shafer (1996a) にも見られる．King et al. (1994, p.75) も参照されたい．

され，偶然性は単に潜在的な境界条件を知らないがゆえに現れるにすぎない．一方，因果ベイジアン・ネットワークの定義に現れている関係は本質的に確率的であると仮定されている．そのため，自然法則はすべて本質的に確率的であり，決定論は便利のよい近似にすぎないと考える（たとえば，量子力学的な）現代の物理学の概念に受け入れられている．

本書では，因果関係を Laplace の準決定論的概念を用いて記述し，これを確率的概念と対比させ，因果的な実体を定義し，解析する．この概念を選択した理由は 3 つある．まず，Laplace の概念は一般的である．確率モデルはすべて（確率的入力を伴う）多くの関数関係を用いて表現できるが，逆はそうではない．すなわち，限られた場合にだけ，関数関係は確率モデルを用いて近似することができる．第二に，Laplace の概念は人間の直観と調和している．いくつかの深遠な量子力学的実験を用いた結果が Laplace の概念による予測と矛盾すると，人々に驚きと疑惑の渦が巻き起こり，これによって，物理学の世界で確立された局所性と因果性に関する直観をあきらめなければならない (Maudlin 1994)．しかし，本書の問題意識は，このような直観を壊すことではなく，保護し，解明し，満足させることにある[12]．

最後に，人間の推論過程に偏在する概念は Laplace のフレームワークによってのみ定義できる．たとえば，「事象 A が理由となって事象 B が起こった確率」や「もし事象 A が起こらなければ，事象 B は違っていたであろう確率」といった単純な概念は純粋な確率モデルでは定義できない．このような**反事実的概念**を議論するためには，Laplace のモデルで表現された決定論的要素と確率論的要素を統合しなければならない．

1.4.1 構造方程式

一般に，関数因果モデルは

$$x_i = f_i(pa_i, u_i), \quad i = 1, \cdots, n \tag{1.40}$$

という形式の方程式の集合からなる．ここに，pa_i（親を表す）は X_i の直接原因と考えられる変数集合であり，U_i はそれ以外の表現されることのない誤差を表す．(1.40) 式は線形構造方程式モデル (structural equation model; SEM)

$$x_i = \sum_{x_k \in pa_i} \alpha_{ik} x_k + u_i, \quad i = 1, \cdots, n \tag{1.41}$$

を非線形，ノンパラメトリック・モデルへ一般化したものである．経済学や社会科学では，このモデルが標準的ツールとして使われている（第 5 章を参照）．線形構造方程式モデルでは，pa_i は (1.41) 式の右辺にある 0 ではない係数をもつ変数に対応している．

(1.40) 式で与えられる関数関係の解釈は，物理学や自然科学で与えられている関数に対する標準的な解釈と同じ，すなわち，自然界が (PA_i, U_i) がとりうる値の組み合わせのそれぞれに対応して X_i にどのような値を割り当てるのかということを規定する処方せんや戦略や法則である．

---

[12] 人間の直観は科学や哲学ではなく，心理学に属しているという議論をしばしば耳にする．しかし，因果的直観ということになれば，この議論は適切ではなく，因果的思想の創始者たちはどのような場合にその概念の意味が問題となるのかを無視することができない．実際，因果関係にかかわるすべての哲学的研究では，人間の直観に従うことが適切さの決定的基準となっている．同様に，背景情報を統計的研究に適切に取り入れることができるかどうかも，因果的判断の正しい解釈ができるかどうかに依存している．

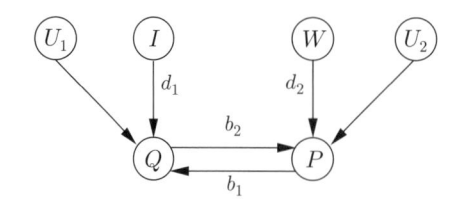

図 1.5 価格 (P), 需要量 (Q), 収入 (I), 賃金 (W) の関係を説明するための因果ダイアグラム

(1.40) 式の方程式集合の各要素が自律的メカニズムを表すとき，**構造モデル**という．また，各変数が異なる方程式をもち，その変数が対応する方程式の左辺に現れる（**従属変数**とよばれる）とき，このモデルを**構造的因果モデル**あるいは簡単に**因果モデル**とよぶ[13]．構造方程式を要素とする任意の部分集合も，それ自身ある介入を行った際の条件を表す有効なモデルであるという点で，構造方程式と代数方程式は数学的に異なる．

これを説明するために，需要と価格に関する標準的な経済モデルを表す図 1.5 と対応する構造方程式

$$q = b_1 p + d_1 i + u_1 \tag{1.42}$$
$$p = b_2 q + d_2 w + u_2 \tag{1.43}$$

を考えよう．ここに，Q は製品 A に対する家計需要量であり，P は製品 A の単位当たりの価格，I は世帯収入，W は製品 A の製造にかかる賃金，u_1 と u_2 は，それぞれ需要量と価格に影響を与える誤差項である (Goldberger 1992)．このモデルに対応するグラフは巡回的であり，変数 U_1, U_2, I, W に対応する頂点は，互いに独立なルートとなっている．この場合の**自律性** (Aldrich 1989) は，2 つの方程式が経済，消費者，生産者を緩やかにつなぐ構成要素であるという考え方である．(1.42) 式は消費者が購入量 Q をどのように決定するかを表しており，(1.43) 式は生産者が価格 P をどのように決定するかを表している．フィードバック・システムと同様に，これも潜在的なダイナミクスを表現している．すなわち，今日の価格は昨日の需要量に基づいて決定され，かつ次の売買期間における需要量を決定する．これらの方程式に対する解は，背景因子 U_1 と U_2 の値が一定であるという仮定の下での長期の平衡状態を表している．

ある方程式に影響を与えるような外部の変化が起こっても他の方程式が変わることはないという意味で，2 つの方程式は動的な変化について自律的であると考えられる．たとえば，政府が価格を決定して価格 P を p_0 と固定すると，(1.43) 式は $p = p_0$ と置き換えられるが，(1.42) 式における関係は $q = b_1 p_0 + d_1 i + u_1$ のままである．このとき，「需要の弾力性」を表す b_1 は，P を制御して 1 単位増加させたときの Q の変化率と解釈することができる．明らかに，この変化率は，制御されない状況において P が 1 単位増加したときに観察された Q の変化率とは異なっている．価格制御が行われていないという状況の下では，Q の変化率は，b_1 だけでなく，(1.43) 式に与えたパラメータの影響も受けている（7.1.2 項，(7.14) 式を参照）．制御された変化と観察された変化の違いは，社会科学や経済学で使われている構造方程式モデルを正しく説明するうえで本質的なことであるため，第 5 章で詳しく議論する．もし消費者行動が価格制御政策に応じて変

---

[13] 因果モデル，構造方程式，誤差項の形式的取扱いについては，第 5 章 (5.4.1 項を参照) および第 7 章 (7.1 節および 7.2.5 項を参照) で議論する．

1.4 関数因果モデル

化すると考えられる理由があれば，たとえば，係数 b_1 と d_1 を P を含む補助的な方程式の従属変数として扱うことによって，この修正された行動を明確にモデル化しなければならない[14]．7.2.1 項では，このモデルを用いて政策関連問題を解析する方法について議論する．

非線形関数モデルの利用法を説明するために，再び図 1.2 に与えた因果関係について考えよう．この関係に関する因果モデルは次の 5 つの関数からなっており，それぞれは 1 つの変数を規定する自律的メカニズムを表している．

$$
\begin{aligned}
x_1 &= u_1 \\
x_2 &= f_2(x_1, u_2) \\
x_3 &= f_3(x_1, u_3) \\
x_4 &= f_4(x_3, x_2, u_4) \\
x_5 &= f_5(x_4, u_5)
\end{aligned}
\tag{1.44}
$$

グラフには誤差変数 $U_1, \cdots, U_5$ が表現されていない．これは，慣習として，誤差変数は互いに独立であると仮定されていることを意味している．いくつかの誤差変数が従属している場合には，図 1.1(a) に示すような双方向矢線をグラフに追加することによって，その従属関係を表現する．

関数 $\{f_1, \cdots, f_5\}$ と誤差項を用いた代表的な記述は

$$
\begin{aligned}
x_2 &= [(X_1 = 冬) \vee (X_1 = 秋) \vee u_2] \wedge \neg u_2' \\
x_3 &= [(X_1 = 夏) \vee (X_1 = 春) \vee u_3] \wedge \neg u_3' \\
x_4 &= (x_2 \vee x_3 \vee u_4) \wedge \neg u_4' \\
x_5 &= (x_4 \vee u_5) \wedge \neg u_5'
\end{aligned}
\tag{1.45}
$$

というブールモデルで与えられるというものである．ここに，x_i は $X_i = 真$ であることを表し，u_i と u_i' はそれぞれ例外的な状態を引き起こすことと抑制することを表す．たとえば，u_4 はスプリンクラーが作動しておらず ($\neg x_3$)，かつ雨が降っていない ($\neg x_2$) とき，(たとえば，水道管が破裂したといった) 歩道を濡らす (x_4) 不特定の原因を表す．一方，u_4' は，雨 (x_2)，スプリンクラー (x_3) や u_4 とは関係なく，(たとえば，歩道がビニールシートで覆われているといった) 歩道を乾かす (x_4) 不特定の原因を表す．

上述の 2 つのモデルでは，各方程式の左辺にある変数（従属変数あるいは反応変数）は右辺にある変数と異なることに注意しなければならない．介入について議論する際にこの区別が明らかになる．なぜなら，この区別によってのみ，「価格を p_0 に固定する」($do(P = p_0)$) や「スプリンクラーを作動させる」($do(X_3 = 真)$) といった局所的な介入を行う際に，どの方程式を修正すべきかを識別できるからである[15]．

---

[14] 実際，消費者は，通常，商品の不足を予測し，買い込むことによって価格操作に対応している (Lucas 1976)．そのような現象は構造モデルとは無関係ではないが，消費者の期待感をとらえるためには，方程式をもっと詳しく記述しなければならない．

[15] 経済学者は，方程式の左辺に q が現れる $\{q = ap + u_1, q = bp + u_2\}$ を用いて需要供給関数を記述しているが，どの方程式が $do(P = p_0)$ オペレータによって修正されるのかが識別できない場合には，記号論的ツールを用いて価格制御政策を解析するのをあきらめてしまっている．

ここで，(1.40)式で定義される関数モデルの特徴と1.3節で定義された因果ベイジアン・ネットワークの特徴を比較する．このために，3つの問題を考えよう．

予測（たとえば，もしスプリンクラーが作動していないことがわかれば，歩道は滑りやすいだろうか？）

介入（たとえば，もしスプリンクラーが作動しないように制御すれば，歩道は滑りやすいだろうか？）

反事実（たとえば，現在，歩道は滑りにくいがスプリンクラーは作動している．この条件の下で，スプリンクラーが作動していなかったら歩道は滑りやすいだろうか？）

これらの問題は，記述レベルが高度になるに従って，多くの知識が必要となる．そこで，これらの問題が根本的に異なる階層を表していることをこれから説明する．

1.4.2 因果モデルにおける確率的予測

因果モデル（(1.40)式を参照）が与えられたとき，PA_i のそれぞれから X_i への矢線を引くことによって得られるグラフを**因果ダイアグラム**とよぶ．因果ダイアグラムが非巡回的であるとき，対応するモデルは**セミマルコフ・モデル**とよばれ，X の値は U の値によって一意に決定される．このような条件の下では，同時分布 $P(x_1, \cdots, x_n)$ は誤差分布 $P(u)$ によって一意に定まる．非巡回性に加えて，誤差項が互いに独立であるとき，そのモデルを**マルコフ・モデル**とよぶ．

マルコフ・モデルに関する基本定理は，定理1.2.7の親マルコフ条件を通して，因果関係と確率の関係を結びつけるものである．

定理 1.4.1 (因果マルコフ条件)

任意のマルコフ的因果モデル M に対して，M と関連する因果ダイアグラム G について親マルコフ条件を満たす確率分布 $P(x_1, \cdots, x_n)$ が存在する．すなわち，G における任意の X_i に対して，その親 PA_i を与えたとき，X_i はその親以外の非子孫すべてと条件付き独立である (Pearl and Verma 1991)[16]． □

この証明は簡単である．集合 $\{PA_i, U_i\}$ が X_i の値を一意に決定することに注意すると，確率分布 $P(x_1, \cdots, x_n, u_1, \cdots, u_n)$ は，変数 U を明示的に表現した DAG $G(X,U)$ についてマルコフ的である．必要な周辺分布 $P(x_1, \cdots, x_n)$ に関するマルコフ条件は $G(X,U)$ に有向分離基準を適用することによって得ることができる．

定理1.4.1は定理1.2.7のマルコフ条件が

(1) いくつかの変数の原因となっているすべての変数を（背景ではなく）モデルに取り入れる，

(2) 「因果のない相関はない」という格言で知られている Reichenbach (1956) の共通原因に関する仮定，すなわち，2つの変数が従属しているとき，どちらか一方の変数がもう一方の変数の原因となっているか，両方の変数を引き起こす第三の変数が存在する，

という2つの因果的仮定から得られることを示している．これらの2つの仮定が満たされるとき，

---

[16] その一般性と透明性を考えれば，この定理についていくつかの記述が初期の文献に現れているのは自然なことであるが，著者はノンパラメトリック的な記述を見たことがない．

1.4 関数因果モデル

U における背景因子は互いに独立であり，それゆえ因果モデルはマルコフ的である．定理 1.4.1 により，なぜマルコフ・モデルが因果分析でしばしば仮定されるのか，なぜ定理 1.2.7 の親マルコフ条件がしばしば因果モデル固有の特徴とみなされるのかが明らかとなる (Kiiveri et al. 1984; Spirtes et al. 1993)[17]．

因果マルコフ条件が成り立つとき，通常の条件付き確率 $P(x_i|pa_i)$ の代わりに決定関数を用いて親—子関係を特徴づけることによって得られる分布に対して同等な独立制約が与えられ，ベイジアン・ネットワークを特徴づける逐次的因数分解 ((1.33) 式を参照) と同じ因数分解を行うことができる．もっと重要なことは，これが関数 $\{f_i\}$ の選択とは関係なく，そして誤差分布 $P(u_i)$ とも関係なく成り立つことである．したがって，$\{f_i\}$ の関数形式や分布 $P(u_i)$ をあらかじめ決めておかなくてもよい．実際，$P(x_i|pa_i)$ を測定 (あるいは推定) すれば，実際に条件付き確率を生成するメカニズムとは関係なく，マルコフ的因果モデルに関するすべての確率論的性質が決定される．Druzdzel and Simon (1993) は，(1.33) 式のような P で特徴づけられる任意のベイジアン・ネットワーク G に対して，P と整合する分布を生成する ((1.40) 式のような) 関数モデルが存在することを示している[18]．統計的推定，予測，診断を含めて，ベイジアン・ネットワークが応用されるすべての状況において，(1.40) 式と同値な関数モデルを使うことが可能であり，同時確率分布を書き直すもう一つの方法として関数モデルを考えることができる．

しかし，純粋な予測 (すなわち，非介入) 問題においても，確率モデルよりも関数因果モデルのほうがいくつかの利点をもつ．第一に，因果ダイアグラム G によって表現される条件付き独立関係はすべて定常であることが保証される．すなわち，関数 f_i と確率分布 $P(u_i)$ で記述されるメカニズムにおいては，条件付き独立関係はパラメータの変化に対して不変である．したがって，マルコフ的因果モデルを用いて知識を構成する際に確率を数値的に評価しなくても，条件付き独立関係について自信をもって主張することができる．これは，ヒューマノイドに共通な能力であり，推論を行う際の有用な特徴でもある．第二に，関数を規定することはしばしば重要かつ自然なことであり，使用するパラメータ数も少なくてすむ[19]．代表的な例として，社会科学や経済学で使われている線形構造方程式モデル (第 5 章を参照) や多変量二値原因による結果をモデル化するのによく使われる "noisy OR gate" (Pearl 1988b, p.184) をあげることができる．第三に (おそらく経験主義者には受け入れがたいことであるが)，観測変数間の条件付き独立関係を判断するための条件が単純化され，関数モデルにより確実なものとなる．なぜなら，そのような条件は非観測的共通原因の存在の有無に対する直接的な判断として割り当てられるからである (たとえば，なぜ中国の豆の値段がロサンゼルスの交通量とは独立であると判断できるのだろうか？)．たとえば，ベイジアン・ネットワークを構成するためには，各変数がその非子孫すべてと独立で

---

[17] Kiiveri et al. (1984) は "Recursive Causal Models" という論文において，定理 1.2.7 が (1.33) 式から導かれることを (正値確率分布に対して) 最初に証明した．しかし，これは純粋確率論的であり，因果的な側面を感じさせるものではない．因果と確率の関係を確立させるためには，(定義 1.3.1 のような) 介入あるいは (定理 1.4.1 のような) 構造方程式における関数関係の観点から因果関係に関するモデルを最初に考えなければならない．

[18] 第 9 章では，異常なケースを除いて，このような性質をもつ関数モデルが無数に存在することを示す．

[19] 因果推論に関する議論には消極的であるが，条件付き独立関係を用いて背景情報を記述することには抵抗のない統計学者は，このような記述がまさしく因果マルコフ条件 (定理 1.4.1) に基づいて妥当性を得ているものであると認識したら，衝撃を覚えるかもしれない．注釈 9 を参照されたい．

あるかどうかを判断するのではなく，親集合が関連のある直接的原因をすべて含むかどうか，特に，観測変数の原因となっている変数がその変数の親集合から取り除かれていないかどうかを判断しなければならない．そのような判断は自然なことである．なぜなら，それは定性的な因果構造，すなわち，経験から得られた定常的な性質を記述するために選択した構造を用いて直接識別することができるからである．

さらに，定常性を考慮した因果メカニズムに基づいて予測モデルを構成することには，もう一つの利点がある（1.3.2 項を参照）．いくつかの条件が変化するとき，通常，因果メカニズムの一部だけがその変化の影響を受け，残りの部分は影響を受けない．そのため，対応する記号の変化も，少数のパラメータを含めて局所的であることがわかれば，最初からモデル全体を推定しなおすよりも，モデルパラメータを（判断的に）再評価する，あるいは（統計的に）再推定するほうが簡単である[20]．

1.4.3 関数モデルにおける介入と因果効果

確率モデルと同様に，関数モデル $x_i = f_i(pa_i, u_i)$ は，分布が介入によってどのように変化するのかを明らかにするための便利な言語を与える．これは，条件付き確率の集合ではなく関数集合の変化として介入を書き直すことによって得られる．介入による全体的な効果は，モデルにおいて対応する方程式を修正し，この修正されたモデルに基づいて新しい確率分布を計算することによって予測できる．したがって，因果ベイジアン・ネットワーク（1.3 節を参照）の特徴はすべてマルコフ的関数モデルを用いて表現できる．

たとえば，(1.44) 式のモデルにおいて「スプリンクラーを作動させる」という行動を表現するためには，$x_3 = f_3(x_1, u_3)$ を取り除き，これを「$x_3 =$ 作動」と置き換えればよい．修正されたモデルは行動による効果を計算するのに必要な情報をすべて含んでいる．たとえば，修正されたモデルから得られる確率分布は (1.36) 式によって与えられる確率分布と等しく，修正されたダイアグラムは図 1.4 と一致する．

もっと一般に，介入を通して変数の部分集合 X に定数 x を割り当てた場合には，モデル (1.40) 式から X の各要素に対応する方程式を取り除くことになる．したがって，残りの変数によって，介入効果を表す新しい分布が定義され，この分布は因果ベイジアン・ネットワークから取り除かれた家族を除いた切断因数分解と一致する[21]．

関数モデルに基づく介入の表現は，確率モデルによる表現よりも一般的でかつ柔軟である．まず，政策問題に答えるために，介入の分析を図 1.5 のような巡回モデルに拡張することができる[22]（たとえば，価格を p_0 に制御したなら需要量はどうなるだろうか？）．また，((1.42) 式における b_1 と d_1 のような）方程式のパラメータ修正として記述される介入は，条件付き確率の修正として記述される介入よりもはるかに理解しやすい．それは，定常的な物理的メカニズムが，条件付

---

[20] 著者の知るかぎり，このような因果モデルの性質は，正式には研究されていない．そこで，ここでは，適応システムを研究している学生への研究課題として述べることとした．

[21] 介入をモデルから方程式を「取り除く」という変換であると明示したのは Strotz and Wold (1960) が初めてであり，その後，Fisher (1970) や Sobel (1990) によって使われた．条件付き行動や確率的政策といった複雑な介入は第 4 章で定式化される．

[22] このような問題，特に内生変数の制御を含んだ問題は，明らかに経済学の教科書にはない（第 5 章を参照）．

き確率ではなく方程式と関連していることが理由なのかもしれない．条件付き確率は同時確率分布を生成することはできず，同時確率分布そのものから導かれるものである．さらに，非マルコフ・モデルに基づく因果効果の解析は関数モデルを用いることによってかなり単純化できる．この理由は，離散型確率変数 X_i と PA_i に対して，無限の条件付き確率 $P(x_i|pa_i)$ が存在するが，関数関係 $x_i = f_i(pa_i, u_i)$ は有限個しかないことにある．このため，第8章（8.2.2項を参照）で議論するノンコンプライアンス情報を用いた研究では，線形計画法を用いて因果効果の最狭存在範囲を得ることができる．

最後に，関数モデルを用いることにより，状況に応じた行動や政策を解析することができる．従来の因果効果の定義は，実際の政策決定においてほとんど役に立たない．なぜなら，因果効果を評価することによって，反応を引き起こす行動の一般的傾向（たとえば，薬を服用することによって，母集団全体の回復率を高めるという傾向）はわかるが，背景要因が行動の影響を受けるような場合には，従来の定義を用いてこのような行動を評価することはできないからである．通常，医者は，ある症状をもつと診断された患者に対して治療の効果があるかどうかに関心があるが，これらの症状には治療の影響を受けるものもある．同様に，経済学者は，さまざまな経済指標に基づいて策定された税制政策について，その効果があるかどうかに関心があるが，これらの経済指標のなかには税制政策の影響を受けるものもある．このような研究分野特有の状況においては，定常的なベイジアン・ネットワークに基づいて介入を表現しても因果効果を計算することはできない．なぜなら，対象となっている状況そのものが介入とともに変化しており，これに伴って条件付き確率 $P(x_i|pa_i)$ も変化するからである．しかし，関数関係 $x_i = f_i(pa_i, u_i)$ は不変であるため，次項で説明するように，これによってそれぞれの状況に特有な因果効果を計算することができる（詳しくは 7.2.1 項，8.3 節，9.3.4 項を参照）．

1.4.4 関数モデルにおける反事実

本項では，関数モデル特有の特徴——反事実解析——を考えよう．前節で述べたように，反事実的記述は，確率的因果ダイアグラムのフレームワークでは定義できない．これを説明するために，独立な（したがって，連結していない）二値の確率変数 X と Y からなる簡単な因果ベイジアン・ネットワークを考えよう．例として，ランダム化臨床試験において治療 X が対象者の反応 Y の分布に影響を与えないダイアグラムを考え，Y は回復 ($Y = 0$) あるいは死亡 ($Y = 1$) の二値の値をとるものとし，患者 Joe が治療を受けて死亡したとしよう．このとき，Joe の死因は治療を受けたからなのか，それとも治療とは関係なかったのかを知りたい．すなわち，Joe が治療を受けなかった場合，死亡した確率 Q を求めることが問題となる．

このような反事実的問題に答えることの難しさを強調するために，治療群においても，コントロール群においても，50%の患者が回復し，50%の患者が死亡するという極端な例を考える．また，標本は無限にあるとしよう．このとき，任意の x と y に対して

$$P(y|x) = 1/2 \tag{1.46}$$

が成り立つ．治療を受けて死亡した Joe が治療を受けなかった場合の反応を得ることができないため，統計的検証法に精通した読者なら，得られたデータに基づいて反事実的問題に答えること

ができないことがすぐにわかるだろう．この問題は，一つのデータにすぎない特定の個人 Joe だけに対して生じるものではなく，母集団頻度に基づいてこの問題を書き直した場合でも，同じ問題が生じる．なぜなら，治療を受けて死亡した対象者が，治療を受けなかったら回復した確率 Q はどのくらいかという問題においても，治療を受けなかった場合の反応を得ることができないからである．このような難しさから，形而上学的な反事実的問題を扱わず，直接的な検証によって答えられる問題だけに対して統計解析を用いるよう主張する統計学者もいる (Dawid 2000)．

しかし，科学，法律そして日常において，反事実は数多く話題にのぼっていることから，反事実がまったく形而上学的なものではないことがわかる．事実，反事実は明確かつ検証可能な意味をもつものであり，有益で本質的な情報をもっているはずである．それゆえ，反事実解析は，本書と同じ目的をもつ読者に対して，実質科学的知識と統計データを統合したうえで，前者を精緻化し，後者を解釈するよい機会を与えている．このフレームワークにおいて，反事実的問題では，困難ではあるが扱うことのできる次のような技術的問いかけに対する答えが必要とされている．反事実的問題に対する経験的フレームワークは何か？ この問題に答えるためには，どのような知識が必要なのか？ この知識は，数学的にはどのように表現できるか？ この表現が与えられたとき，答えを得るためにはどのような数学的ツールが必要となるか？

第 7 章（7.2.2 項を参照）では，時間的な持続性をもつメカニズムについて反事実の経験的解釈を与えている．本項の例の場合，（生存している）患者に治療を行ったときの反応は，持続的なものであると仮定されている．反応 Y が死亡ではなく可逆的な状況であるならば，反事実的主張を行うことにより，反事実から得られた結果を用いて将来治療を行った際の反応を直接予測することができる．しかし，反応 Y が死亡である状況においても，反事実確率 Q は，死亡した患者の仮想的生存割合に対する推測量を意味しているだけでなく，実際に治療を受けた患者が治療を受けなかった場合の生存割合についての検証可能な量となっている．ここで，サンプリング誤差がなく，かつ (1.46) 式が成り立つという仮定の下では，治療群に属する死亡者が治療を受けなかったら回復する割合 Q は，コントロール群に属する生存者が治療を受けたら死亡する割合 Q' と正確に一致する．この証明は読者への練習問題としたい．ここに，Q は仮想的であるが，Q' は間違いなく検証可能である[23]．

これまで反事実の経験的解釈について概説した．次のステップとして，反事実の表現問題に移ろう．この問題は次のようなものである．反事実的問題に答えるためにどのような知識が必要なのか？ そして，反事実的問題にすばやくかつ的確に答えるには，この知識をどのように定式化するべきか？ 我々は不適切な反事実的記述と適切な反事実的記述をいつもすばやく区別している．このことから，このような表現方法があることは明らかである．多くの人々は，Clinton 大統領が Monica Lewinsky と出会わなければ，彼の歴史的立場は違っていたと考えており，彼が昨日朝食を摂らなければ彼の歴史的立場は変わっていたと考える人はほとんどいないだろう．認知科学の場合，このような意見の一致性が得られれば，心のどこかで反事実を表現し，かつ処理する

---

[23] たとえば，Q が 100%である（すなわち，治療を受け，死亡したすべての対象者が，もし治療を受けなかったら回復したであろう）ならば，コントロール群のすべての生存者は治療を受けたならば死亡するだろう（抽出変動を除く）．原因の確率を解析するための数学的ツールについて解説した後では，このような問題は当たり前のものになるだろう（第 9 章，定理 9.2.12, (9.11), (9.12) 式を参照）．

1.4 関数因果モデル

有効な方法が存在することを証明したようなものである．さて，その方法とはいったいどのようなものなのだろうか？

直接的な方法は，

(i) 反事実的前提の形式で反事実的知識を記述し，

(ii) 前提から結論を導くための推論規則を用いて，反事実的問題に対する答えを導く，

というものである．このアプローチは哲学者 Robert Stalnaker (1968) と David Lewis (1973a, b) によって与えられたが，彼らは近傍世界的意味論（すなわち，A が真である近傍世界において B が真である場合には，「A が真であるなら B も真であろう」）を使って反事実の論理を構築した．しかし，近傍世界的意味論には，次のような2つの未解決問題が残されている．

(1) どのような距離尺度を用いれば，一般的な因果関係の概念と矛盾しない反事実的推論を行うことができるのか？

(2) どのように内部世界の距離を心理的に表現すれば，反事実計算は（人間と機械の両方にとって）処理しやすくかつ実用的なものになるのか？

第7章では，構造モデルアプローチを拡張することによって，これらの問題に答える．

統計学者は，Lewis の方法と類似のアプローチ（正式なものではないが）を潜在反応モデルのフレームワークに基づいて研究してきた (Rubin 1974; Robins 1986; Holland 1988)．そこでは，本質的な知識は，反事実変数どうしの確率関係（すなわち，独立関係）に基づいて表現され，因果効果を推定するのに使われる．反事実の表現法に関する問題は，近傍世界から潜在反応アプローチへ移っており，次のような問題が生じている．反事実変数間の確率関係は研究者の心の中でどのように蓄積されている，あるいは推測されているのだろうか？ 第7章（3.6.3項も参照）では，近傍世界の解析法と潜在反応アプローチを説明し，次に概説するように，これらを構造モデルを用いたアプローチと比較する．そこでは，反事実は関数因果モデル（(1.40)式を参照）から導かれる（実際に定義される）．

反事実と構造方程式の関係を明らかにするために，まず，なぜベイジアン・ネットワークにより記述された因果的解釈をもつ情報でも，反事実的問題に答えるには不十分であるのかを説明しよう．再び，ランダム化臨床試験の例（(1.46)式を参照）を考えよう．これは，任意の x と y に対して

$$P(x,y) = 0.25 \tag{1.47}$$

を満たす独立な二値変数の同時分布で，辺のないベイジアン・ネットワーク（図 1.6(a)）に対応する．

今，2つの関数モデルを考えよう．それぞれのモデルから (1.47) 式が生成されるが，興味ある反事実確率 $Q =$ 治療を受けて死亡した ($x=1, y=1$) 患者が，もし治療を受けなかったら ($x=0$) 回復したであろう確率に対して異なる値をもつ．

モデル 1（図 1.6(b)）

$$x = u_1$$
$$y = u_2$$

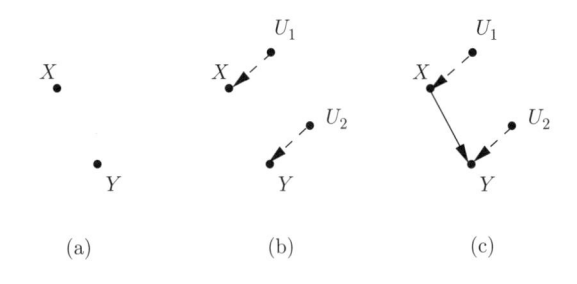

図 1.6 (a) (1.47) 式に基づく因果ベイジアン・ネットワーク．(b) モデル 1 に従って (a) の分布を生成する過程を表す因果ダイアグラム．(c) モデル 2 に従って (a) の分布を生成する過程を表す因果ダイアグラム（U_1 と U_2 は非観測）

表 1.1 2 つのモデルに対する同時分布 $P(x,y,u_2)$ と $P(x,y)$

モデル 1	$u_2=0$		$u_2=1$		周辺確率	
	$x=1$	$x=0$	$x=1$	$x=0$	$x=1$	$x=0$
$y=1$ (死亡)	0	0	0.25	0.25	0.25	0.25
$y=0$ (回復)	0.25	0.25	0	0	0.25	0.25
モデル 2	$u_2=0$		$u_2=1$		周辺確率	
	$x=1$	$x=0$	$x=1$	$x=0$	$x=1$	$x=0$
$y=1$ (死亡)	0	0.25	0.25	0	0.25	0.25
$y=0$ (回復)	0.25	0	0	0.25	0.25	0.25

ここに，U_1 と U_2 は $P(u_1=1) = P(u_2=1) = 1/2$ を満たす独立な二値確率変数である．

モデル 2（図 1.6(c)）

$$\begin{aligned} x &= u_1 \\ y &= xu_2 + (1-x)(1-u_2) \end{aligned} \tag{1.48}$$

ここに，U_1 と U_2 は，前述と同じように，独立な二値確率変数である．

モデル 1 は，どの患者にも影響を与えていない治療 (X) に対応するモデルであり，モデル 2 はすべての患者が治療の影響を受けるモデルである．モデル 2 の場合，2 つの部分母集団が混合したものに対応するため，2 つのモデルは同じ分布に従う．$u_2 = 1$ の場合には，どの患者も治療を受けた場合には死亡 ($y = 1$) し，また死亡するのはそのときに限る．一方，$u_2 = 0$ の場合には，どの患者も治療を受けた場合には回復 ($y = 0$) し，また回復するのはそのときに限る．これらのモデルに対応する $P(x,y,u_2)$ と $P(x,y)$ の分布を表 1.1 に与えてある．

Q の値はこれら 2 つのモデルで異なっている．モデル 1 では，死亡した患者は $u_2 = 1$ に対応している．また，X を 1 から 0 に変化させても $y = 1$ のままであり，治療は y に対して影響を与えていないため，Q は 0 となる．しかし，モデル 2 では，治療を受けて死亡した患者は $u_2 = 1$ に対応しており，その患者が治療を受けない場合に限って回復するため，Q は 1 となる．

この例から得られる第一の教訓は，確率的因果モデルは反事実確率を計算するには不十分であるということである．このことから，$P(y|x)$ の背後にある実際のデータ生成過程に関する知識

が，反事実確率を計算するうえで不可欠であることがわかる[24]．第二の教訓は，関数因果モデルは反事実確率の（定義と）計算に対して十分な数学的根拠を与えているということである．例として，モデル 2（(1.48) 式を参照）を考えよう．治療を受けて死亡した患者 ($y=1, x=1$) が，もし治療を受けなかったら回復するであろうという結論を導く方法には，以下の 3 つの心理的なステップが含まれている．まず，現在得られている証拠 $e: \{y=1, x=1\}$ をモデルに適用し，e が U_1 と U_2 の実現値 ― $\{u_1=1, u_2=1\}$ ― だけと一致するという結論を下す．次に，「患者が治療を受けなかったら」という仮想的条件を考えるために，最初の方程式 $x=u_1$ を無視したまま $x=0$ を (1.48) 式に代入する．最後に，($x=0$ と $u_2=1$ を仮定したとき）y について (1.48) 式を解くことによって，$y=0$ を得る．これによって，想定されている仮想的条件の下で，回復 ($y=0$) する確率は 1 であるという結論が導かれる．

これら 3 つのステップは，次に示すように，任意の因果モデル M へ一般化することができる．証拠 e が与えられたとき，$X=x$（X は変数集合であってよい）なる仮想的条件の下での $Y=y$ の確率を計算するために，以下の 3 つのステップを M に適用する．

    ステップ 1（仮説形成）：確率 $P(u)$ を更新して $P(u|e)$ を得る．
    ステップ 2（行動）：集合 X に含まれる変数に対応する方程式を $X=x$ によって置き換える．
    ステップ 3（予測）：修正されたモデルを用いて，$Y=y$ の確率を計算する．

時間的なたとえを用いれば，この 3 つのステップは次のように説明できる．ステップ 1 では，手元にある証拠 e を用いて過去 (U) を説明する．ステップ 2 では，仮想的条件 $X=x$ に従って，歴史の流れを（最小限に）書き直す．最後に，ステップ 3 では，過去に対する新しい理解と新しく確立された条件 $X=x$ に基づいて，将来 (Y) を予測する．

U の任意の値 u に対して，Y に対する唯一の解が存在することに注意すれば，必要な確率に対してステップ 3 が常に唯一の解を与えることは明らかである．実際，解を得るためには，$Y=y$ が得られるすべての u に割り当てられた確率 $P(u|e)$ を単純に足し合わせればよい．第 7 章では，反事実確率を計算する有効な方法である，「ツイン」ネットワーク (Balke and Pearl 1995) ―― 一つは現実世界で，もう一つは反事実世界である ―― を用いた確率伝播法に基づく方法論を与える．

ここに，仮想的条件 $X=x$ はモデルにおける U の値 u とは常に矛盾していることに注意すべきである（そうでなければ，$X=x$ は実現されており，仮想的であるとはみなされない）．これが，ステップ 2 で介入（「理論変化」あるいは「奇跡」ともいう；Lewis 1973b）を導入する理由であり，これによってモデルが修正され，矛盾が取り除かれている．第 7 章では，この構造的介入モデルを拡張し，反事実および反事実確率の両方に対して意味論的でかつ原理的な説明を与える．Lewis の理論とは対照的に，この説明は仮想的世界のような抽象的概念には基づいておらず，仮想的世界の生成にかかわる現実的なメカニズムに依存している．同様に，潜在反応モデルのフレームワークとは対照的に，構造モデルにおける反事実は未定義の基関数ではなく，因果メ

---

[24] 潜在反応モデルのフレームワーク（3.6.3 項，7.4.4 項を参照）では，このような知識は，反事実変数 Y_1 と Y_0 の同時分布を定義することによって，確率的に扱われる．ここに，Y_1 と Y_0 は，それぞれ対象者に治療および非治療を割り当てたときの潜在反応を表す．このような仮想的変数は，本書で記述されているモデルの関数 $f_i(pa_i, u_i)$ と同じ役割をもち，すべての個体に対してその治療が実際に行われたかどうかとは関係なく，個体が治療に対して明確に反応するという決定論的な仮定を表現したものである．

カニズムとその構造に関する基本的な概念から得られる量として扱われる．

　3つのステップから構成された反事実モデルより，確率的因果モデルは反事実確率を計算するのに不十分である理由が明らかとなる．U は確率モデルでは明示的には現れないため，ステップ1では，手元にある証拠 e を使って $P(u)$ を更新することができない．したがって，至るところで見られる反事実に基づいた概念——原因の確率，説明の確率，状況依存の因果効果——を，このようなモデルで定義することはできない．そのため，我々は関数 f_i と誤差項の確率についていくつかの仮定を与えなければならない．たとえば，線形性，正規性，誤差の独立関係といった仮定は図 1.5 のモデルにおけるすべての反事実的問題を計算するのに十分である（7.2.1 項を参照）．第9章では，f_i と $P(u)$ が未知であって，かつ反事実について一般的な特徴（単調性）だけが仮定されているとき，原因の確率に関する反事実量がデータから推測できる条件を明らかにする．同様に，第8章（8.3節を参照）では，確率モデルだけが得られている場合に，反事実確率を用いて最狭存在範囲を求める方法論を与える．

　さらに，前述したように，本節の最初に列挙した，予測，介入，反事実という3つの作業は因果推論の自然な階層を形成しており，階層レベルが高ければ高いほど，必要な知識や精緻化レベルも高くなる．予測は，同時分布を規定すればよいだけなので，3つのなかで最も簡単である．介入では，同時分布に加えて因果構造も必要となる．最後に，反事実では関数関係または省略された変数の分布も必要となるため，最も困難な作業である．

　この階層に従って，本書では各章が分割されている．第2章では，主に因果ベイジアン・ネットワークの確率的側面を扱うと同時に，因果構造の概念的な指針も与えている．第3章から第6章までは，因果効果の識別問題，構造方程式モデルの説明，そして交絡と併合可能問題を含む因果モデルの介入的側面を集中的に扱っている．第7章から第10章までは，原理的基礎，政策分析への応用，反事実確率の存在範囲，原因の確率の識別問題，単一事象原因の説明といった反事実解析を扱っている．

　読者が，本書を通して有意義な因果推論の旅が順調にできることを望んでいる．しかし，その前に，用語の区別を行っておかなければならない．

1.5　因果的用語と統計用語

　本節では，本書で使われる基本用語と概念を定義する．これらの定義は，標準的な教科書に記述されているものとは異なっているかもしれない．そのため，次章以降に現れる用語の解釈が不明な場合には，本節を参照することが重要である．

　同時確率分布に基づいて定義される任意の量を**確率パラメータ**とよぶ．その例は 1.1 節と 1.2 節で与えられている[25]．

　非観測変数が存在するかどうかとは関係なく，観測変数の同時確率分布に基づいて定義される量を**統計パラメータ**とよぶ．

---

[25] Q がクラス C の任意の要素の記述から一意に計算されるとき（すなわち，Q が C から Q の領域への関数的写像によって定義されるとき），Q はクラス C の**要素の観点から定義される**という．

1.5 因果的用語と統計用語

例：条件付き期待値 $E(Y|x)$
　　回帰係数 r_{YX}
　　$y=0, x=1$ における密度関数

((1.40) 式のような) 因果モデルに基づいて定義される量を**因果パラメータ**とよぶ．因果パラメータと統計パラメータは異なることに注意しよう．

例：(1.41) 式の係数 α_{ik}
　　ある値 u が与えられたとき X_9 が X_3 に影響を与えるかどうか
　　介入 $do(X=0)$ を行ったときの Y の期待値
　　変数 X_7 の親の数

注意：統計パラメータの定義から非観測変数を取り除くことで，反事実変数あるいは形而上学的な変数を用いた同時分布を構成できないように工夫している．もしそのように構成してよいのであれば，いかなる量も統計的なものとみなされ，統計データだけから推定可能な量とデータを超えた仮定を必要とする量との本質的な区別があいまいなものになってしまう．

統計的仮定は観測変数の同時分布に対する制約である．例として，f が多変量正規分布であるとか，P がある DAG G についてマルコフ的である，といったことが挙げられる．

因果的仮定は統計的仮定からは導くことができない因果モデルに対する制約である．例として，f_i が線形であるとか，(非観測変数) U_i と U_j は無相関である，x_3 は $f_4(pa_4, u_4)$ では生成されることはない，といったことが挙げられる．因果的仮定は統計的意味を含んでいてもよいし，含んでいなくてもよい．前者の場合には，その仮説は「検証可能」，あるいは「反証可能」であるという．常にというわけではないが，しばしば実験研究により因果的仮定が反証できる場合がある．このとき，因果的仮定は「実験的に検証可能である」という．たとえば，図 1.6 のモデル 2 の場合，X が $E(Y)$ に影響を与えないという仮定は経験的に検証可能であるが，X によって母集団に含まれるある対象者の病気が治るという仮定は経験的には検証可能でない．

注意：因果パラメータと統計パラメータの区別は明確でかつ基礎的なものであって，両者が混同されることはない．因果的仮定をおかないかぎり，統計パラメータを用いて因果パラメータを識別することはできない．本書の大部分において，このような仮定に関する定式化と簡略化が行われている．

注意：因果関係がわからない場合，変数間の時間的順序は，後続する事象は先行する事象の原因ではないといった情報を与えるかもしれない．$P(y_t|y_{t-1}, x_t), t=1, \cdots$ のように時間的な添え字をつけられた分布が経済分析でよく使われているが，それは統計モデルと因果モデルの境界線と考えてよい．しかし，本書では，このモデルを統計モデル

とみなす．なぜなら，非観測変数の有無に関して何も仮定しなければ，このような分布から政策に関する多くの問題を識別することができないからである．したがって，「グレンジャー因果性」(Granger 1969) や「強外生性」(Engle et al. 1983) といった経済的概念は因果的概念ではなく統計的概念とみなされる[26]．

注意：「理論的」や「構造的」という用語はしばしば「因果的」と互換的に使われる．そこで，本書では，構造モデルは常に因果モデルとは限らないことに注意したうえで，後者の2つを使う（7.2.5項を参照）．

因果的概念と統計的概念

因果パラメータと統計パラメータの境界線は一般的概念にも拡張でき，用語を区別する際にも反映される．統計的概念の例として，相関，回帰，条件付き独立，連関，尤度，併合可能性，リスク比，オッズ比などを挙げることができる．因果的概念の例として，ランダム化，影響，効果，交絡，外生性，無視可能性，誤差（たとえば，(1.40) 式を参照），擬似相関，パス係数，操作変数，介入，説明などを挙げることができる．このような区別を行う目的は，統計解析の領域から因果的概念を取り除くことにあるのではなく，むしろ，研究者に適切なツールを用いて非統計的概念を扱うことを勧めることにある．

ランダム化，交絡，擬似相関，効果など，教科書でよく見かける概念が非統計的であるという考えに驚く読者もいるかもしれない．外生性，交絡，反事実が因果モデルという観点から定義できるという考えに衝撃を受ける読者もいるかもしれない．本書はこれらの読者を念頭に書いてある．次章以降では，因果的概念と統計的概念の区別が，この両方を明らかにするのに本質的な役割を果たすことを示す．

1.6 追記：因果推論に対する2つの心理的障壁

統計的概念と因果的概念の明確な区別から次の有用な原則を導くことができる．すなわち，あらゆる因果的主張の背後には，同時分布から識別できない因果的仮定が存在し，したがって，その因果的仮定は観察研究でも検証することができない．通常，そのような仮定は人間によって与えられ，専門家の判断に依存している．したがって，人間が経験的な知識を有機的に組織化し伝える方法は，研究では不可欠なものである．なぜなら，その方法によって，専門家が表現しなければならない判断の正しさが決定されるからである．

この因果的概念と統計的概念の区別から派生したもののもう一つは，因果分析に関するすべての数学的アプローチに対して新しい概念を導入しなければならないというものである．確率計算，そしてその強力なツールである期待値，条件づけ，周辺化はすべて分布関数に基づいて厳密に定義されているため，因果的仮定や因果的主張を表現するには不十分である．たとえば，確率計算

---

[26] 確率的時系列 $P(y_t|y_{t-1}, x_t)$, $t = 1, \cdots$ を「データ生成モデル」とよぶ場合には，注意を要する (Davidson and MacKinnon 1993, p.53; Hendry 1995). そのような系列は本来統計的なものであり，第2章（定義 2.4.1 と定義 2.7.4 を参照）で与えるような因果的仮定を用いなければ，それらを政策関連問題に適用することはできない．

1.6 追記：因果推論に対する2つの心理的障壁

の構文論では「症状が疾病の原因ではない」という簡単な事実でさえ表現することができず，もちろん，そのような事実からは数学的な結論さえ得ることができない．我々に主張できるのは，2つの事象が互いに従属しているということ，すなわち，一つの事象がわかればもう一つの事象も期待できるということであって，条件付き確率 $P(疾病 | 症状)$ と表現される統計的従属性と標準的な確率計算では表現できない因果的従属性を区別することはできない．

(1) 検証できないが断定的な仮定に基づいて因果分析を行う，そして (2) 確率計算の構文論を拡張する，という上記の2つの要件は，統計科学において伝統的な教育を受けた専門家にとって受け入れがたい大きな障壁となっている (Pearl 2003b, 2008a; Cox and Wermuth 1996)．本書は，グラフィカルアプローチと代数的アプローチを共存させた効率的でなじみのある記号論システムを通して，これら2つの障壁を越える手助けをするものである．

第2章

因果関係を推測するための理論

> ペルシャの王となるよりも,因果の法則を一つでも発見したい.
> Democritus (460〜370 B.C.)

序　文

　Hume（1711〜1776 年）の時代以来,観察データを用いて因果関係を解明することは哲学者の一つの夢であった.1980 年半ばに,グラフと確率的従属性との数学的関係が脚光を浴びるようになると,やがてこの問題を形式的に扱うことができるようになり,ついには計算も実行可能なレベルにまで到達した.本章で述べるアプローチは Rebane and Pearl (1987) から生まれたものである.（Pearl (1988b, chap. 8) でも記述しているが）Rebane and Pearl (1987) は,データ生成過程に関するある仮定（すなわち,ツリー構造）が成り立つとき,時間的な順序のないデータからどのように因果関係を推測できるのかを議論した.その後,UCLA,カーネギーメロン大学 (CMU),スタンフォード大学の 3 つの大学は,より一般的な構造的仮定（すなわち,非巡回的有向グラフ）に基づいて因果関係を推測するという同じ目的に向かって研究してきた.UCLA と CMU の研究チームは,データを用いて因果構造を記述する条件付き独立関係を部分ごとに探し出し,それらをつなぎ合わせることによって矛盾のない因果モデルを構築するアプローチを開発した.スタンフォード大学のグループは,データを用いて,候補となっている因果構造に割り当てられた事前確率を更新するベイジアン・アプローチ (Cooper and Herskovits 1991) を開発した.UCLA と CMU の積極的な研究によりほぼ同じ理論と因果構造発見アルゴリズムが開発され,その結果は TETRAD II プログラムに実装されている (Spirtes et al. 1993).一方,ベイジアン・アプローチは,その後も多くの研究チーム (Singh and Valtorta 1995; Heckerman et al. 1994) によって開発が進められ,現在ではグラフに基づく学習理論の基礎 (Jordan 1998) となっている.本章では,1988〜1992 年に,Tom Verma と著者によって開発されたアプローチを紹介する.また,このアプローチについて CMU の研究チームや他の研究グループが行ってきた拡張,精緻化,改良についても簡単にまとめる.さらに,このアプローチの背後にある哲学的根拠,特に極小性という仮定がベイジアン・アプローチにおいても暗黙に使われていることを述べる（2.9.1 項を参照）.

　因果関係を自動的に発見するという基本的なアイデア——そしてこのアイデアをコンピュータ・プログラムに実装するということ——については多くのフォーラムにおいて凄まじい論争が繰り広げられてきた (Cartwright 1995a; Humphreys and Freedman 1996; Cartwright 1999; Korb and Wallace 1997; McKim and Turner 1997; Robins and Wasserman 1999). この論争のいくつかについては，最終節で述べる．

本章では，統計的関連性は論理的には因果関係を意味しないということを認めたうえで，統計的関連性と因果関係の間に緩やかな関係が存在するかどうか，特に次の問題について考える．

1. どのような手がかりがあれば，制御されていないという状況の下で採取された観察データの背後に潜む因果関係を読み取ることができるのか？
2. これらを手がかりにして，因果モデルを推測することはできるのか？
3. 推測されたモデルから観察データの背後に潜む因果メカニズムについて有用な情報を得ることができるのか？

2.2 節では，因果モデルおよびその概念を明らかにし，自然界を相手に科学者が行う帰納的ゲームという観点から因果モデルの構築過程を説明する．2.3 節では，「極小モデル」を導入することによって，Occam の剃刀を意味論的に記述した帰納的ゲームを定式化する．また，この帰納的推論に関する標準的な基準を用いることで，一般的な認識に反して，因果関係と擬似的な共変動をどのように区別できるのかを示す．2.4 節では，定常性（あるいは忠実性）とよばれる条件を導入する．そのうえで，この条件の下では，本章で定義されているような因果関係を解明する効率的なアルゴリズムが存在することを示す．2.5 節では，そのアルゴリズムの一つとして，IC アルゴリズムを紹介する．また，すべての変数が観測されているという仮定の下では，このアルゴリズムを用いることによって，データのもつ統計的関連性と一致する因果モデルすべてからなる集合を抽出できることを示す．2.6 節では，もう一つのアルゴリズム（IC* アルゴリズム）を利用することによって，非観測変数が存在する場合でも，（すべてではないが）適切な因果関係の多くを抽出できることを示す．2.7 節では，因果関係を識別する本質的な条件を IC* アルゴリズムから導く．また，時間的な順序情報があるかどうかとは関係なく，本質的な因果関係や擬似的な共変動に関する独立な定義として，これらの条件を提案する．2.8 節では，因果関係に関する時間的な側面と統計的な側面の間に普遍的な合意がなされていない理由を述べる．最後に，2.9 節では，本章で得られた結果をまとめるとともに，これらの結果を導くために使われた仮定を再び述べる．また，現在もなお繰り広げられている論争に焦点を当て，これらの仮定に関する新たな正当性を与える．

2.1 はじめに：基本的な直観

ある環境において実行可能なモデルを構築することを目的とした自律型インテリジェント・システムは，あらかじめプログラムされた因果的知識だけに依存するものではなく，直接的に観察された結果を因果関係に変換できるものでなければならない．しかし，統計学では，因果関係ではなく共変動に基づいて解析が行われており，人間の知識も制御されていない条件の下で採取された観察データに基づいて得られている．そのため，我々はなお，データに含まれる因果関係を認識するための手がかりを識別しなければならず，この認識を表現する計算モデルも開発しなければならない．

2.1 はじめに：基本的な直観

一般に，時間的順序は，因果関係を定義するうえで不可欠なものと考えられており，因果的な関連性とそれ以外の関連性を区別するために使われる重要な手がかりの一つであることは間違いない．したがって，因果関係に関する多くの理論では，原因が結果に先立って起こるという時間に関する明確な要件が必要とされている (Reichenbach 1956; Good 1961; Suppes 1970; Shoham 1988)．しかし，時間情報だけでは，未知の要因によって引き起こされる擬似相関と本質的な因果関係を区別することはできない．たとえば，雨が降る前には気圧が下がるが，気圧が低下したからといって雨が降るわけではない．実際，統計学や哲学の文献では，因果的に重要な要因が事前にすべてわかっているわけではない場合や，うまく操作できない変数がある場合には，本質的な意味で因果推論を行うことはできないと強く警告されている (Fisher 1951; Skyrms 1980; Cliff 1983; Eells and Sober 1983; Holland 1986; Gardenfors 1988; Cartwright 1989)[1]．どちらの条件も通常の学習環境では実現することができないため，経験から因果的知識を得るにはどうすればよいかという問題が生じる．

本章で探索する手がかりは，因果構造の特徴を示す統計的関連性のパターン —— 実際に因果的方向性の観点でのみ意味のある解釈を行うことができるパターン —— から得られる．例として，AとB，BとCは従属しているが，AとCは独立であるという3つの事象の従属関係に関する非推移的パターンを考えよう．このような3つの事象に対応する例を考えるようにある人に頼むと，その人はAとCを独立な原因とし，Bをそれらの共通の結果とする（著者は，2つの公平なコインを投げたときに得られる結果をA, Cとし，コインが表になったときに鳴らすベルをBとした例をよく用いている），$A \to B \leftarrow C$というグラフを描くにちがいない．数学的には，Bが原因でAとCが結果であるようなシナリオをこの従属パターンに当てはめることもできるが，非常に不自然である（読者はこの問題に挑戦されたい）．

この問題から，時間情報が取り入れられていないにもかかわらず，概念的には因果的方向性に関する特徴を表す従属パターンが存在することがわかる．Reichenbach (1956) は，このようなパターンの起源を疑った最初の研究者であるが，この方向性は自然界の特徴，すなわち熱力学の第二法則を考慮したものであると述べている．Rebane and Pearl (1987) はこの問題の逆を考え，3つの基本的な因果的部分構造 $X \to Y \to Z$，$X \leftarrow Y \to Z$，$X \to Y \leftarrow Z$ に関する従属関係の区別が，基礎となるデータ生成過程における因果的方向を解明するのに利用できるかどうかを考えた．彼らは，XとYの間の因果関係の方向を決定するための鍵となるものは，$X \to Y \leftarrow Z$の合流点のように，「Xと相関をもたないがYと相関をもつ第三の変数Zが存在する」ことにあるとすぐに認識し，想定される因果グラフ（すなわち，多重木）のクラスに含まれる辺と方向の両方を回復するアルゴリズムを開発した．

本章で与える結果により，このような直感が定式化され，Rebane–Pearl の回復アルゴリズムを，非観測変数を含む一般的なグラフに適用できるように拡張することができる．

---

[1] よく知られている格言として，「操作のない因果はない」(Holland 1986)，「原因が入力されないなら出力もない」(Cartwright 1989)，「計算機プログラムは，解析にはない変数を考慮できない」(Cliff 1983) といったものがある．

2.2 因果モデリングのフレームワーク

科学者が自然界を相手に行う帰納的ゲームという観点から，因果関係をモデル化する問題を考えよう．自然界には，非観測変数も含めた変数間の決定論的関数関係を用いて詳しく記述できる定常的因果メカニズムが存在する．このメカニズムは非巡回的構造の形式で構成されており，科学者は得られた観測データからそれを識別しようとする．

定義 2.2.1（因果構造）

非巡回的有向グラフ（DAG）と変数集合 V が与えられている．グラフ上の頂点がそれぞれ V の異なる要素に対応し，矢線のそれぞれが対応する変数間の直接的な関数関係を表すとき，このグラフを変数集合 V の因果構造という． □

因果構造は因果モデル——(1.40) 式で与えられた構造方程式モデルのように，DAG において変数のそれぞれがどのように親の影響を受けるのかを正確に記述したものであるが——を形成するための設計図として利用することができる．ここに，自然界では因果関係に対して任意の関数関係が与えられているが，独立な誤差項が含まれているため，これらの関数関係は錯乱させられていると仮定する．この誤差項は「隠れた」あるいは測定できない条件，または自然界に隠れている確率分布によって規定されるような例外を表している．

定義 2.2.2（因果モデル）

因果構造 D と，D と整合するパラメータ集合 Θ_D の組 $M = \langle D, \Theta_D \rangle$ を因果モデルという．ここに，パラメータ集合 Θ_D は変数 $X_i \in V$ のそれぞれに割り当てられた関数 $x_i = f_i(pa_i, u_i)$ と，u_i のそれぞれに割り当てられた確率 $P(u_i)$ からなる．また，PA_i は因果構造 D における変数 X_i の親からなる集合であり，誤差項 U_i は互いに独立に確率分布 $P(u_i)$ に従うものとする． □

第 1 章（定理 1.4.1）からわかるように，誤差項が独立であるという仮定より，因果構造 D では各変数は親を与えたときにその親以外の非子孫すべてと独立である．この意味で，因果モデルはマルコフ的であるということができる．このマルコフ条件は，探索を始める前に候補となるモデルの概略を特徴づけているため，仮定というよりは慣習的なものである．まず，すべての変数間の関係が詳しく記述されており，マルコフ条件が必ず成り立つような決定論的立場から始めることにしよう．確率によるマクロ的な抽象化を行うことによって変数を統合し，省略された変数を要約する際，どの段階で抽象化をしすぎており，どこで因果関係に関する性質が失われるのかを判断しなければならない．明らかに，因果推論の先駆者（因果的思想の創始者たち）は，マルコフ条件はこのような抽象化を行う際に守るべき性質であると認めている．そこでは，共通原因では説明できない相関は擬似的なものと考えられ，そのような相関を含むモデルは不完全であると考えられている．マルコフ条件を用いれば，親集合 PA_i は X_i に関連する直接原因をすべて含むという意味で，PA_i が完全であるとみなせるのかどうかを判断することができる．このとき，PA_i 以外の原因のいくつかが取り除かれていても（そして，確率によって要約されていても）かまわないが，モデルに含まれている他の変数に影響を与えている場合には取り除くことはできない．親集合 PA_i が限定されすぎている場合には，いくつかの変数に同時に影響を与える誤差が

存在する．このためマルコフ条件は成り立たず，このときの誤差は潜在変数として扱われる（定義2.3.2を参照）．ここで，潜在変数が存在することを認め，グラフの頂点としてそれらを明示的に表現すれば，マルコフ条件が成り立つ．

因果モデル M が構成されると，モデルに含まれている変数について同時確率分布 $P(M)$ を定義することができる．この分布は因果構造の特徴のいくつかをもっている（たとえば，各変数はその親を与えたときに先祖と条件付き独立である）．このとき，因果構造だけでなく基礎となる因果モデルもわからないが，観測変数の部分集合 $O \subseteq V$ を観察し，観測変数の確率分布 $P_{[O]}$ の特徴を調べることができる．そこで，確率分布 $P_{[O]}$ の特徴を利用して，DAG のトポロジー D を復元できるかどうかについて考えよう[2]．

2.3 モデルの優位性（Occam の剃刀）

一般に，因果構造に含まれる変数集合 V を知ることはできないため，与えられた分布と適合するモデルは数多く存在する．また，これらのモデルはそれぞれ異なる隠れた変数集合をもち，異なる因果関係に基づいて観測変数どうしを結びつけている．そのため，モデルに何らかの制約を課さなければ，現象を引き起こす構造について意味のある判断を行うことができない．たとえば，観測変数集合の要素が互いに原因とはなっておらず，かつ一つの潜在的な共通原因 U によって引き起こされているような構造に基づいて，すべての確率分布 $P_{[O]}$ を生成することができる[3]．同様に，$V = O$ であっても時間情報がない場合には，完全でかつ非巡回的な，任意の順序がつけられるグラフ――変数順序とは関係なく，（パラメータを適切に選択することによって）どのようなモデルの振舞いをも表現できる構造――が基礎構造である可能性もある．しかし，科学的帰納法のような標準的な基準に従って，データと整合するモデルのなかからより単純で洗練されていないものを見つけ，その仮説を排除することは理にかなっている（定義2.3.5）．この選択過程を通して得られたモデルは**極小**であるといわれる．この概念に基づいて，因果関係を推測するための（予備的な）定義を次のように与える．

定義 2.3.1（推測された因果関係（準備））

データと一致するすべての極小構造において，変数 X から変数 Y への有向道が存在するとき，X は Y に対して因果的な影響を与えるという． □

ここで，科学的理論と因果構造はともに，データと適合するように調整できる自由パラメータの集合をもつ．そのため，本書では，科学的理論と因果構造を同一視する．定義2.3.1はすべての変数が観測されていると仮定しているため，定義2.3.1を準備とみなす．次の定義は，極小性の概念を非観測変数を含む因果構造へ拡張したものである．

---

[2] この定式化は，実際に科学的発見で行われている作業を理想化したものである．たとえば，科学者は，確率分布から抽出された事象ではなく，確率分布が直接的に得られていると仮定している．また，我々は，基礎となる因果モデルの中に観測変数が実際に現れていると仮定し，それらの変数を集合とはみなさない．観測変数を集合とみなした場合にはフィードバック・ループが生じることがあるが，本章ではこれについて議論しない．

[3] U が O と同じだけ多くの状態をもち，事前分布 $P(u) = P(o(u))$ を U に割り当て（$o(u)$ は u の状態に対応する O のセルである），観測変数 O のそれぞれは対応する $o(u)$ の値をとると仮定することによって得られる．

定義 2.3.2（潜在構造）

変数集合 V の因果構造 D と観測変数集合 $O\subseteq V$ の組 $L=\langle D,O\rangle$ を潜在構造という． □

定義 2.3.3（構造の優位性）

2つの潜在構造 $L=\langle D,O\rangle$ と $L'=\langle D',O\rangle$ に対して，因果構造 D' が観測変数集合 O の因果構造 D を表現できる，すなわち，任意のパラメータ集合 Θ_D に対して，$P_{[O]}(\langle D',\Theta'_{D'}\rangle)=P_{[O]}(\langle D,\Theta_D\rangle)$ なるパラメータ集合 $\Theta'_{D'}$ が存在するとき，潜在構造 $L=\langle D,O\rangle$ は $L'=\langle D',O\rangle$ よりも優位であるといい，$L \preceq L'$ と記す．$L \preceq L'$ かつ $L \succeq L'$ を満たすとき，2つの潜在構造が同等であるといい，$L \equiv L'$ と記す[4]． □

定義 2.3.3 により制約された単純化に基づく優位性は，構造に関する記号論的な記述によってではなく，表現能力によって評価されていることに注意しよう．たとえば，潜在構造 L_1 が潜在構造 L_2 よりも多くのパラメータを含んでいても，L_2 が L_1 よりも多くの観測変数分布を表現できる場合には，L_1 は優位となる．科学者が単純なモデルを好む理由は，そのようなモデルが制約的であり，かつ反証可能であることにある．したがって，これによって「後知恵的に」データへの過剰適合が行われることを防ぐことができ，それゆえ，よく適合する構造が見つかればより高い信頼性を得ることができる (Popper 1959; Pearl 1978; Blumer et al. 1987)．

ここで，因果構造によって引き起こされる独立関係の集合はその表現能力，すなわち他の構造を表現する能力に対して制約を与えていることに注意しよう．実際，L_1 では成り立つが L_2 では成り立たないような従属関係が観察された場合には，L_1 は L_2 よりも優位ではない．したがって，優位性と同等性を検証するという作業を，誘導された従属関係を検証するという作業に要約することができる．そして，この従属関係は，パラメータ集合にとらわれることなく，DAG のトポロジーから直接的に決定することができる．これは潜在変数がない場合に成り立つ（定理 1.2.8）のであって，一般に，潜在構造すべてにおいて成り立つわけではない．Verma and Pearl (1990) は，潜在構造は観測分布に対して独立制約ではなく数値制約を与えていることを示している（8.4 節，(8.21)～(8.23) 式を参照）．このため，モデルの優位性を確認する作業は難しくなるが，それでもなお，推測された因果関係（定義 2.3.1）に関する意味論的な定義を潜在構造へ拡張することができる．

定義 2.3.4（極小性原則）

潜在構造のクラス $\mathcal{L}$ について，潜在構造 L より優位な $\mathcal{L}$ の要素が存在しない，すなわち，任意の $L'\in\mathcal{L}$ に対して $L' \preceq L$ ならば，$L \equiv L'$ が成り立つとき，潜在構造 L は潜在構造のクラス $\mathcal{L}$ について極小であるという． □

定義 2.3.5（一致性）

観測変数集合 O に関する因果構造 D が分布 $\hat{P}$ を生成するモデルを含む，すなわち，$P_{[O]}(\langle D,\Theta_D\rangle)=\hat{P}$ であるようなパラメータ集合 Θ_D が存在するならば，潜在構造 $L=\langle D,O\rangle$ は観測変数集合 O の分布 $\hat{P}$ と一致するという． □

---

[4] 本書では，記述を簡潔にするため，「優位である」は「部分モデルどうし」の関係が「優位または同等である」ことを意味する．

2.3 モデルの優位性（Occam の剃刀）

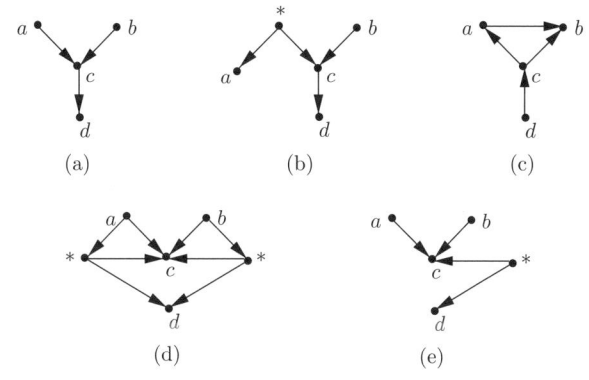

図 2.1 (a) と (b) が極小であること，そして関係 $c \to d$ が正しく推測できることを説明するための因果構造．頂点 (∗) は任意の状態をもつ潜在変数を表す．

明らかに，L が $\hat{P}$ と一致する必要条件（そして，ときには十分条件であるが）は，L が $\hat{P}$ から得られる従属関係すべてを説明できることである．

定義 2.3.6（推測された因果関係）

$\hat{P}$ が与えられたとき，$\hat{P}$ と一致する極小的潜在構造のすべてにおいて，変数 C から変数 E への有向道が存在するとき，C は E に対して因果的な影響を与えるという． □

この定義はおおむね認められている科学的研究の基準の一つ――Occam の剃刀における意味論的役割――に基づいているため，標準的なものと考えることができる．しかし，多くの科学的研究と同じように，この定義によって自然界の定常的な物理メカニズムが常に識別できると主張しているわけではない．この定義によって，非実験データからもっともらしく推測できるメカニズムを識別することができる．また，これ以外のメカニズムは，データに適合させるために不自然で後知恵的なパラメータ（すなわち，関数）調整を行わなければならない．このため，この定義は，推測されたメカニズムがこれ以外のメカニズムよりも信用性の高いものであることを保証している．

定義 2.3.6 によって識別される因果関係の例として，$\{a, b, c, d\}$ について取られた観察データから「a は b と独立である」と「d は c を与えたときに $\{a, b\}$ と条件付き独立である」という 2 つの独立関係が得られたとしよう．また，これらの関係から論理的に導かれる独立関係を除くいかなる独立関係も，このデータから得ることはできないと仮定しよう．たとえば，この従属パターンは，$a =$ 風邪を引く，$b =$ 熱がある，$c =$ くしゃみをする，$d =$ 鼻をかむ，という変数間の関係を表している．図 2.1 の (a) と (b) は観察された独立関係を規定しており，それ以外の独立関係は存在しない．このことから，これらのグラフは極小であることがすぐにわかる[5]．さらに，d から c への矢線，あるいは潜在的な共通原因 (∗) によって c と d の従属関係を説明できる構造では，観察された独立関係すべてを記述する図 2.1(a)（あるいは図 2.1(b)）を表現できないため，

---

[5] (a) と (b) が同等であることを確かめるためには，$a \leftarrow *$ に 2 つの変数が同値であるという制約を課した場合に，(b) によって (a) が表現できることに注意すればよい．逆に，(b) によって引き起こされる独立関係をもつ分布すべてを (a) を用いて生成することができるため，(a) を用いて (b) を表現することができる（グラフから条件付き独立関係を読み取るための理論と方法については，1.2.3 項または Pearl (1988b) を参照されたい）．

極小ではない．たとえば，図 2.1(c) の構造は図 2.1(a) とは異なり a と b の任意の関係に対して分布を与えることができる．同様に，図 2.1(d) では，c を与えたときに d と $\{a,b\}$ は条件付き独立にならず，c を与えたときに d と $\{a,b\}$ が従属となる分布を与えることができるため，極小ではない．一方，図 2.1(e) の場合，$\{a,b\}$ と d の間の周辺独立関係は観測されないため，データから得られる独立関係とは一致しない．

この例は (Pearl and Verma (1991) によるものであるが)，因果と確率の間に重要な関係があることを示している．すなわち，ある確率的な従属パターン (上の例では，$(a \perp\!\!\!\perp b)$ と $(d \perp\!\!\!\perp \{a,b\}|c)$ を除くすべての従属関係) が得られるならば，潜在変数の有無には関係なく明確な因果的従属関係 (上の例では，$c \rightarrow d$) が成り立つ[6]．この関係を得るための仮定は，データに過剰適合するモデルを除く極小性だけである．

2.4　定常分布

極小性原則は推測された因果関係を記述する標準的モデルを構成するのに十分である．しかし，実際のデータ生成モデルの構造が極小であること，あるいは大きな空間から極小構造を見つけ出すことが計算上実行可能であることを保証しているわけではない．したがって，特殊なパラメータ設定を行うことによって，まったく異なる構造をもつ極小モデルと区別できなくなる構造もある．たとえば，2つの公平なコイン (A と B) を投げて同じ結果が出る場合には 1，異なる場合には 0，をとるような二値の確率変数 C を考えよう．この制約によって生成される確率分布では，任意の 2 つの変数は周辺独立であるが，第三の変数を与えたときには従属となる．実際，3 つの変数のそれぞれに対して，残りの 2 つの変数と因果的に従属するような 3 つの極小因果構造からこのような従属パターンを生成することができる．しかし，これらの 3 つの構造から 1 つを選択することはできない．このような「病理的」パラメータ設定が行われないようにするために，分布に対して**定常性**とよばれる制約を課す．定常性は，DAG 同型，完全マップ (Pearl 1988b, p.128) あるいは忠実性 (Spirtes et al. 1993) としても知られている．この制約は P に含まれるすべての独立関係が定常である，すなわち，すべての独立関係がモデル D の構造によって引き起こされ，パラメータ Θ_D がどのように変化しても変わらないという仮定を意味している．上の例では，パラメータが変化しても — たとえば，コインに偏りが生じても — 保存される独立パターンは，正しい構造 (すなわち，$A \rightarrow C \leftarrow B$) だけである．

定義 2.4.1 (定常性原則)

$I(P)$ を P に含まれるすべての条件付き独立関係からなる集合とする．$P(\langle D, \Theta_D \rangle)$ が $I(P)$ 以外の独立関係を含まない，すなわち任意のパラメータ集合 Θ'_D に対して $I(P(\langle D, \Theta_D \rangle)) \subseteq I(P(\langle D, \Theta'_D \rangle))$ が成り立つとき，因果モデル $M = \langle D, \Theta_D \rangle$ は定常分布を生成するという． □

定常性は，パラメータが Θ_D から Θ'_D に変化しても，P における独立関係が崩れることは

---

[6] 因果推論で使われている標準的な確率の定義 (たとえば Suppes 1970; Eells 1991) では，観測変数に影響を与えるすべての要因に関する知識が常に必要となる (7.5.3 項を参照)．

2.4 定常分布

ないことを意味している．これが「定常性」と名づけられた理由である．簡単にいえば，任意の変数集合 X, Y, Z に対して（定理 1.2.5 を参照），P が M の構造 D を「描く」，すなわち，$(X \perp\!\!\!\perp Y | Z)_P \Leftrightarrow (X \perp\!\!\!\perp Y | Z)_D$ であるならば，P は M の定常分布である．

例を用いて極小性と定常性の関係を説明しよう．イスの写真を見て，次のモデルのうち 1 つを選択しなければならないとする．

- T_1：写真の撮影対象は 1 つのイスである．
- T_2：写真の撮影対象は 1 つのイス，または 2 つのイスである．後者の場合には，手前のイスの後ろにもう一つのイスが隠れるように配置されている．

T_1 が T_2 よりも優位であることは，極小性と定常性という 2 つの原則を用いることによって正当化される．まず，撮影対象が 1 つである風景の集合は複数の撮影対象からなる風景の部分集合である．したがって，極小性原則により，T_1 は T_2 よりも優位であり，反論する証拠がなければ，具体的に記述されたモデル T_1 が選択されるべきである．また，撮影対象である一つのイスをもう一つの撮影対象であるイスがうまく隠れるように配置するのは不自然である．したがって，定常性原則により，T_2 はあらかじめ取り除かれる．このような配置は環境条件や観察角度が少しでも変化すれば**非定常**となる．

独立関係との類似性は明らかである．グラフによって規定されるそれぞれの関数–分布についてパラメータ設定を行えば，不変で構造的な独立関係が存在するようになる．その一方で，関数と分布の正確な数値に対して変動する独立関係も存在する．たとえば，$Z \leftarrow X \rightarrow Y$ という構造は

$$z = f_1(x, u_1), \quad y = f_2(x, u_2) \tag{2.1}$$

という関係を表している．このとき，任意の関数 f_1 と f_2 に対して，変数 Z と Y は X を与えたときに独立となる．一方，$Z \rightarrow Y$ を構造に加えた線形モデル

$$z = \gamma x + u_1, \quad y = \alpha x + \beta z + u_2 \tag{2.2}$$

を考えた場合，$\alpha = -\beta\gamma$ の下では X と Y は独立となる．しかし，$\alpha = -\beta\gamma$ が崩れると，X と Y の独立関係は成り立たなくなる．したがって，この関係は非定常である．定常性により，このような独立関係は観察されたデータでは起こりそうにないこと，すなわち独立関係すべてが構造的であることが仮定されている．

ここで，図 2.1(c) の因果構造を用いて，定常性と極小性の関係を説明しよう．図 2.1(c) は構造 (a) に適合する分布の集合よりも大きな分布の集合に適合する．したがって，極小性原則により構造 (c) は棄却される．また，構造 (c) をデータ（具体的には，独立関係 $(a \perp\!\!\!\perp b)$）に適合させるためには，矢線 $a \rightarrow b$ により生じる関連性によって道 $a \leftarrow c \rightarrow b$ により生じる関連性をうまく相殺しなければならない．このことから，定常性原則により，構造 (c) は棄却される．a, b, c を結びつける関数すべてに対してこのような都合のよい相殺関係が成り立つことはないため，このような相殺は定常的なものではない．一方，構造 (a) にある独立関係 $(a \perp\!\!\!\perp b)$ は定常である．

2.5 DAG 構造の復元

定常性を仮定した場合，潜在変数が存在しないかぎり，（有向分離基準に基づく同等性により）任意の分布は唯一で極小な因果構造をもつ．この一意性は，定理 1.2.8 から得られるものであり，2 つの因果構造が同等である（すなわち，それらはお互いに表現できる）ことと，それらの因果構造が同じ従属情報，すなわち，同じスケルトンと同じ v 字合流をもつことは同値であることを示している．

非観測変数が存在しない場合の極小モデルの探索方法を要約すれば，隠れた DAG D_0 において，条件付き独立関係によって有向分離条件が表現されていると仮定したうえで，条件付き独立関係を調べることによって DAG D の構造を再構築するということになる．当然，D_0 と同値な構造がいくつか存在している可能性があるため，復元された DAG は一意ではない．そのため，D_0 の同値クラスを表現したグラフしか与えることができない．このようなグラフは**パターン**とよばれるものであり，Verma and Pearl (1990) によって導入された．パターンは部分的に矢線をもつ DAG，すなわち矢線と無向辺からなるグラフである．パターンに現れる矢線は，D_0 と同値なクラスに含まれるグラフに共通に現れる矢線を表し，無向辺は矢線の方向が決まらないことを意味している．すなわち，ある方向の矢線をもつ同値構造もあれば，それとは逆方向の矢線をもつ構造もある．

次に与えるアルゴリズムは Verma and Pearl (1990) によって提案されたものである．これは，基礎となる DAG D_0 によって生成された定常確率分布 $\hat{P}$ を入力すると，D_0 の同値クラスを表現するパターンが出力されるようになっている[7]．

IC アルゴリズム（帰納的因果関係）
入力：変数集合 V の定常分布 $\hat{P}$.
出力：$\hat{P}$ と一致するパターン $H(\hat{P})$.

ステップ 1. V から任意の変数の組 (a,b) を取り出し，$\hat{P}$ において $a \perp\!\!\!\perp b | S_{ab}$，すなわち，$S_{ab}$ を与えたとき a と b が独立となるような集合 S_{ab} を探索する．このような S_{ab} が見つからない場合には，頂点 a と b を無向辺で結び，無向グラフを構築する．

ステップ 2. S_{ab} が存在するとき，互いに隣接しない a と b が共通の隣接点として c をもつ場合には $c \in S_{ab}$ であるかどうかを調べ，
(1) $c \in S_{ab}$ ならば，矢印を加えない．
(2) $c \notin S_{ab}$ ならば，c へ向かう矢印（すなわち $a \to c \leftarrow b$）を加える．

ステップ 3. 次の規則に従って，ステップ 2. で得られた部分的有向グラフの無向辺にできるかぎり多く矢印を加える．
(i) 新しい v 字合流 をつくるような矢印を加えない．
(ii) 巡回道をつくるような矢印を加えない．

---

[7] IC アルゴリズムは，Verma and Pearl (1990) によって提案されたものであるが，その後潜在構造を扱えるように改良された．その違いを明確にするために，ここでは，観測変数のみから構成される DAG に IC アルゴリズムを適用し，潜在構造に対しては IC* アルゴリズムを適用するという意味で，アルゴリズムを IC と IC* の 2 つに分けて記述する．

2.5 DAG 構造の復元

ICアルゴリズムでは，ステップ1とステップ3について詳しくは記述されていない．この2つのステップについては，いくつかの改良が提案されている．Verma and Pearl (1990) は，疎グラフにおいて，$\hat{P}$ のマルコフ・ネットワーク，すなわち，任意の2つの変数に対して，それ以外の変数すべてを与えたときに従属するときのみ無向辺で結ぶように構成した無向グラフから始めれば，探索回数を大幅に減らすことができることを示している．正規線形モデルの場合には，共分散行列の逆行列の0ではない成分に対応する変数の組に無向辺を割り当てることによって，マルコフ・ネットワークを多項式時間で見つけることができる．Spirtes and Glymour (1991) はステップ1において集合 S_{ab} を探索するためのシステマティックな方法を提案している．それは，要素の数が0である集合 S_{ab} から始め，S_{ab} の要素の数を1… と増やしていき，分離していると判断されると完全グラフから逐次的に無向辺を取り除くというものである．この改良アルゴリズムは，(その開発者である Peter と Clark の名前にちなんで) PCアルゴリズムとよばれている．このアルゴリズムでは，それぞれの段階において分離集合 S_{ab} は a と b の隣接点にしぼって探索される．そのため，有限個の頂点をもつグラフにPCアルゴリズムを適用した場合には，多項式時間で終了できる．

ICアルゴリズムのステップ3はいくつかの規則により構成されている．Verma and Pearl (1992) は任意のパターンから極大有向パターンを得るためには，次の4つの規則が必要となることを示した．

規則 R_1：a,b,c に対して，a と c が隣接しないが $a{\to}b$ がある場合には，$b-c$ に $b{\to}c$ と矢印をつける．

規則 R_2：a,b,c に対して，連鎖経路 $a{\to}c{\to}b$ がある場合には，無向辺 $a-b$ に $a{\to}b$ と矢印をつける．

規則 R_3：a,b,c,d に対して，c と d が隣接しないような2つの連鎖経路 $a-c{\to}b$ と $a-d{\to}b$ が存在する場合には，$a-b$ に $a{\to}b$ と矢印をつける．

規則 R_4：a,b,c,d に対して b と c は隣接しないが，a と d は隣接するような2つの連鎖経路 $a-c{\to}d$ と $c{\to}d{\to}b$ が存在する場合には，$a-b$ に $a{\to}b$ と矢印をつける．

Meek (1995) は，これら4つの規則を繰り返し適用することによって最終的には D_0 の同値クラスに共通な矢線をすべて見つけることができるという意味で，4つの規則が十分であることを示している．なお，開始時点で得られている矢線が v 字合流に限られている場合には，R_4 は必要ではない．

もう一つの構成法は，Dor and Tarsi (1992) によって提案されたアルゴリズムである．これは，パターンに対して，新しい v 字合流も巡回道も生成することなく十分に矢印をつけることができるかどうかを（多項式時間で）検証するものである．その検証法では，次の性質をもつ頂点 v が逐次的に取り除かれる．

1. v から出る矢線はない．
2. v と無向辺で連結する隣接点のそれぞれは，それ以外の v の隣接点すべてと隣接している．

この方法によりすべての頂点を取り除くことができることと，パターンがDAGにおいて許容

できるような方向づけを行うことができることは同値である．したがって，極大有向パターンを見つけるためには，

(i) すべての無向辺 $a-b$ に対して，2つの方向 $a{\rightarrow}b$ と $a{\leftarrow}b$ をそれぞれつけてみて，

(ii) 異なる方向に向きがつけられるのか，それとも一方だけにしか向きがつけられないのかどうか

を検証すればよい．一方向だけに向きがつけられた矢線からなる集合を用いることによって，適切な極大有向パターンを構成することができる．さらなる改良は Chickering (1995), Andersson et al. (1997), Moole (1997) により行われている．

しかし，潜在構造が存在する場合には，いかなる条件付き独立関係を用いても，その確率分布の特徴づけを十分に行うことはできない．そのため，特別な処理が必要となる．幸運にも，そのなかのいくつかの独立関係については識別可能であるため (Verma and Pearl 1990)，これによって潜在構造に関する重要な部分を復元することができる．

2.6　潜在構造の復元

自然界にいくつかの変数が隠れている場合，観測分布 $\hat{P}$ は観測可能な変数集合 O に対して定常でなくてもよい．すなわち，$\hat{P}$ と整合する極小潜在構造の中に，DAG 構造をもつようなものが存在することはもはや保証されない．しかし，幸運にも，大きな潜在構造空間の中を探索する必要はなく，有限でかつ適切に定義された構造をもつグラフの中から探索すればよい．すべての潜在構造 L に対して，O について L と従属的同値な潜在構造（射影）が存在する．このような潜在構造では，非観測頂点が2つの観測された子をもつルートとなっている．この概念は次のように明確に特徴づけることができる．

定義 2.6.1（射影）

潜在構造 $L_{[O]} = \langle D_{[O]}, O \rangle$ が次の2つの条件を満たすとき，$L_{[O]} = \langle D_{[O]}, O \rangle$ は潜在構造 L の射影であるという．

1. $D_{[O]}$ に表現されている任意の非観測変数は親をもたず，かつ隣接しない2つの観測変数の共通原因である．

2. L によって生成される任意の定常分布 P に対して，$L_{[O]}$ によって生成される定常分布 P' が存在し，$I(P_{[O]}) = I(P'_{[O]})$ を満たす．　□

定理 2.6.2 (Verma 1993)

任意の潜在構造は少なくとも1つの射影をもつ．　□

観測変数のみを頂点とする双方向矢線グラフを使って射影（すなわち，隠れた変数が暗に示されている）を表現すると便利である．双方向矢線はその辺の端点に対応する変数間に共通の潜在原因が存在することを示している．

定理 2.6.2 により，推測された因果関係（定義 2.3.6）は操作可能なものになる．すなわち，$\hat{P}$

2.6 潜在構造の復元

に対する任意の極小モデルについて最良な射影に辺が存在する場合には，$\hat{P}$ に対する極小モデルすべてにおいて因果的な道が存在することを示すことができる (Verma 1993)．したがって，本章で扱う探索問題は，$\hat{P}$ に対する任意の極小モデルの最良な射影を見つけだし，矢線を適切に識別することに帰着される．驚くべきことに，IC アルゴリズムを少しだけ変形したアルゴリズムを用いれば，このような矢線を識別することができる．ここでは，このアルゴリズムを IC* アルゴリズムとよぶ．IC* アルゴリズムに（ある潜在構造に関する）定常分布 $\hat{P}$ を入力すると，マーク付きパターンが出力される．このマーク付きパターンは，次の4つのタイプの辺を含む部分的非巡回的有向グラフである．

1. 基礎となるモデルにおいて，a から b への有向道があることを示すマーク付き矢線 $a \xrightarrow{*} b$．
2. 基礎となるモデルにおいて，a から b への有向道あるいは潜在的な共通原因 $a \leftarrow L \rightarrow b$ のどちらかを示すマークなし矢線 $a \rightarrow b$．
3. 基礎となるモデルにおいて，潜在的な共通原因 $a \leftarrow L \rightarrow b$ があることを示す双方向矢線 $a \leftrightarrow b$．
4. 基礎となるモデルにおいて，$a \leftarrow b, a \rightarrow b$ あるいは $a \leftarrow L \rightarrow b$ のどちらかを示す無向辺 $a - b$[8]．

IC* アルゴリズム（潜在変数を含む帰納的因果関係）

入力：（潜在構造に関する）変数集合 V の定常分布 $\hat{P}$．
出力：マーク付きパターン $\mathrm{core}(\hat{P})$．

ステップ1. V から任意の変数の組 (a,b) を取り出し，$\hat{P}$ において S_{ab} を与えたとき a と b が独立となるような集合 S_{ab} を探索する．このような S_{ab} が見つからない場合には，頂点 a と b は無向辺 $a - b$ で結ぶ．

ステップ2. 互いに隣接しない a と b が共通の隣接点 c をもつ場合には $c \in S_{ab}$ であるかどうかを調べ，

(1) $c \in S_{ab}$ ならば，矢印を加えない．

(2) $c \notin S_{ab}$ ならば，c へ向かう矢印（すなわち $a \rightarrow c \leftarrow b$）を加える．

ステップ3. 次の規則に従って，ステップ2．で得られたパターンの無向辺に，できるかぎり多く矢印を（逐次的に）加える．また，できるかぎり多くの矢線にマーク $(*)$ をつける．

規則 R_1：互いに隣接しない a と b が共通の隣接点として c をもつとき，a と c を結ぶ辺に c への矢印がついており，b と c を結ぶ辺に c への矢印がない場合には，b と c を結ぶ無向辺を b に向かうマーク付き矢線 $c \xrightarrow{*} b$ に置き換える．

規則 R_2：（図 2.2 のように）a と b が隣接し，かつ a から b への有向道がすべてマーク付き矢線で構成されている場合には，a と b を結ぶ無向辺に b に向かう矢印を加える．

IC* アルゴリズムのステップ1とステップ2は IC アルゴリズムのステップ1とステップ2と同じであるが，ステップ3で用いられている規則は異なっている．IC* アルゴリズムでは，無向

---

[8] Spirtes et al. (1993) は，$a \circ \rightarrow b$ を使って，頂点 a の矢印の不確かさを表現している．Peter Spirtes によって初期の IC* の証明にはいくつかの間違いがあることが指摘されたが，後に Verma (1993) によって訂正された．Spirtes et al. (1993) は，このアルゴリズムの修正と改良を行っている．

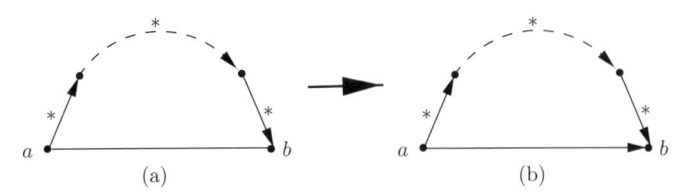

図 2.2 IC* アルゴリズムのステップ 3 における R_2 を説明するためのグラフ

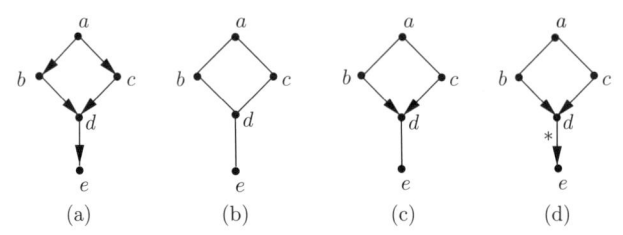

図 2.3 IC* アルゴリズムによって構成されたグラフ．それぞれ (a) 基礎となる構造，(b) ステップ 1 実行後，(c) ステップ 2 実行後，(d) IC* アルゴリズムの出力結果，を表す．

辺に対して方向づけを行うのではなく，無向辺の端点それぞれに矢印を加えていくため，双方向矢線となることもある．

図 2.3 は，図 1.2 のスプリンクラーの例（図 2.3(a) で概要を示している）に IC* アルゴリズムを適用した際の手続きを示したものである．

1. この構造によって引き起こされる条件付き独立関係は，有向分離基準（定義 1.2.3）を使うことによって読み取ることができる．その結果，これらの独立関係に対応する最小の条件付き集合として，$S_{ad} = \{b, c\}, S_{ae} = \{d\}, S_{bc} = \{a\}, S_{be} = \{d\}, S_{ce} = \{d\}$ を得る．したがって，IC* アルゴリズムのステップ 1 により図 2.3(b) の無向グラフを得る．

2. (b, c, d) において d は S_{bc} の要素ではないため，ステップ 2 の条件を満たす唯一の組である．したがって，図 2.3(c) の部分的有向グラフを得る．

3. (b, d, e)（と (c, d, e)）においても同様に，b と c は隣接しておらず，b から d に向かう矢線はあるが，e から d に向かう矢線はない．したがって，ステップ 3 の規則 R_1 を適用することができる．これによって，e に向かう矢印をつけ，その矢線にマークをつけた図 2.3(d) を得る．R_1 と R_2 をこれ以上適用することはできないため，これが IC* アルゴリズムの最終的な出力結果となる．

$a - b$ と $a - c$ には矢印がなく，$b \rightarrow d$ と $c \rightarrow d$ にはマークがないが，これは，$\hat{P}$ が潜在構造に対してもつあいまいさをうまく表現したものとなっている．実際，図 2.4 で示される潜在構造はどれも図 2.3(a) の潜在構造と観察的同値である．図 2.3(d) では，辺 $d \rightarrow e$ にマークをつけることによって，図 2.3(a) と同じ独立関係をもつすべての潜在構造において，$d \rightarrow e$ が存在することを表している．

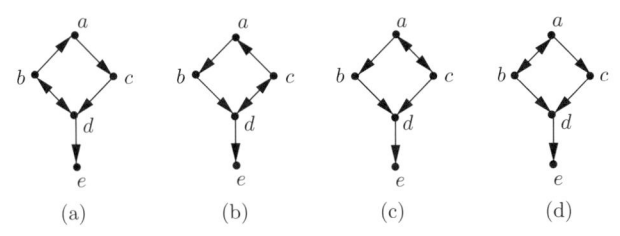

図 2.4　図 2.3(a) と同値な潜在構造

2.7　因果関係に関する局所的な判定基準

IC* アルゴリズムに定常分布 $\hat{P}$ を入力すれば，パターンが出力される．そのグラフには，マーク付きの矢線（本質的な因果関係を示す）もあれば，マークのない矢線（潜在的な因果関係を示す）もある．また，双方向矢線（擬似相関を示す）もあれば，無向辺（因果の方向が決定されない状態を示す）もある．このようなラベルづけから生じる条件を使って，さまざまな因果関係を定義することができる．本節では，IC* アルゴリズムから得られる潜在的な因果関係と本質的な因果関係の明確な定義を与える．ここで注意すべきことは，これらの定義すべてにおいて，2 つの変数 (X と Y) の因果関係に関する判定基準では，X と Y の特定の従属パターンを引き起こす第三の変数 Z が必要となるということである．「操作のない因果はない」(Holland 1986) というパラダイムでよく知られているように，因果推論の本質は，X（または Y）への介入に対応する第三の変数の影響の下で，X と Y の振舞いを規定することである．したがって，これは驚くようなことではない．その違いは，自然界で実験が行われているかのように，仮想的な制御変数として振る舞っている Z をデータそのものから識別しなければならないということだけである．IC* アルゴリズムは，定常性の下で，仮想的な制御変数として適切と考えられる変数 Z を探索するシステマティックな方法を与えている．

定義 2.7.1（潜在的原因）

2 つの変数 X, Y が次の条件を満たすとき，X は Y に対して（P から推測可能で）潜在的で因果的な影響を与えるという．

1. すべての背景において，X と Y は従属する．
2. 次の条件を満たす変数 Z と背景 S が存在する．
   (i) X と Z は S を与えたとき条件付き独立（すなわち，$X \perp\!\!\!\perp Z|S$）である．
   (ii) Y と Z は S を与えたとき従属（すなわち，$Z \not\!\perp\!\!\!\perp Y|S$）する．　□

ここに，「背景」とは，具体的な値をとる変数集合を意味する．たとえば，図 2.3(a) では，$S = a$ という背景では変数 $Z = c$ は d と従属しており，かつ b と独立である．したがって，b は d の適切な潜在的原因であることがわかる．同様に，c も（$S = a$ と $Z = b$ の下で）d の適切な潜在的原因であることもわかる．しかし，図 2.4(a), (b) にある双方向矢線からわかるように，これらの従属パターンは潜在的な共通原因があるグラフと一致している．このため，b も c も d の本質的な原因としては適切ではない．また，定義 2.7.1 より，d は b（あるいは c）の潜在的原因とし

て適切ではないが，定義 2.7.2 で定式化されるように，このことによって，d は e の本質的な原因であるとみなされる[9]．ここに，定義 2.7.1 により，変数 X はそれ自身および X を関数的に決定する他の変数のいずれに対しても潜在的原因とはならないことに注意しよう．

定義 2.7.2（本質的な原因）

変数 X と Y が次の条件のいずれかを満たすとき，X は Y に対して本質的で因果的な影響を与えるという．

1. すべての背景において X と Y は従属であり，次の条件を満たす S が存在する．
   (i) Z は X の潜在的原因である（定義 2.7.1）．
   (ii) Z と Y は S を与えたときに従属している（すなわち，$Z \not\perp\!\!\!\perp Y|S$）．
   (iii) Z と Y は $S \cup X$ を与えたときに独立である（すなわち，$Z \perp\!\!\!\perp Y|S \cup X$）．
2. X と Y は基準 1 で定義された関係の推移的閉包に含まれる． □

条件 (i)〜(iii) は，図 2.3(a) で $X = d, Y = e, Z = b, S = \phi$ とすることによって説明できる．d を条件づけると b と e の従属関係が成り立たなくなる．しかし，これによって d と e の間に擬似相関が生じることはない．すなわち，図 2.4 の構造からわかるように，本質的な因果関係はまさに説明である．

定義 2.7.3（擬似相関）

2 つの変数 X と Y がある背景において従属しているとする．次の条件を満たす変数 Z_1 と Z_2 と 2 つの背景（S_1 と S_2）が存在するとき，X と Y は擬似相関をもつという．

1. Z_1 と X は S_1 を与えたときに従属（すなわち，$Z_1 \not\perp\!\!\!\perp X|S_1$）する．
2. Z_1 と Y は S_1 を与えたときに独立（すなわち，$Z_1 \perp\!\!\!\perp Y|S_1$）である．
3. Z_2 と Y は S_2 を与えたときに従属（すなわち，$Z_2 \not\perp\!\!\!\perp Y|S_2$）する．
4. Z_2 と X は S_2 を与えたときに独立（すなわち，$Z_2 \perp\!\!\!\perp X|S_2$）である． □

定義 2.7.1 の条件 1 と条件 2 と同様に，条件 1 と条件 2 より，Z_1 と S_1 を使うことによって，Y が X の潜在的な原因ではないことがわかる．条件 3 と条件 4 より，Z_2 と S_2 を使うことによって，X が Y の潜在的な原因ではないことがわかる．したがって，$Z_1 \to X \leftrightarrow Y \leftarrow Z_2$ という構造からわかるように，潜在的な共通原因は，X と Y の間にある観測された従属関係を説明するためだけに存在する．

（因果関係に関する確率論の多くで仮定されているように (Suppes 1970; Spohn 1983; Granger 1988)）時間情報があれば，X に先行する変数と隣接する変数はすべて X の潜在的な原因とみなすことができるため，定義 2.7.2 と定義 2.7.3 を簡単に記述することができる．さらに，背景 S が X より先に起こるという情報がある場合には，隣接関係（すなわち，定義 2.7.1 の条件 1）は

---

[9] Pearl (1990) は，(Reichenbach 1956, Good 1961, Suppes 1970 に従って) 条件 $P(Y|X) > P(Y)$ を加えることで（変数というよりも）事象の関係として，定義 2.7.1 を定式化している．この定式化は，本節の定義に適用することもできるが，ここでは明確な定式化は行わない．

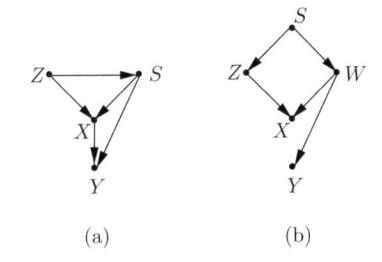

2.7 因果関係に関する局所的な判定基準　　　　　　　　　　　　　　　　　59

図 2.5　時間情報と (a) と (b) のそれぞれから得られる条件付き独立関係からどのように X と Y の本質的な因果関係と擬似相関を推測できるのかを説明するためのグラフ

必要ではない．これらの考察より，擬似的な原因と本質的な原因を区別する簡単な条件を導くことができる．それを次に示す．

定義 2.7.4（時間情報をもつ本質的な原因）

X に先行する S と Z が次の条件を満たすとき，X は Y に対して因果的な影響を与えるという．

1. $(Z \not\perp\!\!\!\perp Y | S)$
2. $(Z \perp\!\!\!\perp Y | S \cup X)$　　　　　　　　　　　　　　　　　　　　　　　　　　　□

時間的な順序を用いることによって Z が X の潜在的原因となっていることを除けば，直観的には，定義 2.7.4 と定義 2.7.2 は同じものである．これは，図 2.5(a) を用いて説明することができる．（背景 S において）X を条件づけることよって，従属関係にある Z と Y が独立となるならば，Z と Y の従属関係は X を経由して生成されたものでなければならない．すなわち，Z が X に先行するとき，このような条件が成り立つならば，X が Y に対して因果的な影響を与える．

定義 2.7.5（時間情報をもつ擬似相関）

X が Y に先行し，X と Y が背景 S において従属しているとする．Z が次の条件を満たすとき，X と Y は擬似相関をもつという．

1. $(Z \perp\!\!\!\perp Y | S)$
2. $(Z \not\perp\!\!\!\perp X | S)$　　　　　　　　　　　　　　　　　　　　　　　　　　　　□

図 2.5(b) を用いて，定義 2.7.5 を直観的に説明しよう．図 2.5(b) の場合，X と Y の従属関係は，因果的なつながりによって生じたものではない．なぜなら，X と Y の間に因果的なつながりがあるならば Z と Y に従属関係が生じることになるが，それは条件 1 に矛盾するからである[10]．

これまでに与えられた定義を振り返ってみると，因果関係は少なくとも 3 つの変数によって推測されていることがわかる．特に，ある変数が他の変数の因果的な結果ではないことを示すための情報は，非推移的な 3 つの変数の組によって表現されている．たとえば，図 2.1(a) の変数 a と b は $(a \perp\!\!\!\perp b), (a \not\perp\!\!\!\perp c), (b \not\perp\!\!\!\perp c)$ を満たす．その理由は以下のとおりである．仮に，変数 a と b が第三の変数 c と関連をもつと同時に，それらを独立にするような条件 S_{ab} を得ることができると

---

[10] 因果的な従属関係に関する推移律は定常性から導かれていることを思い出しておこう．Z と Y が独立となるような因果的連鎖経路 $Z \to X \to Y$ を構成することはできるが，そのような独立関係は連鎖経路に対するすべてのパラメータ設定すべてにおいて成り立つわけではない．

しよう．この場合，c は a や b の原因ではなく（定常性の定義より，共通原因が存在すればその結果となる変数どうしは従属する），共通の結果 ($a \to c \leftarrow b$) あるいは共通原因を経由する $a \leftrightarrow c \leftrightarrow b$ ことにより a と b に関連が生じるパターンが構成される．実際，これは，IC* アルゴリズムを実行した場合にグラフの無向辺に対する方向づけが始まり，c に向かう矢印を割り当てる（ステップ 2）ことができるための条件となっている．この非推移パターンは，定義 2.7.1 において X が Y の結果ではなく，かつ定義 2.7.2 において Z が X の結果ではないことを保証している．定義 2.7.3 では，2 種類の非推移的な 3 つの変数の組 (Z_1, X, Y) と (X, Y, Z_2) が存在している．したがって，X と Y の間にある直接的な因果的影響が取り除かれ，擬似相関がその従属関係を説明できる唯一の理由となる．

　非推移的な 3 つの変数の組に対する解釈を行うためには，原因ではなく結果を仮想的に制御するという考え方が必要となる．これは因果関係の操作的側面から帰無仮説を検証していることに似ている（1.3 節を参照）．たとえば，雨が芝を濡らす原因であってその逆は起こらないと主張する理由は，雨とは関係なく芝を濡らす方法を簡単に見つけることができるということにある．このことを連鎖経路 $a - c - b$ に変換した場合，a に影響を与えることなく c を潜在的にコントロールする方法 (b) を見つけることができれば，c が a の原因であるという根拠を取り除くことができる (Pearl 1988a, p.396)．ただし，この類推は発見的方法にすぎない．なぜなら，観察研究では，適切なコントロールが行われ，(a との) 擬似相関がそのコントロールに悪影響を与えないような自然現象が起こるのを待たなければならないからである．

2.8　非時間的因果関係と統計的時間

　非時間データから因果関係の方向を決定する際，時間と因果的解釈の関係に関する哲学的問題が生じる．たとえば，定義 2.7.2 あるいは定義 2.7.4 の矢線 $X \to Y$ に割り当てられた方向は，（Y が X の前に起こることがわかった後で）時間情報と矛盾しないのであろうか？定義 2.7.4 の背後にある理論的根拠は因果関係の統計的側面に関する強い直観（たとえば，因果のない相関はない）に基づいているため，そのような矛盾はほとんど起こらない．その一方で，なぜ統計的従属関係だけから決定される方向性が時間の流れと関係するのだろうか？という問題が生じる．

　人間の思考過程では，時間的な期待と統計的な期待という 2 つの期待に基づいて因果的解釈が行われている．時間的側面では，原因は結果の前に生じるという理解に基づいて表現されることが期待され，統計的側面では，完全な因果的解釈によってさまざまな結果が区別される（すなわち，結果を条件付き独立にする）ことが期待される[11]．さまざまな結果を区別できない説明は不完全であり，残差に関する従属関係は「擬似的なもの」あるいは「説明できないもの」とみなされる．長年にわたる科学的な考察を振り返ってみても，これら 2 つの期待が矛盾なく共存していることがわかる．このことは，自然現象を記述する統計学が時間的な基本的先入観を明らかにす

---

[11] この期待は，Reichenbach の「接続分岐経路」あるいは「共通原因」基準として知られているものである (Reichenbach 1956; Suppes and Zaniotti 1981; Sober and Barrett 1992)．しかし，Salmon (1984a) により，Reichenbach の基準を満たさないが因果的説明として適切である事象が存在することが示され，批判されている．しかし，Salmon の例は，原因とさまざまな結果の間に介在する変数が取り除かれているため，説明としては不完全である（2.9.1 項を参照）．

2.8 非時間的因果関係と統計的時間

るものであることを暗に示している．実際，現在の状況が将来を示す変数どうしを条件付き独立にするような現象（たとえば，(2.3) 式により記述される多変量経済時系列モデル）をよくみかけるが，現在の状況が過去を示す変数どうしを条件付き独立にするという逆の現象はほとんどみかけない．この時間的な先入観がなくてはならない理由はあるのだろうか？

この先入観を定式化するために，統計的時間の概念を導入する．

定義 2.8.1（統計的時間）

経験分布 P に対して，P と一致する極小因果構造の少なくとも 1 つと矛盾しない変数順序を P の統計的時間という． □

たとえば，1 次元マルコフ・チェーンモデルでは，物理的時間と一致するもの，それとは反対のもの，またある頂点（ルートとして選ばれる頂点）を始点とするマルコフ・チェーンの方向と同じ順序をもつものというように，多くの統計的時間が存在している．一方，

$$X_t = \alpha X_{t-1} + \beta Y_{t-1} + \xi_t \\ Y_t = \gamma X_{t-1} + \delta Y_{t-1} + \eta_t \tag{2.3}$$

のような 2 次元マルコフ・チェーンで規定される確率過程は，唯一の統計的時間，すなわち，物理的時間と一致する時間をもつ[12]．実際，このような確率過程から得られたデータに基づいて IC アルゴリズムを実行させると，すべての時間情報が隠されていても，X_t と Y_t に対する本質的な原因として X_{t-1} と Y_{t-1} をすぐに識別することができる．このことは，定義 2.7.1（$Z = Y_{t-2}$ と $S = \{X_{t-3}, Y_{t-3}\}$ とおくことにより，X_{t-2} は X_{t-1} の潜在的原因であることがわかる）と定義 2.7.2（$Z = X_{t-2}$ と $S = \{Y_{t-1}\}$ とおくことにより，X_{t-1} は X_t の本質的な原因であることがわかる）からわかる．

前に仮定した時間的先入観は次のように表現することができる．

予想 2.8.2（時間的先入観）

多くの自然現象では，物理的時間は少なくとも 1 つの統計的時間と一致する． □

Reichenbach (1956) は，接続分岐経路に関する非対称性が熱力学の第二法則によって生じると考えた．しかし，外部からのノイズ ξ_t と η_t の影響によって (2.3) 式の確率過程は非保守的になるため，第二法則が時間的先入観を十分に説明できるかどうかは疑わしい[13]．さらに，時間的先入観は使用する記述言語に依存する．たとえば，異なる座標系を用いて (2.3) 式――ここでは，

$$X'_t = aX_t + bY_t \\ Y'_t = cX_t + dY_t$$

という線形変換を用いる――を表現すると，物理的時間とは異なる統計的時間を表現する (X', Y') をつくることができる．すなわち，X'_t と Y'_t は過去の値ではなく，将来の値（X'_{t+1} と Y'_{t+1}）を与えたときに独立になる．これは，物理的時間と統計的時間の一致性は人間が基本言語を選択し

---

[12] ここでは，ξ_t と η_t は 2 つの独立なホワイトノイズ時系列であると仮定されている．また，$\alpha \neq \delta$ および $\gamma \neq \beta$ である．

[13] この考察について Seth Lloyd に感謝する．

た際の副産物であって，物理的実在の特徴ではないことを示している．たとえば，X_t と Y_t が時刻 t において互いに作用し合う粒子の位置を表し，それらの重心を X'_t，相対的距離を Y'_t とするとき，粒子運動を表現するために，（原則的に）(X', Y') と (X, Y) のどちらの座標系を選ぶかは選択の問題である．しかし，明らかに，この例では，(X, Y) を選択することはおかしなことではなく，前向きの誤差項 ((2.3) 式の ξ_t と η_t) が互いに直交するような座標系が，対応する後ろ向きの誤差項 (ξ'_t と η'_t) よりも優位であることを表している．Pearl and Verma (1991) は，この優位性は人間が生存するために将来の事象を予測しなければならないプレッシャーを表していること，そして人間の進化過程から現在の事象に対する後知恵的な説明を見つけることよりも将来に対する予測が重要であると述べている．この理由，あるいはそれ以外の理由により，人間が言語を選択することができるのかはさらに調べる必要があるが (Price 1996)，これによって，統計的な側面と時間的な側面との無矛盾性はもっと面白いものになるであろう．

2.9 結論

本章で与えた理論は，すべての状況において，統計解析を用いたからといって本質的な原因と擬似的な共変動を完全に区別できるわけではないが，多くの場合において区別できることを示している．極小性（および定常性あるいはその両方）の下では，本質的な因果関係を識別できるような従属パターンが存在する．科学的方法論の基本原理の一つである Occam の剃刀が成り立つかぎり，このような関係が潜在的な原因により生じるとは考えられない．逆に，この原理が成り立たない場合，観察結果と完全に一致するが極小性の下で得られたパターンとは異なるものが得られることもある．したがって，この原理は因果関係に関する非擬似性と方向性について，誰からでも同意が得られる理由を説明している．Cartwright (1989) の言葉を借りるならば，本章の主張は「原因が入力されないなら出力もない；Occam の剃刀に入力されれば，何らかの結果が出力される」というスローガンにまとめることができる．

IC アルゴリズムや Spirtes et al. (1993) によって開発された TETRAD プログラム，あるいは Cooper and Herskovits (1991) や Heckerman et al. (1994) により開発されたベイズ的方法によって推測された因果関係はどのくらい信頼できるのであろうか？

この問題を視覚的観点から書き直すと，次のような問題になる．すなわち，2 次元平面に写し出された影，あるいは目に見える 2 次元平面の写真から対応する 3 次元の撮影対象を認識する場合，どの程度の信頼性をもって予測ができるのであろうか？ 答えは，絶対的な信頼性はないが，家と木は十分に区別できるし，物理的な撮影対象に触らなくても意味ある推測を十分に行うことができる，というものである．因果推論の話題に戻って，我々の問題は，原因と結果を高い信頼性をもって区別するために，典型的な学習環境（技術獲得あるいは疫学研究）において，これらを区別する手がかりが十分にあるかどうかを評価することである．これは，入手可能な手がかりの背後に潜む論理を理解し，現実問題に取り組めるような大きなプログラムを用いて論理的にこれらの手がかりをつなぎ合わせることができるようになった後に，実験を行うことによってはじめて決定できるのである．

本章で与えたモデル理論的な意味論は，そのような実験の概念的でかつ理論的な基礎を与えて

2.9 結論

いる．IC* アルゴリズムと TETRAD グループ (Spirtes et al. 1993) によって開発されたアルゴリズムは，このアプローチの計算可能性を明らかにしている．Waldmann et al. (1995) は，人間が本章で議論した因果的な手がかりをどのように使うのかという心理学的実験について議論している．

本章では，実質科学的な側面に基づいて，モデルの極小性および（偶然的な独立関係を除く）定常性を仮定することによって，観測変数だけでなく，非観測変数も含んだデータを生成することができる因果モデルの候補を構築する効率的アルゴリズムが得られることを示した．1990年に著者の研究室で行ったシミュレーション実験によると，10個の変数からなるネットワークに対して，5,000以下のサンプルでもこのアルゴリズムによって構造が復元できることがわかっている．たとえば，(2.3) 式で与えられる（二値的記述の）過程に基づいて，連続する10個の X と Y の組を各サンプルと考え，そのようなサンプルを1,000個のサンプルを取って解析すると，その二重連鎖構造（と正しい時間的方向）を十分に復元することができる．また，条件付き確率の値が大きい場合には，（ある程度）標本数が少なくても復元することができる．さらに，Sewal Wright の独創的論文 "Corn and Hog Correlations" (Wright 1925) で報告されている観察結果を用いて，実データにこのアルゴリズムを適用し検証したところ，期待したとおり，とうもろこしの値段 (X) は豚肉の値段 (Y) の直接原因として明確に識別され，その逆は起こらなかった．その理由は，定義 2.7.2 ($S = \phi$ としたとき) の条件を満たすとうもろこしの収穫量 Z が存在することにある．本章で議論された原理とアルゴリズムのいくつかの応用については Glymour and Cooper (1999, pp.441–541) に記述されている．

因果関係に関する新しい基準が最近の機械学習やデータマイニングの研究にどのように役立つかを調べることは興味あるところである．本章で紹介した方法論は，ある意味では仮説それぞれが一つの因果モデルを表すような仮説の集合 (Mitchell 1982) から探索する標準的機械学習論に近い．しかし，不幸にも，この類似性はここまでで終わりである．機械学習の文献で支配的なパラダイムでは，各仮説（あるいは理論または概念）は観察可能な事例の部分集合として定義されている．この部分集合を十分に拡張したものを観察すれば，仮説をあいまいでなく定義することができる．しかし，これは因果モデリングとは異なる．たとえ，トレーニングデータを用いて仮説集合を徹底的に研究し尽くしたとしても（ここでは，P を正確に観測しても），同値な因果モデルが数多く残っており，それぞれ完全に異なった因果構造を規定している．それゆえに，データに対する適合度は因果構造を実証する基準としては不十分である．伝統的な学習問題では，ある事例の集合から別の事例の集合へ一般化しようとしているが，因果モデリングは，ある条件の集合の下での行動から別の条件の集合の下での行動へ一般化することである．したがって，条件を変えていく基準よりも，定常性を要求した基準に従って因果モデルを選択すべきである．この選択基準は，仮想的な制御変数の形式でデータに現れる．したがって，定義 2.7.1〜2.7.4 によって識別される従属パターンにより，因果モデルに対する仮想的な有効性検証法だけでなく，定常性を満たす領域も構成される．これらの基準が機械学習やデータマイニングのプログラムに組み込まれた場合，そのプログラムによって発見された関係についての定常性が改善されるのかどうかを検証することは興味あるところである．

2.9.1 極小性，マルコフ条件，定常性

伝統的な学説に従って訓練された科学者が，統計的関連性から因果関係を推測するというアイデアを素直に受け入れてくれるとは思わない．当然のことながら，本章で与えた理論の基礎となる仮定，すなわち，極小性と定常性は統計学者と哲学者の批判を受けながら生まれてきた．本節では，これらの仮定を支持するための補足的な考えを述べたい．

極小性原則に異議を唱えた研究者はほとんどいないが（そういうことをすれば，科学的帰納法に異議を唱えることになるため），最小化を行う対象——すなわち，因果モデル——を定義する方法に対して異議が唱えられている．定義 2.2.2 では，確率項 u_i は互いに独立であると仮定しているが，これは各モデルに対してマルコフ条件，すなわち，各変数に対してその親（直接原因）を条件づけたとき，その変数と非子孫とは独立である，という条件を付加するものである．これは，Reichenbach (1956) の共通原因の原則——たとえば，「因果のない相関はない」，「原因のない結果はない」，「離れているものは動かすことはできない」といったもの——に関連して，有向分離基準から得られた因果関係と相関関係との関係を意味している．

定義 2.2.2 の議論で説明したように，マルコフ条件は慣習的なものであり，物理的過程における有用な抽象概念として受け入れられている．なぜなら，物理的過程は複雑すぎて実用的ではないからである．研究者は，与えられた目的を達成するために，どの程度抽象化を行えば十分なのかを好きなように決めることができる．このとき，マルコフ・モデルは予測問題と意思決定問題において有用であることから，研究者はこのモデルを研究対象として選んできた[14]．マルコフ条件を因果モデルの定義（定義 2.2.2）に組み込み，そして潜在構造（定義 2.3.2）を通してその仮定を緩めると，我々は潜在構造では表現できない非マルコフ的因果モデルを発見しそこなう可能性がある．しかし，このような損失はたいした問題ではない．なぜなら，そのようなモデルがマクロの世界で存在したとしても，それは意思決定の指針として使われることはほとんどないからである．たとえば，あらかじめ考えられる介入効果すべてを明確に列挙しておかないかぎり，そのようなモデルから介入効果をどのように予測したらよいのかは明らかではない．

マルコフ条件の仮定に対する批判は，特に Carwright (1995a, 1997) と Lemmer (1993) によるものであるが，それらは次のような共通点をもっている．

1. Salmon (1984) によって考えられたマルコフ的潜在構造，すなわち，相互相関型の分岐経路に書き直せるようなマクロ的な非マルコフ・モデルを反例としてつくることができる．
2. 非マルコフ・モデルでは行動あるいは行動の組み合わせの効果を予測することはできないが，それを解決する代替案は提案されていない．

相互関連型分岐モデルを図 2.6(a) に与える．観測される原因 (a) はその結果 (b と c) を有向分離していないため，中間にある頂点 d が観測されていない（あるいは明記されていない）場合には，マルコフ条件は成り立たないと主張してみたくなる．図 2.6(b) の潜在構造は図 2.6(a) のすべての状況を表現できるが，2 つの構造は観察研究でも実験研究でも区別することができない．

量子力学的現象だけが，潜在変数では生じることのない相関を生じさせることができる．した

---

[14] 巡回構造や選択バイアスを含む非マルコフ・モデルの発見アルゴリズムは，Spirtes et al. (1995) や Richardson (1996) によって提案されている．

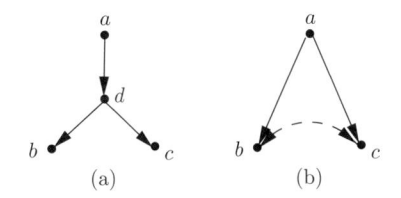

図 2.6　(a) 相互関連型の分岐経路．(b) (a) と同値な潜在構造

がって，マクロ的な世界においてこのような奇妙な関連性を発見することができたのであれば，それは科学的奇跡と考えてよいであろう．また，マルコフ条件に対する批判において示された反例の場合，$\sum_d P(b|d,a)P(c|d,a)$ ではなく $P(bc|a)$ としてモデル化されていなければならず，おそらく，b と c の従属関係が説明できなくても何らかの考察あるいは一般化が得られると仮定されている．後者のモデルは，前者と観測的には区別できないことに加えて，因果効果 $P(b|do(a),do(c))$ も識別できない．それに対して，潜在モデルの場合は $P(b|do(a),do(c))$ と $P(b|do(a))$ を予測することができ，（実験的に検証可能な）因果効果の予測量としての役割を果たしている．

皮肉にも，マルコフ条件が至るところに存在するという強い証拠は，「確率的な因果関係」（7.5 節を参照）という哲学的な解説で見ることができる．その先駆的提唱者は Cartwright である．この解説では，因果的な従属関係は重要な要因の集合を条件づけることによって得られる確率的な従属関係として定義される (Good 1961; Suppes 1970; Skyrms 1980; Cartwright 1983; Eells 1991)．この定義は，適切な因子の集合を与えることによって，すべての擬似相関を取り除くことができるという仮定—マルコフ条件と同値である仮定—に基づいている．過去 30 年の間，哲学の一部として確率的な因果関係が長らく残ってきたことは，マルコフ条件に対する反例が比較的まれなものであり，またその反例が存在しても，潜在変数を使って解釈することができるという証拠である．

ここで，定常性についてふれておこう．定常性は，パラメータが独立に変化するような確率空間においてパラメータどうしの積に厳密な等号が成り立つのはルベーグ測度が 0 であるという事実に基づいて，その正当性が主張されている (Spirtes et al. 1993)．たとえば，パラメータ α, β, γ をもつ連続同時分布を考える場合，先験的理由から密度関数に対して $\alpha = -\beta\gamma$ という制約を加えないかぎり，モデル (2.2) 式で等号 $\alpha = -\beta\gamma$ が成り立つ確率は 0 である．一方，Freedman (1997) は，パラメータが実際にこのような制約によって縛られていないと仮定する理由はないと主張している．この場合には，（定義 2.4.1 より）得られる分布は非定常となる．

Freedman の批判は，一般に等号制約が課せられている構造モデルの慣習から予想もしない支持を受けている．実際，因果モデルによって表される条件付き独立関係は，同時分布に対する等号制約以外の何者でもない．たとえば，連鎖モデル $Y \to X \to Z$ によって

$$\rho_{YZ} = \rho_{XZ} \cdot \rho_{YX}$$

という制約が与えられており，これによって，3 つの相関係数が常に結びつけられている．ここに，ρ_{YX} は X と Y の相関係数である．それでは，なぜ，パラメータ集合 α, β, γ の等号関係よりも優先的な地位を相関係数の等号関係に与えているのであろうか？　また，なぜ，等号 $\rho_{YZ} = \rho_{XZ} \cdot \rho_{YX}$ を「本質的」なものと考え，$\alpha = -\beta\gamma$ を「偶然的」なものと考えるのであろうか？　さらに，前

者が起こらない場合ではなく，後者が起こらない場合に，定常性の概念が与えられるのはなぜだろうか？

著者は，その答えは自律性 (Aldrich 1989) の概念にあると信じている．これは，すべての因果的概念の核心となる考え方である（1.3節，1.4節を参照）．因果モデルは，単なるパラメータ集合を用いて確率分布を書き直したものではない．因果モデルのような数学的対象を定義する場合，この定義は，数学的対象が利用され，概念化される独特の方法をうまく表現できるものでなければならない．因果モデルの特徴は，変数のそれぞれが，それ以外の変数が外部からの影響を受けたとしても変わることのない（メカニズムとよばれる）関係に従って決定されるというものである．この不変性のために，このような変化に関する局所性を利用することによって，因果モデルでは変化や介入効果を予測できるようになる．この不変性は，メカニズムのそれぞれが互いに関係なく変化することを意味している．したがって，それは，実験条件が変化しても，構造係数の集合（たとえば，(2.2) 式の α, β, γ）— 他のタイプのパラメータ（たとえば，$\rho_{YZ}, \rho_{XZ}, \rho_{YX}$）ではない — を無関係に変化させることができる．結果として，$\alpha = -\beta\gamma$ という制約は自律性の概念に反するものであり，モデルにおける関係として考えるべきではない．

この理由から，IC* アルゴリズムや TETRAD II プログラムのような関連性に基づく因果モデリングは，わずかな条件変化の下で行われる縦断的研究において，非常に有用な方法である．ここでいうわずかな条件変化とは，偶然的な独立関係が崩れることはあっても，構造的な独立関係は保たれるという状態である．ここでは，モデルのパラメータの値は変化するが，構造は変わらない — 確かめることが難しい繊細なバランスだが — ことが仮定されている．なお，そのような縦断的研究は，コントロールされたランダム化実験の代替手段と考えれば，非常に意味のあるものである．

ベイジアン・アプローチとの関係

ベイジアン・アプローチを用いて因果構造の発見を行う場合にも，極小性と定常性が基礎となっていることを強調しておかなければならない．このアプローチでは，因果ネットワークの構造とパラメータに基づいて，候補となる因果ネットワークの集合に事前確率を割り当て，ベイズの規則を用いて与えられたネットワークがデータに適合する程度を得点化する (Cooper and Herskovits 1991; Heckerman et al. 1999)．そして，構造空間内の探索が行われ，最も高い事後得点をもつネットワークが見つけられる．このアプローチに基づく方法論は，サンプルが少ない場合でも実行しやすいという利点をもつ一方で，潜在変数に対処することが困難であるという欠点をもつ．ベイジアン・アプローチの実用的手段すべてで仮定されているパラメータの独立性により，少ないパラメータをもつモデル，すなわち，極小性を満たすモデルが優先的に選択される．また，パラメータが互いに独立に変化するメカニズムを表す，すなわち，システムが自律的でかつ定常的である場合に限って，パラメータの独立関係は正当化される．

2.10 追　記

因果構造の発見に関する研究は，カーネギーメロン大学の TETRAD グループにより精力的に

2.10 追　記

推し進められ，その成果は Spirtes et al. (2000), Robins et al. (2003), Scheines (2002), Moneta and Spirtes (2006) で報告されている．

因果構造発見の経済学への応用は Bessler (2002), Swanson and Clive (1997), Demiralp and Hoover (2003) で報告されている．Gopnik et al. (2004) は因果ベイジアン・ネットワークを用いて，子どもが観察と行動からどのように因果的知識を獲得するのかを説明した（Glymour (2001) を参照）．

Hoyer et al. (2006) と Shimizu et al. (2005, 2006) は，条件付き独立関係ではなく関数構造に基づいて因果的な方向を発見する新たなフレームワークを提案した．これは非正規誤差を伴う線形モデル $X{\to}Y$ において，変数 Y が2つの独立な誤差項の線形結合であるというアイデアによるものである．その結果，$P(y)$ は2つの非正規分布の重ね合わせとなり，比喩的にいえば，$P(x)$ よりも「より正規分布」である．「より正規分布」であるという関係には明確な数値的指標が与えられ，矢線の方向性を推測するために使われる．

Tian and Pearl (2001a, b) は，もう一つの因果構造発見法として，「衝撃」，あるいは「自然界による介入」のような，自然環境で自発的に発生した局所的な変化に基づく方法論を開発し，このような衝撃による結果への因果的な方向を明らかにした．

第3章

因果ダイアグラムと因果効果の識別可能条件

眼は正確に心意の働きに従うものである[a].
Emerson (1860)

序　文

　前章では，実データから因果関係を学習する方法論について議論した．本章では，対象とする研究領域において適切であると考えられる定性的な因果的仮定とデータを組み合わせることによって，因果関係を学習する方法論について調べる．大ざっぱにいえば，本章の目的は，因果関係に関する定性的仮定を伝え，その仮定から導かれる結果を明らかにしたうえで，因果的仮定，実験，データに基づいて因果推論を行うことである．本章で扱う主な問題は，与えられた仮定が非実験データに基づいて因果効果の強さを評価するのに十分であるかどうかを判断することにある．

　因果効果を評価することができれば，仮想的な介入——たとえば，政策決定や日常生活において行われる行動——を行うことによってシステムがどのように変わるのかを予測することができる．第1章（1.3節を参照）からわかるように，このような予測は，因果関係に依存しており，事実，因果関係に基づいて定義されているため，確率的情報だけでは識別することができない．このため，このような予測ができることが因果モデリングの優れた特徴となっている．本章では，因果ダイアグラムを用いて介入の概念に形式的意味論を与え，介入前の確率を用いて介入後の確率を明示的に表現する．これは，データ生成過程が潜在変数を含まない非巡回的因果ダイアグラムにより記述されている場合には，介入効果は非実験データから推定することができることを意味している．

　非観測変数が存在する場合には識別問題が生じる．そこで，本章では，一般的な因果関係，特に，ノンパラメトリック・モデルに基づいて因果効果の識別問題を扱うフレームワークを紹介する．この問題では，因果ダイアグラムが強力な数学的ツールとなっている．因果ダイアグラムによる簡便な検証法を用いることにより，因果効果が識別可能であるかどうかを判断することができる．識別可能である場合には，因果ダイアグラムに基づいて観測変数の分布を用いて因果効果を数学的に表現できる．一方，識別可能ではない場合には，因果効果を推定するために補助実験を行うべきか，あるいは新たな変数を観測すべきかどうかを因果ダイアグラムに基づいて判断す

---

[a] **訳者注**：戸川秋骨訳 (1918)．『エマアソン全集第8巻．人生論』．国民文庫刊行社．

ることができる．

　因果効果のグラフィカル解析から得られるもう一つのツールは do 計算法である．これは，介入変数と観測変数からなる数式表現を他の数式表現へ変換する推論規則である．そのため，**do 計算法**より，介入に関する主張を導く（あるいは確かめる）ための統語論的方法と，観測変数を用いた記述法を得ることができる．したがって，do 計算法を用いることによって，

　(i) 選択した共変量集合が交絡を制御するために適切であるかどうかを数学的に判断した上で
　(ii) 因果道にある測定量を用いて，
　(iii) ある測定量の集合をもう一つの測定量の集合に交換する

ことができる．

　最後に，哲学者，統計学者，経済学者および心理学者の間で情報の行き違いや論争を引き起こしている概念に対して，この新しい計算法を用いることで，どうしてそのあいまいさがなくなるのかを明らかにする．加えて，構造方程式と回帰方程式の区別，直接効果と間接効果の定義，そして構造方程式と Neyman–Rubin モデルの関係も扱うことにする．

3.1　はじめに

　Cochran (Wainer 1989) が与えた古典的な例を用いて，本章で扱う問題を適切に説明しよう．土壌燻蒸剤 (X) により線虫の個体数 (Z) を制御することによって，オート麦の収穫量 (Y) を増やすという実験を考える．土壌燻蒸剤は線虫の個体数だけではなく，（良くも悪くも）収穫量に対しても直接的な影響を与えている．この研究において次のような状況が起こっているとき，土壌燻蒸剤の収穫量への因果効果を評価することを考えよう．まず，農場主はどの土地を燻蒸するかを自分たちで決めると主張しているため，ランダム化実験を行うことはできない．次に，農場主は，今年の線虫の個体数と強い相関をもつ非観測変数である昨年の線虫の個体数 (Z_0) に基づいて，燻蒸するかどうかを決定する．このことから，この研究では，標本数とは関係なく，処理効果の評価を妨げる交絡バイアスが引き起こされていることがわかる．幸運にも，土壌サンプルを実験室で分析することにより，燻蒸する前後の線虫の個体数を測定することができる．さらに，燻蒸剤はほんのわずかな期間だけしか効かないため，燻蒸剤は燻蒸を行った後に生存している線虫の成長には影響しないと仮定することができる．一方，線虫の成長は，その地域に生息する鳥（を含む捕食者）の個体数に依存するが，鳥の個体数は昨年の線虫の個体数や処理自体とも相関をもつ．

　本章で紹介する方法を用いることにより，研究者はこのような複雑な状況を形式言語へ変換でき，かつ次のような問題を扱うことができる．

1. モデルに含まれている仮定を明らかにすること
2. その仮定によって，目的量（燻蒸剤の収穫量への因果効果）に対する一致推定量が得られるかどうかを判断すること
3. （項目 2 に対する答えが肯定的である場合には）観測変数の分布を用いて目的量を明示的に表現すること
4. （項目 2 に対する答えが否定的である場合には）一致推定量を得るための実験や観測変数

3.1 はじめに

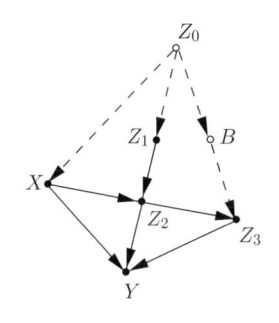

図 3.1 燻蒸剤 (X) の収穫量 (Y) への効果を調べるための因果ダイアグラム

の集合を提案すること

この解析を実施するための第一のステップは，図 3.1 のような因果ダイアグラムを構成することである．この因果ダイアグラムは，観測変数間の因果関係に対する研究者の理解を表している．たとえば，Z_1, Z_2, Z_3 はそれぞれ燻蒸前，燻蒸後，そして季節の終わりに観測された線虫の個体数を表している．また，Z_0 は昨年の線虫の個体数を表しているが，未知の量であるため，鳥を含む捕食者の個体数 B と同じく白丸で表現している．因果ダイアグラムには 2 種類の矢線が存在しており，非観測変数と他の変数を結ぶ矢線は破線で，観測変数から出る矢線は実線で表している．因果ダイアグラムで記述される本質的な仮定は，矢線が存在しないという否定的な因果的主張である．たとえば，Z_1 と Y の間には矢線がないが，これは処理前の線虫の個体数がオート麦の収穫量対して直接的に影響を与えることはなく，燻蒸後の条件である Z_2 や Z_3 を経由して影響を与えるという研究者の理解を表現している．本章の目的は，個々の研究領域で使われている仮定が正しいかどうかを問うのではなく，与えられた仮定を用いることによって，非実験データによる因果効果の定量化を行うことができるかどうか，この例の場合でいえば，燻蒸剤の収穫量への因果効果を推定することができるかどうかを検証することにある．

図 3.1 の因果ダイアグラムは，多くの点で Wright (1921) によって開発されたパスダイアグラムに似ている．これらは両方とも，研究領域における本質的で定性的な因果的知識を表したものである．そこでは，非巡回的有向グラフが使われており，潜在変数や非観測変数が存在していてもかまわない．本質的な違いは，解析方法にある．まず，パスダイアグラムは，その多くが正規誤差を伴う線形モデルというフレームワークの中で使われてきた．これに対して，因果ダイアグラムを用いれば，非線形交互作用モデルのフレームワークに基づいて議論することができる．実際，本章の議論すべてが，方程式や分布に対して特定の関数形式を必要としないノンパラメトリック・モデルに基づいて行われる．第二に，因果ダイアグラムは仮定を伝えるための受動的言語としてだけでなく，因果効果を評価するための能動的計算ツールとしても利用できる．たとえば，本章で与えられる方法論を用いれば，図 3.1 の因果ダイアグラムを調べることによって，次のような結論を直ちに導くことができる．

1. X から Y への因果効果は，X, Z_1, Z_2, Z_3, Y の観測分布に基づいて一致推定できる．
2. （すべての変数が離散型確率変数である場合には）X から Y への因果効果は

$$P(y|do(x)) = \sum_{z_1}\sum_{z_2}\sum_{z_3} P(y|z_2,z_3,x)P(z_2|z_1,x) \sum_{x'} P(z_3|z_1,z_2,x')P(z_1,x') \quad (3.1)$$

で与えられる[1]．ここに，$P(y|do(x))$ は介入によって，処理変数を $X = x$ と固定したときの収穫量 $Y = y$ の確率である．

3. Y と Z_3 が交絡している場合には，X から Y への因果効果の一致推定量を得ることはできないが，Z_2 と Y が交絡していても $P(y|do(x))$ の一致推定量を得ることができる．

これらの結論は，因果ダイアグラムのグラフ的性質を調べる，あるいは (3.1) 式のように因果効果を明示的に表現するための（ダイアグラムに依存した）逐次的で記号論的な誘導法を用いることによって得ることができる．

3.2 マルコフ・モデルに基づく介入

3.2.1 介入を表現するモデルとしてのグラフ

第 1 章（1.3 節を参照）では，因果モデルは確率モデルとは異なり，介入効果を予測するのに有用であることを述べた．この特徴は，同時分布 P が因果ダイアグラム——変数間の因果関係を表現した非巡回的有向グラフ (DAG) G——によって記述されていることを要件としている．本節では，介入の特徴を詳しく調べ，介入効果を明示的に表現しよう．

DAG についての因果的解釈と関連的解釈は，因果関係に対するメカニズムに基づく説明によって結びつけられている．このルーツは，計量経済学における初期の研究にまでさかのぼることができる (Frisch 1938; Haavelmo 1943; Simon 1953)．それは，図 3.1 の矢線で記述される因果的影響に関する主張は，対応する変数間に自律的な物理的メカニズムが存在しているというものであり，このメカニズムは誤差項を含む関数関係によって表現される．この慣習に従って，Pearl and Verma (1991) は確率関係（(1.40) 式と定義 2.2.2）ではなく，関数関係を用いて DAG についての因果的理解を次のように説明している．DAG G における各親子関係は決定関数

$$x_i = f_i(pa_i, \varepsilon_i), \quad i = 1, \cdots, n \tag{3.2}$$

を表したものである．ここに，pa_i は X_i の親集合を表す．また，誤差変数 $\varepsilon_i (1 \leq i \leq n)$ は解析に取り入れられない背景因子を表す．これらの誤差変数は互いに独立であり，任意の分布に従うものとする．このような背景因子が複数の変数に対して影響を与える（したがって，誤差変数どうしは独立ではない）と判断される場合には，その背景因子は非観測（あるいは潜在）変数として解析に取り入れられ，図 3.1 の Z_0 や B のように白丸でグラフに記述される．たとえば，図 3.1 で記述された因果的仮定は

$$\begin{aligned}
Z_0 &= f_0(\varepsilon_0), & B &= f_B(Z_0, \varepsilon_B), \\
Z_1 &= f_1(Z_0, \varepsilon_1), & X &= f_X(Z_0, \varepsilon_X), \\
Z_2 &= f_2(X, Z_1, \varepsilon_2), & Y &= f_Y(X, Z_2, Z_3, \varepsilon_Y), \\
Z_3 &= f_3(B, Z_2, \varepsilon_3)
\end{aligned} \tag{3.3}$$

---

[1] 第 1 章では，$P_x(y)$ という記号が使われていたが，添え字の扱いやすさを考慮して，本章では $P(y|do(x))$ を用いることにする．(3.1) 式になじめない読者もいるかもしれないが，気にしなくてもよい．3.4 節を読めば，代数方程式を解くよりも，このような公式を得るほうがはるかに簡単であることがわかるであろう．x' は X のとりうるすべての範囲において和をとるための単なるインデックスにすぎない．

3.2 マルコフ・モデルに基づく介入

と表現できる．

もっと一般に，すべての非観測因子（ε_i を含む）を背景因子の集合 U としてひとまとめにしたうえで，分布関数 $P(u)$ ——あるいは $P(u)$ に関するいくつかの性質（たとえば，独立性）——を用いてそれらの特徴を要約してもよい．したがって，因果モデルを十分に記述するためには，関数関係

$$x_i = f_i(pa_i, u_i), \quad i = 1, \cdots, n \tag{3.4}$$

の集合と背景因子の同時分布 $P(u)$ という2つの要素が必要となる．因果モデル M に対するダイアグラム $G(M)$ が非巡回的であるとき，M は**セミマルコフ的**であるという．また，背景因子が独立であるとき，観測変数の分布は $G(M)$ についてマルコフ的なので（定理1.4.1），因果モデル M は**マルコフ的**であるという．したがって，図3.1で表現されるモデルの場合，観測変数が $\{X, Y, Z_1, Z_2, Z_3\}$ であるときセミマルコフ的であり，さらに，Z_0 も B も観測されるときマルコフ的である．第7章では，一般的な非マルコフ・モデルの解析について議論するが，本章で扱うモデルはすべてマルコフ的であるか，あるいは非観測変数を含めてマルコフ的（すなわち，セミマルコフ的）である．

いうまでもなく，$P(u)$ や f_i がわかることはほとんどない．しかし，部分的に規定されたモデルに基づいて有用な推論を行うためには，図3.1で表現されるように，十分に規定されたモデルについて，その数学的性質を明らかにしておくことは重要である．

（誤差項の分布を含めて）関数形式が規定されていないことを除けば，方程式モデル(3.2)式は構造方程式モデル (Wright 1921; Goldberger 1973) のノンパラメトリック・バージョンと同じである．構造方程式の等号は「〜によって決定される」という非対称な反事実関係を与えており，各方程式は定常的で自律的なメカニズムを表している．たとえば，Y に対する方程式は，現在の Y の観測値が何であるのか，あるいは他の方程式にどのような変化が起こっているのかとは関係なく，$(X, Z_2, Z_3, \varepsilon_Y)$ がそれぞれ $(x, z_2, z_3, \varepsilon_Y)$ をとるときには，Y は f_Y の関数によって規定された値をとるということを表している．

1.4節で議論したように，親子関係のそれぞれに対して関数的特徴づけを行うことによって，ベイジアン・ネットワークを表現する同時分布の逐次的因数分解と同じ形式，すなわち

$$P(x_1, \cdots, x_n) = \prod_{i=1}^{n} P(x_i | pa_i) \tag{3.5}$$

を得ることができる．たとえば，図3.1の場合，

$$\begin{aligned} P(z_0, x, z_1, b, z_2, z_3, y) &= P(z_0)P(x|z_0)P(z_1|z_0)P(b|z_0)P(z_2|x, z_1) \\ &\quad \times P(z_3|z_2, b)P(y|x, z_2, z_3) \end{aligned} \tag{3.6}$$

となる．このような関数的特徴づけを行うことにより，対応する分布が介入によってどのように変化するのかを規定するための便利な言語を得ることができる．これは，ある関数集合に対して，それ以外の関数集合を変えることなく，その関数集合自体を変化させる行為を介入とみなすことによって得ることができる．介入によって変化したメカニズムとそのときの特徴を識別することができれば，対応する方程式を修正した新たなモデルに基づいて新しい確率関数を計算すること

によって，介入効果を予測することができる．

　最も簡単な介入方式は，単一変数 X_i を定数 x に固定するというものである．このような介入は「原子的」とよばれる．原子的介入とは，X_i を既存の関数メカニズム $x_i = f_i(pa_i, u_i)$ の影響から切り離したうえで，他のメカニズムを変えることなく，X_i の値を x_i とおいた新しいメカニズムを生成することを意味する．形式的に，この原子的介入を $do(x_i)$ または $do(X_i = x_i)$ と記す[2]．これは，介入前のモデルから $x_i = f_i(pa_i, u_i)$ を取り除き，残りの方程式において $X_i = x_i$ と置き換えることを意味している．したがって，新しいモデルは介入 $do(x_i)$ を行った際のシステムの挙動を表しており，X_i の分布について解くことによって，X_i から X_j への因果効果を得ることができる．これを $P(x_j|do(x_i))$ と記す．もっと一般に，介入によって変数集合 X に対して固定された値の集合 x を強制的に割り当てる場合には，(3.4) 式から X に含まれる要素それぞれに対応する方程式が取り除かれ，介入効果を完全に特徴づける X 以外の変数集合の新しい分布が定義される[3]．

定義 3.2.1（因果効果）

　互いに排反な集合 X と Y に対して，X の実現値 x に対して，(3.4) 式で与えたモデルから X の要素を左辺にもつ方程式をすべて取り除き，それ以外の方程式の右辺にある X を x と置き換えることによって得られる $Y = y$ の確率を $P(y|do(x))$ と記す．このとき，X から Y の確率分布の空間への関数 $P(y|do(x))$ を X から Y への因果効果という．　□

　明らかに，介入によって得られる方程式集合に対応するグラフは，X へ向かうすべての矢線を G よりすべて取り除いた部分グラフである (Spirtes et al. 1993)．x' と x'' を X の 2 つの異なる実現値とするとき，期待値の差 $E(Y|do(x')) - E(Y|do(x''))$ を因果効果の定義とすることもある (Rosenbaum and Rubin 1983)．この差は $P(y|do(x))$ から計算することができる．$P(y|do(x))$ は X のすべての値に対して定義されており，介入効果の優れた特徴を表現している．

3.2.2　変数としての介入

　介入を行う力をモデルに含まれる変数とみなすことにより，介入を（もっと魅力的に）説明することができる (Pearl 1993b)．これは関数 f_i そのものを変数 F_i の値として表現し，(3.2) 式を

$$x_i = I(pa_i, f_i, u_i) \tag{3.7}$$

と記すことによって容易に記述できる．ここに，I は

$$b = f_i \text{ であるとき} \qquad I(a, b, c) = f_i(a, c)$$

---

[2] $do(x)$ の代わりに $set(x)$ を使った同値な記号が Pearl (1995a) で使われている．$do(x)$ は Goldszmidt and Pearl (1992) で最初に使われ，多くの支持を得ている．$P(y|do(x))$ は，Neyman (1923) と Rubin (1974) によって導入された潜在反応モデルにおける $P(Y_x = y)$ や，Lewis (1973b) が提案した反事実理論における $P((X = x) \square\!\!\rightarrow (Y = y))$ と事実上同値である．これらの概念間の意味論的違いについては，3.6.3 項と第 7 章で議論する．

[3] 介入を方程式の修正であると解釈するという基本的なアイデアは，Marschak (1950) と Simon (1953) に由来している．介入をモデルから方程式を取り除くという行為に変換できると初めて明確に言及したのは Strotz and Wold (1960) であり，その後，Fisher (1970) や Sobel (1990) で使われている．グラフに基づく解釈は，最初に Spirtes et al. (1993) により行われ，その後 Pearl (1993b) により詳しく解明された．

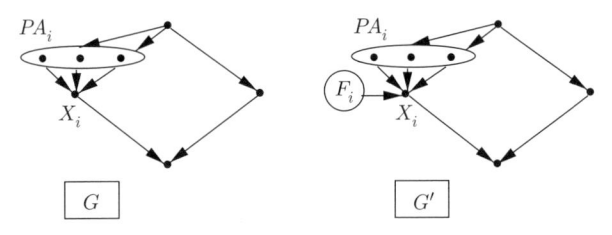

3.2 マルコフ・モデルに基づく介入

図 3.2 拡張ネットワーク $G' = G \cup \{F_i \to X_i\}$ を用いて介入 F_i を表現したグラフ

を満たす関数である．これは，X_i とその親を結びつける関数 f_i を変更する外的な力 F_i として，介入を定式化することと同じである．グラフを用いて解釈すると，X_i のもう一つの親として F_i を頂点に加えることに相当する．このとき，標準的な条件づけ——すなわち，変数 F_i が値 f_i となる事象を条件づけた確率——を用いて介入効果を計算することができる．

原子的介入 $do(x'_i)$ の効果は G に $F_i \to X_i$ を加えることによって表現することができる（図 3.2 を参照）．ここに，F_i は $\{do(x'_i), \text{idle}\}$ のうちのいずれかの値をとる新しい変数とする．また，x'_i は X_i がとりうる値であり，"idle" は介入を行わないことを表す．このとき，拡張ネットワークに含まれる X_i の親集合は $PA'_i = PA_i \cup \{F_i\}$ となり，条件付き確率

$$P(x_i|pa'_i) = \begin{cases} P(x_i|pa_i) & F_i = \text{idle であるとき} \\ 0 & F_i = do(x'_i) \text{ かつ } x_i \neq x'_i \text{であるとき} \\ 1 & F_i = do(x'_i) \text{ かつ } x_i = x'_i \text{であるとき} \end{cases} \tag{3.8}$$

を用いて X_i と関連づけられる．介入 $do(x'_i)$ によって，介入前の確率関数 $P(x_1, \cdots, x_n)$ は

$$P(x_1, \cdots, x_n | do(x'_i)) = P'(x_1, \cdots, x_n | F_i = do(x'_i)) \tag{3.9}$$

なる確率関数 $P(x_1, \cdots, x_n | do(x'_i))$ へ変換される．ここに，P' は，F_i によって規定される任意の事前分布 (3.8) 式をもつ拡張ネットワーク $G' = G \cup \{F_i \to X_i\}$ を用いて記述される分布である．一般に，G に含まれる頂点それぞれに対して仮想的介入 $F_i \to X_i$ を加えることによって，さまざまなタイプの介入に関する情報を含む拡張確率関数 $P'(x_1, \cdots, x_n; F_1, \cdots, F_n)$ を構成することができる．同時介入は部分集合 F_i（それぞれは $do(x'_i)$ の定義域においてとりうる値である）を P' に条件づけることによって表現される．また，介入前の確率関数 P は，P' に条件づける F_i のそれぞれの値を "idle" としたときの事後分布であると考えることができる．

拡張ネットワークによる表現は，関数関係 f_i を定数関数へ変換する場合だけでなく，さまざまな変化に対しても適用可能であるという利点をもつ．また，介入を行わない場合の f_i の自発的変化による結果も明確に表現している．たとえば，図 3.2 では，f_i が変化した場合に影響を受けるのは X の子孫だけであり，X の非子孫集合 Z の確率分布 $P(z)$ は変化しない．また，図 3.2 では，X の任意の子孫集合 Y に対して，X_i が Y と F_i を有向分離するならば，f_i が変化しても条件付き確率 $P(y|x_i)$ は変わらない．Kevin Hoover (1990, 2001) は，この不変的な特徴を用いて，経済指標（たとえば，就職，通貨供給）に影響を与えるような突発的な修正（たとえば，税制改革，労働争議）によって引き起こされる変化を観測し，経済指標間の因果関係の方向を決定し

ている．事実，ある変数の家族 (X_i, PA_i) の変数を制約する特定のメカニズム f_i において突発的な局所的変化が起こったという信頼できる情報（たとえば，歴史的あるいは制度上の知識）が得られた場合には，これらの変数に関する周辺確率および条件付き確率の変化を観察したうえで，X_i が本当にその家族の子（あるいは従属変数）であるかどうかを判断することができるため，因果関係の方向を決定することができる．このような変化が起こっても変わることのない統計的特徴やこの不変性の基礎となる因果的過程は，拡張ネットワーク G' で表現することができる．

3.2.3　介入効果の計算

　基礎となるモデルの修正（定義 3.2.1 を参照）あるいは拡張モデル（(3.9) 式を参照）における条件づけとして介入を表現できるかどうかとは関係なく，介入前後の分布の間で適切に定義された変換が得られる．原子的介入 $do(X_i = x'_i)$ の場合，この変換は，(3.2) 式と定義 3.2.1 より**切断分解**

$$P(x_1, \cdots, x_n | do(x'_i)) = \begin{cases} \prod_{j \neq i} P(x_j | pa_j) & x_i = x'_i であるとき \\ 0 & x_i \neq x'_i であるとき \end{cases} \quad (3.10)$$

と表現できる[4]．pa_i はもはや X_i に影響を与えていないため，(3.10) 式では (3.5) 式から $P(x_i | pa_i)$ の項は取り除かれている．たとえば，介入 $do(X = x')$ によって，(3.6) 式は

$$P(z_0, z_1, b, z_2, z_3, y | do(x')) = P(z_0)P(z_1|z_0)P(b|z_0)P(z_2|x', z_1)P(z_3|z_2, b)P(y|x', z_2, z_3)$$

へ変換される．グラフを用いて解釈すると，$P(x_i | pa_i)$ を取り除くことと，PA_i から X_i への矢線を取り除くが，それ以外の関係は変えないこととは同値である．明らかに，(3.10) 式で定義された変換は，定義 1.3.1 と (1.38)，(1.39) 式の性質をもつ．

　(3.10) 式を $P(x'_i | pa_i)$ で割ることによって，介入前の分布との関係は

$$P(x_1, \cdots, x_n | do(x'_i)) = \begin{cases} \dfrac{P(x_1, \cdots, x_n)}{P(x'_i | pa_i)} & x_i = x'_i であるとき \\ 0 & x_i \neq x'_i であるとき \end{cases} \quad (3.11)$$

のように，もっとわかりやすく表現することができる．状態を表す抽象的な点 $(x_1, \cdots, x_n)$ 全体に重みを割り当てたものを同時分布とみなすと，(3.11) 式で記述される変換から，介入 $do(X_i = x'_i)$ により引き起こされる重みの分布の変化について興味深い性質が導かれる (Goldszmidt and Pearl 1992)．$(x_1, \cdots, x_n)$ の各点について，その点に対応する条件付き確率 $P(x'_i | pa_i)$ の逆数に従ってその重みが増加する．この条件付き確率は，低い点ではその重みがかなり高まるが，（介入が行われずに）自然な状態で x' を実現できる値 pa_i をもつ場合には（すなわち，$P(x'_i | pa_i) \approx 1$），その重みは変わらない．標準的なベイズの規則の場合，取り除かれた点 $(x_i \neq x'_i)$ は，再正規化定数という形で，その重みを残りの点全体へ割り当てている．しかし，(3.11) 式はこれとは異なっており，取り除かれた点 $(x_i \neq x'_i)$ は，その重みを同じ値 pa_i をもつ点の集合に割り当てている．こ

---

[4] Robins (1986, p.1423) の G–計算公式（3.6.4 項を参照）や Spirtes et al. (1993) の操作定理から (3.10) 式を得ることもできる（この論文によると，「1991 年のセミナーにおいて，Fienberg が彼らとは独立にこの公式を予想した」とされている）．(3.10) 式と (3.11) 式で定義された変換に関する性質は，Goldszmidt and Pearl (1992) や Pearl (1993b) により明らかにされている．

3.2 マルコフ・モデルに基づく介入

のことは，各層 pa_i に割り当てられた重み全体について

$$P(pa_i|do(x_i')) = P(pa_i)$$

とその層にある点の相対的な重みに対して

$$\frac{P(s_i, pa_i, x_i'|do(x_i'))}{P(s_i', pa_i, x_i'|do(x_i'))} = \frac{P(s_i, pa_i, x_i')}{P(s_i', pa_i, x_i')}$$

が成り立つことからわかる．ここに，S_i は $\{PA_i \cup X_i\}$ を除いた変数すべての集合である．この点を受け取っている重みの集合は，pa_i によって要約され同じ履歴をもっているため，取り除かれた点に最も近いものとみなすことができる（4.1.3項，7.4.3項を参照）．

$P(x_i'|pa_i)$ による割り算を x_i' と pa_i の条件づけとして説明する場合，(3.11) 式に関して

$$P(x_1, \cdots, x_n|do(x_i')) = \begin{cases} P(x_1, \cdots, x_n|x_i', pa_i)P(pa_i) & x_i = x_i' \text{であるとき} \\ 0 & x_i \neq x_i' \text{であるとき} \end{cases} \quad (3.12)$$

という興味深い形式を得ることができる．この式は，$\{X_i \cup PA_i\}$ と排反な変数集合 Y に対する介入 $do(X_i = x_i')$ の効果を計算する際によく現れる．$Y \cup X_i$ を除くすべての変数について (3.12) 式の和をとることによって，次の定理を得ることができる．

定理 3.2.2（直接原因による調整）

PA_i を X_i の直接原因からなる集合，Y を $\{X_i \cup PA_i\}$ と互いに排反な任意の変数集合とする．介入 $do(X_i = x_i')$ の Y への効果は

$$P(y|do(x_i')) = \sum_{pa_i} P(y|x_i', pa_i)P(pa_i) \quad (3.13)$$

で与えられる．ここに，$P(y|x_i', pa_i)$ と $P(pa_i)$ は介入前の確率を表す． □

(3.13) 式を得るためには，X の親を $P(y|x_i')$ に条件づけたうえで，$PA_i = pa_i$ の事前確率で重みをつけて，その結果を平均化しなければならない．この条件づけおよび平均化によって定義された操作は「PA_i による調整」とよばれている．

多くの哲学者は，この調整を変形させたものを因果性や因果効果の確率的定義として発展させている（7.5節を参照）．たとえば，Good (1961) は，原因が起こる「前の状態」を条件づけなければならないとし，Suppes (1970) は，原因が起こるまでのすべての履歴を条件づけなければならないとしている．Skyrms (1980, p.133) は，「行動することによって得られる結果と因果的に関係するような決断を下すときに，我々の影響の範囲外にある要因を最大限に列挙したもの…」を条件づけなければならないとしている．もちろん，このようなものを条件づける目的は，原因（本章の場合，$X_i = x_i'$）と結果（$Y = y$）の擬似相関を取り除くことにある．明らかに，親集合 PA_i はこの目的を効率よく達成することができる．本書で議論される構造的説明では，因果効果はまったく異なる方法で定義される．条件づけという操作は，擬似相関を完全に取り除くための改善策として，(3.13) 式に導入されるのではなく，(3.10) 式で表されるような，介入前の分布から得られる不変的情報すべてを保存するという奥深い原理から形式的に得られる．

(3.10) 式で与えられる変換は，複数の変数を同時に操作するという複雑な介入へ簡単に拡張す

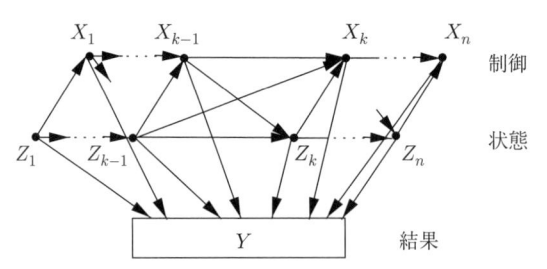

図 3.3 逐次工程における制御変数 $X_1, \cdots, X_k$，状態変数 $Z_1, \cdots, Z_n$ と結果変数 Y の従属関係を説明するための動的因果ダイアグラム

ることができる．たとえば，S を変数の部分集合であるとし，同時介入 $do(S=s)$ を行うことを考える場合，((1.37) 式を思い起こせば) (3.5) 式から S に含まれる変数に対応する条件付き確率 $P(x_i|pa_i)$ すべてを取り除くことによって，一般的な切断分解

$$P(x_1, \cdots, x_n | do(s)) = \begin{cases} \prod_{i | X_i \notin S} P(x_i|pa_i) & x_1, \cdots, x_n が s と一致するとき \\ 0 & その他 \end{cases} \quad (3.14)$$

を得ることができる．

また，変数を定数に固定するという単純な介入に制限する必要もない．実際，一部のメカニズムを置き換えることによって，一般的な因果モデルの修正を考えることができる．たとえば，新しい変数集合 PA_i^* を含む方程式で X_i の値を決定するメカニズムを置き換える場合には，これによって得られる分布は新しい方程式によって引き起こされる条件付き確率である．これは，$P(x_i|pa_i)$ を $P^*(x_i|pa_i^*)$ で置き換えることによって得られる．修正された同時分布は $P^*(x_1, \cdots, x_n) = P(x_1, \cdots, x_n) P^*(x_i|pa_i^*) / P(x_i|pa_i)$ で与えられる．

例：工程管理

これらの操作を説明するために，工程管理の例を考えよう．健康管理，経済政策決定，プロダクト・マーケティングあるいはロボットの行動計画のような個々の研究領域に対しても同様に，この操作を応用することができる．変数 Z_k を時間 t_k における生産工程の状態，X_k を（状態 t_k における）工程を制御するために使われる変数集合を表すものとしよう（図 3.3 を参照）．たとえば，Z_k は工場内のいくつかの場所で測定される温度と気圧のようなものであり，X_k は対象となる配水管を流れるさまざまな化学物質の単位時間あたりの量を表すものとする．工程は

 (i) X_k を観測する前に変数 (X_{k-1}, Z_k, Z_{k-1}) をモニタリングし，

 (ii) 確率 $P(x_k|x_{k-1}, z_k, z_{k-1})$ に基づいて $X_k = x_k$ を選択する，

という手続きによって X_k を決定する計画 S に基づいて制御されており，データはこの制御が行われている間に採取されたと仮定しよう．S の性能はモニタリングされ，同時分布 $P(y, z_1, z_2, \cdots, z_n, x_1, x_2, \cdots, x_n)$ の形式でまとめられる．ここに，Y は結果変数（たとえば，完成品の品質特性）である．また，議論を簡単にするために，工程の状態 Z_k は直前の状態 Z_{k-1} と制御 X_{k-1} にのみ依存すると仮定する．このとき S を，X_k を新しい条件付き確率 $P^*(x_k|x_{k-1}, z_k, z_{k-1})$ に従って選択するという新しい計画 S^* で置き換えることのメリットを評価しよう．

3.2 マルコフ・モデルに基づく介入

上述の解析((3.14)式を参照)に基づいて,新しい計画 S^* の効果 $P^*(y)$ は確率分布

$$P^*(y, z_1, z_2, \cdots, z_n, x_1, x_2, \cdots, x_n)$$
$$= P^*(y|z_1, z_2, \cdots, z_n, x_1, x_2, \cdots, x_n)$$
$$\times \prod_{k=1}^n P^*(z_k|z_{k-1}, x_{k-1}) \prod_{k=1}^n P^*(x_k|x_{k-1}, z_k, z_{k-1}) \quad (3.15)$$

によって規定される.

ここで,最初の2つの項は不変であり,最後の項は既知であることから,

$$P^*(y) = \sum_{z_1, \cdots, z_n, x_1, \cdots, x_n} P^*(y, z_1, z_2, \cdots, z_n, x_1, x_2, \cdots, x_n)$$
$$= \sum_{z_1, \cdots, z_n, x_1, \cdots, x_n} P(y|z_1, z_2, \cdots, z_n, x_1, x_2, \cdots, x_n)$$
$$\times \prod_{k=1}^n P^*(z_k|z_{k-1}, x_{k-1}) \prod_{k=1}^n P^*(x_k|x_{k-1}, z_k, z_{k-1}) \quad (3.16)$$

を得ることができる.

S^* が決定論的でかつ時間的に不変であるような特別な場合には,X_k は X_{k-1}, Z_k, Z_{k-1} の関数

$$x_k = g_k(x_{k-1}, z_k, z_{k-1})$$

によって規定される.このとき,$x_1, \cdots, x_n$ について和をとることによって,

$$P^*(y) = \sum_{z_1, \cdots, z_n} P(y|z_1, z_2, \cdots, z_n, g_1, g_2, \cdots, g_n) \prod_{k=1}^n P^*(z_k|z_{k-1}, g_{k-1}) \quad (3.17)$$

を得ることができる.ここに,g_k は

$$g_1 = g_1(z_1) \text{ および } g_k = g_k(g_{k-1}, z_k, z_{k-1})$$

と逐次的に定義される.

特別な場合として,計画 S^* が原子的介入 $do(x_k)$ から構成されるときには,関数 g_k は定数 x_k となり,

$$P^*(y) = P(y|do(x_1), \cdots, do(x_n))$$
$$= \sum_{z_1, \cdots, z_n} P^*(y|z_1, z_2, \cdots, z_n, x_1, x_2, \cdots, x_n) \prod_{k=1}^n P(z_k|z_{k-1}, x_{k-1}) \quad (3.18)$$

となる.これは (3.14) 式からも得ることができる.

この例で説明した計画問題は,典型的なマルコフ決定過程 (MDP) となっている (Howard 1960; Dean and Wellman 1991; Bertsekas and Tsitsiklis 1996).ここに,解析対象は,現在の状態 Z_k と過去の行動 $do(x_1), \cdots, d(x_{k-1})$ が与えられたときに最良な介入 $do(x_k)$ を見つけることにある.MDP では,通常,推移関数 $P(z_{k+1}|z_k, do(x_k))$ と最小化すべきコスト関数が与えられている.ここで解析対象となっている問題では,そのような関数はいっさい与えられおらず,過去

の（おそらくは最適ではない）計画の下で集められたデータから学習しなければならない．幸運にも，モデルに含まれる変数すべてが測定されているので，どの関数も識別可能であり，対応する条件付き確率

$$P(z_{k+1}|z_k, do(x_k)) = P(z_{k+1}|z_k, x_k)$$

$$P(y|z_1, \cdots, z_n, do(x_1), \cdots, do(x_n)) = P(y|z_1, \cdots, z_n, x_1, \cdots, x_n)$$

から直接推定することができる．第4章（4.4節を参照）では，Z_k のいくつかについて状態が観測されないという部分的に観測可能なマルコフ決定過程 (POMDP) を扱う．これらの問題における推移関数およびコスト関数を得るためには，複雑な識別方法が必要となる．

この例では，新しい計画の効果を予測するために，まず制御変数 (X_{k-1}) の影響を受ける変数 (Z_k) を観測しなければならないことに注意しておかなければならない．このような観測変数は処理から結果への有向道にあり，興味のある効果を推定する際に交絡を引き起こす傾向があるため，一般に，実験計画法に関する古典的文献では避けられている (Cox 1958, p.48)．しかし，本章で紹介する解析により，適切にプロセスを進めるためには，このような観測変数が制御プログラムの効果を予測するのに不可欠であることがわかる．このことは，セミマルコフ・モデル（すなわち，非観測変数を含む DAG モデル）に対しても当てはめることができる．これについては，3.3.2 項で議論する．

要　約

本節で紹介した解析法から直接導かれる結果は，介入が行われる変数の直接原因（親）がすべて観測された因果ダイアグラムが与えられたとき，介入前の分布から介入後の分布を推測できるということである．したがって，このような仮定の下では，受動的（非実験的）観測データから，(3.14) 式の切断分解公式を用いて介入効果を推定することができる．もっと発展的な問題は，PA_i のいくつかの要素が観測できない，すなわち，$P(x'_i|pa_i)$ の推定ができないという図 3.1 のような状況の下で，因果効果を評価することである．3.3 節および 3.4 節では，このような状況において，$P(x_j|do(x'_i))$ がどのような場合に推定可能であるのかを判断するためのグラフィカル検証法を紹介する．しかし，まずは受動的観測データから推定される因果的量 Q は何を意味するのか，すなわち，「識別可能性」という専門用語で記述される問題を形式的に定義しておかなければならない．

3.2.4　因果的量の識別可能性

因果的量は，統計パラメータとは異なり，因果モデル M に基づいて定義されるものであり，観測変数集合 V の同時分布 $P_M(v)$ に基づいて定義されるものではない．非実験データは $P_M(v)$ のみに関する情報を与えるだけで，複数の因果モデルにより同じ分布が生成されるため，無限に多くの標本を採取したとしても，興味のある量をデータから識別できない危険性がある．識別可能条件は，因果モデル M を十分に説明できない場合，ある仮定を加えることによって（たとえば，因果グラフあるいは構造方程式において係数が 0 であること），欠測した情報を埋めることができることを保証するものである．

3.2 マルコフ・モデルに基づく介入

定義 3.2.3（識別可能性）

$Q(M)$ をモデル M において計算可能な量とする．モデルのクラス M から得られる任意のモデル M_1 と M_2 に対して，$P_{M_1}(v) = P_{M_2}(v)$ が成り立つ場合にはいつでも $Q(M_1) = Q(M_2)$ であるとき，M において Q は識別可能であるという．観測変数が限定され，$P_M(v)$ の部分集合 F_M が推定可能である場合，$F_{M_1} = F_{M_2}$ が成り立つときにはいつでも $Q(M_1) = Q(M_2)$ であるとき，Q は F_M から識別可能であると定義する． □

識別可能であれば，M を詳しく規定しなくても―クラス M の一般的な特徴で十分である―$P(v)$ に関する大標本に基づいて量 Q の一致推定を得ることができる．したがって，識別可能性は，$P(v)$ によって要約される統計データと不完全な因果的知識 $\{f_i\}$ を統合するのに不可欠である．本章で興味の対象となる量 Q は因果効果 $P_M(y|do(x))$ であるが，定義 3.2.1 を利用することによって，モデル M から確実に計算することができる．その一方で，M が十分に規定されない場合でも，M に関連するグラフ G により記述された一般的な特徴を用いて，計算しなければならないことがある．

そこで，

(i) 同じ親子関係（すなわち，同じ因果グラフ G）をもつ，

(ii) 観測変数は正値分布に従う（すなわち，$P(v) > 0$），

という特徴をもつモデル M のクラスを考えよう．

このようなクラスについて次の定義を与える．

定義 3.2.4（因果効果の識別可能性）

量 $P(y|do(x))$ が正値である任意の観測変数の分布から一意に計算できる，すなわち，$P_{M_1}(v) = P_{M_2}(v) > 0$ かつ $G(M_1) = G(M_2) = G$ なるすべてのモデルの組 M_1 と M_2 に対して，$P_{M_1}(y|do(x)) = P_{M_2}(y|do(x))$ が成り立つとき，X から Y への因果効果はグラフ G において識別可能であるという． □

$P(y|do(x))$ が識別可能であるとき，

(i) 確率関数 $P(v)$ によって要約される受動的観察データ，

(ii) どのような変数によって定常なメカニズムが構成されるのか，あるいはどのような変数が各変数の値を決定するのに関与しているのかを（定性的に）規定する因果グラフ G，

という 2 つの情報源に基づいて，介入 $do(x)$ から Y への効果を推測できることが保証される．

識別可能性の議論を正値分布の場合に制限することによって，条件 $X = x$ に関するデータが適切に採取されている状況が表現され，(3.10) 式において分母が 0 となることを避けることができる．介入 $do(x)$ が適用される状況において，X が値 x をとることがないデータから，介入 $do(x)$ の効果を推測することは不可能であろう．また，識別可能性の議論を非負値分布へ拡張することもできるが，ここでは議論しない．識別不能であることを証明するためには，観測変数についてまったく同じ分布を引き起こすが，異なる因果効果をもつ構造方程式が 2 つ存在することを示せ

ばよい．

識別可能性の概念を用いることにより，3.2.3 項の結果を次のようにまとめることができる．

定理 3.2.5

変数の部分集合 V が観測されているマルコフ・モデルに対応する因果ダイアグラム G において，$\{X \cup Y \cup PA_X\} \subseteq V$，すなわち，$X, Y$ と X のすべての親集合が観測されているとき，因果効果 $P(y|do(x))$ は識別可能であり，PA_X で調整することによって (3.13) 式で与えられる．　□

すべての変数が観測されているとき，定理 3.2.5 の特別な場合として，次が成り立つ．

系 3.2.6

すべての変数が観測されているマルコフ・モデルに対応する因果ダイアグラムでは，任意の変数集合 X と Y に対して，因果効果 $P(y|do(x))$ は識別可能であり，切断分解 (3.14) 式で与えられる．　□

今後は，セミマルコフ・モデルにおける識別問題に注目する．

3.3　交絡因子の制御

ある要因 (X) からもう一つの要因 (Y) への効果を評価する場合，共変量，背景変数あるいは交絡因子とよばれる要因 (Z) の変動を調整すべきかどうかという問題が生じる (Cox 1958, p.48)．調整とは，母集団を Z について等質なグループに分割し，グループのそれぞれにおいて X から Y への因果効果を評価したうえで，((3.13) 式のように）その結果を平均化することである．そのような調整による錯覚的特性は，**Simpson** のパラドックス（6.1 節を参照）――ある因子を解析に取り込むことによって，2 つの変数間の統計的関係が逆になってしまう現象――とよばれる．この現象は，1899 年には Karl Pearson により早くも認識されている．たとえば，タバコを吸わない学生よりもタバコを吸う学生のほうがよい成績をとっていても，年齢で調整することによって，すべての年齢層で喫煙者が低い成績をとっていることがわかったり，さらに家族の収入で調整することによって，すべての年齢–収入層で喫煙者が非喫煙者よりもよい成績を取ってることが明らかになったりすることがある．

100 年に及ぶ議論にもかかわらず，Simpson のパラドックスは「不注意という罠」をかけ続け (Dawid 1979)，与えられた共変量で調整することが適切であるかどうかという本質的問題を数学的に扱うことは否定されてきた．たとえば，疫学研究者は今でも「交絡」の意味を議論しているが (Grayson 1987; Shapiro 1997)，誤った共変量を用いて調整を行っていることがある (Weinberg 1993; 第 6 章も参照)．Rosenbaum and Rubin (1983) や Pratt and Schlaifer (1988) は，潜在反応モデルを用いて，「無視可能性」という概念を提案した．その概念により，共変量選択問題は反事実用語で記述しなおされているが，実行できる段階には至っていない．無視可能性は「Z を与えたとき，X が x という値をとった場合に Y がとるであろう値が X と独立であるならば，Z は許容可能な共変量集合である」というものである．反事実は観察できないため，通常の因果的過程に対する理解に基づいて，反事実変数に関する条件付き独立関係を簡単に判断することはで

きない．このため，どの変数で調整するのが適切であるかを決定するために，どのような基準を使ったらよいであろうか？ という問題が残されてしまった．

3.3.1 項では，因果グラフを使って，調整問題に対する一般的かつ形式的解を与える．3.3.2 項では，X の影響を受けるという非標準的共変量が存在する場合へこの結果を拡張する．この結果を用いて調整を行うためにはいくつかの手続きを踏まなくてはならない．最後に，3.3.3 項では，例を通してこれらの基準の使用法を説明する．

3.3.1 バックドア基準

因果ダイアグラム G が，観測変数の部分集合 V に関する非実験データとともに与えられていると仮定する．このとき，V の部分集合 X と Y において，介入 $do(x)$ が反応 Y に対して，どのような影響を与えるのかを推定する問題，すなわち，$P(v)$ の標本推定値を用いて $P(y|do(x))$ を推定する問題を考えよう．

本項では，Pearl (1993b) によって「バックドア基準」と名づけられた単純なグラフィカル検証法が存在することを示す．この基準を因果ダイアグラムに直接適用することにより，変数集合 $Z \subseteq V$ が $P(y|do(x))$ を識別するのに十分であるかどうかを検証することができる[5]．

定義 3.3.1（バックドア）

DAG G において，次の条件を満たす変数集合 Z は順序対 (X_i, X_j) についてバックドア基準を満たすという．

　(i) Z の任意の要素は X_i の子孫ではない．
　(ii) Z は X_i に向かう矢線を含む道で，X_i と X_j を結ぶものすべてをブロックする．

同様に，X と Y が G における互いに排反な頂点集合であるとき，Z が任意の $X_i \in X$ と $X_j \in Y$ に対してバックドア基準を満たすならば，Z は X と Y についてバックドア基準を満たすという．　□

バックドアという名前は条件 (ii) に由来するものである．条件 (ii) を満たすためには，X_i に向かう矢線をもつ道だけがブロックされなければならない．このような道は裏口（バックドア）から X_i に入っているように見える．たとえば，図 3.4 では，$Z_1 = \{X_3, X_4\}$，$Z_2 = \{X_4, X_5\}$ はバックドア基準を満たす．一方，$Z_3 = \{X_4\}$ は $(X_i, X_3, X_1, X_4, X_2, X_5, X_j)$ という道をブロックしていないため，バックドア基準を満たさない．

定理 3.3.2（バックドア調整）

変数集合 Z が (X, Y) についてバックドア基準を満たすならば，X から Y への因果効果は識別可能であり，

$$P(y|do(x)) = \sum_z P(y|x, z) P(z) \tag{3.19}$$

で与えられる．　□

---

[5] この基準は Spirtes et al. (1993) の定理 7.1 から得ることもできる．有向分離基準を利用したもう一つの検証法は 3.4 節で与えられる（(3.37) 式を参照）．

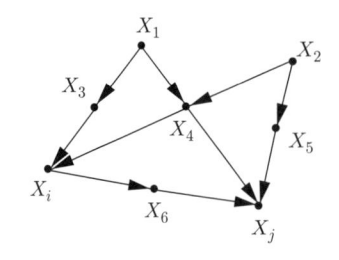

図 3.4 バックドア基準を説明するための因果ダイアグラム．$\{X_3, X_4\}$（または $\{X_4, X_5\}$）で調整することによって $P(x_j|do(x_i))$ の一致推定量を得ることができる．

(3.19) 式の右辺の和は，Z で調整した際に得られる標準的な公式を表している．変数 X に対して (3.19) 式の等式が成り立つとき，Rosenbaum and Rubin (1983) は「Z を与えたときに条件付き無視可能である」といっている．無視可能条件を定義 3.3.1 で与えられるグラフィカル基準で表すことによって，反事実的従属関係についての判断を，ダイアグラムで示されるような因果的過程についての判断に置き換えることができる．このグラフィカル基準は，ダイアグラムの大きさや形には関係なく，システマティックな手続きを用いて検証することができる．この基準によって，最適な共変量集合——すなわち，標本変動や測定コストを最小にする集合 Z ——を探索することもできる (Tian et al. 1998)．線形構造方程式モデル (SEM) におけるパス係数を識別する際にも同様なグラフィカル基準を使うこともできるが，それについては第 5 章で議論する．疫学研究への応用は，Greenland et al. (1999a) で与えられている．そこでは，Z は交絡の制御を行うための「十分な集合」とよばれている．

定理 3.3.2 の証明

Pearl (1993b) に与えられた最初の証明は，Z が X から Y へのすべてのバックドア・パスをブロックしているとき，$X = x$ を条件づけることと，$X = x$ と固定することが Y に対して同じ影響を与えるという事実に基づいている．このことは，介入を示す矢線 $F_x \rightarrow X$ が加えられた図 3.2 の拡張ダイアグラム G' を見れば容易にわかる．X から Y へのバックドア・パスがすべてブロックされているならば，F_x から Y へのすべての道は X の子を経由していなければならない．このとき，X で条件づければ，これらの道はブロックされる．これは，Y が X を与えたときに F_X と独立である，すなわち

$$P(y|x, F_X = do(x)) = P(y|x, F_X = \text{idle}) = P(y|x) \tag{3.20}$$

を意味する．これは観察結果 $X = x$ と介入 $F_X = do(x)$ が一致することを意味する．

形式的には，(3.9) 式に従って，拡張確率関数 P' に基づいて $P(y|do(x))$ を書き下したうえで，Z を条件づけて

$$\begin{aligned} P(y|do(x)) = P'(y|F_x) &= \sum_z P'(y|z, F_x) P'(z|F_x) \\ &= \sum_z P'(y|z, x, F_x) P'(z|F_x) \end{aligned} \tag{3.21}$$

とすることにより，これを証明することができる．最後の式において，$P'(y|z, F_x)$ が $P(y|z, x, F_x)$ と変換されているが，これは $F_x \Rightarrow X = x$ より得られるものである．(3.21) 式の右辺の 2 つの項から F_x を取り除くために，定義 3.3.1 の 2 つの条件を適用しよう．まず，F_x は X を子とする

3.3 交絡因子の制御

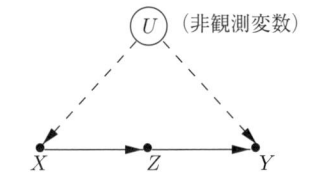

図 3.5 フロントドア基準を説明するための因果ダイアグラム．Z に対する 2 段階調整により，$P(y|do(x))$ の一致推定量を得ることができる．

ルートであることから，Z を含む X の非子孫すべてと独立でなければならない．したがって，条件 (i) より

$$P'(z|F_x) = P'(z) = P(z)$$

を得る．次に，バックドア基準の条件 (ii) と (3.20) 式より，(3.21) 式から F_x を取り除くことができるため，(3.19) 式を得ることができる．

3.3.2 フロントドア基準

定義 3.3.1 の条件 (i) は「背景的観測変数は処理変数の影響を受けない」(Cox 1958, p.48) というよく知られている事実を表現したものである．本項では，処理変数の影響を受ける背景変数をどのように使えば，因果効果を推測することができるのかについて説明しよう．ここで紹介する規準は，Pearl (1995a) によりフロントドア基準とよばれている．この基準は，因果効果を識別するための第二の検証法となる（3.4 節を参照）．

図 3.4 において，変数 $X_1, \cdots, X_5$ が非観測変数である場合を考えよう．このとき，$\{X_i, X_6, X_j\}$ をそれぞれ $\{X, Z, Y\}$ とおくと，図 3.4 のモデルは図 3.5 のダイアグラムで表現しなおすことができる．このダイアグラムでは，Z はバックドア基準を満たしていない．しかし，Z を観測することによって $P(y|do(x))$ の一致推定量を得ることができる．これは $P(y|do(x))$ を観測可能な分布関数 $P(x, y, z)$ から計算可能な公式に変えることによって示すことができる．

図 3.5 に関する同時分布（(3.5) 式を参照）は

$$P(x, y, z, u) = P(u)P(x|u)P(z|x)P(y|z, u) \tag{3.22}$$

と分解することができる．このとき，(3.10) 式より，介入 $do(x)$ によって $P(x|u)$ を取り除くことができる．したがって，介入後の分布は

$$P(y, z, u|do(x)) = P(y|z, u)P(z|x)P(u) \tag{3.23}$$

となる．ここで，z と u について和をとることによって

$$P(y|do(x)) = \sum_z P(z|x) \sum_u P(y|z, u)P(u) \tag{3.24}$$

を得る．図 3.5 のグラフから得られる 2 つの条件付き独立関係

$$P(u|z, x) = P(u|x) \tag{3.25}$$

$$P(y|x, z, u) = P(y|z, u) \tag{3.26}$$

を利用して，(3.24) 式の右辺から u を取り除くことにより，

$$\sum_u P(y|z,u)P(u) = \sum_x \sum_u P(y|z,u)P(u|x)P(x)$$
$$= \sum_x \sum_u P(y|x,z,u)P(u|x,z)P(x)$$
$$= \sum_x P(y|x,z)P(x) \tag{3.27}$$

を得ることができる．したがって，(3.24) 式を観察可能な量だけを含む形式

$$P(y|do(x)) = \sum_z P(z|x) \sum_{x'} P(y|x',z)P(x') \tag{3.28}$$

を得ることができる．

(3.28) 式の右辺にある確率はすべて，非実験データから一致推定可能であるため，$P(y|do(x))$ も推定可能である．したがって，条件 (3.25) 式と (3.26) 式を満たす中間変数 Z を見つけることができれば，X から Y への因果効果に対する識別可能なノンパラメトリック推定量を得ることができる．

(3.28) 式はバックドア基準を 2 段階で適用した結果であると解釈することができる．まず，第一ステップとして，X から Z への因果効果を評価する．図 3.5 では X から Z へのブロックされないバックドア・パスはないことから，簡単に

$$P(z|do(x)) = P(z|x)$$

を得ることができる．第二ステップでは，Z から Y への因果効果 $P(y|do(z))$ を評価する．Z から Y へのバックドア・パス $Z \leftarrow X \leftarrow U \rightarrow Y$ が存在しているため，$P(y|do(z))$ は条件付き確率 $P(y|z)$ と同じではない．しかし，X はこの道をブロック（有向分離）しているため，X はバックドア基準における背景変数の役割を果たしていることがわかる．これにより，(3.19) 式に従って，Z から Y への因果効果を評価することができ，$P(y|do(z)) = \sum_{x'} P(y|x',z)P(x')$ を得ることができる．最後に，

$$P(y|do(x)) = \sum_z P(y|do(z))P(z|do(x))$$

を利用して，これらの 2 つの因果効果を結合することによって，(3.28) 式を得ることができる．

次の定義を与えたうえで，定理としてこの結果をまとめよう．

定義 3.3.3（フロントドア）
次の条件を満たす変数集合 Z は順序対 (X,Y) についてフロントドア基準を満たすという．

　(i) Z は X から Y へのすべての有向道を切断する．
　(ii) X から Z へのブロックされないバックドア・パスはない．
　(iii) Z から Y へのバックドア・パスはすべて X によってブロックされる． □

定理 3.3.4（フロントドア調整）
変数集合 Z が (X,Y) についてフロントドア基準を満たし，かつ $P(x,z) > 0$ とする．このと

3.3 交絡因子の制御

き，X から Y への因果効果は識別可能であり，

$$P(y|do(x)) = \sum_z P(z|x) \sum_{x'} P(y|x',z)P(x') \qquad (3.29)$$

で与えられる．　　　　　　　　　　　　　　　　　　　　　　　　　　　　□

定義 3.3.3 で与えられた条件は非常に厳しいものである．実際，バックドア・パスは条件 (ii) と (iii) では許されていないが，それが背景変数によってブロックされている場合には存在していてもかまわない．たとえば，図 3.1 では，Z_1 が Z_2 から Z_3 へのバックドア・パスだけでなく，X から Z_2 へのバックドア・パスもすべてブロックしている．したがって，Z_2 は (X, Z_3) についてフロントドア基準のようなものを満たしている．バックドア基準とフロントドア基準が組み合わさったような複雑な構造を解析するための強力な記号論的ツールを 3.4 節で与える．これは (3.28) 式を導くために行われた代数操作を避けるものである．しかし，その前に，例を通してフロントドア基準の適用法について説明しよう．

3.3.3　例：喫煙と遺伝子型の理論

喫煙 (X) と肺がん (Y) の関係に関する数百年に及ぶ論争を考えよう (Sprites et al. 1993, pp.291–302)．タバコ業界は，先天的なニコチン嗜好性と関係のある発がん性遺伝子 (U) を用いて，喫煙と肺がんの間に観察される相関を説明できると主張し，禁煙法の制定を防ごうとした．

肺に蓄積されるタールの量 (Z) は，定義 3.3.3 の条件を満たすと考えられる変数である．したがって，図 3.5 の構造で記述できる．条件 (i) を満たすために，タバコはタールの蓄積量を通してのみ肺がんの発症に影響を与えると仮定する．条件 (ii) と (iii) を満たすために，遺伝子型は肺がんの発症を促進させるが，肺に蓄積されるタールの量に対しては（喫煙を通して）間接的にのみ影響を与えると仮定する．また，タールの蓄積量と喫煙の両方に影響を与える要因はないと仮定する．さらに，定理 3.3.5 の条件 $P(x,z) > 0$ を満たすために，肺に蓄積されたタールの量は，喫煙だけでなく他の要因（たとえば，環境汚染への曝露）によっても高くなる一方で，（タールを効率的に取り除くメカニズムによって）タールが蓄積されない喫煙者もいることを仮定する．なお，最後の条件については，データから検証可能である．

喫煙が肺がんのリスクをどの程度増加させる（減少させる）のかを説明するために，本項では，仮想的研究として，標本は母集団からランダムに抽出され，X, Y, Z は同時に観測されるものとしよう．また，議論を簡単にするために，これら 3 つの変数は，真 (1) と偽 (0) からなる二値変数とする．タール，がん，喫煙の関係を調べる研究から得られた仮想データを表 3.1 に示す．この表から，喫煙者の 95% と非喫煙者の 5% について，肺に高レベルのタールが蓄積されていることがわかる．また，タールが蓄積されていない対象者について 14% しか肺がんを発症していないのに対して，タールが蓄積されている対象者の 81% は肺がんを発症している．さらに，これら 2 つの群（タールありとタールなし）のそれぞれにおいて，喫煙者は非喫煙者よりも高い割合でがんを発症していることがわかる．

これらの結果は，喫煙が肺がん発症の主要原因であることを示しているように思われる．しかし，タバコ業界は，データに基づいて喫煙は実際には肺がんのリスクを減少させるという異なる

表 3.1

群のタイプ		$P(x,z)$ 群の割合 (%)	$P(Y=1\|x,z)$ 群における がん患者の割合 (%)
$X=0, Z=0$	非喫煙者，タールなし	47.5	10
$X=1, Z=0$	喫煙者，タールなし	2.5	90
$X=0, Z=1$	非喫煙者，タールあり	2.5	5
$X=1, Z=1$	喫煙者，タールあり	47.5	85

主張を行うかもしれない．その主張は次のようなものである．タバコを吸うと決めた場合，タールの蓄積量が増加する可能性は 95% であり，タバコを吸わないと決めた場合には 5% となる．タールの蓄積量の効果を評価するために，喫煙者と非喫煙者の 2 つのグループを別々に観察してみると，この表より，タールの蓄積量には両方のグループで予防効果があることがわかる．事実，喫煙者のグループでは，タールの蓄積量に対する肺がんのリスクは 90% から 85% へ減少しており，非喫煙者群では，10% から 5% へ減少している．したがって，先天的にニコチン嗜好性をもっているかどうかに限らず，肺に蓄積されたタールの蓄積量の予防効果についてさらに研究を進めるべきであり，喫煙は効果的なタールの蓄積方法となっていることを示していることになる．

この論争を解決するために，フロントドア基準（(3.29) 式を参照）を表 3.1 のデータに適用しよう．ランダムに抽出された対象者が，喫煙（$X=1$ とする）と非喫煙（$X=0$ とする）という 2 つの行動のそれぞれをとったときに，がんを発症する確率を計算しよう．

$P(z|x), P(y|x,z), P(x)$ を適切な値に置き換えると，

$$\begin{aligned}
P(Y=1|do(X=1)) &= 0.05(0.10 \times 0.50 + 0.90 \times 0.50) \\
&\quad + 0.95(0.05 \times 0.50 + 0.85 \times 0.50) \\
&= 0.05 \times 0.50 + 0.95 \times 0.45 = 0.4525 \\
P(Y=1|do(X=0)) &= 0.95(0.10 \times 0.50 + 0.90 \times 0.50) \\
&\quad + 0.05(0.05 \times 0.50 + 0.85 \times 0.50) \\
&= 0.95 \times 0.50 + 0.05 \times 0.45 = 0.4975
\end{aligned} \quad (3.30)$$

が得られる．このように，喫煙は健康に多少なりともよい影響を与えているという予想に反した結果がデータから得られる．

表 3.1 のデータは明らかに非現実的なものであり，遺伝子理論を裏づけるために意図的につくられたものである．しかし，この例の目的は，メカニズムの動きに関する合理的で定性的な仮定と非実験データに基づいて，どうやって因果効果の正確な定量的評価を行うのかを示すことにある．現実的には，喫煙による（タールの蓄積量のような）中間変数を観察することにより，喫煙者と非喫煙者の両方に対しても同様にがんのリスクを増加させることはあっても，減少させることはないことを示すことができ，それによって遺伝子理論を論破できると思われる．(3.29) 式は喫煙からがんへの因果効果を定量化するのに用いることができる．

3.4 介入の計算

本節では，介入と観測変数からなる確率論的記述を異なる記述へ変換する推論規則を与えたうえで，介入に関する結論を下す（あるいは確かめる）ための構文的方法論を与えよう．推論規則では，$do(\cdot)$ オペレータはモデルに含まれる関数集合を修正するという介入として解釈される．この解釈から得られる一連の推論規則は **do 計算法** とよばれている．

本節では，観測頂点と非観測頂点が混在した因果ダイアグラム G が与えられていると仮定する．本節の目的は，因果効果 $P(y|do(x))$ を明示的に導出する構文論的方法論を与えることにある．ここに，X と Y は観測変数の部分集合を表す．また，「導出」とは，$P(y|do(x))$ を段階的に変形することによって，観測確率による同値表現が得られることを意味する．このような変形ができるとき，X から Y への因果効果は識別可能である（定義 3.2.4）．

3.4.1 記　号

X, Y, Z を因果 DAG G の互いに排反な任意の頂点集合とする．G において，X に向かう矢線すべてを取り除いたグラフを $G_{\overline{X}}$ と記す．同様に，G において，X から出る矢線すべてを取り除いたグラフを $G_{\underline{X}}$ と記す．X に向かう矢線すべてと Z から出る矢線すべてを除いたグラフを $G_{\overline{X}\underline{Z}}$ と記す（図 3.6 を参照）．さらに，$X = x$ と固定し，かつ $Z = z$ が観測されたときの $Y = y$ の確率を $P(y|do(x), z) \stackrel{\triangle}{=} P(y, z|do(x))/P(z|do(x))$ と定義する．

3.4.2 推論規則

以下に，do 計算を行うための基本的な推論規則を与える．証明は Pearl (1995a) に与えられている．

定理 3.4.1（do 計算法）

G を (3.2) 式によって定義された因果モデルに関する非巡回的有向グラフとし，$P(\cdot)$ をそのモデルによって引き起こされる確率分布とする．互いに排反な任意の変数集合 X, Y, Z, W に対して，次の規則が成り立つ．

規則 1（観測値の挿入/削除）

$$(Y \perp\!\!\!\perp Z \mid X, W)_{G_{\overline{X}}} \text{であるならば } P(y|do(x), z, w) = P(y|do(x), w) \tag{3.31}$$

が成り立つ．

規則 2（行動/観測値の交換）

$$(Y \perp\!\!\!\perp Z \mid X, W)_{G_{\overline{X}\underline{Z}}} \text{であるならば } P(y|do(x), do(z), w) = P(y|do(x), z, w) \tag{3.32}$$

が成り立つ．

規則 3（行動の挿入/削除）

$$(Y \perp\!\!\!\perp Z \mid X, W)_{G_{\overline{X}, \overline{Z(W)}}} \text{であるならば } P(y|do(x), do(z), w) = P(y|do(x), w) \tag{3.33}$$

が成り立つ．ここに，$Z(W)$ は $G_{\overline{X}}$ において Z に含まれる頂点のうち，W に含まれる頂点の非先祖からなる集合とする． □

これらの推論規則は，$do(x)$ オペレータが，X と介入前の X の親を結びつける因果メカニズムを，介入によって新しいメカニズム $X = x$ で置き換えることを意味するという基本的解釈から得られる．その結果は，(Spirtes et al. (1993) が「操作グラフ」とよんでいる）部分グラフ $G_{\overline{X}}$ によって特徴づけられた部分モデルとなる．

規則 1 は，介入 $do(x)$ から得られる分布，すなわち $G_{\overline{X}}$ において，有向分離基準が条件付き独立関係を検証するための有効な方法論であることを示している．この規則は，システムから方程式を取り除いても残った誤差項（(3.2) 式を参照）間の従属関係は変わらないという事実から得ることができる．

規則 2 は，介入 $do(Z = z)$ と受動的観測値 $Z = z$ が Y に対して同じ効果をもつための条件を与えている．$G_{\overline{X}\underline{Z}}$ では，Z から Y へのバックドア・パスのすべて（かつそれらだけ）が残っている．そのため，この条件は $\{X \cup W\}$ が（$G_{\overline{X}}$ において）Z から Y へのバックドア・パスのすべてをブロックすることと同じである．

規則 3 は，$Y = y$ の確率に影響を与えることなく，介入 $do(Z = z)$ を取り入れる（あるいは取り除く）ための条件を与えている．この規則は，介入 $do(Z = z)$ を表現し，Z に含まれる変数に関する方程式を取り除くことによって得られる $G_{\overline{X}\overline{Z}}$ に基づいている．取り除く方程式が W に含まれる頂点の非先祖に限定されている理由については，Pearl (1995a) の規則 1〜3 の証明を参照されたい．

系 3.4.2

定理 3.4.1 の推論規則に基づく有限回の変換を行うことによって，$q = P(y_1, \cdots, y_k | do(x_1), \cdots, do(x_m))$ を観測量からなる標準的確率表現（すなわち，do がない表現）へ変換することができるならば，グラフ G によって表現されるモデルにおいて，因果効果 q は識別可能である． □

規則 1〜3 は完全である，すなわち，すべての識別可能な因果効果を得るために十分であることが知られている (Shpitser and Pearl 2006a; Huang and Valtorta 2006)．また，3.4.3 項では，do 記号を使った記号論的導出法が標準的確率表現から潜在変数を取り除くという代数的導出法よりも扱いやすいことを述べる（3.3.2 項の (3.24) 式を参照）．しかし，因果効果を標準的確率表現へ変換する規則の列が存在するかどうかを判断する作業については体系化されておらず，それゆえ，識別するための直接的なグラフィカル基準のほうが望ましい．これについては第 4 章で述べる．

3.4.3 記号論に基づく因果効果の導出法：例

因果効果の推定量を得るために，規則 1〜3 をどのように利用すればよいのかを，図 3.5 を用いて説明しよう．本項の例において，因果効果の導出に必要な部分グラフを図 3.6 に与える．

作業 1：$P(z|do(x))$ の計算

G は規則 2 の条件を満たしているため，$P(z|do(x))$ の計算は 1 つのステップのみで得ることが

3.4 介入の計算

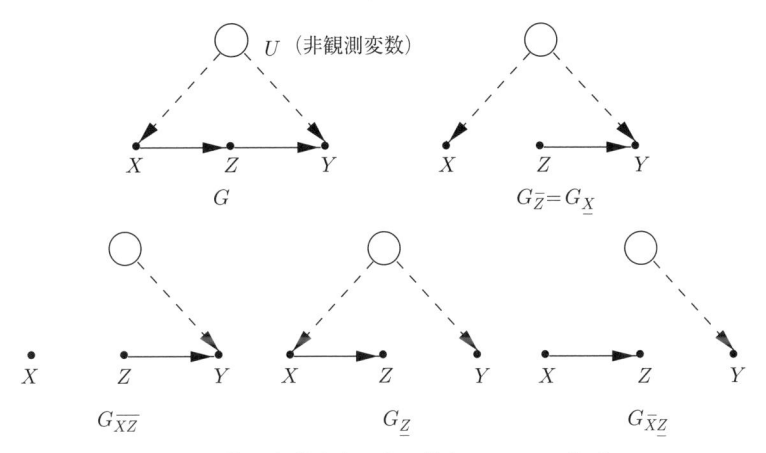

図 3.6 因果効果を導出する際に使われる G の部分グラフ

できる．すなわち，(道 $X \leftarrow U \rightarrow Y \leftarrow Z$ は合流点 Y によってブロックされていることから) $G_{\underline{X}}$ において $X \perp\!\!\!\perp Z$ を満たすため，

$$P(z|do(x)) = P(z|x) \tag{3.34}$$

を得ることができる．

作業 2：$P(y|do(z))$ の計算

$G_{\overline{Z}}$ には Z から Y へのバックドア・パス ($Z \leftarrow X \leftarrow U \rightarrow Y$) があるため，規則 2 を用いても $do(z)$ を z へ変換することはできない．そこで，Z から Y へのバックドア・パス上にある (X のような) 変数を観測することによって，この道をブロックする．まず，X のすべての値で条件づけ，和をとることによって

$$P(y|do(z)) = \sum_x P(y|x, do(z))P(x|do(z)) \tag{3.35}$$

を得る．

ここで，(3.35) 式を計算するためには，$do(z)$ を含む 2 つの項 $P(y|x, do(z))$ と $P(x|do(z))$ を計算しなければならない．後者については，$G_{\overline{Z}}$ において X と Z は有向分離されていることから，規則 3 を適用することによって，

$$(Z \perp\!\!\!\perp X)_{G_{\overline{Z}}} \text{であるならば } P(x|do(z)) = P(x) \tag{3.36}$$

と簡単に計算することができる（直観的には，G において Z は X の子孫であるため，Z を操作しても X への影響はないと解釈できる）．また，$P(y|x, do(z))$ について，$G_{\underline{Z}}$ において X が Z と Y を有向分離していることから，規則 2 を適用することによって

$$(Z \perp\!\!\!\perp Y \mid X)_{G_{\underline{Z}}} \text{であるならば } P(y|x, do(z)) = P(y|x, z) \tag{3.37}$$

を得る．したがって，(3.35) 式は

$$P(y|do(z)) = \sum_x P(y|x, z)P(x) = E_x P(y|x, z) \tag{3.38}$$

と書き直すことができる．これはバックドア基準から導かれる公式（(3.19) 式を参照）の特別な場合に対応する．$(Z \perp\!\!\!\perp Y \mid X)_{G_{\underline{Z}}}$ は，Rosenbaum and Rubin (1983) によって提案された無視可能条件と同じく，集合 X が（Y と Z の間の）交絡を制御するのに十分であるかどうかをグラフの観点から検証するための合理的な条件である．

作業 3：$P(y|do(x))$ の計算

$$P(y|do(x)) = \sum_z P(y|z, do(x))P(z|do(x)) \tag{3.39}$$

とする．このとき，$P(z|do(x))$ は (3.34) 式で書き直すことができるが，$P(y|z, do(x))$ の項については「$do(\cdot)$」記号を取り除くための規則はない．ところが，（図 3.6 より）適用条件 $(Y \perp\!\!\!\perp Z \mid X)_{G_{\overline{X}\underline{Z}}}$ が成り立つことから，規則 2 を利用して

$$P(y|z, do(x)) = P(y|do(x), do(z)) \tag{3.40}$$

とうまく z を $do(z)$ へ変換することができる．このとき，$G_{\overline{X}\,\overline{Z}}$ において $Y \perp\!\!\!\perp X \mid Z$ が成り立つことから，規則 3 を使って，$P(y|do(z), do(x))$ から介入 $do(x)$ を除くことができ

$$P(y|z, do(x)) = P(y|do(z)) \tag{3.41}$$

を得ることができる．この式は (3.38) 式より計算することができる．(3.34)，(3.38)，(3.41) 式を (3.39) 式に代入することにより，

$$P(y|do(x)) = \sum_z P(z|x) \sum_{x'} P(y|x', z)P(x') \tag{3.42}$$

を得ることができる．これは (3.28) 式で与えたフロントドア基準に基づいて得られる公式と一致している．

作業 4：$P(y, z|do(x))$ の計算

$P(y, z|do(x))$ は

$$P(y, z|do(x)) = P(y|z, do(x))P(z|do(x))$$

と書き直すことができる．右辺の 2 つの項は (3.34) 式と (3.41) 式ですでに得られているので，これより

$$P(y, z|do(x)) = P(y|x, do(z))P(z|x) = P(z|x)\sum_{x'} P(y|x', z)P(x') \tag{3.43}$$

を得る．

作業 5：$P(x, y|do(z))$ の計算

$P(x, y|do(z))$ は

$$\begin{aligned}P(x, y|do(z)) &= P(y|x, do(z))P(x|do(z)) \\ &= P(y|x, z)P(x)\end{aligned} \tag{3.44}$$

と書き直すことができる．右辺の第一項は規則 2 を適用することによって（これは $G_{\underline{Z}}$ によって

保証されている），第二項は（(3.36) 式のように）規則 3 を適用することによって得ることができる．

ここに，すべての導出過程において，グラフ G に基づいて推論規則を適用できること，そしてグラフ G より適用すべき規則を正しく選択する方針を立てることができることに注意しよう．

3.4.4 代替実験による因果推論

$P(y|do(x))$ が識別可能ではなく，しかもコストや倫理的な理由から，ランダム化実験による X の制御を行うことができない場合において，X から Y への因果効果を評価する問題を考えよう．このとき，X よりも簡単に制御できる代替変数 Z に対してランダム割り付けを行うことによって，$P(y|do(x))$ が識別できるかどうかという問題が生じる．たとえば，コレステロールのレベル (X) の心臓疾患 (Y) への効果を評価することに関心がある場合には，対象者の血中コレステロール値を直接制御するよりも，むしろ対象者の食事制限を行ったほうが合理的かつ実施可能な実験であろう．

形式的に，この問題は $P(y|do(x))$ を Z に含まれる要素だけに $do(*)$ 記号をつけるという表現へ変換することに帰着される．定理 3.4.1 より，次の条件は代替変数 Z を用いて因果効果を評価するための十分条件であることを示すことができる．

(i) X は Z から Y へのすべての有向道を切断する．
(ii) $P(y|do(x))$ は $G_{\overline{Z}}$ において識別可能である．

実際，条件 (i) が成り立つならば，$(Y \perp\!\!\!\perp Z | X)_{G_{\overline{X}\overline{Z}}}$ が成り立つため，$P(y|do(x)) = P(y|do(x), do(z))$ と書くことができる．ここに，$P(y|do(x), do(z))$ は，$G_{\overline{Z}}$ によって規定されたモデルにおける X から Y への因果効果を表しており，条件 (ii) より識別可能である．本項のコレステロールの例に適用した場合，これらの条件により，食事制限から心臓疾患への直接的な影響はなく，かつコレステロールのレベルと心臓疾患に交絡が生じることもない．なお，このような交絡が生じる場合には，観測変数を追加して交絡の影響を取り除く．

3.5.2 項の図 3.9(e) と (h) は，上述の 2 つの条件を満たしたモデルを表している．たとえば，図 3.9(e) より，

$$P(y|do(x)) = P(y|x, do(z)) = \frac{P(y,x|do(z))}{P(x|do(z))} \tag{3.45}$$

を得ることができる．この導出は以下のとおりである．まず，$(Y \perp\!\!\!\perp Z | X)_{G_{\overline{X}\overline{Z}}}$ が成り立つことから，規則 3 を適用することによって

$$P(y|do(x)) = P(y|do(x), do(z))$$

と $do(z)$ を加えることができる．次に，$(Y \perp\!\!\!\perp X | Z)_{G_{\underline{X}\overline{Z}}}$ が成り立つことから，規則 2 を適用することによって

$$P(y|do(x), do(z)) = P(y|x, do(z))$$

と $do(x)$ を x に交換することができる．これらの結果から，(3.45) 式を得ることができる．

(3.45) 式より，任意の x と y に対して $P(y|do(x))$ を識別するためには，Z の一つのレベルに

固定すれば十分であり，Z の値を変化させる必要はまったくない．すなわち，介入により Z を簡単に固定することができ，G で表現できる仮定が成り立つならば，(3.45) 式の右辺は固定された Z のレベルとは関係なく同じ値をとる．しかし，実際には，X の興味ある値に対して十分な標本を得るために，Z に関するいくつかのレベルが必要となる．たとえば，x, x' が 2 つの処理であるとき，$E(Y|do(x)) - E(Y|do(x'))$ に関心があるならば，x と x' における標本数を最大にする Z の値 z と z' を選択し，

$$E(Y|do(x)) - E(Y|do(x')) = E(Y|x, do(z)) - E(Y|x', do(z'))$$

を推定すべきである．

3.5　識別のためのグラフィカル検証法

X と Y が因果的に結びついていることを表す破線の交絡弧，すなわち「弓パターン」が存在しているために，$P(y|do(x))$ が識別不能となっているダイアグラムを図 3.7 に与えてある．交絡弧は非観測変数だけを含み，かつ合流点をもたないバックドア・パスがダイアグラムに存在していることを意味している．たとえば，図 3.1 における X, Z_0, B, Z_3 という道は，X と Z_3 の間の交絡弧として表現することができる．U を非観測変数で，かつ X と従属する変数とすると，弓パターンは関数 $y = f_Y(x, u, \varepsilon_Y)$ を表している．観測された X と Y の従属関係は，常に U を経由した擬似相関により生成されるため，このような方程式がある場合には，因果効果は識別不能となる．

弓パターンが存在する場合には，図 3.7(b) のような大きなグラフで与えられる状況でさえ，$P(y|do(x))$ は識別不能となる．線形モデルの場合はこれとは異なっており，弓パターンに矢線を加えることによって $P(y|do(x))$ は識別可能となる（第 5 章を参照）．たとえば，U を X と相関をもつ非観測誤差項とするとき，線形関係 $y = bx + u$ を通して Y と X が関連しているならば，$b = \frac{\partial}{\partial x} E(Y|do(x))$ は識別可能ではない．しかし，U とは無相関で X とは相関をもつ変数 Z を見つけることができれば，矢線 $Z \to X$ を構造に加え，操作変数法（Bowden and Turkington 1984; 第 5 章も参照）を適用することにより，

$$b \triangleq \frac{\partial}{\partial x} E(Y|do(x)) = \frac{E(Y|z)}{E(X|z)} = \frac{r_{YZ}}{r_{XZ}} \tag{3.46}$$

と $E(Y|do(x))$ を簡単に計算することができる．

ノンパラメトリック・モデルでは，操作変数 Z を弓パターンに加えても（図 3.7(b)），$P(y|do(x))$ が識別可能となるわけではない．これは処理の割り付け（Z）はランダム化されているが（したがって，Z に向かう矢線がない），コンプライアンスが不完全であるような臨床試験の解析ではよく知られている問題である（第 8 章を参照）．図 3.7(b) では X と Y の間に交絡弧が存在しているが，これは被験者の処理に対する選択（X）とそのときの反応（Y）の両方に影響を与える非観測要因が存在していることを示している．このような臨床試験では，コンプライアンスと反応の間の交互作用に関する性質に対して，（たとえば，Imbens and Angrist (1994) や Angrist et al. (1996) が開発した操作変数に関する潜在反応アプローチのように）何らかの仮定を加えなけれ

3.5 識別のためのグラフィカル検証法

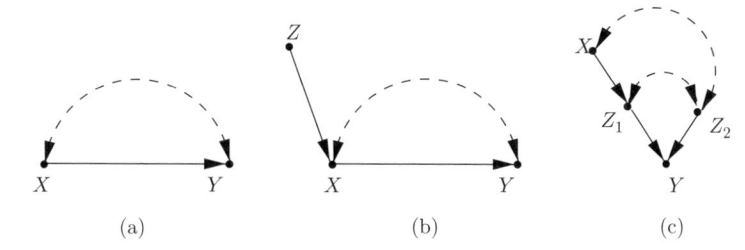

図 3.7 弓パターン：(a) $X{\rightarrow}Y$ において交絡弧が存在するため，(b) のように操作変数 Z が存在しても $P(y|do(x))$ を識別することができない．(c) $X{\rightarrow}Y$ において，弓パターンがないが，$P(y|do(x))$ は識別不能である．

ば，治療効果 $P(y|do(x))$ の不偏推定量を得ることはできない．しかし，矢線 $Z{\rightarrow}X$ を加えることによって，$P(y|do(x))$ の存在範囲を計算でき (Robins 1989, sec.1g; Manski 1990; Balke and Pearl 1997)，分布 $P(x,y,z)$ がもつ性質次第では，その上限と下限が一致する場合もある（8.2.4 項を参照）．しかし，定義 3.2.4 からわかるように，任意の正値分布 $P(x,y,z)$ から $P(y|do(x))$ を計算する方法はない．

一般に，弧を加えるとダイアグラムによって記述される有向分離の集合が小さくなる．そのため，ノンパラメトリック・モデルにおいては，因果ダイアグラムに弧が加わった場合，因果効果が識別不能となることはあっても，識別可能となることはない．したがって，基礎となるダイアグラムにおいて因果効果を識別できない場合には，拡張ダイアグラムでも識別不能となる．逆に，（系 3.4.2 で与えた逐次的な記号論的導出法を用いて）拡張ダイアグラムにおいて因果効果をうまく導くことができれば，基礎となるダイアグラムにおいても識別できるであろう．

単一変数からなる組 (Y_1, Y_2) に対して，$P(y_1|do(x))$ と $P(y_2|do(x))$ が計算できたとしても，$P(y_1, y_2|do(x))$ のような同時分布が計算できるわけではない．たとえば，図 3.7(c) の因果ダイアグラムでは，$P(z_1|do(x))$ と $P(z_2|do(x))$ はともに識別可能であるが，$P(z_1, z_2|do(x))$ は識別可能ではない．したがって，$P(y|do(x))$ は識別可能ではない．このダイアグラムは，X と Y の間に弓を含まないが因果効果は識別不能である最小のグラフとなっている．

図 3.7(c) から得られるもう一つの興味深い特徴は，単一変数の介入効果を計算するよりも同時介入効果を計算するほうが簡単な場合があるということである[6]．図 3.7(c) では，$P(y|do(x), do(z_2))$ と $P(y|do(x), do(z_1))$ を評価することはできるが，$P(y|do(x))$ を評価することはできない．たとえば，前者は $G_{\overline{X}\underline{Z_2}}$ に規則 2 を用いることによって

$$P(y|do(x), do(z_2)) = \sum_{z_1} P(y|z_1, do(x), do(z_2))P(z_1|do(x), do(z_2))$$
$$= \sum_{z_1} P(y|z_1, x, z_2)P(z_1|x) \quad (3.47)$$

と評価できる．しかし，$G_{\underline{X}}$ では，Z_2 を条件づけたとき，X と Z_1 は（破線が存在するため）有向分離されない．したがって，規則 2 を用いて $P(z_1|do(x), z_2)$ を $P(z_1|x, z_2)$ へ変換することは

---

[6] これは James Robins によって指摘されたものである．彼は逐次的な治療管理が行われるような状況において，このような識別問題の多くを解決している (Robins 1986, p.1423).

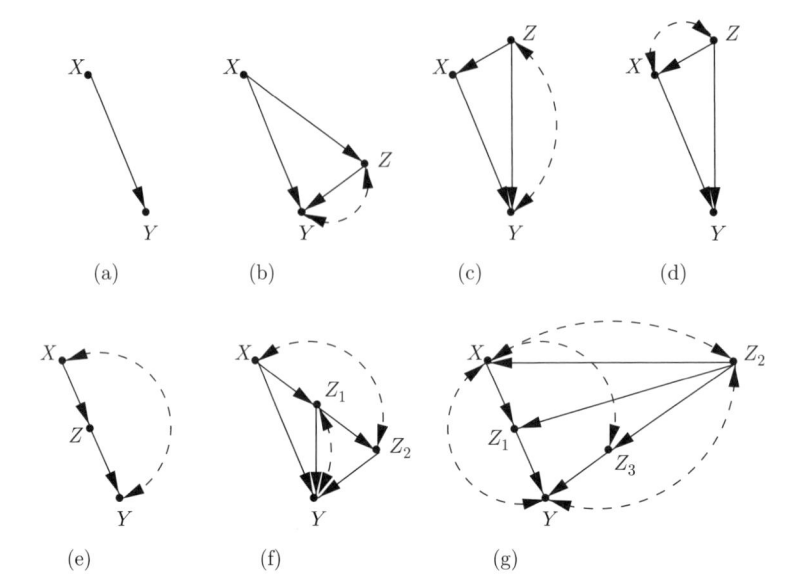

図 3.8 $P(y|do(x))$ が識別可能である因果モデル. 破線で表現される弧は交絡弧を表しており, Z は観測共変量を表している.

できない. 同時介入効果を計算する一般的なアプローチは Pearl and Robins (1995) で与えられている. これについては第 4 章（4.4 節を参照）で議論する.

3.5.1 識別可能モデル

X と Y は単一変数であるとしよう. このとき, X から Y への因果効果が識別可能である簡単なダイアグラムを図 3.8 に与える. このようなモデル構造から, 因果効果 $P(y|do(x))$ が識別可能であるための十分な仮定（辺がない）を知ることができる. このため, これらのモデルは「識別可能である」といわれる. これらのダイアグラムでは, 潜在変数は交絡弧（破線）によって表現され, 明示的に現れることはない. 潜在変数を含む因果ダイアグラムは, 矢線と交絡弧で連結している観測変数からなる同値なダイアグラムへ変換することができる. この変換は (3.2) 式の構造方程式からすべての潜在変数を取り除いて,

(i) X_j が X_i を左辺にもつ方程式に現れている場合には, X_j から X_i に矢線を引き,

(ii) f_i と f_j に同じ ε が現れている場合には, それらを交絡弧によってつなぐ

ことによって X_i と X_j を結んだ新しいダイアグラムを構成するというものである. その結果, 得られたダイアグラムでは, すべての非観測変数が外生でかつ互いに独立となる.

図 3.8 のダイアグラムを調べることによって, 以下のような特徴がわかる.

1. 因果ダイアグラムからいずれの弧や矢線を取り除いても, 因果効果が識別可能となる. したがって, 図 3.8 で与えられるグラフでは, いかなる部分グラフにおいても $P(y|do(x))$ は識別可能である. また, 任意の辺に対して観測変数を中間に導入した場合, 因果効果は識別可能とはなることはあっても, 識別不能となることはない. したがって, 図 3.8 のダイアグラムに中間頂点を加えても, $P(y|do(x))$ は識別可能である.

2. 図 3.8 のダイアグラムにおいて 2 つの頂点の間に弧や矢線を加えると $P(y|do(x))$ は識別不能となる．この意味でこれらのダイアグラムは極大である．

3. 図 3.8 のダイアグラムの多くには弓が含まれている．しかし，これらのパターンはどれも（図 3.9(a) と (b) からわかるように）X とその子を結んだものではない．一般に，$P(y|do(x))$ が識別可能であるための必要条件は，X と Y に対して，Y の先祖で かつ X の子であるような任意の頂点と X の間に交絡弧が存在しないことである．

4. 図 3.8 のダイアグラム (a) と (b) には X と Y の間にバックドア・パスはない．したがって，このダイアグラムは処理 (X) と反応 (Y) の間に交絡バイアスが存在しない実験計画を表現したものとなっており，このことから，$P(y|do(x)) = P(y|x)$ を得ることができる．同様に，ダイアグラム (c) と (d) は，X と Y の間のバックドア・パスすべてが観測共変量 Z によりブロックされた計画を表現したものである（すなわち，Rosenbaum and Rubin (1983) の言葉を借りるならば，X は Z を与えたときに「条件付き無視可能」である）．したがって，$P(y|do(x))$ は Z に対して（(3.19) 式のような）標準的な調整を行うことによって，

$$P(y|do(x)) = \sum_z P(y|x,z)P(z)$$

と表現することができる．

5. 図 3.8 のダイアグラムのいずれに対しても，3.4.3 項で与えた記号論的導出法を用いることにより，$P(y|do(x))$ に関する公式を簡単に得ることができる．グラフのトポロジーを観察することにより，この導出方針を立てることができる．たとえば，図 3.8 のダイアグラム (f) の場合，次のように導出できる．まず，

$$P(y|do(x)) = \sum_{z_1,z_2} P(y|z_1,z_2,do(x))P(z_1,z_2|do(x))$$

と書くことができる．ここで，(Z_1,Z_2) を (Z,Y) で置き換えることにより，$\{X,Z_1,Z_2\}$ からなる部分グラフはダイアグラム (e) と同じであることがわかる．このことから，(3.43) 式より $P(z_1,z_2|do(x))$ が得られる．また，$(Y \perp\!\!\!\perp X | Z_1, Z_2)_{G_{\underline{X}}}$ が成り立つことから，規則 2 より，$P(y|z_1,z_2,do(x))$ を $P(y|z_1,z_2,x)$ へ変換することができる．以上の結果をまとめることにより，

$$P(y|do(x)) = \sum_{z_1,z_2} P(y|z_1,z_2,x)P(z_1|x) \sum_{x'} P(z_2|z_1,x')P(x') \tag{3.48}$$

が得られる．図 3.8 のダイアグラム (g) においても同様な導出を行うことにより，

$$P(y|do(x)) = \sum_{z_1}\sum_{z_2}\sum_{x'} P(y|z_1,z_2,x')P(x'|z_2)P(z_1|z_2,x)P(z_2) \tag{3.49}$$

を得ることができる．ここに，(3.49) 式に変数 Z_3 が現れていないことに注意しよう．このことは，X から Y への因果効果を評価する際に Z_3 を観測しなくてもかまわないことを示している．

6. 図 3.8 のダイアグラム (e), (f), (g) では，（Z の要素は X の子孫なので）処理変数 X の

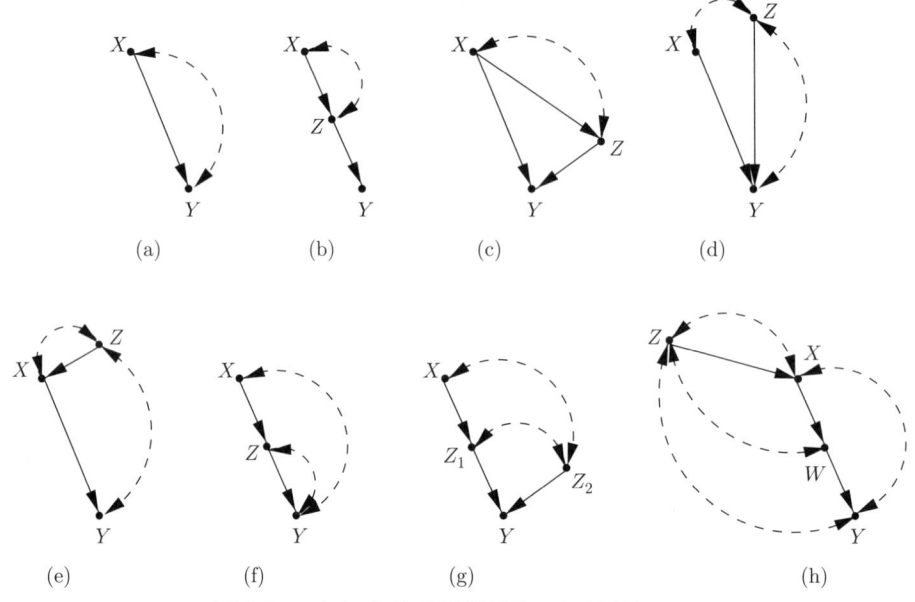

図 3.9 $P(y|do(x))$ が識別不能である因果モデル

影響を受ける変数 Z を観測することによって，$P(y|do(x))$ は識別可能となる．統計的実験に関する多くの文献では，因果効果を評価する場合，処理変数の影響を受ける背景変数で調整してはならないという警告が繰り返されているが (Cox 1958; Rosenbaum 1984; Pratt and Schlaifer 1988; Wainer 1989)，この結果はこの警告に対する反例となっている．因果効果を評価する場合，処理変数の影響を受ける背景変数 Z を解析から取り除かなければならないと一般に信じられている (Pratt and Schlaifer 1988)．その理由は，因果効果を計算する際に Z で積分するということにあり，それは関数的にはあらかじめ Z を取り除くことと同じである．図 3.8 のダイアグラム (e), (f), (g) は，X の因果効果が実際の評価対象であるが，その評価を行う際に，X の影響を受ける背景変数 (Z あるいは Z_1) を測定しなければならない状況を示したものである．しかし，このような背景変数の調整は標準的なものではなく，(3.19) 式のような標準的調整を何度も行わけれればならない ((3.28), (3.48), (3.49) 式を参照)．

7. 図 3.8 のダイアグラム (b), (c), (f) では，Y への因果効果が識別不能である Y の親が存在する．しかし，X から Y への因果効果は識別可能である．このことから，局所的な識別可能条件が大域的識別可能であるための必要条件ではないことがわかる．すなわち，X から Y への因果効果を識別するのに，X から Y への道に沿った矢線のそれぞれを識別しなくてもよいことがわかる．

3.5.2 識別不能モデル

因果効果 $P(y|do(x))$ が識別不能であるダイアグラムを図 3.9 に与える．これらのダイアグラムに関する注目すべき特徴は次のようなものである．

1. 図 3.9 のすべてのグラフにおいて，X と Y の間にブロックされていないバックドア・パスが存在する，すなわち，X に向かう矢線を含む道はいずれも，観測された X の非子孫でブロックされていない．実際，グラフにこのような道が存在することが，識別不能であるための必要条件となっている（定理 3.3.2）．これが十分条件ではないことは，図 3.8(e) からわかる．図 3.8(e) では，バックドア・パス（破線）はブロックされていないが，$P(y|do(x))$ は識別可能である．

2. 図 3.9(b), (c) からわかるように，X から Y への道において，X の子と X の間に交絡弧が存在することが，$P(y|do(x))$ が識別不能であるための十分条件となっている．より強力な十分条件は，グラフが図 3.9 で示されたパターンのいずれかを部分グラフとして含むことである．

3. （図 3.7(c) と同じように）図 3.9 のグラフ (g) より，局所的な識別可能条件が大域的に識別可能であるための十分条件ではないことがわかる．たとえば，$P(z_1|do(x))$, $P(z_2|do(x))$, $P(y|do(z_1))$, $P(y|do(z_2))$ は識別可能であるが，$P(y|do(x))$ は識別可能ではない．これはノンパラメトリック・モデルと線形モデルとの大きな違いの一つである．後者では，因果効果はすべて構造係数によって決定され，各係数はある変数からその子への因果効果を表している．

3.6 考　察

3.6.1 制約と拡張

　本章で紹介した方法論を用いることによって，（ダイアグラムで記述された）定性的な因果的仮定と非実験データの組み合わせに基づいて，簡単に定量的因果推論を行うことができるようになる．因果的仮定そのものは，観測変数の分布に対して因果的仮定による制約が課された場合をのぞいて，一般に，非実験研究により検証することはできない．本章で使われている制約は，有向分離基準から導かれる条件付き独立関係で与えられるが，もう一つの制約として数値的不等式という形式をとるものもある．たとえば，第 8 章では，条件付き確率による不等式の形式で操作変数に関する仮定（図 3.7(b)）を反証的に検証できることが示される (Pearl 1995b)．しかし，このような制約を用いても，ダイアグラムで表されるわずかな因果仮説を検証できるだけであって，他の多くの仮説を検証するためには，理論的考察（たとえば，気圧計が下がったからといって雨が降るわけではない）やそれに関連する実験研究から得られる知識が必要となる．たとえば，Moertel et al. (1985) による実験研究は，ビタミン C ががんに対して効果があるという仮説に反論したものであるが，ビタミン C とがん患者の関係を調べる観察研究を行う際には，実証された仮定としてこの反論を使うことができ，それはダイアグラムにおいて（ビタミン C からがんへの）矢線がないものとして表現できる．要約すると，本章で紹介した方法論の主な用途は，因果仮説を検証することにあるのではなく，これらの仮説を正確かつ明確に記述するための有効な言語を与えることにある．したがって，因果仮説を他の実験または考察により実証し，統計データと因果的仮定を統合することによって，因果効果を定量的に評価することができる．

　サンプリングによる変動に関する問題も重要であるが，本書では手短に触れるだけにとどめる

(8.5 節を参照).制御された伝統的な実験の解析と同じように,解析を行う際には,因果効果の推定量を数学的に導出することを第 1 ステップとして考え,その次のステップとして信頼区間と有意水準を推定量に付け加えるべきである.しかし,因果効果のノンパラメトリック推定量を得たからといって,推定する際にパラメトリックな形式を使わなくてもよいということにはならない.たとえば,正規性,誤差項の平均が 0 で,かつ加法的交互作用が存在するという仮定が合理である場合には,(3.28) 式で与えられる推定量は $E(Y|do(x)) = r_{ZX} r_{YZ \cdot X} x$ という形式へ変換することができる.ここに,$r_{YZ \cdot X}$ は標準回帰係数である (5.3.1 項を参照).このときの推定問題は回帰係数の推定問題に帰着される (たとえば,最小二乗法を用いる).もっと複雑な推定法は Rosenbaum and Rubin (1983), Robins (1989, sec. 17 を参照) や Robins et al. (1992, pp. 331–3) で与えられている.たとえば,Rosenbaum and Rubin (1983) の「傾向スコア」法は,調整される共変量の次元が高いときには非常に有用な方法であることが知られている.近年では,「周辺モデル」とよばれる方法論も提案されているが,Robins (1999) は,(3.19) 式において個々の条件付き確率を推定するよりも $P(y|do(x)) = \sum_z \{P(x, y, z)/P(x|z)\}$ を使ったほうが多くの長所をもつことを明らかにした.この方法では,介入前の分布は逐次的に分解されておらず,分母の $P(x|z)$ をそれぞれ推定したうえで,この推定量の逆数でそれぞれの標本に重みをつけたものを,介入後の分布 $P(y|do(x))$ からランダムに採取された標本として扱う.$\frac{\partial}{\partial x} E(Y|do(x))$ のような介入後のパラメータは,最小二乗法によって推定することができる.この方法論は 3.2.3 項 ((3.18) 式を参照) で議論した工程管理問題のような,時間依存性共変量を伴う経時データの解析で特に有用である.

　本章で紹介した方法論の拡張可能性についても検討することは重要である.まず,第一の拡張は,原子的介入に対する識別解析を,3.2.3 項で示したような,制御変数集合 X を,共変量集合 Z に基づいて規定された関数的あるいは確率的計画に従って変化させるという,複雑な計画へ一般化することである.第 4 章 (4.2 節を参照) では,このような計画の効果を識別することが $P(y|do(x), z)$ を識別することと同値であることを示す.

　第二の拡張は,do 計算法 (定理 3.4.1) の非逐次モデル,すなわち,巡回道あるいはフィードバックループをもつダイアグラムへの適用可能性に関するものである.因果効果はモデルから方程式を「取り除く」というアイデアに基づいて定義されているが (定義 3.2.1),このアイデアは非逐次システムにおいても適用可能である (Strotz and Wold 1960; Sobel 1990).しかし,ここでは 2 つの問題に注意しなければならない.第一の問題は,識別解析においては,介入を行った後の部分グラフに対して定常性が保証されなければならないということ,そして第二の問題は,DAG に対する有向分離基準を巡回グラフに対しても適用できるように拡張しなければならないということである.有向分離基準は,非逐次的線形モデルおよび離散型確率変数を含む非線形システムにおいても有効であることが示されている (Spirtes 1995).しかし,$P(y|do(x))$ を do のない表現へ変換するためには,非線形方程式を解かなければならない.そのため,巡回的非線形システムに基づいて因果効果の推定量を計算するのは困難である.非逐次線形システムにおける政策と反事実の評価法については,第 7 章 (7.2.1 項を参照) で議論する (Balke and Pearl 1995).

　第三の拡張は,データが i.i.d. (independent and identically distributed; 独立同一に分布する) サンプリングの下で得られていない状況に適用できるように do 計算法 (定理 3.4.1) を一般

化することである．たとえば，過去の患者から得られる生存者の割合がある閾値以下に落ちる場合に限って，医師が目前の患者にある治療を施すという状況では，独立ではない標本に基づいて因果効果 $P(y|do(x))$ を推定しなければならない．Vladimir Vovk (1996) は，i.i.d. サンプリングではない場合，定理 3.4.1 の規則が適用できるための条件を与えるとともに，3 つの推論規則を論理積システムで表現している．

3.6.2 数学言語としてのダイアグラム

確率的推測論に実質的な背景知識を導入する利点は，最初に Thomas Bayes (1763) や Pierre Laplace (1814) によって認識された．現在では，複雑な統計的研究において説明や解析を行う際，背景知識が重要な役割を果たすことは，多くの統計学者によって広く認められている．しかし，背景知識を表現するために使われる数学言語は，いまだ哀れむべき状態にあるのが現状である．

伝統的に，統計学者は，統計データと実質的知識を融合させる方法，いわゆる，分布パラメータに事前情報を割り当てるベイズ的方法だけに満足していた．このフレームワークに因果的情報を組み込むためには，「Y は X の影響を受けない」という単純な因果的記述を，確率値（たとえば，反事実）で表現できる記述あるいは事象へ変換しなければならない．たとえば，ぬかるみが雨が降る原因ではないという単純な仮説を表すためには，「もしぬかるみができていなければ，雨が降っていただろう」という反事実事象の確率が，「ぬかるみができていれば，雨が降ったであろう」という確率と同じであるという不自然な表現を用いなければならない．実際，このような Neyman と Rubin による潜在反応アプローチは統計的妥当性を得ており，因果的判断は反事実変数を含む確率関数に対する制約として表現されている（3.6.3 項を参照）．

因果ダイアグラムは，因果的情報とデータを融合させるもう一つの言語を与えている．この言語を用いれば，因果的記述を基本原型として受け入れることによって，ベイズ的な手続きを単純化することができる．このような記述は，興味ある 2 つの変数間に因果関係があるかどうかを単に示しているだけであるが，通常の議論でよく使われており，科学者にとって経験を伝え，知識をまとめる自然な方法となっている[7]．それゆえ，因果グラフという言語は，実質的な知識が必要となる問題に適用できると考える．

この言語は新しいものではない．社会科学や計量経済学の分野では，因果的情報を伝えるためにダイアグラムと構造方程式モデルを用いるというアプローチはよく使われている．しかし，統計学者は一般にこのモデルが疑わしいものであると感じている．その理由は，社会科学者や計量経済学者がそのモデルの経験的フレームワークに対して明確な定義を与ていない，すなわち，結果が構造方程式によって制約されるような仮想的実験条件をうまく記述していないことにあると思われる（社会科学と計量経済学における構造方程式の奇妙な歴史については，第 5 章で議論する）．その結果，「構造係数」や「矢線がない」といった基本概念でさえ深刻な論争 (Freedman 1987; Goldberger 1992) や誤解 (Whittaker 1990, p.302; Wermuth 1992; Cox and Wermuth 1993)

---

[7] 驚いたことに，ここで紹介した方法論を「ベイジアン的立場」に属する，あるいは「よい事前分布」に依存する方法論とみなしている読者が多いようである（本書の 2 人の審査員を含む）．しかし，この解釈は誤っている．この方法は実質的仮定（たとえば，ぬかるみは雨を降らせない）に依存しているが，そのような仮定は因果的なものであって統計的なものではなく，同時分布のパラメータに対する事前確率として表現することもできない．

を引き起こしている．

　全体的に見れば，このような論争や誤解が引き起こされる理由は，因果モデリングの基本概念を定義するための適切な数学的記号がないことにある．たとえば，非観測量 ε_Y が X とは無相関であると仮定できたとしても，標準的確率論の記号を使って，構造方程式 $y = bx + \varepsilon_Y$ の係数 b の経験的意味を表現することはできない[8]．また，X あるいは Y と高い相関をもつが，Y に「直接的な影響」を与えない変数を方程式から取り除くという行為に対して，確率的な意味を与えることはできない[9]．

　本章で紹介した方法論を使えば，何が定数に固定され，実験で何が測定されるのかを正確に表現することができる（Pratt and Schlaifer (1988) や Cox (1992) をはじめとして，多くの研究者がこのような区別を行わなければならないと認識していた）ため，因果的概念に対して明確で経験的な解釈を与えることができる．すなわち，b は $\frac{\partial}{\partial x}E(Y|do(x))$，すなわち，$X$ を介入によって x と固定する実験において，（x における）Y の期待値の変化率を意味しているにすぎない．この解釈は，（たとえば，方程式 $x = ay + \varepsilon_X$ を通して）ε_Y と X に相関があるかどうかとは関係なく成り立つ．また，どの変数を方程式に加えるべきかどうかという問題は，仮想的制御実験に基づいている．すなわち，Z と Y に対して，それ以外の変数からなる集合 (S_{YZ}) を定数に固定する場合，（任意の ε_Y の値に対して）Z が Y に影響を与えない――これは $P(y|do(z), do(s_{YZ})) = P(y|do(s_{YZ}))$ を意味する――ならば，Y の方程式から Z は取り除かれる．特に，方程式 $y = bx + \varepsilon_Y$ には現れていない変数は，X の値を与えたときには Y と条件付き独立ではない．しかし，実際には，X を固定したときには Y と「因果的」に無関係である．また，「誤差項」ε_Y に対する操作的な意味も明らかとなり，ε_y は差 $Y - E(Y|do(s_Y))$ として定義される．$P(y|do(x), do(s_{XY})) \neq P(y|x, do(s_{XY}))$ が成り立つならば，2つの誤差 ε_X と ε_Y は相関をもつ（第5章，5.4節を参照）．

　do を用いた方法論により構造方程式の経験的基礎が明らかとなり，これによって因果モデルは扱いやすくなる．また，科学的知識の多くは「X を条件づける」よりもむしろ「X を固定する」という操作によって構築されている．そのため，本章で紹介した記号と計算法を用いれば，効率的に実質科学的な情報を記述し，かつその推論を行うことができる．

3.6.3 グラフから潜在反応への変換

　本章では，グラフと構造方程式という2つの因果的情報の表現が使われている．ここに，前者は後者の抽象的表現である．約100年の間，2つの表現はともに議論の中心となってきた．経済学者と社会科学者はこれらのツールを受け入れてきたが，その一方では推定されたパラメータの因果的意味を問いかけ，議論し続けてきた（詳しくは5.1節と5.4節を参照）．その結果，政策決定問題において構造モデルを利用することに懐疑的な目が向けられることもあった．一方，統計学者はどちらの表現も無意味なものか，意味があるとしても疑わしいものとして認めようとはせず（Wermuth 1992; Holland 1995），因果的情報を記述する際には Neyman–Rubin の潜在反

---

[8] 外生性に関する多くの文献（たとえば，Richard 1980; Engle et al. 1983; Hendry 1995）は，「X と ε_Y が無相関である」という因果的要件に統計的解釈を与えようとする経済学者どうしの論争から生み出されたものである（Aldrich 1993; 5.4.3 項を参照）．

[9] Goldberger (1992) と Wermuth (1992) による激しい論争は，構造方程式において係数が 0 であるということに統計的解釈を与えるという Wermuth の主張を中心に展開されている（5.4.1 項参照）．

3.6 考察

応に基づく記号を用いている (Rubin 1990)[10]．第 7 章（7.4.4 項を参照）では，構造的アプローチと潜在反応アプローチの関係に関する形式的解析について詳しく議論するとともに，それらの数学的同値性，すなわち，一方のアプローチから得られる定理がもう一方のアプローチから得られる定理に伴うことを証明する．2 つのアプローチとも因果的仮定の導出に関連することから，本項ではそれらの主な方法論的相違点に焦点を当てる．

潜在反応モデルのフレームワークにおける根本的な解析対象は，個体に対する反応変数である．これを $Y(x,u)$ あるいは $Y_x(u)$ と記し，「個体 u において X のとる値が x であったときに Y がとるであろう値」と解釈する．構造方程式モデルを用いれば，この反事実に対して自然な説明を与えることができる．(3.4) 式と同様に，方程式の集合

$$x_i = f_i(pa_i, u_i), \qquad i = 1, \cdots, n \tag{3.50}$$

を含む一般的な構造モデル M を考えよう．U は背景因子のベクトル $(U_1, \cdots, U_n)$ を表し，X と Y は互いに排反な観測変数の部分集合とする．また，M_x は X に含まれる変数に対応する方程式を，定義 3.2.1 のように $X = x$ で置き換えることによって得られる部分モデルとしよう．このとき，$Y(x,u)$ に対する構造的説明は

$$Y(x,u) \triangleq Y_{M_x}(u) \tag{3.51}$$

で与えられる．すなわち，$Y(x,u)$ は M の部分モデル M_x における実現値 $U = u$ の下での Y の唯一の解である．潜在反応モデルに関する文献で使われる個体という用語は，通常母集団における特定の個人を識別する意味で用いられるが，個体は研究対象となる個人，実験条件，日付など，構造モデルのベクトル u の成分として表現されるすべての特徴を表す集合として考えてもよい．事実，U は，個人に対する解剖学的で遺伝的な構成要素を表しており，処理に対する個人の反応やその他の興味ある問題を決定するのに十分であることから，次の 2 つの条件を満たせばよい．

(i) U は内生変数どうしの関係を決定づけるために必要な多くの背景因子からなる．

(ii) データは $P(u)$ から得られる独立標本からなる．

(3.51) 式は，「X が x であったならば，個体 u から得られるであろう Y の値」というあいまいな表現と，X の変化を Y の変化へ変換するという物理的過程を結びつけている．部分モデル M_x の構造を用いることにより，「X が x であったならば」という仮想的表現がどのように実現化されるかだけでなく，どのようなプロセスを与えれば $X = x$ が現実的なものになるかも適切に説明することができる．

このように，$Y(x,u)$ に対する説明を与えたとき，潜在反応モデルに基づく因果推論と構造モデルに基づく因果推論を比較することは有益である．U が確率変数として扱われる場合には，反事実 $Y(x,u)$ の値も確率変数となる．これを $Y(x)$ あるいは Y_x と記す．観測された分布 $P(x_1, \cdots, x_n)$ を観測変数と反事実変数によって定義された拡張確率関数 P^* の周辺分布と考えることによって，潜在反応モデルに基づく解析を行うことができる．このとき，（構造モデルに基づく解析では

---

[10] 計量経済学の分野で，「スイッチング回帰モデル」という名前で同様なフレームワークが開発されている (Manski (1995, p.38))．Heckman (1996) によれば，これは Roy (1951) と Quandt (1958) の研究から始まったとされている．

$P(y|do(x))$ と記される）因果効果の問題は，興味ある反事実変数の周辺分布に対する問題として記述される．これを $P^*(Y(x) = y)$ と記す．新しい仮想的量 $Y(x)$ は通常の確率変数として扱われ，確率計算の原理，条件づけの法則，条件付き独立関係の原理に従うと仮定する．さらに，この仮想的量は，

$$X = x \implies Y(x) = Y \tag{3.52}$$

という一致性規則 (Robins 1986) を通して観測変数と結びつけられていると仮定する[11]．ここに，(3.52) 式は，すべての u に対して，X が実際に x いう値をとったとわかったならば，X が x であったならばとるであろう Y の値は，Y の実際の値と等しいということを述べたものである．したがって，構造モデルによるアプローチでは，介入 $do(x)$ はすべての変数を同じ状態に保ったままモデル（と分布）を変化させる操作であるとみなされているのに対して，潜在反応モデルによるアプローチでは，$do(x)$ の下での変数 Y は，(3.52) 式のような関係を通して緩やかに Y と結びつけられた変数 $Y(x)$ であるとみなされている．第 7 章では，$Y(x, u)$ の構造的説明を使って，あらゆる面で反事実を確率変数として取り扱うことが理にかなっており，さらに (3.52) 式のような一致性規則が定理として得られ，他の制約については考慮する必要がないことを示す．

潜在反応モデルを用いて実質的な因果的知識を記述するためには，P^* に対する制約，すなわち，反事実変数を含む条件付き独立関係を用いて，因果的仮定を表現しなければならない．たとえば，ノンコンプライアンスを伴うランダム化臨床試験（図 3.7(b)）では，対象者に治療 (X) を行った際の反応 (Y) がランダム割り付け (Z) とは統計的に独立であるということを記述するために，潜在反応モデルを用いて $Y(x) \perp\!\!\!\perp Z$ と記す．また，割り付けがランダムで対象者が割り付けに従うかどうかとは独立であることを記述するために，潜在反応モデルを用いて，$Z \perp\!\!\!\perp X(z)$ と記す．

このような規則によって，興味ある量が唯一の解をもつ十分条件が与えられることもあれば，解に関する存在範囲だけが得られることもある．たとえば，共変量集合 Z について条件付き独立関係

$$Y(x) \perp\!\!\!\perp X \mid Z \tag{3.53}$$

が成り立つと仮定することが理にかなっている場合には (Rosenbaum and Rubin (1983) により「条件付き無視可能」とよばれている仮定である)，(3.52) 式を使って，

$$\begin{aligned} P^*(Y(x) = y) &= \sum_z P^*(Y(x) = y|z) P(z) \\ &= \sum_z P^*(Y(x) = y|x, z) P(z) \\ &= \sum_z P^*(Y = y|x, z) P(z) \\ &= \sum_z P(y|x, z) P(z) \end{aligned} \tag{3.54}$$

と因果効果 $P^*(Y(x) = y)$ を容易に計算することができる[12]．最後の表現は，反事実量を含んでおらず（したがって，P^* からアスタリスクを取ることができる），バックドア基準から得られた

---

[11] Gibbard and Harper (1976, p.156) はこの制約を $A \supset [(A \;\square\!\!\rightarrow S) \equiv S]$ と表現している．
[12] Gibbard and Harper (1976, p.157) は，「無視可能条件」$Y(x) \perp\!\!\!\perp X$ を用いて，$P(Y(x) = y) = P(y|x)$ を導いている．

3.6 考察

調整公式である (3.19) 式と完全に一致している．しかし，(3.54) 式を導出する鍵となっている条件付き無視可能性 ((3.53) 式を参照) については，理解するのも確かめるのも簡単なことではない．実験を隠喩表現で言い換えるならば，この仮定は「属性 Z をもつ個人の治療 $X = x$ に対する反応は，個人が受けた治療とは独立である」ということができる．

3.6.2 項では，反事実的従属関係を判断することは困難で，間違いを犯しやすいものではあるが，このアプローチが統計学者にとって魅力あるものである理由を明らかにした．実際，このアプローチを用いれば，因果的表現に関する新しい用語や論理をつくらなくても，潜在反応モデルのフレームワークにおいて，すべての数学的操作を確率計算の範囲で実行することができる．ただし，簡単な因果的知識を表現する場合にも，反事実変数間の独立関係を使わなければならないという欠点がある．反事実変数が背後にあるモデルから得られる副次的なものとみなせない場合，すべての反事実的独立関係が互いに関連づけれらているかどうか，関連づけられた関係が冗長的であるかどうか，その関係が自己一致性をもつかどうかを確かめることは難しい[13]．グラフを用いて以下に述べるような変換を行えば，このような反事実的判断の導出法を体系化することができる（詳しくは 7.1.4 項を参照）．

グラフは，方程式と確率関数 $P(u)$ の両方に含まれる本質的な情報を符号化したものであり，前者は矢線がないという形で表現され，後者は交絡弧がないという形で表現される．因果ダイアグラム G における親子関係 (PA_i, X_i) のそれぞれは (3.50) 式にある方程式に対応している．したがって，矢線がないということは排除規定を符号化したものである．すなわち，方程式に現れていない変数をその方程式に加えても，方程式によって記述された仮想的実験から得られる結果は変わらない．交絡弧がないということは，複数の方程式にある誤差どうしが独立であることを表している．たとえば，頂点 Y と頂点集合 $\{Z_1, \cdots, Z_k\}$ の間に交絡弧がないならば，対応する背景変数 U_Y と $\{U_{Z_1}, \cdots, U_{Z_k}\}$ は $P(u)$ において独立である．

以上の仮定は，2 つの簡単な規則に従って，潜在反応変数を用いた記号へ変換することができる (Pearl 1995a, p.704)．最初の規則はグラフにおいて矢線がないということを説明しており，2 番目の規則は交絡弧がないことを示している．

1. **排除規定**：親集合 PA_Y をもつ任意の Y および PA_Y と排反な任意の変数集合 S に対して

$$Y(pa_Y) = Y(pa_Y, s) \tag{3.55}$$

が成り立つ．

2. **独立規定**：交絡弧を通して Y と連結することはない頂点集合を $Z_1, \cdots, Z_k$ とするとき，

$$Y(pa_Y) \perp\!\!\!\perp \{Z_1(pa_{Z_1}), \cdots, Z_k(pa_{Z_k})\} \tag{3.56}$$

が成り立つ[14]．

---

[13] たとえば，図 3.7(b) の場合には，(3.56) 式に従って $Z \perp\!\!\!\perp Y(x)$ かつ $Z \perp\!\!\!\perp X(z)$ と書いてしまい，$Z \perp\!\!\!\perp \{Y(x), X(z)\}$ であることを見落とすことがある．

[14] この制約は実際には強いものであり，PA の具体的な値すべてに対して同時に適用される．たとえば，$X \perp\!\!\!\perp Y(pa_Z)$ は $X \perp\!\!\!\perp \{Y(pa_Z'), Y(pa_Z''), Y(pa_Z'''), \cdots, \}$ と解釈される．ここに，$pa_Z', pa_Z'', pa_Z''', \cdots,$ は PA_Z がとりうる値とする．

独立規定は，U_Y と $\{U_{Z_1}, \cdots, U_{Z_k}\}$ の独立関係を，対応する潜在反応変数間の独立関係へ変換するものである．これは，$\{Y, Z_1, \cdots, Z_k\}$ の親を与えると，それらの要素は対応する方程式に含まれる U を用いた関数関係で表現できるという事実から得られる．

たとえば，図 3.5 で示されるモデルは，次の親集合を表現したものである．

$$PA_X = \{\phi\}, \quad PA_Z = \{X\}, \quad PA_Y = \{Z\} \tag{3.57}$$

これより，排除規定を用いて

$$Z(x) = Z(y, x) \tag{3.58}$$
$$X(y) = X(z, y) = X(z) = X \tag{3.59}$$
$$Y(z) = Y(z, x) \tag{3.60}$$

を得ることができる．Z と $\{Y, X\}$ の間に交絡弧がないという状況は，独立規定

$$Z(x) \perp\!\!\!\perp \{Y(z), X\} \tag{3.61}$$

へ変換することができる．P^* に対する制約が十分に与えられたとき，論理制約（たとえば，(3.52) 式を参照）に従って，反事実変数を観測変数へ変換し，それと標準的な確率計算をあわせて因果効果 $P^*(Y(x) = y)$ を計算することができる．因果効果 $P^*(Y(x) = y)$ を観測変数だけからなる表現へ変換する場合，このような制約を推論原理あるいは推論規則として使うことができる．また，このような変換を見つけることができれば P^* を P へ還元することができるので，対応する因果効果は識別可能となる．

もちろん，潜在反応モデルで使われる制約が完全であるかどうか，すなわち，その制約が因果的過程，介入そして反事実について適切な記述すべてを得るのに十分であるかどうかという疑問が生じる．この疑問に答えるためには，反事実で記述することの妥当性が，可能世界（1.4.4 項を参照）や構造方程式（(3.51) 式を参照）のような基本的数理モデルに基づいて特徴づけられなければならない．しかし，標準的な潜在反応モデルのフレームワークでは，完全性の問題は未解決のままである．その理由は，$Y(x, u)$ が根本的な概念とみなされており，(3.52) 式のような一致性規則——それは「X が x であったならば」という表現で適切に表される——が精密でかつ数学的には導出することができないことにある．一方，構造モデルのフレームワークにおいて，この完全性に対する問題は第 7 章で解決されるが，そこで得られる一連の必要十分原理は，(3.51) 式により $Y(x, u)$ に与えられた構造的意味論から導かれるものである．

構造方程式モデルと潜在反応モデルの歴史的発展について考察してみると，潜在反応モデルよりも構造方程式のほうが明確な概念を与えていることがわかる．(3.61) 式がなじみのある状況で成り立っているかどうかを判断しようとしたときに，この重要性に気づく読者もいるかもしれない．(3.61) 式は「X が x であったなら得られるであろう Z の値は，Z が z であったならとるであろう Y の値と X の両方と独立である」と記述することができる（構造モデルを用いて表現するならば，「図 3.5 で示されるように，X を除けば，Z は X もしくは Y と共通の原因ではない」となる）．このような反事実関係が膨大に存在する場合，その表現方法，正当性の評価，扱い方など数多くの問題が生じる．このことから，なぜ現在の因果推論が平凡な疫学研究者や統計学

3.6 考察

者から畏怖と絶望の目で見られているのか,そしてなぜ経済学者と社会科学者が Holland (1988), Angrist et al. (1996), Sobel (1998) によって提案された潜在反応モデルを用いるようなことはせずに,構造方程式モデルを使い続けているのかがわかるかもしれない.一方,問題が適切に定式化されれば,潜在反応モデルに基づいて提案された代数的ツールは,仮定を精緻化し,反事実確率を与え,前提から結論が導かれるかどうかを確かめるのにきわめて有用である.これについては,第 9 章で説明する.(3.51)〜(3.56) 式で与えられた変換を用いれば,これら 2 つのアプローチの最もよい特徴を組み合わせることができる.

3.6.4 Robins の G–推定量との関係

潜在反応モデルのフレームワークに基づいて行われている研究について,本章で記述した構造解析の精神に最も近いものは「因果的に説明され,かつ構造化されたツリー・グラフ」に基づく Robins の研究である (Robins 1986, 1987).Robins は,Neyman の反事実記号 $Y(x)$ が因果推論を行うための数学言語であると気づき,それを用いて,Rubin (1978) の「時間独立性処理」モデルを直接効果と間接効果,時間依存性処理変数,背景変数,反応変数に関する研究へ拡張した最初の研究者である.

Robins は,(図 3.3 のように) 時間的に順序づけられた離散確率変数集合 $V = \{V_1, \cdots, V_M\}$ を考え,どのような条件があれば制御政策 $g: X = x$ の $Y \subseteq V \setminus X$ への効果を識別することができるかという問題に取り組んだ.ここに,$X = \{X_1, \cdots, X_K\} \subseteq V$ は時間的に順序づけられ,潜在的に操作可能な処理変数である.$X = x$ の Y への因果効果は

$$P(y|g = x) \triangleq P(Y(x) = y)$$

と表現される.ここに,反事実変数 $Y(x)$ は,処理変数 X が x をとった場合に反応変数 Y がとるであろう値を表す.

Robins は,X の各要素 X_k が「過去を与えたときにランダムに割り付けられる」ならば,$P(y|g = x)$ は確率分布 $P(v)$ から識別可能であることを示した.この概念は次のように説明することができる.L_k を X_{k-1} と X_k の間に起こる変数とし,L_1 は X_1 に先立って起こる変数とする.$\overline{L}_k = (L_1, \cdots, L_k), L = \overline{L}_K, \overline{X}_K = (X_1, \cdots, X_k)$ とし,$\overline{X}_0 = \phi, \overline{L}_0 = \phi, \overline{V}_0 = \phi$ とする.このとき,

$$(Y(x) \perp\!\!\!\perp X_k | \overline{L}_k, \overline{X}_{k-1} = \overline{x}_{k-1}) \tag{3.62}$$

なる関係が成り立つならば,処理 $X_k = x_k$ は「過去が与えられたときランダムに割り付けられる」という.

さらに,Robins は,(3.62) 式がすべての k で成り立つとき,因果効果は

$$P(y|g = x) = \sum_{\overline{l}_K} P(y|\overline{l}_K, \overline{x}_K) \prod_{k=1}^{K} P(l_k|\overline{l}_{k-1}, \overline{x}_{k-1}) \tag{3.63}$$

で与えられることを示し,これを「G–計算アルゴリズム公式」とよんでいる.この表現は,(3.54) 式を導出したときと同じように,条件 (3.62) 式を繰り返して適用することによって得ることができる.X が単一変数である場合には,(3.54) 式と同じく,(3.63) 式は標準的な調整化公式

$$P(y|g=x) = \sum_{l_1} P(y|x,l_1) P(l_1)$$

と書くことができる．同様に，図 3.3 で与えられる特別な構造では，(3.63) 式は (3.18) 式と書くことができる．

この結果を本章で紹介した解析のフレームワークに当てはめるためには，Robins が (3.63) 式を円滑に導出する際に用いた条件 (3.62) 式に注目し，この形式的な反事実的独立関係に対して意味のあるグラフ的説明を与えることができるのかどうかを考えなければならない．その答えは第 4 章（定理 4.4.1）で与えられるが，そこでは，計画，すなわち行動の列の効果を識別するためのグラフィカル基準が導かれる．その条件は次のように記述される．行動を経由しない X_k から Y へのバックドア・パスすべてが X_k の非子孫の部分集合 L_k によりブロックされるならば，$P(y|g=x)$ は識別可能であり，(3.63) 式で与えられる（「行動を経由しない道」とは，X_k よりも後に起こる変数 X に向かう矢線を含まない道のことをいう）．

本章で紹介した構造解析を用いれば，新しい理論的な考え方に基づいて Robins の結果を裏づけることができるだけでなく，その一般化も行うことができる．まず，技術的側面について，この解析法を用いれば，Robins が与えた仮定 (3.62) 式を適用できないモデルでもシステマティックに扱うことができる（その例は，図 3.8(d)～(g) で与えられている）．

第二に，概念的側面について，構造モデルのフレームワークを用いれば，反事実的独立関係に関する用語から，人間の知識を表現するプロセスとメカニズムに関する用語へ変換することができる．前者では (3.62) 式のような難解な関係を評価しなければならないが，後者では辺がないという鮮やかなグラフ用語を用いて同じ関係を表現することができる．いずれにしても，Robins の先駆的研究は，

(i) 代数的方法によって，複雑な多段階問題においても因果分析を行うことができる，

(ii) このような問題でも因果効果は推定可能な量に変形できる

ことを示している（3.6.1 項および 4.4 節を参照）．

追　記

本章で紹介した研究は，因果推論に対する著者の態度を完全に変えた 2 つの単純なアイデアから始まったものである．最初のアイデアは，Tom Verma と "A Theory of Inferred Causation" (Pearl and Verma 1991; 第 2 章も参照）の研究を進めていた 1990 年の夏にひらめいた．親子関係 $P(x_i|pa_i)$ の対応する関数関係 $x_i = f_i(pa_i, u_i)$ への変換可能性について考えていたところ，突然すべてのつじつまが合った．すなわち，なじみのある物理的メカニズムの性質を表現するために，ベイジアン・ネットワークの研究を長い間続けてきたが，そのようなあいまいな認知的確率 $P(x_i|pa_i)$ ではなく，新しい数学的対象を得たのである．Danny Geiger は，そのとき博士論文を書いていたが，彼は「決定論的方程式だって？ 本当に決定論的なの？」と驚いてたずねた．我々は，経済学の分野では決定論的構造方程式が長い歴史をもつことを知っていたが，それは単なる歴史的遺産の一つであるとしか思わなかった．1990 年代初めに UCLA にいた我々にとって，ベイジアン・ネットワークの意味論を決定論に基づいて議論するというアイデアは最悪の異説であった．

2つ目の単純なアイデアは，科学哲学国際会議（ウプサラ，スウェーデン，1991）で行われた Peter Spirtes の講演から得られたものである．Peter は，1枚のスライドを用いて，変数が操作されるときに因果ダイアグラムはどのように変わるのかを説明した．著者にとって，このスライドは，決定論的構造方程式と結びつき，因果関係の操作的説明を展開する鍵となって，本章で紹介した多くの研究成果を得ることができた．

ここで，本章に貢献したもう一つの偶然についても述べなければならない．それは，1993年の初めに読んだ，構造方程式の意味に関する Arthur Goldberger と Nanny Wermuth の激しい論争である (Goldberger 1992; Wermuth 1992)．そのとき，著者は長年にもわたる経済学者と統計学者との緊張関係が意味論的な混乱に由来しているのではないかと思った．統計学者は構造方程式を $E(Y|x)$ に関する記述とみなすのに対して，経済学者は構造方程式を $E(Y|do(x))$ とみなす．これは，なぜ統計学者が構造方程式には意味がないと主張するのか，そしてなぜ経済学者が統計は実体のないものであると反論するのかを説明している．著者は，これら2つの立場が和解することを願って，"On the Statistical Interpretation of Structural Equations" (Pearl 1993c) というテクニカル・レポートを書いた．しかし，著者の願いはかなわなかった．統計学者は，$E(Y|x)$ で説明されないものには意味がないと主張し続け，経済学者は，$do(x)$ が初めからずっと彼らが主張しようとしているものであると言い続けている．

同僚からの激励は，著者に対して大きなインパクトを与えるものであった．その激励に対する感謝の意は到底言葉で言い尽くせるものではない．著者は，do オペレータが認知される以前に，その明るい未来を予見してくれた Steffen Lauritzen, David Freedman, James Robins, Philip Dawid の4人の同僚に感謝しなければならない．特に，Phil は大きな勇気を振り絞って，因果推論にとって最も厄介な相手である Karl Pearson が創刊した *Biometrika* 誌に著者の論文 (Pearl 1995a) を掲載してくれたのである．

3.7 追　　記

3.7.1 完全な識別可能条件

Jin Tian は本章で提案した基準すべてを一般化した重要な識別可能条件を与えている．これを次の定理に与える．

定理 3.7.1 (Tian and Pearl 2002)

因果効果 $P(y|do(x))$ が識別可能であるための十分条件は，X とその任意の子の間に双方向道（すなわち，双方向弧によって完全に構成される道）がないことである[15]．　□

注目すべきことに，この定理は，X の任意の子が双方向道を経由して X に到達することがないかぎり，どんなに複雑なグラフであっても，因果効果 $P(y|do(x))$ は識別可能であることを述べている．本章で議論した識別可能条件はすべてこの定理の特別なケースとなっている．たとえば，図 3.5 では，X から Z （唯一の X の子）への道は双方向となっていないため，$P(y|do(x))$

---

[15] この定理を適用する前に，Y の先祖でないすべての頂点をグラフから取り除いてもよい．

は識別可能である．一方，図 3.7 では，双方向弧だけでたどりつける X から Z_1 への道が存在しているため，定理 3.6.1 の条件は満たされず，$P(y|do(x))$ は識別可能ではない．

図 3.8 で与えたすべてのグラフは上述の条件を満たしているが，図 3.9 で与えたグラフはどれも上述の条件を満たさない．さらに，Tian and Pearl (2002) は，V を X を除いた変数すべてからなる集合とするとき，この条件が $P(v|do(x))$ が識別可能であるための必要十分条件であることを示した．W と Z を任意の変数集合としたとき，$P(w|do(z))$ が識別可能であるための必要十分条件は Shpitser and Pearl (2006b) によって与えられている．その後，X, Y, Z を任意の変数集合とするとき，**条件付き介入分布**，すなわち $P(y|do(x), z)$ なる表現が識別可能であるかどうかを判断するための完全なグラフィカル基準が与えられている (Shpitser and Pearl 2006a)．

これらの結果は，グラフィカル・モデルにおいて，因果効果の完全な特徴づけを与えるものである．これによって，与えられたセミマルコフ・モデルにおいて，$do(*)$ オペレータを含む任意の量が識別可能であるかどうかを判断し，識別可能である場合にはその量の推定量の形式を与えるための多項式時間アルゴリズムを得ることができる．注目すべきことに，これらの結果の系として，do 計算法が完全であることが導かれる．すなわち，$Q = P(y|do(x), z)$ が識別可能であるための必要十分条件は定理 3.4.1 で与えた 3 つの規則を使うことによって do のない表現に変換することができることである[16]．

3.7.2 応用と批判

本章で与えられた概念に関する平易な解説は，Pearl (2003a～c) と Pearl (2008a) で与えられている．因果グラフの疫学への応用については，Robins (2001), Hernán et al. (2002), Hernán et al. (2004), Greenland and Brumback (2002), Greenland et al. (1999a, b), Kaufman et al. (2005), Petersen et al. (2006), VanderWeele and Robins (2007) で報告されている．

フロントドア基準の興味深い応用については，社会科学 (Morgan and Winship 2007) と経済学 (Chalak and White 2006) において与えられている．

「潜在反応」アプローチの提唱者は，グラフや構造方程式を因果分析の土台として受け入れようとはしていない．そして，これらの概念的ツールがないために，重要な科学的概念は「不適切に定義」されており「人を迷わす」ものとして退けられるようになった (Holland 2001, Rubin 2004, Rubin 2005)．Lauritzen (2004) と Heckman (2005) はこの態度を批判している．

一方，do オペレータは局所的であるため，一度に複数のメカニズムに影響を与え，しばしば条件付きの決定，不完全な制御，同時行動を含む複雑で現実的な生活政策介入の場合には，そのような介入をモデル化することはできないとして問題視している哲学者 (Cartwright 2007, Woodward 2003) や経済学者 (Heckman 2005) もいる．このような問題は，ある関係 (たとえば，因果効果) についての数学的定義と，物理的世界においてその関係を検証する技術的実行可能性を混ぜ合わせることによって生じたものである．実際，do オペレータは（微分学における微分と同じ）理想的な数学的ツールであるため，これを用いれば非常に複雑な介入戦略を規定し解析することができる．第 4 章では，そのような戦略の例を読者に与える．

---

[16] Huang and Valtorta (2006) は，独立してこの定理を与えた．

3.7.3 「強い意味での無視可能性」の解明

潜在反応アプローチのパラダイムを扱っている研究者は，「バイアスが0である」や「交絡がない」といった条件を表現するために，「強い意味での無視可能性」(Rosenbaum and Rubin 1983)とよばれる独立性を好んで使っている．形式的に，X を二値の治療変数（または行動）とするとき，強い意味で無視可能であるという条件は

$$(\{Y(0), Y(1)\} \perp\!\!\!\perp X | Z) \tag{3.64}$$

と書ける．ここに，$Y(0)$ と $Y(1)$ はそれぞれ行動 $do(X=0)$ と $do(X=1)$ の下での（観測できない）潜在反応であり（定義については，(3.51) を参照），Z は観測された共変量の集合である．「強い意味で無視可能」であるとき，Z は許容的であり，(3.54) 式で導出したように，治療効果は調整された推定量を使ってバイアスなく推定することができる．

その導出過程からわかるように，強い意味での無視可能性は，反事実の公式を操作しやすくするための統語論的ツールというだけではなく，Z を検証しなくても許容的であると形式的に仮定できる便利な方法でもある．しかし，本書で繰り返し述べたように，反事実変数 $Y(0)$ や $Y(1)$ は観測できず，科学的知識は反事実に関する条件付き独立関係を信頼をもって判断できるような形式で蓄積されないため，それを実際の現場でどのように適用したらよいのかについてほとんどの人はわからない．それゆえ，「強い意味での無視可能性」はもっぱら「Z が許容的」，すなわち，

$$P(y|do(x)) = \sum_{z} P(y|x,z) P(z) \tag{3.65}$$

であるという仮定の代替物であり，不適切な Z を選択しないような基準としては，ほとんど利用することができない[17]．

バックドア基準は許容性基準を満たすため，グラフィカル・モデルを学んだ読者なら (3.64) 式がバックドア基準（定義 3.3.1）と一致していることがすぐわかるであろう．この認識により，主張あるいは仮定として (3.64) 式が与えられるだけでなく，(3.64) 式が有効となる因果関係も推測することができる．

しかし，(3.64) 式はグラフを用いて検証できるという意味で，変数 $Y(0)$ と $Y(1)$ が因果グラフにおける頂点 W と関連しているかどうかという問題が生じる．すなわち，Z が X と W を有向分離することと Z が X と Y についてバックドア基準を満たすことが同値となるような集合 W を求めることになる．

この問題の答えは，3.6.3 項で与えたグラフと潜在反応との変換規則から直接得ることができる．この規則により，$\{Y(0), Y(1)\}$ は，観測されたものだけでなく潜在的なものも含めて，X を通らない道を経由して Y に影響を与える外生変数のすべてを表している．その理由は以下のとおりである．$\{Y(0), Y(1)\}$ の構造的定義 (3.51) 式に従えば，$Y(0)$ は（$Y(1)$ も同様に）X に向かう矢線すべてを取り除き，X を $X=0$ に固定したという条件の下での Y の値を表している．したがって，$Y(0)$ に関する統計的な挙動は，X に向かう矢線を取り除いた切断グラフにおいて，Y の外生的先祖すべてによって規定される．

---

[17] 実際，「強い意味での無視可能性」が Z の選択の指針として使われるまれな状況で得られた指針は，「交絡因子は治療と疾病の両方と関連していなければならない」というような誤って永続させている神話である．

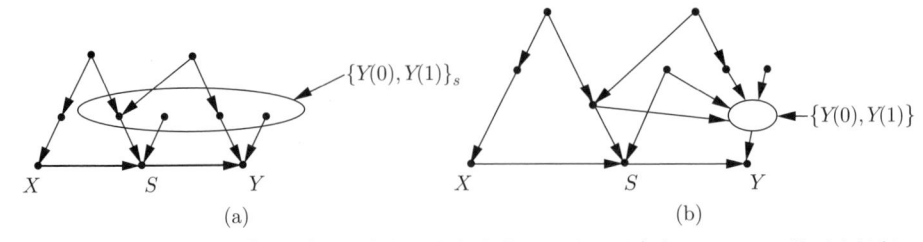

図 3.10 神秘的な「強い意味で無視可能」条件における反事実のグラフに基づく解釈

たとえば図 3.4 の場合，$\{Y(0), Y(1)\}$ は変数 X_1, X_2, X_4, X_5, X_6 に影響を与える（グラフには表現されていない）誤差変数によって表現される．しかし，変数 X_4 と X_5 は（Y に対する）その先祖の変動を要約しているため，$\{Y(0), Y(1)\}$ を表現するのに十分な集合は，X_4, X_5 そして Y と X_6 に影響を与える誤差変数である．

要約すると，潜在反応 $\{Y(0), Y(1)\}$ は X から Y への道にあるすべての頂点の観測・非観測の親によって表現される．グラフの観点からいえば，これらの親は図 3.10 のように表されている．このような $\{Y(0), Y(1)\}$ の説明を用いることによって，共変量集合 Z が $\{Y(0), Y(1)\}$ と X を有向分離することと Z がバックドア基準を満たすことが同値であることが簡単にわかる．

（有向分離基準を使って）因果グラフにおいて条件付き独立（たとえば，(3.64) 式を参照）であるかどうかを確かめる場合，図 3.10(a) に明示された変数集合 $\{Y(0), Y(1)\}_s$ は単なる観測できない反事実 $\{Y(0), Y(1)\}$ の代替変数にすぎないことに注意すべきである．もっと正確な $\{Y(0), Y(1)\}$ の配置は図 3.10(b) で与えられる．ここに，これらの変数は Y の（ダミー）親として示されている．このような（ダミー）親は，まったく同じというわけではないが，S と Y の（観測可能な）実際の親の関数である．

構造方程式モデルに詳しい読者なら，$\{Y(0), Y(1)\}$ のグラフィカル表現は，（Y に対する方程式の）「錯乱項」あるいは「誤差項」という古典計量経済学的概念を洗練したものであり，X が「外生」である場合には，「強い意味での無視可能性」は，X が「錯乱項」と独立であることを要求したものであることがわかるであろう（5.4.3 項を参照）．1970 年代，この概念は計量経済学の方程式の因果的説明とともに悪名高いものであったが，グラフィカル・モデルを用いることによって構造方程式の表現が明確になることを考慮すれば，著者はこの概念が再び受け入れられると予想している．図 3.10 は，この概念が受け入れられるための助けになるものである．

実質的な過程に関する知識を符号化したモデルでは，「強い意味での無視可能性」を簡単な分離条件に変換することによって，その漠然とした概念は明確なものとなり，「無視可能性」を語る研究者にグラフに基づく解釈という利益をもたらす．

研究者が共変量を選択するうえで必要な知識をもっている場合には，この説明によって，バイアスを取り除くために共変量がどのような条件を満たさなければならないのか，共変量を選択する際に何に注意し，何を考えるべきなのか，そして検証するためにどのような実験を行わなくてはならないのかを理解することができる．

第 4 章

行動，計画，直接効果

> 行いが知恵をしのいでいるとき，その人の知恵は存続する[a]．
> Rabbi Hanina ben Dosa（1 世紀）

序　文

　第 3 章では，処理変数 X の値を定数 x に固定する原子的介入 $do(x)$ に焦点を当て，この行動が反応変数 Y の確率に与える影響について調べた．本章では，この解析のさまざまな拡張を紹介する．

　まず，4.1 節では，確率論や決定解析，因果モデルにおいて，行動が観察に対してどのように位置づけられているかを議論する．また，因果モデルの主な役割が，モデルを構築する際には想定されていなかった新たな行動や政策の効果を容易に評価することにある，という論点をさらに展開する．

　4.2 節では，第 3 章の識別解析を，「z が観察されたときに x に設定する」といった形式の条件付き行動や，「z が観察されたときに確率 p で x に設定する」といった確率的政策の因果効果の識別解析へ拡張する．このような複雑な介入を行ったときの因果効果の評価法や識別可能条件も，原子的介入による因果効果の解析から得ることができる．4.3 節では，第 3 章で紹介した do 計算法を使って，ある変数からもう一つの変数への因果効果が識別可能であるようなセミマルコフ・モデルの集合に対してグラフィカルな特徴づけを行う．

　4.4 節では，逐次計画——すなわち，ある結果を生み出すために計画された一連の時間依存性行動——の効果を評価する問題を扱う．ここでは，先行する行動がいくつかの行動に影響を与え，それらの行動がさらにいくつかの観測値に影響を与え，しかもいくつかの交絡因子は観測されていない，といった非実験的な観察結果に基づいて逐次計画の効果を推定するためのグラフィカルな方法を与える．このような場合，複数の行動の集合を一つのまとまりとして扱うよりも，その計画を構成する個々の行動に分解して考えたほうが実質的に有用であることを示す．

　最後に，4.5 節では，直接効果と間接効果を区別する問題を扱う．直接効果は 4.4 節で紹介したグラフィカルな方法論を用いることにより識別できる．大学入学における性差別疑惑の例を用いて，直接効果の解析を適切に行うための要件を示す．

---

[a] 訳者注：日本聖書学研究所編 (1975)．『聖書外伝第 3 巻．旧約偽典 I』．教文館．

4.1 はじめに

4.1.1 行動，行為，確率

　行動は，反応的と計画的という2つの観点から解釈することができる．反応的な解釈に従えば，たとえば，「EveがAdamにりんごをあげたので，Adamはりんごを食べた」というように，行動は誰か他の人の意見や意向，そして環境的な要因によって生じた結果とみなされる．一方，計画的な解釈に従った場合，たとえば，「Adamは，もし自分がりんごを食べたら，神様は何をするだろうかと疑問に思った」というように，行動は意図的な意思決定における選択肢の一つとみなされる．このような意思決定では，しばしば行動によって生じるであろう結果のいくつかが比較される．本書では，前者を「行為」とよび，後者を「行動」とよぶことによって，この2つの概念を区別する．行為は我々がしていることを外部から見たものであり，行動は内部から見たものである．したがって，行為は（行為者をモデルの一部として与えれば）予測可能であり，行為者が受けた刺激や行為者の動機を示す証拠とみなすこともできる．それとは対照的に，行動のほうは，予測不可能であり，証拠を提供することもない．なぜなら，行動は（定義上）検討中の計画であり，実行してはじめて行為となるからである．

　行動と行為を混同することによって，Newcombのパラドックス (Nozick 1969) や，いわゆる証拠に基づく決定理論とよばれる分野で生じる奇妙な現象が引き起こされる．なお，この証拠に基づく決定理論では，意思決定者に対して，行動を起こした際にもたらされる証拠を考慮に入れることが勧められている．この奇妙な理論は，大きな影響力をもつJeffreyの著書 "The Logic of Decision" (Jeffrey 1965) において姿を現したようである．そこでは，行動は（介入というよりもむしろ）通常の事象とみなされており，行動したときの効果は $do(x)$ のようなメカニズムの修正という操作ではなく，条件づけという操作に基づいて得られる (Stalnaker 1972; Gibbard and Harper 1976; Skyrms 1980; Meek and Glymour 1994; Hitchcock 1996).

　$u(y)$ を結果 y の効用とするとき，伝統的な決定理論[1]の場合，理性的な行為者は，期待効用

$$U(x) = \sum_y P(y|do(x))u(y)$$

を最大化する x を選択する[2]．一方，証拠に基づく決定理論の場合，むしろ条件付き期待値

$$U_{ev}(x) = \sum_y P(y|x)u(y)$$

を最大化する x が選択される．なお，ここでの x は行動の選択肢としてではなく，（不適切にも）観察された事柄として扱われている．

---

[1] 本書では，「因果的決定理論」というよく目にする表記を意図的に避けている．その理由は，そうした表記を用いることで，もっとほかの，つまり「因果的」ではないような理論も存在し，そうした非因果的な理論からも決定できるかのようにほのめかしてしまうことを，できるだけ避けるためである．

[2] Stalnaker (1972) の提案に従って，Gibbard and Harper (1976) は $P(y|do(x))$ ではなく $U(x)$ において $P(x\square\!\rightarrow y)$ を使った．ここに，$x\square\!\rightarrow y$ は仮定法的条件文「X が x であったならば y」という意味である．2つのオペレータの意味は密接に関連しているが（7.4節を参照），方程式を取り除くというオペレータ $do(x)$ の説明にはあいまいさが少なく，結果から原因への推論を明確に禁じている．

4.1 はじめに

この誤った考えから，以下のようなあからさまなパラドックスが生じる．たとえば，「病気にかからないようにする」ためには，患者は病院には行くべきではない (Skyrms 1980, p.130) とか，「寝過ごさないようにする」ためには，労働者は朝早くから仕事に行くべきではないとか，「授業についていけないことを知られないようにする」ためには，学生はテスト勉強をするべきではないといったことをあげることができる．要するに，改善策が必要となる確率を増加させないためには，何も改善行動をとらないほうがよいというわけである．

この奇妙な現象が起こる理由は，行動をオペレータ $do(x)$ の意味論で記述されるような，自由選択の対象としてではなく，過去の関係に基づいて規定された行為とみなしていることにある．この「証拠に基づく」決定理論は，本質的で統計的な証拠 (本節のケースでは，ある行為が必要であるかどうかについて，その行為によって「通常の状態」で与えられる証拠) を無視してはならない，といった教えを説いてくれる．しかし，真の決定理論に従えば，行動は，その定義により，「通常の状態」の下で行為が起こる確率を変化させてしまう．このため，まさしく行動のために，「証拠に基づく」決定理論が重視する「通常の状態」で得られた証拠は，目下の決定のためには不適切なものとなる[3]．

この話題に関する教訓は次のようにまとめることができる．

何がその行動を引き起こしたのかについて
どのような証拠が得られたとしても
その同じ行為を選択するかどうかを決定する助けとして
そのような証拠を用いてはならない．

証拠に基づく決定理論は哲学の文献における過去のエピソードであり，現在ではこの理論を真に受ける哲学者はいない．しかし，最近では，$P(y|x)$ を $P(y|x,K)$ に置き換えることによって，Jeffrey の期待効用に対する関心を復活させようとする試みも行われている．ここに，K は擬似相関を取り除くために選ばれた ((3.13) 式のような) さまざまな背景状況を表している (Price 1991; Hitchcock 1996)．このような試みは極端な制限経験主義者の伝統を反映したものであり，この伝統に従うならば，理性的な行為者は統計的な関連性というただ一つの情報源にのみ従って生き，そして死んでいく．このため，期待効用に対して，ベイズの規則による条件づけ以外の操作を行うことができない．現在では，理性的な行為者は行動の理論に従って行為を実行すべきであるという，もっと融通の利く概念が急速にこの伝統に取って代わりつつある．この理論では，受動的観察に対するベイズの規則による条件づけを保持しつつも，行動特有の条件づけ (たとえば，$do(x)$) が必要となる (Goldszmidt and Pearl 1992; Meek and Glymour 1994; Woodward 1995)．

原則として，行動は確率論の一部ではない．なぜなら，当然のことであるが，確率が世界における通常の関係を捉えているのに対して，行動はこれらの関係をかき乱す介入を表しているからである．したがって，確率・統計科学の文献において行動が異質なものとして扱われていることは不思議なことではない．行動は，確率表現の論拠として役に立つものではないし，また確率表現を条件づける事象でもない．

---

[3] このような証拠は行為者自身の確率空間では不適切なものとなる．一方，複数の行為者が決定を行う場合には，行為者はそれぞれ，自分にとって選択可能な行為の数々を他の行為者がどう解釈するのかを明確に認識していなければならない．

行動が解析の主たる目的となっている統計的決定理論に関する文献でさえ (Savage 1954), 行動に割り当てられた記号は確率関数どうしを区別する単なるインデックスとして使われているにすぎず, 確率が定義されている変数間の論理的関係を表すものとして使われているわけではない. Savage (1954, p.14) は,「世界の状態それぞれに対して結果を割り当てる関数」として「行為」を定義し, あるものが次のものを導くような複数の決定の連鎖を, 単一の決定として扱っている. しかし, もっと基本的な考察から行動や計画の結果を推測するための論理は定式化されていない. たとえば,「税金を上げる」,「税金を下げる」,「金利を上げる」という行動を考えてみよう. Savage (1954) の理論によれば, この 3 つの行動による結果は, 解析に先立って個別に明示されなければならず, かつそのどれも他の行動から推測することはできない. したがって, 行動 A と B によって規定される結果の確率分布をそれぞれ P_A と P_B とおくと, それらが与えられても, 同時行動 $A \wedge B$ あるいは命題 A と B のブール代数的組み合わせに対応する確率を, P_A と P_B から導くことはできない. このため, 実際には無理であっても, 原則として, 考えられる同時行動すべてに関して, その効果をあらかじめ明示しなければならないのである.

確率論のなかで, 行動という概念がおかれている奇妙な位置づけを確かめるには, 観察という概念の位置づけと比較するのが一番わかりやすい. 確率変数集合 S のすべてのとりうる値 s に対して, その確率関数 $P(s)$ を規定することによって, 観測可能な値 e に応じて確率がどのように変化するかを, 自動的に規定することができる. なぜなら, $P(s)$ からすべての事象の組 E と e に対する事後確率 $P(E|e)$ を (e を条件づけることによって) 計算することができるからである. しかし, 確率関数 $P(s)$ を規定しても, 行動 $do(A)$ によって確率がどのように変化するのか, 我々には何もわからない. 一般に, 行動 $do(A)$ が $P(s)$ を $P(s|do(A))$ へ変換する関数として表現される場合, たとえ A が適切に定義された確率 $P(A)$ をもつ根元事象であったとしても (たとえば,「気温を 1℃ 上げる」や「スプリンクラーを作動させる」など), 行動前の確率関数 $P(s)$ から行動後の確率関数 $P(s|do(A))$ の本質を知ることはできないのである. s であるとき $\neg A$ が成り立つならば $P(s|do(A))$ は 0 であるという, すべての $P(s)$ に対して一律に適用される些細な要件を除けば, s についてある行動前の確率関数 $P(s)$ に対する行動後の確率関数 $P(s|do(A))$ と, もう一つの行動前の確率関数 $P'(s)$ に対する行動後の確率関数 $P'(s|do(A))$ がどのように異なるかを確率論により知ることはできない. (第 1 章および第 3 章で与えた) 多くの例からわかるように, 行動の前後における確率関数の変換を, A の条件づけによって把握することは明らかに適切ではない. なぜなら, 条件づけは変化のない世界における受動的な観察を表現しているだけであるが, 行動はその世界に変化をもたらすからである.

視覚的な認知にたとえてみると, $P(s)$ に含まれている情報は 3 次元の対象物の緻密な描写に似ているかもしれない. 実際, そのような描写があれば, 対象物を外側の任意の角度から見た場合に, その対象物がどのように見えるかを十分に予測することができるであろう. しかし, このような描写によって, 対象物が外的な力によって押したり引いたりされた場合にどう見えるかまでは予測できない. そのような予測を行うためには, 対象物の物理的性質に関する情報を追加しなければならないのである. 同様に, $P(s)$ から $P(s|do(A))$ への変換を表現するために追加される情報から, 世界に数多くある要素のうちで, 行動 $do(x)$ の下で不変に保たれる要素は何かを識別しなければならない. この追加情報は, 因果的知識によって与えられる. さらに, オペレータ

4.1 はじめに

$do(A)$ を使えばグラフや構造方程式を部分的に修正することによって，不変的な要素を捉えることができ，$P(s|do(A))$ を定義することができる．次項では，こうした方法を，標準的な決定理論における行動の扱い方と比較する．

4.1.2 決定解析における行動

伝統的なアプローチでは，新しいオペレータを確率計算に取り入れるのではなく，観察することと行動することの違いは，得られた証拠全体の中に含まれる何らかの違いから生じるものと考えられてきた．「気圧計の表示が x を示す」という記述と「気圧計の表示を x に設定する」という記述を考えよう．前者からは天気を予測することができるが，後者からは予測することができない．前者の記述により表現された証拠は気圧計の表示に関するものに限られている．一方，後者は気圧計の表示についてだけでなく，気圧計が誰かに操作されたことも表しており，この追加された証拠が新たに条件として課されることにより，気圧計の表示から雨を予測することは無意味なこととなる．

実際には，このアプローチは，行為者が介入を行ったことを表す決定変数を解析に取り入れたうえで，その変数が含まれるように拡張分布関数を構成し，この決定変数を特定の値で条件づけることによって行動の効果を推測することと同じである．たとえば，気圧計に対する介入を「気圧計を制御する」という決定変数として解析に加えてもよい．この変数を確率分布に取り入れた後で，ごく単純に，拡張分布関数に「気圧計は介入 y によって x に固定された」という事象を条件づけるだけで，気圧計を操作したときの効果を推測することができる．

この条件づけの方法を用いて行動の効果をうまく評価するためには，介入を行う行為者は自由意志によって行動する理想的な実験者とみなされなければならない．また，それと関連する決定変数は，どの変数からも因果的な影響を受けない外生変数として扱われなければならない．たとえば，拡張確率関数が，気圧計の所有者が関節に痛みを感じるたびに気圧計を制御することが多いという事実を表現している場合には，たとえ同じ所有者についてであったとしても，気圧計を意図的に制御したときの効果をこの関数を使って評価することはできない．行動と行為の違いを思い出しておくと，ある行動を実際に行ったときの因果効果を計算しようとする場合には，過去にその行動の実施を抑制，あるいは引き起こしたメカニズムすべてを無視しなければならない．したがって，「気圧計を制御する」という事象は，図 3.2 の拡張ネットワークに行動変数 F を取り入れたときと同じように，操作した時点よりも先に起こった事象すべてと独立な事象として拡張確率分布に取り入れられなければならない．

このような解決策は，影響ダイアグラムに関する文献で記述されたように，決定分析における行動の扱われ方と一致する (Howard and Matheson 1981; Shachter 1986; Pearl 1988b, chap. 6 を参照)．決定変数は外生変数（ダイアグラムにおいて親のない頂点）として表される．決定変数のそれ以外の変数への影響は，ダイアグラムにおける他の親の頂点と同様に，条件付き確率に基づいて評価され，表現される[4]．

---

[4] 影響ダイアグラムに関する文献では，ダイアグラムにおける辺と因果的な解釈とは別物であり，両者を切り離すべきだと主張されているが (Howard and Matheson 1981; Howard 1990)，この主張は実際に広く行われていることと合致しない．因果的解釈を行うことによって，決定変数を「ルート」に対応する頂点として取り扱い，解析するのに適切な決定木を構成することができる．

このアプローチの難しさは，その効果について将来我々が評価したいと考えているすべての行動を事前に予想し，かつそれらを明示的に表現しておかなければならないことにある．このため，モデリングの過程が，取扱い不能というほどではないにせよ，非常に厄介なものとなる．たとえば，回路図診断を行う場合，考えられるあらゆる部品交換（同様に，電圧源や電流源との考えられるすべての接続）という行為をダイアグラム上の頂点として表現するなどということは，ひどく煩わしいに違いない．実際には，そのような部品交換の効果は，回路図そのものに暗黙のうちに含まれており，因果的解釈が与えられればダイアグラムから導くことができる．経済モデリングにおいても同様に，考えられるすべての政策的な介入を新しい変数として経済方程式モデルに取り入れるのは厄介である．実際には，それぞれの政策の直接的な効果を方程式に含まれる変数やパラメータと結びつけることができれば，この方程式を構造的に解釈することによってそのような介入の効果を導くことができる．たとえば，「税金を上げ，金利を下げる」という同時介入を，新たな変数として方程式に加えなくてもよいかもしれない．なぜなら，「課税水準」と「金利」といった量がすでに方程式の中で（外生あるいは内生）変数として表現されているのであれば，こうした同時介入の効果もまた評価できるからである．

さまざまな介入をあらかじめ列挙しておかなくても，因果効果の予測ができるということが，因果モデリングから得られる主な利点であり，また因果関係という概念が果たす主な機能でもある．行動や行動の組み合わせは数多く存在するため，これらを明確にモデルに表現することはできないが，それぞれの行動が直接的に規定している命題を個別に列挙しておかなければならない．このとき，これらの命題を規定することによって得られる間接的な結果を，モデルに記述された変数間の因果関係から推測することができる．このテーマについては第7章で議論することにする．そこでは，このような記号化の作業をうまく行うために必要となる不変的な仮定についてさらに調べる．

4.1.3 行動と反事実

ベイズの規則とは異なる方法として，哲学者たち (Lewis 1976; Gardenfors 1988) は「イメージング」とよばれる確率変換を研究した．これは，仮定法的な条件の解析において有用であり，行動に伴う変換をベイズ的方法論よりもうまく表現できるものと考えられた．$P(s|e)$ というベイズの規則に基づく条件づけでは，e で条件づけることによって取り除かれた（e 以外の）状態は，その重み（密度）を e で条件づけされた状態全体に（確率 $P(s)$ に比例するように）割り当てる．これとは異なり，イメージングでは，取り除かれた状態 s の重みは，状態 s の親 pa_s に対応する状態 $S^*(s)$ に分配され，この $S^*(s)$ は状態 s に最も「近い」状態とみなすことができる（7.4.3項を参照）．イメージングの理論は，行動に対する適切でかつ一般的なフレームワークを与えているものの (Gibbard and Harper 1976)，選択関数 $S^*(s)$ を明確には規定しないまますませている．このため，未来の行動をあらかじめ列挙するという問題は，状態間の距離を符号化するという問題に置き換えられる．そのための第一の要件は節約的であるというものであり，第二の要件は，その領域で作用している因果的法則に対する共通の認識に従うというものである．しかし，種々の行動から生じる間接的な結果の数々が，最初に考えていたものとは似ても似つかないさまざまな世界をもたらすことを考えると，第二の要件は自明なものではない (Fine 1975)．

因果的法則に従うような形で，「（複数ある可能世界の中の）最近隣世界」という概念に基づく

アプローチを開発することの難しさについては，第7章（7.4節を参照）で詳しく述べる．本書で議論する構造的アプローチの場合，因果メカニズムに基づいて介入という概念を構成することで，また，こうした因果メカニズムに伴う不変性と自律性という性質を利用することで，この難しさを回避している．因果メカニズムを修正するというアプローチは「最近隣世界」という概念に基づくアプローチの特別なケースとみなすことができ，近さという尺度は因果メカニズムに従って構成される．その結果として得られる選択関数 $S^*(s)$ は (3.11) 式で表される（この式に続く議論を参照）．

第3章では，この因果メカニズムの修正という意味論の使い方について議論し，それに基づいて，モデルを構築する際には意図していなかった行動も含めて，さまざまな行動の因果効果を定量的に評価する方法を与えた．この方法論は，定理3.4.1で与えた do 計算法を用いることにより，変数の一部が観測されない場合へ拡張される．第7章では，因果メカニズムの修正という解釈を用いて，1.4.4項で概説した反事実的な記述の意味論を議論する．本章では，序文で述べたとおり，do 計算法の用途をさまざまな方向へ拡張する．

4.2 条件付き行動と確率的政策

3.3, 3.4 節で議論した識別解析では，介入といえば，外的操作により変数あるいは変数群 X を特定の値 x に固定するような行動に限られていた．しかし，一般には（3.2.3項で与えた工程管理の例からわかるように），変数集合 Z によって規定された関数に従って X が定められるような複雑な政策，たとえば，関数関係 $x = g(z)$ によって X の値が定められたり，あるいは確率 $P^*(x|z)$ に従って X の値が x に定められる，といった確率論的な関係も介入として扱うことができる．ここでは，Pearl (1994b) に基づいて，そのような介入を行ったときの効果を識別することが $P(y|do(x), z)$ を識別することと同じであることを示そう．

$P(y|do(X = g(z)))$ を介入 $do(X = g(z))$ を行った際の（Y の）分布とする．このとき，$P(y|do(X = g(z)))$ は，Z で条件づけることにより

$$P(y|do(X = g(z))) = \sum_z P(y|do(X = g(z)), z) P(z|do(X = g(z)))$$
$$= \sum_z P(y|do(x), z)|_{x=g(z)} P(z)$$
$$= E_z[P(y|do(x), z)|_{x=g(z)}]$$

と書くことができる．ここに，等式

$$P(z|do(X = g(z))) = P(z)$$

は Z が X の子孫ではない，すなわち，X に影響を与えるいかなる制御方式も Z の分布に影響を与えることはないことから得られる．したがって，介入 $do(X = g(z))$ による因果効果は式 $P(y|do(x), z)$ から，単に x を $g(z)$ で置き換え，また（観察された分布 $P(z)$ を利用して）Z に関する期待値をとることによって直ちに評価できることがわかる．

無条件介入の因果効果に関する識別可能条件と比べると，この条件付き介入の因果効果に関す

る識別可能条件は厳しいものである．明らかに，介入 $do(X = g(z))$ の効果が識別可能であるならば，$g(z) = x$ とおくことによって原子的介入 $do(X = x)$ の効果もまた識別可能である．しかし，Z で条件づけることにより，$P(y|do(x), z)$ を do のない表現に変換できないような従属関係が生じることがあるため，逆は成り立たない．Kuroki and Miyakawa (1999a, 2003) はグラフィカルな基準を与えている．

確率的政策は，x に対して新しい条件付き分布 $P^*(x|z)$ を割り当てるものであるが，同様な方法で扱うことができる．本書では，確率的政策を，無条件介入 $do(X = x)$ を条件付き確率 $P^*(x|z)$ に従って行うような確率過程とみなす．このとき，$Z = z$ が与えられたとき，確率 $P^*(x|z)$ に従って介入 $do(X = x)$ が生じ，この介入が因果効果 $P(y|do(x), z)$ を生成する．x と z で平均化することによって，確率的政策 $P^*(x|z)$ の（Y への）効果

$$P(y)_{P^*(x|z)} = \sum_x \sum_z P(y|do(x), z) P^*(x|z) P(z)$$

を得ることができる．確率 $P^*(x|z)$ は外的に定められるものであるから，$P(y|do(x), z)$ が識別可能であることが，Z の値によって X の分布を規定するような任意の確率的政策が識別可能であることの必要十分条件となる．

STRIPS のような行動 (Fikes and Nilsson 1971) では計画が特に重要であり，その直接的な効果 $X = x$ は，変数集合 W に関する前提条件 $C(w)$ が満たされるかどうかに依存している．このようなシステムを表現するためには，$Z = W \cup PA_X$ とし

$$P^*(x|z) = \begin{cases} P(x|pa_X) & C(w) = 偽 であるとき \\ 1 & C(w) = 真でかつ X = x であるとき \\ 0 & C(w) = 真でかつ X \neq x であるとき \end{cases}$$

とおけばよい．

4.3 どのような場合に介入効果は識別可能となるのか？

第3章では，観察されない変数が存在するときに，因果効果 $P(y|do(x))$ が識別可能であるかどうかを判断するグラフィカルな基準を与えた．バックドア基準（定理 3.3.2）やフロントドア基準（定理 3.3.4）のような識別可能条件は，セミマルコフ・モデルのもっと一般的なクラスに含まれる特別な事例であり，そのようなセミマルコフ・モデルにおいては do 計算法（定理 3.4.1）で与えた推論規則の繰返し適用によって $P(y|do(x))$ を do を含まない表現にすることで，識別可能であることがわかる．図 3.1（または図 3.8(f)）で与えたセミマルコフ・モデルはバックドア基準やフロントドア基準を直接適用しても $P(y|do(x))$ を識別することができない例であるが，定理 3.4.1 の推論規則を繰り返し適用することによって do を含まない表現にすることができる（したがって，識別可能である）．本節では，因果効果 $P(y|do(x))$ が do 計算法により識別可能であるモデルの簡単なクラスについて完全な特徴づけを行う．このクラスは，定理 3.7.1 (Tian and Pearl 2002) で述べたクラスに含まれるものであるが，その後 Shpitser and Pearl (2006b) によって完全な特徴づけが行われた．ここでは，歴史的な目的のために，この簡単なクラスを紹介する．

4.3.1 グラフィカル識別可能条件

定理 4.3.1 では，4 つのグラフィカル条件に基づいて「do-識別可能」なモデルのクラスを特徴づける．X と Y をグラフにおける単一頂点とするとき，それら 4 つの条件はいずれもが $P(y|do(x))$ が識別可能であるための十分条件となっている（すなわち，これらいずれかの条件が成り立つならば，$P(y|do(x))$ は識別可能である）．このとき，定理 4.3.2 は，$P(y|do(x))$ が do 計算法により識別可能となるモデルでは，これら 4 つの条件のうち少なくとも 1 つが成り立つことを述べたものである．do 計算法の完全性という観点からいえば，定義 3.2.4 で与えた意味論と整合する識別方法においては，4 つの条件のうちの 1 つが必要であるということができる．

定理 4.3.1 (Galles and Pearl 1995)

X と Y をグラフ G によって定められたセミマルコフ・モデル上の 2 つの異なる変数とする．このとき，G が次の 4 つの条件のうちの 1 つを満たすならば，$P(y|do(x))$ は識別可能である．

条件 1. X から Y へのバックドア・パスがない（$(X \perp\!\!\!\perp Y)_{G_{\underline{X}}}$）．

条件 2. X から Y への有向道がない．

条件 3. X から Y へのバックドア・パスをすべてブロックするような頂点集合 B が存在し，かつ $P(b|do(x))$ が識別可能である（B が X の非子孫のみからなる場合には $P(b|do(x))$ は $P(b)$ と変換でき，この条件の特別なケースとしてバックドア基準が得られる）．

条件 4. 次の条件を満たす頂点集合 Z_1 と Z_2 が存在する．

   (i) Z_1 は X から Y へのすべての有向道をブロックする（$(Y \perp\!\!\!\perp X | Z_1)_{G_{\overline{Z_1 X}}}$）．

   (ii) Z_2 は Z_1 から Y へのバックドア・パスをすべてブロックする（$(Y \perp\!\!\!\perp Z_1 | Z_2)_{G_{\overline{X}\underline{Z_1}}}$）．

   (iii) Z_2 は X から Z_1 へのバックドア・パスをすべてブロックする（$(X \perp\!\!\!\perp Z_1 | Z_2)_{G_{\underline{X}}}$）．

   (iv) Z_2 への介入が X から Y への任意のバックドア・パスをアクティブにすることはない（すなわち，$X \perp\!\!\!\perp Y | \{Z_1, Z_2\})_{G_{\overline{Z_1}\overline{X(Z_2)}}}$）．((i)～(iii) が成り立ち，かつ Z_2 の任意の要素が X の子孫ではないならば，この条件が成り立つ．)

（$Z_2 = \phi$ であり，X から Z_1 と Z_1 から Y へのバックドア・パスがないとき，条件 4 の特別なケースとしてフロントドア基準が得られる．） □

証明

条件 1：この条件は規則 2 から直接得られる（定理 3.4.1 を参照）．$(Y \perp\!\!\!\perp X)_{G_{\underline{X}}}$ が成り立つならば，$P(y|do(x))$ を $P(y|x)$ へ変換することができるので，$P(y|do(x))$ は識別可能であることがわかる．

条件 2：X から Y への有向道がないならば，$(Y \perp\!\!\!\perp X)_{G_{\overline{X}}}$ が成り立つ．したがって，規則 3 より，$P(y|do(x)) = P(y)$ となり，$P(y|do(x))$ は識別可能であることがわかる．

条件 3：X から Y へのバックドア・パスをすべてブロックする頂点集合 B が存在する（$(Y \perp\!\!\!\perp X | B)_{G_{\underline{X}}}$）ことから，$P(y|do(x))$ は $\sum_b P(y|do(x), b) P(b|do(x))$ と展開することができる．また，規則 2 により，$P(y|do(x), b)$ を $P(y|x, b)$ と変換することができる．したがって，$P(b|do(x))$ が識別可能であるならば，$P(y|do(x))$ もまた識別可能であることがわかる．図 4.1 を参照されたい．

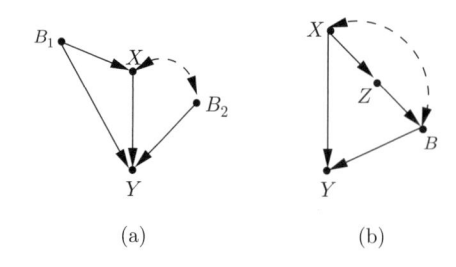

図 4.1 定理 4.3.1 の条件 3 を説明するためのグラフ．図 (a) では，集合 $\{B_1, B_2\}$ は X から Y へのバックドア・パスすべてをブロックしており，$P(b_1, b_2|do(x)) = P(b_1, b_2)$ が成り立つ．図 (b) では，頂点 B は X から Y へのバックドア・パスすべてをブロックしており，条件 4 より $P(b|do(x))$ は識別可能である．

条件 4：X から Y への有向道をすべてブロックする頂点集合 Z_1 が存在し，かつグラフ $G_{\overline{X}}$ において Z_1 から Y へのバックドア・パスをすべてブロックする頂点集合 Z_2 が存在すると仮定する．このとき，$P(y|do(x)) = \sum_{z_1,z_2} P(y|do(x), z_1, z_2) P(z_1, z_2|do(x))$ と展開することができる．また，グラフ $G_{\overline{X}}$ において Z_2 は，Z_1 から Y へのバックドア・パスをすべてブロックすることから，規則 2 を使って $P(y|do(x), z_1, z_2) = P(y|do(x), do(z_1), z_2)$ と変形することができる．さらに $(Y \perp\!\!\!\perp X | Z_1, Z_2)_{G_{\overline{Z_1}\overline{X(Z_2)}}}$ が成り立つことから，規則 3 を用いて，$P(y|do(x), do(z_1), z_2)$ を $P(y|do(z_1), z_2)$ と変形することができる．ここで，$(Y \perp\!\!\!\perp Z_1 | Z_2)_{G_{\underline{Z_1}}}$ が成り立つならば，$P(y|do(z_1), z_2) = P(y|z_1, z_2)$ と変形することができる．一方，$(Y \perp\!\!\!\perp Z_1 | Z_2)_{G_{\overline{X}\underline{Z_1}}}$ が成り立つことを仮定していることから，条件 $(Y \perp\!\!\!\perp Z_1 | Z_2)_{G_{\underline{Z_1}}}$ が成立しない場合というのは，すなわち，X を経由する Y から Z_1 への道が存在する場合に限られることがわかる．しかし，X で条件づけ，さらに X について和をとることによってこの道はブロックすることができることから，$\sum_{x'} P(y|do(z_1), z_2, x') P(x'|do(z_1), z_2)$ を得ることができる．さらに，規則 2 を使って $P(y|do(z_1), z_2, x')$ を $P(y|z_1, z_2, x')$ と変形することができる．Z_1 は X の子でかつグラフが非巡回的であることから，規則 3 を使って $P(x'|do(z_1), z_2)$ は $P(x'|z_2)$ と変形できる．以上のことから

$$P(y|do(x)) = \sum_{z_1,z_2} \sum_{x'} P(y|z_1, z_2, x') P(x'|z_2) P(z_1, z_2|do(x))$$

と表現することができる．ここに，$P(z_1, z_2|do(x)) = P(z_2|do(x)) P(z_1|do(x), z_2)$ であり，Z_2 は X の非子孫からなる集合であることから，規則 3 を使って $P(z_2|do(x))$ は $P(z_2)$ と変形することができる．Z_2 は X から Z_1 へのバックドア・パスをすべてブロックすることから，規則 2 を使って $P(z_1|do(x), z_2)$ を $P(z_1|x, z_2)$ と変形することができる．以上の結果をまとめることにより

$$P(y|do(x)) = \sum_{z_1,z_2} \sum_{x'} P(y|z_1, z_2, x') P(x'|z_2) P(z_1|x, z_2) P(z_2)$$

を得ることができ，$P(y|do(x))$ が識別可能であることがわかる．図 4.2 を参照されたい．

定理 4.3.2

$P(y|do(x))$ が do 計算により識別可能となるための必要条件は，定理 4.3.1 で与えた 4 つの条件のうちの少なくとも 1 つが成り立つことである．すなわち，グラフ G において定理 4.3.1 の 4 つの条件のいずれも成り立たなければ，推論規則を有限回用いて $P(y|do(x))$ を do のない表現にすることはできない． □

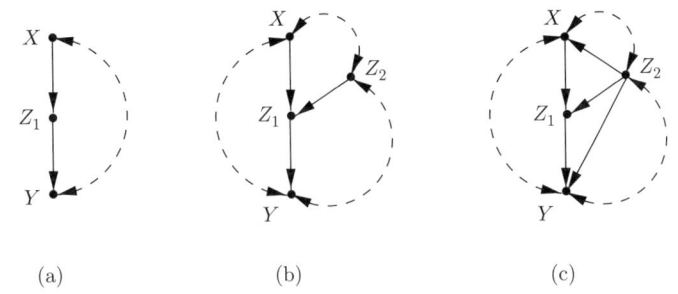

4.3 どのような場合に介入効果は識別可能となるのか？　　　　　　　　　　　　123

図 4.2 定理 4.3.1 の条件 4 を説明するためのグラフ．(a) の場合には，X から Y への有向道はすべて Z_1 によりブロックされている．また，空集合は，グラフ $G_{\overline{X}}$ における Z_1 から Y へのバックドア・パスと，グラフ G における X から Z_1 へのバックドア・パスをブロックしている．(b) と (c) では，X から Y への有向道はすべて Z_1 によりブロックされている．また，Z_2 は，グラフ $G_{\overline{X}}$ における Z_1 から Y へのバックドア・パスすべてと，グラフ G における X から Z_1 へのバックドア・パスすべてをブロックしている．

定理 4.3.2 の証明は Galles and Pearl (1995) で与えられている．

4.3.2 効率性に関する注意点

定理 4.3.1 を利用して，システマティックに $P(y|do(x))$ が識別可能であるかどうかを判断する際，条件 3 と条件 4 については網羅的に探索しなければならないように思える．たとえば，条件 3 が成り立たないことを証明するためには，条件を満たすような頂点集合 B が 1 つも存在しないことを示さなければならない．幸運にも，次の定理により探索空間を大幅に縮小させることができるため，$P(y|do(x))$ が識別可能であるのかどうかが検証しやすくなる．

定理 4.3.3

一つの極小集合 B_i に対して $P(b_i|do(x))$ が識別可能であるならば，$P(b_j|do(x))$ はそれ以外の任意の極小集合 B_j に対しても識別可能である．　　　　　　　　　　　　　　□

定理 4.3.3 より，一つの極小ブロック集合 B に対して条件 3 を検証すればよいことがわかる．もし B が条件 3 の要件を満たすならば，$P(y|do(x))$ は識別可能であり，そうでなければ，条件 3 を満たさない．この定理は次の補題を用いて証明することができる．

補題 4.3.4

$P(y|do(x))$ が識別可能で，かつ頂点集合 Z が X から Y への有向道上にあるならば，$P(z|do(x))$ は識別可能である．　　　　　　　　　　　　　　　　　　　　　　　　　　　　　□

定理 4.3.5

以下のいずれかを満たす 2 つの頂点集合を Y_1 と Y_2 とする．
(i) Y_1 の任意の要素は X の子孫ではない，あるいは，(ii) Y_1 と Y_2 の任意の要素は X の子孫であり，かつ Y_1 の任意の要素は Y_2 の非子孫である．このとき，(系 3.4.2 に従って) $P(y_1, y_2|do(x))$

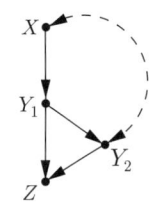

図 4.3 定理 4.3.1 より, $P(y_1|do(x), y_2)$ を do のない表現にする推論規則の列は存在しないが, $P(y_2|do(x), y_1)$ と $P(y_1|do(x))$ を do のない表現にする推論規則の列は存在する.

を do のない表現にする推論規則の列が存在することと, $P(y_1|do(x))$ と $P(y_2|do(x), y_1)$ その両方に対して do のない表現にする推論規則の列が存在することとは同値である. □

$P(y_2|do(x), y_1)$ と $P(y_1|do(x))$ にこの手続きを適用することにより, 確率 $P(y_1, y_2|do(x))$ は定理 4.3.1 の条件を満たすことがわかる. しかし, $P(y_1|do(x), y_2)$ にこの手続きを適用しても, 識別可能とする推論規則の列を得ることはできない. そのような例を図 4.3 に与える. 定理 4.3.5 より, $P(y_1, y_2|do(x))$ を do のない表現にする推論規則の列が存在する場合には, 適切な Y_1 を選択することによって, $P(y_1|do(x))$ と $P(y_2|do(x), y_1)$ のいずれに対しても, do のない表現にする推論規則の列を常に得ることができる.

定理 4.3.6

条件 4 における Z_1 の要件をすべて満たす頂点集合 Z_1 が存在するならば, X の子であり, かつ Y の先祖と共通部分をもつ頂点の集合もまた条件 4 の Z_1 の要件をすべて満たす. □

定理 4.3.6 より, 定理 4.3.1 の条件 4 における Z_1 については探索しなくてもよい. 定理 4.3.3〜4.3.6 の証明は Galles and Pearl (1995) で与えられている.

4.3.3 因果効果に対する明示的表現の導出法

定理 4.3.1 によって定義されたアルゴリズムによって, 因果効果が識別可能であるかどうかを判定できるだけでなく, 介入後の確率分布 $P(y|do(x))$ を実際に観察された確率分布に基づいて, (そのような表現が存在する場合には) 明示的に (閉形式によって) 表現することもできる. それは以下のようなものである.

関数：閉形式 $(P(y|do(x)))$
入力：因果効果 $P(y|do(x))$
出力：観測変数だけを使って $P(y|do(x))$ を明示的に表現する. 因果効果が識別可能ではないならば, FAIL を与える.

1. $(X \perp\!\!\!\perp Y)_{G_{\overline{X}}}$ が成り立つならば, $P(y)$ を返す.
2. そうではない場合, $(X \perp\!\!\!\perp Y)_{G_{\underline{X}}}$ が成り立つならば, $P(y|x)$ を返す.
3. そうではない場合, B=BlockingSet(X,Y), Pb=ClosedForm$(P(b|do(x)))$ とおき, $Pb \neq$ FAIL ならば, $\sum_b P(y|b,x) \times Pb$ を返す.
4. そうではない場合, Z_1=Children$(X) \cap (Y \cup$Ancestors$(Y))$, Z_3=BlockingSet(X, Z_1), Z_4=BlockingSet(Z_1, Y), $Z_2 = Z_3 \cup Z_4$ とおき, $Y \notin Z_1$ で $X \notin Z_2$ ならば,

$$\sum_{z_1,z_2}\sum_{x'} P(y|z_1,z_2,x')P(x'|z_2)P(z_1|x,z_2)P(z_2)$$

を返す．

5. そうではない場合，FAIL を返す．

ステップ3とステップ4では，関数 BlockingSet(X,Y) を呼び出し，X と Y を有向分離する頂点集合 Z を選択している．このような集合は多項式時間で見つけることができる (Tian et al. 1998)．因果効果 $P(b|do(x))$ を観察された確率分布を用いて表現するために，ステップ3ではアルゴリズム ClosedForm$(P(b|do(x)))$ を再帰的に呼び出している．

4.3.4 要　　約

定理 4.3.1 の条件は（図 3.8 で与えたような）識別可能なモデルのクラスと識別不能なモデル（図 3.9）のクラスとの境界線を明確に示している．これらの条件により，単一変数 X に関する $P(y|do(x))$ というタイプの因果効果が識別可能であるかどうかを決定する効率的なアルゴリズムを導くことができる．$P(y|do(x))$ が do 計算法により識別可能であることと，$P(y|do(x))$ が定理 4.3.1 の条件を満たすこととは同値である．さらに，このアルゴリズムを用いることにより，推定可能な確率を用いて $P(y|do(x))$ を明示的に表現することができる．

社会科学および医学における非実験データの因果分析への応用については第3章で論じているが，さらに第5章および第6章で詳しく議論する．第9章（系 9.2.17）では，これらの結果を**因果的寄与**，すなわち，特定の観察（たとえば，疾患）がある事象（たとえば，曝露）に因果的に起因する確率の推定に適用する．

4.4　計画の識別可能条件

本節では，Pearl and Robins (1995) に基づいて，非観測変数が存在する場合の計画の確率的評価について考えよう．なお，ここで扱う計画は，同時に，あるいは連続して行われる複数の行動によって構成され，個々の行動は，それに先行する（ただし同じ計画に含まれる）他の行動の影響を受けているかもしれない．いったいどのような状況であれば，与えられた計画の効果を，観察された変数のみに基づく受動的な観察研究から予測することができるのであろうか．これを識別するためのグラフィカルな基準を与える．また，この基準が満たされるとき，与えられた計画が特定の目的を達成する確率を明示的に表現する．

4.4.1　動機づけ

この議論の動機づけとして，図 4.4 に示した Robins (1993, apx.2) の例を考えてみよう．2人の医者が異なる時点である患者に施した治療を X_1 と X_2 とし，2番目の医者が治療 X_2 を決定するために調べた観察データの値を Z とする．また，患者の生存状態を Y で表し，実際には観察されなかった変数 U_1 と U_2 は，それぞれ患者の病歴の一部や患者の回復傾向を表すものとする．このような構造の実例の一つはエイズ患者にみられ，この例では，Z はニューモシスティス・

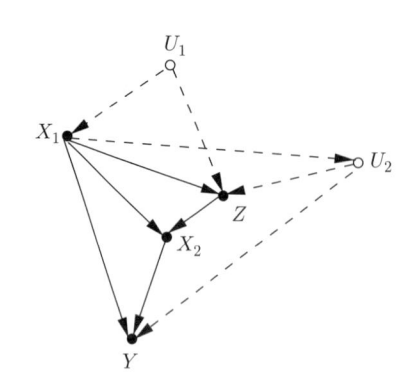

図 4.4 X_1, X_2, Y について採取された非実験データから計画 $(do(x_1), do(x_2))$ の Y への因果効果を評価する問題を説明するための因果ダイアグラム

カリニ肺炎 (PCP) の発症を表している．PCP はエイズ患者によくみられる日和見感染であるが，効果的な治療が可能なことから（図に示されているように）生存状態 Y に直接的な影響を与えることはなく，むしろ直接的な死亡原因となりうる患者の免疫状態 (U_2) を示す指標の一つとなっている．X_1 と X_2 はバクトリムを表し，PCP (Z) の発症を予防するが，他のメカニズムによる死亡を防ぐ可能性もある．医者は X_1 の処方を決定する際，もっと初期の PCP の病歴 (U_1) も参考にしたかったが，その値がデータ解析のために記録されることはなかった．

本項で扱う問題は次のようなものである．多くの患者と医者の行動に関するデータが大量に集められており，それらが実際に観察された 4 つの確率変数 (X_1, Z, X_2, Y) の（推定された）同時分布 P という形に要約されているとする．このような状況において新たな患者が入院してきたときに，（無条件）計画 $(do(x_1), do(x_2))$ の実施が患者の生存状態に与える影響を明らかにしたい．ここに，x_1 と x_2 は事前に定めたそれぞれの時点で投与される，やはり事前に計画されたバクトリムの投与量を表している．

一般に，この問題は，他の計画立案者たちがどのような計画に基づいて決定を下しているかはわからないまま，単にその立案者たちの実績を観察することによって，ある新しい計画を実施したときの効果を評価しようという問題と同じことである．医者は，自分たちが何に促されてある特定の治療を行うに至ったのか，すべての情報を提供してくれるわけではない．医者が我々に提供する情報といえば，たとえば，X_1 を決定する際に U_1 を考慮していたこと，また X_2 を決定する際 Z と X_1 を考慮していたといったことくらいで，残念ながら，U_1 は記録されていなかったということである．疫学では，このような計画の効果を評価する問題は「時間依存性交絡因子を伴う時間依存性治療」の問題として知られている (Robins 1993)．人工知能の分野での応用例としては，どのような要因に基づいて他の行為者たちが行動しているかが不明な場合であっても，行為者たちの実績を観察し，こうした計画の評価を行うことで，どのように行動すべきかを行為者自身が学習できるようになる．もし行為者が観測するだけでなく行動することも許されている場合には，この作業はもっと簡単になる．つまり，因果ダイアグラムのトポロジーが（少なくとも部分的には）推測可能になり，事前には識別できないような行動の効果を評価することができる．

行動の効果に関する識別可能性の問題 (4.3 節を参照) と同様に，計画の効果を識別するとき，「交絡因子」，すなわち，行動を引き起こすと同時に反応にも影響を与える非観測因子を制御することが主な問題となる．しかし，4.3 節で扱った識別可能性の問題とは異なり，計画の効果に関

する識別可能性の問題は交絡因子のいくつか（たとえば，Z）が処理変数の影響を受けるため，さらに複雑である．第 3 章で述べたように，統計的な実験計画法が犯している恐るべき大罪の一つ（Cox 1958, p.48）として，そのような交絡因子で調整してしまうことがあげられる．なぜなら，ある変数に対して調整を行うということは，その変数を一定の値に固定するという行動を模倣することであり，行動とその結果の間にある変数を固定することが，我々が推定したい量，つまりその行動の全体効果に影響を与えてしまうからである．

図 4.4 では，これ以外の 2 つの特徴にも注目しておかなければならない．まず，X_1 と X_2 を単一の複合変数 X とみなして扱うと，$P(y|do(x_1), do(x_2))$ を推定することができない．このような複合変数に対応するグラフでは，X は矢線を介して，また（U を経由する）弧を介して Y と結ばれるため，弓パターン（図 3.9）が現れることになり，識別不能であると判断される．第二に，U_1 は X から Y への有向道に含まれる $X \to Z$ に対して弓パターンを形成するため，$P(y|do(x_1))$ は識別不能となる（3.5 節を参照）．

$P(y|do(x_1), do(x_2))$ の識別可能性を判断する際に助けとなる重要な特徴は，2 回目の介入を実施するまでに得られている観察値を与えたときの介入 $do(x_2)$ の因果効果，すなわち $P(y|x_1, z, do(x_2))$ の識別可能性である．実際にこの効果が識別可能であることは，バックドア基準を使って，つまり $\{X_1, Z\}$ が X_2 と Y の間の任意のバックドア・パスをブロックしていることから確認することができる．したがって，

$$P(y|do(x_1), do(x_2)) = P(y|x_1, do(x_2)) \quad (4.1)$$

$$= \sum_z P(y|z, x_1, do(x_2)) P(z|x_1) \quad (4.2)$$

$$= \sum_z P(y|z, x_1, x_2) P(z|x_1) \quad (4.3)$$

より，$P(y|do(x_1), do(x_2))$ が識別可能であることを簡単に証明できる．ここに (4.1) 式と (4.3) 式は規則 2 より，(4.2) 式は規則 3 より得ることができる．これらの規則の適用を可能にする部分グラフを図 4.5（p.130）に示す．

この導出過程は，条件付き計画の効果をどのように評価すればよいのかも示している．たとえば，計画 $\{do(x_1), do(g(x_1, z))\}$ の因果効果を評価する場合，4.2 節で $P(y|do(x))$ を導出したときと同様な手続きに従って，

$$P(y|do(X_1 = x_1), do(X_2 = g(x_1, z))) = P(y|x_1, do(X_2 = g(x_1, z)))$$

$$= \sum_z P(y|z, x_1, do(X_2 = g(x_1, z))) P(z|x_1)$$

$$= \sum_z P(y|z, x_1, x_2) P(z|x_1)|_{x_2 = g(x_1, z)}$$

を得ることができる．ここで，この条件付き計画による因果効果が識別可能であるかどうかは，$P(y|z, x_1, do(x_2))$ が識別可能であるかどうかに依存している．この例では，$\{X_1, Z\}$ が X_2 から Y への任意のバックドア・パスをブロックしているため，$P(y|z, x_1, do(x_2))$ を $P(y|z, x_1, x_2)$ と変形することができる．

次項で与える基準を用いれば，グラフに基づいて一般的に観測変数の同時分布からある計画の

因果効果を評価することが可能かどうかを判断することができ，評価できる場合には，どの共変量を測定すべきか，またそれらをどのように調整すべきかを確認することができる．

4.4.2 計画の識別可能条件：記号と仮定

本項では，図 4.4 のような因果ダイアグラムの形式で知識が記述されており，それによって解析者が，興味あるデータの生成過程をどのように理解しているかが定性的に要約されているとしよう[5]．

記　号

制御問題は変数集合 V をもつ非巡回的有向グラフからなる．ここに，V は互いに排反な集合 $V = \{X, Z, U, Y\}$ に分割され

$$X = 処理変数の集合（曝露，介入，処理など）$$
$$Z = 共変量とよばれる観測変数の集合$$
$$U = 非観測（潜在）変数の集合$$
$$Y = 反応変数$$

である．

処理変数は，X_k が $X_{k+j}(j > 0)$ の非子孫となるように，$X_1, X_2, \cdots, X_n$ と順序づけられているとし，反応変数 Y は X_n の子孫であるとしよう．N_k は $\{X_k, X_{k+1}, \cdots, X_n\}$ に含まれるいずれかの要素の非子孫に対応する観測変数の集合である．処理変数に割り付けられた値からなる順序列 $(do(x_1), do(x_2), \cdots, do(x_n))$ を**計画**という．ここに，$do(x_k)$ は「介入により X_k の値を x_k に固定する」ことを意味する．処理変数に割り当てられた値からなる順序列 $(do(g_1(z_1)), do(g_2(z_2)), \cdots, do(g_n(z_n)))$ を条件付き計画という．ここに，g_k は集合 Z_k から X_k への関数であり，$do(g_k(z_k))$ は「Z_k が値 z_k をとるときには，介入により X_k の値を $g_k(z_k)$ に固定する」ことを意味する．各関数 $g_k(z_k)$ の定義域に対応する変数 Z_k は，G における X_k の子孫をいっさい含んではならない．

ここでの問題は，無条件計画 $(do(x_1), do(x_2), \cdots, do(x_n))$ を実施した際の反応変数 Y の確率 $P(y|do(x_1), do(x_2), \cdots, do(x_n))$ を計算することによって，この計画の Y への影響を評価することである[6]．任意の計画 $(do(x_1), do(x_2), \cdots, do(x_n))$ に対して $P(y|do(x_1), do(x_2), \cdots, do(x_n))$ が観測変数 (X, Y, Z) の同時分布から一意に決定されるとき，$P(y|do(x_1), do(x_2), \cdots, do(x_n))$ は識別可能であるという．$P(y|do(x_1), do(x_2), \cdots, do(x_n))$ が識別可能であるならば，制御問題も識別可能である．

定理 4.4.1 と定理 4.4.6 に主な識別可能条件を与える．これらの定理では，4.3 節と同様な方法で定義された，G のさまざまな部分グラフに基づいて，有向分離されているかどうかが検証されている．X の任意の要素に向かう（から出る）矢線すべてを G から除いたグラフを（それぞれ）

---

[5] 3.6.4 項で述べたように，反事実的記述を用いたもう一つの図式化の方法が Robins (1986, 1987) によって与えられている．

[6] 条件付き計画の識別可能条件は，4.2 節と 4.4.1 項で示した方法を使って，定理 4.4.1 より得ることができる．

4.4 計画の識別可能条件

$G_{\overline{X}}$（と $G_{\underline{X}}$）とし，X の任意の要素に向かう（から出る）矢線すべてと Z の任意の要素から出る矢線すべてを G から除いたグラフを $G_{\overline{X}\underline{Z}}$ とする．また，$Z=z$ が観測され，介入により X を x と固定したときの $Y=y$ の確率を $P(y|do(x),z) \triangleq P(y,z|do(x))/P(z|do(x))$ と定義する．

4.4.3 計画の識別可能条件：一般的な基準

定理 4.4.1 (Pearl and Robins 1995)

任意の $1 \leq k \leq n$ に対して，以下の条件をともに満たす集合 Z_k が存在すると仮定する．

$$Z_k \subseteq N_k \tag{4.4}$$

(すなわち，Z_k は $\{X_k, X_{k+1}, \cdots, X_n\}$ の非子孫である)，かつ

$$(Y \perp\!\!\!\perp X_k | X_1, \cdots, X_{k-1}, Z_1, Z_2, \cdots, Z_k)_{G_{\underline{X}_k \overline{X}_{k+1} \cdots \overline{X}_n}} \tag{4.5}$$

このとき，$P(y|do(x_1), do(x_2), \cdots, do(x_n))$ は識別可能であり，計画 $(do(x_1), do(x_2), \cdots, do(x_n))$ の因果効果は

$$P(y|do(x_1), do(x_2), \cdots, do(x_n)) = \sum_{z_1, \cdots, z_n} P(y|z_1, \cdots, z_n, x_1, \cdots, x_n)$$
$$\times \prod_{k=1}^{n} P(z_k | z_1, \cdots, z_{k-1}, x_1, \cdots, x_{k-1}) \tag{4.6}$$

で与えられる． □

証明を与える前に，図 4.4 で示した因果効果が識別可能であるかどうかを検証するうえで，定理 4.4.1 がどのように使われるのかを説明しよう．まず，$P(y|do(x_1), do(x_2))$ を識別するためには Z_1 を観測しなければならない．すなわち，$Z_1 = \phi, Z_2 = \phi$ は (4.4) 式および (4.5) 式を満たさない．(4.5) 式により導かれる 2 つの有向分離の要件は

$$(Y \perp\!\!\!\perp X_1)_{G_{\underline{X}_1 \overline{X}_2}} \quad \text{と} \quad (Y \perp\!\!\!\perp X_2 | X_1)_{G_{\underline{X}_2}}$$

である．これらの要件を記述した 2 つの部分グラフを図 4.5 に与える．部分グラフ $G_{\underline{X}_1 \overline{X}_2}$ において $(Y \perp\!\!\!\perp X_1)$ は成り立つが，部分グラフ $G_{\underline{X}_2}$ において $(Y \perp\!\!\!\perp X_2 | X_1)$ は成り立たないことがわかる．したがって，この要件を満たすためには，$Z_1 = \{Z\}$ または $Z_2 = \{Z\}$ でなければならないが，Z は X_1 の子孫であるため，$Z_2 = \{Z\}$ の場合だけが (4.4) 式を満たす．集合 Z_k を $Z_1 = \phi, Z_2 = \{Z\}$ としたときの要件は $(Y \perp\!\!\!\perp X_1)_{G_{\underline{X}_1 \overline{X}_2}}$ と $(Y \perp\!\!\!\perp X_2 | \{X_1, Z\})_{G_{\underline{X}_2}}$ である．図 4.5 より，$G_{\underline{X}_2}$ において $\{X_1, Z\}$ は Y と X_2 を有向分離しているため，以上のように集合 Z_k を定めると条件 (4.4) 式と条件 (4.5) 式がともに成り立つことがわかる．以上のことから，(4.6) 式を用いて計画 $(do(x_1), do(x_2))$ の Y への効果に対する公式

$$P(y|do(x_1), do(x_2)) = \sum_z P(y|z, x_1, x_2) P(z|x_1) \tag{4.7}$$

を得ることができ，これは (4.3) 式と一致している．

(a) $G_{\underline{X_1},\overline{X_2}}$ (b) $G_{\underline{X_2}}$

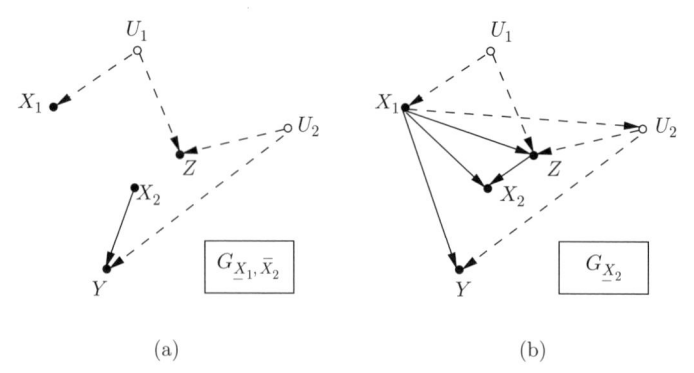

図 4.5 図 4.4 における計画 $(do(x_1), do(x_2))$ の因果効果が識別可能であるかどうかを検証するために使われる G の部分グラフ

当然のことながら，条件 (4.4) 式と条件 (4.5) 式を満たす集合 Z_k の列 $Z_1 = \phi$, $Z_2 = \{Z\}$ を簡単に見つけることができるのかという問題が生じる．この問題に対する答えを，系 4.4.5 と定理 4.4.6 で与える．

定理 4.4.1 の証明

証明は do 計算法に関する推論規則（定理 3.4.1）に基づいており，これによって因果効果を do のない表現へ変換することができる．潜在変数除去法を使ったもう一つの証明は Pearl and Robins (1995) により与えられている．

ステップ 1. $Z_k \subseteq N_k$ ならば任意の $j \geq k$ に対して $Z_k \subseteq N_j$ を満たす．したがって，$\{Z_1, \cdots, Z_k, X_1, \cdots, X_{k-1}\}$ の任意の要素は $\{X_k, \cdots, X_n\}$ の任意の要素の子孫ではないため，規則 3 により，$P(z_k|z_1, \cdots, z_{k-1}, x_1, \cdots, x_{k-1}, do(x_k), \cdots, do(x_n))$ から do のついた変数を取り除くことができる．したがって，

$$P(z_k|z_1, \cdots, z_{k-1}, x_1, \cdots, x_{k-1}, do(x_k), \cdots, do(x_n))$$
$$= P(z_k|z_1, \cdots, z_{k-1}, x_1, \cdots, x_{k-1})$$

を得る．

ステップ 2. 条件 (4.5) 式より，規則 2 を使って

$$P(y|z_1, \cdots, z_k, x_1, \cdots, x_{k-1}, do(x_k), \cdots, do(x_n))$$
$$= P(y|z_1, \cdots, z_k, x_1, \cdots, x_{k-1}, x_k, do(x_{k+1}), \cdots, do(x_n))$$

を得る．したがって，

$$P(y|do(x_1), \cdots, do(x_n))$$
$$= \sum_{z_1} P(y|z_1, do(x_1), \cdots, do(x_n)) P(z_1|do(x_1), \cdots, do(x_n))$$
$$= \sum_{z_1} P(y|z_1, x_1, do(x_2), \cdots, do(x_n)) P(z_1)$$
$$= \sum_{z_2} \sum_{z_1} P(y|z_1, z_2, x_1, do(x_2), \cdots, do(x_n)) P(z_1) P(z_2|z_1, x_1, do(x_2), \cdots, do(x_n))$$

4.4 計画の識別可能条件

$$= \sum_{z_2}\sum_{z_1} P(y|z_1,z_2,x_1,x_2,do(x_3),\cdots,do(x_n))P(z_1)P(z_2|z_1,x_1)$$

$$\vdots$$

$$= \sum_{z_n}\cdots\sum_{z_2}\sum_{z_1} P(y|z_1,\cdots,z_n,x_1,\cdots,x_n)$$
$$\times P(z_1)P(z_2|z_1,x_1)\cdots P(z_n|z_1,\cdots,z_{n-1},x_1,\cdots,x_{n-1})$$

$$= \sum_{z_1,\cdots,z_n} P(y|z_1,\cdots,z_n,x_1,\cdots,x_n) \prod_{k=1}^{n} P(z_k|z_1,\cdots,z_{k-1},x_1,\cdots,x_{k-1})$$

を得ることができる. □

定義 4.4.2（許容列と G 識別可能）

条件 (4.4) 式と条件 (4.5) 式を満たす共変量列 $Z_1,\cdots,Z_n$ を許容列といい, 定理 4.4.1 より因果効果 $P(y|do(x_1),do(x_2),\cdots,do(x_n))$ が識別可能となるとき, その因果効果は G 識別可能であるという[7]. □

次の系を簡単に得ることができる.

系 4.4.3

因果効果 $P(y|do(x_1),do(x_2),\cdots,do(x_n))$ が許容列により識別可能となることと, 因果効果 $P(y|do(x_1),do(x_2),\cdots,do(x_n))$ が G 識別可能であることとは同値である. □

G 識別可能条件が, 4.4.2 項で定義した一般的な計画を行った際の因果効果が識別可能であるための十分条件であって, 必要条件ではない理由には次の 2 つがある. 第一の理由は, do 計算法に関する 3 つの推論規則に対する完全性が未解決問題であることである. 第二の理由は, (4.6) 式へ変形する際に第 k ステップにおいて, X_k の子孫である変数 Z_k, すなわち, 介入 $do(x_k)$ の影響を受ける可能性のある変数を条件づけていないことである. ある因果構造では, 因果効果を識別するために, フロントドア基準（定理 3.3.4）を満たすような変数で条件づけなければならないことがある.

4.4.4 計画の識別可能条件：手続き

定理 4.4.1 は, 計画の因果効果が識別可能であるための宣言的な条件を与えている. この定理により, 与えられた計画の下ですでに提案されている (4.6) 式が有効であることを示すことができる. しかし, この定理は各 Z_k を選択する方法を手続き的に述べているわけではないため, 実際に (4.6) 式を導く効率的な手続きを提供しているわけではない. また, ある手続きに従えば因果効果を do のない表現に変換できる場合であっても, たまたま運悪く, 条件 (4.4) 式と条件 (4.5) 式を満たすけれどもそれ以上の変換が不可能となる Z_k を選択してしまう可能性もある.

図 4.6 を用いてこれを説明しよう. たとえば, Z_1 として W を選択すると, これは許

---

[7] Pearl and Robins (1995) では, (1)Robins の G–推定公式, これは G が完全でかつ未観測交絡因子を含まないとき (4.6) 式と一致する（(3.63) 式を参照）; (2) 条件 (4.4), (4.5) 式がもつグラフ的特徴, という 2 つを連想してもらうために「G–許容性」という用語が使われている.

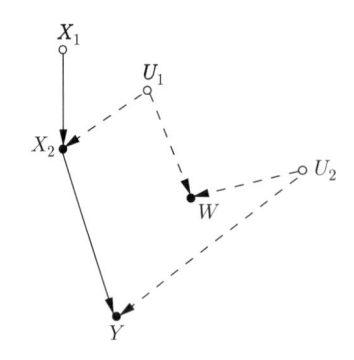

図 4.6 Z_2 に対する許容的選択を行うことができない許容列的選択 $Z_1 = W$. $Z_1 = \phi$ と選択すれば，許容列 $(Z_1 = \phi, Z_2 = \phi)$ を構成することができる．

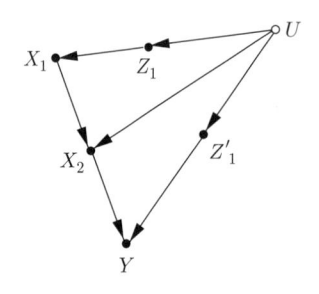

図 4.7 極小となる許容集合が一意ではないグラフ．$G_{\underline{X_1}\overline{X_2}}$ において $(Y \perp\!\!\!\perp X_1 \mid Z_1)$ と $(Y \perp\!\!\!\perp X_1 \mid Z_1')$ が成り立つため，集合 Z_1 と Z_1' はそれぞれ極小的許容集合である．

容的選択となっている．しかし，実際にこれを選択した場合には，条件 (4.5) 式，すなわち $(Y \perp\!\!\!\perp X_2 \mid \{X_1, W, Z_2\})_{G_{\underline{X_2}}}$ を満たす Z_2 を見つけることができなくなるため，因果効果を do のない表現へ変換することはできない．この例では，$Z_1 = \phi, Z_2 = \phi$ を選択することが望ましい．この許容列 $\{\phi, \phi\}$ は，$(Y \perp\!\!\!\perp X_1 \mid \phi)_{G_{\underline{X_1}\overline{X_2}}}$ と $(Y \perp\!\!\!\perp X_2 \mid X_1, \phi)_{G_{\underline{X_2}}}$ をともに満たす．

図 4.6 を用いて説明したような誤った共変量選択を避けるための自明な方法は，「極小集合」Z_k，すなわち，選択した共変量集合 Z_k は条件 (4.5) 式を満たすが，その真部分集合は条件 (4.5) 式を満たさないような集合を常に選択するよう要請することである．しかし，そのような極小集合は一般に数多く存在するため（図 4.7），極小集合 Z_k を選択するときにはいつでも「安全」であるかどうか，すなわち，ある許容列 $Z_1^*, \cdots, Z_n^*$ が存在する場合，ある極小列 $Z_1, \cdots, Z_k$ を選択したものの，次の許容集合 Z_{k+1} を見つけることができなくなる，というようなことは起こらないのか，という問題が生じる．

次の結果は，すべての極小集合 $Z_1, \cdots, Z_k$ が安全であることを保証するものであり，これによって因果効果が G 識別可能であるかどうかを効率的に検証することができる．

定理 4.4.4

許容列 $Z_1^*, \cdots, Z_n^*$ が存在するならば，すべての極小許容列 $Z_1, \cdots, Z_{k-1}$ に対して，許容集合 Z_k が存在する． □

証明は Pearl and Robins (1995) で与えられている．

因果効果が G 識別可能であることを検証する効率的手続きを与えるために，定理 4.4.4 から次のような系を得ることができる．

系 4.4.5

因果効果が G 識別可能であることと，次のアルゴリズムが成功することとは同値である．

4.4 計画の識別可能条件

1. $k=1$ とする.
2. 条件 (4.5) 式を満たす任意の極小集合 $Z_k \in N_k$ を選択する.
3. Z_k が存在しないならば FAIL とし，そうではないならば $k=k+1$ とする.
4. $k=n+1$ ならば，成功とし，そうでなければ，ステップ 2 に戻る. □

極小集合 Z_k の探索を避けるために，定理 4.4.4 をもう一つの形式で言い換えることができる．これは，許容列が存在する場合には，G において簡単に識別できるような共変量の列 $W_1, \cdots, W_n$ を用いて定理 4.4.1 を書き直すことができるという事実から得られる．

定理 4.4.6

因果効果 $P(y|do(x_1), \cdots, do(x_n))$ が G 識別可能であることと，任意の $1 \leq k \leq n$ に対して，次の条件が成り立つこととは同値である．

$$(Y \perp\!\!\!\perp X_k | \{X_1, \cdots, X_{k-1}, W_1, W_2, \cdots, W_k\})_{G_{\underline{X_k}\overline{X}_{k+1}\cdots\overline{X}_n}}$$

ここに，W_k は G における $\{X_k, X_{k+1}, \cdots, X_n\}$ の非子孫であり，かつ $G_{\underline{X_k}\overline{X}_{k+1}\cdots\overline{X}_n}$ において X_k または Y を子孫とするすべての共変量からなる集合である．$W_1, W_2, \cdots, W_k$ がこの条件を満たすとき，$P(y|do(x_1), do(x_2), \cdots, do(x_n))$ は識別可能であり，計画 $(do(x_1), do(x_2), \cdots, do(x_n))$ の因果効果は

$$P(y|do(x_1), do(x_2), \cdots, do(x_n)) = \sum_{w_1, \cdots, w_n} P(y|w_1, \cdots, w_n, x_1, \cdots, x_n)$$
$$\times \prod_{k=1}^{n} P(w_k|w_1, \cdots, w_{k-1}, x_1, \cdots, x_{k-1}) \quad (4.8)$$

で与えられる. □

定理 4.4.6 の証明は，さまざまな一般化とともに Pearl and Robins (1995) や Robins (1997) で与えられている．G 識別可能条件の拡張は Kuroki による一連の論文 (Kuroki and Miyakawa 1999a,b; Kuroki et al. 2003; Kuroki and Cai 2004) で与えられている．

系 4.4.5 と定理 4.4.6 は，因果効果が識別可能であるかどうかをシステマティックに検証できる方法論を与えているという意味で手続き的であるが，それでもまだ順序に依存していることに注意しなければならない．G における矢線と矛盾しない処理変数の順序が 2 種類存在する場合に，一方の順序については許容列が存在するのに，他方の順序においては存在しない，といったことがありうる．図 4.8 のグラフ G は，そのようなケースとなっている．図 4.8 のグラフは，処理変数 X_1 と X_2 に対して任意の順序を与えることができるようにするために，図 4.4 から矢線 $X_1 \to X_2$ と $X_1 \to Z$ を削除したものである．前述したように，順序 (X_1, X_2) に対しては許容列 (ϕ, Z) が存在するが，順序 (X_2, X_1) に対しては許容列が存在しない．このことは $G_{\overline{X}_1}$ より明らかである．実際，この問題では ($k=1$ の場合の条件 (4.5) 式より) Y と X_1 を有向分離するような $\{X_2, Z\}$ を見つけなければならないが，そのような集合は存在しない．

このような順序依存性は，G が処理変数に対していくつかの順序づけができるときには，すべ

(a) G (b) $G_{\underline{X_1}}$

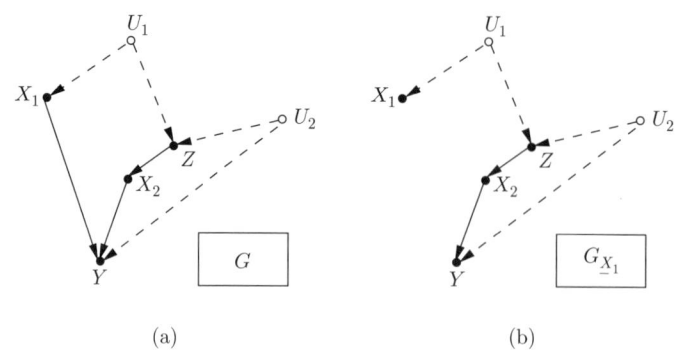

図 4.8 処理変数 X_1, X_2 の適切な順序づけが重要となる因果ダイアグラム G

ての順序に対して因果効果が G 識別可能であるかどうかを検証しなければならないことを示している．そのような順序空間に対して効率的な探索アルゴリズムが存在するかどうかは未解決のままである．

4.5 直接効果とその識別可能条件

4.5.1 直接効果と総合効果

これまで解析対象としていた因果効果 $P(y|do(x))$ は変数（または変数集合）X から反応変数 Y への総合効果を表している．調査によっては，こうした量を知ることが適切な目標ではなく，むしろ X から Y への直接効果に注目が集まることも多い．「直接効果」はモデルに含まれる他の変数が介在しない効果，もっと正確にいうならば，解析において X と Y 以外の変数を固定したときの X の変化に対する Y の感度を定量化したものである．こういった他の変数を固定することにより，X から Y へ向かうほとんどすべての有向道が G から取り除かれることになるが，唯一の例外は矢線 $X \to Y$ であり，この矢線はいかなる中間変数によっても分離されない．

直接効果が問題となった古典的例として経口避妊薬の問題 (Hesslow 1976; Cartwright 1989) がある．経口避妊薬が，女性における血栓症の原因の一つではないかという疑いがあるが，それと同時に妊娠を減少させることによって血栓症を間接的に減少させてもいる（妊娠は血栓症を助長する）．この例では，避妊薬の直接効果を評価することが興味の対象となっている．なぜなら，この場合の直接効果は避妊薬と血栓症との安定した生物学的関係を表しており，総合効果とは異なり，女性の妊娠やその継続の可能性に影響を与えかねない婚姻関係の有無や社会的要因などといった要因によって変化する心配がないからである．

もう一つの例は，雇用における人種または性差別をめぐる法廷論争に関する問題である．この問題では，性別や人種が応募者の技能に与える影響や，技能が雇用の決定に与える影響が訴訟の対象になっているわけではない．むしろ，被告弁護人は，性別や人種が応募者の技能を経由して間接的に雇用の決定に影響を与えたのだとしても，少なくとも性別や人種が雇用の決定に直接的な影響を与えていないことを証明しなければならない．

これらのケースでは，中間変数を固定しなければならないが，これは選択，条件づけ，調整といった解析的な意味で解釈すべきではなく，むしろ物理的な介入によって（仮想的に）これらの変

数を一定にすると解釈すべきである．たとえば，経口避妊薬と血栓症との関係を，それぞれ妊婦と非妊婦とで評価し，それから個々の結果を統合するのでは不十分である．その代わりに，避妊薬を使用する前に妊婦になった女性の間で，そして避妊薬以外の方法で避妊を行っていた女性の間で研究を実施しなければならない．その理由は，X と Y の間に直接効果がない場合であっても，中間変数（この例では妊娠）により条件づけることによって，X と Y の間に擬似相関が生じてしまうことがあるからである．このことは，X から Y への直接効果のないモデル $X \rightarrow Z \leftarrow U \rightarrow Y$ を用いて簡単に説明することができる．物理的に Z を固定すれば X と Y に関連がなくなることは，このグラフから Z に向かう矢線すべてを取り除くことによって簡単にわかる．しかし，Z で条件づけると（非観測変数）U を経由して擬似相関が生じてしまい，それが X から Y への直接効果と解釈される恐れがある．

4.5.2 直接効果，定義と識別可能条件

問題に現れているすべての変数の制御を行うことは不可能ではないとしても，明らかに困難な作業である．識別解析を行うことにより，どのような条件の下でならそのような制御を行うことなく，非実験データから直接効果を推定することができるのかが明らかになる．記号 $do(x)$ を使って，直接効果を次のように定義することができる．

定義 4.5.1（直接効果）

X から Y への直接効果は $P(y|do(x), do(s_{XY}))$ で与えられる．ここに，S_{XY} はシステムにおける X と Y を除くすべての内生変数からなる集合である． □

直接効果の定量的評価は，ある理想的な実験室における結果であることがわかる．すなわち，そのような実験室において，科学者は起こりうるすべての条件 S_{XY} を制御できるので，因果ダイアグラムがどのような構造をしているか，またダイアグラムに含まれる変数のうちのどれが X から Y への有向道の間にある中間変数か，といったことを知る必要はない．一方，因果ダイアグラムの構造がわかっている場合には，こうした実験的制御のほとんどは実施しなくてよい．その方法の一つは，X と Y を除くすべての変数を実際に固定するのではなく，Y の親だけを一定に固定すればよいというものである．このことから，すでに述べた直接効果の定義と同値な，以下の定義を得る．

系 4.5.2

X から Y への直接効果は $P(y|do(x), do(pa_{Y \setminus X}))$ で与えられる．ここに，$pa_{Y \setminus X}$ はシステムにおける X 以外の Y の親の実現値を表す． □

X が Y の方程式に現れない（同値な言い換えをすると，X が Y の親ではない）場合，明らかに $P(y|do(x), do(pa_{Y \setminus X}))$ は x の値とは無関係な定数分布となり，これは「直接効果がない」という我々の理解と一致している．一般に，X が Y の親である場合には，系 4.5.2 から，$P(y|do(pa_Y))$ が識別可能であるならば X から Y への直接効果も識別可能である．さらに，この表現の条件付きの部分は Y の親が処理変数となっている計画に対応しているので，このような親に対する計画の因果効果が識別可能であるならば直接効果も識別可能であるということができる．したがっ

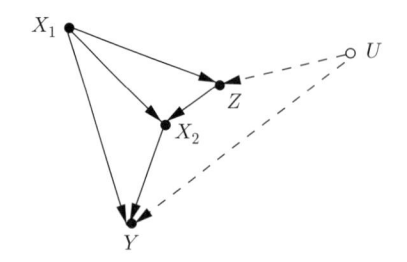

図 4.9 バークレー校での性差別疑惑に関する研究を説明するための因果ダイアグラム．性別から合格率への直接効果を推定するために，志望学部 (X_2) または希望職種 (Z)（あるいはその両方）で調整するのは不適切である．適切な調整公式は (4.10) 式で与えられる．

て，4.4 節で与えた識別解析を使って，定理 4.4.1 と定理 4.4.6 で与えたグラフィカル識別可能条件を直接効果の識別解析に利用することができる．このことを，次の定理に与える．

定理 4.5.3

$PA_Y = \{X_1, \cdots, X_k, \cdots, X_m\}$ とする．適当な共変量の許容的列について系 4.4.5 の条件が計画 $(do(x_1), do(x_2), \cdots, do(x_m))$ に対して成り立つならば，X_k から Y への直接効果は識別可能であり，(4.8) 式で与えられる． □

定理 4.5.3 から，Y のある 1 つの親の直接効果が識別可能であるならば Y のすべての親の直接効果も識別可能であることが導かれる．もちろん，(4.8) 式からわかるように，直接効果の大きさは親によって異なる．

次の系も直ちに得られる．

系 4.5.4

X_j を Y の親とする．$X_k \to Y$ を含む交絡弧が 1 つでも存在するならば，X_j から Y への直接効果は識別不能である． □

4.5.3 例：大学入学試験における性差別

この結果の適用法を説明するために，バークレー校での大学入学試験における性差別疑惑に関する研究を考えよう (Bickel et al. 1975)．データによれば，全体的に男性受験生が高い合格率を示しているが，学部で分類すると，女性受験生がわずかに有利となっている．これに対する説明は，女性受験生は人気のある学部，つまり合格率の低い学部を受験する傾向があるため，というものであった．この結論に基づいて，バークレー校は性差別が行われているのではないかという嫌疑を晴らした．この逆転現象の哲学的な側面は Simpson のパラドックスとして知られているが，これについては第 6 章で詳しく議論する．ここでは，学部で調整することが大学入学試験における性差別問題を解明するのに適切であるかどうかという問題に焦点を当てる．「(定員数よりも受験者数がかなり多い）人気のある学部を受験することは要するに不合格となる要因の一つでもある」ため，そのような因子で調整を行うことが適切であるという一般的な通念がある (Cartwright 1983, p.38)．しかし，もっと他の因子についても考えなければならないことを以下で示そう．

バークレー校の例で関連ある変数が図 4.9 のように構成されているとしよう．各変数の説明は以下のとおりである．

4.5 直接効果とその識別可能条件

$$X_1 = 受験生の性別$$
$$X_2 = 受験生の志望学部$$
$$Z = 受験生の（入学前の）希望職種$$
$$Y = 入学試験の結果（合格/不合格）$$
$$U = 受験生の技能（記録なし）$$

U は受験生の希望職種と入学試験の成績 Y に（たとえば言語能力（記録なし）を通して）影響を与えていることに注意しよう．

志望学部による調整を行った場合

$$E_{x_2}P(y|do(x_1),x_2) = \sum_{x_2} P(y|x_1,x_2)P(x_2) \tag{4.9}$$

が得られる．一方，X_1 から Y への直接効果は

$$P(y|do(x_1),do(x_2)) = \sum_z P(y|z,x_1,x_2)P(z|x_1) \tag{4.10}$$

で与えられる．明らかに，2つの式は本質的に異なっている．(4.9) 式は，ある学部を志望した受験生の間で性別が入学試験の結果に与えた効果（の平均）を評価したものである．この量は，たとえば，ある学部のある性別の受験生たちの間では合格率が高いという傾向がある場合には，それによって値が変化するような量である．しかし，この傾向は，実はこうした志望学部と性別の組み合わせがある種の適性 (U)（ただし記録されていない）を反映しているために生じた見かけ上の相関かもしれない．一方，(4.10) 式では性別それぞれについて希望職種 (Z) による調整が行われているため，そのような擬似相関は取り除かれている．

(4.9) 式が X_1 から Y への直接効果を適切に評価していないことを確認するには，X_1 から Y への矢線がない場合でも，この式が X_1 の値に依存していることを示せばよい．一方，(4.10) 式は，このような場合には x_1 の影響を受けない．このことを確かめることは読者に対する練習問題としよう[8]．

ここで紹介した識別解析を具体的な数値例に適用するために，2つの学部 A, B をもつ大学を考え，これらの学部はともに技能 Q だけで学生の合否判定を行うものと仮定しよう．また，(i) 受験生は男性 100 人，女性 100 人からなる，(ii) 性別のそれぞれについて 50 人が高い評価を受け，50 人が低い評価を受ける（したがって，不合格となる）と仮定しよう．この大学が性差別により告訴されることはないことは明らかである．

ところが，もし技能を無視して志望学部で調整した場合，(4.9) 式を使って性別が入学に与えた効果を推定することになり，異なった結果が現れることになる．これらの学部の応募状況として，技能の高い男性受験生だけが全員学部 A を受験し，女性受験生は全員学部 B を受験したと仮定しよう（表 4.1）．

この表より，志望学部で調整することによって $37.5 : 25 = 3 : 2$ という女性受験生に有利であるというバイアスのかかった評価が行われることがわかる．一方，この例において，調整しない

---
[8] ヒント：グラフから導かれる独立関係を使って $P(y,u,z|do(x_1),do(x_2))$ を分解し，(3.27) 式と同様な誘導を行って u を取り除けばよい．Cole and Hernán (2002) は疫学における例を与えている．

表 4.1 各学部における男性と女性の合格率

	男性		女性		全体	
	合格	受験生	合格	受験生	合格	受験生
学部 A	50	50	0	0	50	50
学部 B	0	50	50	100	50	150
調整前	50%		50%		50%	
調整後	25%		37.5%			

（しばしば「粗」とよばれる）解析を行うと，男性も女性も合格率は等しく 50% であるという正しい結果が得られ，大学が性差別を行っているという嫌疑を晴らすことができる．

本節の識別解析の目的は，Bickel et al. (1975) が行ったバークレー校での研究には問題があるとか，この研究において志望学部で調整するのは正しくないとかいったことを示すことではない．むしろ，識別可能性を確かなものとする因果的な仮定を注意深く吟味することなく，単に調整を行っただけでは直接的あるいは間接的な因果効果を偏りなく推定できるとは限らないことを強調することが狙いであった．定理 4.5.3 はこれらの仮定に対する理解とそれらを表現する数学的方法論を与えている．ここに，受験生の技能 Q がデータとして記録されていない場合には，図 4.9 の例において Z が U と関連しているのと同じように，Q と関連している何らかの代理変数が測定できないかぎり，性別から合格率への直接効果は識別可能ではないことに注意しよう．

4.6 追　記

4.6.1 平均的直接効果

構造方程式モデル (SEM) に精通している読者なら，線形構造方程式モデルでは，直接効果 $E(Y|do(x), do(pa_{Y\setminus X}))$ が X から Y への矢線に対応するパス係数によって完全に特徴づけられることに気がつくであろう．それゆえ，直接効果は Y について X 以外の親 $pa_{Y\setminus X}$ の値と無関係である．一般に，非線形構造方程式モデルではこれらの値が，X から Y への因果効果を修飾する可能性がある．そこで，解析の対象となる方針を表現するために，これらの値を注意深く定めなければならない．たとえば，避妊薬の血栓症への直接効果は妊婦と非妊婦でかなり異なると考えられる．疫学研究者はそのような差異を「効果の修飾」とよび，それぞれの部分母集団における効果を個別に報告すべきであると主張している．

直接効果が，反応変数の親の水準をどの値に固定するかに影響を受けやすいことは確かだが，直接効果をこれらの水準を通じて平均化することがしばしば重要となる．たとえば，ある大学での差別の程度を学部を特定することなく評価したい場合，制御された差

$$P(合格\,|do(男性), do(学部)) - P(合格\,|do(女性), do(学部))$$

ではなく，この差をすべての学部について平均したものを用いるべきである．この平均は，すべての女性応募者に希望学部を変更しないよう指示する一方で，（入学願書上は）性別を女性から男性へと変えるように指示する，といった仮想実験を行った際の合格率の増加を測定している．

概念的には，平均的直接効果 $DE_{x,x'}(Y)$ は，X の値を x から x' に変化させ，X 以外の Y

4.6 追記

の親の値を $do(x)$ という条件の下でとる値そのままにしたときの Y の平均的変化として定義することができる．この仮想的な変化は，Robins and Greenland (1991) が「純粋」，そして Pearl (2001a〜c) が「自然」であるとよんでいるものであるが，これこそ人種や性差別の問題に関して立法者が「すべての雇用差別問題において核心となる問題は，もしその従業員の人種（年齢，性別，宗教，国籍など）だけが異なっており，それ以外の特徴がすべて同じであったならば，はたして雇用主は同じ行動をとったであろうか」（Carson versus Bethlehem Steel Corp., 70 FEP Cases 921, 7th Cir. (1996)）と我々に一考を促すものである．

(3.51) 式の括弧記号を用いると，「自然な直接効果」に対する形式的表現は

$$DE_{x,x'}(Y) = E[Y(x', Z(x)) - Y(x)] \tag{4.11}$$

で与えられる．ここに，Z は X を除いた Y の親すべてからなる集合である．また，$Y(x', Z(x))$ は，X を x' と固定し，同時に Z を $X = x$ と固定したという条件の下でとる値そのままにした際に得られる Y の値を表す．$DE_{x,x'}(Y)$ は x から x' へ変化したときの平均的直接効果であるが，入れ子構造の反事実確率を含んでいるため，$do(x)$ オペレータを用いて表現することができない．したがって，一般に，理想的に制御された実験が行われたとしても，平均的直接効果は識別可能ではない（Robins and Greenland (1992) と 7.1 節の直感的説明を参照）．それにもかかわらず，Pearl (2001a〜c) は「交絡しない」という仮定が成り立つと考えられる場合には[9]，平均的直接効果は

$$DE_{x,x'}(Y) = \sum_z [E(Y|do(x', z)) - E(Y|do(x, z))] P(z|do(x)) \tag{4.12}$$

と表現できることを示している．この直観は単純である．因果効果 $P(z|do(x))$ を重み関数としたとき，自然な直接効果は制御された直接効果の重みつき平均で与えられる．このような仮定の下では，特定の制御計画の因果効果 $P(y|do(x_1), do(x_2), \cdots, do(x_n))$ を識別するために 4.4 節で開発された手法を適用することができる．

特に，(4.12) 式はマルコフ・モデルに適用可能でかつ識別可能であり，（系 3.2.6 を用いて）

$$DE_{x,x'}(Y) = \sum_z [E(Y|x', z) - E(Y|x, z)] \sum_t P(z|x, pa_X = t) \tag{4.13}$$

と表現することができる．

4.6.2 平均的間接効果

注目すべきことに，自然な直接効果 (4.11) 式を変形することにより，**間接効果**に操作的な定義を与えることができる．$do(x)$ オペレータを使っても X から Y への矢線を取り除くことができないため，X から Y への間接道のみを通した効果を得ることはできない．そのため，間接効果は神秘と論争で覆い隠された概念であった．

x から x' へ変化したときの平均的間接効果 IE は，X を $X = x$ と固定し，同時に Z を $X = x'$ と固定したという条件の下でとる値そのままにしたときの Y の平均的変化として定義される．反

---

[9] 十分条件の一つは観測共変量の集合 W に対して $Z(x) \perp\!\!\!\perp Y(x', z) | W$ が成り立つことである．その詳細とグラフィカル基準については，Pearl (2001a〜c) と Petersen et al. (2006) を参照されたい．

事実的概念を用いると，これは

$$IE_{x,x'}(Y) = E[Y(x, Z(x')) - Y(x)]$$

と書ける (Pearl 2001a〜c)．これは，x と x' を入れ替えたことを除けば，直接効果 ((4.11) 式) とほとんど同じである．

実際，一般に，変化の総合効果 TE はその変化が起こったときの直接効果と逆の変化が起こったときの間接効果との差に等しい．形式的には

$$TE_{x,x'}(Y) \stackrel{\triangle}{=} E(Y(x) - Y(x')) = DE_{x,x'}(Y) - IE_{x',x}(Y)$$

と書くことができる．

線形システムでは，逆の変化が起こることは，それらの効果の符号を逆にすることと同じであるため，標準的な加法公式

$$TE_{x,x'}(Y) = DE_{x,x'}(Y) + IE_{x,x'}(Y)$$

を得ることができる．この式の各項は独立した操作的定義に基づいているため，加法公式を正当化するものである．

間接効果は政策決定という明確な意味合いをもつことに注意しよう．たとえば，雇用差別が起こっている環境において，政策決定者は，性差別が解消され，男性が現在扱われているのと同じように，すべての応募者が平等に扱われた場合に，従業員全体における男女比を予測することに興味があるかもしれない．この量は，性別に依存する可能性のある教育や才能のような要因が介在した，性別から雇用への間接効果によって与えられる．

もっと一般に，政策決定者は，人事発令を行ったときの結果であったり，互いに作用しあう行為者のネットワークにおいてメッセージの受け渡しを慎重に制御することに関心があるかもしれない．このような場面への応用を考える際には，**特定の道に関する効果**，すなわち，ある道を経由する X から Y への因果効果を定義しなければならない．マルコフ・モデルにおける完全な解析は，Avin et al. (2005) で与えられている．

これらの状況すべてにおいて，政策介入では，固定されるべき変数の選択ではなく，検知されるべきシグナルの選択が生じる．Pearl (2001a〜c) は，このシグナル選択という操作が外的操作以上に因果的概念にとって不可欠なものであると述べている．すなわち，外的操作は，シグナル選択の操作を大雑把に模倣したものにすぎないが，測定できるように工夫されている．

あるグラフィカルな条件の下で，$do(x)$ では表現することのできない DE や IE のような反事実的量が，$do(x)$ オペレータを含むが反事実は含まない公式に変換できることは注目に値する．つまり，一見すると経験的意味をもたないように見える量が，実験的制御を含む経験的研究から推定できるのである．第 7 章と第 9 章では，この「科学的解析の魔法」についてさらなる例を与える．Dawid (2000) の批判的立場に対して Pearl (2000) で述べたように，この魔法は反事実解析を擁護するための強力な根拠を与えるものである．

反事実的量が $do(x)$ による表現に変換できる条件に関する一般的分析については，Shpitser and Pearl (2007) で与えられている．

第 5 章

社会科学と経済学における因果関係と構造モデル

> 二人の者が出会わなければ，行を共にするだろうか[a].
> Amos 3:3

序　文

　1950 年代以降，構造方程式モデリング (SEM) は，経済学や社会科学における因果分析法として普及している．しかし，現在における SEM の一般的な解釈は，創始者や本書で説明するようなものとはまったく異なっている．構造方程式は本質的な因果的情報を記述するツールではなく，確率的情報を記述するツールとして利用されている．経済学者は SEM を密度関数を扱いやすく表現したものと考え，社会科学者は共分散行列を要約したものとみなしている．その結果，多くの SEM 研究者にとって SEM の因果的フレームワークを明確に表現することが難しいだけでなく，SEM がもつ最も優れた能力も正しく理解されていないうえに，適切な利用もなされなくなっている．

　本章は，SEM の因果的説明を取り戻すという大きな目標のもとに書かれている．グラフィカル・モデルという分野と介入の論理が発展したことによって，現在直面している問題がどのように軽減されているのかを説明し，構造方程式に因果モデリングの第一言語としての活力を与える．本章では，第 3 章と第 4 章の結果をパラメトリック表現 (SEM 研究者にはもっともなじみのある形式) で記述する．そのうえで，パラメータの識別やモデルの検証という実質的でかつ概念的な問題が，グラフィカル・モデルを用いることによって，どのように説明できるのかを明らかにする．その後，ノンパラメトリック・モデルの議論に移り，その議論に基づいて，操作的意味論を発展させ，構造方程式とは何かという問題に論理的な説明を与える (5.4 節を参照)．特に，次のような基本問題に答える．構造方程式は世界に対して何を主張しているのか？　この主張のどの部分を検証できるのか？　どのような条件があれば回帰分析を用いて構造パラメータを推定できるのか？

　5.1 節では，SEM の歴史を紹介し，現在ではなぜその因果的説明が理解されていないのかについて述べる．5.2 節では，構造方程式のもつ検証可能な意味を明らかにする．これによって，逐次的モデル (ここでは**マルコフ・モデル**とよぶ) において，構造方程式モデルという統計的フレームワークが，そのモデルに含まれる偏相関係数が 0 である変数の組からなる集合によって完全に

---

[a] 訳者注：A・ヴァイザー著，秋田　稔・安積鋭二・大島征二・大島春子・熊井一郎・鈴木　皇・鈴木佳秀訳 (1982)．『ATD 旧約聖書註解・十二小預言書（上）』．ATD・NTD 聖書註解刊行会．

特徴づけられることがわかる．**有向分離**基準を利用すれば，グラフから偏相関係数が 0 であるという関係を読み取ることができるが，線形 SEM のフレームワークの場合には，巡回構造をもつグラフや誤差相関をもつグラフに対してもこのことを適用することができる．有向分離基準のモデル検証への応用については 5.2.2 項で議論するが，そこでは，局所的検証法が大域的検証法よりも優れていることを述べる．5.2.3 項では，モデルが同値であるかどうか調べるための簡単なグラフィカル検証法を与え，構造方程式モデルのどの部分が**検証不能**であるかを明らかにする．

5.3 節では，データ採取に先立って構造パラメータが識別可能であるかどうかを明らかにする問題を扱う．5.3.1 項では，線形マルコフ・モデルとセミマルコフ・モデル（誤差相関をもつ非巡回的ダイアグラム）について，グラフィカル識別可能条件を与える．この識別可能条件に基づいて，どのような場合にパス係数が回帰係数と等しくなるのか，すなわち，どのような場合に構造パラメータが回帰分析によって推定できるのかを判断するための簡単な手続きを与えることができる．5.3.2 項では，線形 SEM に基づくパラメータの識別可能性とノンパラメトリック・モデルに基づく因果効果の識別可能性の関係について議論し，5.3.3 項では，後者が前者に対する意味論的基礎となっていることを述べる．

最後に，5.4 節では，SEM の論理的基礎について議論し，過去の研究で提起されてきた多くの未解決問題を解決する．そこでは，構造方程式，構造パラメータ，誤差項，そして総合効果と直接効果に対する操作的定義を与えるだけでなく，経済学で議論されている外生性に対しても因果的な説明を与える．

5.1 はじめに

5.1.1 言葉を探索する因果性

原因という言葉は標準的な確率理論の用語ではない．多くの経験科学の公式的数学言語である確率理論を用いて「ぬかるみができることは雨が降る原因ではない」ような記述を表現することはできない．このことは厄介だが避けることのできない事実である．すなわち，ある一つの事象が起こればもう一つの事象も起こるという意味で，我々にいえるのは，この 2 つの事象が互いに相関をもつ，あるいは従属するということくらいである．それゆえ，複雑な現象に対する因果的説明や政策決定に対する理論的根拠を探索するために，科学者たちは因果的用語を用いて確率言語を補わなければならない．このとき，「ぬかるみができることは雨が降る原因ではない」という因果関係についての記号論的表現は「ぬかるみができることと雨が降ることとは独立である」という記号論的表現とは異なっている．しかし，奇妙なことに，標準的な科学的解析には，今もなお，このような区別が組み込まれていない[1]．

現在に至るまでに，パス解析あるいは SEM (Wright 1921; Haavelmo 1943) と Neyman–Rubin の潜在反応モデル (Neyman 1923; Rubin 1974) という 2 つの因果的言語が提案されてきた．前者は，経済学者や社会科学者が利用してきたものであり (Goldberger 1972; Duncan 1975)，後者はある統計学者のグループにより擁護されているものである (Rubin 1974; Robins 1986; Holland

---

[1] 因果関係を確率関係に変換しようという哲学者の試みについては第 7 章で述べる（7.5 節を参照）．

5.1 はじめに

1988).これら 2 つの言語は数学的には同値であるが(第 7 章,7.4.4 項を参照),どちらも因果モデリングでの標準的な手法とはなっていない.なぜなら,構造方程式モデルの場合には非常に誤用が多く見られ,不適切な定式化が行われている (Freedman 1987) 一方で,潜在反応モデルは部分的に定式化されたものにすぎず,(もっと重要なことであるが)通常の因果関係に関する理解とは明らかに関係がなく,かつ反事実という難解で形而上学的な用語に依存しているからである (3.6.3 項を参照).

現在のところ,潜在反応モデルはほとんど理解されておらず,あまり使われていない.一方,構造方程式モデルは多くの人によって使われているが,先導的実務家でさえ,因果の説明を疑問視していたり,避けたりしている場合が数多くある.第 3 章および第 4 章では,ノンパラメトリック構造方程式モデルが,介入理論に対する意味論的基礎をどのように与えているのかを説明した.1.4 節では,このモデルがどうやって反事実理論に対する意味論的基礎を与えているかを概説した.残念ながら,現在公表されている SEM の文献では,SEM がもつ優れた特徴が理解されておらず,利用もされていない.現在主流となっている哲学では,SEM は(社会科学では)共分散情報あるいは(経済学では)密度関数を符号化するための便利なツールとみなされている.皮肉的にも,我々は科学史がもつ一つの奇妙な巡回現象 ── 因果性が自分自身の言語を探索すると同時に因果性の言語も自分の意味づけを探索している ── を目の当たりにしている.

本章の目的は,構造方程式モデルの因果的説明を定式化したうえで,その適切な利用法を概説し,それによって,社会科学と行動科学において,因果分析の主たる形式的言語として SEM の信頼を回復させることにある.しかし,まずは歴史的発展という観点から,SEM 研究が現在直面している問題について簡単に分析することにしよう.

5.1.2 SEM:なぜ SEM の意味があいまいなものになってしまったか

構造方程式モデルは,遺伝学者 (Wright 1921) や経済学者 (Haavelmo 1943; Koopmans 1950, 1953) によって開発されたものであり,統計データと因果的情報を組み合わせることによって,興味ある変数間の因果関係を定量的に評価する方法論である.したがって,「どのような条件の下であれば構造係数は因果的な意味をもつのか?」というよくある質問に対して,Wright と Haavelmo は,「常に可能である!」と答えている.SEM の創始者たちによると,方程式 $y = \beta x + \varepsilon$ が構造的であるための条件は,X と Y の因果的なつながりは β 以外の値をもたず,x と ε の統計的関係によってこの β の説明が変わることはないというものである.面白いことに,SEM に対する基本的理解はこれだけなのであるが,文献からは消え去っており,現代の経済学者や社会科学者は β をどう扱ってよいのか困惑している.

現在,多くの SEM 研究者は,構造方程式を用いて因果的主張を適切に記述するためには,特別な構成要素が必要であると考えている.たとえば,James, Mulaik and Brett (James et al. 1982, p.45) といった社会科学者は,方程式 $y = \beta x + \varepsilon$ に因果的な意味を与えるために,**自己充足性**とよばれる条件が必要であると述べている.ここに,自己充足性とは $\mathrm{cov}(x, \varepsilon) = 0$ を意味する.James et al. (1982) によると,自己充足性が成り立たない場合には「方程式も関数関係も因果関係を表現していない」.Bollen (1989, p.44) は,構成要素間の統計的関係に先立って,それとは関係なく構造方程式に因果的説明が与えられるという理解に反して,(**擬似孤立性**あるいは

孤立性の下で）自己充足性が必要であると繰り返し述べている．1980年代の初めから，β は X を実験的に操作したときの $E(Y)$ の感度を表したものであり，ε は β に基づいて定義されるものであってその逆はありえないという，SEM当初の論理が公に支持されることはほとんどなくなっている．直交条件 $\mathrm{cov}(x,\varepsilon)=0$ は β に因果的説明を与えるための必要条件でも十分条件でもない（3.6.2項および5.4.1項を参照）[2]．それゆえ，多くのSEMの教科書に因果的説明が書かれていないことは驚くようなことではない．「学術論文でしばしば原因，結果，因果モデリングという言葉が使われている．我々はこの悪習を認めておらず，ここではこれらの用語を使うこともない」(Schumaker and Lomax 1996, p.90)．

計量経済学者も，構造パラメータの因果的理解という問題に直面している．Leamer (1985, p.258) は「驚くべきことに，経済学者は『外生性』，『構造的』，『因果的』といった言葉を使う場合には，それらの意味をしっかりと理解している．しかし，どの教科書にもこれらの適切な定義が書かれていない」と述べている．Leamerが述べたこの考察は，現在もあまり変わっていない．経済学の教科書では，常に構造パラメータの推定法にその大部分が費やされており，これらのパラメータが政策評価で果たす役割について議論されることはほとんどない．政策分析を扱っている数少ない教科書（たとえば，Goldberger 1991; Intriligator et al. 1996, p.28）では，政策変数はそれ自身がもつ性質により直交条件を満たしていると仮定されており，それゆえに構造的情報は不要なものとなっている．たとえば，Hendry (1995, p.62) は，次のように β の説明を直交条件に結びつけている．

> あるモデルを推定するのに必要な条件が規定されてはじめて，β の状態が明確になる．たとえば，モデル
> $$y_t = z_t\beta + u_t \qquad \text{ここで} \quad u_t \sim \mathrm{IN}[0,\sigma_u^2]$$
> の場合，z_t と u_t の関係が規定されれば，$E[z_t u_t]$ はその情報から0かどうかを判断できるため，β の意味は明らかとなる．

また，LeRoy (1995, p.211) は次のように続けている．「一般に内生変数どうしに因果的順序がないということは，経済学での基本教育ではありふれている．したがって，Y_1 と Y_2 が内生変数であるとき，『Y_1 から Y_2 への効果とは何か』という問題そのものが一般に無意味である」．LeRoyに従えば，ある変数とその変数の原因がそれぞれ結果変数に影響を与えるとき，その変数について因果関係を議論するのは無意味であるということになる．すなわち，経済学者や社会科学者が推定しようとしている構造パラメータの多くについて因果的な解釈を行うことを否定しているのである．

有名な科学哲学者であるCartwright (1995b, p.49) は，「外生変数どうしが無相関である方程式に含まれるパラメータを用いて，なぜ因果的順序を含めて原因を読み取ることができると思うのか？」という疑問を投げかけている．Cartwrightも，SEMの創始者と同じように，統計的あるいは関数的関係だけでは原因を理解することはできず，因果仮説が因果的な結論を確証するうえ

---

[2] 実際，β に因果的説明を与えた場合には，この条件は β が識別可能であるための必要条件にもなっていない（図5.7と図5.9の α の識別可能性を見よ）．

5.1 はじめに

で不可欠なものであると認識している．しかし，Wright や Haavelmo とは異なり，Cartwright は回帰モデル $y = \beta x + \varepsilon$ のパラメータ β に正当な因果的意味を与えるための仮定を全力で見つけようとし，彼女が提案した仮定が実際に十分であることを証明しようとした．Cartwright の分析からわかるように，彼女は Haavelmo であれば与えそうな答えを考えてはいなかった．その答えとは次のようなものである．パラメータから因果的な結論を導くために必要となる仮定が，方程式を「構造的」であると宣言した社会科学者によって我々に伝えられた．このような仮定は，すでに方程式という文法によって符号化され，対応するグラフから，買物リストと同じくらい簡単に読み取ることができる[3]．それゆえ，他のところから探索する必要もなければ，新たに十分性を証明する必要もない．つまり，外生変数どうしに相関があるモデルを含めて，任意の大きさや形のモデルに対して Haavelmo の答えを適用することができる．

このような例より，経済学者や社会科学者には，構造方程式を関数的で統計的な仮定を裏づける一方で，因果的な意味のない代数的対象とみなす傾向があることがわかる．第一線で活躍する社会科学者の記述は代表的である．「多くの研究者が原因や結果といった言葉を考え，使うことをやめれば，非常に健全なものになるであろう」．(Muthen 1987, p.180)．Holland (1995, p.54) はこの傾向に対して最も大胆な表現を用いている．「もちろん，私は方程式 $\{y = a + bx + \varepsilon\}$ について話をしている．それはどういうことなのか？ 私は，この方程式が 1 つの意味しかもたないと考えている．それは $\{x\}$ を与えたときの $\{y\}$ の条件付き分布を表現する簡単な方法であるということである[4]」．

SEM の創始者たちは，構造とモデルについてまったく異なる概念をもっている．Wright (1923, p.240) は「因果関係に対する先験的知識が前提条件として仮定されている」とパス係数の理論の中で述べており，Haavelmo (1943) も構造方程式が仮想的制御実験を記述していると明確に述べている．同様に，Marschak (1950), Koopmans (1953), Simon (1953) は確率分布の背後に構造を仮定する理由は，政策によって生じる仮想的変化を記述するためであると述べている．もしそうであるのであれば，この 50 年の間に SEM に何が起こり，なぜ Wright, Haavelmo, Marschak, Koopmans, Simon が述べた基本的 (かつ今もなお正当な) 教訓が忘れ去られてしまったのだろうか？

構造方程式に対する理解が低下した原因は，Lucas (1976) による批判にあると考える経済学者もいる．Lucas (1976) によれば，政策介入を予測するという経済活動を行う行為者たちは，SEM による予測に反した行動をとる傾向があるが，SEM ではそのような行動を予測することができない．しかし，この批判は，モデルの不変性と構造方程式モデリングの役割を，行動レベルから行

---

[3] 5.4 節では，この仮定を詳しく説明し，使用できるようにする．簡単には，パラメータを識別可能にする因果モデルに関するグラフを G とするとき，次の 2 つの仮定はそのパラメータについて因果的理解が信頼できると確証するのに十分である．(1) X と Y の間に辺がない場合には，Y の親に対して介入を行い固定すると，X は Y に対して影響を与えない．(2) X と Y の間に双方向矢線 $X \leftrightarrow Y$ がない場合には，Y に影響を与えるすべての潜在的要因は，X に影響を与える潜在的要因とは無相関である．ここに，介入を行うことができる場合には，実験的な設定によってそれぞれの仮定を検証することができる (5.4.1 項を参照)．

[4] ほとんど忘れ去られていることであるが，方程式の構造的説明 (Haavelmo 1943) には，$\{x\}$ を与えたときの $\{y\}$ の条件付き分布について何の制約も与えられていない．本書の用語を使って表現すれば，「X を x に制御して，それ以外の変数の集合 Z (X と Y を含まない) を z に制御するという理想的な実験を行えば，Y には $a + bx + \varepsilon$ によって値 y が割り当てられる．ここに，ε は X や Z とは (変数ごとに) 独立な確率変数である」(5.4.1 項)．この記述は $E[Y|do(x), do(z)] = a + bx + \varepsilon$ を意味しているが，$E(Y|X = x)$ については何も言及していない．

為者の動機と期待を含むより深いレベルへ移し変えているにすぎず，経済学者が構造方程式モデルという因果的フレームワークをある一定の論理的レベルで定義したり，表現したりしなくてもよいことを意味するわけではない．

著者は，SEMに対する因果的な意味づけがSEM利用者の意識から次第に遠のいている理由は次にあると考えている．

1. SEMの社会的地位を決定する統計学者は，直接検証できない仮定を嫌うため，因果的仮定を明らかにすることなく，SEMの社会的地位を得ようとした．
2. SEMを規定する代数言語には，統計的仮定と因果的仮定を明確に区別するのに適切な記号が存在しない．実際，SEMの創始者は，因果関係を記述する正確な数学的記号を開発していないために，SEMがもつ因果的根拠を忘れさせてしまったのである．現在，彼らの信仰者たちは因果的な根拠とは異なる場所でSEMに対する本質的な答えを捜している．

後者について詳しく調べよう．SEMの創始者たちは，構造モデルでは等号が「によって決定される」という非対称的関係を表しており，代数的等号というよりもプログラム言語の代入記号 (:=) のようなものとして扱われていることを十分に理解していた．しかし，数学的な純粋さゆえに，彼らはこの非対称性を表す記号を導入しなかった．Epstein (1987) によると，1940年代にWrightがCowles委員会（SEMを育てるのに適した環境）においてパスダイアグラムに関するセミナーを行ったが，パスダイアグラムの研究者もSEM研究者も，お互いがもっている特別なメリットがわからなかった．それはなぜか？ ダイアグラムは，混乱を避けるために等号を矢線に置き換えたノンパラメトリック構造方程式の集合にすぎないからである．

当時の計量経済学者はきわめて慎重な数学者であり，彼らは純粋な等号—統計的形式で数学を維持し，頭の中だけで構造に関する推論を行うことができると考えていた．実際，彼らは実に優れた研究者であったため，頭の中で驚くほどうまくこのような推論を成し遂げることができたのである．彼らの信仰者は等号を代数的等号と勘違いするようになった．その弊害が1980年代初めに現れ，ついには，誤差項とよばれるものはまったく意味をなさないという結果になった (Richard 1980, p.3)．そして，現在，我々は悲しい結末の中で生きている．「それはどういうことなのか？」というHollandの言葉で要約されるように，彼らの洞察を数学的記号で表現することができないため，SEMの創始者は，構造方程式に関する説明を取り巻く問題を作り上げてしまったのである．

5.1.3 数学言語としてのグラフ

近年のグラフィカル・モデルの発展により，因果推論が科学的モデリングと解析の主流に返り咲くことが期待されている．グラフィカル・モデルによって，グラフと確率の関係，そしてグラフと因果関係の関係をより正しく理解できるようになっている．しかし，グラフが数学言語として現れたことは大きな変化であった．Blalock (1962) と Duncan (1975) の論文からわかるように，この数学言語は代数的関係を表現するために発見された単なる記憶法ではない．むしろ，代数方程式と確率計算という標準的な数学言語では簡単に表現できない概念や関係に対して，グラフは基本的で記号論的なシステムを与えている．さらに，因果的仮定と統計データが結びついたとき，グラフィカル・モデルは，その仮定から結果を導くための強力な記号論的ツールとなる．

5.1 はじめに

　グラフ言語の能力を説明し，5.2 節と 5.3 節で議論の舞台を与える具体例として，3.3 節で議論し，6.1 節でも詳しく分析する Simpson のパラドックスがある．このパラドックスは，母集団を小さな群（たとえば，学部）に分割することによって，2 つの変数間の関連性（たとえば，性別と入学許可の関係）が逆転するという現象である．Simpson のパラドックスは，1899 年に発見されて以来，統計学における主要課題となっている．この研究では，逆転によって生じる実質科学的な問題（「分割する前と後では，どちらの関連性が意味があるのか？」）を明らかにするのではなく，逆転が起こらないための条件を与えることが議論の中心となっている．線形解析では，この問題は説明変数の選択問題――たとえば，結果にバイアスを与えることなく，変数 Z を回帰式に加えることができるのかどうかを判断する――として知られている．説明変数を加えることによって他の説明変数の係数の符号が変わってしまう現象は「抑制効果」として知られている (Darlington 1990)．

　説明変数の選択問題，あるいは共変量の調整問題は，この 1 世紀にわたって議論されてきたにもかかわらず，しっかりとした数学的根拠ではなく，習慣や直観に基づいて，状況に応じて非形式的に扱われている．標準的な統計学の文献では，この問題に驚くほど消極的である．原因と考えられる変数 (X) の影響を受ける共変量を用いて調整すべきではない[5]と注意を喚起しているだけで，どのような共変量を用いて調整すればよいのか，そしてこれを判断するためにどのような仮定が必要なのか，といったガイドラインについては何も与えられていない．このように消極的である理由は明らかである．なぜなら，（3.3.1 項と 4.5.3 項で述べたように）Simpson のパラドックスや共変量選択問題に関する解決案は因果的仮定に依存しており，このような仮定は標準的な統計用語では形式的に表現することができないからである[6]．

　一方，グラフ用語を用いて共変量選択問題を定式化すれば，自然でかつ形式的な解決策をすぐに導くことができる．研究者は，因果的知識（または仮定）を，なじみのあるパスダイアグラムという定性的な用語を用いて表現すればよい．そして，パスダイアグラムが完成すれば，提案した調整法（あるいは回帰）を用いて興味ある量が適切に評価できるかどうかを簡単な手続きにより判断することができる．この手続きは定義 3.3.1 で与えたバックドア基準とよばれるものであり，興味ある量が X から Y への総合効果である場合に適用できる．直接効果が評価対象である場合には，定理 4.5.3 で与えたグラフィカル基準を適用することができる．線形モデルに基づいて直接効果（すなわち，パス係数）を識別するために修正した基準を定理 5.3.1 に与える．

　Simpson のパラドックスは，グラフィカル・モデルの明快さと理解しやすさを示した，ただ一つの例というわけではない．実際，グラフを用いることによって，SEM の概念的基盤は精密度の高いレベルに到達している．グラフィカル・モデルを用いれば，どうすれば方程式の集合が「構造的」なものとなり，構造方程式モデルの提案者は何を仮定しているのか，これらの仮定は検証可能なのか，与えられた構造方程式の集合はどのような政策を主張しているのか，といった問題に簡単でかつ数学的に正しく答えることができる．次節以降では，このような問題を含めて SEM

---

[5] このアドバイスは，「～ の影響を受けない」という因果関係に依存しているが，（著者の知るかぎり）統計学の教科書でみられる因果的概念はこれだけである．第 3 章からわかるように，このアドバイスは必要条件でも十分条件でもない．

[6] 抑制効果と同じように，Simpson のパラドックスは，因果的解釈と関連性が結びついた場合にのみ，パラドックスとなる（6.1 節を参照）．

に関連する問題を議論することにしよう．

5.2 グラフとモデル検証

Wright は 1919 年に「パス係数の方法」を開発した．これにより，パスダイアグラムがデータの基礎となる因果的仮定を正しく記述している場合には，相関係数から因果関係の大きさを計算できるようになった．Wright の方法は，変数の組 (X_i, X_j) のそれぞれを方程式を用いて記述し，X_i と X_j を結ぶすべての道におけるパス係数の積和と残差相関との総和と（標準化された）相関係数 ρ_{ij} を同一視するというものである．したがって，これらの方程式に基づいて，観測された相関係数からパス係数を求めることができる．得られた方程式から，（観測されない）残差相関とは関係なく，パス係数 p_{mn} の解が一意に得られるとき，パス係数は**識別可能**であるという．相関係数 ρ_{ij} の集合すべてと整合するパス係数が存在する場合には，どのようなデータに対しても完全に適合するため，モデルは**検証不能**あるいは**反証不能**（**飽和**，あるいはちょうど**識別可能**，など）であるという．

Wright の方法は，半ばグラフ的なものであり，半ば代数的なものであった．これに対して，有向グラフの理論により，データ採取に先立って，グラフのみに基づいて検証問題および識別問題を分析できるようになり，さらには，これらの分析を線形モデルから非線形モデルあるいはノンパラメトリック・モデルへと拡張できるようになった．本節では，線形モデルと非線形モデルにおける検証問題を扱う．

5.2.1 構造モデルの検証可能な意味

データ生成過程を記述するために，あるモデルを仮定した場合，そのモデルはしばしば採取されたデータから得られる統計量に対して制約を与えている．観察研究では，このような制約から仮定されたモデルを検証する，あるいは反証するためのただ一つの方法が得られる．多くの場合，このような制約は偏相関係数が 0 であるという形式で表現される．しかし，もっと重要なことは，その制約は有向分離基準を用いて表現することができるため，パラメータに与えられる数値とは関係なく，パスダイアグラムの構造だけで記述することができるということである．

記号の準備

構造モデルの検証可能な意味を考える前に，1.4 節で与えた定義のいくつかについて復習するとともに，それらと SEM の文献で使われている標準的な記号を関連づけることにしよう．

本章では，グラフは

$$x_i = f_i(pa_i, \varepsilon_i), \quad i = 1, \cdots, n \tag{5.1}$$

という形式の方程式集合を規定している．ここに，pa_i（親を表す）は X_i の直接原因と考えられる変数集合であり，ε_i はそれ以外の表現されることのない誤差を表す．(5.1) 式は標準的な線形構造方程式

$$x_i = \sum_{x_k \in pa_i} \alpha_{ik} x_k + \varepsilon_i, \quad i = 1, \cdots, n \tag{5.2}$$

5.2 グラフとモデル検証

を非線形,ノンパラメトリックの場合へ一般化したものである.ここに,pa_i は (5.2) 式の右辺にある 0 ではない係数をもつ変数に対応している.(5.1) 式の方程式が変数 X_i の(単なる確率ではなく)値を決定する過程を表すとき,この方程式の集合を**因果モデル**とよぶ.pa_i のそれぞれから X_i への矢線を引くことによって得られるグラフを**因果ダイアグラム**とよぶ.因果ダイアグラムには,一方向の矢線だけでなく,変数に含まれる誤差どうしが従属する場合には,その変数どうしを結ぶ両方向弧(双方向矢線)も含まれている.

(伝統的なパスダイアグラムと同じように)因果ダイアグラムは,統計学の文献で見られるような,構造や説明が同時分布の性質だけに依存するさまざまなグラフィカル・モデルとは異なる (Kiiveri et al. 1984; Edwards 2000; Cowell et al. 1999; Whittaker 1990; Cox and Wermuth 1996; Lauritzen 1996; Andersson et al. 1999).このような統計モデルでは辺がないということは何らかの条件付き独立関係が存在することを意味しているが,因果ダイアグラムでは辺がないということは因果的つながりがないということを意味しており(5.4 節を参照),分布において条件付き独立であるかどうかとは関係がない.

グラフが非巡回的でかつ ε_i が互いに独立である(双方向矢線がない)とき,因果モデルは**マルコフ的**であるという.グラフが非巡回的でかつ ε_i が従属しているとき,因果モデルは**セミマルコフ的**であるという.

ε_i が多変量正規分布に従う(SEM の文献ではよく使われる仮定である)場合には,(5.2) 式の X_i も多変量正規分布に従い,相関係数 ρ_{ij} によって完全に特徴づけることができる.多変量正規分布は,条件付き分散 $\sigma^2_{X|z}$,条件付き共分散 $\sigma_{XY|z}$,条件付き相関係数 $\rho_{XY|z}$ がすべて値 z とは無関係であるという有用な性質をもつ.これらは偏分散,偏共分散,偏相関係数として知られており,それぞれ $\sigma^2_{X \cdot Z}$, $\sigma_{XY \cdot Z}$, $\rho_{XY \cdot Z}$ と記す.ここに,X と Y は単一変数であり,Z は変数集合である.さらに,偏相関係数 $\rho_{XY \cdot Z}$ が 0 であることと,確率分布において $(X \perp\!\!\!\perp Y | Z)$ が成り立つこととは同値である.

偏回帰係数は

$$r_{YX \cdot Z} = \rho_{YX \cdot Z} \frac{\sigma_{Y \cdot Z}}{\sigma_{X \cdot Z}}$$

で与えられ,X と Z を説明変数,Y を目的変数とした線形回帰モデルにおける X の係数に等しい(添え字の順序が重要である).すなわち,回帰方程式

$$y = ax + b_1 z_1 + \cdots + b_k z_k$$

における x の係数は

$$a = r_{YX \cdot Z_1 Z_2 \cdots Z_k}$$

で与えられる.それゆえ,これらの係数は,最小二乗法を用いて推定することができる (Crámer 1946).

有向分離基準と偏相関

マルコフ・モデル(SEM の文献では**非逐次モデル**ともよばれる[7];Bollen 1989)は定理 1.2.7

---
[7] 非逐次という言葉はあいまいであり,誤差相関を除く著者もいれば,そうではない著者もいる.

のマルコフ条件を満たす．したがって，通常の回帰分析を用いて，マルコフ・モデルにおける統計パラメータを推定することができる．特に，有向分離基準はそのようなモデルに対して有効である．そこで，定理 1.2.4 を再掲しよう．

定理 5.2.1 (Verma and Pearl 1988; Geiger et al. 1990)

DAG G において，Z が頂点 X と Y を有向分離しているならば，G と整合する任意のマルコフ・モデルにおいて Z を与えたときに，X と Y は条件付き独立である．逆に，DAG G において，Z が X と Y を有向分離しないならば，G と整合するほとんどのマルコフ・モデルにおいて，Z を与えたときに X と Y は従属する． □

条件付き独立であるならば偏相関係数は 0 となることから，定理 5.2.1 をモデルにおいて 0 となる偏相関係数を識別するグラフィカル検証法へ変換することができる．

系 5.2.2

DAG G と整合する任意のマルコフ・モデルにおいて，Z に含まれる変数に対応する頂点が頂点 X と Y を有向分離しているならば，モデル・パラメータとは関係なく，偏相関係数 $\rho_{XY \cdot Z}$ は 0 である．さらに，それ以外の偏相関係数はすべてのモデル・パラメータに対して 0 になることはないであろう． □

制約のないセミマルコフ・モデルは，誤差項に関するすべての従属関係を説明するような潜在変数を加えたマルコフ・モデルによって置き換えることができる．したがって，双方向矢線を共通の潜在的親から出る矢線と解釈すれば，そのようなモデルに対しても有向分離基準を適用することができる．この方法は，潜在変数のそれぞれが多くても 2 つの観測変数にしか影響しないと制約された線形セミマルコフ・モデルには適用できない場合がある (Spirtes et al. 1996)．しかし，有向分離基準はこのような制約されたシステム (Spirtes et al. 1996) や巡回閉路を含むネットワークに対しても適用できることが示されている (Spirtes et al. 1998; Koster 1999)．この結果は，次の定理のようにまとめることができる．

定理 5.2.3（一般的な線形モデルにおける有向分離基準）

巡回閉路や双方向矢線を含むダイアグラム D に従って構成された任意の線形モデルについて，D において Z が X と Y を有向分離しているならば，偏相関係数 $\rho_{XY \cdot z}$ は 0 である（双方向矢線 $i \leftarrow\text{-}\rightarrow j$ は共通の潜在的親を用いて $i \leftarrow L \rightarrow j$ と解釈される）． □

定理 5.2.3 より，線形構造方程式モデル (SEM) ((5.2) 式を参照) では，有向分離基準によって識別される偏相関係数 $\rho_{XY \cdot Z}$（かつこれらだけ）は，モデル・パラメータ α_{ik} や誤差分散とは関係なく 0 となることが保証される．これより，モデルを検証するための簡単かつ直接的な方法が得られる．すなわち，モデル・パラメータに対する最尤推定値を見つけたり，データに適合させるためにこれらの推定値を得点化するといった標準的なやり方ではなく，モデルによって制約された偏相関係数のそれぞれが 0 であるかどうかを直接検証すればよい．Shipley (1997) はこの検証法の長所を明らかにしたうえで，このような検証法を実行する手続きも与えている．

しかし，モデルによって引き起こされる莫大な数の偏相関係数に対してそれらが 0 であるかど

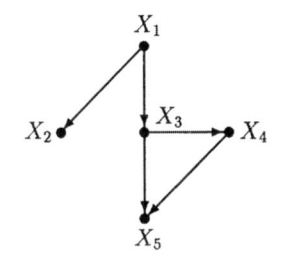

図 5.1 辺のない頂点に対して 2 通りの検証法（(5.3) 式）が存在するモデル

うかを検証できるのかという問題が生じる．幸運にも，これらの偏相関係数は互いに無関係ではなく，全体集合に関する基底を構成する比較的数の少ない偏相関係数を用いて検証することができる (Pearl and Verma 1987)．

定義 5.2.4（基底）

S を偏相関係数の集合とする．0 である偏相関係数の集合 B が

(i) B が（確率の法則を使って）0 であるような S の要素すべてからなる，

(ii) (i) が成り立つような B の真部分集合は存在しない，

を満たすとき，集合 B を S に対する基底という． □

DAG D により引き起こされる 0 である偏相関係数に対する自明な基底は，$B = \{\rho_{ij \cdot pa_i} = 0 | i > j\}$ なる等式の集合である．ここに，i は D 上のすべての頂点であり，j は D の矢線に従って任意の順序で i に先行する頂点である．実際，この等式の集合はマルコフ・モデルの「親選択」性を表しており（定理 1.2.7），DAG で符号化された確率的情報すべての源となる．したがって，これらの等式を検証することにより，線形マルコフ・モデルがもつ統計的主張すべてを検証することができる．また，親集合 PA_i が大きい場合には，節約的な基底を選択することができることがある．これを定理として以下に示す[8]．

定理 5.2.5（グラフィカル基底）

(i, j) を DAG D に含まれる隣接しない頂点の組とし，Z_{ij} を j よりも i に近い頂点の集合で，i と j を有向分離するものとする．隣接しない組に対して，0 である偏相関係数の集合を $B = \{\rho_{ij \cdot Z_{ij}} = 0 | i > j\}$ とするとき，B は D において 0 である偏相関係数すべてからなる集合に対する基底となる． □

定理 5.2.5 より，偏相関係数が 0 であることとダイアグラムにおいて隣接しない頂点どうしが分離されていることが対応しており，これによって線形マルコフ・モデルから得られる統計的情報すべてが要約されていることがわかる．定理 5.2.5 の証明は Pearl and Meshkat (1998) に与えられている．

図 5.1 では，次の 2 つの集合

$$B_1 = \{\rho_{32 \cdot 1} = 0,\ \rho_{41 \cdot 3} = 0,\ \rho_{42 \cdot 3} = 0,\ \rho_{51 \cdot 43} = 0,\ \rho_{52 \cdot 43} = 0\}$$
$$B_2 = \{\rho_{32 \cdot 1} = 0,\ \rho_{41 \cdot 3} = 0,\ \rho_{42 \cdot 1} = 0,\ \rho_{51 \cdot 3} = 0,\ \rho_{52 \cdot 1} = 0\}$$
(5.3)

---

[8] Rod McDonald と議論をしているときに，線形モデルがもっと節約的な基底をもつかもしれないと考えた．

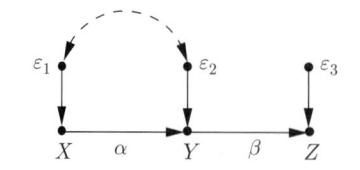

図 5.2　識別不能なパラメータ (α) を含む検証可能なモデル

のそれぞれがグラフに対応するモデルに対する基底となっていることがわかる．基底 B_1 では，i と $j(i>j)$ を分離する親集合 PA_i が与えられている．一方，基底 B_2 では，小さい分離集合が与えられていることから，B_1 よりも少ない説明変数を用いて検証することができる．ここで，基底に含まれる要素それぞれは DAG において矢線がないことに対応していることに注意しよう．したがって，DAG を実証するために必要な検証回数は，存在しない矢線の数に等しい．グラフが疎になればなるほど，共分散行列に対する制約は多くなり，これらの制約を確かめるために多くの検証を行わなくてはならない．

5.2.2　検証可能性の検討

線形 SEM では，変数間の因果関係は係数と有向グラフの形式で表現される．係数には，ある値に固定される（通常は 0 と固定される）ものもあれば，固定されないものもある．データを用いてモデルを検証する常套手段は，次のような 2 つのステップからなるものである．第一ステップでは，尤度関数のような適合度指標の最大化を繰り返し，自由パラメータを推定する．第二ステップでは，推定されたパラメータによって与えられる共分散行列を標本共分散行列と比較し，統計的検定を利用して後者が前者から生成されたものであるかどうかを判断する (Bollen 1989; Chou and Bentler 1995)．

このアプローチには 2 つの主な弱点がある．

1. 識別不能なパラメータがある場合，第一ステップで安定したパラメータの推定量を得ることができず，研究者は検証をあきらめざるをえない．
2. モデルがデータによる適合度検定で採択されなかった場合，研究者はモデルに含まれる仮定のうちどれが誤っているのかについて情報を得ることができない．

たとえば，図 5.2 では，$\mathrm{cov}(\varepsilon_1, \varepsilon_2)$ が未知である場合，パラメータ α は識別可能ではない．したがって，最尤推定法により α に対する適切な推定量を得ることができず，検証の第二ステップに進むことができない．$\mathrm{cov}(\varepsilon_1, \varepsilon_2) = 0$ であるモデルの場合，α は識別可能であり，検証を進めることができるが，$\mathrm{cov}(\varepsilon_1, \varepsilon_2) = 0$ が検証できないのと同じように，$\mathrm{cov}(\varepsilon_1, \varepsilon_2)$ が自由パラメータとして与えられているモデルも検証することができない．これらのモデルは共分散行列に対して同じ制約，すなわち，いずれのモデルにおいても偏相関係数 $\rho_{XZ\cdot Y}$ は 0（すなわち，$\rho_{XZ} = \rho_{XY}\rho_{YZ}$）となっているが，$\mathrm{cov}(\varepsilon_1, \varepsilon_2)$ が自由パラメータとして与えられているモデルでは，α が識別可能ではないために，この制約を検証することができない．

図 5.3 より，モデル診断に関する弱点がわかる．図 5.3(a) からわかるように，真のデータ生成過程では X と W の間に直接的な因果関係が存在するが，仮定されたモデル（図 5.3(b)）では，このような関連性が存在しないと仮定しよう．図 5.3(b) では $\rho_{XW\cdot Z} = 0$ となっており，図 5.3(a)

5.2 グラフとモデル検証

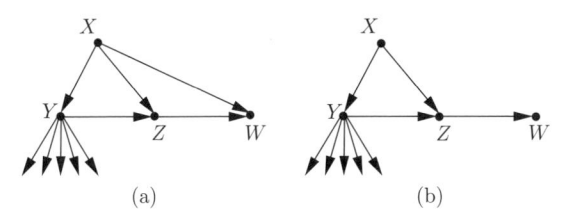

図 5.3 一つの局所的検定 $\rho_{XW\cdot Z} = 0$ で異なるモデル

では自由パラメータとなっている．すなわち，統計的には，2つのモデルは $\rho_{XW\cdot Z}$ が異なっているだけである．矛盾が認められた場合，研究者は，実質的知識に基づいて X と W の間に辺あるいは弧を加え，モデルを変更してよいかどうかを判断しなければならない．しかし，この変更はいくつかの共分散にも影響を与えるため，大域的な適合度検定においてこの矛盾を解消するのは簡単ではない．また，モデルに対してさまざまな局所的修正を施して適合度検定を複数回行っても（これは LISREL によって実行することができる），あまり役に立つものではない．なぜなら，Y がルートになっているような部分グラフのように，モデルの異なる部分で生じる食い違いによって，結果がゆがむかもしれないからである．したがって，大域的な適合度検定はしばしばモデル・デバッギングの際にわずかに使われるだけである．

大域的適合度検定に対する魅力ある代替案は局所的適合度検定である．しかし，局所的適合度検定では，モデルから得られる制約を列挙し，一つひとつ検証していかなければならない．たとえば，$\rho_{XW\cdot Z} = 0$ のような制約は，Y やその子孫のいくつかを測定しなくても検証することができる．したがって，$\rho_{XW\cdot Z} = 0$ について検証する際には，これらの変数に関連する誤差を推測から切り離すことができるが，このことは当てはまりの悪さの真の源となる．もっと一般に，典型的な SEM はしばしばほとんど「飽和」したものであり，全体から辺を少しだけ取り除いた形式によって制約されたものか，あるいはまったく制約のないダイアグラムであることが要求される．このような制約に対する局所的で直接的な検証法は，自由度も小さく，意味のない測定誤差の悪影響を受けることもないため，大域的な検証法よりも信頼できる．辺がないという情報を利用したアプローチは 5.2.1 項で与えたが，このアプローチはモデルを検証するために必要な局所的検証法を探索し列挙するためのシステマティック的な方法となっている．

5.2.3 モデルの同値性

2.3 節（定義 2.3.3）では，あるモデルによって生成される任意の確率分布が他のモデルによっても生成されるとき，2つの構造方程式モデルが観察的に同値であると定義した．標準的な SEM では，モデルは線形であると仮定され，データは共分散行列によって特徴づけられる．したがって，そのようなモデルが共分散同値，すなわち（適切なパラメータを選択して）あるモデルによって生成される任意の共分散行列が他のモデルによっても生成される場合には，観察的にはそれらのモデルを区別することができない．定理 1.2.8 の同値性基準は簡単に**共分散同値**へ拡張することができる．

定理 5.2.6

2つのマルコフ線形正規モデルが**共分散同値**であるための必要十分条件は，その2つのモデル

それぞれがもつ 0 である偏相関係数の集合が，同じ集合であることである．さらに，2 つのモデルが共分散同値であるための必要十分条件は，それらに対応するグラフが同じスケルトンと同じ v 字合流をもつことである． □

定理 5.2.6 の最初の記述はマルコフ・モデルの検証可能な意味を明らかにしたものである．すなわち，定理 5.2.6 は，非操作的研究では有向分離基準で表現される偏相関係数が 0 であるということ以外の性質を用いて，マルコフ構造方程式モデルを検証することはできないことを述べている．これによって，すべての有向分離条件を調べなくても，対応する辺とそれらの方向性を比較するだけで，同値性を検証することができる．

有向分離基準は，セミマルコフ・モデル（誤差相関をもつ DAG）において独立関係を検証するのに有効であるが（定理 5.2.3 を参照），この場合には，独立的同値性から**観察的同値性**を導くことはできない[9]．セミマルコフ・モデルにおいて，0 である観測変数の偏相関係数からなる集合が同じであっても，共分散行列は異なる不等式によって制約されることもある．そのような場合でも，定理 5.2.3 と定理 5.2.6 は同値性を検証するための必要条件となっている．

同値モデルの生成

v 字合流が消えることも，生成されることもないかぎり，矢線を逆にしても問題とはならないため，定理 5.2.6 を使って任意のマルコフ・モデルと同値な代替モデルを生成することができる．Meek (1995) と Chickering (1995) は，$X{\to}Y$ を $X{\leftarrow}Y$ に置き換えるための必要十分条件は，X のすべての親が Y のすべての親となっていることであると述べている．また，彼らは，任意の 2 つの同値モデルに対して，あるモデルをもう一つのモデルに変えるような辺の向きを変える列が存在することを示した．この辺の向きを変える簡単な規則は，Stelzl (1986) と Lee and Hershberger (1990) によって提案されたものと同じである．

セミマルコフ・モデルの場合には，同値モデルを生成する規則は複雑である．しかし，定理 5.2.6 は辺置換規則の正しさを検証する際の有用なグラフィカル原理となっている．双方向矢線 $X{\leftarrow\text{-}\to}Y$ は潜在的な共通原因 $X{\leftarrow}L{\to}Y$ を表したものであるとみなせば，定理 5.2.6 の「十分条件」は有効である．すなわち，v 字合流を消すことも生成することもなく，辺を置き換えることができる．したがって，たとえば，X と Y が観測的親も潜在的親ももたない場合には，辺 $X{\to}Y$ を双方向矢線 $X{\leftarrow\text{-}\to}Y$ に置き換えることができる．同様に，

(1) X と Y は潜在的親をもたず，
(2) X または Y のすべての親が両方の親である

場合には，辺 $X{\to}Y$ を双方向矢線 $X{\leftarrow\text{-}\to}Y$ で置き換えることができる．このような置き換えによって新しい v 字合流が生成されることはない．しかし，セミマルコフ・モデルの場合，v 字合流に潜在変数が含まれている可能性があるため，観測変数間の偏相関係数に影響を与えないかぎり，いくつかの v 字合流を生成したり消したりしても問題とはならない．図 5.4(a) は v 字合流が生成されることを示したものである．矢線 $X{\to}Y$ を逆転させた場合には，潜在的な共通原因に

---

[9] Verma and Pearl (1990) は，ノンパラメトリック・モデルを用いた例を与え，Richardson は誤差相関のある線形モデルを使った例を与えた (Spirtes and Richardson 1996)．

5.2 グラフとモデル検証

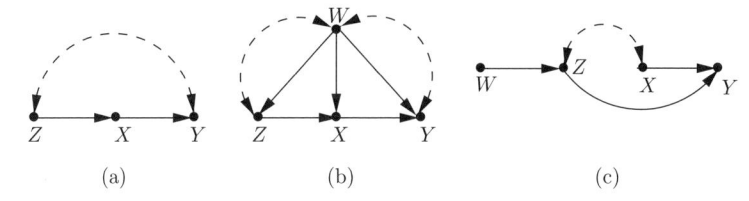

図 5.4 矢線 $X \to Y$ を逆転させることができるモデル ((a), (b)) とできないモデル (c)

よって間接的に矢線の尾がつながり，合流する 2 つの矢線 $Z \to X \leftarrow Y$ が生成される．これが許される理由は，X で新しい合流が生じることにより，道 (Z, X, Y) はブロックされるものの Z と Y の間のつながりは（$Z \leftarrow \to Y$ を通して）ブロックされない，実際，いかなる観測変数集合によってもブロックされないからである．

v 字合流の概念を一般化することによって，この原理をさらに展開することができる．マルコフ・モデルの場合，v 字合流は，矢線の尾は辺でつながっておらず，かつある点に向かう 2 つの矢線として定義されている．ここでは，矢線の尾が分離可能で，かつ合流する 2 つの矢線を v 字合流として定義する．分離可能であるとは，2 つの矢線の尾を有向分離する条件付き変数集合 S が存在することを意味する．明らかに，2 つの矢線の尾は，矢線あるいは双方向矢線によってつながっているので，分離可能ではない．しかし，セミマルコフ・モデルの場合には，頂点の組は辺でつながっていないときでさえ，分離可能ではないことがある (Verma and Pearl 1990)．この一般化を念頭におけば，辺の置き換えについての必要条件を次のように与えることができる．

規則 1：X の隣接点またはすべての親が Y と分離可能ではないときにかぎり，矢線 $X \to Y$ は $X \leftarrow \to Y$ と相互交換可能である（**隣接点**とは，双方向矢線によって（X と）つながった頂点のことをいう）．

規則 2：矢線を逆転させる前のグラフにおいて，(i) Y の任意の隣接点または親（X を含まない）が X と分離可能ではなく，(ii) X の任意の隣接点または親が Y と分離可能でないときにかぎり，矢線 $X \to Y$ を $X \leftarrow Y$ に変えることができる．

例として，$Z \leftarrow \to X \to Y$ というモデルを考えよう．X の隣接点 Z は集合 $S = \{X\}$ によって Y と分離されるので，矢線 $X \to Y$ を双方向矢線 $X \leftarrow \to Y$ で置き換えることはできない．実際，X で生じる新しい v 字合流によって，Z と Y は周辺独立となり，基礎となるモデルとは異なってしまう．

もう一つの例として，図 5.4(a) のグラフを考えよう．ここに，X は隣接点をもたず，X の唯一の親は Y と分離可能ではないため，$X \to Y$ を $X \leftarrow \to Y$ または $X \leftarrow Y$ に置き換えることができる．同じ考察は図 5.4(b) に対してもあてはまる．変数 Z と Y は隣接していないが，Z から Y への W を経由する道がブロックされることはないため，分離可能ではない．

もっと複雑な例として図 5.4(c) を考え，規則 1 と規則 2 を用いても適切な変換を十分に保証できるわけではないことを説明しよう．ここに，X での（潜在的な）v 字合流は $Z \to Y$ によって生じないようになっているため，$X \to Y$ を $X \leftarrow \to Y$ で置き換えてもよいように思われる．しかし，置き換えた後のモデルでは Z を与えたときに W から Y への道は有向分離されるのに対し

て，基礎となるモデルでは W から Y への道は Z を与えたときに有向分離されないことがわかる．したがって，置き換えた後のモデルでは，偏相関 $\rho_{WY\cdot Z}$ は 0 となるが，置き換える前のモデルでは 0 とはならない．このような不均衡は，偏相関 $\rho_{WY\cdot ZX}$ についても生じる．基礎となるモデルでは $\{Z, X\}$ を与えたときに W から Y への道がブロックされるが，置き換えた後のモデルでは有向分離されないことがわかる．その結果，基礎となるモデルでは偏相関係数 $\rho_{WY\cdot ZX}$ は 0 となるが，置き換えた後のモデルにはそのような制約はない[10]．明らかに，X の親と隣接点に対して規則を適用するだけでは十分ではなく，離れている先祖（たとえば，W）も考えなければならない．

これらの規則は，セミマルコフ・モデルに適用する場合に有向分離基準がもつ意味である．2 つのセミマルコフ・モデルの有向分離的同値性を検証するための必要十分条件は，Spirtes and Verma (1992) によって与えられている．Spirtes and Richardson (1996) はこの基準をフィードバック・サイクルを含むモデルへ拡張している．しかし，偏相関係数が 0 であるという点では 2 つのセミマルコフ・モデルは同値であっても，それらが共分散同値であるとは限らない．したがって，有向分離基準はモデルが同値であるための必要条件を与えているにすぎない．

同値モデルの重要性

定理 5.2.6 は，構造モデルが「検証可能である」(Bollen 1989, p.78) という主張はどういうことなのかを明らかにしているため，方法論的な意味で重要である[11]．この定理に従ってモデルを検証するのではなく，統計的方法では区別できない観察的同値モデルのクラス全体を検証することになる．また，この定理は，この同値クラスはグラフを用いる（調べる）ことによって構成することができ，それによって候補となる選択肢を明確に表現することができることも主張している．同値クラスに含まれるモデルすべてを表現するグラフは Verma and Pearl (1990) (2.6 節を参照)，Spirtes et al. (1993), Andersson et al. (1999) によって与えられている．Richardson (1996) は巡回閉路をもつモデルの同値クラスを表現する方法について議論している．

確かに（過剰識別された）構造方程式モデルは検証可能な意味をもつ．しかし，これは主張，仮定，意味といったモデルが表現できるもののほんの一部にすぎない．因果的仮定，統計的意味，政策的主張を区別できないことが，社会科学で使われている定量的方法論を取り巻く混乱と疑念を引き起こした主な原因の一つとなっている (Freedman 1987, p.112; Goldberger 1992; Wermuth 1992)．しかし，グラフィカル方法論はこれらの要素を明確に区別することができるため，この方法を用いれば，SEM がさまざまな研究分野の研究者にとって扱いやすくなるはずである．

概して，SEM の文献では，同値クラスに関する詳細な議論は行われていない．たとえば，Breckler (1990) によると，社会心理学と人格心理学に関する 72 本の論文のうちたった 1 本だけが，同値モデルの存在を認めている．データ適合度とモデルの過剰識別性を組み合わせれば，仮定されたモデルが正しいかどうかを確かめることができるというのが一般的な認識である．しかし，最近

---

[10] この例は，Jin Tian によって指摘されたものであるが，2 人の匿名の査読者も同様に指摘している．
[11] 「パス解析はデータから因果理論を導くものでもないし，データに対してその主要部分を検証するものでもない」(Freedman 1987, p.112) という十分な証拠のない主張に対して，Bollen (1989, p.78) は「構造モデルを検証し否定することは可能である．…したがって，これらのモデルを反証することができないという主張はたいした問題ではない」と述べている．

5.2 グラフとモデル検証

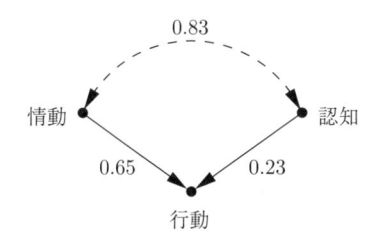

図 5.5 定量的因果的情報を表現する検証不能モデル

では，SEM 研究者は同値クラスが数多く存在することにひどくいらついている．MacCallum et al. (1993, p.198) は「同値モデルに関する現象は，CSM を使っている実質科学研究者にとって深刻な問題となっている」，「CSM の結果に対する解釈の正当性を脅かすもの」という結論を下している（CSM は「convariance structure modeling（共分散構造モデリング）」の略である．これは，SEM とは同じものであるが，この用語を使って，このモデルがもつ因果的な意味を婉曲に隠している）．Breckler (1990, p.262) は「あるモデルが採択された場合，それと同値なモデルすべてが採択される」と述べ，「**因果モデリングという用語は名称として適切ではない**」と断言している．

そのような極端な考えは正当と認められるものではない．統計データだけでは因果関係を推測することはできないというのであれば，同値モデルの存在は論理的に回避できない問題である．Wright (1921) は，SEM では「因果関係に関する事前知識は必要条件として仮定されている」と述べている．しかし，SEM が因果モデリングのツールとして役に立たないというわけではない．パスダイアグラム構造で表現される定性的で因果的な前提から，ダイアグラムの係数で表現される定量的で因果的な結論への移行は，役に立たないわけでもないし，自明なわけでもない．例として，図 5.5 で表されるモデルを考えよう．Bagozzi and Burnkrant (1979) はこのモデルを用いて同値モデルに関する問題を説明している．このモデルは飽和しており（すなわち，ちょうど識別されている），27 個の同値なセミマルコフ・モデルが存在する．しかし，「情動」から「行動」への影響が「認知」から「行動」への影響の（標準化された尺度で）3 倍もの強さであることは非常に参考になるものであり，行動修正政策のいくつかは「情動」に影響を与え，それ以外の政策は「認知」に影響を与えるといったことがわかれば，その相対的な効果について知ることができる．相関係数は正であるにもかかわらず対応する変数間のパス係数が負に変わる場合には，この政策分析に対する定量的解析の重要性は強力に印象づけられる．このような定量的結果は政策決定に強い影響を与える．論理的にデータから得られる知識とダイアグラムで記述された定性的な前提から，このような結果が得られることがわかれば，政策決定の根拠を正当化あるいは批判しやすくなる．

要するに，社会科学者は SEM の利用をあきらめる必要はまったくなく，SEM が因果モデルを**検証する**方法論であるという考えをやめればすむだけである．構造方程式モデリングは，因果モデルをつくる前提のほんの一部を検証する方法論であり，その一部がデータと整合する場合には，この方法を用いて，データと前提の両方から得られる必然的で定量的な結果を明らかにすることができる．したがって，SEM ユーザーは，モデルに組み込まれた暗黙の理論的前提を調べること

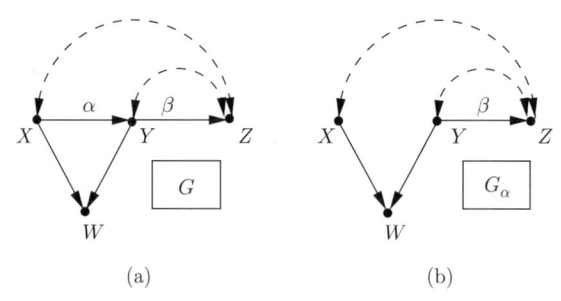

図 5.6 構造パラメータ α が回帰係数 r_{YX} と等しいかどうかを検証するためのグラフ

に努力すべきである．5.4 節からわかるように，グラフィカル・モデルを用いれば，このような前提は明確かつ正確になる．

5.3 グラフと識別可能性

5.3.1 線形モデルにおけるパラメータの識別可能性

パスダイアグラム G に含まれる矢線 $X \to Y$ を考え，この矢線に関するパス係数を α としよう．回帰係数 $r_{YX} = \rho_{XY} \sigma_Y / \sigma_X$ は

$$r_{YX} = \alpha + I_{YX}$$

のように和の形に分解することができる．ここに，I_{YX} は X と Y を連結する道（無向辺と双方向矢線を含む）から $X \to Y$ を除いたものに基づいて計算されるため，I_{YX} は α の関数ではないことがわかる．したがって，$X \to Y$ をパスダイアグラムから取り除き，得られたグラフにおいて X と Y の間の相関係数が 0 となれば，$I_{YX} = 0$ でかつ $\alpha = r_{YX}$ となり，したがって，α は識別されることがわかる．部分グラフにおいて（空集合 $Z = \{\phi\}$ により）X と Y が有向分離されているかどうかを検証することによって，グラフの立場からこの意味を確認することができる．図 5.6 を用いて識別可能性に対するこの簡単な検証法を説明しよう．図 5.6 の部分グラフ G_α では X と Y の間の道すべてが合流する矢線によってブロックされており，α は r_{YX} と一致する．

この基本的アイデアを I_{YX} が 0 ではない場合に拡張することができる．この場合，X と Y の間の有向分離されない道にある変数集合 $Z = \{Z_1, Z_2, \cdots, Z_k\}$ で調整することによって，I_{YX} を 0 にすることができる．ここで，Z を取り除いた後の X と Y の残差相関を表す偏相関係数 $r_{YX \cdot Z} = \rho_{YX \cdot Z} \sigma_{Y \cdot Z} / \sigma_{X \cdot Z}$ について考えよう．もし Z が Y の子孫を含まないならば，

$$r_{YX \cdot Z} = \alpha + I_{YX \cdot Z}$$

と書くことができる[12]．ここに，$I_{YX \cdot Z}$ は，α を 0 としたときの X と Y の偏相関係数，すなわち，$X \to Y$ がないということを除いて G と一致するグラフ G_α に対応するモデルでの偏相関

---

[12] これは Y とその親の関係 $Y = \alpha x + \sum_i \beta_i w_i + \varepsilon$ を $r_{YX \cdot Z}$ に関する表現に代入し，$r_{YX \cdot Z}$ を α と変数 $\{X, W_1, \cdots, W_k, Z, \varepsilon\}$ に関する偏回帰係数からなる $I_{YX \cdot Z}$ で表現することによって得られる．Y はこれらの変数の先祖ではないと仮定されているため，これらの同時密度関数は Y に対する方程式の影響を受けない．したがって，$I_{YX \cdot Z}$ は α とは独立である．

5.3 グラフと識別可能性

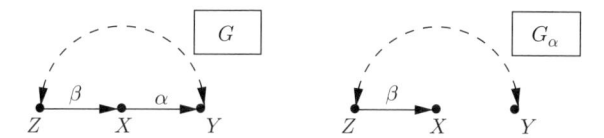

図 5.7 G_α を用いれば, $r_{YX \cdot Z}$ により α を識別できるかどうか（定理 5.3.1）を確認できる.

係数を表す. G_α において Z が X と Y を有向分離するならば, $I_{YX \cdot Z}$ はそのモデルにおいて 0 となり, 基礎となるモデルでは α は識別され, $r_{YX \cdot Z}$ と同じであるという結論を導くことができる. さらに, $r_{YX \cdot Z}$ は X と Z を説明変数, Y を目的変数とした回帰モデルにおける x の偏回帰係数によって与えられ, 回帰式

$$y = \alpha x + \beta_1 z_1 + \cdots + \beta_k z_k + \varepsilon$$

を用いて推定することができる.

この結果は, 5.1.3 項で述べた (i) 適切な説明変数集合をどのように選択したらよいか, (ii) 回帰係数がパス係数の一致推定となるのはどのようなときか, という問題に対する簡単でグラフィカルな答えとなっている. この答えは次の定理のようにまとめることができる[13].

定理 5.3.1（直接効果に対するシングルドア基準）

α を $X \to Y$ に対応したパス係数とするパスダイアグラムを G とし, G_α を G から $X \to Y$ を除くことによって得られるダイアグラムとする. このとき

(i) Z の任意の要素は Y の子孫ではない,

(ii) G_α において Z は X と Y を有向分離する,

を満たす変数集合 Z が存在するとき, 係数 α は識別可能である. Z が上述の条件を満たすとき, α は回帰係数 $r_{YX \cdot Z}$ で与えられる. 逆に, Z がこれらの条件を満たさないならば, (測度が 0 であるようなまれな状況を除いて) $r_{YX \cdot Z}$ は α の一致推定量ではない. □

ここで, 定理 5.3.1 の利用方法を説明しよう. 図 5.7 で与えたグラフ G と G_α を考えよう. G_α において, X と Y をつなぐ道は必ず Z を通っている. この道は Z によって有向分離（ブロック）されているため, α は識別可能となり, $\alpha = r_{YX \cdot Z}$ で与えられる. G_β において, （空集合 ϕ によって） Z は X と有向分離されるので, 係数 β もまた識別可能であり, $\beta = r_{XZ}$ で与えられる. シングルドア基準は総合効果を識別するためのバックドア基準（定義 3.3.1）とはわずかながら異なっている. この例の場合, 集合 Z はバックドア・パスだけでなく, X から Y への間接道すべてをブロックしなければならない. X が Y の親である場合には Y の子孫はすべて X の子孫でもあるので, 条件 (i) はいずれの基準においても同じものとなる.

ここで, (直接効果ではなく) 総合効果の識別可能条件を構造パラメータの識別可能条件へ拡張しよう. 図 5.8 のグラフ G を考える. $X \to Y$ を取り除いて G_α を構成することにより, X から Y への道すべてを有向分離する頂点集合 Z が存在しないことがわかる. Z が Z_1 を含む場合には, $X \to Z_1 \leftarrow \dashrightarrow Y$ は Z_1 で矢線が合流するためブロックされない. Z が Z_1 を含まない場合に

---

[13] この結果は Pearl (1998a) と Spirtes et al. (1998) により与えられている.

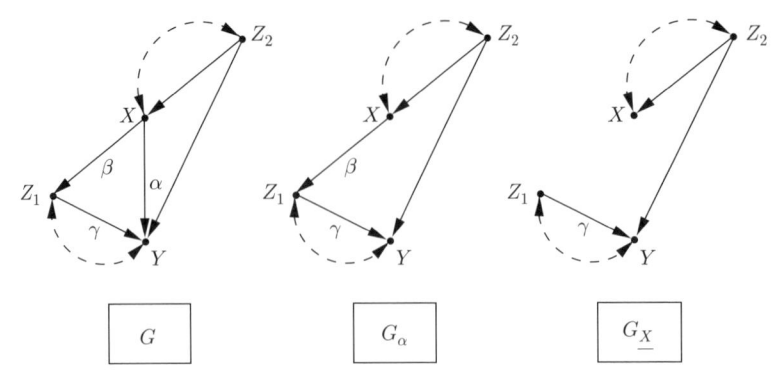

図 5.8 $\alpha + \beta\gamma = r_{YX \cdot Z_2}$ による X から Y への総合効果のグラフィカル識別可能条件

は，$X \to Z_1 \to Y$ はブロックされない．したがって，α は前述の方法によって識別することはできないことがわかる．しかし，ここで，X から Y への総合効果に関心があるとしよう．この総合効果は $\alpha + \beta\gamma$ で与えられる．r_{YX} によって評価できるパス係数の積和について，X から Y への道以外に r_{YX} に寄与するものはない．しかし，そこには，**交絡道**あるいは**バックドア・パス**とよばれる 2 つの道，すなわち $X \leftarrow Z_2 \to Y$ と $X \leftarrow\!\!\cdot\!\!\to Z_2 \to Y$ が存在していることがわかる．幸運にも，これらの道は Z_2 によってブロックされるので，Z_2 で調整することにより $\alpha + \beta\gamma$ が識別可能であるという結論を下すことができる．したがって，

$$\alpha + \beta\gamma = r_{YX \cdot Z_2}$$

を得る．

この推論過程は定義 3.3.1 のバックドア基準を用いて記述することができる．そこで，もう一度これを述べることにしよう．

定理 5.3.2（バックドア基準）

因果ダイアグラム G において，2 つの変数 X と Y に対して観測変数集合 Z が

1. Z の任意の要素は X の子孫ではない．
2. 因果ダイアグラム G より X から出る矢線をすべて取り除いたグラフ $G_{\underline{X}}$ において，Z は X と Y を有向分離する，

を満たすとき，X から Y への総合効果は識別可能である．Z が上述の条件を満たすとき，X から Y への総合効果は回帰係数 $r_{YX \cdot Z}$ で与えられる．　□

3.3.1 項からわかるように，定理 5.3.2 で与えた 2 つの条件は，非線形，非正規モデルに限らず，離散変数を含むモデルに対しても成り立つ．この検証法は，Z で調整することにより変数 X と Y は交絡道による関連がなくなることを保証したものであり，回帰係数 $r_{YX \cdot Z}$ は総合効果に等しいことを意味する．実際，定理 5.3.1 や定理 5.3.2 を一般的なシステムの特別なケースとみなすことができる．すなわち，X から Y へのある因果道の集まりで定義されるような**部分的な効果**を識別するためには，X と Y の間の道のうち，この効果とは関係のないものすべてをブロック

5.3 グラフと識別可能性

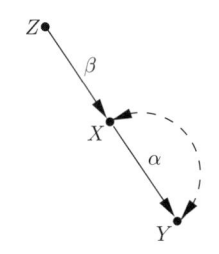

図 5.9 操作変数 Z を使った α のグラフィカル識別可能条件

する観測変数集合 Z をみつけなければならない．このとき，部分的な効果は回帰係数 $r_{YX \cdot Z}$ と等しい．

図 5.8 の場合，総合効果のいくつかについては，個々のパラメータを識別しなくてもグラフから直接識別することができる．個々の構造パラメータの識別問題や推定問題が議論の中心になっている標準的な SEM (Bollen 1989; Chou and Bentler 1995) では，図 5.8 で与えた効果のように，いくつかの効果が識別できなかったり，推定できなかったりすることがある．しかし，実際には，このような効果は，パラメータのいくつかが識別できなくても総合効果は信頼をもって推定できる．

総合効果のいくつかを直接推定することができない場合には，個々の構成パラメータを推定しなければならない．たとえば，図 5.7 の場合，Z から Y への効果 ($= \alpha\beta$) はバックドア基準では識別できないが，その構成要素 α と β を用いて推定することができる．この 2 つの要素はそれぞれバックドア基準により識別することができ，

$$\beta = r_{XZ}, \quad \alpha = r_{YX \cdot Z}$$

で与えられる．

まだ，もう一つの因果パラメータ，すなわち，構成パラメータのそれぞれを利用しても識別できず，直接的にも識別できないが，その構成パラメータを幅広く含んだ因果効果を評価しなければならない因果パラメータがある．図 5.9 の構造はこのような例を表したものである．パラメータ α は構成要素（それは存在しない）を直接用いても識別できないが，$\alpha\beta$ と β を用いて識別することができる．ここに，この 2 つのパラメータはそれぞれ Z から Y と Z から X への効果を表す．Z から Y または X へのバックドア・パスがないため，この 2 つの効果は識別可能であり，$\alpha\beta = r_{YZ}$ と $\beta = r_{XZ}$ で与えられる．これから

$$\alpha = \frac{r_{YZ}}{r_{XZ}}$$

を得ることができる．これは操作変数法としてよく知られている (Bowden and Turkington 1984; 3.5 節，(3.46) 式を参照)．

図 5.10 で与えた例は，これまでに述べた 3 つの方法すべてを組み合わせたものである．X から Y への総合効果は $\alpha\beta + \gamma\delta$ によって与えられるが，これをバックドア基準を用いて推定することはできず，それ以外の識別可能条件も満たしていないため，識別可能ではない．しかし，β を推定する場合，Z を条件づければ Z を通る道すべてがブロックされ，$\alpha\beta = r_{YX \cdot Z}$ を得ることができる．これは W を経由する X から Y への効果である．X から W へのバックドア・パ

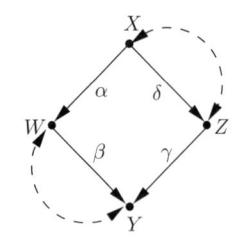

図 5.10 α, β, γ のグラフィカル識別可能条件

スはないので，α は $\alpha = r_{WX}$ により直接評価することができる．したがって，
$$\beta = \frac{r_{YX \cdot Z}}{r_{WX}}$$
を得ることができる．一方，γ は X を条件づけることによって（Z から Y へのバックドア・パスはすべて X によりブロックされる）直接評価することができ，
$$\gamma = r_{YZ \cdot X}$$
で与えられる．

グラフに基づいて識別可能な係数を調べるために，ここで提案した方法論を体系的な手続きとして次のようにまとめよう．

1. バックドア基準と定理 5.3.1 をグラフに適用して，因果効果が識別可能となる変数の組を探索する．これらは直接効果，総合効果，部分的な効果（すなわち，特定の変数集合が介在する効果）のいずれかである．
2. 識別された効果のそれぞれについて，それに含まれているパス係数を集め，これらを 1 つのバケットに入れる．
3. 次の手続きに従ってバケットの中の係数にラベルをつける．
   (a) バケットの中の係数が単一要素からなる場合には，その係数に I（識別可能であることを意味する）とラベルをつける．
   (b) バケットの中の係数が単一要素でないが，ラベルをつけていない要素が 1 つしかない場合には，その要素に I とラベルをつける．
4. 新たなラベルづけができなくなるまでこの手続きを繰り返す．
5. ラベルづけされた係数すべてを列挙する．これらの係数は識別可能である．

一つひとつの係数にラベルづけを行うとある機会を見逃すことがある．したがって，ここで与えた手続きは完全なものではない．このことを図 5.11 を使って示そう．$(X, Z), (X, W), (X', Z), (X', W)$ から始めれば，$\alpha, \gamma, \alpha', \gamma'$ は識別可能となる．(X, Y) についても，$\alpha\beta + \delta\gamma$ は識別可能であることがわかる．同様に，(X', Y) についても，$\alpha'\beta + \gamma'\delta$ が識別可能であることがわかる．この段階ではまだ β や δ を識別することはできない．しかし，行列式が $\begin{vmatrix} \alpha & \gamma \\ \alpha' & \gamma' \end{vmatrix}$ が 0 でないかぎり，未知の係数 β と δ に関する 2 つの方程式を解くことができる．このとき，特定の部分について識別可能であるかどうかに関心があるのではなく，「ほとんど至るところで」が識別可能であるかどうかに関心がある (Koopmans et al. 1950; Simon 1953) ため，この行列式を計算

5.3 グラフと識別可能性

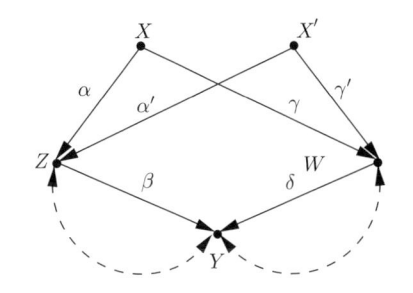

図5.11 2つの操作変数を使った β と δ の識別

しなくてもよい．方程式が冗長的ではないことを確かめるためには，行列式の行の記号形式を調べるだけでよい．というのも，それぞれの方程式は，ラベルづけされた係数がとる少なくとも一つの値に対して，ラベルづけされていない係数に関する新しい制約を与えているからである．

冗長的であるかどうかを簡単に調べるために，次の規則を加えることによって，提案した手続きの能力を高めることができる．

3*. k 個の非冗長的なバケットが存在し，それらが多くても k 個のラベルづけされていない係数を含むならば，これらの係数にラベルをつけた後，次のステップに進む．

手続きの能力を高めるもう一つの方法は，識別可能な効果だけでなく，Wright の規則に従って双方向矢線による相関を含む表現も列挙することである．また，最後のステップとして，4.4節で述べたような複数の変数の同時効果を一緒に列挙するように試みてもよい．このような改良を行えば手続きが複雑となるかもしれないが，興味あるモデルにおいて識別可能な係数をすぐに見つけ，目的とする量の識別に影響を与えるモデルの特徴を簡単に調べる方法を開発するという主要課題を解決できるかもしれない．ここで，これらの結果を3.3節で扱ったようなノンパラメトリック・モデルにおける識別可能条件に結びつけることにしよう．

5.3.2 ノンパラメトリック・モデルでの識別可能性との比較

前節で与えた識別可能性に関する結果は，第3章および第4章で与えたノンパラメトリック・モデルに対する結果と比べてかなり強力である．それにもかかわらず，実用的かつ概念的な理由から，パラメトリック・モデルの研究者はノンパラメトリック・モデルも研究しなければならない．実用的側面では，特にカテゴリカルな変数が含まれている場合，線形性や正規性（あるいは，その他の関数−分布的仮定）を仮定することが困難となるケースがよくある．ノンパラメトリック・モデルに基づく結果は，非線形関数や任意の誤差分布に対して有効であり，この結果を用いることにより，標準的な方法論が線形性や正規性の仮定の下でどのくらい感度が高いものであるかを評価することができる．概念的側面では，ノンパラメトリック・モデルにより構造方程式と代数方程式の区別を明らかにできる．パス係数と類似したノンパラメトリック量を見つけることによって，パス係数の本当の意味は何なのか，なぜそれらを識別しようとするのか，そしてなぜ構造モデルは共分散情報を符号化する便利な方法というだけにとどまらないのかということを詳しく説明することができる．

本節では，ノンパラメトリック・モデルにおける因果効果の識別問題（第3章を参照）を線形

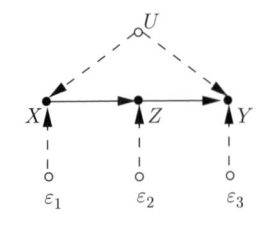

図 5.12 (5.4)〜(5.6) 式に対応するパスダイアグラム．ここに $\{X, Z, Y\}$ は観測可能であるが，$\{U, \varepsilon_1, \varepsilon_2, \varepsilon_3\}$ は非観測である．

モデルにおけるパラメータの識別問題のフレームワークで考えることにしよう．

パラメトリック・モデルとノンパラメトリック・モデル：例

構造方程式の集合

$$x = f_1(u, \varepsilon_1) \tag{5.4}$$

$$z = f_2(x, \varepsilon_2) \tag{5.5}$$

$$y = f_3(z, u, \varepsilon_3) \tag{5.6}$$

を考えよう．ここに，X, Z, Y は観測変数である．また，f_1, f_2, f_3 は未知の任意の関数，$U, \varepsilon_1, \varepsilon_2, \varepsilon_3$ は非観測変数であり，潜在変数あるいは誤差とみなすことができる．この例では，$U, \varepsilon_1, \varepsilon_2, \varepsilon_3$ は互いに独立で，任意の分布に従うと仮定する．これらの因果関係をグラフで表現すると，図 5.12 のパスダイアグラムのようになる．

ここで，次のような問題を考える．(5.4)〜(5.6) 式で与えられた過程に基づいて独立な標本が採取され，観測変数 X, Z, Y の値が記録されている．このとき，このモデルの未知パラメータをできるかぎり多く推定したい．

問題の論点を明らかにするために，この問題が

$$X = u + \varepsilon_1 \tag{5.7}$$

$$Z = \alpha x + \varepsilon_2 \tag{5.8}$$

$$Y = \beta z + \gamma u + \varepsilon_3 \tag{5.9}$$

という線形モデルで記述される場合を考えよう．ここに，$U, \varepsilon_1, \varepsilon_2, \varepsilon_3$ は無相関であり，平均は 0 であるとする[14]．パラメータ α, β, γ が観測変数 X, Y, Z の相関係数から一意に決定できることを示すことは難しくない．この識別可能性について，すでに図 5.7 の例を用いて説明したように，バックドア基準より

$$\beta = r_{YZ \cdot X}, \quad \alpha = r_{ZX} \tag{5.10}$$

であるから，

$$\gamma = r_{YX} - \alpha\beta \tag{5.11}$$

を得ることができる．

したがって，このモデルのノンパラメトリックなケースを考えた場合，識別可能なモデルに対し

---

[14] U を方程式から取り除き，$\varepsilon_1, \varepsilon_2, \varepsilon_3$ の間に相関を認めれば，このモデルに対する同値モデル図 5.7 が得られる．

5.3 グラフと識別可能性

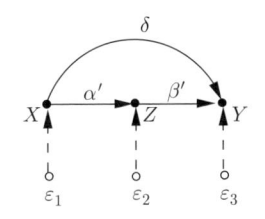

図 5.13 (5.12), (5.13) 式に関するモデル M' を表すダイアグラム

て，関数 $\{f_1, f_2, f_3\}$ がデータから一意に決定されるに違いないと考え，一般化しようという気になる．しかし，関数と分布の間の写像は多対1であることが知られているため，この予想は正しくない．すなわち，興味あるノンパラメトリック・モデル M に対して，興味ある分布 $P(x,y,z)$ と整合する関数集合 $\{f_1, f_2, f_3\}$ が存在するならば，そのような関数は無限に存在する（図 1.6）．したがって，(5.4)～(5.6) 式によって与えられた緩やかに規定されたモデルから，有用な情報を推測することはできないと思われる．

しかし，線形モデルの場合でも，識別問題はこれで終わりというわけではない．むしろ，ここでの識別可能条件は予測や制御に関する実質科学的問題に答えるのに有用である．データにより方程式の形が識別できるのかどうかが問題となるのではなく，パラメトリック・モデルを用いれば，伝統的に解決されてきた問題に対してデータを用いて明確に答えることができるのかどうかが問題となる．

(5.4)～(5.6) 式によって与えられたモデルが予測に使われる（すなわち，ある変数の観測値が与えられたとき，その他の変数の確率を決定する）場合，識別問題は（まったくではないにしても）ほとんど重要でなくなる．予測量はすべて共分散行列またはこれらの共分散の標本推定値から直接推定することができる．（たとえば，推定精度を上げるために）次元を縮約しなければならない場合には，共分散行列と同じ次元をもつ同時方程式モデルに書き直せばよい．たとえば，(5.7)～(5.9) 式の線形モデル M において，X, Y, Z の相関行列は，モデル M'（図 5.13）

$$x = \varepsilon_1 \tag{5.12}$$

$$z = \alpha' x + \varepsilon_2 \tag{5.13}$$

$$y = \beta' z + \delta x + \varepsilon_3 \tag{5.14}$$

を用いても表現することができる．このモデルは，(5.7)～(5.9) 式と同じくらい簡単であり，観測変数 X, Y, Z に関して M と共分散同値である．$\alpha' = \alpha, \beta' = \beta, \delta = \gamma$ とおけば，モデル M' は (5.7)～(5.9) 式のモデルと同じ確率的予測量を与える．しかし，データ生成過程と考えた場合には，2つのモデルは同じではない．それぞれが X, Y, Z を生成する過程について異なるシナリオをもっており，これらの過程に対して介入を行った際に得られる予測量の変化も明らかに異なっている．

5.3.3 因果効果：構造方程式モデルにおける介入の説明

M と M' の違いは，同時方程式モデルに関する構造的理解はどこで使われているのか，そして因果推論に対して消極的な研究者でさえ，なぜ共分散をはじめとする統計パラメータよりも構造

パラメータのほうが重要であると考えているのか，をまさに説明している．(5.7)～(5.9) 式で定義されたモデル M では，X は Z を経由して Y に影響を与える間接的な因子とみなされているのに対して，(5.12)～(5.14) 式で定義されたモデル M' では，X は Y の値を決定する過程における直接的な因子とみなされている．この違いはデータに現れることはなく，介入に応じてデータが変化するという形で現れる．たとえば，介入によって X の値を x に固定したときの Y の期待値を予測することを考えよう．このモデルを $E(Y|do(X=x))$ と記す．$X=x$ を (5.13) 式と (5.14) 式に代入すると，M' では

$$E[Y|do(X=x)] = E[\beta'\alpha'x + \beta'\varepsilon_2 + \delta x + \varepsilon_3] \tag{5.15}$$
$$= (\beta'\alpha' + \delta)x \tag{5.16}$$

となり，M では

$$E[Y|do(X=x)] = E[\beta\alpha x + \beta\varepsilon_2 + \gamma u + \varepsilon_3] \tag{5.17}$$
$$= \beta\alpha x \tag{5.18}$$

となる．共分散同値とするために（(5.10) 式と (5.11) 式を参照）$\alpha' = \alpha, \beta' = \beta, \delta = \gamma$ とおくと，2 つのモデルでは，明らかに X から Y への（総合）因果効果の大きさが異なっていることがわかる．すなわち，モデル M では，x が 1 単位変化した際の $E(Y)$ の変化が量 $\beta\alpha$ によって評価されるのに対して，M' では $\beta\alpha + \gamma$ によって評価される．

この意味で，(5.17) 式で期待値をとる前に，(5.9) 式の u に $x - \varepsilon_1$ を代入すべきかどうかを問いたくなる．(5.17) 式を得たときに (5.8) 式を (5.9) 式に代入してよいのであれば，なぜ (5.7) 式を (5.9) 式に代入してはならないのだろうか？ つまるところ，モデルの提案者が有効であると考えている数学的等式 $u = x - \varepsilon_1$ を支持することには何の問題もないと主張したくなる．しかし，この主張は誤っている[15]．構造方程式は，不変な数学的等式として扱われるのではなく，むしろ平衡状態として定義され，介入により平衡状態が不安定になったときに変化するものである．事実，構造方程式モデルは，初期の平衡状態だけでなく，新しい平衡状態を説明するために，どの方程式を変えるべきかを判断するための必要な情報も符号化できるという能力をもつ．たとえば，単に X を x に固定する介入を考える場合，X を決定する介入前の過程を表した方程式 $x = u + \varepsilon_1$ を無効とし，方程式 $X = x$ で置き換えればよい．そのとき，新しい方程式集合を解くことで，新しい平衡状態を表現することができる．したがって，構造方程式は本質的に通常の数学的方程式とは異なる，すなわち，構造方程式は一つの方程式集合ではなく，多くの方程式集合を表しており，それぞれが基礎となるモデルからとられた方程式の部分集合に対応している．このような部分集合はすべて，与えられた介入の下での仮想的な物理的実現を表現している．

構造方程式は分布関数を要約しているのではなく，政策の効果を予測するための因果的情報を符号化したものであるという立場をとると (Haavelmo 1943; Marschak 1950; Simon 1953)，このような予測を構造係数を適切に一般化したものとみなすのは自然なことである．たとえば，線

---

[15] 証拠に基づく決定理論とよばれる分野では，このような主張から Newcomb のパラドックスが導かれている（4.1.1 項を参照）．

5.3 グラフと識別可能性

形モデル M における構造係数 β を適切に一般化したものは，「もし Z に介入を行って，その値を z から $z+1$ に変化させた場合，Y の期待値はどのように変化するのだろうか」という制御問題に対する答えとなっている．もちろん，これは「もし Z の値が z ではなく $z+1$ と観測される場合，Y の期待値にはどのような違いが生じるのか」という観察問題とは異なっている．第1章で述べたように，観察問題には同時分布 $P(x,y,z)$ を用いて直接答えることができるのに対して，制御問題に答えるためには，因果的情報も必要となる．構造方程式は，その等式の左辺の変数を結果とし，右辺の変数を原因としてみなすことによって，この因果的情報を構文論へ書き直している．第3章では，記号 $do(\cdot)$ を用いてこの2つの問題を区別している．例として，制御された期待値を

$$E(Y|do(x)) \triangleq E[Y|do(X=x)] \tag{5.19}$$

と記し，標準的な条件付き期待値あるいは観測された期待値を

$$E(Y|x) \triangleq E(Y|X=x) \tag{5.20}$$

と記すことにしよう．(5.7)〜(5.9) 式のモデルでは $E(Y|do(x)) = \alpha\beta x$ であるが，$E(Y|x) = r_{YX}x = (\alpha\beta+\gamma)x$ であることから，$E(Y|do(x))$ が $E(Y|x)$ と同じではないことが簡単にわかる．実際，受動的に観察された $X=x$ はどの方程式も逸脱させることはない．そのため，期待値をとる前に (5.7) 式と (5.8) 式を (5.9) 式に代入することは正当化される．

線形モデルの場合，直接的制御の問題に対する答えはパス（または構造）係数を用いて符号化されるため，パス係数を用いることによってある変数からもう一つの変数への総合効果を記述することができる．たとえば，(5.7)〜(5.9) 式で定義されたモデルでは，$E(Y|do(x))$ は，$\alpha\beta x$，すなわち，x に $X \to Z \to Y$ に関するパス係数の積をかけあわせたものである．ノンパラメトリック・モデルの場合，$\{f_1, f_2, f_3\}$ がわかっていても，$E(Y|do(x))$ を計算するのは複雑である．それにもかかわらず，この計算は適切に定義されている．すなわち，$E(Y|do(x))$ を計算するためには，f_1 を取り除き，X を定数 x に置き換えることによって修正された方程式集合

$$z = f_2(x, \varepsilon_2) \tag{5.21}$$
$$y = f_3(z, u, \varepsilon_3) \tag{5.22}$$

の（Y の期待値に関する）解が必要となり，

$$E(Y|do(x)) = E\{f_3[f_2(x,\varepsilon_2), u, \varepsilon_3]\}$$

を評価しなければならない．ここに，期待値は $U, \varepsilon_2, \varepsilon_3$ に対してとる．この計算を実行するグラフィカル方法論は 3.3.2 項で議論している．

それでは，ノンパラメトリック・モデルにおいて，識別可能性の適切な定義とは何であろうか？合理的な定義の一つは，介入問題に対する答えが一意であるというものである．これはまさに定義 3.2.3 に基づいて因果効果 $P(y|do(x))$ が識別可能であることを説明したものである．第3章および第4章からわかるように，ノンパラメトリック・モデルに関する識別可能性は，多くの場合，方程式に対応するダイアグラムを考察することによって，グラフに基づいて判断することが

できる．そこでは，因果効果が識別可能であるかどうかを判断するだけでなく，そのような問題を推定するための公式も与えている．

5.4 いくつかの概念的裏づけ

5.4.1 構造パラメータは何を意味しているのか

学生はみんな，SEM の勉強をしているとき，次のようなパラドックスにつまづいている．方程式

$$y = \beta x + \varepsilon$$

において X を 1 単位変化させたときの $E(Y)$ の変化が係数 β であると説明できるならば，方程式を

$$x = \frac{y - \varepsilon}{\beta}$$

と書き直せば，Y を 1 単位あたり変化させたときの $E(X)$ の変化は $1/\beta$ であると説明できるはずである．しかし，これはモデルに関する直観や予測と相反する．すなわち，Y がもともとの X に対する構造方程式の中で独立変数として現れないのであれば，Y を 1 単位あたり変化させたときの $E(X)$ の変化は 0 となるはずである．

一般に，SEM の先生は，2 つの逃げ道のうちのいずれかを使ってこのジレンマを避けている．第一の逃げ道は，β が因果的な意味をもつことを否定し，純粋な統計的説明とみなすというものである．この場合，β は X によって Y の分散を減少させる指標である (たとえば，Muthen 1987)．もう一つの逃げ道は，「孤立」制約，すなわち，説明変数は方程式における誤差変数と無相関であるという制約 (Bollen 1989; James et al. 1982) を満たす係数だけに因果的な意味を認めるというものである．ε は X や Y とは無相関ではないため (この議論は続いているが)，β や $1/\beta$ は同時に因果的な意味をもつことができず，したがって，パラドックスも解消される．

最初の逃げ道は自己一致性をもっているが，それは SEM 関数を政策決定の補助道具とする創始者の意図を傷つけ，SEM ユーザーの直観に反したものである．第二の逃げ道は，論理的な攻撃に弱い．二変量正規変数のすべての組 X と Y は

$$y = \beta x + \varepsilon_1, \quad x = \alpha y + \varepsilon_2$$

という同値な方法で表現できる．ここに，$\mathrm{cov}(X, \varepsilon_1) = \mathrm{cov}(Y, \varepsilon_2) = 0$ であり，$\alpha = r_{XY} = \beta \sigma_X / \sigma_Y$ である．したがって，条件 $\mathrm{cov}(X, \varepsilon_1) = 0$ が β に因果的な意味を与えるというのであれば，$\mathrm{cov}(Y, \varepsilon_2) = 0$ も α に対しても因果的な意味を与えなければならない．しかし，これも SEM の背後にある直観や意図に反する．Y から X への因果道がなければ，Y を 1 単位あたり変化させたときの $E(X)$ の変化は，r_{XY} ではなく，0 でなければならない．

それでは，構造係数はどのような意味をもつのであろうか？ また，構造方程式や誤差項とは何だろうか？ 記号 $do(x)$ を用いて因果効果を介入という観点から説明することにより，このような問題に簡単に答えることができる．その答えから，構造方程式の操作的意味が明らかとなる．これによって，このような実体に関する論争や混乱の時代が終わることを願っている．

構造方程式：操作的定義

定義 5.4.1（構造方程式）

方程式 $y = \beta x + \varepsilon$ を次のように説明できるとき，この方程式は構造的であるという．X を x に制御し，それ以外の変数からなる集合 Z（X も Y も含まない）を z に制御するという理想的な実験において，Y の値 y は $\beta x + \varepsilon$ で与えられる．ここに，ε は x や z の関数ではない． □

この定義は，制御された介入という条件の下ではあるが，すべての量が観測されるという意味で操作的である．裸眼でバクテリアを観測することができないからといって顕微鏡では観測できないというわけではないのと同じように，多くの観察研究において操作を行うことができないからといって，定義にある操作性が否定されるというわけではない．実際に観測できる些細なものから何を観察したいのかという問題に対して，最大限の情報を引き出すことが SEM の挑戦なのである．

操作的理解では，Y を制御したときに X（または他の変数）がどのように振る舞うのかについては何も要求されていないことに注意しよう．この非対称性により，構造方程式モデルの等号と代数的等号に違いが生じる．すなわち，前者は，X と Y の観測について対称的に作用するが（$Y = 0$ ならば $\beta x = -\varepsilon$ となる），介入となると非対称的に作用する（Y を 0 に固定しても，X と ε の関係は何もわからない）．パスダイアグラムの矢線を見れば，この 2 つの役割は明らかとなる．これはダイアグラムから得られる洞察力と推論能力によるものである．

方程式 $y = \beta x + \varepsilon$ についての最も強い経験的主張は，方程式の右辺から他の変数を除き，X を Y の唯一の直接原因であると宣言するものである．これは，**不変性**という検証可能な主張へ変換することができる．すなわち，条件 $do(x)$ の下での Y の統計量は，モデルに含まれる他の変数に対して介入を行っても変わることはない（1.3.2 項を参照）[16]．この主張は

$$P(y|do(x), do(z)) = P(y|do(x)) \tag{5.23}$$

と記号論的に書くことができる．ここに，任意の Z と $\{X \cup Y\}$ は排反である[17]．

この不変性は，Z への介入に対して成り立つのであって，観察に対しては成り立たないことに注意しよう．Z が Y の結果（すなわち，子孫）である場合には，条件 $do(x)$ の下で $Z = z$ が観測されたときの Y の統計量 $P(y|do(x), z)$ は，必ず Z に依存する．また，一般に，通常の条件付き確率 $P(y|x)$ はモデルに含まれている X 以外の変数の介入の影響を受けやすいため（X と ε が独立でないかぎり），$P(y|x)$ にはこのような強い不変性がないことに注意しよう．これに対

---

[16] システムにおいて変化が生じても構造方程式が変わることはないという基本的概念は，Marschak (1950) と Simon (1953) にまでさかのぼる．Hurwicz (1962), Mesarovic (1969), Sims (1977), Cartwright (1989), Hoover (1990), Woodward (1995) は，異なる抽象的なレベルにおいて，この概念を数学的に定式化した．しかし，(5.23) 式は簡単かつ正確であり，しかも明快であるため，彼らの結果と比べると優れたものである．

[17] 実際，この主張は，方程式によって記述されたメッセージの一部にすぎない．それ以外の部分は動的あるいは反事実的主張からなる．もし X を x ではなく x' と制御したならば，Y には値 $\beta x' + \varepsilon$ が割り当てられる．すなわち，X に対するさまざまな仮説的制御を行ったとき，同じ外的条件 (ε) の下で Y の値を座標平面に記入すると，傾き β をもつ直線が得られる．このような連続する制御条件の下でのシステムの挙動に関する動的で決定論的な主張は，外的条件あるいは実験単位の性質を表す ε が，x から x' へ変えたとしても変わらないという仮定の下でのみ検証できる．このような反事実的主張によりすべての科学的法則の経験則が構成される（7.2.2 項を参照）．

して，(5.23) 式は X と ε が独立であるかどうかとは関係なく成り立つ．

いくつかの構造方程式からなる集合へ一般化する場合でも，(5.23) 式は与えられた因果ダイアグラムに含まれる仮定を明らかにしている．構造方程式集合に関するグラフを G とするとき，G によって記述される仮定は次のようなものである．

(1) 頂点間——たとえば，X から Y へ——の矢線がない場合，介入して Y の親を固定したとき，X から Y への因果効果はないという仮定を意味する．

(2) X と Y の間に双方向矢線がない場合，X に（直接的）影響を与える省略された因子が Y に（直接的）影響を与える省略された因子と無相関であるという仮定を意味する．

(5.26) 式と (5.27) 式を用いて仮定 (2) の操作的な意味を説明する．

構造パラメータ：操作的定義

構造方程式は仮想的介入を行ったときの Y の挙動を記述したものであるという解釈は，構造パラメータの簡単な定義に従ったものである．方程式 $y = \beta x + \varepsilon$ における β の意味は単に

$$\beta = \frac{\partial}{\partial x} E[Y|do(x)] \tag{5.24}$$

すなわち，介入により X を x に固定するという実験を行ったときの Y の期待値の（x に関する）変化率である．この説明は，非実験研究において ε と X が（たとえば，$x = \alpha y + \delta$ を経由して）相関をもつかどうかとは関係なく成り立つ．

このときの β は回帰係数 r_{YX} や条件付き期待値 $E(Y|x)$ とは無関係であることに注意しよう．これは多くの教科書で書かれる記述と異なっている．β が回帰係数と一致する条件は，定理 5.3.1 で明確に述べられている．

β が不変であることを認める一方で，β がどのような変化に対して不変であるかを説明することが難しい理論を (5.24) 式の定義と比較することは重要である．たとえば，Cartwright (1989, p.194) は，「容量」という性質がもつ不変性を用いて β の特徴づけを行っている．また，彼女は変化の下でも β は一定であると正しく述べる一方で，X の統計量が変化した場合，「分散がどのように変化しても割合 $[\beta = E(YX)/E(X^2)]$ は一定である」と説明している．この特徴づけは適切ではない．まず第一に，一般に，β は割合や統計パラメータの組み合わせと同じものではない．第二に，これは定義 5.4.1 がもつ重要な特徴であるが，構造パラメータは局所的介入（すなわち，システムに含まれている特定の方程式の変化）に対して不変であるが，変数の統計量に関する一般的な変化に対しては不変ではない．もし $\mathrm{cov}(X,\varepsilon) = 0$ であり，かつ我々（あるいは自然界）が X を生成する過程を局所的に修正するという理由により X の分散が変化するならば，Cartwright の主張は正しく，割合 $\beta = E(YX)/E(X^2)$ は定数である．しかし，X の分散がそれ以外の理由——たとえば，X と Y の両方に従属する変数 $Z = z$ が観測されたり，X を生成する過程が大きな変数集合に従属したりするといった理由——で変化する場合にはその割合は一定ではない．

神秘的な誤差項：操作的定義

定義 5.4.1 や (5.24) 式で与えた解釈により，神秘的な誤差項に対して操作的定義を次のように与えることができる．

5.4 いくつかの概念的裏づけ

$$\varepsilon = y - E[Y|do(x)] \quad (5.25)$$

これは，非介入研究では観測されないものであるが，一部の研究者が提案したような形而上学的あるいは定義的なものとは異なっている（たとえば，Richard 1980; Holland 1988, p.460; Hendry 1995, p.62）．回帰方程式の誤差項とは違い，ε は制御された期待値 $E[Y|do(x)]$ から得られる Y の変動を評価しているのであって，条件付き期待値 $E[Y|x]$ から得られる変動を評価しているわけではない．したがって，X を制御した場合には，Y を観測することによって ε の統計量を評価することができる．一方，X が操作されたものであるかとか，観測されたものであるかとは関係なく β は変わらないため，β がわかっていれば，観察研究から $\varepsilon = y - \beta x$ の統計量を評価することができる．

同様に，誤差相関も経験的に推定することができる．任意の隣接しない変数 X と Y に対して，(5.25) 式より

$$E[\varepsilon_Y \varepsilon_X] = E[YX|do(pa_Y, pa_X)] - E[Y|do(pa_Y)]E[X|do(pa_X)] \quad (5.26)$$

を得る．構造係数が決まれば，制御された期待値 $E[Y|do(pa_Y)]$, $E[X|do(pa_X)]$, $E[YX|do(pa_Y, pa_X)]$ は観測変数 pa_Y と pa_X に関する既知の線形関数となる．したがって，(5.26) 式の右辺の期待値は観察研究に基づいて推定することができる．一方，構造係数が定まらない場合には，pa_Y と pa_X を固定するという介入研究において（X と Y は親子の関係にはないと仮定する），得られたデータから X と Y の共分散を推定することにより，これらの期待値を直接評価することができる．

最後に，$E[\varepsilon_Y \varepsilon_X]$ を評価することに関心がなく，ε_Y と ε_X が無相関であると仮定できるかどうかを判断したい場合がある．この問題に対しては，等式

$$E[Y|x, do(s_{XY})] = E[Y|do(x), do(s_{XY})] \quad (5.27)$$

が成り立つかどうかを検証すれば十分である．ここに，s_{XY} はモデルに含まれている変数のうち X と Y を除いたものすべてからなる集合である．この検証法は，Y が X の親である場合を除いて，モデルに含まれている任意の 2 つの変数に対して適用することができる．この場合には，（X と Y が相互交換できる）対称的方程式である．

神秘的な誤差項：概念的解釈

SEM の教科書では，しばしば誤差項は省略された因子の影響を表したものであると説明されている．しかし，多くの SEM の研究者はこの説明を受け入れることに消極的である．その理由は，あいまいに省略された因子が形而上学的な推論に対して門を開けていること，そしてこのような因子に基づく議論が，パスダイアグラムから双方向矢線を除くための一般的でかつ実体のない根拠として不適切に利用されていることにある (McDonald 1997)．誤差項の操作的説明を与える (5.25) 式は，誤差がどのように生成されるのかを規定しているのではなく，誤差をどうやって測定するのかを規定しているため，この操作的解釈を用いればその理由を明らかにすることができる．

しかし，誤差項の組が無相関であると仮定できるかどうかを判断する場合には，この操作的定

義は省略された因子の概念の代わりとして利用できないことに注意しておかなければならない．パラメータが「自由」であるという段階においては，このような判断が必要となるが，それを相関の数値的評価に基づいて判断することはできない．その一方で，この判断は，メカニズムどうしがどのように結びつけられ，変数どうしがどのようにお互いに影響しあうのかという定性的な構造的知識に依存するものでなくばならない．(5.26) 式の操作的定義はこのような判断の役に立つわけではない．(5.26) 式の定義は複雑な実験条件の下で 2 つ異なる変数の変動が相関をもつかどうかを判断するものであって，認識論的にこのような判断を行うことはできない．

その一方で，省略された因子の概念により，いくつかの観測変数に同時に影響を与える因子が存在するのかどうかが判断しやすくなる．このような判断は定性的であり，かつ構造的知識——このモデリング段階で得られる知識のみ——に完全に依存しているため，認識論的に処理しやすい．

研究者が考えなければならない誤差相関のもう一つの源は，**選択バイアス**である．2 つの相関のない非観測因子に対して共通の結果があり，それが標本抽出に影響を与えるにもかかわらず解析から除かれた場合，対応する誤差項は選択された母集団において相関をもつ．したがって，(5.26) 式の期待値は選択された母集団においては 0 とはならない（1.2.3 項の Berkson のパラドックスを参照）．

しかし，ダイアグラムにある弧ではなく，ダイアグラムから**取り除かれる**弧に注目すべきであり，その現実的な正当性を検証する必要がある．過剰に双方向矢線を加えた場合には最悪でもパラメータの識別可能性が弱まる程度であるが，双方向矢線を取り除いた場合には誤った結論が下されるだけでなく，モデルを検証する際にも誤った判断が行われる可能性がある．したがって，初期設定として，ダイアグラムにおける任意の 2 つの頂点の間には双方向矢線が存在すると仮定したほうがよい．2 つの変数に対して共通原因がないとか，選択バイアスが生じていないといった，正当化された理由がある場合にのみ，これらの双方向矢線を取り除くべきである．我々は変数に影響を与える因子すべてを認識することはできないが，実質的知識を用いて共通因子の影響は重要ではないと考えられる場合がある．

したがって，科学でしばしば起こっているように，物理的量を測定する方法が，それらを捉える最もよい方法であるというわけではない．誤差のような省略された因子の概念は，構造的知識に依存しているため，因果モデルを構築し，評価し，考察する際には操作的定義よりも有用である．

5.4.2 効果の分解に対する解釈

構造方程式モデリングの優れた特徴は，直接効果と間接効果を区別する原理的方法論を提供していることにある．4.5 節では，工程管理から法律上の訴訟に至るまで，このような区別が幅広く多くの応用分野で重要であること，そして実際に SEM が直接効果と間接効果を定義し，識別し，そして推定するための論理的な方法論を提供していることを述べた．しかし，Freedman (1987) や Sobel (1990) が指摘したように，多くの SEM 研究者は，代数的操作に偏見をもっており，構造パラメータに関する因果的解釈を認めようとはしなかったために，直接効果や間接効果が不適切に定義されてしまっている．本項では，構造パラメータの操作的意味を忠実に守ることにより，この混乱を収拾することにしよう．

まず，定義 3.2.1 で与えた因果効果 $P(y|do(x))$ の一般的概念から始め，次いで，4.5 節と同様

定義 5.4.2 (総合効果)

X から Y への総合効果は $P(y|do(x))$，すなわち，X は x に固定されるが，それ以外のすべての変数は自然の成り行きに従う分布である． □

定義 5.4.3 (直接効果)

X から Y への直接効果は $P(y|do(x), do(s_{XY}))$ で与えられる．ここに，S_{XY} は X と Y を除いたシステムに含まれる観測変数すべての集合である． □

線形解析では，定義 5.4.2 と定義 5.4.3 を x について微分すれば，直接効果と間接効果を定義する，おなじみのパス係数が得られる．しかし，これらの定義は，いくつかの重要な側面において従来のものとは異なっている．まず，直接効果は，統計的な調整（これにはしばしば「制御」という誤った言葉が使われている）ではなく，**物理的介入**によって中間変数を一定に固定するという仮想的実験に基づいて定義されている．図 5.10 は，$\frac{\partial}{\partial x}E(Y|do(x,z,w))$ より正しい直接効果 $\frac{\partial}{\partial x}(\beta w + \gamma z) = 0$ を得ることができるが，中間変数 (Z と W) で調整しても X から Y への直接効果が 0 という正しい値にはならない簡単な例となっている．4.5.3 項（表 4.1）では，二値の変数を含むケースをもう一つの例として与えている．

第二に，制御を中間変数だけに限定しなくても，システムに含まれる変数すべてを (X と Y を除いて) 一定に固定できればよい．仮想的には，研究者はあらゆる条件 S_{XY} を制御し，ダイアグラムの構造がわからなくても測定を始めればよい．第三に，本章で与える定義は従来の定義とは異なり，2 つの異なった実験結果のように，総合効果と直接効果が互いに独立なものであることを意味している．標準的な教科書の定義によれば（たとえば，Bollen 1989, p.376; Mueller 1996, p.141; Kline 1998, p.175），総合効果はパス係数行列のべき級数と等しいとされている．この代数的定義は，逐次的な（セミマルコフ・モデル）システムにおける操作的定義（定義 5.4.2）と一致しているが，フィードバックをもつモデルでは誤った表現を与える．たとえば，構造方程式の組 $\{y = \beta x + \varepsilon, x = \alpha y + \delta\}$ では，X から Y への総合効果は単純に β であって，Bollen (1989, p.379) が述べているような $\beta/(1-\alpha\beta)$ ではない．後者には，「X の効果」という言葉に値するほどの操作的な重要性はない[18]．

二値変数を扱う研究者にとって興味ある注意点をいくつか述べて，効果の分解に関する議論を終わることにしよう．二値変数の変数間の関係は通常非線形であるため，4.5 節の結果を適用することになる．特に，X から Y への直接効果は，X 以外の Y の親をどの値に固定するかに依存する．これらの値について平均をとることにより，4.5.4 項で与えた表現を得ることができる．

標準的な線形解析では，間接効果は総合効果と直接効果の差として定義されている (Bollen 1989)．非線形解析の場合，このような差には意味がなく，ほかの方法で中間パスによる影響を分離しなければならない．いくつかの変数を一定に固定することによって X から Y への直接的な因果の

---

[18] この誤りは Sobel (1990) によって指摘されたが，おそらくはパス係数のもつ不変性が新しくかつ外生的な仮定として提案されていたため，Sobel による指摘が実質科学や哲学を変えることはなかった．

辺を選択して無効にするという物理的方法論はないため，$P(y|do(x), do(z))$ を使ってこのような影響を分離することはできない．したがって，間接効果の概念は，直接効果と総合効果を比較すること以外には，本質的な操作的意味をもたない．すなわち，総合効果のなかで特定の中間変数あるいは中間変数群を経由した部分を調べようとしている政策決定者は，まさに一つは Z を固定した政策を，もう一つは Z を固定しない政策を考え，この 2 つの政策の効果を比較しようとしているのである．これには $P(y|do(x), do(z))$ と $P(y|do(x))$ という表現が対応しており，この 2 つの分布は，間接効果の政策的意味を十分に表している．Robins and Greenland (1992) も同様な結論を導いている（第 4 章の注釈 9 を参照）．

5.4.3 外生性，超外生性と余剰

経済学の教科書では，読者に対して，外生変数と内生変数の区別は「モデル構築において最も重要」である (Darnell 1994, p.127) 一方で，「捉えがたく，時として論争になる厄介な問題」(Greene 1997, p.712) であるといつも警告されている．経済学部の学生は，当然本章で開発された概念とツールを用いれば問題が解明されるであろうと期待していると思うが，本章はまさにその期待に添うものとなっている．ここで，外生性について，文献に現れる重要なニュアンスを捉え，好ましく，正確かつ簡単な定義を与えよう．

現代では，弱外生性，強外生性，超外生性の 3 つの外生性に区別するのが流行である (Engle et al. 1983)．前の 2 つは統計的であり，後者は因果的である．しかし，外生性が重要である理由，そして，これが論争の的になる理由は，政策介入という意味にある．それゆえ，因果的側面（すなわち，超外生性）だけが外生性の称号を受けるに値するものであり，統計的記述は識別可能性や解釈可能性といった問題と推定精度の問題を混同させやすい不当な侵入者であると信じている経済学者もいる（Ed Leamer, 私信）[19]．ここでは，両方の立場に立って，因果的外生性の簡単な定義から始め，その次に一般的な定義を与えたうえで，因果的側面と統計的側面はともに一般的な定義の特別なケースであることを示す．したがって，ここで「外生性」とよばれるものは Engle らが「超外生性」とよんでいたもの，すなわち，経済学者が興味のある，政策介入の下である関係の構造的不変性の概念に相当する．

変数集合 X に介入を行うことを考え，その介入 $do(X = x)$ の下での反応変数集合 Y の統計的挙動を特徴づけたいと考えているとしよう．介入後の Y の分布を $P(y|do(x))$ と記す．その分布のパラメータ集合 λ に関心がある場合，得られたデータから $\lambda[P(y|do(x))]$ を推定する．しかし，得られたデータは，通常異なる条件から生成されている．X は一定に固定されておらず，政策決定者がこれまで X を設定するために参考にした経済的圧力や期待に従って変化しているかもしれない．これまでのデータ生成過程を M と記し，M に関する確率分布を $P_M(v)$ と記すことにしよう．このとき，M に関する背景知識 T（"Theory" を意味する）が与えられたとき，$P_M(v)$ から得られる標本によって，$\lambda[P_M(y|do(x))]$ を一致推定できるのかどうかが問題となる．1 つの大きな違いを除けば，これは本質的に本章および前章で分析した識別問題と同じである．すなわち，全体の同時分布 $P(v)$ ではなく，条件付き分布 $P(y|x)$ から $\lambda[P(y|do(x))]$ を識別できるの

---

[19] John Aldrich や James Heckman も同様な考えをもっている Aldrich (1993) も参照されたい．

かどうかという違いである．この制約条件の下で識別可能条件が成り立つならば，X は (Y, λ, T) に対して外生的であるという．

このことは次のように形式的に表現することができる．

定義 5.4.4（外生性）

X と Y を 2 つの変数集合とし，λ を介入後の確率 $P(y|do(x))$ のパラメータ集合とする．λ が条件付き分布 $P(y|x)$ から識別可能である，すなわち，理論 T を満たす任意の 2 つのモデル M_1 と M_2 に対して

$$P_{M_1}(y|x) = P_{M_2}(y|x) \implies \lambda[P_{M_1}(y|do(x))] = \lambda[P_{M_2}(y|do(x))] \tag{5.28}$$

が成り立つならば，X は (Y, λ, T) について外生的であるという． □

λ が介入後の確率を完全に規定するという特別なケースにおいては，(5.28) 式は

$$P_{M_1}(y|x) = P_{M_2}(y|x) \implies P_{M_1}(y|do(x)) = P_{M_2}(y|do(x)) \tag{5.29}$$

となる．任意の $P(y|x)$ に対して，理論 T によって $P_{M_2}(y|do(x)) = P_{M_2}(y|x)$ を満たすモデル M_2 が先験的に取り除かれることはないと仮定すると[20]，(5.29) 式は等式

$$P(y|do(x)) = P(y|x) \tag{5.30}$$

へ還元され，「交絡しない」ための条件を得る（3.3 節，6.2 節を参照）．(5.29) 式は T に含まれる任意の M_1 に対して成り立たなければならないため，(5.30) 式が（(5.29) 式から）得られる．理論 T は明確には言及されていないことから，(5.30) 式は任意のモデル M に対して適用することができ，外生性に対するもう一つの定義——それは (5.28) 式よりも強いものであるが——として与えることもできる．

たとえ周辺分布 $P(x)$ が得られた場合であっても，λ を条件付き分布 $P(y|x)$ だけから識別するべきであると主張しようという動機づけは，推定過程に対する結果に基づいている．(5.30) 式で述べたように，X が外生的であるということがわかれば，交絡因子の調整を行わなくても，受動的観察から直接的に（X に対する）介入効果を予測することができるようになる．3.3 節と 5.3 節の解析では，外生性に対するグラフィカル検証法が与えられている．それによれば，X から Y へのバックドア・パスがすべてブロックされるならば，X は Y に対して外生である（定理 5.3.2）．この検証法によって，(5.30) 式という宣言的な定義は手続き的な定義で補足され，これによって外生性の定義は完全な形になる．どのような因果ダイアグラムであっても構造モデルを表現しており，政策予測に必要で不変的な仮定がすでに構造モデルに含まれていることを考えれば，超外生性という不変的な性質が因果ダイアグラムのトポロジーから識別できることは驚くようなことではない（定義 5.4.1）．

Leamer (1985) は，$P(y|x)$ が X を「生成する過程」における変化に対して不変であるとき，X を外生であると定義した．$P(y|do(x))$ は X を決定する方程式が取り除かれた構造モデルに

---

[20] たとえば，T が同じグラフ構造をもつすべてのモデルを表すとき，M_2 が先験的に取り除かれることはない．

よって規定されるため，この定義は (5.30) 式と一致する[21]．したがって，$P(y|x)$ はこのような方程式の性質に対して鈍感である．一方，Engle et al. (1983) は，X の周辺密度における変化という観点から外生性（すなわち，超外生性）を定義している．例によって，過程に関する言語から統計用語への変わり目はあいまいになる．Engle et al. (1983, p.284) によれば，外生性では，条件付き分布 $P(y|x)$ のパラメータすべてが，「条件づけている変数の分布（すなわち，$P(x)$）の変化に対して不変である」ことが要求される[22]．しかし，$P(x)$ がいかなる変化に対しても一定であるという要件は強すぎる．たとえば，X が完全な外生変数であっても，条件を変える，あるいは新たに観測することにより，$P(x)$ を $P(y|x)$ に簡単に変えることができる．（これを説明するためには，明らかに X が外生であるランダム化実験から非ランダム化実験への変化を考えればよい．このような変化の下では，$P(y|x)$ は不変であると主張してはならない）．Leamer が述べたように，想定されている変化のクラスは，X を決定するメカニズム（または方程式）の局所的修正に制限されなければならず，この制限を外生性の定義に取り入れたものでなければならない．しかし，この制限を正確に記述するためには，SEM の用語を $P(y|do(x))$ の定義に組み込まなければならない．ところが，周辺密度や条件付き密度という用語は粗すぎて，$P(y|x)$ が不変であるような変化を適切に定義できないのである．

これまでに，同じ状況の下で「弱外生性」，「超外生性」といった外生性の一般的概念を定義する準備ができた[23]．これらの一般的概念を定義するために，定義 5.4.4 から λ が介入後の分布の特徴を表現していなければならないという制約を取り除く．その代わり，パス係数，因果効果，反事実のような構造的特徴や，（同時分布から確かめることのできる）統計的特徴を含めて，λ は基礎となるモデル M のあらゆる特徴を表すことができるものとする．このような一般化を通して，外生性について単純な定義を得ることができる．

定義 5.4.5（一般的外生性）

X と Y を 2 つの変数集合とし，λ を理論 T に関する構造モデル M 上で定義されるパラメータ集合とする．λ が条件付き分布 $P(y|x)$ から識別可能である，すなわち，理論 T を満たす任意の 2 つのモデル M_1 と M_2 に対して

$$P_{M_1}(y|x) = P_{M_2}(y|x) \implies \lambda(M_1) = \lambda(M_2) \tag{5.31}$$

が成り立つならば，X は (Y, λ, T) について外生であるという． □

λ がパス係数や因果効果のような構造パラメータからなるとき，(5.31) 式は，単なる $do(x)$ ではなく，さまざまな介入に対する不変性を表す．(5.31) 式では介入そのものについて明確に述べられているわけではないが，$\lambda(M_1) = \lambda(M_2)$ は λ の構造的特徴を通して，そのような介入を表現したものとなっている．特に，λ が選択された値 x と y での因果効果 $P(y|do(x))$ を表す場合には，(5.31) 式は

---

[21] それぞれの関数に含まれる変数集合（すなわち，親）を変えずに関数を修正する場合に変化は限定されるとせよ．

[22] Darnell (1994. p.131) と Maddala (1992, p.192) はまったく同じ言葉でこの要件を述べている．

[23] 本節では，「強」外生性の議論を省略しているが，それは時系列解析へ適用する際に弱外生性を少しだけ複雑にしたものである．

5.4 いくつかの概念的裏づけ

$$P_{M_1}(y|x) = P_{M_2}(y|x) \implies P_{M_1}(y|do(x)) = P_{M_2}(y|do(x)) \tag{5.32}$$

となる．これは (5.29) 式と一致する．したがって，外生性の因果的性質が成り立つ．

λ が平均，最頻値，回帰係数，あるいは他の分布特性のような厳格な統計パラメータからなる場合には，M の構造的特徴は考慮されない．このとき，$\lambda(M) = \lambda(P_M)$ であり，(5.31) 式は

$$P_1(y|x) = P_2(y|x) \implies \lambda(P_1) = \lambda(P_2) \tag{5.33}$$

となる．ここで，$P_1(x,y)$ と $P_2(x,y)$ は T と矛盾しない任意の 2 つの確率分布である．したがって，外生性の統計的概念を得ることができ，λ を推定する際に周辺分布 $P(x)$ を無視することができる．これを「弱外生性」とよんでもよい[24]．

最後に，λ が（X を除く）Y に含まれる要素間の因果効果からなる場合には，**操作変数**の一般的な定義を得ることができる．たとえば，W と Z が Y に含まれる 2 つの変数集合とするとき，因果効果 $\lambda = P(w|do(z))$ が興味の対象となっている場合には，このパラメータに対する X の外生性によって，条件付き確率 $P(z,w|x)$ から $P(w|do(z))$ を識別できることが保証される．事実，これが，操作変数を含まない因果効果を識別する際の操作変数の役割である（図 5.9 を参照．ただし，Z, X, Y はそれぞれ X, Z, W に対応する）．

ここで，多くの教科書で使われている言葉に注意しなければならない．外生性は，パラメータが条件付き密度関数あるいは周辺密度関数の表現に「含まれている」かどうかに基づいてしばしば定義されている．たとえば，Maddala (1992, p.392) は周辺分布 $P(x)$ が λ を「含まない」ことを要件として弱外生性を定義した．パラメータが「密度関数」に含まれているかどうか，そして密度関数がパラメータを「含んでいる」かどうかという問題は構文論に依存しているため，このような定義は明確なものではない．すなわち，異なる代数表現によって，あるパラメータが明らかになったりあいまいになったりすることがある．たとえば，X と Y が二値の変数であるとき，周辺確率 $P(x)$ は

$$\lambda_1 = P(x_0, y_0) + P(x_0, y_1), \quad \lambda_2 = P(x_0, y_0)$$

そして比率

$$\lambda = \lambda_2/\lambda_1$$

のようなパラメータを含む．したがって，$P(x_0) = \lambda_2/\lambda$ とおくと，λ と λ_2 はともに周辺分布 $P(x_0)$ に含まれるため，X は λ について外生的ではないという結論を下すことになる．実際には，比率 $\lambda = \lambda_2/\lambda_1$ は $P(y_0|x_0)$ 以外の何者でもないため，X は λ に関して外生的である．したがって，(5.33) 式で示したように，λ は $P(y_0|x_0)$ によって一意に決定される[25]．

(5.31) 式で与えられる定義の利点は，それが密度関数の構文論的表現ではなく，むしろ意味論的フレームワークに依存しているということにある．パラメータはモデルを表現する数学的記号ではなく，モデルから計算される量として扱われる．したがって，この定義は統計パラメータと

---

[24] さらに，Engle et al. (1983) は，"variation-free" とよばれる要件を課している．メカニズムが互いに制約しない純粋な構造方程式 M を扱う場合には，この要件はデフォルトとして満たされる．

[25] Engle et al. (1983, p.281) と Hendry (1995, pp.162–3) は，必要のない複雑な「再パラメータ化」を行って，このあいまいさを解決しようとした．

構造パラメータの両方に適用することができる．実際，この定義は構造モデルから計算される任意の量 λ に適用することができ，その量が周辺密度あるいは条件付き密度関数の表現に含まれているかどうか（あるいは含まれていてもかまわないかどうか）には関係がない．

神秘的な誤差項：再考

歴史的に，多くの論争を引き起こしてきた外生性の定義であるが，それは変数と誤差との相関の観点から表現されたものである．それは次のように理解することができる．

定義 5.4.6（誤差に基づく外生性）

Y に影響を与えるすべての誤差のうち，X が介在するものを除いたものと X が独立であるとき，X は $\lambda = P(y|do(x))$ に関して外生であるという． □

この定義は Hendry and Morgan (1995) が Orcutt (1952) にまでさかのぼって調べたものである．これは，1950 年から 1970 年にかけて，計量経済学の文献における標準的な定義となり（たとえば，Christ 1966, p.156; Dhrymes 1970, p.169），今もなお多くの計量経済学者のアイデアを導くのに役に立っている（たとえば，操作変数の選択問題 (Bowden and Turkington 1984)）．しかし，構造的誤差（(5.25) 式を参照）と回帰誤差との区別があいまいとなった 1980 年代初めに，それは批判にさらされることになった (Richard 1980)（定義より，回帰誤差は説明変数と直交する．）Cowles 委員会が作り上げた構造方程式の論理（5.1 節を参照）は，数学的には十分に成熟されておらず——構造パラメータと回帰パラメータの記号論的区別を否定することによって——誤差項に基づく概念すべてがあいまいではないかと疑われるようになった．外生性についてまったく新しい基盤を確立するという展望に従って——「誤差」や「構造」といった理論的用語は含まれていないようであるが (Engle et al. 1983)——経済学者は Cowles 委員会の論理を整理することをやめ，誤差に基づく外生性の定義に対して批判を次第に広めていった．たとえば，Hendry and Morgan (1995) は「外生性という概念は，非観測誤差とは無相関である観測変数がもつ性質のような，あいまいな概念へ急速に発展した」と述べており，Imbens (1997) もこの概念が適切ではないことをすぐに認めた[26]．

適切な記号（(5.25) 式を参照）を用いれば構造的誤差を正確かつ明確に定義できることを考えると，このような批判が正当化されることはほとんどない．誤差に基づく外生性に関する標準的な基準は，構造的誤差に適用する場合には，形式的に (5.30) 式と一致する．これは定理 5.3.2 の（$Z = \phi$ として）バックドア基準を使うことによって確かめることができる．したがって，標準的な定義は，複雑かつ適切に記述できない外生性の定義に埋め込まれたものと同じ情報をもつ．それゆえ，標準的な定義は，今までと同じように，再び受け入れられ，社会的地位も再び確立されると確信している．

外生性と操作変数に対するグラフ的定義と反事実的定義の関係については第 7 章で議論する（7.4.5 項を参照）．

---

[26] Imbens は，「ランダム割り付けという仮定」のような実験的表現に基づく定義のほうが好ましいと考え，「このような錯乱項がいったい何を表しているのかということについて，研究者は確たる考えをもっているわけではない」(Angrist et al. 1996, p.446) と心配している．

5.5 結　論

　今日，構造方程式モデリングに関する活動は，次第に批判を受け始めている．創始者たちは身を引き，彼らの教義は忘れ去られ，そして，現在，実務者，教員，研究者は，創始者から受け継いだ方法論を守る，あるいは取り替えることは困難であると認識している．最近の SEM の教科書はパラメータ推定を中心に書かれており，これらのパラメータが因果的説明あるいは政策分析において果たす役割が説明されることはほとんどない．たとえば，介入の効果を扱った事例は驚くほど欠けている．SEM モデルがもつ意味と利用法に関する問題が混乱と論争を巻き起こしているにもかかわらず，SEM の研究は，ほとんどモデル適合度を中心に行われている．

　著者は，現在の SEM の危機は構造方程式に埋め込まれた因果的情報を扱う数学言語が不足していることにあると強く信じている．グラフィカル・モデルはそのような言語を与えており，現在の危機を引き起こした多くの未解決問題に答えるヒントとなる．

　本章では，

1. どのような条件の下で，構造係数に因果的説明を与えることができるか？
2. 構造方程式モデルの基礎となる因果的仮定は何か？
3. 構造方程式モデルの統計的意味は何か？
4. 構造係数の操作的意味は何か？
5. 構造方程式モデルの政策決定的な主張は何か？
6. どのような場合に方程式が構造的ではないのか？

といった基礎的問題を解決する概念的な発展について述べた．また，次のような実質的に重要な問題に答えるための有用なツールを与えた．

1. どのような場合に 2 つの構造方程式モデルが観察的に区別できないのか？
2. どのような場合に回帰係数がパス係数を表現しているのか？
3. どのような場合に説明変数を加えることによってバイアスが生じるのか？
4. どうすれば，データを収集する前にどれが識別可能なパス係数であるとわかるのか？
5. どのような場合に，線形性–正規性を仮定しなくても，データから因果的情報を引き出すことができるのか？

　著者は，研究者が本章で与えた概念とツールの長所を理解し，これらを利用して社会科学や行動科学の分野における因果分析に再び活力が与えられることを願っている．

5.6 追　記

5.6.1 計量経済学の覚醒？

　経済学において因果分析が忘れ去られてから数十年がたった今，興味のうねりが押し寄せてきているようである．最近公表された一連の論文において，Jim Heckman (2000, 2003, 2005, 2007 (Vytlacil との共同研究である)) は Cowles 委員会の構造方程式モデルに対する説明を復活させて

再び主張し，因果分析における最近の発展が Haavelmo (1943), Marschak (1950), Roy (1951) そして Hurwicz (1962) のアイデアに基づいていることを経済学者に納得してもらおうと尽力した．残念なことに，Heckman は，本章で述べた問題に対して明確な答えを計量経済学者に提示したわけではない．特に，Heckman は実装問題について過剰なほど心配していたため，Haavelmo の「方程式を取り除く」というアイデアを反事実を定義するための基礎とすることを受け入れず，その代わりとなる定義，すなわち，適切に設定された経済モデルにおける任意の 2 変数 X と Y について，(3.51) 式のような，反事実 $Y(x,u)$ を計算するための手続きを計量経済学者に提供することはなかった．このような定義は，SEM に基づいて「潜在反応」アプローチに形式的意味論を与えるのに必要であり，これによって現在独立して研究が行われている 2 つの計量経済学の領域を統一することができる．

もう一つの覚醒は，SEM の因果的理解をはっきりと復権させた Morgan and Winship の著書 "Counterfactuals and Causal Inference" (2007) を通して，社会科学で起こっている[27]．

5.6.2 線形モデルにおける識別可能条件

Brito and Pearl (2002a,b, 2006) は，本章の議論を超えて，識別可能なセミマルコフ線形モデルのクラスを大幅に拡張するグラフィカル基準を一連の論文で与えた．彼らはまず識別可能性が交絡弧を含まない，すなわち，原因とその直接的な結果の間には誤差相関がないが，間接的な原因と関連する誤差にはそのような制約を課さないグラフすべてにおいて保証されていることを証明した (Brito and Pearl 2002b)．次に，図 5.9 や図 5.11 のような古典的なパターンを超えて操作変数の概念を一般化し，多項式時間で検証可能で，かつこれまでの研究により知られている条件すべてを包括した一般的識別可能条件を与えた．

5.6.3 因果的主張の頑健性

SEM における因果的主張は，モデルに含まれる因果的仮定の集まりとデータの組み合わせにより確立される．たとえば，図 5.9 で因果効果 $E(Y|do(x))$ が $\alpha x = r_{YZ}/r_{XZ}x$ で与えられるということは，$\text{cov}(e_Z, e_Y) = 0$ と $E(Y|do(x,z)) = E(Y|do(z))$ という仮定に基づいており，2 つの仮定はグラフより確認できる．モデルに含まれる仮定のいくつかが成り立たなくても因果的主張がその影響を受けないとき，その主張は頑健であるという．たとえば，上述の主張はモデルで示される $\text{cov}(e_Z, e_X) = 0$ という仮定の影響を受けない．

いくつかの異なる仮定によりパラメータ α に対して k 個の異なる推定量が生じるとき，そのパラメータは k 識別であるという．すなわち，k の値が大きくなればなるほど，α に基づく主張は頑健になる．なぜなら，これらの推定量が等しいということによって共分散行列に $k-1$ 個の制約が課され，データがこの制約を満たすならば，k 個の異なる仮定について同意を得ることができ，それらの有効性が裏づけられることを示しているからである．典型的な例は，$X \to Y$ に対していくつかの（独立な）操作変数 $Z_1, Z_2, \cdots, Z_k$ が得られているとき，等式 $\alpha = r_{YZ_1}/r_{XZ_1} = r_{YZ_2}/r_{XZ_2} = \cdots = r_{YZ_k}/r_{XZ_k}$ が成り立つというものである．

---

[27] しかし，残念ながら，反事実に関する SEM の基礎は明確に表現されていない．

5.6 追記

　Pearl (2004) はこのような頑健性の概念に対して形式的な定義を与えたうえで，与えられた因果的主張の頑健性の程度を定量化するためのグラフィカル条件を与えた．k 識別可能条件は標準的な SEM の解析における自由度の概念を一般化したものである．すなわち，SEM はモデル全体を特徴づけるのに対して，k 識別可能条件は個々のパラメータ，もっと一般的にいうならば，個々の因果的主張に対して適用される．

第 6 章

Simpson のパラドックス，交絡，併合可能性

> パラドックスに向かいあうものは，現実に身をさらすことになる[a]．
> Friedrick Durrenmatt (1962)

序　文

　交絡は，経験的に得られたデータから因果関係を解明する際に生じる障害のなかで，最も根源的なものの一つである．このため，交絡に対する考え方は，因果的な推論に大きく依存しているような研究領域，たとえば，疫学，計量経済学，生物統計学，社会科学といった分野でこれまでに論じられてきた事項にその基礎をおいていることが多い．しかし，ランダム化実験の標準的な解析に関する話題を除けば，統計学の教科書の中で交絡について議論されることはほとんど，あるいはまったくない．その理由は単純である．交絡は因果的な概念であり，標準的な統計モデルでは表現できないからである．統計的な方法を用いて形式的に交絡を解析しようとすると，しばしば混乱や複雑さを招くことになり，非専門家にとってはもちろんのこと，専門家にとっても問題を理解することがきわめて難しくなる．

　本書の主な目的の一つは，これらの混乱を収拾することであり，それは，交絡因子の調整を含む諸問題が単純な数学的作業に還元されることを見ることでもある．実際，第 3 章で導入した数理的解析法は，最終的には，交絡因子が存在するかどうかを調べ，因果効果をバイアスなく推定するために調整すべき変数を識別する，単純でグラフィカルな手順へと発展を遂げた．本章では，統計的な基準によって交絡を定義し調整しようとする際に遭遇する問題点について論じる．

　本章では，まず Simpson のパラドックス（6.1 節を参照）に関する興味深い歴史を分析することから始め，それをいわば虫眼鏡のように使いながら，当時の統計学者が統計学という言語を用いて因果的概念を捉えようと試みた際に遭遇した問題点について調べる．6.2 節と 6.3 節では，交絡の因果的定義を，頻度データと測定可能な統計的関連性のみに基づく統計的基準によって置き換えることができるのかどうかを検討する．一般的に，このような表現を行うことはできないが（6.3 節を参照），非交絡，あるいは交絡しないという条件のなかのある特定の種類のもの，すなわち定常性とよばれる条件の下では，統計的または準統計的な特徴づけ（6.4 節を参照）を行うことができることを示す．この特徴づけを利用すると，併合可能性の検証法と同様な，操作的な検証

---

[a] 訳者注：スイス文学研究会編 (1984)．『物理学者たち』．早稲田大学出版部．

法を導くことができ，この検証法は研究者たちが調べている因果効果の推定値に非定常性あるいはバイアスが存在することを警告してくれる可能性がある（6.4.3 項を参照）．最後に，6.5 節では，併合可能性と非交絡性との区別，また交絡因子と交絡の違い，そして交絡問題を表現する際に用いられる構造的アプローチと交換可能性に基づくアプローチとの区別を明らかにする．

6.1 Simpson のパラドックス：その解剖学

本書では，Simpson のパラドックスという効果の逆転現象について，最初は共変量選択問題（3.3 節を参照）との関連から，2 度目は直接効果の定義（4.5.3 項を参照）との関連から，すでに 2 回，簡単に議論した．本節では，なぜ効果の逆転がこれまで（そして現在でも）逆説的なものとして考えられてきたのか，そしてこのパラドックスを解決するためにこれほど長い時間が費されてきたのはなぜなのか，その理由を調べてみよう．

6.1.1 非パラドックスの物語

Simpson のパラドックス (Simpson 1951; Blyth 1972) は，1899 年に Pearson が発見したものである (Aldrich 1995)．これは，全体の母集団 p では事象 C によって E の生起確率が大きくなるのに対して，p の部分集団のそれぞれにおいては事象 C によってむしろ E の生起確率が小さくなる，という現象，すなわち，F と $\neg F$ を 2 つの部分集団を表す互いに排反な事象とするとき，

$$P(E|C) > P(E|\neg C) \tag{6.1}$$

$$P(E|C, F) < P(E|\neg C, F) \tag{6.2}$$

$$P(E|C, \neg F) < P(E|\neg C, \neg F) \tag{6.3}$$

という不等式関係が得られる現象のことである．確率論を専攻している学生にとって，このような順序の逆転現象は驚くような話ではないかもしれないが，因果的解釈を考えると，いかにも逆説的である．たとえば，C（原因を意味する）を薬の服用，E（効果を意味する）を回復，F を女性として，(6.2), (6.3) 式に基づいて因果的解釈を行うと，この薬は男女を問わず有害であるにもかかわらず，母集団全体に対しては有効であるように見える（(6.1) 式を参照）．このような結果は直観的にも実際にも起こりえない．

表 6.1 は Simpson のパラドックスが起きている状況を表した数値例である．母集団全体で考えた場合，患者が薬 (C) を服用した場合の回復率は 50% である．これはコントロール群 ($\neg C$) の 40% を超えており，薬の服用が有用であることは明らかである．しかし，データを性別で分けて調べてみると，男女いずれについても，未治療患者の回復率が治療患者より 10% ほど高くなっている．

本書では観察と行動の区別に細心の注意を払っているので，本書を一読すれば，Simpson のパラドックスが起こる理由が理解できるであろう．$do(\cdot)$ オペレータが「実行したという条件の下で」という因果的条件文を記述するために考案されたのに対して，確率計算における条件づけというオペレータは，「観察したという条件の下で」という観察結果に基づく条件文を表している．したがって，不等式

6.1 Simpson のパラドックス：その解剖学

表 6.1 母集団全体と性別ごとに見た治療群 (C) と非治療群 ($\neg C$) の回復率

(a)

全体	E	$\neg E$		回復率
服用 (C)	20	20	40	50%
非服用 ($\neg C$)	16	24	40	40%
	36	44	80	

(b)

男性	E	$\neg E$		回復率
服用 (C)	18	12	30	60%
非服用 ($\neg C$)	7	3	10	70%
	25	15	40	

(c)

女性	E	$\neg E$		回復率
服用 (C)	2	8	10	20%
非服用 ($\neg C$)	9	21	30	30%
	11	29	40	

$$P(E|C) > P(E|\neg C)$$

は，C が E に対して因果的に正の影響を与えることを述べているわけではない．むしろ，C は，E に対して正であるという証拠を得たということを述べているだけであって，この証拠は C と E の両方に影響を与える擬似的な交絡因子によって生じたものかもしれない．C が E に対して因果的な意味で正の影響を与えることを表すには

$$P(E|do(C)) > P(E|do(\neg C))$$

と記述しなければならない．この例では，回復した人の占める割合が（薬の服用とは関係なく）男性でより高く，かつその男性でより高い割合で薬剤が服用されているため，全体的に薬が有効であるように見える．実際，薬を使っていることはわかっているが性別は不明である患者 (C) に対して，その患者は男性である可能性がより高く，したがって回復する可能性がより高いであろう，などと推測することは，(6.1)～(6.3) 式と矛盾するものではない．

このような潜在的な交絡因子を扱うための標準的な方法は，「交絡因子を固定すること」[1]，すなわち，C と E の両方に影響を与える要因で確率を条件づけることである．この例において，男性 ($\neg F$) であることが，薬の服用 (C) の原因であり，かつ回復 (E) の原因でもあると考えられる場合は，((6.2), (6.3) 式のように）男女それぞれに対して薬の効果を評価し，その後平均をとらなければならない．したがって，F が唯一の交絡因子である場合，(6.2), (6.3) 式はそれぞれの母集団に対する薬の有効性を適切に表現しているが，(6.1) 式のほうは性別の情報を用いることなく，単に観察された重みを表現しているだけである．こうして，パラドックスは解消する．

---

[1] 哲学者（たとえば，Eells 1991）や統計学者（たとえば，Pratt and Schlaifer 1988）は「F を固定する」や「F を制御する」という言葉を使っている．こういった言葉は外的介入を意味するものであり，それゆえ誤って解釈されることがある．統計解析でできることといえば，F と同じ状況，すなわち，「F と $\neg F$ の条件づけ」を「F で調整する」と表現することくらいである．本書では，この操作を「F で調整する」という．

6.1.2 統計学的な苦悩の物語

これまでのところ，このパラドックスについて，因果推論の研究者たちはこう理解している，あるいは理解すべきだとされている，といった内容を述べてきた（たとえば，Cartwright 1983[2]; Holland and Rubin 1983; Greenland and Robins 1986; Pearl 1993; Spirtes et al. 1993; Meek and Glymour 1994）．しかし，多くの統計学者にとって，Simpson のパラドックスが因果的な考察から得られたものであるという考えは受け入れがたいようである．このパラドックスに対する統計学者たちの一般的な考え方は次のようなものである．この逆転現象は，実際に数字として現れ，統計学者を誤った結論に導くことがあるため，逆転現象は実在するものであり，また憂慮すべきものである．因果関係は適切に定義することができない心理的な構成概念であるため，何であれ実在するものなら因果関係ではありえない．したがって，このパラドックスは，統計解析技術を用いて見つけることができ，理解でき，そして回避できる統計的な現象でなければならない．たとえば，"The Encyclopedia of Statistical Sciences" では，「原因」や「因果」といった言葉にいっさい言及することなく，Simpsion のパラドックスに潜む危険性が厳しく警告されている (Agresti 1983)．"The Encyclopedia of Biostatistics" (Dong 1998) や "The Cambridge Dictionary of Statistics in Medical Sciences" (Everitt 1995) も同様な考え方を支持している．

著者の知るかぎり，数ある統計学の文献のうちで，Simpson のパラドックスの特徴が因果的な解釈に起因することを明確に指摘したものは，たったの2つである．最初の論文は Pearson et al. (1899) によって書かれたものであり，そこでは，この現象の発見[3]が因果的用語を用いて次のように記述されている．

> 特性 A と B がまったく無関係であっても，2つの密接に関連した近隣人種を人工的に1つに混ぜ合わせると，A と B に相関が生じる場合がある．この事実は，相関すべてを原因と結果とみなそうとする人々にとって衝撃的なものであることは疑いない．

Pearson が生涯つづけたキャンペーンの影響で，統計学者たちは，因果に関する議論に消極的になった．そして，半世紀以上，この逆転現象はその因果的起源を奪われ，2×2 分割表がもつ興味深い数学的性質として扱われてきた．その後，Lindley and Novick (1981) が，新しい角度からこの問題に取り組み，因果関係と関連した第二の論文を公表した．

> 最後の段落で，「原因」という概念を導入した．この逆転現象を解明するために，母集団の交換可能性，あるいは識別可能性という言葉ではなく，因果関係という言葉を使うことも考えられる．因果関係という概念は広く使われているが，適切に定義されていないようなので，この論文では因果関係という言葉を使うことはなかったし，議論もしなかった (p.51).

Simpson のパラドックスの歴史において，驚くべきことは，Pearson et al. から Lindley and Novick に至るまで，この問題について記した著者たちの誰1人として，なぜその現象に注意を払

---

[2] しかし，Cartwright は，第三の因子 F は，F が E に対して因果的に関連する場合に限って「固定される」べきであると述べている．しかし，正しい基準（バックドア基準）はもう少し複雑である（定義 3.3.1）．

[3] Pearson et al. (1899) と Yule (1903) は，(6.2), (6.3) 式が等号である場合について，緩やかなパラドックスが存在することを示した．その後，この逆転現象は Cohen and Nagel (1934, p.449) によって発見された．

6.1 Simpsonのパラドックス：その解剖学　　　　　　　　　　　　　　　　　　　　　　　　　187

わなくてはならないのか，そしてなぜその問題が驚きを誘うものであるのか，あえて問おうとはしなかったことである．結局のところ，条件づけによって確率の大きさが変化するのはよくあることであり，こうした確率の変化が（これらの確率の差をとって混ぜ合わせることにより）符号の逆転に結びつくことも特に珍しいことではない．これが勘違いや繰り返し現れる幻影のようなものではないのだとしたら，不等式の向きが逆転することの何がそれほど衝撃的なのだろうか？

　Pearson は，この驚きが歪められた因果的解釈から生じるものであると考え，それを統計的関連性と分割表というプリズムを通して正そうとした（エピローグを参照）．彼の弟子たちは，彼の考えを深刻に受け止め，その中には因果関係など相関の一種にすぎないと主張するものさえいた (Niles 1922)．このように，因果的な直観に対して注意を払うことがいっさい否定されるなか，研究者は Simpson のパラドックスが起こる原因をデータがもつ悪い性質のせいにせざるをえず，そのようなデータは慎重な研究者にとって避けるべきものとされた．1950 年以降，Simpson のパラドックスの統計的側面に関する論文が数多く公表されている．そのなかには，効果の大きさを扱ったものもあれば (Blyth 1972; Zidek 1984)，パラドックスが起こらないような条件を与えたものもあり (Bishop et al. 1975; Whittemore 1978; Good and Mittal 1987; Wermuth 1987)，治療の有効性に関する指標を $P(E|C)$ ではなく $P(C|E)$ で置き換えるといった思いきった解決法の提案すらあった (Barigelli and Scozzafava 1984)．すなわち，どんな犠牲をはらってでも，逆転現象を回避しなければならなかったのである．

　この問題の典型的な取扱いを，Bishop, Fienberg, and Holland (1975) による有名な著書のなかに見ることができる．Bishop et al. (1975, pp.41–2) は，出産前のケアの程度と幼児の生存との間の見かけ上の関連性が，研究に参加した診療所ごとにデータを解析すると消えてしまう例を紹介した．彼らは，「この（併合された）表しか見なかったとしたら，生存は出産前のケアの程度と**関連する**（太字は筆者による）という誤った結論を下してしまうだろう」と述べている．皮肉にも，この研究において，生存は，受けたケアの程度と実際に**関連**はしている．Bishop et al. が言おうとしたことは，併合された表を無批判に眺めているだけだと，生存がケアの程度と**因果的に関連する**という誤った結論を下してしまうかもしれない，ということだろう．しかし，1970 年代には因果的言語の使用を避けなければならなかったため，Bishop et al. のような研究者たちは，代わりに「関連する」あるいは「関係する」といった統計用語を使わざるをえず，こうして自然に言葉の制約の犠牲者にならざるをえなかった．統計用語による言い換えでは，研究者たちが言わんとする因果関係を表現することができなかったのである．

　Simpson のパラドックスを通して，当時の悩める統計学者たちの苦悩と達成感を味わうことができた．当時としては，因果的な直観を認めることなど文化的に禁じられており，それを数学的に表現することもできなかった．それにもかかわらず，統計学者たちは，健全な因果的直観に導かれ，味気ない分割表からその意味を抽出し，また統計的な方法を経験科学の基準とすることを何とかやり遂げようとした．しかし，Simpson のパラドックスというスパイスは，結局のところ非統計的という味であることがわかったのである．

6.1.3　因果関係と交換可能性

　Lindley and Novick (1981) は，Simpson のパラドックスの非統計的な特性，すなわち

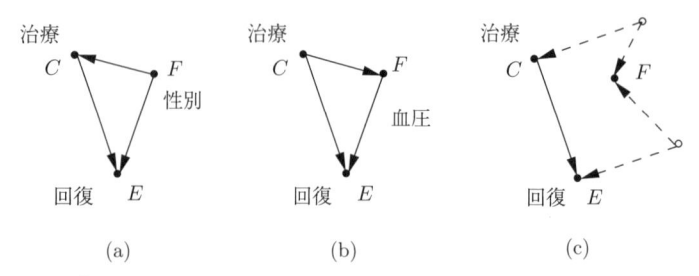

図 6.1 表 6.1 のデータを生成することができる 3 つの因果モデル．モデル (a) では，性別で層別した表を使うべきであるが，(b) と (c) では，併合された分割表を使うべきである．

(1) 研究者が誤った結論を下すことに警告を与えてくれるような統計的基準は存在しない，あるいは

(2) どの分割表が正しい答えを表しているのかを示してくれるような統計的基準は存在しない，といった特性をはじめて明らかにした．

ベイズ的決定理論の伝統に従って，Lindley and Novick (1981) はまず現象の実際的な側面へと視点を変え，大胆にも次のような問題を考えた．新しい患者がやってきたとして，薬を使うべきだろうか，それとも使わずにおくべきだろうか？ 同じことだが，併合された分割表と性別で層別された分割表のどちらを参考にしたらよいのだろうか？ Novick (1983, p.45) は述べている．「とりあえずの答えは，患者の性別が男性だとか女性だとかわかる場合には治療を行うべきではない，しかし，性別がわからない場合には治療を行うべきである！ というものである．しかし，この結論は明らかにおかしい」．その後，Lindley and Novick は長ったらしい議論を経由して，(6.1.1 項で述べたように) 性別に層別した分割表を参考にすべきであり，薬を使うべきではないという結論を下している．

その次に，Lindley and Novick (1981) は，一般に，いくつかの付加的な統計情報を利用することによって，どの分割表が適切なのかを明らかにすることができるか，という問題を考えた．この問題に対する彼らの答えは "No" であった．まったく同じデータに基づいて，上述とは逆の判断を行い，併合された分割表を参考にすべき場合もあることが示せるからである．彼らは次のように述べている．同じ分割表を用いて，ただしその背後にある物語を変え，たとえば F は，図 6.1(b) にある血圧がそうであるように，C の影響を受けるという特徴をもつとしよう[4]．図 6.1(b) を調べれば，併合された分割表を利用することが適切であるとすぐにわかる．なぜなら，F は評価対象となっている因果道上に存在しているため，F で条件づけてはならないからである．(言い換えると，治療後の血圧が同じ患者を比較すると，回復をもたらすという薬の作用が通過する 2 つの道のうちの一方が消えてしまうからである．)

2 つの因果モデルがまったく同じ統計データを生み出し (図 6.1(a) と (b) は観察的には同値である)，その一方では薬を使用すると判断し，もう一方では使用しないと判断する場合，この判断は明らかに因果的な考察に基づくものであり，統計的な考察に基づくものではない．性別は治療を行う前から定まっており，血圧は治療を行った後に確認されることに注目して，この判断に

---

[4] Lindley and Novick (1981) が与えた例は，農業に関するものであった．そこでは，C と F の因果関係については述べられていないが，構造は図 6.1(b) と同じである．

6.1 Simpsonのパラドックス：その解剖学

は時間情報が含まれているのではないかと疑う読者もいるかもしれないが，実はそうではない．図 6.1(c) の場合，F が C の前に起こっても後に起こっても，併合された分割表を用いるべきである（すなわち，バックドア基準からわかるように，F で条件づけてはならない）．

すでに 6.1.1 項で明らかにしているが，行動の効果に関する問題は例外なく因果的考察に基づいて判断しなければならず，統計的情報のみに基づく判断は不十分であることを，例を用いて説明した．また，どの分割表に基づいて判断すべきかという問題も，3.3 節において do 計算法により一般的な解法を与えた共変量選択問題の特別なケースである．一方，Lindley and Novick は，このような結論を下すことはできず，2 つの例の違いを，De Finetti (1974) によって初めて提案された**交換可能性**とよばれるメタ統計的な概念[5]に帰着させている．

交換可能性は，ある対象者に対する予測を行うために，適切な参照クラス，あるいは部分母集団をいかに選択するか，という問題と関連している．たとえば，保険会社は，新しい顧客の特徴にもっともよく似た集団の死亡記録を使って，新しい顧客の平均余命を推定しようとする．De Finetti は，類似しているかどうかの判断を確率的な判断に置き換えることによって，この問題の定式化に工夫を施した．その基準によると，$n+1$ 番目の対象者がある性質 X について他の n 人の対象者たちと交換可能となるのは，同時分布 $P(X_1, \cdots, X_n, X_{n+1})$ が並べ替えの下で不変な場合である．De Finetti にとって，どうすればこのような不変性を確立できるのかという問題は，あまり重要ではない心理的な問題であった．彼にとって重要だったのは，この心理的な問題の本質を数学的表現を用いて定式化し，科学的用語を用いて伝え議論できるようにすることであった．Lindley and Novick が Simpson のパラドックスに対して導入しようとしたのはこの考え方であり，それに基づいて，$F =$ 性別という例では適切な部分母集団は男性グループおよび女性グループであり，F が血圧となる例では，それが患者全体の集団になる，といったことが示せるのではないかと期待した．

Lindley and Novick の論文を一読すれば，彼らの議論は**交換可能性**とか**部分母集団**とかいった言葉で飾りつけられているものの，実際に行われていることはといえば，自らの直観的な結論を補強すべく，しっかり定式化されているとは言い難い因果的な議論を並べたものにすぎないとすぐに理解してもらえるに違いない．Meek and Glymour (1994) は，Lindley and Novick が行った交換可能性に関する議論のなかで，唯一理解できるのは因果的な考察に基づく部分だけだと鋭く指摘し，こう述べている．「どのような場合に交換可能性を仮定したらよいのかを理解するためには，因果的な信念と確率との相互関係に対する明確な説明が必要である」(Meek and Glymour 1994, p.1013)．

事実，そのとおりである．実験研究における交換可能性はデータを生成するメカニズムに関する因果的理解に依存している．ある対象者たちの集合においてすでに得られている反応に基づいて，新しい対象者の反応を判断できるかという問題は，新しい対象者に適用しようとしている実験条件が，すでにデータが得られている集団で反応が観察された際に一般的に認められた条件と同じかどうかという問題に基づいている．（性別のわからない）新しい患者の反応を判断するために，併合された分割表（表 6.1(a)）を使うことができない理由は，実験条件が異なるからである．

---

[5]「メタ統計的」とは，ある統計手法の適切さを判断するための基準であり，統計データから識別できないものを示す．

つまり，分割表の集団に属する患者たちが，自らの治療を自分で選択したのに対し，新しい患者は，自分の好みとは関係なく，指示に従った治療を受けることになる．すなわち，新しい実験ではデータが生みだされるメカニズムが変化しており，それに関連する確率がこの変化に対して不変であるかどうかに関する因果的仮定をはじめに設定しないかぎり，交換可能かどうかを判断することはできない．図 6.1(b) の血圧の例で，併合された分割表を用いてよい理由は，この設定の下では，治療選択のメカニズムを変更しても，その変更が条件付き確率 $P(E|C)$ に影響を与えることはないから，すなわち，C は外生的であると仮定されているからである（これはグラフにおいてバックドア・パスがないことから簡単にわかる）．

新たな患者が同じグループのメンバーである場合にも（治療と反応を繰り返し調べることができるが，かつ新たな患者の性別も身元もわからないと仮定すると），同じ考察が成り立つことに注意しよう．母集団からランダムに選択されたサンプルに対して新しい実験条件を適用する場合には，そのサンプルは母集団に関して「交換可能」ではない．新しい条件の下で交換可能性が成り立つかどうかを判断するためには，因果メカニズムの変更について考慮する必要がある．そして，いったん因果メカニズムを考慮したならば，もはや交換可能性について新たに判断を行わなくてもよい．

しかし，Lindley and Novick は，因果関係について公の場で語ることで，彼らのアイデアを即座にはっきりと表現することもできたはずなのに，なぜ（交換可能性を通して）あいまいに語ることを選んだのだろうか？ Lindley and Novick は，この問いに対して部分的に次のように答えている．「[因果性は] 広く使われているが，適切に定義されていないように思える」．しかし，当然のことながら，いったい交換可能であるかどうかを判断するための条件を考察せずに，どうすれば交換可能性をもっと「適切に定義」できるのか！と疑問を抱くかもしれない．その答えは，1981 年の時点で統計学者が利用することのできた数学的ツールを考えないかぎり，理解できないものである．Lindley and Novick は因果関係が適切に定義されていないと述べているが，それが実際に意味することは，彼らが使い慣れている数学的形式では因果関係を書き下すことができないということである．5.1 節や 7.4.3 項で述べたように，1981 年の時点では，パスダイアグラム，構造方程式，そして Neyman–Rubin による表記法などがもつ数学言語としての潜在能力は，一般的には認識されていなかった．実際，仮に Lindley and Novick が因果的用語によって彼らのアイデアを伝えたいと望んだとしても，性別が薬の影響を受けないという単純だが重要な事実ですら数学的に表現することができなかったであろうし，ましてやその事実からさほど自明ではない真実を導くことなどできなかった[6]．彼らにとってなじみのある形式言語は確率計算だけであったが，これまでに何度も述べたように，適切な拡張を行わないかぎり，確率計算によって因果関係を適切に扱うことは不可能である．

幸運にも，ここ 10 年の間に開発されてきた数学的ツールは，Simpson のパラドックスに対し

---

[6] Lindley and Novick (1981, p.50) は確率記号を用いてこの事実を表現しようとした．しかし，それをうまく扱うための $do(\cdot)$ オペレータがなかったため，彼らは不適切にも $P(F|do(C))$ ではなく $P(F|C)$ と書き，「治療あるいは制御を行う，という意思決定は未知の性別の影響を受けない，すなわち，F と C は独立であると判断してもよい」と述べ，$P(F|C)$ と $P(F)$ が等しいという説得力のない議論を行った．おかしなことに，この意思決定は未知の血圧の影響を受けることもないわけであるが，だからといって同じような論法で図 6.1(b) の例で $P(F|C) = P(F)$ と書いてしまうと，誤った結果を得ることになる．

6.1.4 パラドックスの解決（もしくは，人間とはどのような機械なのか？）

パラドックスは，我々が暗黙のうちに抱いている複数の仮定のなかに潜む不調和に由来する（不調和を増幅させることもある）ため，目の錯覚と同じように，心の内的なはたらきを明らかにするために心理学者がしばしば引き合いに出すものである．Simpson のパラドックスの場合，

(i) 因果関係が確率計算の法則によって規定されているという仮定と

(ii) 我々の因果的直観を導く暗黙の仮定の集合

との間に不調和が存在する．第一の仮定は，3 つの不等式 (6.1)～(6.3) 式が矛盾なく成立することを示しており，さらにその主張を具体化した確率モデルも与えられている（表 6.1 を参照）．第二の仮定は，男女双方にとって有害であるのにもかかわらず，同時に集団全体にとっては有益である，などという不可思議な薬など存在しえないことを示している．

このパラドックスを解決するためには，

(a) 我々の因果的直観は誤っている，または一貫していないことを示す，

(b) 因果関係が標準的な確率計算の法則によって規定されているという前提を否定する，

のどちらかを選択しなければならない．ここまでで，読者が間違いなくわかっているように，本書では (b) を選択する．本書の主張は，因果関係はそれ自身の固有の論理によって規定されており，この論理のために確率計算を大幅に拡張しなければならない，というものである．我々は，自分たちの因果的直観を規定している論理を解明し，この論理を用いてこのような不可思議な薬が存在しえないことを形式的に示さなければならない．

$do(\cdot)$ オペレータの論理は，この目的にまさに合致するものである．まず，この不可思議な薬 C が男女双方に対して有害であるという記述を，因果計算の形式的な記述

$$P(E|do(C), F) < P(E|do(\neg C), F) \tag{6.4}$$

$$P(E|do(C), \neg F) < P(E|do(\neg C), \neg F) \tag{6.5}$$

に変換しよう．次に C が集団全体に対して有害であることを説明しなければならない．すなわち，不等式

$$P(E|do(C)) > P(E|do(\neg C)) \tag{6.6}$$

が，薬と性別に関する我々の知見と矛盾していることを示さなければならない．

定理 6.1.1（確実性原則[7]）

それぞれの部分集団において事象 E の確率を増加させるような行動 C は，その行動が部分集

---

[7] Savage (1954, p.21) は，理論に含まれる条件に変化がないことを暗黙のうちに仮定したうえで，行動を選択する際の基本原則として確実性原則を提案した．Blyth (1972) は，この暗黙の仮定をあえて省略することで，誰にでもわかるような反例を与えた．定理 6.1.1 は確実性原則を独立した原理として提示する必要がないことを示しており，構造方程式（あるいはメカニズム）の修正として，行動の意味論から論理的に導かれる．反事実的解析については，Gibbard and Harper (1976) を参照されたい．なお，条件に変化がないという仮定は確率的であることに注意しよう．部分集団の相対的な大きさが変化しないかぎり，個々の対象者が属する集団を変えるという行動も許される．

団の分布を変えないという条件の下で，集団全体においても E の確率を増加させる． □

証明

先ほどの例を用いて定理 6.1.1 を証明しよう．この例の場合，集団全体は男女 2 つの部分集団に分けられているが，もっと分割が多い場合にも簡単に拡張できる．この状況において，不等式 (6.4)〜(6.6) 式で与えられる逆転現象に矛盾があることを証明しなければならないが，ここでは，薬が性別に影響を与えることはない，すなわち

$$P(F|do(C)) = P(F|do(\neg C)) = P(F) \tag{6.7}$$

を仮定する．(6.7) 式を使って $P(E|do(C))$ を展開すると

$$\begin{aligned}P(E|do(C)) &= P(E|do(C), F)P(F|do(C)) \\ &\quad + P(E|do(C), \neg F)P(\neg F|do(C)) \\ &= P(E|do(C), F)P(F) + P(E|do(C), \neg F)P(\neg F)\end{aligned} \tag{6.8}$$

を得る．同様に，$do(\neg C)$ に対して，

$$\begin{aligned}P(E|do(\neg C)) &= P(E|do(\neg C), F)P(F) \\ &\quad + P(E|do(\neg C), \neg F)P(\neg F)\end{aligned} \tag{6.9}$$

を得る．(6.8) 式の右辺にある項はすべて (6.9) 式の対応する項よりも小さいから

$$P(E|do(C)) < P(E|do(\neg C))$$

が得られ，定理 6.11 が証明された． □

こうして，我々の因果的な直観がどこに由来しているかが理解できる．それは，我々がもつ直観的な論理のなかにある，薬が性別に影響を及ぼすことはないという自明だが重要な仮定だったのである．このことから，図 6.1(b) のように，F が薬の影響を受ける中間事象である場合，なぜ我々の直観がそれほど急激に変化するのかも明らかとなる．この場合，我々の直観的な論理により，(6.4)〜(6.6) 式を満たす薬を見つけることはまったくつじつまの合うことであり，さらに F で調整することは不適切であることがわかる．F が C の影響を受ける場合は，(6.8) 式を得ることができず，差 $P(E|do(C)) - P(E|do(\neg C))$ の符号は，$P(F|do(C))$ と $P(F|do(\neg C))$ の相対的な大きさに依存し，正にも負にもなる可能性がある．C と E が共通原因をもたない場合は，F で層別された分割表 ((6.2), (6.3) 式を参照) ではなく，併合された分割表 ((6.1) 式を参照) を用いて C の有効性を直接評価すべきである．

本節で紹介した解析では，データがランダム化試験から得られたものであるとか（すなわち，$P(E|do(C)) = P(E|C)$)，あるいはバランスのとれた研究（すなわち，$P(C|F) = P(C|\neg F)$)から得られたものであるとかいった仮定をおいていなかったことを思い出してほしい．むしろ逆に，我々の因果的論理は，表 6.1 の分割表を見て，バランスのとれていない研究を扱うことを潔く受け入れる一方で，(6.4)〜(6.6) 式に一貫性があることを受け入れることは拒否するのである．表

から，女性よりも男性のほうが薬を服用していることが簡単にわかるのに，それでも逆転現象が現れると，人々は併合された分割表では回復割合の差が逆転していることに「ショック」を覚えるのである．

このような観察から，一般に，人間というのは率や割合（これらは一時的なものである）を記憶に留めることができず，常に因果関係（こちらは変わらないものである）を模索していることがわかる．いったん単なる割合を因果関係として解釈してしまうと，人はこうした計算を，割合の計算としてではなく，因果的計算として処理し続けることになる．もし，我々の心が割合の計算に支配されていたならば，表 6.1 はまったく驚くようなものではなく，Simpson のパラドックスがこのように注目されることもなかったであろう．

6.2 交絡を統計的に検証する方法は存在しないにもかかわらず，多くの人がそうした方法があると考えており，しかもその考えが実はそう間違ったものではないのはなぜか

6.2.1 はじめに

交絡は単純な概念である．ある変数 (X) のもう一つの変数 (Y) に対する効果を統計的関連性を用いて推定する場合，その関連性がこの 2 つの変数以外の要因によって生じることはないことを保証しなければならない[8]．たとえば，外的な変数の影響によって擬似相関が生じる場合，我々の理解は混乱し，研究対象である効果の推定にバイアスが生じる傾向がある．このような状況は交絡とよばれる．それゆえ，概念的には，X と Y の両方に影響を与える第三の変数 Z があるとき，X と Y は交絡しているといい，そのような変数 Z は X と Y の**交絡因子**とよばれる．

この概念は単純なものであるにもかかわらず，数十年もの間，形式的に取り扱うことができなかった．これにはもっともな理由がある．「効果」や「影響」，そしてそれに関連した「擬似相関」といった概念を数学的に定義することができなかったからである．制御されたランダム化実験を行うと現れるであろう関連性によって，効果を経験的に定義するとしても，それを標準的な確率論の言語で表現することは容易ではない．なぜなら，確率論は静的な条件を扱うものであるため，たとえ母集団における密度関数を詳細に規定したとしても，条件が変化する場合，たとえば観察研究から制御研究へと条件が変わった場合に，いったいどのような関係が現れるのかを予測することはできないからである．このような予測を行うためには，因果的あるいは反事実的仮定という外部情報が必要であり，こうした仮定を密度関数から識別することはできない（1.3 節や 1.4 節を参照）．本書で使われている $do(\cdot)$ オペレータは，こうした外部情報をうまく扱い，識別するよう特別な工夫が施されている．

このような難点があるにもかかわらず，疫学研究者，生物統計学者，社会科学者，経済学者[9]は，統計的観点から交絡を定義しようと数多くの取組みを行ってきた．その理由は，統計的な定義は，

---

[8] 本書では，因果的解釈を行う場合にのみ「効果」，「影響」，「影響する」といった用語を用いることとし，統計的従属性を記述するために「関連」という用語を用いることにする．

[9] 経済学では，「外生性」の概念に対する問題が議論されているが (Engle et al. 1983; Leamer 1985; Aldrich 1993)，それは実質的に「交絡がない」ことを意味している（5.4.3 項を参照）．

「結果」や「影響」といった理論的用語を使うことなく，普通の数学的な形式で表現することができるし，また統計的な定義から交絡の実用的な検証法が導ける可能性があるため，バイアスの可能性や交絡調整の必要性について研究者たちに警告を与えることもできる，というものである．このような取組みは，やがて次のような基本的基準へと収束していった．

関連性基準

2つの変数 X と Y が交絡しないための必要十分条件は，X の影響を受けない任意の変数 Z が，以下のいずれかを満たすことである．

(U_1) X とは関連がない．
(U_2) X を与えたときに Y とは関連がない．

この基準を変形したものや，この基準から派生したものを（しばしば「必要十分条件」とするのを避け「必要条件」としている），ほとんどすべての疫学の教科書 (Schlesselman 1982; Rothman 1986; Rothman and Greenland 1998) や交絡を扱った文献で見ることができる．実際，この基準は文献の中でかなり定着してきており，著者によってはしばしばこれを交絡しないことの定義としているが（たとえば Gail 1986; Hauck et al. 1991; Becher 1992; Steyer et al. 1996），結局のところ交絡は効果のバイアスについて教えてくれるからこそ有用であるということが忘れられている[10]．

本節と次節では，関連性基準とそこから派生した結果について，その基本的限界のいくつかを議論し，関連性基準が効果の推定量の不偏性を保証するものではなく，また不偏性を満たすように導かれたものでもないことを示す．また，交絡に関する統計的概念と因果的概念には論理的な関係がないことを例を用いて説明した後，もっと強力な不偏性の概念である，「定常的」不偏性を定義する．これに関連して，修正された統計的基準が必要かつ十分であることを示す．必要性の部分から定常的不偏性に対する実用的な検証法が得られるが，驚くべきことに，この検証法では，問題に含まれるすべての潜在的交絡因子に関する知識が必要というわけではない．最後に，定常的不偏性は

(i) 研究者が検証・達成しようと目指してきたもの（そして，おそらくは達成すべきもの）であり，かつ
(ii) 統計的基準によって検証できるもの

であるため，効果に基づいた交絡の定義を統計的基準に置き換えるという一般的な慣行が，あながち間違っているわけではないことを述べる．

6.2.2 因果的定義と関連的定義

議論を円滑に進めるために，まず数学的形式を用いて，交絡しないということの因果的定義と

---

[10] Hauck et al. (1991) は，効果に基づいた交絡の定義を「哲学的」であるとして退け，関連性の2つの尺度の違いを「バイアス」とみなしている．さらに，Grayson (1987) は，関連性基準から導かれたパラメータ調整法こそが交絡に関する唯一の基本的な定義であるとさえ述べている (Greenland et al. 1989).

統計的定義を与えよう[11].

定義 6.2.1（非交絡：因果的基準）

M をデータ生成過程を表す因果モデル，すなわち，各観測変数の値を決定するための形式的な記述とする．このとき，仮想的介入 $X = x$ の下での反応事象 $Y = y$ の確率を $P(y|do(x))$ と記す．

$$P(y|do(x)) = P(y|x) \tag{6.10}$$

が任意の x と y に対して成り立つとき，M において X と Y は交絡していないという．ここに，$P(y|x)$ は M によって生成された条件付き確率である．また，(6.10)式が成り立つとき，$P(y|x)$ は不偏であるという． □

本章では，定義 6.2.1 を「交絡していない」ことの因果的定義として用いる．確率 $P(y|do(x))$ は第 3 章で定義されているが，X がランダムに割り付けられた制御実験での条件付き確率 $P^*(Y = y|X = x)$ であると解釈してもよい．介入 $do(x)$ を模倣する，あるいは（$P(x, s) > 0$ であるならば）調整公式（(3.19) 式を参照）

$$P(y|do(x)) = \sum_s P(y|x, s) P(s)$$

を用いることによって，因果モデル M から $P(y|do(x))$ を直接計算することができる．ここに，S はバックドア基準（定義 3.3.1）を満たす観測変数と非観測変数からなる変数集合である．同様に，$P(y|do(x))$ は $P(Y(x) = y)$ と書くことができる．ここに，$Y(x)$ は，(3.51) 式あるいは Rubin (1974) により定義された潜在反応変数である．$do(\cdot)$ オペレータ，効果の推定量，交絡といった概念は統計的な特徴をもたないため，これらを同時分布に基づいて定義することはできない．そのため，特定の因果モデルまたはデータ生成モデル M に基づいて，これらの概念を定義しなければならないことに注意しよう．

定義 6.2.2（非交絡：関連性基準）

T を X の影響を受けない変数集合とする．T に含まれる任意の要素 Z が次の条件のいずれかを満たすとき，T を与えたときに X と Y は交絡しないという．

(U_1) Z は X とは関連がない（すなわち，$P(x|z) = P(x)$）．
(U_2) Z は X を与えたときに Y と関連をもたない（すなわち，$P(y|z, x) = P(y|x)$）．

逆に，(U_1) と (U_2) の両方を満たさないような T の要素 Z が存在するとき，X と Y は交絡するという． □

定義 6.2.2 で与えた関連性基準は「影響を受ける」という述語表現を用いているという意味で，正しくは統計的定義ではない．この述語表現は因果的情報に基づいているため，確率を用いて識別することはできない．観察研究や実験研究における治療効果の解析では，処理変数（または曝

---

[11] 簡単のため，交絡因子が調整されていない場合に議論を限定する．補助変数が測定される場合にも簡単に拡張することができ，それは 3.3 節に基づいて得ることができる．また，「X から Y への効果は交絡しない」というのが正確な表現であるが，ここでは「X と Y は交絡しない」という省略表現を用いる．

露変数）の影響を受ける変数を取り除くことが不可欠であり，このことが必要な先験的情報として認められてきた．本章では，研究者は処理変数 X の影響を受けない変数と X の影響を受ける変数を区別するための知識をもっていると仮定する．このとき，交絡が存在することを検証する方法を開発するために，どのような因果的知識がさらに必要となるかを調べてみよう．

6.3 どのような場合に関連性基準による判定がうまくいかないのか

ある基準により，交絡していない状況を交絡していないと正しく判断できるとき，その基準は**十分**であるといい，交絡している状況を交絡していると正しく判断できるとき，その基準は**必要**であるという．定義 6.2.2 の関連性基準による判断が定義 6.2.1 の因果的基準による判断と一致しない場合がある．本節では，十分性や必要性が成り立たない場合を順に見ていこう．

6.3.1 周辺性により十分性が成り立たない場合

定義 6.2.2 の基準を用いる場合，T に含まれる要素のそれぞれを個々に検証することになる．ところが，（定義 6.2.2 の意味で）2 つの因子 Z_1, Z_2 は同時に X や Y と交絡しているが，それぞれは (U_1) または (U_2) を満たしているという状況もありうる．つまり，T に含まれる要素のそれぞれが X と統計的に独立であっても，だからといって，それが X と T の部分集合が独立であるとは限らないために，このような状況が生じうるのである．たとえば，X と Y の両方に影響を与える 2 つの公平なコインを独立に投げた結果を Z_1 と Z_2 とし，いずれも X と Y の両方に影響を与えるとしよう．また，Z_1 と Z_2 の値が同じであれば X が生起し，Z_1 と Z_2 の値が異なっていれば Y が生起すると仮定する．このとき，明らかに，X と Y は $T = (Z_1, Z_2)$ を通して交絡している．実際，X と Y にはお互いに因果的な影響を与えることはないのにもかかわらず，完全な（負の）相関が生じている．しかも，Z_1 も Z_2 も個々についてみれば，X や Y とは相関をもたない．というのも，コインを投げた結果のうちいずれか 1 つがわかったとしても，X（または Y）が生起する確率は最初と変わらず値 $1/2$ のままだからである．

X と Y の原因すべてからなる集合を 1 つのグループとみなすと，そのグループが条件 (U_1) や (U_2) を満たすことはほとんどありえない．したがって，(U_1) と (U_2) を満たす T の任意の部分集合で Z を置き換えることによって，定義 6.2.2 を改良しようとしても，それではあまりにも厳しい制約を課すことになるだろう．6.5.2 項では，十分性を復活させることができるのであれば，条件 (U_1) と (U_2) の Z をどのような部分集合で置き換えるべきかについて議論する．

6.3.2 近隣世界仮定により十分性が成り立たない場合

「近隣世界」仮定とは，対象となるモデルにより関連する変数すべてを説明できるというものであり，特に，定義 6.2.2 の場合，変数集合 T がすべての潜在的な交絡因子を含んでいることを意味している．興味ある問題において，交絡していない状況を正しく判断するためには，条件 (U_1) または (U_2) がすべての潜在的な交絡因子に対して成り立たなければならない．実際には，研究者には，すべての潜在的交絡因子が集合 T に含まれているかを確信をもって判断することができないため，関連性基準を用いた場合には，交絡している状況を交絡していないと誤って判断して

6.3 どのような場合に関連性基準による判定がうまくいかないのか　　　197

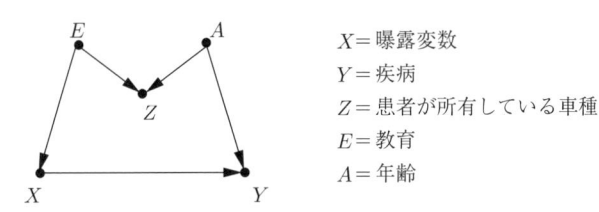

図 6.2　Z は X と Y と関連をもつが，X と Y は交絡していないことを説明するためのグラフ

$X=$ 曝露変数
$Y=$ 疾病
$Z=$ 患者が所有している車種
$E=$ 教育
$A=$ 年齢

しまうことがある．

　この限界は，いかなる統計的検証法であっても十分なものではないという運命を背負っていることを意味している．実用的な検証方法であれば T の適切な部分集合は常に含まれているため，統計的方法により達成できるのではないかと期待されるのは，**必要性**，すなわち，条件 (U_1) や (U_2) といった基準が T の任意の部分集合で成り立たないときに，交絡している状況であると正しく判断する検証法の開発である．これから説明するように，定義 6.2.2 を用いた場合には，この予想も成り立たない．

6.3.3　無意味な代替変数により必要性が成り立たない場合

　例 6.3.1　曝露 (X) が教育 (E) の影響を受け，疾病 (Y) が曝露 (X) と年齢 (A) の影響を受け，車種 (Z) が年齢 (A) と教育 (E) の両方の影響を受けるという状況を考えよう．これらの関係を図 6.2 に与える．

　車種を示す変数 (Z) は，定義 6.2.2 で述べた 2 つの条件を満たしていない．なぜなら，

(1) 車種は教育の影響を受けており，そのために曝露変数と関連している，
(2) 車種は年齢の影響を受けており，そのために曝露グループと非曝露グループにおける疾病状況と関連している

からである．しかし，この例では，X から Y への因果効果は交絡していない．すなわち，個人が所有する車種 Z は曝露 X にも疾病 Y にも影響を与えておらず，変数 E や A のような中間的な要因を通して X や Y と関連している，数ある無意味な要因の中の一つにすぎない．実際，第 3 章では，このモデルにおいて (6.10) 式が成り立つことを示しており[12]，さらに Z で調整することによって

$$\sum_z P(y|x,z)P(z) \neq P(y|do(x))$$

というバイアスをもった結果が得らてしまうことを示している．

　したがって，統計的関連性に基づいた伝統的な基準を用いると，交絡していない状況を正しく判断することができず，そればかりか誤った変数で調整してしまう可能性がある．このような誤りは，条件 (U_1) と (U_2) を**無意味な代替変数** Z，すなわち，X にも Y にも影響を与えないが，X や Y に影響を与える変数に対する代替変数に適用した場合に生じる．

---

[12] (バックドア)パス $X \leftarrow E \rightarrow Z \leftarrow A \rightarrow Y$ は Z で合流する矢線によってブロックされている（定義 3.3.1）．

経験豊富な疫学者は，ある変数が X あるいは Y に影響を与えると確信しないかぎり，このような変数を交絡因子とみなすことはめったにないため，このような誤りは深刻なことではないと思う読者もいるかもしれない．しかし，代替変数による調整は疫学においてよく行われているため，細心の注意を払う必要がある (Greenland and Neutra 1980; Weinberg 1993)．このような注意点を考慮するために，検証集合 T から無意味な代替変数を取り除いて，関連性基準を修正しなければならない．このような考察より，T を (X を経由してもかまわず) Y に (因果的な) 影響を与える変数のみで構成した，次のような修正基準が得られる．

定義 6.3.2 (非交絡：修正関連性基準)

X の影響を受けることはないが，Y に潜在的な影響を与える可能性のある変数集合を T とする．T に含まれる任意の要素 Z が定義 6.2.2 の条件 (U_1) または (U_2) のいずれかを満たすとき，またその場合に限り T を与えたときに X と Y は交絡していないという． □

Stone (1993) と Robins (1997) は，無意味な代替変数によって生じる問題を回避するために，定義 6.2.2 に関するもう一つの修正基準を提案している．その基準を用いた場合には，ある変数が Y に対して影響を与えるかどうかを判断しなくてもよい．その基準では，集合 T を Y の潜在的原因に限定するかわりに，X の影響を受けないすべての変数からなる集合で，かつ次の条件を満たす排反な部分集合 T_1 と T_2 に分割できることを要件としている[13]．

(U_1^*) T_1 と X には関連がない．
(U_2^*) X と T_1 を与えたとき，T_2 は Y とは関連がない．

たとえば，図 6.2 のモデルで $T_1 = A, T_2 = \{Z, E\}$ と選択すると，(有向分離基準を用いることにより) A は X と独立となり，$\{E, Z\}$ は $\{X, A\}$ を与えると Y と条件付き独立になることから，条件 (U_1^*) と (U_2^*) を満たす．

(U_1^*) と (U_2^*) では，T_1 や T_2 を複合変数として扱っているため，この修正された関連性基準は，周辺性 (6.3.1 項を参照) が抱えている問題点を是正している．しかし，この修正によって必要性を回復することはできない．$T = (T_1, T_2)$ には，X の影響を受けないすべての変数が含まれなければならないのに対して，実際に検証する際には T の適切な部分集合で行うしかない．そのため，6.3.2 項で述べたように，条件 (U_1^*) や (U_2^*) を満たさないからといって，交絡しているという結論を下すことはできない．したがって，この基準も，現実の問題において交絡を見出すための原則としては適切ではない．

次に，統計的方法を用いて交絡を探索する際に直面する能力の限界について議論しよう．

---

[13] または，交絡を調整するために T を

$$P(y|do(x)) = \sum_s P(y|x, s) P(s)$$

を満たす十分な変数集合 S に限定してもよい．しかし，モデルに含まれている観測変数が S のような集合を含んでいるのかどうか，あるいはどのような T の部分集合がこの性質をもつのかはわからない．

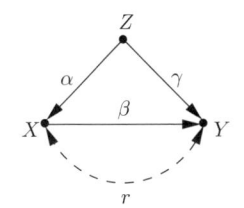

図 6.3 Z は X と Y の両方と相関をもつが，($r = -\alpha\gamma$ であるとき) X から Y への因果効果は交絡しないことを説明するためのグラフ

6.3.4 偶然的相殺により必要性が成り立たない場合

ここで，無意味な代替変数はない場合について，X から Y への因果効果が

(i) (6.10) 式の意味で交絡がないものの，

(ii) 定義 6.3.2 で与えた修正関連性基準の意味では交絡している

という状況を与えよう．

例 6.3.3 線形 SEM

$$x = \alpha z + \varepsilon_1 \tag{6.11}$$
$$y = \beta x + \gamma z + \varepsilon_2 \tag{6.12}$$

によって定義される因果モデルを考えよう．ここに，ε_1 と ε_2 は $\mathrm{cov}(\varepsilon_1, \varepsilon_2) = r$ なる相関をもつ非観測変数であり，Z は ε_1 や ε_2 と相関をもたない外生変数である．このモデルに対応するダイアグラムを図 6.3 に与える．X から Y への因果効果はパス係数 β によって定量化されており，これは x を 1 単位ずつ変化させたときの $E(Y|do(x))$ の変化率を表している[14]．

（変数が基準化されていると仮定すると）X から Y への回帰モデルが

$$y = (\beta + r + \alpha\gamma)x + \varepsilon$$

で与えられることを簡単に示すことができる．ここに，$\mathrm{cov}(x, \varepsilon) = 0$ である．したがって，$r = -\alpha\gamma$ が成り立つ場合には，回帰係数 $r_{YX} = \beta + r + \alpha\gamma$ は β に対する不偏推定量となり，X から Y への因果効果は交絡していない（調整しなくてもよい）ことがわかる．しかし，変数 Z は関連性条件 (U_1) と (U_2) のいずれも満たさない．なぜなら，($\alpha \neq 0$ ならば) Z は X と相関をもち，($\rho_{yz\cdot x} = 0$ を満たす特別な γ の値を除いて) X を与えたとき Y と従属するからである．

この例は，不偏性（定義 6.2.1）の条件が成り立つからといって，定義 6.3.2 を修正した条件が成り立つとは限らないことを示している．関連性基準を用いた場合，交絡していない状況を交絡していると誤って判断する場合があり，さらに悪いことに，誤った交絡因子（本節の例では，Z）で調整することで，効果の推定に偏りを与える場合がある[15]．

---

[14] 3.5, 3.6 節または 5.4.1 項の (5.24) 式を参照されたい．
[15] ε_1 と ε_2 の相関を引き起こす因子を観測できないかぎり，Stone–Robins が与えた定義 6.3.2 の修正関連性基準も満たさない．

6.4 定常的不偏性と偶然的不偏性

6.4.1 動機づけ

前節で与えた例からわかるように，関連性基準が十分ではないことから，(6.10) 式で定義した交絡と不偏性の概念を再検討しておく必要がある．例 6.3.3 の場合，$r = -\alpha\gamma$ とおくと，r で表される擬似相関によって Z を介在した相関が相殺されるため，X と Y は交絡していないと判断される．現実的には，このような完全な相殺は，研究の条件の特別な組み合わせによって生じる偶然的な現象であろう．そのため，たとえば，異なる場所や異なる時間に研究が繰り返し行われる場合，興味あるパラメータ（すなわち，α, γ, r）は多少なりとも変化するため，完全な相殺はいつでも現れるというものではない．一方，例 6.3.1 で与えた非交絡条件には，このような変動が考慮されていない．この例の場合，教育と曝露の関連性の強さや，教育と年齢が車種に与える影響とは関係なく，(6.10) 式で与えた不偏性が成り立つ．このような不偏性は，パラメータの変化に対して頑健であり，モデルにおける因果関係の構造が変わらないかぎり損なわれることはないため，本章では定常であるとよぶ．

定常的不偏性と偶然的不偏性の区別を考慮したうえで，ある基準を用いることによって，偶然的な相殺が生じているがために（交絡している状況を）交絡していないと誤って判断した場合，その基準は適切ではないと考えてよいのか，そして，もっと根本的な問題として，（この状況において (6.10) 式が成り立つという十分な根拠のない条件が与えられたとき）そのような特別な状況を不偏性の定義に含めるべきなのか，を再検討しておかなければならない．これらの問題に答える必要があるかどうかは別にして，交絡に関する我々の直感は，偶然的な不偏性ではなく，定常的な不偏性に基づいている．それでは，疫学研究者や生物統計学者が偶然的な相殺が生じている状況では成り立たない交絡基準を支持している理由を，どのように説明したらよいのだろうか？実用面では，偶然的な不偏性によって引き起こされる状況が検出されなくても，観察研究で大きな誤りを犯すことはない．なぜなら，このような状況は一時的なものであり，その後の研究において条件が少しでも変われば，おそらくは，偽であることがわかってしまうからである[16]．

パラメータの変化に対して不偏性が頑健となっている状況だけを不偏であるとみなした場合，

(1)「定常的不偏性」という新しい概念をどのように形式的かつノンパラメトリック的に定式化すればよいのか？

(2) 定常的不偏性を検証するための実用的な統計基準は存在するのか？

という 2 つの問題が残っている．構造モデルを使えば，いずれの問題にも答えることができる．

第 3 章に，因果ダイアグラムに基づいて不偏性という条件を識別するために，「バックドア基準」とよばれるグラフィカル基準を与えた[17]．（観測共変量で）調整する必要のない簡単なケースとして，X と Y の間にある道で X に向かう矢線を含むものすべてにおいて，（図 6.2 のように）矢印が向かいあう矢線の組が含まれているならば，バックドア基準を用いることにより，X と Y は

---

[16] 例 6.3.3 からわかるように，このような状況を認識できる統計的検証法ではいずれも，T に含まれる変数すべてが観測されていなければならない．

[17] バックドア基準の疫学分野への応用については，Greenland et al. (1999a) によって書かれた平易な入門書がある．

6.4 定常的不偏性と偶然的不偏性

交絡しないことがわかる．すなわち，因果ダイアグラムの辺をなくすことによって対応する変数間に因果的なつながりがないことを表現している場合には，この基準はいつでも有効である．辺がないという形式で記述された因果的仮定は明確であることから，バックドア基準は次のような2つの重要な特徴をもつ．第一の特徴は，統計的情報を必要としないというものである．すなわち，ダイアグラムのトポロジーを用いれば，（定義 6.2.1 の意味で）因果効果は交絡しているのかいないのか，交絡しているのであれば変数集合による調整が交絡を取り除くのに十分であるのかどうか，を信頼高く判断することができる．第二の特徴は，バックドア基準を満たす任意のモデルに対して，ダイアグラムの因果的なつながりに対してさまざまなパラメータを割り当てることによって生成されたモデル（または状況）からなる，とてつもなく大きなクラスに対しても (6.10) 式が成り立つというものである．

これを説明するために，図 6.2 のダイアグラムを考えよう．X に向かう矢線で終わる道は (X, E, Z, A, Y) だけであり，この道は Z で合流点となる2つの矢線を含んでいる．したがって，バックドア基準を用いることによって，組 (X, Y) は交絡していないことがわかる．さらに，この基準はグラフ関係にのみ基づいているので，(X, Y) が交絡していないということは，ダイアグラムの矢線によって表現されている因果関係の強さや種類とは関係がない．一方，例 6.3.3 で与えた図 6.3 の場合には，X に向かう矢線をもつ2つの道がある．これらの道はいずれも合流点をもたないことから，等式 $r = -\alpha\gamma$ が（これが起こる場合には）不偏性という定常的な状況を表現したものではないことを認めると，バックドア基準を用いることによって X から Y への因果効果は交絡していると判断される．

因果的仮定に対するバックドア基準の弱点を図 6.2 を用いて説明しよう．研究者は変数 Z が反応変数 Y に影響を与えるのではないかと疑っていると仮定する．これによって，ダイアグラムに Z から Y への矢線が加えられることになり，この状態は交絡していると判断され，E（または $\{A, Z\}$）で調整されることになる．しかし，この研究は特別な実験条件で行われているため，Z が Y に影響を与えることはなく，したがって，調整を行う必要はない．この場合，バックドア基準による調整を行えば確かにバイアスが生じることはないのだが，交絡しないという状況でも調整を行うために余計な観測を行わなければならなくなり，結果として，コストが生じてしまうことになるであろう[18]．このようなコストは，

(i) Z は Y に対して潜在的な影響を与えるという因果的情報であり，

(ii) 定常的な不偏性を保証する，すなわち，手元にある情報と整合するすべての状況においてバイアスを避けることができる

ということを考慮した場合には正当化される．

---

[18] 見かけ上，Stone–Robins が与えた基準は，実際にデータを生成する確率分布で使われている関連性に基づいているため（それに従って，$\{E, Z\}$ は $\{A, X\}$ を与えたときに Y と独立となる），これを用いれば，この状況において交絡がないと正しく判断できるようである．しかし，これらの関連性を用いても，ある変数を観測しなくてもよいのかどうかを判断することはできない．すなわち，このような判断は，データを採取する前に行われなければならず，それゆえ条件付き関連性が存在しないという主観的な仮定に依存している．このような仮定は，関連的知識ではなく因果的知識によって裏づけられる．

6.4.2 形式的定義

定常的な不偏性と偶然的な不偏性を形式的に区別するために，以下に一般的な定義を与える．

定義 6.4.1（定常的不偏性）

A をデータ生成過程に対する仮定（または制約）とし，A を満たす因果モデルのクラスを C_A とする．C_A に含まれるすべてのモデル M に対して $P(y|do(x)) = P(y|x)$ が成り立つとき，A を与えたときに X から Y への効果は定常的に不偏であるという．これに対応して，A を与えたときに変数の組 (X, Y) は定常的に交絡していないという． □

因果モデルを記述するために，パラメトリックまたはトポロジカルな仮定がよく用いられる．たとえば，社会科学や経済学で用いられる構造方程式モデルでは，しばしば線形性や正規性が仮定されている．このとき，C_A は方程式や誤差項の共分散行列に含まれる未知のパラメータにさまざまな値を割り当てることによって生成されるすべてのモデルから構成されている．また，因果ダイアグラムのトポロジーだけを規定し，誤差分布や方程式の関数形式を規定しないという緩やかでノンパラメトリックな仮定も使われている．ここでは，このようなノンパラメトリックな仮定に関する統計的側面について調べることにしよう．

定義 6.4.2（構造的で定常的な非交絡）

A_D を因果ダイアグラム D により記述された仮定の集合とする．パラメータ化された任意の D に対して $P(y|do(x)) = P(y|x)$ が成り立つとき，A_D を与えたときに X と Y は定常的に交絡しないという．ここに，「パラメータ化」とは，ダイアグラム上の辺に関数を割り当て，背景変数に事前分布を割り当てることを意味する． □

因果ダイアグラムで記述された仮定に関する明確な解釈は第 3 章と第 5 章で与えられている．簡単にいえば，D が因果モデルに対応するダイアグラムであるとき，

1. X と Y の間に辺がない場合，介入により Y の親を固定したとき，X が Y に対して影響を与えないという仮定を意味する．
2. X と Y の間に双方向矢線がない場合，X と Y の共通原因は，D に記述されているものを除けばほかにはないという仮定を意味する．

D が非巡回的ダイアグラムである場合，A_D の下では，バックドア基準を用いて定常的に交絡しないことの必要十分性を検証することができる．すなわち，共変量で調整する必要のない簡単なケースでは，この基準によって X と Y に共通する観測あるいは非観測先祖が存在しないことを示すことができる[19]．したがって，次の定理が成り立つ．

定理 6.4.3（共通原因原理）

A_D を非巡回的因果ダイアグラム D で記述された仮定の集合とする．A_D を与えたときに変数

---

[19] 「共通の先祖」という口語的用語は，X を経由して Y と関連する頂点以外の頂点（たとえば，図 6.2 の E）を意味するものであって，誤差相関に対応する潜在的な頂点は含まれていない．たとえば，図 6.3 のダイアグラムにおいて，X と Y は 2 つの共通の先祖をもっている．そのうちの一つは Z であり，もう一つは X と Y の間の双方向矢線に対応する（暗黙の）潜在変数（ε_1 と ε_2 の相関を表すもの）である．

6.4 定常的不偏性と偶然的不偏性

X と Y が定常的に交絡しないことの必要十分条件は，D において X と Y が共通の先祖をもたないことである． □

証明

十分条件は，バックドア基準（定理 3.3.2）の正当性から得ることができる．必要条件を示すためには，X と Y が D において共通の先祖をもつならば，(6.10)式が成り立たないという特別なモデルを構成しなくてはならない．これは線形モデルと Wright のパス係数に関する規則を適用することによって構成することができる． □

定理 6.4.3 は，ダイアグラムで記述された情報に完全に依存しているため，定常的に交絡しないことを統計データを用いることなく検証するための必要十分条件となっている．もちろん，ダイアグラムそのものは，暗黙のうちに統計的に検証可能な意味を含んでいるが（1.2.3 項と 5.2.1 項を参照），そのような検証法を用いても，ダイアグラムを一意に規定することはできない（第 2 章と 5.2.3 項を参照）．

ここで，因果ダイアグラムを構成するために必要な情報すべてをもっているわけではないが，その代わりに，任意の Z に関して，Z は Y に影響を与えていないと仮定した場合に問題が生じることはないのかどうか，そして X が Z に影響を与えるのかどうかといった情報だけがわかっているとしよう．このとき，このような限られた情報と統計データから，組 (X, Y) は定常的に交絡していないと十分に判断できるのかどうかという問題が生じる．これに対する答えは肯定的である．

6.4.3 定常的非交絡に対する操作的検証法

定理 6.4.4（定常的非交絡に対する基準）

次のような仮定を A_Z とする．

(i) データがある（不特定の）非巡回的グラフ M によって生成される．

(ii) Z は M において X の影響を受けないが，Y に影響を与える可能性がある[20]．

定義 6.2.2 で与えた関連性基準 (U_1) と (U_2) のいずれもが成り立たないとき，A_Z を与えたときに (X, Y) は定常的に交絡する． □

証明

X と Y が定常的に交絡していない場合，定理 6.4.3 より，基礎となるモデルに対応するダイアグラムにおいて，X と Y は共通の先祖をもたない．逆に，共通の先祖が存在しないとき，Z が A_Z を満たすならば，(U_1) または (U_2) のいずれかを満たす．これは，有向分離基準（1.2.3 項を参照）を用いて，ダイアグラムにより制約された条件付き独立関係を調べることによって得られる[21]． □

---

[20] 「Y に影響を与える可能性がある」とは，Z が Y に影響を与えないという仮定が，A_Z に含まれないことを意味する．すなわち，M に対応するダイアグラムには Z から Y への有向道が存在している．

[21] Robins (1997) の定理 7(a) からも得られる．

定理 6.4.4 は，伝統的な関連性基準 (U_1) と (U_2) が，定常的に交絡しないことの簡単かつ操作的な検証法，すなわち，変数間の因果関係を調べることも，関連する変数集合を列挙することも必要としない検証法として利用できることを示している．A_Z を満たすが (U_1) や (U_2) を満たさない変数 Z を見つけた場合，(X,Y) は定常的な非交絡条件を満たさないと判断することができる（その研究における特別な実験的条件の下では，(X,Y) は偶然的に交絡していない可能性がある）．

定理 6.4.4 は，近隣世界仮定に依存することのない，統計的関連性と交絡の形式的な関係を示している[22]．驚くべきことに，この関係は，次のような緩やかな仮定の下でも成り立つ．すなわち，ある変数が Y に影響を与えるかもしれないが，X の影響は受けないという定性的な仮定によって，定常的に交絡しないことを統計的に検証するための必要条件を得ることができる．

6.5 交絡，併合可能性，交換可能性

6.5.1 交絡と併合可能性

定理 6.4.4 は交絡と「併合可能性」の形式的関係——ある変数を取り除いても関連性の尺度は変わらないという基準——を与えている．

定義 6.5.1（併合可能性）

$g[P(x,y)]$ を同時分布 $P(x,y)$ における X と Y の関連性を評価する汎関数であるとする[23]．

$$E_Z g[P(x,y|z)] = g[P(x,y)]$$

が成り立つとき，Z は g について併合可能であるという． □

g が $P(y|x)$ の線形関数，たとえばリスク差 $P(y|x_1) - P(y|x_2)$ である場合，Z が X と関連しない，または，X を与えたときに Z と Y は関連しない，のいずれかが成り立つならば，Z は併合可能であることを簡単に示すことができる．したがって，併合可能でない場合には，定義 6.2.2 で与えた 2 つの統計的基準のいずれも成り立たない．このことが，併合可能性と交絡が密接に関連していると一般的に信じられている理由であると思われる．しかし，本章では，例を用いて，これら 2 つの条件が成り立たないからといって，このことが交絡に対する必要条件でも十分条件でもないことを示す．したがって，一般に，併合可能でないことと交絡していることは異なる概念であり，対応関係があるわけではない．

この区別はオッズ比や尤度比のような非線形効果の尺度 g に特有の性質であり，「効果の尺度が母集団単位で平均したものである場合には，交絡していることと併合可能でないことは代数的に同じである」(Greenland 1998, p.906) と信じている研究者もいるようである．本章では，線形関数を仮定できる場合でも，交絡と非併合可能性には対応関係がないことを示す．たとえば，図 6.2 の場合，（グラフに対応するほとんどすべてのパラメータ化に対して）効果の尺度 $P(y|x_1) - P(y|x_2)$

---

[22] 著者は，このような関係が書かれた文献を見たことがない．
[23] 与えられた関数の集合に含まれる任意の関数に対する実数の割当てを**汎関数**という．たとえば，$E(X) = \sum_x xP(x)$ は，確率関数 $P(x)$ のそれぞれに $E(x)$ という実数値を割り当てているので，汎関数である．

6.5 交絡，併合可能性，交換可能性

（リスク差）について，Z は併合可能ではないが，効果の尺度は（すべてのパラメータ化に対して）交絡していない．

定義 6.4.2 や定義 6.4.4 で定式化したように，交絡と併合可能性の論理的な関係は，**定常的に交絡していない**という概念を通して構成される．併合可能でない場合には，定義 6.2.2 の (U_1) と (U_2) が成り立たないため，（定理 6.4.4 より）定常的な不偏性（定常的な非交絡性）も成り立たない．したがって，次の系を得ることができる．

系 6.5.2（定常的に非交絡であるならば併合可能である）

X の影響を受けることはないが，Y に影響を与える可能性のある変数を Z とし，X と Y の関連性を測る線形汎関数を $g[P(x,y)]$ とする．g が Z を併合可能でないならば，X と Y は定常的な非交絡ではない． □

この系は，一般的に広く使われているパラメータ調整法に基づいた交絡検証法，すなわち，「粗な」関連性尺度 $g[P(x,y)]$ が，Z の各水準で層別し，それを平均化したものと等しくない場合には，Z を交絡因子であると判断するという方法 (Breslow and Day 1980; Kleinbaum et al. 1982; Yanagawa 1984; Grayson 1987) が幅広く使われていることに理論的な根拠を与えている．定理 6.4.4 は，この方法の背後にある直観が，単なる偶然的なものではなく，定常的に交絡しないための条件を調べることによって具体化されたものであることを示している．さらに，定理 6.4.4 の条件 A_Z は，多くの研究者が主張してきた要件，すなわち，交絡因子が反応変数 Y と関連するだけはなく，Y の因果的決定要因でなければならないことも正当化している．

6.5.2 交絡と交絡因子

本項では，交絡という現象に焦点を当て，それが因果効果のバイアスという現象（定義 6.2.1）と同値であることを示す．この話題に関する多くの文献では，交絡させる能力をもつ変数ともたない変数があると仮定したとき，**交絡因子**が存在するかどうかが興味の対象となっている．文字どおりに説明すれば，この概念によって誤った解釈が行われる可能性があるため，ある変数を交絡因子とみなす前に注意を払わなければならない．

たとえば，Rothman and Greenland (1998, p.120) は，交絡因子の定義を「曝露群と非曝露群での疾病の頻度の差を引き起こす剰余因子を**交絡因子**とよぶ」としている．さらに，彼らは，「一般に，交絡を引き起こすためには，交絡因子は曝露と疾病の両方に関連していなければならない」(p.121) と述べている．Rothman and Greenland は，「一般に」という言葉で，この交絡の表現を和らげている．その理由は，6.3.1 項で与えたコイン投げの例からわかるように，個々の変数は曝露 (X) や疾病 (Y) とは**関連していない**が，X から Y への因果効果は交絡している場合があることによるものである．同様な状況は，図 6.4 で与えた線形モデルでも見ることができる．明らかに，Z は X から Y への因果効果に対する交絡因子となっており，それゆえ制御しなければならない．しかし，実際には，Z と Y は（X の各水準において）関連する必要はなく，Z と X も関連していなくてもよい．たとえば，$Z \leftarrow A \rightarrow Y$ により生じる間接的な関連性が，$Z \rightarrow Y$ という矢線によって生じる直接的な関連性と相殺するようなことが起こる場合に，このようなことが起こりうる．このとき，$X \leftarrow E \rightarrow Z \leftarrow A \rightarrow Y$ はブロックされているが $X \leftarrow E \rightarrow Z \rightarrow Y$ はブロック

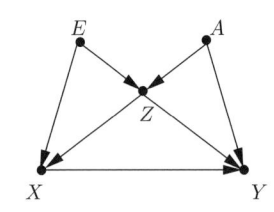

図 6.4 Z は X や Y と関連しないかもしれないが，交絡因子となっている（すなわち，任意の十分集合の要素である）グラフ

されていないため，このような相殺が起こったからといって交絡がないというわけではない．したがって，Z は曝露 (X) や疾病 (Y) とは関連しない交絡因子である．

Rothman and Greenland の記述の背後にある直観は，まさに定常性の概念を用いて形式的に説明することができる．すなわち，X または Y と定常的に関連しない変数は，問題なく調整から取り除くことができる．一方，Rothman and Greenland の記述は，（定常性を用いなくても）**自明でない十分集合**（3.3 節を参照）——交絡バイアスを取り除くために調整される変数集合——という概念を用いることによって裏づけられる．本節の最後で述べるように，そのような集合 S を一つの変数とみなした場合，それは実際には X と関連しており，X を与えたときには Y と従属しているはずである．したがって，Rothman and Greenland が与えた条件は，自明でない十分集合（すなわち，許容的な集合）に対して成り立つが，その集合に含まれる個々の変数に対しては成り立つわけではない．

この条件から得られる実用的な結果は次のようなものである．すなわち，調整することによってバイアスを取り除くのに十分であると主張されている変数集合 S が与えられると，この主張を統計的に検証するための必要条件が得られる．すなわち，S を複合変数とみなした場合には，S は X や (X を与えたときに) Y と関連するはずである．たとえば，図 6.4 の場合，$S_1 = \{A, Z\}$ や $S_2 = \{E, Z\}$ は十分であり，かつ自明ではない．実際，これらの集合はいずれも上述の条件を満たしている．

この検証法は，十分であると主張されている変数集合 S をスクリーニングするのに使うことはできるが，交絡を探索するための検証法であるというわけではない．すなわち，X と Y の両方と関連する集合 S を見つけたとしても，X と Y が交絡しているという結論を下すことはできない．交絡している場合には，この検証法を用いることによって，S が十分な変数集合の一つの候補であることがわかるが，そもそもその問題において交絡していない可能性もありうる．（この問題を説明するためには，図 6.2 で $S = \{E, A\}$ あるいは $S = \{Z\}$ とおけばよい．）（併合可能性の議論を思い出せばわかるように），（X と Y の）調整前と調整後の関連性のどちらにバイアスが生じているのかどうかはわからないため（図 6.3 を参照），調整後の関連性と調整前の関連性の違いを観察したところで，我々には何もわからないのである．

必要条件の証明

Z が自明でない十分集合 S を表すとき，(U_1) と (U_2) が成り立たないことを証明するために，X が Y に影響を与えないという状況を考えよう．この状況では，交絡によって X と Y に関連が生じる．**縮約性**（1.1.5 項を参照）とよばれる，よく知られている条件付き独立性の性質より，(U_1) が成り立つ，すなわち $X \perp\!\!\!\perp S$ と十分性 $X \perp\!\!\!\perp Y | S$ が成り立つならば非自明性は成り立たな

6.5 交絡，併合可能性，交換可能性

い，すなわち $X \perp\!\!\!\perp Y$ であり，

$$X \perp\!\!\!\perp S \text{ かつ } X \perp\!\!\!\perp Y|S \implies X \perp\!\!\!\perp Y$$

が得られる．同様に，**交差性**とよばれる条件付き独立性の性質より，(U_2) が成り立つ，すなわち，$S \perp\!\!\!\perp Y|X$ と十分性 $X \perp\!\!\!\perp Y|S$ が成り立つならば非自明性は成り立たない，すなわち $X \perp\!\!\!\perp Y$ であり，

$$S \perp\!\!\!\perp Y|X \text{ かつ } X \perp\!\!\!\perp Y|S \implies X \perp\!\!\!\perp Y$$

が得られる．したがって，定義 6.2.2 で与えた任意の自明でない十分性集合 Z に対して，(U_1) と (U_2) のいずれも成り立たないことがわかる． □

ここで，交差性は正値の確率分布に対してのみ成り立つことに注意しよう．これは，変数間に決定論的関係がある場合には，Rothman and Greenland の与えた条件が成り立たないことを意味している．このことは，X と Y がともに第三の変数 Z に対して一対一の関数関係をもつという単純な例を考えればわかる．明らかに Z は自明でない十分集合であるが，X を与えたときには Y と関連しない．すなわち，X の値がわかれば，Y の確率が決定され，Z の値によって変わることはない．

6.5.3 交換可能性と交絡の構造解析

疫学を専攻する学生は，文献に書かれている交絡という基本概念が混乱している状況にひどくいら立っている．このようないら立った状況を認識している研究者もおり（たとえば，Greenland and Robins 1986; Wickramaratne and Holford 1987; Weinberg 1993），彼らはもっと体系的な解析法に結びつけるために，この問題に対する新しい考え方を提案している．特に，Greenland and Robins は，6.2 節や 6.3 節で詳しく述べたものと同じ基本原則と結果を与えている．彼らの解析は，交絡を観察データからは直接評価できない未知の因果的量とみなすという意味で，交絡に関する数多くの文献に明るい兆しを与えている．さらに，彼らは（Miettinen and Cook (1981) と同じように），交絡が存在するかどうかは併合可能であるかどうかとは別の問題であり，交絡をパラメータに依存した現象とみなすべきではないと述べている．

しかし，本章で提案した構造解析は，「交換可能性」に基づくアプローチの開発を推し進めた Greenland and Robins の方法論とは根本的に異なっている．Lindley and Novick (1981) は交換可能性と類似の概念を導入したが，6.1 節では，それに基づいて Simpson のパラドックスを考察した．しかし，Greenland and Robins の交換可能性に関する考え方はもっと具体的で適用可能なものである．概念的には，交絡と交換可能性との関係は次のようなものである．治療効果を評価する場合，我々は，治療を受けた群と治療を受けていない群との反応の差は治療によるものであって，治療とは関係のない群間に固有な差によるものではないことを確かめなければならない．すなわち，2 つの群は反応変数に関連するすべての特徴について互いに似ているものでなければならない．原則として，治療群と非治療群に関するすべての特徴について，互いに似ている場合に治療効果は交絡していないと単に宣言すれば，これで交絡が定義できる．しかし，この定義は，「似ている」や「関連する」という言葉の説明に大きく依存しているという意味で，口語的

である．これを少しでも形式的に表現するために，Greenland and Robins は仮想的交換という De Finetti の考え方を利用した．すなわち，2 つの群が似ているかどうかを判断するのではなく，2 つの群を仮想的に**交換**した状態を想像し（治療群が非治療群となり，非治療群が治療群となる），この交換した状態で観察されたデータと実際のデータが区別できるかどうかを判断する．

2 つの群が実際に同じであるかどうかを直接判断するのと比べて，このような頭の訓練によって何が得られるのかと疑問視する読者も当然いるだろう．そこから得られるものは 2 つある．第一に，人間は動的なプロセスを想像するのに優れており，治療に対する反応を規定する過程と治療の選択に影響を与える要因に対する基本的理解に基づいて，このシナリオを交換したときの結果を模倣することができる．第二に，類似性に関する判断から確率に関する判断へ移行することによって，この判断に確率記号を割り当て，確率計算の能力と地位を与えることができる．

Greenland and Robins は，判断の源泉——すなわち，因果的過程に対する人間の理解——に近い概念を提案することによって，この定式化を行うための重要な第一ステップを与えた．本書で与えた構造的アプローチは，その次の自然なステップ——因果的過程そのものを定式化するというものである．

A と B は（それぞれ）治療群と非治療群を表すものとし，$P_{A_1}(y)$ と $P_{A_0}(y)$ は（それぞれ）治療と非治療という 2 つの仮想的条件の下で群 A の反応の分布を表すものとする[24]．我々の興味が反応の分布のパラメータ μ にある場合，分布 $P_{A_1}(y)$ と $P_{A_0}(y)$ に対応するパラメータの値を μ_{A_1} と μ_{A_0} で定義する．群 B に対しても，同様に μ_{B_1} と μ_{B_0} を定義する．このとき，実際に観測されたのは，(μ_{A_1}, μ_{B_0}) である．仮想的な交換を行うことにより，(μ_{B_1}, μ_{A_0}) を観測することができる．もし 2 つの組に区別がない，すなわち，

$$(\mu_{A_1}, \mu_{B_0}) = (\mu_{B_1}, \mu_{A_0})$$

が成り立つとき，2 つの群はパラメータ μ に関して交換可能であると定義する．特に，差 $CE = \mu_{A_1} - \mu_{A_0}$ によって因果効果を定義すれば，交換可能性を用いて μ_{A_0} を μ_{B_0} で入れ替えることができ，$CE = \mu_{A_1} - \mu_{B_0}$ を得ることができる．この量は，μ_{A_1} も μ_{B_0} も観測されているため，CE は測定可能となる．Greenland and Robins は $\mu_{A_0} = \mu_{B_0}$ が成り立つとき，因果効果 CE には**交絡がない**と述べている．

この定義を (6.10) 式 $P(y|do(x)) = P(y|x)$ と比較するために，後者を $\mu[P(y|do(x))] = \mu[P(y|x)]$ と書き直してみれば，2 つの定義は一致していることがわかる．ここに μ は，反応分布における興味あるパラメータである．しかし，構造的アプローチと Greenland and Robins のアプローチの大きな差は解析レベルにある．構造モデリングは 2 つの重要な意味で交絡の定式化を拡張している．第一に，(6.10) 式は，人間の直接的判断から得られるものではなく，因果的過程に関する基本的判断から数学的に導かれたものである[25]．第二に，構造モデルで必要とされる入力判断は定性的でかつ定常的である．

これらの特徴の利点を説明するために簡単な例を挙げよう．次の記述を考える (Greenland

---

[24] 記号 $do(\cdot)$ を用いる場合には，$P_{A_1}(y) = P_A(y|do(X = 1))$ となる．

[25] SEM から方程式を取り除くという観点から，$do(\cdot)$ オペレータが数学的に定義されていることを思い出しておこう．このとき，モデルにおいて非交絡条件 $P(y|do(x)) = P(y|x)$ を確認することは判断の問題ではなく，数学的解析の対象となっている．

1998).

> (Q^*)「効果の尺度が反応割合の差あるいは比であるならば，上述のような現象——交絡はないが併合可能ではない——はありえないし，併合可能であるのに交絡もしているという現象もありえない」

本章の議論からわかるように，いくつかの点について記述 (Q^*) を修正しなければならない．一般に，併合可能でないことと交絡することは異なる概念であり，効果の尺度とは関係なく，対応関係はない（6.5.1 項を参照）．しかし，ここで議論したい問題は方法論的なものである．すなわち，このような記述を有効であると認めたり，誤りであることを証明したり，あるいは修正するために，どのように定式化すればよいのだろうか？ 明らかに，(Q^*) は，すべての事例に対する一般的な主張を述べていることから，その一般的な有効性を論破するための反例を 1 つ挙げれば十分である．しかし，どうやってそのような反例をつくればよいのだろうか？ もっと一般に，交絡，効果のバイアス，因果効果，実験データと非実験データ，反事実，そしてそれ以外の因果関係に基づく概念に関する性質を取り入れた例をどうやって構成すればよいのだろうか？

確率論において，パラメータどうしの関係とパラメータに関する一般的な記述を論破する場合，その関係が成り立たないような密度関数 f が存在することを示せばよい．命題論理学においてある命題が間違っていることを示すためには，前提を満たすが，結論が成り立たない真理表 T が存在することを示せばよい．それでは，記述 (Q^*) のような因果的主張を論破したい場合，f あるいは T に対応する数学的対象とは何なのだろうか？ Greenland and Robins が与えた交換可能性というフレームワークで使われている対象は，反事実的分割表である（たとえば，Greenland et al. 1999b, p.905，または 1.4.4 項の図 1.7 を参照）．たとえば，交絡していることを説明するためには，実際に治療を受けた群 A が治療と非治療の両方に対して示す仮想的反応を記述した分割表と，実際には治療を受けていない群 B が治療と非治療の両方に対して示す仮想的反応を記述した分割表，の 2 つの分割表が必要である．この分割表において，実際に治療を受けた群が治療を受けていなかった場合に示す仮想的な反応から計算されるパラメータ μ_{A_0} が，実際には治療を受けていない群の実際の反応から計算されるパラメータ μ_{B_0} と異なるならば，交絡が生じている．

1 つの処理変数と 1 つの反応変数からなる単純な問題であればこのような分割表を簡単に構成することができるが，複数の共変量が含まれる，あるいはこれらの共変量に対してある制約を加えようと考える場合には厄介である．たとえば，共変量 Z が処理変数と反応変数の間の因果道には存在しない，あるいは Z は Y に因果的な影響を与えるという標準的な仮定を具体化しようとしても，反事実的分割表でそのような仮定をうまく表現することはできない．その結果，研究者の提案した主張が論破されそうになると，その研究者は，反例で使われている分割表は通常の仮定と矛盾するものであると常に主張することができる[26]．

このような難しさがあっても，交絡を構造的に表現するのも難しいというわけではない．これを定式化する場合，因果的記述を例証あるいは論破するための適切な対象は，第 3 章で定義し，本書で使われている因果モデルである．ここで，仮想的な反応（μ_{A_0} と μ_{B_0}）と分割表は根源的な

---

[26] 反事実的分割表を使って (Q^*) に対する反例を構成しようとする読者には，この難しさがわかるだろう．

量ではなく，むしろ考慮に取り入れたい仮定をすでに含んだ方程式の集合から得られるものである．構造モデルに関するパラメータ化は，（$do(\cdot)$ オペレータを使って）入力された仮定を満たし，かつグラフにより表現された統計的性質を示した反事実的分割表の特定の集合を意味する．たとえば，図 6.2 のグラフに対してどのようなパラメータ化を行っても，Z が X と Y の間の因果道にはなく，Z は Y に因果的な影響を与えないという仮定をあらかじめ考慮に入れた反事実的分割表を生成できる．また，そのようなパラメータ化のほとんどすべてから，主張（Q^*）に対する反例を生成することができる．さらに，数値による反例をつくらなくても，ダイアグラムを因果的な観点から調べることによって（Q^*）が誤りであることを立証できる．たとえば，図 6.2 の場合，リスク差 $P(y|x_1) - P(y|x_2)$ は Z を併合できず，同時に X と Y は定常的に交絡しないことを示している．

この 2 つの定式化の違いは，交絡に関する一般的な主張を論破するのではなく，実証する際にさらに明確なものになる．このとき，1 つの分割表を提示することは十分ではなく，実際，入力された仮定に従って構成された分割表すべてに対して，主張が有効であることを示さなければならない．読者はきっとわかっていると思うが，この作業は分割表のフレームワークにおいては実現不可能である．この作業を行うためには，仮定を簡潔に記述でき，結論を数学的に導けるような定式化を行わなくてはならない．本書で証明した多くの因果的な主張からわかるように，構造的意味論はそのような定式化を与えている（たとえば，定理 6.4.4 と系 6.5.2）．

著者は，交換可能性のフレームワークを用いた Greenland and Robins の解析によって導入された精密さは賞賛に値するものであると考える．その一方で，著者は，反事実的分割表がもつあいまいさと非柔軟性という大きな理由により，彼らのフレームワークは疫学研究者になかなか受け入れてもらえず，また，多くの統計学の文献で交絡を取り巻く混乱した状況が続いていると考えている．構造モデルという言語を用いて因果的な記述と仮定を定式化すれば，一般の研究者にとって扱いやすい因果関係の数学的解析法を開発することができ，交絡を取り巻く混乱した状態を自然かつ完全に解決できると確信している．

6.6 結　論

統計的関連性（あるいは併合可能性）と交絡の理論的な関係を確立しようとしてきた過去の取組みは，3 つの理由により失敗に終わった．第一に，因果関係と効果のバイアスに関する主張を記述する数学言語がないため，効果の不偏性という要件（定義 6.2.1）と不偏性を捉えているといわれてきた統計的基準の違いを明らかにすることが困難であった[27]．第二に，研究者は無意味な代替変数（図 6.2）を考察から取り除くことに注意を向けることはなかった．第三に，定常的な不偏性と偶然的な不偏性との区別に対して，それが評価されるのに値するほどの注意は払われておらず，例 6.3.3 で見たように，定常性という考え方を使わないかぎり，関連性基準（あるい

---

[27] 併合可能性に関する多くの文献（たとえば Bishop 1971; Whittemore 1978; Wermuth 1987; Becher 1992; Geng 1992）では，Simpson のパラドックスと交絡した効果の推定量を得る際の危険性を問題の動機づけとしている．そのなかで，交絡あるいは効果の推定を研究している文献はほんのわずかであり，多くの研究は扱いやすい併合可能性を独立した問題として議論している．さらに，併合可能性を「非交絡性」と名づける研究者もいる（Grayson 1987; Steyer et al. 1997）．

は併合可能性）と交絡の関係を定式化することはできなかった．このような関係は，お互いに独立に変化する自律的メカニズム (Aldrich 1989) の集合体という，因果モデルの概念に大きく依存している．そのような独立した変化を予想しているからこそ，我々は偶然的な不偏性を気にすることなく，定常的不偏性という条件を探索するのである．因果モデルの概念を数学的に定式化することによって，**DAG 同型** (Pearl 1988b, p.128)，**定常性** (Pearl and Verma 1991)，**忠実性** (Spirtes et al. 1993) といった概念が導かれ，これらは疎な統計的関連性（第 2 章を参照）から因果ダイアグラムを解明する際の助けとなる．また，因果モデルの概念は，間違いなく，交絡と関連性基準を結びつけたいと考えている多くの研究者によって使われることになるであろう．

　グラフィカル・モデルを援用した構造モデル解析が出現したことによって，交絡に対する考察を定式化し，効率的に扱うことができる数学的フレームワークが与えられた．本章では，このフレームワークを用いて，定常的不偏性という基準を明らかにしたうえで，(i) この基準が疫学や生物統計学における多くの研究では暗黙の目標となっていること，(ii) この基準により，併合可能性を検証する際に使われている基準に類似した操作可能な統計的検証法を与えることができることを示した．さらに，6.5.3 項では，この構造的フレームワークを用いれば，交絡を文献における厄介な問題の一つにさせてきた基本認知的で方法論的な障壁を乗り越えることができることを示した．このことから，今後の交絡に関する研究において，このフレームワークが重要な数学的基礎となると想像するのは難しくない．

6.7 追　　記

　Simpson のパラドックスが実はパラドックスではないことがわかったにもかかわらず，本章の内容が統計学者にこれに対する興味を失わせるものではなかったとわかって，面白いと思った読者もいるだろう．教科書はこの現象に驚き続け (Moore and McCabe 2005)，研究者は 1970～1990 年代の情熱をもったまま，「原因」という言葉を一度も使うことなく，そして，立ち止まって「どういうことなのか？」と一度も問うこともないまま，その数学的な複雑さ (Cox and Wermuth 2003) と視覚化 (Rücker and Schumacher 2008) を追求し続けている．一方，疫学に関する文献では，「説明と答えは背景知識に基づく因果的推測から得られるのであって，統計的基準から得られるのではない」というあいまいのない言葉で結論づけられている (Arah 2008)．この記述によって，著者は，この非パラドックスに対する因果的理解が最終的には認められるのだという自信を取り戻した．そこで，我々は，因果推論の時代に入ったとき，疫学研究者が指針と知識を与えてくれるのを期待することにしよう．

第 7 章

構造に基づく反事実の論理

> ヤハウェが答えられた「もしソドムで町の中に 50 人の義しき者を見出すならば，
> 私は彼らのためにこの町全部を赦そう」[a].
>
> 創世記 18:26

序　文

　本章では構造に基づく**反事実**について，その形式的解析を紹介する．これについてはすでに第 1 章で簡単に議論しているが，本章以降もよく使われる概念である．この解析を用いれば，これまでに紹介した因果モデル，行動，因果効果，因果的関連性，誤差項，外生性といった概念に対して，より正確で数学的な定義を与えることができる．

　7.1 節では，抽象的な数学用語を使って因果モデルと反事実の概念を述べたあと，決定論と確率的因果モデルを用いることによって，反事実的問題がどのように解決されるのかを，例を用いて説明する．7.2.1 項では，政策分析が反事実的推論の適用例の一つとなっていることを述べ，経済学に関する簡単な例を用いてこの問題を説明する．これは，7.2.2 項で議論を進めるための準備である．7.2.2 項では，政策予測という観点から反事実がもつ経験的な意味を明らかにする．7.2.3 項では，因果的説明を一般化し解釈する際の反事実の役割について述べる．7.2 節の締めくくりとして，行動とメカニズムから因果関係がどうやって明らかにされるのか（7.2.4 項を参照），そして因果的方向性が対称的な方程式からどのように導かれるのかについて議論する（7.2.5 項を参照）．

　7.3 節では，構造モデル意味論から導いたように，反事実と因果的関連性の関係に対する原理的特徴づけを行う．7.3.1 項では，仮定から新しい反事実関係を導くための性質や原理を説明する．7.3.2 項では，これらの原理を使って因果効果を代数的に導出する方法を説明する．7.3.3 項では，因果的関連性に関する原理を紹介したうえで，グラフに関する原理との類似性を用いて，因果的関連性の関係を確認するグラフィカルな方法論を説明する．

　7.3 節で与えた原理の特徴を用いることによって，構造モデルとそれ以外の因果性や反事実に関するアプローチ，特に，Lewis の最近隣世界的意味論（7.4.1〜7.4.4 項を参照）に基づいた代表的なアプローチとの比較ができるようになる．構造的アプローチと Neyman–Rubin の潜在反応アプローチとの形式的同値性については，7.4.4 項で議論する．最後に，7.4.5 項では外生性の問題を再検討したうえで，5.4.3 項で行った議論を拡張し，外生変数と操作変数に関する反事実的定義

---

[a] 訳者注：関根正雄訳 (1956).『旧約聖書・創世記』．岩波書店．

を与える．

最終節（7.5 節）では，因果性の構造的説明と確率的説明を比較する．構造的説明の利点を詳しく調べ，確率的説明が現在直面している問題に焦点を当てる．

7.1 構造モデル的意味論

ある実験結果から，それとはまったく異なる条件に基づいて別の実験を実施した際に得られる結果をどうやって予測したらよいのだろうか？このような予測を行うためには，さまざまな仮想的変化の下で世界がどのように変わるかを想像したうえで，**反事実的推論を行わなくてはならない**．反事実的推論は科学的思考にとって不可欠であるにもかかわらず，これを論理，代数的方程式あるいは確率といった標準的な言語で定式化するのは簡単なことではない．反事実的推論を定式化するためには，世界における不変的な関係と世界に関する我々の信念を表す一時的な関係を区別するような言語が必要であるが，方程式による代数学，ブール代数，確率計算を含む標準的な代数学を用いてもこのような区別を行うことはできない．一方，構造モデルを使えば，このような区別を行うことができる．そこで，本節では，Balke and Pearl (1995), Galles and Pearl (1997, 1998), Halpern (1998) の定義に従って，反事実の構造モデル的意味論を紹介する[1]．これに関連するアプローチは，Simon and Rescher (1966), Robins (1986), Ortiz (1999) でも提案されている．

本節では，因果モデルの決定論的定義から始める．（これまで述べたように）因果モデルは興味ある変数間の関数関係から構成される．ここに，各関数関係は自律的メカニズムを表したものである．因果関係と反事実関係は，このメカニズムを局所的に修正したときの反応に基づいて定義される．確率関係は背景条件に確率を割り当てることによって自然な形で生成される．決定論的なフレームワークと確率論的なフレームワークにおいて，このモデルによって反事実の計算がどのように簡単なものになるのかを例を用いて説明したあと（7.1.2 項を参照），因果ダイアグラムを用いて反事実的表現の確率を計算するための一般的方法論を与える（7.1.3 項を参照）．

7.1.1 定義：因果モデル，行動，反事実

「モデル」という広く使われている言葉は，現実のいつかの側面に焦点を当て，それ以外の部分を無視したものを理想化して表現したものである．しかし，論理システムの場合，モデルは，ある言語で構成された記述に対して真理値を割り当てる数学的対象であり，ここでいう記述とは現実のある側面を表現したものである．たとえば，命題論理の場合には，真理表がモデルであり，これによって真理値がブール表現に割り当てられ，事象あるいは興味ある研究領域での条件の集合が表現される．もう一つの例として，確率的論理の場合には，同時確率関数がモデルであり，A と B は事象を表すブール表現であるとき，これによって真理値が $P(A|B) < p$ なる記述に割り当てられる．同様に，**因果モデル**は，因果関係に関する記述を真理値によって符号化したものである．これには行動に関する記述（すなわち，「B を行えば A が起こるだろう」）や反事実（すなわち，

---

[1] 哲学者たちは「ニューロンダイアグラム」(Lewis 1986, p.200; Hall 1998) とよばれる類似のモデルを使って，非形式的ではあるが，因果的過程の連鎖を説明している．

7.1 構造モデル的意味論

「B が起こらなければ，A は違っていたであろう」），そして単純な因果的話題（「A は B を起こすかもしれない」，または「A のせいで B が起こった」）が含まれる．このような記述では，静的な世界に関する我々の信念の変化ではなく，外部世界で起こっている変化が扱われているために，標準的な論理規則や確率計算を用いてもこのような記述を説明することができない．因果モデルでは，このような変化に従って変化するメカニズムを明確に表現することによって，外的変化に関する情報が符号化され，識別される．

定義 7.1.1（因果モデル）

次の条件を満たす3つの集合 U, V, F の組 $M = \langle U, V, F \rangle$ を**因果モデル**という．

(i) U は，モデルの外部にある因子によって決定される**背景変数**（外生変数ともよばれる）の集合である[2]．

(ii) V はモデルに含まれる変数，すなわち，**内生変数**の集合 $\{V_1, V_2, \cdots, V_n\}$ であり，$U \cup V$ によって決定される．

(iii) F は関数の集合 $\{f_1, f_2, \cdots, f_n\}$ である．ここに，f_i は $U \cup (V \setminus V_i)$（のそれぞれの領域）から V_i への写像であり，全体集合 F は U から V への写像を形成するものである．すなわち，任意の f_i に対して V_i 以外の $U \cup V$ が与えられると，V_i の値が決定される．また，全体集合 F は，唯一の解 $V(u)$ をもつ[3]．記号論的には，方程式集合 F は，

$$v_i = f_i(pa_i, u_i), \quad i = 1, \cdots, n$$

で表現することができる．ここに，PA_i（親を意味する）は f_i を表現するのに十分な $V \setminus V_i$ の部分集合のうち，唯一かつ極小なものであり，pa_i はその実現値である．同様に，$U_i \in U$ は f_i を表すのに十分な U の部分集合のうち，唯一かつ極小なものである[4]． □

任意の因果モデル M はある有向グラフ（これを $G(M)$ とする）と関連づけることができる．その有向グラフにおいて，各頂点は変数に対応し，矢線は PA_i と U_i の要素から V_i へ向かっている．このようなグラフを M に関する**因果ダイアグラム**とよぶ．このグラフは V_i のそれぞれに対して直接的に影響を与える背景変数と内生変数を識別するだけで，関数形式 f_i を規定しているわけではない．親集合 PA_i を V に含まれる変数に限定するのは，背景変数をしばしば観測することができないという事実に基づく慣習によるものである．しかし，一般に，U の中の観測変数を含むように親集合を拡張することができる．

定義 7.1.2（部分モデル）

M を因果モデル，X を V に含まれる変数集合，x を X の実現値とする．

---

[2] 背景情報を記述する場合には「外生」という言葉を使わないようにしている．なぜなら，この言葉は洗練された技術的意味をもっているからである（5.4.3 項と 7.4 節を参照）．経済学の文献では，「あらかじめ決定された」という言葉が使われている．
[3] 逐次的（すなわち，非巡回的）システムでは一意性が保証されている．Halpern (1998) は非逐次的システムでは複数の解が存在することを示している．
[4] $y = f(x, z)$ が Z について自明 — すなわち，任意の x, z, z' に対して $f(x, z) = f(x, z')$ — であるならば，変数集合 X は関数 $y = f(x, z)$ を表現するのに**十分**である．

$$F_x = \{f_i | V_i \notin X\} \cup \{X = x\} \tag{7.1}$$

とするとき，M の**部分モデル** $M_x = \langle U, V, F_x \rangle$ は因果モデルである． □

すなわち，F_x は，F から集合 X の要素に対応する関数 f_i すべてを取り除き，定数関数 $X = x$ で置き換えることによって得ることができる．

部分モデルは，反事実的前提から得られるものを含めて，局所的な行動や仮想的な変化の効果を表現するのに有用である．ここで，F に含まれる f_i それぞれを独立した物理システムと解釈し，任意の u に対して $X = x$ と固定したときの M の極小的変化として介入 $do(x)$ を定義しよう．このとき，M_x は X に含まれる変数を直接決定するメカニズムの点でのみ M と異なっているだけなので，このような極小的変化から得られるモデルを表現したものとなっている．M から M_x への変換によって F に関する代数的部分が修正されるため，Galles and Pearl (1998) では「修正可能な構造方程式」とよばれている[5]．

定義 7.1.3（行動の効果）

M を因果モデル，X を V に含まれる変数集合，x を X の実現値とする．このとき，M への行動 $do(x)$ をとったときの効果は部分モデル M_x によって与えられる． □

定義 7.1.4（潜在反応）

X と Y を V に含まれる 2 つの部分集合とする．方程式の集合 F_x における Y の解を介入 $do(x)$ に対する Y の**潜在反応**という．これを $Y_x(u)$ と記す[6]． □

ここで，介入 $do(x)$ に注目しよう．「$Z = z$ ならば $do(x)$」という条件付き行動は，定数ではなく，Z の関数で方程式を置き換えることによって定式化することができる（4.2 節を参照）．ここで，$do(X = x$ または $Z = z)$ という選言的な行動は，反事実に関する複雑な確率的取扱いが必要となるため，考えないことにする．

定義 7.1.5（反事実）

X と Y を V に含まれる 2 つの部分集合とする．「X が x であったならば Y がとったであろう値」という反事実的記述を潜在反応 $Y_x(u)$ と定義する． □

したがって，モデルに含まれる方程式を仮想的に修正するという意味で，定義 7.1.5 は反事実的記述「X が x であったならば」を説明している．すなわち，定義 7.1.5 は，実際の状況を修正したうえで，条件「$X = x$」と固定してメカニズムを極小的に変化させるという外的行動（あるいは自発的な変化）を表現したものである．定義 7.1.5 により，論理的な矛盾を生じさせることなく，$X(u)$ に現在の値とは異なる値をとらせることができるため，反事実的意味論において重要なステップとなる (Balke and Pearl 1994b)．すなわち，この定義により，反事実の前提条件 $X = x$

---

[5] 構造モデルを修正するというアイデアは，Marschak (1950) や Simon (1953) にまでさかのぼる．介入をモデルから方程式を「取り除く」という変換であると最初に提案したのは，Strotz and Wold (1960) であり，その後，Fisher (1970), Sobel (1990), Spirtes et al (1993), Pearl (1995a) によって利用された．部分モデルという類似の概念は Fine (1985) によって導入されているが，行動や反事実を表現するために使われたわけではない．

[6] Y を変数集合 $Y = (Y_1, Y_2, \cdots)$ とすると，$Y_x(u)$ は関数のベクトル $(Y_{1_x}(u), Y_{2_x}(u), \cdots)$ を表す．

7.1 構造モデル的意味論

による仮説形成を伴う推論（あるいは，バックトラッキング）を行わせないようになっている[7]．第3章 (3.6.3 項を参照) では，(Neyman–Rubin の潜在反応モデルと同じように) $Y(x,u)$ を用いて，「X が x であったならば，個体 u において Y がとるであろう値」という仮定法的条件を表現している．本章以降では，(3.51) 式と並行して，定義 7.1.5 で与えた構造モデルの解釈と結びついた反事実を表現するために $Y_x(u)$ を用いる．$Y(x,u)$ は一般的仮定法的条件に対して用いられ，特定の意味論に拘束されることはない．

$v_i = f_i(pa_i, u_i)$ は部分モデル $M_{v \setminus v_i}$ に含まれる変数 V_i の値であるため，定義 7.1.5 は原子的メカニズム $\{f_i\}$ そのものに対して介入的でかつ反事実的な説明を与えている．すなわち，$f_i(pa_i, u_i)$ は V に含まれる V_i 以外の変数をすべて定数に固定したときの V_i の潜在的な反応を表している．

この定式化は，次のように自然な形で確率システムへと一般化することができる．

定義 7.1.6（確率的因果モデル）

M を因果モデル，$P(u)$ を U の領域で定義された確率関数とする．このとき，M と $P(u)$ の組 $\langle M, P(u) \rangle$ を**確率的因果モデル**という． □

いずれの内生変数も U の関数であるという事実と関数 $P(u)$ を用いることにより，内生変数の確率分布が定義される．すなわち，任意の $Y \subseteq V$ に対して，

$$P(y) \triangleq P(Y=y) = \sum_{\{u|Y(u)=y\}} P(u) \tag{7.2}$$

が成り立つ．反事実的記述の確率も同様に，M_x から導出される $Y_x(u)$ を用いて

$$P(Y_x = y) = \sum_{\{u|Y_x(u)=y\}} P(u) \tag{7.3}$$

と定義することができる．

同様に，因果モデルを用いて反事実的記述に関する同時分布が定義される．すなわち，任意の変数集合 Y, X, Z, W（互いに排反でなくてもよい）に対して $P(Y_x = y, Z_w = z)$ が定義される．特に，$P(Y_x = y, X = x')$ と $P(Y_x = y, Y_{x'} = y')$ は $x \neq x'$ のとき定義可能であり，それぞれ

$$P(Y_x = y, X = x') = \sum_{\{u|Y_x(u)=y \text{ かつ } X(u)=x'\}} P(u) \tag{7.4}$$

$$P(Y_x = y, Y_{x'} = y') = \sum_{\{u|Y_x(u)=y \text{ かつ } Y_{x'}(u)=y'\}} P(u) \tag{7.5}$$

で与えられる．

x と x' が一致しない場合には，Y_x と $Y_{x'}$ を同時に測定することはできない．また，「$X = x$ であったならば Y は y であり，$X = x'$ であったならば Y は y' であろう」という結合的な記述に確率を割り当てることは意味がないように思えるかもしれない．このような考察は，反事実を同時に分布する確率変数として扱うことを批判する根拠となっている (Dawid 2000)．U 上の標準的確率空間から得られる2つの異なる部分モデルに基づいて Y_x と $Y_{x'}$ を定義すれば，この

---

[7] Simon and Rescher (1966, p.339) は反事実の説明にこのステップを含めず，前提条件によって引き起こされる後ろ向き推論からあいまいな解釈が導かれることを指摘した．

ような反論を簡単に解決することができ (7.2.2 項を参照)，$P(u)$ と F を用いて反事実の同時確率を簡潔に符号化することができる．

一方，現実の観測値を条件づけたとき反事実の確率に特別な関心がある場合がある．たとえば，事象 $X = x$ が事象 $Y = y$ の「原因」であったという確率は，$X = x$ かつ $Y = y$ が実際に起こったという条件が与えられたときに，X が x でなかったら Y は y ではなかったであろうという確率として説明できる（原因の確率に関する詳細な議論については第 9 章を参照）．このような確率は，上述のモデルを用いて適切に定義できる．x と y をそれぞれ x' と y' とは異なる値とするとき，この確率は $P(Y_{x'} = y'|X = x, Y = y)$ によって評価しなければならない．(7.4) 式より，この量は

$$P(Y_{x'} = y'|X = x, Y = y) = \frac{P(Y_{x'} = y', X = x, Y = y)}{P(X = x, Y = y)}$$
$$= \sum_u P(Y_{x'}(u) = y')P(u|x, y) \qquad (7.6)$$

と評価することができる．すなわち，まず $P(u)$ を更新して $P(u|x, y)$ を計算したうえで，更新された分布 $P(u|x, y)$ を使って，指示関数 $Y_{x'}(u) = y'$ の期待値を計算すればよい．

これは，1.4 節で紹介した 3 つのステップにより実現することができる．ここでは，定理としてまとめることにしよう．

定理 7.1.7

モデル $\langle M, P(u) \rangle$ に対して，証拠 e が与えられたとき，A であったならば B であろうという反事実的記述に関する条件付き確率 $P(B_A|e)$ は，次の 3 つのステップにより評価することができる．

1. **仮説形成**：証拠 e を用いて確率 $P(u)$ を更新し，$P(u|e)$ を得る．
2. **行動**：介入 $do(A)$ によってモデル M を修正する．ここに，A は，部分モデル M_A を得るための反事実的前提条件である．
3. **予測**：修正されたモデル $\langle M_A, P(u|e) \rangle$ を用いて，反事実的結論部分である B の確率を計算する． □

本項を終えるにあたって，今後の議論において有用となる，**世界**[8]と**理論**とよばれる概念を導入しよう

定義 7.1.8（世界と理論）

M を因果モデル，u を背景変数 U の特定の実現値とするとき，M と u の組 $\langle M, u \rangle$ を因果**世界** w という．因果的世界の集合を因果**理論**という． □

世界 w は，$P(u) = 1$ であるような退化した確率モデルとみなすことができる．因果理論を使って，因果モデルの部分的記述，たとえば，同じ因果ダイアグラムを共有するモデルや f_i が未定係数を含む線形関数であるようなモデルを特徴づけることができる．

---

[8] Adnan Darwiche は，著者にこの概念の重要性を教えてくれた．

7.1 構造モデル的意味論

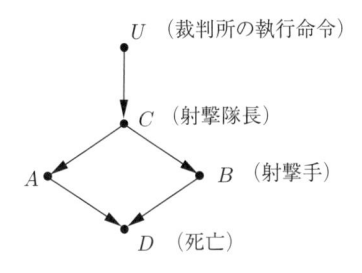

```
          U （裁判所の執行命令）
          •
          ↓
          • C （射撃隊長）
         ↙ ↘
      A •   • B （射撃手）
         ↘ ↙
          •
          D （死亡）
```

図 7.1　2 人の射撃手の例に関する因果関係

7.1.2　反事実の評価：決定論的解析

1.4.1 項では，いくつかの例を用いて，構造モデルの観点から行動や反事実の解釈を説明した．本項では，7.1.1 項で与えた定義を用いて，確率論的な反事実的問題と決定論的な反事実的問題に対して，どうすれば構造モデル的意味論を用いて形式的に答えることができるのかを説明する．

例 1：射撃隊

図 7.1 のような 2 人の射撃手からなる射撃隊の例を考えよう．A, B, C, D と U は次のような命題を表す．

$$U = 裁判所が死刑執行命令を下す.$$
$$C = 射撃隊長が合図する.$$
$$A = 射撃手 A が引き金を引く.$$
$$B = 射撃手 B が引き金を引く.$$
$$D = 囚人が死亡する.$$

裁判所の判断は未知であると仮定する．また，射撃手はともに機敏で法を遵守する射撃の名手であり，さらに囚人は恐怖や外部的な理由で死亡することはないと仮定する．このとき，次の記述を機械的に評価するために，この例に対する形式的表現を与える．

S_1(予測)：射撃手 A が射撃しなかったならば，囚人は生きている．

$$\neg A \Longrightarrow \neg D$$

S_2(仮説形成)：囚人が生きているならば，射撃隊長は合図していなかった．

$$\neg D \Longrightarrow \neg C$$

S_3(変換)：射撃手 A が射撃するならば，B も射撃する．

$$A \Longrightarrow B$$

S_4(行動)：射撃隊長が合図をせず，射撃手 A が射撃しようと決意したならば，囚人は死亡し，かつ射撃手 B は射撃しないだろう．

$$\neg C \Longrightarrow D_A \quad かつ \quad \neg B_A$$

S_5(反事実)：囚人が死亡しているならば，囚人は射撃手 A が射撃しなかったとしても死亡し

ていただろう．

$$D \Longrightarrow D_{\neg A}$$

標準的記述の評価

最初の 3 つの記述については，因果モデルを持ち出さなくても証明することができる．これらの記述は標準的な論理結合子によって構成されているため，標準的な論理演繹法を使って導くことができる．たとえば，この例の場合には

$$T_1 : U \Longleftrightarrow C, \quad C \Longleftrightarrow A, \quad C \Longleftrightarrow B, \quad A \lor B \Longleftrightarrow D$$

または

$$T_2 : U \Longleftrightarrow C \Longleftrightarrow A \Longleftrightarrow B \Longleftrightarrow D$$

という簡単な論理的理論（命題記述の集合）を用いて捉えることができる．ここに，これら 2 つの理論に対してそれぞれ論理モデル

$$m_1 : \{U, C, A, B, D\}, \quad m_2 : \{\neg U, \neg C, \neg A, \neg B, \neg D\}$$

を考えることができる．すなわち，この例を記述する任意の理論 T は，5 つの命題がすべて真である，あるいはすべて偽であることを意味している．モデル m_1 と m_2 はこれら 2 つの可能性を明確に表現している．$S_1 \sim S_3$ までの妥当性は，T から導出する，あるいはそれぞれの記述の前提と結論がともに同じモデルの構成要素であることに注意することによって，簡単に確かめることができる．

記述 S_4 と S_5 の解析を行う前に，次の 2 点に注意しておかなければならない．まず，T_1 と T_2 の両方向含意は仮説形成を行うための必要条件である．すなわち，一方向含意（すなわち，$C \Rightarrow A$）を用いても，A から C という結論を下すことはできない．標準的な論理の場合，この対称性があるために，予測（時間の流れにそった推論），仮説形成（証拠から説明への推論），変換（証拠から説明へ，そして説明から予測への推論）という 3 つの階層が区別されることはない．両方向含意を用いた場合，これら 3 つの推論方式は，推測の方法論という点ではなく，条件記述の前提条件と結論部分に付け加えた説明という点での違いしかない．非標準的な論理（たとえば，論理プログラミング）の場合，含意記号が推論の方向を表しており，対偶をとることができないため，メタ論理学の推測ツールを用いて仮説形成を行わなければならない (Eshghi and Kowalski 1989)．

次に，$S_1 \sim S_3$ はすべて**認識的推論**，すなわち，静的世界において信念から信念への推測を扱っている．この特徴によって，標準的論理により $S_1 \sim S_3$ が処理しやすくなる．たとえば，S_2 は次のように記述説明することができる．すなわち，囚人が生きているとわかっている場合には，射撃隊長は合図をしていないという結論を得ることができる．論理で使われる重要な含意記号 ($\Rightarrow$) は，この狭義の意味を超えて次に述べる反事実的な含意と比較できるほど拡張されてはいない．

行動記述の評価

記述 S_4 は，「射撃手 A が射撃しようと決意した」という計画的な行動を表している．行動に関する議論（たとえば，第 4 章や定義 7.1.3 を参照）より，S_4 のような行動は，初期段階の状況

7.1 構造モデル的意味論

に含まれている前提あるいはメカニズムから逸脱する．すなわち，論理関係だけでは，行動の下で何が不変であるのかを形式的に識別するのに不十分であり，因果関係を理論に組み込まなければならない．この例に対する因果モデルは次のようなものである．

モデル M

$$
\begin{aligned}
&& (U) \\
C &= U & (C) \\
A &= C & (A) \\
B &= C & (B) \\
D &= A \vee B & (D)
\end{aligned}
$$

ここで，(i) 双方向推測を行い，(ii) 方程式はそれぞれ論理的記述ではなく自律的メカニズム（データベースの言葉でいうならば「一貫性制約」）——これは，逸脱しないかぎり不変である——を表していることを強調するために，含意記号ではなく等号を使っている．さらに，方程式の左辺にある従属変数を明確に識別するために，それぞれの方程式の隣に括弧つきの記号を付す．これによって，図 7.1 の矢線に関する因果的非対称性を表現することができる．

S_4 を評価するために，定義 7.1.3 を用いて，部分モデル M_A を構成する．ここでは，方程式 $A = C$ は A によって置き換えられている（射撃手 A が合図とは関係なく射撃しようと決意したことを表している）．

モデル M_A

$$
\begin{aligned}
&& (U) \\
C &= U & (C) \\
A && (A) \\
B &= C & (B) \\
D &= A \vee B & (D)
\end{aligned}
$$

事実：$\neg C$

結論：$A, D, \neg B, \neg U, \neg C$

$\neg C$ が与えられることによって，D と $\neg B$ を簡単に導くことができ，S_4 の妥当性を確認することができる．

S_4 のような「問題のある」記述の場合，その条件部分は基本的前提の一つ（すなわち，2人の射撃手は法を遵守する）から逸脱しているが，S_4 のような記述はこの例で記述されている決定論的設定と同じ設定で自然に扱われていることに注意しておかなければならない．伝統的な論理学者や確率論研究者は，S_4 のような記述は矛盾しているものとして受け入れず，$A = C$ という法則を例外として許容するために，この問題を確率論の立場から再定式化するように主張している[9]．しかし，そのような再定式化を行う必要はない．構造的アプローチを使えば，ありふれた因果的記述を，非決定論的フレームワークの中に埋没させることなく，自然な決定論的フレームワークに基づいて扱うことができる．決定論的フレームワークでは，すべての法則は，「解除条件付き」

---

[9] 著者の推測であるが，これが 1960 年代の確率的因果推論が現れた理由の一つである（7.5 節を参照）．

の初期設定として表現され，意図的な介入によって崩される．もちろん，そのような物理的基本法則は不変であるが，与えられた問題に適用される場合には，行為者の行動や外部の介入による修正に依存する．

反事実の評価

ここまでに，反事実的記述 S_5 を評価するための準備を整えた．定義 7.1.5 より，反事実 $D_{\neg A}$ は部分モデル $M_{\neg A}$ における D の値を表す．この値は U の値に依存しているものの，$M_{\neg A}$ ではこの U が規定されることはないため，あいまいなものとなっている．しかし，D を観測すれば，このあいまいさはなくなる．囚人が死亡したとわかれば，裁判所が死刑執行命令 (U) を下し，その結果として，もし射撃手 A が引き金を引かなくても，射撃手 B が囚人を射撃しただろうと推測することができ，$D_{\neg A}$ を確かめることができる．

（確率を使わなくても）定理 7.1.7 のステップを使って形式的に $D_{\neg A}$ を得ることができる．まず，事実 D を基礎となるモデル M に加え，U を評価する．次に，部分モデル $M_{\neg A}$ を構成したうえで，最初のステップで得られた U の値を使って，$M_{\neg A}$ において D の真理値を再評価する．これらのステップは次のように展開することができる．

ステップ1

モデル M

$$
\begin{array}{ll}
 & (U) \\
C = U & (C) \\
A = C & (A) \\
B = C & (B) \\
D = A \vee B & (D) \\
\hline
\text{事実}: D & \\
\hline
\text{結論}: U, A, B, C, D &
\end{array}
$$

ステップ2

モデル $M_{\neg A}$

$$
\begin{array}{ll}
 & (U) \\
C = U & (C) \\
\neg A & (A) \\
B = C & (B) \\
D = A \vee B & (D) \\
\hline
\text{事実}: U & \\
\hline
\text{結論}: U, \neg A, B, C, D
\end{array}
$$

ここで，ステップ1からステップ2へ引き継がれているのは背景変数 U の値だけであることに注意しよう．これ以外の命題については，新たに修正されたモデルに従って再評価しなければならない．これは，背景因子 U が変数やモデル $\{f_i\}$ のメカニズムの影響を受けないという認識

7.1 構造モデル的意味論

を表したものである．したがって，現実世界と同じ背景条件の下で，反事実的結論部分（この例では，D）を評価しなければならない．実際，背景変数は現実世界から仮想的世界への重要な情報伝達手段となっており，前者を後者へ変換する動的なプロセスにおいて「不変性（あるいは持続性）の守護神」という役割を担っている（David Heckerman による考察（私信））．

また，ここで与えた反事実を評価するための2段階のステップを1つにまとめることができる．修正前の変数と修正後の変数をアスタリスクをつけて区別すれば，M と M_x を1つの論理学的な理論として結合させることができる．そして，この結合された理論に基づいた純粋で論理的な演繹法を用いることによって，S_5 の妥当性を証明することができる．これを説明するために，S_5 を $D \Rightarrow D^*_{\neg A^*}$ と書くことにする（次のように理解すればよい．すなわち，D が現実世界で真であるならば，$\neg A^*$ を修正することによって得られる仮想的世界においても D は真である）．このとき，結合された理論のフレームワークでは，D^* の妥当性を次のように証明することができる．

結合された理論

$$
\begin{array}{lll}
 & & (U) \\
C^* = U & C = U & (C) \\
\neg A^* & A = C & (A) \\
B^* = C^* & B = C & (B) \\
D^* = A^* \vee B^* & D = A \vee B & (D) \\
\hline
\end{array}
$$

事実：D

結論：$U, A, B, C, D, \neg A^*, C^*, B^*, D^*$

U には「アスタリスク」がついていないことに注意しよう．これは背景条件が変化していないことを表している．

この時点で S_4 と S_5 は異なっていることに注意しておかなければならない．この2つは，ともに反事実を伴う事実を含むため，構文的には同じであるように見える．しかし，S_4 は「行動」的記述とよばれ，S_5 は「反事実」的記述とよばれている．この違いは，与えられた事実と反事実的前提条件（すなわち，「行動」の部分）の関係にある．S_4 の場合，得られた事実（$\neg C$）は前提条件（A）の影響を受けていない．一方，S_5 の場合，得られた事実（D）は，潜在的に前提条件（$\neg A$）の影響を受けている．これらの評価方法より，2つの状況の違いは根源的なものであることがわかる．S_4 を評価する場合には，C は $do(A)$ によるモデル修正の影響を受けないとあらかじめわかっている．それゆえに，修正されたモデル M_A に直接 C を加えることができる．一方，S_5 を評価する場合には，修正 $do(\neg A)$ を行うことによって，D から $\neg D$ へ反転が起こることを考慮している．その結果，最初に事実 D を行動前のモデル M に加え，U を通してその影響を要約し，$do(\neg A)$ という修正を行った後 D を再評価しなければならない．したがって，構文的には行動の因果効果を反事実的記述として表現することができるが，U を経由して既知の事実の影響を伝えなければならない．この意味で反事実と行動は異なる．

また，自然言語を用いた反事実的話題の多くでは，暗黙にではあるが，前提条件の影響を受けている事実について，それに関する知識をもっていると仮定されていることに注意しなければならない．たとえば，「A がなければ B は異なっていただろう」という場合には，B の実際の値は

何であり，B が A の影響を受けやすいという知識をもっている．このような関係により，行動的記述とは異なった独特の特徴が反事実に与えられる．そして，1.4 節で見たように，このような記述では，評価するためのもっと詳しい規定，すなわち，関数メカニズム $f_i(pa_i, u_i)$ に関する知識が必要となる．

7.1.3 反事実の評価：確率的解析

反事実（(7.3)～(7.5) 式を参照）の確率的評価法を説明するために，射撃隊の例を

1. 裁判所が死刑執行命令を下す確率は $P(U) = p$ である．
2. 射撃手 A は神経質であるために引き金を引く確率は q である．
3. 射撃手 A が神経質であることと U とは無関係である．

とわずかに修正することにしよう．この仮定の下で，量 $P(\neg D_{\neg A}|D)$，すなわち，実際には囚人は死亡しているという条件の下で，A が射撃しなかったら囚人は生きていた確率を計算しよう．

$\neg D_{\neg A}$ が真であることと裁判所が死刑執行命令を下さなかったことが同値であることに注意すれば，直観的にこの答えを得ることができる．すなわち，この問題を $P(\neg U|D)$ の計算に帰着させることができ，これより $q(1-p)/[1-(1-q)(1-p)]$ となることがわかる．しかし，本節の目的は，(7.4) 式に基づいてこの確率を得るための一般的で形式的な方法を説明することであり，この説明では直観を使うことはほとんどない．

W を射撃手 A が神経質であるという事象とすると，新しい例に対する確率的因果モデル（定義 7.1.6）には，U と W という 2 つの背景変数が含まれている．このモデルは，

モデル $\langle M, P(u,w) \rangle$

$$(U, W) \sim P(u, w)$$
$$C = U \qquad (C)$$
$$A = C \vee W \qquad (A)$$
$$B = C \qquad (B)$$
$$D = A \vee B \qquad (D)$$

と表現することができる．このモデルに対する背景変数の分布は

$$P(u,w) = \begin{cases} pq & u=1, w=1 \text{ のとき} \\ p(1-q) & u=1, w=0 \text{ のとき} \\ (1-p)q & u=0, w=1 \text{ のとき} \\ (1-p)(1-q) & u=0, w=0 \text{ のとき} \end{cases} \qquad (7.7)$$

となる．定理 7.1.7 より，最初のステップ（仮説形成）として，囚人が実際に死亡しているという事実を使って，事後確率 $P(u,w|D)$ を計算する．これは

$$P(u,w|D) = \begin{cases} \dfrac{P(u,w)}{1-(1-p)(1-q)} & u=1 \text{ または } w=1 \text{ のとき} \\ 0 & u=0 \text{ かつ } w=0 \text{ のとき} \end{cases} \qquad (7.8)$$

7.1 構造モデル的意味論

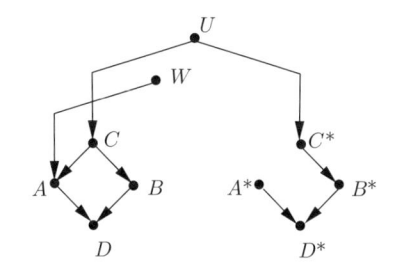

図 7.2 射撃隊の例に対するツイン・ネットワーク表現

と簡単に計算することができる．

次のステップ（行動）として，事後確率 (7.8) 式を保存したまま部分モデル $M_{\neg A}$ を構成する．

モデル $\langle M_{\neg A}, P(u,w|D) \rangle$

$$(U,W) \sim P(u,w|D)$$
$$C = U \quad\quad\quad (C)$$
$$\neg A \quad\quad\quad (A)$$
$$B = C \quad\quad\quad (B)$$
$$D = A \vee B \quad\quad\quad (D)$$

最後のステップ（予測）では，この確率モデルに基づいて $P(\neg D)$ を計算する．$\neg D = \neg U$ であることに注意すると，（期待していたとおり）

$$P(\neg D_{\neg A}|D) = P(\neg U|D) = \frac{q(1-p)}{1-(1-q)(1-p)}$$

という結果を得る．

7.1.4 ツイン・ネットワーク法

前節で与えた方法に関する実用上の大きな問題は，事後分布 $P(u|e)$ を計算し，蓄積し，そして利用しなければならないということである．ここに，u は背景変数すべてからなる集合を表す．上述の例で説明したように，背景変数が互いに独立であるというマルコフ・モデルを用いる場合でさえ，条件づけによってこのような独立性は成り立たなくなる．そのため，e を条件づけたときの U の同時分布を十分に記述し伝達しなければならない．そのような表現を表の形で書き直せば，(7.8) 式で行ったように，とてつもなく大きくなる可能性がある．

この問題を解決するためのグラフィカルな方法は Balke and Pearl (1994b) によって与えられている．そこでは，現実世界を表現するネットワークと仮想的世界を表現するネットワークが用いられている．射撃隊の例に対するツイン・ネットワーク法を図 7.2 を用いて説明する．

まず，$M_{\neg A}$ における A に関する方程式が取り除かれていることを，A^* に向かう矢線を削除して表現する．これ以外には，2 つのネットワークは構造的には同じものである．修正を行っても背景変数（ここでの例では，U と W）は不変であるため，シャム双生児のように，2 つのネットワークはこれらの変数を共有している．内生変数は仮想的世界と現実世界で異なる値をとる可能性があるため，これらの値を複製し，別のラベルをつける．モデル $\langle M_{\neg A}, P(u,v|D) \rangle$ に基づ

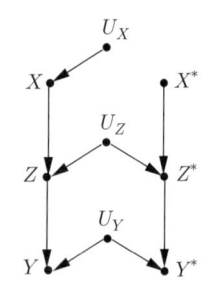

図7.3 モデル $X \to Z \to Y$ における反事実 Y_x のツイン・ネットワーク表現

いて $P(\neg D)$ を計算する作業は，A^* を偽に固定したツイン・ネットワークにおいて $P(\neg D^*|D)$ を計算する作業に帰着される．

定理7.1.7より，一般に，X, Y, Z を任意の変数集合とするとき（互いに排反でなくてもよい），$P(Y_x = y|z)$ を計算する場合には，部分モデル $\langle M_x, P(u|z) \rangle$ に基づいて $P(y)$ を計算すればよいことがわかる．このことは，拡張ベイジアン・ネットワークに基づいて通常の条件付き確率 $P(y^*|z)$ を計算することに帰着される．これは，標準的な証拠伝播技術によって計算することができる．この計算を実行するためにベイジアン・ネットワークに基づく推論を利用することの利点は，分布 $P(u|z)$ を詳しく記述しなくても，条件付き独立関係を利用することによって，（1.2.4項でも簡単に述べたように）局所的計算を行うことができることにある．

ツイン・ネットワークによる表現は，反事実確率間の独立性を検証する有用な方法論も与えている．これを説明するために，連鎖経路のような因果ダイアグラム $X \to Z \to Y$ を考え，Z を与えたときに Y_x が X と独立であるかどうか（すなわち，$Y_x \perp\!\!\!\perp X|Z$）を検証しよう．この連鎖経路に関するツイン・ネットワークを図7.3に示す．$Y_x \perp\!\!\!\perp X|Z$ が成り立つかどうかを検証するためには，ツイン・ネットワークにおいて Z が X と Y^* を有向分離するかどうかを検証すればよい．定義1.2.3から簡単にわかるように，X と Y^* の間の道において Z は合流点となっているため，Z で条件づけた場合には X と Y^* は有向分離されない．したがって，このモデルでは，$Y_x \perp\!\!\!\perp X|Z$ は成り立たない．連鎖経路そのもの，あるいはモデルの方程式からこれを確認するのは簡単なことではない．同様に，Y や $\{Y, Z\}$ で条件づけると，X と Y^* は連結される．したがって，Y_x と X は，そういった変数を与えたときには条件付き独立とはならない．しかし，Y も Z も条件づけない場合には連結関係はなくなり，$Y_x \perp\!\!\!\perp X$ を得る．

Z を任意の変数とし，PA_Z を Z の親集合とするとき，ツイン・ネットワークを用いれば，反事実 Z_{pa_Z} に対して興味深い解釈を与えることができる．図7.3のモデルにおいて，Z_x がある変数集合と独立であるかどうかを検証する問題を考えよう．この問題に対する答えは，Z^* がその変数集合と有向分離されるかどうかに依存している．Z^* と有向分離される任意の変数は，U_Z とも有向分離されるため，U_Z を表す頂点を反事実変数 Z_x の代替変数として利用することができる．Z が方程式 $z = f_Z(x, u_Z)$ で規定されることを考えれば，これが偶然の一致によって得られたものではないことがわかる．定義より，Z_x の確率は X を x に固定したという条件の下での Z の確率に等しい．そのような条件の下では，U_Z が変化した場合のみ Z も変化する．それゆえ，U_Z がある独立関係に従うならば，Z_x（もっと一般的には，Z_{pa_Z}）もその関係に従う．したがって，Z_{pa_Z} という形で表された反事実変数に対して，簡単なグラフィカル表現を与えること

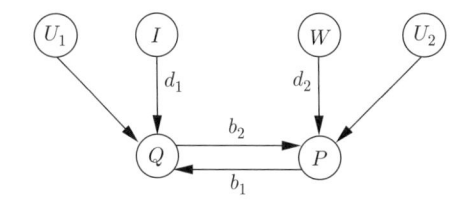

図 7.4 価格 (P) と需要量 (Q) の関係を説明する因果ダイアグラム

ができる．この表現を用いれば，図 7.3 より，$(U_Y \perp\!\!\!\perp X | \{Y^*, Z^*\})_G$ と $(U_Y \perp\!\!\!\perp U_Z | \{Y, Z\})_G$ の両方がツイン・ネットワークで成り立つことを簡単に確かめることができる．したがって，

$$Y_z \perp\!\!\!\perp X | \{Y_x, Z_x\} \text{ と } Y_z \perp\!\!\!\perp Z_x | \{Y, Z\}$$

も成り立たなくてはならない．ツインネットワークに関する更なる考察，そして（異なる前提条件の下での反事実を表す）マルチネットワークへの一般化については，Shpitser and Pearl (2007) により議論されている．

7.2 構造モデルの応用と解釈

7.2.1 線形経済モデルによる政策分析：例

1.4 節では，需要と価格の均衡に関する標準的な経済問題を使って，構造方程式モデルの特徴を説明した（図 7.4 を参照）．本章では，この問題を用いて，政策関連問題に答えることにしよう．

思い出しておくと，この例は

$$q = b_1 p + d_1 i + u_1 \tag{7.9}$$
$$p = b_2 q + d_2 w + u_2 \tag{7.10}$$

という 2 つの方程式からなる．ここに，q は製品 A に対する家計需要量であり，p は製品 A の単位あたりの価格，i は世帯収入，w は製品 A の製造にかかる賃金，u_1 と u_2 は，それぞれ需要量と価格に影響を与える誤差項である (Goldberger 1992)．

$V = \{Q, P\}, U = \{U_1, U_2, I, W\}$ とおくと，この方程式のシステムから因果モデルを構成することができる（定義 7.1.1）．ここに，各方程式は定義 7.1.3 の意味で自律的過程を表していると仮定する．また，通常，I と W は観測変数であり，U_1 と U_2 は非観測変数で，I や W とは独立であると仮定する．誤差項 U_1 と U_2 は非観測変数であるため，モデルを完全に規定するためには，これらの誤差分布を考慮しなければならない．そのため，通常，共分散行列 $\Sigma_{ij} = \text{cov}(u_i, u_j)$ をもつ正規分布が仮定される．(Wright (1928) にまでさかのぼれば) 経済学では，線形性，正規性，$\{I, W\}$ と $\{U_1, U_2\}$ の独立性が仮定されており，これによって，共分散行列 Σ_{ij} を含めて，すべてのパラメータについて一致推定できることが知られている．しかし，本書では，パラメータ推定ではなく，政策予測における利用法に焦点を当てよう．そこで，

1. 価格を $P = p_0$ と**制御**すると，需要量 Q の期待値はどのくらいになるだろうか？
2. 価格が $P = p_0$ であると**報告されている**とき，需要量 Q の期待値はどのくらいになるだ

3. 現在の価格が $P=p_0$ であるとき，価格を $P=p_1$ と**制御**したならば，需要量 Q の期待値はどのくらいになるだろうか？

をどう評価したらよいのかを説明する．読者には，これらの問題が，それぞれ行動，予測，反事実という3段階の階層を表現しているとわかってもらえるだろう．予測に関する第二の問題は，文献では標準的なものであり，因果性や構造や不変性を仮定しなくても共分散行列を用いて簡単に答えることができる．第一の問題と第三の問題は，方程式の構造的性質に依存しており，想像したとおり，構造方程式に関する標準的な文献では扱われていない[10]．

第一の問題に答えるために，(7.10) 式を $p=p_0$ で置き換え，

$$q = b_1 p + d_1 i + u_1 \tag{7.11}$$

$$p = p_0 \tag{7.12}$$

としよう．このとき，U_1 と I は不変である．そのとき，制御された需要量は $q=b_1p_0+d_1i+u_1$ であり，$I=i$ を条件づけたときの期待値は

$$E[Q|do(P=p_0),i] = b_1 p_0 + d_1 i + E(U_1|i) \tag{7.13}$$

で与えられる．U_1 は I とは独立なので，最後の項は

$$E(U_1|i) = E(U_1) = E(Q) - b_1 E(P) - d_1 E(I)$$

と評価でき，これを (7.13) 式に代入することにより，

$$E[Q|do(P=p_0),i] = E(Q) + b_1(p_0 - E(P)) + d_1(i - E(I))$$

を得ることができる．

第二の問題に対する答えは，(7.9) 式に現在の観測値 $\{P=p_0, I=i, W=w\}$ を条件づけ，期待値をとることによって

$$E(Q|p_0,i,w) = b_1 p_0 + d_1 i + E(U_1|p_0,i,w) \tag{7.14}$$

となる．Σ_{ij} が与えられれば (Whittaker 1990, p.163)，標準的な手続きに従って $E(U_1|p_0,i,w)$ を計算することができる．ここに，U_1 は I と W と独立であると仮定したが，$P=p_0$ が観測された場合には，この独立関係は成り立たないことに注意しよう．また，解を導く際には (7.9) 式と (7.10) 式が使われており，$b_1=0$ であっても，観測値 p_0 は（$E(U_1|p_0,i,w)$ を通して）期待需要量 Q に影響を与えていることに注意しよう．このことは第一の問題の状況とは異なる．

第三の問題を解くためには，現在の観測値 $\{P=p_0, I=i, W=w\}$ を条件づけたときの反事実量 $Q_{P=p_1}$ の期待値を求めなければならない．定義 7.1.5 より，$Q_{P=p_1}$ は部分モデル

---

[10] 著者が米国の 100 人以上の経済学部学生と教員に対してこの例を説明したとき，誰も第二の問題を解くのに苦労しなかったが，第一の問題を解けたのは 1 人であり，第三の問題が解けた者はいなかった．第 5 章（5.1 節を参照）でその理由を説明している．

$$q = b_1 p + d_1 i + u_1 \tag{7.15}$$
$$p = p_1 \tag{7.16}$$

によって規定される．ここに，u_1 の密度関数は観測値 $\{P = p_0, I = i, W = w\}$ で条件づけられなければならない．したがって，

$$E(Q_{p=p_1}|p_0, i, w) = b_1 p_1 + d_1 i + E(U_1|p_0, i, w) \tag{7.17}$$

を得ることができる．期待値 $E(U_1|p_0, i, w)$ は，第二の問題で解を求めたときのものと同じであるが，$b_1 p_1$ の点でこれとは異なる．正規線形モデルにおいて，行列を用いて反事実量を評価するための一般的な解法は，Balke and Pearl (1995) により与えられている．

　この意味で，反事実的期待値を計算する問題は学術的な練習問題ではないことを強調しておかなければならない．実際，これは，意思決定を行うほとんどすべての状況に対する代表的な例となっている．政策効果を予測する場合には，2 つの考え方が適用される．まず，政策変数（たとえば，経済学における価格や利率，工程管理における圧力や温度）が外生変数であることはほとんどない．稼働中のシステムにおいては政策変数は内生変数であり，行動を起こそうとしたり，変化させようとするとき，計画段階において，外生変数となる．第二に，政策が理論的に評価されることはほとんどなく，修正が必要となる事象が偶然に起こったときに，それに焦点が当てられる．たとえば，故障を修理する場合には，条件 $X = x$ によって影響を受ける好ましくない結果 e を観測し，X の変化を生じさせる行動によって，その故障状態を修正できるかどうかを予測する．e によって得られた情報は非常に価値が高く，それゆえに，行動の効果を予測する前に，（仮説形成を使って）この情報を処理しなければならない．第三の問題である (7.17) 式を評価した際にわかったように，この仮説形成というステップによって，反事実的特徴を伴った行動が実質科学的問題に付加されている．

　現在の価格 p_0 は，決定時の経済状況（たとえば，Q）を表したものであり，想定される政策に従ってこの経済状況は変化すると考えられる．したがって，（図 7.4 で示した）価格 P は内生的決定変数を表しており，部分モデル $M_{P=p_1}$ が規定されると，外生変数となる．第三の問題で記述された仮想的状況は，「現在の価格が $P = p_0$ であるとき，今日の価格を $P = p_1$ に変化させた場合の需要量 (Q) の期待値を調べる」という政策分析に関する実用的問題に読み替えることができる．次節では，実用的な意思決定が行われる状況において仮想的表現を用いる理由について述べる．

7.2.2　反事実の経験的意味

　「反事実」という言葉は，事実に反する記述，あるいは少なくとも経験的に立証することを避けた記述であることを意味しているため，誤った呼び方である．反事実は，そのようなカテゴリーに属するものではなく，科学的思考の基礎となるものであって，科学的法則と同じように明確で経験的なメッセージを伝えるものである．

　Ohm の法則 $V = IR$ を考えよう．この法則の経験的な意味は 2 種類の形式で書き直すことができる．

1. **予測形式**：時点 t_0 において電流が I_0, 電圧が V_0 であるとき，将来の時点 $t > t_0$ において，他の条件が同じで電流が $I(t)$ であるならば，電圧は

$$V(t) = \frac{V_0}{I_0} I(t)$$

である．

2. **反事実形式**：時点 t_0 において電流が I_0, 電圧が V_0 であるとき，時点 t_0 において電流が I_0 ではなく I' であるならば，電圧は

$$V' = \frac{V_0 I'}{I_0}$$

である．

表面上，予測形式は，重要で検証可能な経験的主張を示している．その一方，同じ抵抗器に対して同時に異なる電流を流すことはできないため，反事実形式は起こらなかった（かつ起こりえなかった）という事象を推測しているにすぎない．しかし，反事実形式とは予測形式を対話的に簡略化した表現そのものであると解釈すれば，反事実形式の経験的な意味は明らかになる．いずれの形式とも一つの測定量 (I_0, V_0) から数多くの予測を行うことができ，電気を流す対象に対して時間に依存しない性質（比率 V/I）が成り立つという科学的法則より，それらが妥当であることを示すことができる．

しかし，反事実的記述が予測集合を記述するための回り道にすぎないというのであれば，予測方式を直接使うようなことはせずに，このような複雑な表現方式を使おうとするのはなぜだろうか？ 明らかな理由の一つとして，反事実を使えば，予測そのものではなく，予測に関する論理的な結果を記述できるということがあげられる．たとえば，「射撃手 A が射撃しなければ，囚人はまだ生きていただろう」という場合，B は射撃しなかったという現実の情報を伝えているにすぎないのかもしれない．この場合，反事実的方式は，一般的法則に基づいて興味ある事実を論理的に正当化するのに役立つ．あまり明確なものではないが，もう一つの理由として，予測的主張に関する条件のうち，興味の対象となるもの以外が同じ（それ以外のすべての条件が同じ）であるという制約があいまいになっているということがあげられる．抵抗器に流れる電流を変えるとき，何が一定になっているのだろうか？ 温度だろうか？ 研究設備だろうか？ それとも日付だろうか？ 少なくとも電圧計の表示ではないはずである！

我々が予測的主張を明らかにし，それを重視している場合には，このような問題は注意深く詳述されているはずである．反事実的表現を使うとき，特に基礎となる因果モデルを決める場合には，このような記述の多くは暗黙上のもの（したがって，不必要なもの）である．たとえば，どのような気温と気圧であれば正しく予測できるのかを詳しく記述する必要はない．これは，「時点 t_0 における電流が I_0 ではなく I' であったならば」という記述に暗に含まれている．すなわち，我々はまさに時点 t_0 における研究室での条件について述べているのである．この記述が成り立つ場合には，電圧計の表示を一定に固定しようとは誰も思わないであろう．変数を自然の成り行きに任せれば，我々が思い描く変化だけが（因果モデルに従って）現在の電流を決定しているメカニズムの中に存在する．

要するに，反事実的記述は，適切に定義された条件，それは記述に含まれる事実の部分を占めるものであるが，その条件の下で予測集合を伝えるものと解釈してもよい．このような予測を有効なものにするためには，法則（あるいはメカニズム）と境界条件という2つの構成要素が不変なものでなければならない．構造モデルという言語を用いるならば，法則は方程式 $\{f_i\}$ に対応しており，境界条件は背景変数 U の状態に対応している．したがって，反事実的記述を予測的立場から解釈することが有効であるための前提条件は，予測的主張を適用あるいは検証する際に U は変化しないということである．

賭博の例を使えばうまく説明することができる．公正なコイン投げでは，表か裏に賭けなければならない．そして，当たりの方に賭けると1ドル儲け，そうでなければ1ドル損する．コイン投げの結果をのぞき見せずに，表に賭けて1ドル儲けているものとし，「私が違うものに賭けていたらならば，1ドル損しただろう」という反事実的記述を考えよう．この記述を予測の立場から解釈すると，「もし次に裏に賭けると，1ドル損するだろう」という信じがたい主張が得られる．この主張を有効なものにするためには，支払い方針とコインを投げたときの結果がともに不変であると仮定しておかなければならない．前者は適切な仮定であるが，後者はまれな状況でしか起こらないであろう．「私が違うものに賭けていたならば，1ドル損しただろう」という記述の予測的有用性はむしろ低いというのがこの理由であり，それを後知恵的で無意味なものであると考える人もいる．$f(x,u)$ と時点 U における時間的永続性によって，反事実的表現に予測的能力が付加されている．この永続性がなければ，反事実には明確な予測的有用性がない．

しかし，反事実の中には効用があって，それは簡単に予測の結果へ変換することができないが，人間の会話の中に反事実が遍在することを説明しているのかもしれない．効用の説明的価値について考えてみよう．賭博の例において，すべての賭けでコインが新たに投げられると仮定しよう．「私が違うものに賭けていたならば，1ドル損していただろう」という記述にはまったく価値がないのだろうか？著者は価値があると信じている．なぜならば，ここでは，我々は少なくとも気まぐれなブックメーカーの相手をしているわけではなく，プレイヤーの賭けの状態を見て，それと平均的な状態を比較し，一貫したルールに従って勝ち負けを判断するブックメーカーの相手をしているからである．この情報はプレイヤーとしての我々にはあまり役に立たないかもしれないが，たびたび賭博機を調整にきて，その状態における利益高を確保する検査員には有用であるかもしれない．もっと重要なこととして，コインの軌道を操作したり，コインがどこに落ちるのかがわかるような小さな送信機を内蔵したりして，少しでも騙そうとする場合には，この情報はプレイヤーにとっても有用なことであるかもしれない．このようにうまく騙すためには，払戻しの規則 "$y = f(x,u)$" を知らなくてはならない．「私が違うものに賭けていたならば，1ドル損しただろう」という記述により，その規則の重要な側面が明らかとなる．

プレイヤーがいかさまをして規則を破るような不適切な状況を考え，反事実の利点を議論するというのは不自然なことなのだろうか？著者は，このような不適切な操作こそがまさに記述に対する説明的価値を測るための尺度であると考える．因果的説明の特徴は，標準的な状況ではなく，その標準的な状況を革新的に操作することが必要となる新しい設定の下で，その効用が証明されることにある．テレビがどうやって動いているのかを理解することの効用は，スイッチを正しく押すことにあるのではなく，テレビが壊れたときにテレビを修理できることにある．因果モ

デルは一つのモデルではなく，何らかの法則から逸脱させることによって得られる多くの部分モデルを表現したものであることを思い出してみよう．因果モデルがもつメカニズムの自律性により，メカニズムを削除したり置き換えたりすることができる．そして，どうすればこのような置き換えを行ったときの結果をうまく予測できるのかによって，記述に対する説明的価値が判断されるのは当然のことである．

本質的非決定論を伴う反事実

本節の議論を元に戻すと，

(1) 不確実性を生み出す未観測変数 (U) は（次の予測あるいは行動が行われるまで）一定である，または

(2) 不確実性を生み出す変数は，（次の予測あるいは行動が行われる前に）将来的に観測される可能性がある，

という条件の下で，反事実によって，予測値が得られることがわかる．いずれの場合においても，結果を生み出すメカニズム $f(x, u)$ は変わらないことを保証しておかなければならない．

量子理論で見られるような不確実性に対して，これらの条件はいずれも成り立たないため，ミクロ的な現象に反事実を適用する場合には興味深い問題が生じる．Heisenberg のサイコロを毎秒何十億回も投げて U を測定しても，反応関数 $y = f(x, u)$ から不確実性すべてを取り除くことはできない．したがって，我々の解析に量子力学レベルのプロセスを含めた場合には，反事実に関する話題すべてを退けるか（Dawid (2000) をはじめとする研究者が勧めている方針），反事実が経験的意味をもつ状況にだけ反事実を利用するか，のうちいずれか 1 つを選択しなければならないというジレンマに直面する．これは，前述のパラグラフで与えた条件 (1) と (2) を満たす U だけを解析に含めることと同じである．すべての不確実性を完全に取り除くような U を仮定するのではなく，我々は，(1) 永続的である，または (2) 潜在的に観測可能である，を満たす U だけを認める．

もちろん，背景変数がもつ記述力を明確にできない場合には，その代償を払わなければならない．メカニズムを記述する方程式 $v_i = f_i(pa_i, u_i)$ はその決定論的な特徴を失い，確率論的に振る舞うようになる．このとき，決定方程式の集合 $\{f_i\}$ から因果モデルを構成するのではなく，確率的関数 $\{f_i^*\}$ から構成されたモデルを考えなければならない．ここに，f_i^* はそれぞれが $V \cup U$ から V_i の状態に対する本質的確率分布 $P^*(v_i)$ への写像である．これにより，条件付き確率 $P^*(v_i | pa_i, u_i)$ によって本質的非決定論（客観的偶然性ともよばれる (Skyrms 1980)) を表現した因果ベイジアン・ネットワーク（1.3 節を参照）が導かれる．そこでは，ルートは永続的あるいは潜在的に観測可能な背景変数 U を表す．この表現を用いれば，定理 7.1.7 で与えた 3 つのステップ（仮説形成，行動，予測）を使って反事実確率 $P(Y_x = y | e)$ を評価することができる．仮説形成の段階では，ルートの事前確率 $P(u)$ に証拠 e を条件づけることによって，$P(u|e)$ を得る．行動の段階では，集合 X に含まれる変数に向かう矢線を取り除き，$X = x$ に設定する．最後に，予測の段階では，介入によって更新されたネットワークから $Y = y$ の確率を計算する．

もちろん，このような評価方法は，（本質的非決定論を表現したものだけではなく）通常の因果ベイジアン・ネットワークに対しても適用することができる．しかし，これによって得られた結果は，反事実 $Y_x = y$ の確率を表すものではない．このような評価を行う場合，対象が母集団の

7.2 構造モデルの応用と解釈

確率的性質について等質であること，すなわち，$P(v_i|pa_i, u) = P(v_i|pa_i)$ が仮定されている．量子論レベルの現象の場合，対象は特定の実験条件を表現したものであるため，このような仮定は適切であるかもしれない．しかし，マクロ的な現象の場合には，対象は互いにかなり異なっているため，こういった仮定は適切ではない．たとえば，第1章の例（1.4.4項の図1.6を参照）を確率的な観点から考えると，それは（モデル2のように）実際には薬に対する感度が他の患者よりも高い患者がいるかもしれないのに，これを無視して薬の影響を受ける患者はいないと仮定（モデル1によって記述されている）することになる．

7.2.3 因果的説明，会話，そしてそれらの解釈

一般に，説明は理解を促し，理解している者は効率的に推論し学習できると考えられている．また，説明という概念から因果という概念を切り離すことができないということも広く受け入れられている．たとえば，症状は，疾患に対する**確信度**を説明しているが，疾患そのものを説明しているわけではない．しかし，今もなお，原因と説明の厳密な関係は議論の中心となっている(Cartwright 1989; Woodward 1997)．決定論的な設定と確率論的な設定のいずれにおいても因果性と反事実の形式的理論が与えられると，どうすれば適切な説明が構成されるのかという問題に新しい光が投げかけられ，説明の自動生成という新しい可能性が開かれる．

説明を生成するための自然な出発点は，因果ベイジアン・ネットワークを使うことである．ここに，説明されるべき事象（説明因子）はネットワーク上で具体的に示された頂点の組み合わせ e からなる．そのとき，e の先祖からなる部分集合（すなわち，原因）の具体的な値 c を見つけ，c が e をどの程度説明できるかという「説明能力」を最大化することが目的となる．しかし，このとき，適切な尺度をどのように選ぶかが問題となる．哲学者や統計学者の多くは，c が c' よりも e をよく説明していることを示す適切な尺度として，尤度比 $L = P(e|c)/P(e|c')$ を利用することに同意している．また，Pearl (1988b, chap. 5) や Peng and Reggia (1986) では，事後確率 $P(c|e)$ を最大化することによって最もよい説明が見つけられている．しかし，いずれの尺度も欠点をもっており，Pearl (1988b), Shimony (1991, 1993), Suermondt and Cooper (1993), Chajewska and Halpern (1997) を含む研究者によって批判されている．この欠点を修正するために，確率パラメータ $[P(e|c), P(e|c'), P(c), P(c')]$ の複雑な組み合わせが提案されたが，それでも「説明」という言葉がもつ意味をうまく捉えていないようである．

確率的尺度は，c と e の因果的なつながりの強さを捉えることができないという問題を抱えている．少し想像してみると，どのような命題 h であっても，e に影響を与えるように思える．これによって，h が因果ネットワークに含まれる e の先祖とみなされ，h は e と強い擬似相関をもつがゆえに，真の説明と競った結果 h が勝つことがある．

この困難から抜け出すためには，説明能力を定義するための基礎として，確率的尺度を越えて，因果効果 $P(y|do(x))$ や反事実確率 $P(Y_{x'} = y'|x, y)$ のような因果パラメータに注目しなければならない．ここに，x と x' は，選択可能な説明の集合上の値であり，Y は観測値 y をとる反応変数の集合である．$P(Y_{x'} = y'|x, y)$ は，X が（現実の値 x ではなく）x' であったならば，Y が異なる値 y' をとるであろう確率と理解される．$(P(y|do(x)) \triangleq P(Y_x = y)$ であることに注意されたい．）因果効果や反事実確率を評価する計算モデルを開発することによって，これらのパラ

メータと標準的な確率パラメータを組み合わせることが可能となる．それによって，説明能力を忠実に測る尺度が合成され，この尺度を用いることによって，適切な説明を選択し生成できるようになる．

こういったことが可能になると，「説明」とは一般的な原因に基づく概念（たとえば，「ヘムロックを飲むと死亡する」）なのか，それとも特異的な原因に基づく概念（たとえば，「Socratesはヘムロックを飲んだから死亡した」）なのか？ という重要な基本問題が生じる．因果効果 $P(y|do(x))$ は前者のカテゴリーに分類されるが，反事実確率 $P(Y_{x'}=y'|x,y)$ は後者のカテゴリーに分類される．なぜならば，x と y を条件づけると，一般的なシナリオが手元にある $X=x$ かつ $Y=y$ という特定の情報に整合したシナリオに変わるからである

因果的記述を一般的なカテゴリーと特異的なカテゴリーに分類することは哲学における重要な研究課題となっている（たとえば，Good 1961; Kvart 1986; Cartwright 1989; Eells 1991 を参照．また，7.5.4項と10.1.1項も参照）．この研究は，実践する際に推論的な手続きを必要としないこと，そして問題の多い確率的意味論に基づいていることから，認知科学や人工知能ではほとんど関心がもたれていない（確率論的因果性に関する議論については，7.5節を参照）．自動生成された説明の場合，この分類を行う際に，認知的有意性と計算的有意性の両方が仮定されている．第1章（1.4節を参照）では，2つの因果的問題，すなわち，$\langle P(M), G(M) \rangle$（それぞれ，モデル M に関する確率とダイアグラムである）を用いて答えることのできる因果的問題と，規定された関数形式による追加情報が必要となる因果的問題について，その明確な違いについて議論した．一般的な因果的記述（たとえば，$P(y|do(x))$）はしばしば（第3章のように）前者のカテゴリーに属し，反事実的記述（たとえば，$P(Y_{x'}=y'|x,y)$）は後者のカテゴリーに属する．したがって，後者は詳細な記述と高度な計算資源が必要となる．

説明を一般的あるいは特異的なカテゴリーへ適切に分類できるかどうかは，原因 c がその結果 e に関して説明能力をもっているのかどうかに依存する．ここに，その説明能力には，（c 以外の原因が e を生成する緩やかな傾向とは対照的に）原因 c が e を生成する一般的傾向と，（e で表され，そして，もし存在するのであれば，その他の事実と観測値も含んだ）手元にある特定の状況において，原因 c が事象の特定の連鎖を引き起こして e を生じさせるための必要性，の2種類がある．形式的に，この違いは，さまざまな仮説に対する説明能力を評価する際に，実際に起こった事象 c と e を我々の信念に条件づけるかどうかに依存している．

このような選択肢の形式的な解析は第9章と第10章で与えられる．そこでは，原因の必要十分性という特徴だけでなく，単一事象原因という概念も議論する．本節では，必要性という特徴を基準として，説明的な話法の解釈と生成について議論する．

以下の項目は，7.1.1項で述べた修正可能構造モデルアプローチに関連する意味論や説明的な話法で使われている例であり，その多くは Galles and Pearl (1997) で与えられている．

- $Y_x(u) \neq Y_{x'}(u)$ であるような X がとる2つの値 x, x' と U の値 u が存在するならば，「X は Y の原因である」．
- $Y_{xz}(u) \neq Y_{x'z}(u)$ であるような X がとる2つの値 x, x' と U の値 u が存在するならば，「$Z=z$ という条件の下で X は Y の原因である」．

- r を $V\setminus\{X,Y\}$ のある実現値とするとき，$Y_{xr}(u)\neq Y_{x'r}(u)$ であるような X がとる 2 つの値 x,x' と U の値 u が存在するならば，「X は Y の直接原因である」．
- X が Y の原因であって，直接原因ではないならば，「X は Y の間接原因である」．
- (i) 任意の u に対して，$Y_x(u)=y$，
  (ii) $x'\neq x$ に対して $Y_{x'}(u')\neq y$ となるような U の値 u' が存在する，
  を満たすならば，「事象 $X=x$ は常に $Y=y$ の原因である」．
- (i) $X=x$ と $Y=y$ は真である，
  (ii) $x'\neq x$ に対して，$Y(u)=y, Y_{x'}(u)\neq y$ かつ $X(u)=x$ となるような U の値 u が存在する，
  を満たすならば，「事象 $X=x$ は $Y=y$ を引き起こしたのかもしれない」．
- (i) $Y=y$ が真である，
  (ii) 任意の $x\neq x'$ に対して $P(Y_x=y, Y_{x'}\neq y|Y=y)$ は大きい，
  を満たすならば，「非観測事象 $X=x$ は $Y=y$ のもっともらしい原因である」．
- (i) $X=x$ と $Y=y$ は真である，
  (ii) $P(Y_x=y)$ は小さい，
  を満たすならば，「$X=x$ にかかわらず事象 $Y=y$ が起こった」．

これらの項目は，因果的説明のもつニュアンスを定式化する際に，修正可能な構造モデルが柔軟に対応できることを示している．（可能化，予防性，持続性，産出性といった概念を生み出す）その他のニュアンスについて第 9 章と第 10 章で議論する．これに関連する表現には，「事象 A が事象 B が起こることを説明している」，「C が事実であったならば，A は B を説明するだろう」，「C が真であったため，A にかかわらず B が起こる」といったものが含まれている．そのような説明的記述を生成し説明したり，背景について最も適切な表現を選択する能力は，人間と機械の対話に関する研究にとって最も興味ある問題の一つである．

7.2.4 メカニズムから行動そして因果関係へ

7.1.1 項で与えた構造モデル的意味論を用いれば，人工知能と認知科学における 2 つの問題，すなわち，行動の表現と因果順序の役割を解決することができる．後者は前者に基づいているため，順番にこの 2 つの問題を議論する．

行動，メカニズム，手術

行動は確率分布から確率分布への変換であるという確率的なパラダイム，あるいは行動は状態から状態への変換であるという決定論的なパラダイムのどちらの立場をとったとしても，このような変換は原理的には非常に複雑である．しかし，実際には，人間は行動した際の通常の結果をすばやくお互いに教え合い，大きな混乱もなく多くの行動をとったときの結果を予測している．それはどのように行われているのだろうか？

我々がよく行う推論で引合いに出している行動は**局所的な手術**として表現できると仮定すれば，構造モデルを用いてこの問題に答えることができる．世界は非常に多くの自律的で不変的な連鎖

あるいはメカニズムの集まりから構成されており，それぞれは比較的小さな変数群の挙動を制約する物理的過程に対応している．連鎖がどのように互いに相互作用しあうのかを理解すれば（通常，それらは変数を共有するだけである），興味ある行動をとったときの結果がどうなるのかを理解することができる．すなわち，行動によって不安定となるいくつかのメカニズムを単に規定しなおし，その後，修正部分におけるメカニズムを相互作用させ，平衡状態を達成したときの状態を見ればよい．完全に規定される場合には（すなわち，M と U が与えられる場合には），単一状態が達成される．確率的に規定される場合には（すなわち，$P(u)$ が与えられる場合），新しい確率分布が生成される．部分的に規定される場合には（いくつかの f_i が未知である場合），新しい部分的理論が生成される．これら3つのケースでは，精度が下がったとしても，行動したときの状態に関する問題に答えることができる．

　この計画を操作的なものにする要素は，行動の**局所性**である．比較するものがない場合には，ある空間では局所的であるものが他の空間では局所的ではない可能性があるため，局所性はあいまいな概念である．たとえば，小さなほこりの拡散状態は，周波数（あるいはフーリエ）を用いて表現することができる．一方，美しい旋律が賞賛されるためには長い時間が費やされる．構造的意味論によって，行動はメカニズムの空間では局所的であるが，変数や記述や時間帯の空間では局所的ではないことが強調される．たとえば，ドミノ牌の列の一番左にある牌を傾けるのは物理空間では局所的ではないが，メカニズムの空間ではまさに局所的である．このとき，そのドミノ牌を安定した垂直状態に保つ重力的復元力というメカニズムだけが不安定になっている．それ以外のメカニズムは，通常の物理的方程式に従って規定されているため，変化しない．局所性を用いれば，この行動をとったときの結果をすべて列挙しなくても，この行動を簡単に規定することができる．ドミノの物理学を理解していれば，この行動あるいは「i 番目のドミノ牌を右に傾ける」という行動をとったときの結果がわかる．定常的メカニズムの集合体の形式で空間を表現することによって，とてつもなく大きな行動の集合あるいは行動の組み合わせの結果に関する問題に対して，その結果を詳しく調べなくても，その答えを得ることができる．

法則と事実

　この手術的方法は，構造方程式モデルのフレームワークで表現すれば明らかである．しかし，古典的論理に基づいて計画を実行しようとすると，大きな問題に直面する．メカニズムの空間に手術的方法を適用するためには，さまざまな状態を記述するための言語が必要となる．メカニズムを表現する記述に対しては，現状（たとえば，観測，仮定，結論）を表現する記述とは異なる取扱いをすべきである．なぜなら，前者の記述は定常的なものであり，後者の記述は一時的なものであると仮定されるからである．実際，ドミノ牌の状態がどのように変わっても，ドミノ牌がどのように相互作用しあうのかを表現する方程式は変わらない．

　古典的論理の能力の多くは描写的な一様性と統語論的な不変性に由来する．しかし，そこには特別な状態を規定する記述はないため，行動や因果性に対する論理的アプローチにおいて，この区別が必要であることを認めるのは困難な道のりであった．1763年に，Reverend Bayes によってこのような区別はすでに確率言語に組み込まれていたため，確率論の研究者にとって法則と事実を区別することにはあまり抵抗がなかった．事実は通常の命題として表現されるため，確率値

を得ることができ，条件づけを行うこともできる．一方，法則は，条件付き確率の記述（たとえば，P(交通事故 | 不注意運転) = 高い）を用いて表現される．したがって，法則に確率が割り当てられるべきではなく，条件づけることもできない．このような伝統のために，確率論の研究者は，いつも非命題的な特徴は条件付き記述（たとえば，鳥が飛ぶ）によるものであると考え，入れ子方式の条件付き確率を受け入れようとはせず(Levi 1988)，条件付き記述に対する確信の程度を条件付き確率による判断として説明すべきであると主張してきた（Adams 1975; Lewis (1976) も参照）．注目すべきことに，哲学者はこのような制約を限界と考えていたが，確率論研究者はこの制約のおかげで法則と事実を混同することなく，論理的アプローチを陥れる罠から守られていたのである[11]．

メカニズムと因果関係

これまでの議論から，因果性の概念を用いなくても行動の効果を計算するための効率的な表現を得ることができるのではないかと考えられる．実際，物理学や工学の分野では，これが可能である．たとえば，抵抗器と電圧源からなる大きな電気回路があり，回路の抵抗器を変化させたときの効果を計算する場合には，因果性の概念を使わなくても計算できる．というのも，我々は単にOhmの法則とKirchhoffの法則に修正された抵抗器の値を代入し，必要な変数について（対称の）方程式集合を解けばよいからである．電流と電圧の直接的な因果関係を考えなくても，この計算を効率的に行うことができる．

因果性の役割を理解するために，（電気回路の例とは違って）多くのメカニズムには日常言語による名前がないことに注意しなければならない．「税金を上げる」とか「彼を笑わせる」とか「ボタンを押す」といったりするが，それは一般に $do(q)$ のことである．ここに，q は命題であってメカニズムではない．電気回路の場合，電流を（最小限に）増加させる方法は数多く存在し，それぞれから異なる結果が得られるため，「電流を増加させる」や「電流が高ければ…」ということには意味がないであろう．明らかに，一般常識は電気回路ほど複雑ではない．もう一つの例としてSTRIPS言語 (Fikes and Nilsson 1971) を考えてみると，そこでは，行動は修正されたメカニズムという名前ではなく，行動をとったときの直接的な結果（ADDとDELETE）によって特徴づけられる．このような結果は通常の命題として表現される．実際，我々の知識が因果的に構成される場合には，各変数はただ一つのメカニズムによって規定されるため（定義7.1.1），このような表現は十分である．したがって，ある結果を実現させるメカニズムが何であるのかを理解することができ，これによって残りのシナリオを予測することができる．

このように言語学的な省略を行うことによって事象間に新しい関係が定義される．通常，この関係は「因果関係」とよばれる．A を実現させるのに必要な操作が B を必然的に引き起こすとき，事象 A は B を引き起こすという[12]．こういった因果的な省略形は，研究領域における知識

---

[11] 法則と事実の区別は，非単調性推論の基本原則として Poole (1985) と Geffner (1992) によって提案された．データベース理論では，法則は完全制約とよばれる特別な記述を用いて表現される (Reiter 1987)．この区別は，人工知能において行動を定式化するための必要な要件として幅広く支持されているようである (Sandewall 1994; Lin 1995)．

[12] 「必要な」という言葉は，極小という意味を含んでおり，「A を実現させるすべての極小な操作が B を引き起こすとき…」と言い換えることができる．第9章（9.2節を参照）では，この含意関係の必要十分性を定式化する．

を規定するのにきわめて効果的に使われている．どのような関係が定常的であり，メカニズムがどうやって相互作用するのかといった複雑な記述が，メカニズムに基づいて明確に記述されることはほとんどない．実際，それらは事象あるいは変数間の因果関係に基づいて記述される．たとえば，「i 番目の牌が右側に傾くと，$i+1$ 番目の牌も右に傾く」いう命題を考えるとき，我々は，ドミノ牌それぞれの傾きについて，その物理的形状がどのように維持され，重力に対してどのように反応し，そしてどのように Newton のメカニズムに従うのか，といった知識を述べているわけではない．

7.2.5 Simon の因果順序

（行動がメカニズムを変化させ，その変化によって結果が生成されるのではなく）ある事象がもう一つの事象を引き起こすという点で，我々の考えを直接伝える能力は，計算を行うのに非常に有用である．その一方で，その能力は，研究領域におけるメカニズムの集合体が因果的方向性に適応するような条件を満たさなくてはならない．実際，7.1.1 項で与えた因果モデルの形式的な定義では，各方程式に対して，その左辺にある「従属」あるいは「出力」と考えられる特定の変数が指定されると仮定されている．しかし，一般に，「従属」変数が識別されない場合でも，メカニズムを関数的制約

$$G_k(x_1,\cdots,x_l;u_1,\cdots,u_m) = 0$$

によって規定してもよい．

Simon (1953) は，このような対称関数 G の集合から，各メカニズムに対して内生的な従属変数を一意的に抽出する方法（背景変数はシステム外で決定されるため，含まれない）が得られるのかどうかを判断するための手続きを開発した．Simon は次のように問う．「どのような場合に，V_i の任意の子孫に関する方程式を解かなくても，V_i のそれぞれについて解けるように変数 $(V_1, V_2, \cdots, V_n)$ を順序づけることができるのだろうか？」そのような順序が存在するのであれば，因果関係に関する方向性を記述することができる．方程式を解く順序は計算する際の便利さの問題であるのに対して，因果的順序は物理的実在がもつ客観的な特性であるため，一見すると，この基準は不自然なものに思える．（この問題に関する議論は，De Kleer and Brown 1986; Iwasaki and Simon 1986; Druzdzel and Simon 1993 を参照．）この基準を正当化するために，行動とメカニズムに基づいて Simon の問題を書き直してみよう．メカニズム（すなわち，方程式）はそれぞれ他の方程式とは関係なく修正できるものと仮定し，方程式 G_k を修正できる行動の集合を A_k とする（他の方程式は変わらない）．A_k から行動 a_k を選択し，G_k を修正することによって，方程式全体に対する解の集合 $(V_1(u), V_2(u), \cdots, V_n(u))$ が行動前に得られたものとは異なるという状況を考える．X が G_k によって制約された内生変数集合である場合，この修正によって X の要素のどれが変化するのかを確かめることができる．X の要素 X_k だけが変化し，それ以外の要素 a_k と u をどのように選択しても変わらないならば，X_k を G_k に含まれる従属変数と指定する．

形式的に，この性質は，a_k が変化することによって X_k の領域から $\{V\backslash X_k\}$ の領域への**関数的写像**が生成される，すなわち，（a_k によって生成された）システム内のすべての変化が X_k の

7.2 構造モデルの応用と解釈

変化によるものであることを意味している．このような場合，メカニズム G_k の「代表」として X_k を規定することに意味があり，これによって，「行動 a_k が事象 $Y = y$ を引き起こす」という記述を「$X_k = x_k$ は $Y = y$ を引き起こす」に置き換えることが正当化される（Y はシステムに含まれる任意の変数である）．a_k の選択に対する X_k の不変性は，行動を様相 $do(x_k)$ とみなすための基礎である（定義 7.1.3）．これによって，結果を引き起こす手段とは関係なく，行動をとったときの直接的な結果を用いて，その行動を特徴づけることができる．実際，これによって「局所的行動」あるいは「局所的手術」が定義される．

X_k の一意性については，方程式集合がもつトポロジカルな性質（すなわち，どうやって変数を方程式にまとめるか）を含んだ簡単な基準によって判断できることが知られている (Nayak 1994)．この基準は，方程式と変数の一対一対応関係を構成することができ，その対応関係は一意であるというものである．これは方程式と変数の「マッチング問題」(Serrano and Gossard 1987) を解くことによって得られる．マッチングが一意であれば，各方程式に含まれる従属変数の選択も一意であり，その選択によって誘導される方向性を用いて非巡回的有向グラフ（DAG）が定義される．たとえば，図 7.1 の場合には，矢線の方向性を外部的に規定しなくても，その問題を表す対称的な制約集合（すなわち，論理的命題）

$$S = \{G_1(C,U), G_2(A,C), G_3(B,C), G_4(A,B,D)\} \tag{7.18}$$

から機械的に決定することができる．読者は，各方程式から優先的な地位にある変数を選択するのは一意であり，図 7.1 の矢線に対する因果的方向性が必然的に決定されることを簡単に確かめることができる．

したがって，Simon によれば，因果的方向性は，(1) すべての変数は背景変数集合 (U) と内生変数集合 (V) に分割される，(2) モデルに含まれるメカニズムが全体的に構成される，という 2 つの仮定から得ることができる．したがって，あるメカニズムでは「従属」変数と指定される変数が，同じメカニズムであっても，それが異なるモデルに含まれる場合には「独立」変数とみなされるのは当然である．実際，列車が丘を登るときにはエンジンは車輪を回転させるが，丘を下るときには逆回転させる．

もちろん，背景変数を決定する方法がない場合には，いくつかの因果的順序が存在する．たとえば，(7.18) 式において，U が背景変数であるという情報が得られない場合には，$\{U, A, B, C\}$ のうちの一つが背景変数として選択され，その選択によって残りの変数の順序づけが変わってくる（たとえば，隊長の合図が裁判所の決定に影響を与えるというように，そのなかには常識と矛盾した選択も存在する）．しかし，$A \to D \leftarrow B$ という方向はすべての順序に対して不変である．対称的な制約をもつシステムにおいて，変数に因果的順序をつけられるように，$\{U, V\}$ に分割できるかどうかという問題は，トポロジカルな方法でも（多項式時間で）解くことができる (Dechter and Pearl 1991)．

方程式を逐次的に解くことができない場合には，Simon の順序基準を適用することができないため，k 個の方程式を含む方程式群を同時に解かなくてはならない．このような場合，方程式群の間には順序がつけられるが，群に含まれる k 個の変数にはまったく順序がつかない．たとえば，図 7.4 の経済モデルではこのようなことが起こる．図 7.4 では，(7.9) 式と (7.10) 式を P と Q

に対して同時に解かなくてはならないため，方程式と変数の対応は一意ではない．Q または P は 2 つの方程式のどちらにおいても「独立」変数と指定される．家計収入が（価格ではなく）家計需要量に直接影響を与えるという我々の理解は，この分類において重要な役割を果たしている．

フィードバック・ループに含まれている因果関係が時計回りに流れていると主張する場合，通常，この主張は，相対的な力の大きさに基づいている．たとえば，蛇口を回せば水槽の水位は下がるが，蛇口を回した水槽に対してできることは何もない．このような情報が得られた場合，前に述べたように，仮想的介入という概念を用いて，メカニズムに含まれるある変数に対する介入が，必然的にもう一つの変数に対して影響を与えるかどうかを調べることによって，因果的方向性を決定することができる．このような考察により，非逐次的因果モデル（定義 7.1.1）に含まれる従属変数 V_i を識別するための操作的意味論が構成される．

因果関係を特徴づける非対称性という性質は，物理方程式の対称性と矛盾しているわけではない．「X は Y の原因であるが，Y は X の原因ではない」というとき，Y を従属変数としたメカニズムを変化させる場合よりも，X を従属変数としたメカニズムを変化させる場合のほうが，世界に対して異なる影響を与えることを意味している．2 つの異なるメカニズムが絡み合っているため，この表現は物理の方程式で見られる対称性と完全に調和している．

Simon の因果的順序に関する理論は，Hume の因果的帰納法に関する問題，すなわち，経験から因果的知識をどうやって得ることができるのかという問題に深刻な影響を与えている（第 2 章を参照）．（内生変数集合の選択と）対称的なメカニズムの集合から因果的方向性を演繹できるということは，因果関係を発見することが，Hooke のバネの法則や Newton の加速度の法則といった通常の物理法則を（実験によって）発見することと何ら変わるものではないことを意味している．これは，物理法則を獲得することが方法論的な緻密さや哲学的な鋭さを必要としない，つまらない作業であることを意味しているわけではなく，むしろ，哲学の歴史においてもっとも困難である因果的帰納法の問題を，なじみのある科学的帰納法の問題に還元できることを示している．

7.3　原理的特徴づけ

原理は形式的システムを特徴づける際に重要な役割を果たしている．これによって，システムの本質的な性質を簡潔に表現することができ，それゆえに，選択された方程式どうしを比較することができ，方程式どうしの同等性あるいは包含関係を簡単に検証することができる．また，原理は前提の集合から新しい関係を導く（あるいは確かめる）ための推論規則としてよく使われる．7.3.1 項では，非逐次システムと逐次システムの両方において，$Y_x(u) = y$ という反事実的記述の関係を特徴づける一連の原理を与える．7.3.2 項では，第 3 章（3.4 節を参照）で導出したときと同じように，これらの原理を使うことによって，記号論的方法からどうやって因果効果が識別可能であるかどうかを確認できるのかを説明する．最後に，7.3.3 項では，**因果的関連性**の概念に対する原理を与え，情報的関連性を捉える原理と比較する．

7.3.1　構造的反事実の原理

ここでは，すべての因果モデルで成り立つ，構成性，有効性，可逆性という 3 つの反事実の性

7.3 原理的特徴づけ

質を紹介する．

性質 1（構成性）

因果モデルに含まれる任意の 3 つの内生変数集合 X, Y, W に対して

$$W_x(u) = w \Longrightarrow Y_{xw}(u) = Y_x(u) \tag{7.19}$$

が成り立つ．　　　　　　　　　　　　　　　　　　　　　　　　　　　　□

構成性は，変数 W の値を介入しない場合にとるであろう値 w に固定した場合，その介入はシステムに含まれる他の変数に影響を与えることはないということを述べたものである．この不変性は，すべての介入条件 $do(x)$ で成り立つ．

構成性では，添え字を除いてもかまわない（すなわち，$Y_{xw}(u)$ を $Y_x(u)$ に変換できる）ため，添え字が空集合である場合についても解釈しなくてはならない．これについては介入が行われない状態を表す変数と解釈する．

性質 2（無行動）

$$Y_\phi(u) \triangleq Y(u)$$

が成り立つ．　　　　　　　　　　　　　　　　　　　　　　　　　　　　□

系 7.3.2（一致性）

因果モデルに含まれる任意の変数集合 X と Y に対して

$$X(u) = x \Longrightarrow Y(u) = Y_x(u) \tag{7.20}$$

が成り立つ．　　　　　　　　　　　　　　　　　　　　　　　　　　　　□

証明

(7.19) 式において，X を W で，ϕ を X で置き直すことによって，$X_\phi(u) = x \Rightarrow Y_\phi(u) = Y_x(u)$ を得る．無行動（定義 7.3.1）より ϕ を省略してもかまわないことから，$X(u) = x \Rightarrow Y(u) = Y_x(u)$ を得る．　　　　　　　　　　　　　　　　　　　　　　　　　　　　　　　　□

Robins (1987) は (7.20) 式を「一致性」とよんでいる[13]．

性質 2（有効性）

任意の変数集合 X と W に対して，$X_{xw}(u) = x$ が成り立つ．　　　　□

有効性は，操作される変数そのものへ介入したときの結果を説明したものである．すなわち，変数 X を値 x に固定すれば，X は実際に値 x をとる．

---

[13] 経済学 (Manski 1990; Heckman 1996) や統計学 (Rosenbaum 1995) では，潜在反応モデルのフレームワーク (3.6.3 項を参照) に基づいて，一致性と構成性がよく使われている．一致性は，Gibbard and Harper (1976, p.156) と Robins (1987) ((3.52) 式を参照) により形式的に述べられている．構成性は Holland (1986, p.968) によって述べられたものであるが，J. Robins が著者にこのことを教えてくれた．

性質 3（可逆性）

2つの変数 Y と W および任意の変数集合 X に対して

$$(Y_{xw}(u) = y) \text{ かつ } (W_{xy}(u) = w) \Longrightarrow Y_x(u) = y \tag{7.21}$$

が成り立つ． □

可逆性により，フィードバックループによる複数解が取り除かれる．W を値 w とおくことによって，Y の値が y となり，Y を値 y とおくことによって W が値 w となる場合には，外部的な設定を行わなくても W と Y は当然（それぞれ）w と y をとる．逐次システムの場合，可逆性は構成性より直接得ることができる．これは，$Y_{xw}(u) = Y_x(u)$ または $W_{xy}(u) = W_x(u)$ が逐次システムにおいて成り立つことに注意すればわかる．したがって，可逆性は，$(Y_{xw}(u) = y)$ かつ $(W_x(u) = w) \Rightarrow Y_x(u) = y$（構成性のもう一つの形式）あるいは $(Y_x(u) = y)$ かつ $(W_{xy}(u) = w) \Rightarrow Y_x(u) = y$（これは自明である）と書き直すことができる．

可逆性は，「無記憶的」な行動を表している．システムの状態 V には U の履歴とは関係なく U の状態が記録される．不可逆性の代表的な例は，「しっぺ返し」戦略（すなわち，囚人のジレンマ）に執着している2人の行為者からなるシステムである．このシステムでは，同じ外的条件 U の下で，協力と裏切りという2つの定常解をもつため，可逆性を満たさない．どちらかの行為者に協力させるようにすれば，もう一人の行為者も協力するようになる $(Y_w(u) = y, W_y(u) = w)$ が，これははじめ $(Y(u) = y, W(u) = w)$ から協力することを保証するものではない．このようなシステムでは，最終的なシステムの状態を決定づけるすべての変数が U に含まれているわけではないため，非可逆性は大雑把な状態記述による産物である．しっぺ返しシステムの場合，完全な状態記述にはプレイヤーの事前行動のような因子が含まれており，一度欠けてしまった因子がシステムに含まれると，可逆性が回復する．

一般に，構成性，有効性，可逆性の3つの性質は，互いに無関係である．すなわち，どの性質も他の2つの性質から導かれるものではない．これを示すためには，これらの性質のうち2つが成り立つが残りの一つが成り立たないという特別なモデルを構成すればよい (Galles and Pearl 1997)．すでに示したように，逐次モデルでは，可逆性は明らかに成り立つが，構成性と有効性は互いに無関係である．

次の定理は，性質1～3の**健全性**，すなわち，その正当性を主張するものである[14]．

定理 7.3.3（健全性）

構造モデル的意味論において，構成性，有効性，可逆性は**健全**，すなわち，すべての因果モデルで成り立つ． □

定理 7.3.3 の証明は，Galles and Pearl (1997) により与えられている．

次の定理は，3つの性質が推論の原理あるいは規則として扱われるときの，それらの**完全性**を与えている．完全性は十分性と同じである．反事実的記述に関する性質はすべてこれら3つの性質から導かれる．完全性に対するもう一つの説明は次のようなものである．すなわち，性質1～3

---

[14] **健全性**や**完全性**という用語は，それぞれ**必要性**や**十分性**とみなされることがある．

7.3 原理的特徴づけ

と一致する反事実的記述の集合 S が与えられれば，S が成り立つ因果モデル M が存在する．

完全性を形式的に証明するためには，因果モデルの定義（定義 7.1.1）に暗黙に含まれている存在性と一意性という 2 つの技術的な性質を明らかにしなければならない．

性質 4（存在性）

任意の変数 X と任意の変数集合 Y に対して

$$\exists x \in X \quad \text{s.t.} \quad X_y(u) = x \tag{7.22}$$

が成り立つ． □

性質 5（一意性）

任意の変数 X と任意の変数集合 Y に対して

$$X_y(u) = x \text{ かつ } X_y(u) = x' \implies x = x' \tag{7.23}$$

が成り立つ． □

定義 7.3.4（逐次性）

X と Y をモデルに含まれる単一変数とし，$X{\rightarrow}Y$ はある値 x, w, u に対して，$Y_{xw}(u) \neq Y_w(u)$ なる不等式を表すものとする．任意の列 $X_1, X_2, \cdots, X_k$ に対して

$$X_1{\rightarrow}X_2, X_2{\rightarrow}X_3, \cdots, X_{k-1}{\rightarrow}X_k \implies X_k \not\rightarrow X_1 \tag{7.24}$$

であるとき，モデル M は逐次的であるという． □

明らかに，因果ダイアグラム $G(M)$ が非巡回的である任意のモデル M は逐次的である．

定理 7.3.5（逐次的完全性）

構成性，有効性，逐次性は完全である (Galles and Pearl 1998; Halpern 1998)[15]． □

定理 7.3.6（完全性）

構成性，有効性，可逆性はすべての因果モデルにおいて完全である (Halpern 1998) □

ある条件集合が反事実量 Q を識別するための十分条件であるかどうかを検証する際に，健全性と完全性の実質科学的な重要性が明らかとなる．この場合の健全性は，3 つの原理を用いて Q を記号論的に操作することにより，（反事実的項がない）通常の確率による表現へ変換できるならば，（定義 3.2.3 の意味で）Q は識別可能であることを保証している．完全性は，その逆を保証している．すなわち，Q を確率表現へ変換することができないならば，Q は識別可能ではない．この意味で，3 つの原理は非常に強力である．

---

[15] 任意の 2 つの変数に対して，そのどちらかが（もし存在すれば）もう一つの先祖であると仮定できるとき，Galles and Pearl (1997) は逐次的完全性を証明した．また，Halpern (1998) は，(7.24) 式がモデルに含まれる任意の 2 つの変数に対して成り立つ場合には Galles and Pearl (1997) のような仮定をしなくても逐次的完全性が成り立つことを証明した．さらに，Halpern は $Y_x(u)$ の解が一意ではない，あるいは存在しない場合において一連の原理を与えた．

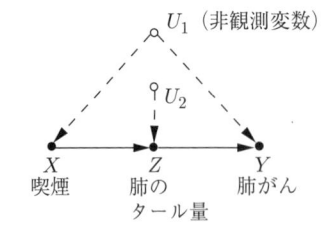

図 7.5 喫煙の肺がんへの影響を表す因果ダイアグラム

次項では，有効性と分解性原理を使って識別可能性の証明方法を説明する．

7.3.2 反事実論による因果効果：例

3.4.3 項で解析した喫煙–肺がんの例を再検討しよう．この例では，

$$V = \{X(喫煙),\ Y(肺がん),\ Z(肺のタール量)\}$$
$$U = \{U_1, U_2\},\ U_1 \perp\!\!\!\perp U_2$$
$$x = f_1(u_1)$$
$$z = f_2(x, u_2)$$
$$y = f_3(z, u_1)$$

なる構造を仮定する（図 7.5 を参照）．

このモデルはいくつかの仮定を具体化したものであり，図 7.5 のダイアグラムにはこれらの仮定すべてが表現されている．X と Y の間には辺がないが，これは喫煙 (X) がタール蓄積量を経由してのみ肺がん発生 (Y) に影響しているという仮定を表現したものである．U_1 と U_2 が結ばれていないが，これは，遺伝子型 (U_1) が肺がんを悪化させることがあっても，肺のタール量には直接的には影響を与えることはなく，（喫煙を通して）間接的に肺のタール量に影響を与えるという仮定を表現したものである．モデルに記述された仮定を使って，同時分布 $P(x, y, z)$ から推定可能な因果効果 $P(Y = y | do(x)) \triangleq P(Y_x = y)$ の表現を与えることにしよう．

3.4.3 項では，do 計算法（定理 3.4.1）というグラフィカルな方法論を使ってこの問題を解決した．ここでは，有効性と構成性という 2 つの推論規則と確率計算だけを使って，記号論的操作により，どうすれば反事実的表現 $P(Y_x = y)$ を（反事実を含まない）通常の確率表現へ変換できるのかを示す．この作業を行うために，まず初めに，グラフィカル・モデルにより記述された仮定を反事実に変換しなければならない．3.6.3 項では，2 つの簡単な規則 (Pearl 1995a, p.704) を使えば体系的にこの変換を行うことができることを示している．

規則 1（排除規定）：親集合 PA_Y をもつ任意の Y および PA_Y と排反な任意の変数集合 $Z \subset V$ に対して

$$Y_{pa_Y}(u) = Y_{pa_Y z}(u) \tag{7.25}$$

が成り立つ．

規則 2（独立規定）：変数 U のみを含む道を通して Y と連結することはない頂点集合を $Z_1, \cdots, Z_k$ とするとき，

7.3 原理的特徴づけ

$$Y_{pa_Y} \perp\!\!\!\perp \{Z_{1pa_{Z_1}}, \cdots, Z_{kpa_{Z_k}}\} \tag{7.26}$$

が成り立つ．同様に，対応する U の項 $(U_{Z_1}, \cdots, U_{Z_k})$ が U_Y と同時独立であるならば，(7.26) 式が成り立つ．

規則 1 は，Y の親 PA_Y を固定すれば，V に対する任意の操作に対して Y は反応しないことを表したものである．これは定義 7.1.1 の恒等式 $v_i = f_i(pa_i, u_i)$ から導かれる．規則 2 は，U に含まれる変数間の独立性を，V の親を固定したときの V に対応する変数の反事実間の独立性として解釈したものである．実際，Y_{pa_Y} の統計量は，方程式 $Y = f_Y(pa_Y, u_Y)$ によって規定される．したがって，PA_Y を固定すれば，Y の残差変動は U_Y の変動によって完全に規定される．

この 2 つの規則を本節の例に適用することによって，図 7.5 の因果ダイアグラムは

$$Z_x(u) = Z_{yx}(u) \tag{7.27}$$
$$X_y(u) = X_{zy}(u) = X_z(u) = X(u) \tag{7.28}$$
$$Y_z(u) = Y_{zx}(u) \tag{7.29}$$
$$Z_x \perp\!\!\!\perp \{Y_z, X\} \tag{7.30}$$

という仮定を表現したものであることがわかる．(7.27)〜(7.29) 式は，

$$PA_X = \phi, \quad PA_Y = \{Z\}, \quad PA_Z = \{X\}$$

を使って，排除規定 (7.25) 式より導かれる．たとえば，(7.27) 式は，Y から Z への因果的な矢線がないことを表しており，(7.28) 式は，Z から Y や X へ矢線がないことを表している．一方，U_1 と U_2 がつながっていないことから，U に含まれる変数だけを通るような道が Z と $\{X, Y\}$ の間には存在しないことを示している．このことから，独立規定 (7.26)〜(7.30) 式が導かれる．

ここで，構成性，有効性，そして（逐次性を表す）これらの仮定を使って，3.4.3 項で解析した問題を計算しよう．

作業 1：タールに対する喫煙の因果効果 $P(Z_x = z)$ を計算する．これについては

$$\begin{aligned} P(Z_x = z) &= P(Z_x = z|x) & \text{(7.30) 式より} \\ &= P(Z = z|x) & \text{構成性より} \\ &= P(z|x) \end{aligned} \tag{7.31}$$

を得る．

作業 2：肺がんに対するタールの因果効果 $P(Y_z = y)$ を計算する．これについては，まず

$$P(Y_z = y) = \sum_x P(Y_z = y|x)P(x) \tag{7.32}$$

を得る．また，(7.30) 式より $Y_z \perp\!\!\!\perp Z_x | X$ が成り立つので

$$\begin{aligned} P(Y_z = y|x) &= P(Y_z = y|x, Z_x = z) & \text{(7.30) 式より} \\ &= P(Y_z = y|x, z) & \text{構成性より} \end{aligned}$$

$$= P(y|x, z) \qquad \text{構成性より} \qquad (7.33)$$

と書くことができる．ここで，(7.33) 式を (7.32) 式に代入することによって

$$P(Y_z = y) = \sum_x P(y|x, z) P(x) \qquad (7.34)$$

を得る．

作業 3：肺がんに対する喫煙の因果効果 $P(Y_x = y)$ を計算する．構成性を用いることによって，任意の変数 Z に対して

$$Z_x(u) = z \quad \text{ならば} \quad Y_x(u) = Y_{xz}(u)$$

が成り立つ．(7.29) 式より $Y_{xz}(u) = Y_z(u)$ が成り立つことから

$$Y_x(u) = Y_{xz_x}(u) = Y_{z_x}(u) \qquad (7.35)$$

を得ることができる．ここに，$z_x = Z_x(u)$ である．したがって，

$$\begin{aligned}
P(Y_x = y) &= P(Y_{z_x} = y) & \text{(7.35) 式より} \\
&= \sum_z P(Y_{z_x} = y | Z_x = z) P(Z_x = z) \\
&= \sum_z P(Y_z = y | Z_x = z) P(Z_x = z) & \text{構成性より} \\
&= \sum_z P(Y_z = y) P(Z_x = z) & \text{(7.30) 式より} & (7.36)
\end{aligned}$$

を得る．確率 $P(Y_z = y)$ と $P(Z_x = z)$ は，それぞれ (7.34) 式と (7.31) 式で与えられていることから，これらを代入することによって，

$$P(Y_x = y) = \sum_z P(z|x) \sum_{x'} P(y|x', z) P(x') \qquad (7.37)$$

を得ることができる．(7.37) 式の右辺は $P(x, y, z)$ から計算することができ，3.4.3 項で与えたフロントドア基準に基づいて得られる公式（(3.42) 式を参照）と一致している．

したがって，$P(Y_x = y)$ を観測変数の分布を用いた確率表現に変換することができるため，$P(Y_x = y)$ は識別可能となる．もっと一般に，完全性（定理 7.3.5）が成り立つならば，識別可能な反事実量は，（逐次性を仮定すると）構成性と有効性を繰り返して適用することによって，観測変数の分布を用いた確率表現へ変換することができる．

7.3.3 因果的関連性の原理

1.2 節では，情報的関連性[16]を特徴づける**グラフォイド** (Pearl and Paz 1987; Geiger et al. 1990) とよばれるクラスに対して原理を与えた．ここでは，**因果的関連性**に対して同じような原理，すなわち，観察者や推測者とは関係なく，物理的世界においてある事象がもう一つの事象の発

---
[16] 「関連性」は，主に関連するかどうかという関係に対する一般的名称として使われている．どのような場合に「関連性」が「無関連性」を否定することを意図しているのか否かについては，その文脈から明らかである．

7.3 原理的特徴づけ

生に影響するという性質を明らかにしよう．情報的関連性の場合は，「Z がわかったという条件の下で，X に関する情報が得られた場合，Y に関する新しい情報を得ることができるだろうか？」という問題に関心がある．これに対して，因果的関連性の場合は，「Z が固定されたという条件の下で，X を変化させた場合 Y も変化するのだろうか？」という問題に関心がある．そこで，因果的関連性では，グラフォイド原理のうち，推移律を除くすべてのものが成り立つことを示そう．

因果的関連性という概念は，Suppes (1970) と Salmon (1984) の哲学的研究に起源をもつ．彼らは，因果関係に対して確率的解釈を与えようとしたところ，因果的関連性と統計的関連性（7.5 節を参照）を区別しなければならないことを認識した．彼らの試みによって，因果的関連性に対する確率的定義が与えられることはなかったが，確率分布や変数間の時間的順序（7.5.2 項を参照）を考慮せずに，2 種類の関連性についての記述が一致するかどうかを検証するための方法論が与えられた．ここでは，基礎となる確率や時間的順序を考慮せずに関連的記述を公理化することを考えよう．

正確な因果モデルが存在しない研究領域に属している実験研究者にとって，因果的関連性を公理化することは有用である．実験によりシステムに含まれるある変数がもう一つの変数に対して影響を与えないとわかれば，（異なる実験条件の下で）他の変数が因果的影響を与えるのかどうかを判断したいと考えたり，どのような実験を追加すればこのような情報を得ることができるのかといったことに関心をもったりするかもしれない．たとえば，(i) ネズミの運動量を一定に保った状態では，えさの量が腫瘍の増殖に影響を与えることはなく，(ii) えさの量を一定に保った状態では，運動量が腫瘍の増殖に影響を与えることはない，とわかっているとしよう．このとき，運動を制限せずにえさの量だけを制限しても，腫瘍の増殖には影響しないことを推測することができる．もっと複雑な問題は，(i) えさの量を一定に制限した状態では，檻内の温度が行動に影響を与えることはなく，(ii) 行動を一定に制限した状態では，檻内の温度によってネズミがとるえさの量が変わることはないとわかったとき，檻中の温度変化がネズミの行動に影響を与えるのかどうかを推測するというものである．

Galles and Pearl (1997) は，因果的な無関連性について，その確率論的解釈と決定論的解釈の両方を議論している．確率論的解釈は，反応変数の確率を変化させる能力がないことと因果的無関連性を同一視したものである．それは，直観的には魅力的であるが，推論という観点では非常に弱い．基礎となる因果モデルに追加的な仮定を加えないかぎり，原理の表現集合が成り立たない．仮定として定常性を加えた（すなわち，システムに含まれる個々の過程の特徴が変化しても無関連性を逸脱することはない）場合には，確率的な因果的無関連性についてグラフォイド原理と同じ原理を得る．

本項では，世界の任意の状態 u において，反応変数を変化させる能力がないことと因果的無関連性を同一視するという決定論的解釈を検討する．この解釈は，因果モデルに対して何も仮定しなくても，一連の原理によって規定される．なぜなら，グラフォイド原理の性質は，決定論的な因果的無関連性に対して成り立つからである．

定義 7.3.7（因果的無関連性）

$X \cup Y \cup Z$ とは排反な任意の集合 W に対して，

$V=\{X,W,Y\}$ 二値

$U=\{U_1,U_2\}$ 二値

$x = u_1$

$y = \begin{cases} u_2 & x=w \text{ のとき} \\ x & \text{その他} \end{cases}$

$w = x$

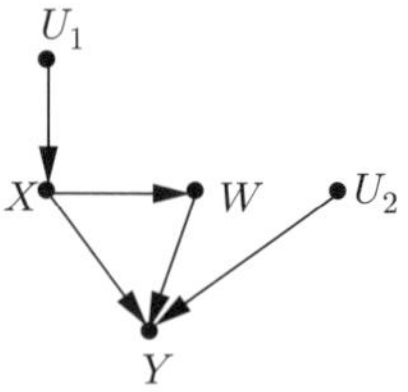

図 7.6 因果的関連性を決定するために，部分モデルを検証しなければならない因果モデルの例

$$\forall (u,z,x,x',w), \quad Y_{xzw}(u) = Y_{x'zw}(u) \tag{7.38}$$

が成り立つとき，Z が与えられたときに変数 X は Y に対して**因果的に無関連**であるという（$X \not\to Y|Z$ と記す）．ここに x と x' は互いに異なる X の値である． □

この定義は，「X が Y と因果的に無関連であれば，いかなる状況 u，あるいは $do(z)$ を含むモデルをどのように修正しても，X が Y に影響を与えることはない」という直観を捉えたものである．

図 7.6 の因果モデルを用いて，なぜ等式 $Y_{xzw}(u) = Y_{x'zw}(u)$ が任意の状況 $W=w$ において成り立たなければならないかを考えてみよう．この例では，$Z = \phi$ であり，W は X の後に起こっている．したがって，Y は X の後に起こる．すなわち，$Y_{X=0}(u) = Y_{X=1}(u) = u_2$ が成り立つ．しかし，$y(x,w,u_2)$ は x について自明でない関数であるため，X は Y に因果的に関連することがわかる．W を一定にするだけで，X から Y への因果的影響が現れる．この直観を捉えるために，定義 7.3.7 では，$W=w$ のすべての状況を考えなければならない．

因果的無関連性を定義したうえで，次の定理を得る．

定理 7.3.8

任意の因果モデルに対して，次の記述が成り立つ．

弱右分解[17]：

$$(X \not\to YW|Z) \quad \text{かつ} \quad (X \not\to Y|ZW) \Longrightarrow (X \not\to Y|Z)$$

左分解：

$$(XW \not\to Y|Z) \Longrightarrow (X \not\to Y|Z) \quad \text{かつ} \quad (W \not\to Y|Z)$$

強結合：

$$(X \not\to Y|Z) \Longrightarrow (X \not\to Y|ZW) \; \forall W$$

右交差性：

$$(X \not\to Y|ZW) \quad \text{かつ} \quad (X \not\to W|ZY) \Longrightarrow (X \not\to YW|Z)$$

左交差性：

$$(X \not\to Y|ZW) \quad \text{かつ} \quad (W \not\to Y|ZX) \Longrightarrow (XW \not\to Y|Z)$$

□

---

[17] Galles and Pearl (1997) は，右分解について $(X \not\to YW|Z) \Rightarrow (X \not\to Y|Z)$ という強い記述を用いている．しかし，Bonet (2001) は，この原理を健全にするために，この記述を緩めなければならないことを示した．

7.3 原理的特徴づけ

これらの原理は，グラフォイド原理と非常によく似ている．Paz and Pearl (1994) は，有向グラフ G に含まれる X から Y への任意の有向道が Z の要素を少なくとも1つ含むとき，定理7.3.8の原理，推移律，右分解の3つを合わせることによって，$(X \not\to Y|Z)_G$ という関係を完全に特徴づけることができることを示した（Paz et al. (1996) も参照）．

Galles and Pearl (1997) は，推移律が成り立たないときでも，定理7.3.8により，有向グラフの性質から因果的無関連性に関するいくつかの性質を推測できることを示した．たとえば，「X は Y に対して影響を与えるが，Z を固定すると影響がなくなるならば，Z は Y に対して影響を与えるに違いない」という一般的記述を立証するとしよう．この記述は，有向グラフにおいて，X から Y への道すべてが Z によって切断され，Z から Y への道がないならば，X から Y への道もないという事実により証明することができる．

因果的従属性の推移律に関する注意点

図7.6より，因果的従属性が推移的ではないことは明らかである．(U_1, U_2) の任意の状態において，X は W の状態を変化させることができ，W は Y を変化させることができるが，X は Y を変化させることができるというわけではない．Galles and Pearl (1997) は，二値変数の場合において，定義7.3.7の弱い意味で因果的関連性が非推移的である例を与えた．当然，なぜ推移律が因果的従属性固有の性質と考えられているのか，もっと形式的に，因果的従属性を推移的なものとみなした場合，何が暗黙のうちに仮定されているのかという疑問が生じる．

適切な答えの一つとして，通常，推移律を「(1)X は Y を引き起こす，(2)Y は X には関係なく Z を引き起こす，ならば，(3)X は Z を引き起こす」と解釈していることにある．推移律に関する問題が連鎖のような過程，すなわち，X は Y に対して影響を与え，Y は Z に対して影響を与えても，X は Z に対して**直接的な**影響を与えないということにその考察がある．この考察に基づいて，構成性（(7.19)式を参照）を使えば，二値変数に対する推移律を次のように簡単に証明することができる．

「$X=x$ が $Y=y$ を引き起こす」という記述を $X \to Y$ と記し，$\{X(u)=x, Y(u)=y, Y_{x'}(u)=y' \neq y\}$ という結合条件として説明できるものとしよう（すなわち，x と y は実現された値であるが，x から x' に変わると y から y' へ変わる）．X は Z に対する直接効果をもたない，すなわち，

$$Z_{y'x'} = Z_{y'} \tag{7.39}$$

が成り立つならば，

$$x \to y \quad かつ \quad y \to z \quad \Longrightarrow \quad x \to z \tag{7.40}$$

が成り立つ．

証明

(7.40)式の左辺は，

$$X(u)=x, \quad Y(u)=y, \quad Z(u)=z, \quad Y_{x'}(u)=y', \quad Z_{y'}(u)=z'$$

と書くことができる．また，(7.39)式より，最後の項を $Z_{y'x'}(u)=z'$ と書き直すことができる．

構成性より，

$$Y_{x'}(u) = y' \quad \text{かつ} \quad Z_{y'x'}(u) = z' \implies Z_{x'}(u) = z'$$

と書くことができ，これと $X(u) = x, Z(u) = z$ より $x \to z$ が成り立つ． □

因果的推移性を緩めた形式については，第 9 章で議論する（補題 9.2.7 と補題 9.2.8 を参照）．

7.4 構造と類似性に基づく反事実

7.4.1 Lewis の反事実との関係
反事実による因果性

David Hume は，最も引用されている記述の一つにおいて，持続の正則性と反事実的従属性という因果関係に関する 2 つの性質を結びつけている[b]．

> 我々はこの経験にあわせて，原因を他の対象によって後続される対象であり，その場合に第一のものに相似するあらゆる対象は，第二のものに相似する対象によって後続されると定義しうるであろう．言い換えれば，もしも第一の対象が存在しなかったならば，第二のものは決して実在しなかったであろうような場合である．(Hume 1748/1959, sec. VII).

この定義は 2 つの様相から因果性を定義しているため，いくつかの問題点がある．まず，現在では統計学者ではない者でも知っているように，持続の正則性，あるいは現代の言語でいえば「相関」は因果性を表すのに十分ではない．第二に，反事実が心理的訓練に依存しているのに対して，正則性は観測に依存しているため，Hume の定義にある「言い換えれば」という表現は非常に強い．第三に，Hume はその 9 年前に正則性という基準を導入したが[18]，どうして彼はその基準を反事実で補わなければならないと気づいたのだろうか．明らかに，Hume は正則的説明について十分に納得していたわけではなく，反事実に基づく基準をあまり問題がなく，もっと脚光を浴びるものであると感じていたに違いない．しかし，どうすれば「第一の対象が存在しなかったならば，第二のものは決して実在しなかったであろう」という複雑な表現を用いて「A が B を引き起こす」という簡単でありふれた表現を説明できるのだろうか？

反事実に因果性を基づかせるというアイデアは John Stuart Mill (1843) によって繰り返し指摘され，David Lewis (1973a, 1986) の研究によって実現された．Lewis は正則性の解釈をあきらめ，「A が B を引き起こした」を「A が起こらなかったら，B は起こらなかったであろう」と解釈するよう主張した．Lewis (1986, p.161) は次のように提案している．「実際の状況でとりうる選択肢として，文字どおりに反事実を受け取ることにしよう」．

反事実的記述が因果表現よりもあいまいさがないという主張は，暗黙に命題の中に存在する．「A が B を引き起こす」ということではなく，「A が起こらなかったならば，B は偽であったで

---

[b] 訳者注：斎藤 繁雄・一ノ瀬正樹訳 (2004)．『人間知性研究―付・人間本性論摘要』，法政大学出版局．

[18] "Treatise of Human Nature" において，Hume は「ある一つの種類の対象が存在した実例に，かつしばしば出会ったことを思い出す．また，対象の他の種類に属する個体がいつもそれらに伴い，しかも，それらに対して近接と継起の一定のあり方を保って存在していたことを思い出す」と述べている (Hume 1739, p.156)．（訳者注：土岐邦夫訳 (1968)．「人性論」(抄訳)『世界の名著 ロック・ヒューム』，中央公論社）．

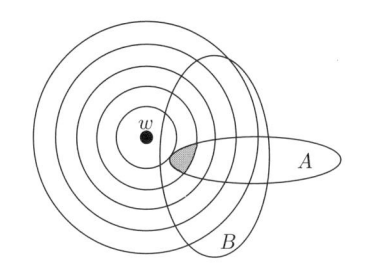

7.4 構造と類似性に基づく反事実

図 7.7 Lewis の最近隣世界的意味論のグラフ表現. それぞれの同心円環領域は, w に類似した世界の集合に対応している. 影のついた領域は, A の近隣世界の集合を現している. これらの世界は B を満たすため, 反事実的記述 $A\square\!\!\rightarrow B$ は w で真であると主張することができる.

あろう」ということが確実にいえないかぎり, 後者が前者を説明していると考え, その逆を考えないのはなぜであろうか？ 文字どおり受け取ると, 反事実に関する真実を見抜くためには, 実際の状況に対してとりうる選択肢を生成し, 調べるだけでなく, これらの選択肢においてある命題が成り立つかどうかを検証しなければならない. これは無視することのできない心理的作業である. それにもかかわらず, Hume, Mill, そして Lewis は, B を引き起こしたのが A であるのかどうかを直観で知るよりも, この心理的訓練を行うほうが簡単であると信じていたようある. しかし, どうすればこれを行うことができるのだろうか？ どのような心理的表現を使えば, 反事実をすばやくかつ信頼高く処理できるようになるのだろうか？ そして, その処理をどのように論理的に規定すれば, 一定水準の一貫性と適切さを守ることができるのだろうか？

構造と類似性

Lewis (1973b) の説明によれば, 反事実を評価するためには**類似性**という概念が必要となる. 類似性という尺度を用いれば可能世界を定めることができ, B が w に対するすべての最近隣的 A 世界で真である場合には, 反事実 $A\square\!\!\rightarrow B$ (「A であったならば, B が真であったであろう」と解釈する) が世界 w において真となる (図 7.7 を参照)[19].

この意味論には, まだ未解決の表現問題が残っている. 類似性という尺度をどのように選択すれば, 因果の一般的な概念と整合する反事的実推論を行うことができるのだろうか？ 世界順序をどのように心理的に表現すれば, (人間と機械にとって) 反事実の計算が処理しやすく, 実用的なものになるのだろうか？

Lewis の最初の提案では, できるかぎり一般性を保ったまま定式化を行うことに注意が払われていた. 彼は任意の世界がそれ自身に最も近いものであるという主張を守ったが, 類似性尺度に対して構造を与えることはなかった. しかし, 簡単な考察からわかるように, 類似性尺度は任意ではない. 人間が反事実を伝えるという事実は, 人間が類似性尺度を共有し, この尺度が頭の中で簡潔に符号化され, そして高度に構造化されたものであることを示唆している. さらに, Fine (1975) は, 見かけ上の類似性が適切ではないことを示している. Fine は, 一般に真であると受け入れられている「Nixon がボタンを押していれば, 核戦争は始まっていただろう」という反事実を考えている. 明らかに, ボタンが偶然故障したという世界は, 核爆発が起こった世界よりもずっと我々の世界に類似している. したがって, 類似性という尺度は任意ではないというだけで

---

[19] 行動とデータベースの更新方法を表現するために, これに関連する可能世界の意味論が人工知能研究に導入された (Ginsberg 1986; Ginsberg and Smith 1987; Winslett 1988; Katsuno and Mendelzon 1991).

なく，因果的法則の概念を考慮したものでなければならない[20]．その後，Lewis (1979) は，類似性を因果的直観に近づけるために，「奇跡」の大きさ（法則違反），事実との調和，時間的な優先順位といった類似性のさまざまな側面について，優先性や重要性に関する複雑なシステムを構築した．しかし，これらの優先事項は事後的なものであり，これによって直観に反する推論が行われる場合がある (J. Woodward, 私信)．

構造的説明では，そのような問題は生じない．Lewis の理論とは対照的に，反事実は仮想的世界どうしの類似性という抽象的概念には依存しない．その代わり，反事実は，仮想的世界を生成するメカニズム（あるいは手の込んだ「法則」）と，このメカニズムに関する不変的な性質に直接的に依存している．Lewis のわかりにくい「奇跡」は，原理に基づいた小手術 $do(X = x)$ に置き換えられる．この手術は，（任意の u に対して）$X = x$ という条件を確立するのに（モデルにとって）必要な極小的変化を表している．したがって，類似性と優先事項は，もしこれらがまだ必要であるというのであれば，解析の基本的な部分ではなく，$do(\cdot)$ オペレータの補足的説明として理解すればよい ((3.11) 式後の議論や Goldszmidt and Pearl (1992) を参照)．

構造的説明では，効率的なアルゴリズムを適用すれば原因，反事実，反事実確率が得られるような知識を簡潔的に符号化することによって，心理的な表現問題に対する解が与えられる．しかし，反事実的条件部分を基本命題との結合に限定すれば，この効率性をある程度達成することができる．「Bizet と Verdi が友人であったならば」といった選言的仮説から，通常複数の解が導かれ，一意ではない確率が割り当てられる．

7.4.2 原理的比較

因果的知識に基づいて内部世界における距離を評価するというのであれば，その知識がそれ自身の構造，すなわち，Lewis の論理では捉えることのできなかった構造に距離を課していなかったのかという疑問が生じる．言い換えれば，因果関係に基づいて世界の近さを測定すると決めることによって，有効であると思われている反事実的記述の集合は制限されるのだろうか？ 問題は単なる理論的なものではない．たとえば，Gibbard and Harper (1976) は，Lewis の一般的フレームワークを用いて，意思決定論的条件文（すなわち，「A を行えば，B が起こる」という形の記述）の特徴づけを行った．一方，$do(\cdot)$ オペレータは，因果メカニズムに直接的に依存している．この 2 つの定式化が同一視できるかどうかはわからない[21]．

ここで，この 2 つの定式化が逐次システムにおいて同一である，すなわち，逐次性が成り立つ場合において，構成性と有効性が Lewis の近隣世界的フレームワークでも成り立つことを示そう．まず，Lewis の反事実的記述に関する論理を説明する (Lewis 1973c)．

規則
(1) A と $A \Longrightarrow B$ が定理ならば，B も定理である．
(2) $(B_1$ かつ $\cdots) \Longrightarrow C$ が定理ならば，$((A \square\!\!\rightarrow B_1) \cdots) \Longrightarrow (A \square\!\!\rightarrow C)$ も定理である．

---

[20] この意味で，原因を反事実へ変換するという Lewis の方法は少し巡回している．
[21] Ginsberg and Smith (1987) と Winslett (1988) は，近隣世界の意味論に基づく行動の理論を唱えた．しかし，彼らは，距離尺度に対して因果的考えを反映させるような特別な構造を仮定しているわけではない．

7.4 構造と類似性に基づく反事実

原理

(1) すべての真理関数的トートロジー
(2) $A\square\!\!\rightarrow A$
(3) $(A\square\!\!\rightarrow B)$ かつ $(B\square\!\!\rightarrow A) \Longrightarrow (A\square\!\!\rightarrow C) \equiv (B\square\!\!\rightarrow C)$
(4) $((A\vee B)\square\!\!\rightarrow A) \vee ((A\vee B)\square\!\!\rightarrow B) \vee (((A\vee B)\square\!\!\rightarrow C) \equiv (A\square\!\!\rightarrow C)$ かつ $((B\square\!\!\rightarrow C))$
(5) $(A\square\!\!\rightarrow B) \Longrightarrow A \Longrightarrow B$
(6) A かつ $B \Longrightarrow A\square\!\!\rightarrow B$

$A\square\!\!\rightarrow B$ という記述は「A が成り立つすべての近隣世界において，B も成り立つ」を表す．Lewisの原理と因果モデルの原理を関連づけるために，彼の構文論を変換しなければならない．ここで，因果モデルの（U も含めて）すべての変数に対する具体的な値をLewisの世界と同一視しよう．因果モデルに含まれる変数の部分集合に割り当てられた値は，Lewisの命題（たとえば，上述の規則や原理にある A や B）を表す．したがって，A は連言命題 $X_1 = x_1, \cdots, X_n = x_n$ を表すものとし，B は連言命題 $Y_1 = y_1, \cdots, Y_m = y_m$ を表すものとしよう．このとき，

$$\begin{aligned}A\square\!\!\rightarrow B &\equiv Y_{1_{x_1,\cdots,x_n}}(u) = y_1 \\ &\text{かつ } Y_{2_{x_1,\cdots,x_n}}(u) = y_2 \\ &\quad \vdots \\ &\text{かつ } Y_{m_{x_1,\cdots,x_n}}(u) = y_m\end{aligned} \tag{7.41}$$

が成り立つ．

逆に，$Y_x(u) = y$ のような因果的記述をLewisの記号に変換しなければならない．A を命題 $X = x$ を表すものとし，B を命題 $Y = y$ を表すものとしよう．このとき，

$$Y_x(u) = y \equiv A\square\!\!\rightarrow B \tag{7.42}$$

が成り立つ．

原理 (1)〜(6) は，各世界 w が異なる世界 $w' \neq w$ よりも自分自身に一番近いという要件を除いて，測定された距離に何ら制約を課さなくても，最近隣世界的な解釈から得ることができる．w を w' へ変換するのに必要最小限の局所的介入が与えられると，構造的意味論によって世界どうしの距離尺度 $do(w, w')$ が明確に定義されるため，Lewisの原理すべてが因果モデルにおいて成り立ち，かつ有効性，構成性，そして（非逐次システムに対する）可逆性から論理的に導かれる．まず初めに，このことを明確にする．しかし，構造的意味論によって新しい制約が導かれることはないことを保証するために，構造的意味論における3つの原理がLewisの原理から導かれるという逆の命題を示さなければならない．次に，このことを示す．

原理 (1)〜(6) が構造的意味論において成り立つことを示すために，原理それぞれを順番に検証しよう．

(1) この原理は明らかに真である．
(2) この原理は，有効性と同じである．もし変数集合 X をある値 x に固定したならば，結

果として得られる X の値は x である．すなわち，$X_x(u) = x$ である．
(3) この原理は可逆性の弱形式であり，それは非逐次的因果モデルに対してのみ関連をもつ．
(4) 構造モデルにおける行動は文章の結合に制約されるため，この原理は関連がない．
(5) この原理は構成性から導かれる．
(6) この原理も構成性から導かれる．

Lewis の原理から構成性と有効性が導かれることを示すために，構成性が Lewis の定式化における原理 (5) と規則 (1) から得られるものであり，有効性が Lewis の原理 (2) と同じであることに注意しよう．

要約すると，逐次的モデルに対して，因果モデルのフレームワークは Lewis のフレームワークによって課された制約以上のものを反事実的記述に加えているわけではない．すなわち，最近隣世界というこの一般的概念はまさに十分である．言い換えれば，逐次性という仮定は非常に強すぎて，構造的意味論によって課されたすべての制約をすでに含んでいる．しかし，非逐次システムを考えた場合，Lewis のフレームワークでは可逆性が強くは主張されていないことがわかる．Lewis の原理 (3) は，可逆性に似ているがそれほど強くはない．すなわち，$Y = y$ がすべての最近隣 w 世界で成り立ち，$W = w$ がすべての最近隣 y 世界で成り立つとしても，$Y = y$ は現実世界では成り立たないかもしれない．それにもかかわらず，（修正可能な構造方程式モデルという表現的かつアルゴリズム的ツールとともに）反事実という因果的解釈を取り入れる場合には，逐次モデルに関して有効な反事実的記述の集合には何の制約も加えていないと安心して主張することができる．

7.4.3 イメージングと条件づけ

行動が，ある確率関数からもう一つの確率関数への変換であるならば，そのような変換すべてが行動に対応するのか，あるいは行動から生成されたこれらの変換に特別な制約があるのかと疑問に思うかもしれない．実際，反事実に対する Lewis (1976) の定式化はそのような制約を同定している．すなわち，変換はイメージングオペレータでなければならない．

ベイズの規則 $P(s|e)$ は，確率分布全体を e によって取り除かれた状態から（現在の値 $P(s)$ に比例して）残りの状態へ変換するが，イメージングはこれとは異なっている．取り除かれた状態 s それぞれに応じて，その確率は s に「最も近い」と考えられる状態集合 $S^*(s)$ へ割り当てられる．実際，(3.11) 式で見たように，介入 $do(X_i = x'_i)$ で定義される変換は分布変換過程に基づいて解釈できることがわかる．すなわち，取り除かれた状態それぞれ（すなわち，$X_i \neq x'_i$）に応じて，その分布は同じ値 pa_i をもつ取り除かれていない状態へ割り当てられる．最近隣状態の集合 $S^*(s)$ に対する単純な特徴づけはマルコフ・モデルでは有効であるが，一般に，イメージングによりそのような集合を選択することができる．

イメージングが行動に関連する変換を適切に表現している理由は，Gardenfors による表現定理 (1988, 定理 5.2, p.113; 奇妙なことに，Gardenfors の解析には行動との関係がまったく現れていない）からわかる．Gardenfors の定理は，確率更新オペレータ $P(s) \rightarrow P_A(s)$ がイメージングオペレータであることの必要十分条件は，このオペレータが混合を保つこと，すなわち，任意の定

数 $1 > \alpha > 0$, 命題 A, と確率関数 P と P' に対して,

$$[\alpha P(s) + (1-\alpha)P'(s)]_A = \alpha P_A(s) + (1-\alpha)P'_A(s) \tag{7.43}$$

が成り立つことを述べたものである．言い換えると，いかなる混合の更新も，更新の混合であるということである．

この性質は**準同型**とよばれるものであり，これを用いれば，確率制御やマルコフ決定過程で通常行われているように，推移確率に基づいて行動を規定することができる[22]．

既知の状態 s' において行動 A を行ったときの確率を $P_A(s|s')$ と記すと，準同型 (7.43) 式は，

$$P_A(s) = \sum_{s'} P_A(s|s')P(s') \tag{7.44}$$

となる．これは，s' について確信をもって知ることができない場合には，$P_A(s)$ は現在の確率関数 $P(s')$ として，s' 上の $P_A(s|s')$ による重み付き和で与えられることを意味している．

しかし，この特徴づけは厳密ではない．この特徴づけは，行動に基づく変換が推移確率によって表現できることを要件としているが，どんなに不適切な推移確率であっても行動の表現と認めている．その一方で，行動を局所的手術として定義できるという有用な情報は，この特徴づけでは無視されている．たとえば，原子的行動 $A_i = do(X_i = x_i)$ に関連する推移確率は，メカニズムの集合体に含まれる一つの要素を取り除くことによって生成される．したがって，原子的行動の集合に関連する推移確率は通常互いに制約しあう．確率が状態 U に割り当てられれば，このような制約は，有効性，構成性，可逆性の原理より明らかになる (Galles and Pearl 1997)．

7.4.4 Neyman–Rubin のフレームワークとの関係
モデルを探索する言語

3.6.3 項でも簡単に紹介したように，反事実量を表現するために用いた記号 $Y_x(u)$ は，処理効果の統計解析を行うために考え出された Neyman (1923) と Rubin (1974) の潜在反応モデルから取り入れたものである[23]．このフレームワークでは，$Y_x(u)$ (しばしば $Y(x,u)$ と記す) は，仮想的実験条件 $X = x$ の下で実験対象 u (たとえば，個人，あるいは農業用地) に生じる結果を表している．しかし，構造モデルとは異なり，潜在反応モデルにおける変数 $Y_x(u)$ は導出量ではなく，根源的な構成要素，すなわち，国語表現「もし $X = x$ であったならば，u がとるであろう Y の値」を表現した未定義記号とみなされる．潜在反応モデルの研究者 (たとえば，Robins 1987; Manski 1995; Angrist et al. 1996) は，Robins が与えた一致性規則 $X = x \Rightarrow Y_x = Y$ ((7.20) 式を参照) を含めて，個体に基づいた情報を表現し，反事実と観測確率の適切な関係を導くための指針として，この解釈を用いている．しかし，潜在反応モデルのフレームワークの場合には，どのような数理モデルに基づいてそのような関係を得ることができるのか，あるいはどのような数

---

[22] Katsuno and Mendeizon (1991) の前提条件 (U8) では (7.43) 式が現れており，$(K_1 \vee K_2)o\mu = (K_1o\mu) \vee (K_2o\mu)$ と標記されている．ここに，o は $do(\cdot)$ と同じような更新オペレータである．

[23] (同じというわけではないが) これに関連して経済学で使われているフレームワークとしてスイッチング回帰モデルがある．このモデルに関する解説については，Heckman (1996) を参照されたい (Heckman and Honoré (1990) と Manski (1995) も参照)．Winship and Morgan (1999) は 2 つの学派について優れた解説を与えている．

理モデルに基づいて完全性に関する問題を解決できるのか,すなわち,手元にある関係はすべての推論を正当化するのに十分であるのかどうか,について解が与えられているわけではない.

7.1 節で定式化した構造方程式モデル(SEM)では,潜在反応モデルのフレームワークで使われている反事実量に論理的な真理値が割り当てられているため,SEM によって潜在反応モデルのフレームワークに対する形式的意味論が与えられる.構造的な観点からいえば,量 $Y_x(u)$ は根源的な構成要素ではなく,むしろオペレータ $do(X = x)$ によって修正された方程式集合 F から数学的に導びかれるものである(定義 7.1.4 を参照).個体情報は,このような方程式に含まれている変数を用いて直接的に表現されており,その正確な関数形式に依存しなくてもよい.また,変数 U は解析に関連する任意の背景因子を表しており,母集団に属する特定の個人を識別する必要もない.

7.3 節では,この意味論を使って,潜在反応関数 $Y_x(u)$ の原理的特徴づけを行い,それと観測変数 $X(u)$ や $Y(u)$ の関係を明らかにした.これらの基本原理は,Robins の一致性規則のような制約を含む,あるいは意味するものであり,潜在反応モデルの研究者によって与えられたものである.

さらに,完全性は,逐次モデルにおける反事実的関係が有効性と構成性という 2 つの原理を用いて導出できることを保証したものである.構造方程式的意味論に含まれるすべての真実も,この 2 つの原理を使って得ることができる.同様に,逐次モデルに関する仮想的分割表を構成するとき(6.5.3 項を参照),その分割表が有効性と構成性を満たすならば,その分割表を生成する因果モデルが少なくとも 1 つ存在することが保証される.これは,本質的には,経済学や社会科学でよく使われている (Goldberger 1991) SEM が統計学で使われている潜在反応モデルと形式的に同値であることを述べている (Rubin 1974; Holland 1986; Robins 1986)[24].しかし,非逐次モデルの場合には,これとは異なる.構成性と有効性だけを使って反事実的記述を評価しようとしても,妥当な結論(すなわち,すべての因果モデルで真である)を得ることができず,可逆性を利用することによってのみ認識される場合がある.

グラフィカル解析と反事実解析

構造モデルのフレームワークや潜在反応モデルのフレームワークの形式的同値性は意味論と表現力の問題に適用することができるが,概念的あるいは実質的有用性の観点で同値であることを意味するものではない.構造方程式とそれに対応するグラフは,因果関係に関する仮定を表現する方法として非常に有用である.この仮定はあらかじめ得られている実験的知識に依存している.数多くの証拠から示されるように,この知識は,自律的メカニズムをもち,かつ相互に連結された集合体という形で人間の頭の中で符号化される.したがって,このメカニズムは,反事実に関する判断を導くための基本的構成要素である.構造方程式 $\{f_i\}$ とそのグラフ的抽象概念 $G(M)$ により,これらのメカニズムに対する直接的な写像が与えられ,因果的知識あるいは仮定を表現し確かめるための自然言語が構成される.潜在反応モデルが抱える深刻な問題は,反事実変数に関

---

[24] この同値性は,Holland (1988), Pratt and Schlaifer (1988), Pearl (1995a), Robins (1995) により示されている.しかし,標準的な SEM の文献に反事実的主張やモデルから方程式を取り除くというアイデア(定義 7.1.3)が明確に記述されているわけではない.

7.4 構造と類似性に基づく反事実

する条件付き独立関係を用いて仮定を表現しなければならないという点にある．たとえば，(7.30) 式で与えられる仮定は，高度な技術をもつ研究者にさえ簡単に理解できるわけではない．一方，$U_1 \perp\!\!\!\perp U_2$ という構造的なイメージは過程に基づく直接的な解釈を表現したものである[25]．

7.3.2 項では，グラフと反事実記号がうまく共存していることを説明した．そこで与えた例では，グラフの形式で仮定を表現したうえで，((7.25) 式と (7.26) 式で与えた規則を使って) それを反事実的記号に変換し，最後に代数的な導出を行った．グラフと反事実記号の共存関係を利用することにより，反事実を用いて仮定を直接的に表現した方法論よりも有効な解析法が得られる．もう一つの例は第 9 章で与えられており，そこでは原因の確率が解析されている．7.3.2 項では，代数的方法だけでは簡単に導くことができない独立関係をグラフで表現することによって，その導出手続きを進めることができたことに注意しよう．たとえば，(7.27)～(7.30) 式で与えた仮定が成り立つ場合には，条件付き独立関係 $(Y_z \perp\!\!\!\perp Z_x | \{Z, X\})$ は成り立つが，条件付き独立関係 $(Y_z \perp\!\!\!\perp Z_x | Z)$ は成り立たないことを示すのは簡単なことではない．しかし，図 7.5 で与えたグラフあるいは 7.1.3 項のツイン・ネットワーク構成法（図 7.3 を参照）を用いればこのような関係を簡単に検証することができる．

グラフ言語を用いて因果的仮定を記述する決定的理由は，モデル・パラメータがまだ「自由」である（すなわち，データを用いて決定する）段階で，データが採取される前にこの仮定が必要となることにある．これらの仮定を統計的独立性を記述する言語で記述したいというのが普通の気持ちであるが，そこには検証できそうな，すなわち科学的に正当化できそうな独特の雰囲気がある（第 6 章では，そのようなやり方に関する問題を例証している）．しかし，統計的独立性に関する条件は ── それが変数集合 V, U あるいは反事実に関係するかどうかとは関係なく ── モデル・パラメータの値に対する感度が高く，そのパラメータ値をモデル構成の段階で得ることはできない．モデリング段階で得られる実質的知識が定常でない，すなわち，実質的知識がパラメータの値に対して鈍感ではない場合には，それらの仮定は成り立たない．グラフィカル・モデルによる結果は，メカニズムどうしの相互接続にのみ依存しているものであり，定常性を満たしている．そのため，データを採取する前に一般的で実質的な知識を用いてその結果を確かめることができる．たとえば，$(X \perp\!\!\!\perp Y | Z, U_1)$ という判断は図 7.5 のグラフから得られるものであり，$\{f_i\}$ に含まれる関数にどのような値を代入しても，そして U_1 と U_2 に対して事前確率をどのように与えても変わらない．

このような考察は，因果的仮定を定式化する場合だけでなく，因果的概念を定義し，かつ伝える言語にも適用することができる．社会科学や医学における多くの概念は，「誤差」あるいは「錯乱項」とよばれている非観測変数 U どうしの関係に基づいて定義されている．第 5 章からわかるように，外生性や操作変数といった重要な経済学的概念は，伝統的に観測変数と誤差項が無相関であるということに基づいて定義されている．もちろん，このような定義は，非観測変数を形而上学的あるいは定義的なものであると考える厳しい経験主義者 (Richard 1980; Engle et al. 1983;

---

[25] この考え方は，Angrist et al. (1996) の考え方とはまったく異なるものである．Angrist は「このような錯乱項がいったい何を表しているのかということについて，研究者は確たる考えをもっているわけではない．したがって，錯乱項の性質に基づいて現実的な結論を導いたり，結果を伝えたりすることは難しい」と述べている．著者は，自己の研究テーマに精通している研究者は錯乱項がいったい何を表現したものなのかをよく理解しているが，そうでない研究者には反事実的従属関係に関する現実的判断を下せないことに気づいた．

Holland 1988) から批判を受けている．また最近では，構造モデルが根拠もなく特別な関数形式を規定するものであると考える潜在反応モデルの研究者 (Angrist et al. 1996) からも批判を受けている．次節では，この新しい批判について考察する．

7.4.5　外生性再考：反事実的定義とグラフ的定義

本項では，(5.25) 式で与えた操作的定義を補足し，構造方程式モデルにおける誤差項に対して反事実的解釈を与える．反事実変数 Y_{pa_Y} を用いることによって，方程式 $Y = f_Y(pa_Y, u_Y)$ における誤差項 u_Y の意味を捉えることができる．すなわち，変数 U_Y は PA_Y から Y への関数的写像に関する修正因子であると解釈することができる．pa_Y を固定すれば，このような修正を行ったときの統計量を観測することができる．このような反事実的記号への変換を行うことによって，f_Y の関数形式を規定しなくても，U_Y を代数的に操作できるかもしれない．しかし，モデルを規定した場合には，誤差項は省略因子（を要約したもの）とみなすべきである．

この解釈を用いれば，もともと誤差に基づいて定義された因果的概念に対して，グラフ的定義と反事実的定義を与えることができる．このような概念の例として，因果的影響，外生性，操作変数 (5.4.3 項を参照) がある．これらの概念について，誤差に基づく定義，反事実的定義，グラフ的定義という 3 つの定義の関係を明らかにする際，まず，これら 3 つの表現が単純な階層により構成されていることに注意しなければならない．グラフにおいて分離条件が成り立てば独立であるが，独立であるからといってグラフにおいて分離条件が成り立つわけではない（定理 1.2.4）．そのため，グラフの分離条件に基づく定義が成り立つ場合には，誤差項の独立性に基づく定義も成り立つ．同様に，任意の変数 X と Y に対して，独立関係 $U_X \perp\!\!\!\perp U_Y$ が成り立つ場合には，反事実的独立関係 $X_{pa_X} \perp\!\!\!\perp Y_{pa_Y}$ も成り立つ（しかし，逆は成り立たない）．そのため，誤差の独立性に基づく定義が成り立つ場合には，反事実的独立性に基づく定義も成り立つ．したがって，次のような階層を得ることができる．

$$\text{グラフィカル基準} \implies \text{誤差に基づく基準} \implies \text{反事実に基づく基準}$$

外生性の概念を用いれば，この階層をうまく説明することができる．反事実あるいは介入の観点から，外生性の実用的定義を次のように与えるのが適切である．

外生性（反事実に基づく基準）

X から Y への効果が，X を与えたとき Y の条件付き確率と同じ，すなわち

$$P(Y_x = y) = P(y|x) \tag{7.45}$$

あるいは，同様に

$$P(Y = y|do(x)) = P(y|x) \tag{7.46}$$

であるとき，変数 X は Y について外生であるという．これは，Rosenbaum and Rubin (1983) により「弱い意味での無視可能性」であるとよばれている独立条件 $Y_x \perp\!\!\!\perp X$ とも同値である[26]．

---

[26] 本節では，外生性という因果的要素を中心に議論しているが，ここでいう外生性とは，経済学の文献において

（次ページにつづく）

7.4 構造と類似性に基づく反事実

外生変数を見つけると政策分析上の利点を明らかにできるため，経済学者が外生性に関心をもつ理由を強調しているという意味で，この定義は実用的である．しかし，与えられたシステム，特に，多くの方程式が含まれたシステムにおいては，この定義を用いてもこの独立条件が成り立つかどうかを実質的知識に基づいて確かめることはできない．このような判断を簡単に行うために，経済学者（たとえば，Koopmans 1950; Orcutt 1952）は定義 5.4.6 で与えた誤差に基づく基準を用いている．

外生性（誤差に基づく基準）

X を経由しない Y への影響をもつ誤差項すべてと X が独立であるとき，M において変数 X は Y について外生であるという[27]．

この定義は，誤差との関連性が科学者にとってなじみのある特定の因子，すなわち，Y に対して潜在的に影響を与えるものに注目しているため，判断しやすいものである．しかし，定常性を保証したトポロジーに基づいて考察を行っても独立性を記述できない場合には，このような因子が統計的に独立であるかどうかを判断するのは難しい心理的作業である．実際，最も知られている外生性の概念は，共通原因という概念で要約されている．形式的には，これは次のように述べることができる．

外生性（グラフィカル基準）

$G(M)$ において X と Y が共通の先祖をもたない，あるいは同値であるが，X と Y の間のバックドア・パスすべてが（v 字合流点によって）ブロックされるとき，変数 X は Y について外生であるという[28]．

グラフィカル条件が成り立つならば，誤差に基づく条件も成り立つこと，そして (7.46) 式の反事実的（あるいは実用的な）条件も成り立つことを簡単に示すことができる．逆の関係は成り立たない．たとえば，図 6.4 はグラフィカル基準を満たしているわけではないが，誤差に基づく基準と反事実に基づく基準のいずれを用いても，X を外生変数とみなされる．6.4 節では，このような外生性（そこでは「交絡しない」といっている）が非定常あるいは偶然的なものであることを述べ，このようなケースが定義に含まれているのかどうかという問題を提起した．因果的考察から非定常であるケースを取り除けば，3 つの階層レベルはなくなり，これら 3 つの定義はすべて一致する．

操作変数：3 つの定義

3 つの階層レベルにより，図 5.9 で説明した操作変数の概念 (Bowden and Turkington 1984;

「超外生性」とよばれているものである (5.4.3 項を参照)．疫学研究者は (7.46) 式を「交絡がない」といっている ((6.10) 式を参照)．同時独立 $\{Y_x, Y_{x'}\} \perp\!\!\!\perp X$ によって定義された「強い意味での無視可能性」については，第 9 章で議論する（定義 9.2.3）．

[27] すべての誤差項について独立性を要求している文献もあるが（たとえば，Dhrymes 1970, p.169），これは明らかに厳しすぎる．

[28] 第 6 章（注釈 19）で述べたように，「共通の先祖」という表現を用いる場合には，Y と連結する際に X を必ず経由するような頂点を取り除くべきであり，関連をもつ誤差項の組を表現した潜在的な頂点を含めるべきである．3 つの定義は，観察された共変量に対する条件付き外生性へ簡単に一般化することができる．

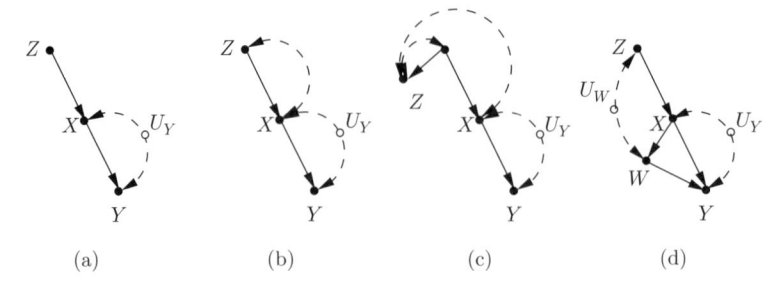

図 7.8　(a), (b), (c) に対応する（線形）モデルでは，$Z \perp\!\!\!\perp U_Y$ が成り立つことから，Z は適切な操作変数である．(d) の場合では Y に影響を与える U_W と Z が相関をもつため，操作変数ではない．

Pearl 1995c; Angrist et al. 1996) が類似的に特徴づけられる．伝統的な定義では，(i) Y に影響を与えるが X を経由しないすべての誤差項と Z は独立である，(ii) Z は X と独立ではない，を満たすとき，Z を（(X,Y) に対する）操作変数であるとよんでいる．

反事実的定義の場合，条件 (i) は

(i′) Z は Y_x と独立である，

に置き換えられる[29]．グラフ的定義の場合，条件 (i) は

(i″) Z と Y を連結するブロックされない任意の道に X に向かう矢線が必ず含まれる（あるいは，$(Z \perp\!\!\!\perp Y)_{G_{\overline{X}}}$），

に置き換えられる．図 7.8 は，例を用いてこの定義を説明したものである．

共変量集合 S が観測されるとき，これらの定義は次のように一般化できる．

定義 7.4.1（操作変数）

次の条件のいずれかを満たす測定集合 $S = s$ が存在し，それが X の影響を受けないとき，変数 Z は X から Y への総合効果に対する操作変数であるという．

1. **反事実に基づく基準**
   (i) $Z \perp\!\!\!\perp Y_x | S = s$
   (ii) $Z \not\!\perp\!\!\!\perp X | S = s$
2. **グラフィカル基準**
   (i) $(Z \perp\!\!\!\perp Y | S)_{G_{\overline{X}}}$
   (ii) $(Z \not\!\perp\!\!\!\perp X | S)_G　　　□$

本節を終えるにあたって，グラフ的定義はモデル・パラメータの値に対する感度が低いということを再度強調しておきたい．これによって，因果効果，外生性，操作性，交絡といった我々の

---

[29] 事実，操作変数の非線形システムへの一般化については合意に至っていない．ここで与えた定義は Galles and Pearl (1998) によるものであり，誤差に基づく定義を反事実的用語へ変換することによって得られる．Angrist et al. (1996) は，グラフや誤差項との関係すべてを否定する一方で，Z は無視可能である（すなわち，ランダム化されている，これは図 7.8(b) や (c) では成り立たない）こと，そして Z が X に影響を与える（図 7.8(c) では成り立たない），という 2 つの必要のない条件を仮定している．Heckman and Vytlacil (1999) では反事実と構造方程式モデルの両方が使われているものの，同様な仮定が用いられている．

直観，(そして著者の推測であるが) ランダム化や統計的独立性のようなもっと技術的な概念もグラフ用語によって導かれ，うまく表現できるようになる．

7.5 構造的因果推論と確率的因果推論

確率的因果推論は，確率論的観点から因果関係を解明しようと試みている哲学の一分野である．この試みは，いくつかのアイデアと予想によって動機づけされている．まず第一に，確率的因果推論を用いれば，数世紀にも及ぶ因果構造発見問題，すなわち，人間は因果的な先入観をもつことなくどうやって経験的な観測から本質的な因果関係を見つけ出すことができるのかという問題に答えることができる．すべての知識は人間の経験によりつくりだされたものであるという Hume の考えと人間の経験は確率関数により符号化されるという (説得力はないが流行りの) 仮定の下では，因果的知識を興味ある変数で定義された確率分布による関係の集合へ変換できると期待するのは当然のことである．第二に，因果関係に対する決定論的説明とは異なり，確率的因果推論により実質的で認知的な節約を行うことができる．物理的状態や物理法則を必ずしも詳しく記述しなければならないというわけではなく，日常会話の概略と一致するように，マクロ的状態を記述した確率関係へ要約すればよい．第三に，確率的因果推論は不確実性を伴う現代的概念 (たとえば，量子論) を扱うことができる．このような概念に従うと，決定論は認識論的な虚構にすぎず，非決定論が物理的実在性の基本的特徴となる．

確率的因果推論という形式的方法論は Reichenbach (1956), Good (1961) によって始められ，その後 Suppes (1970), Skyrms (1980), Spohn (1980), Otte (1981), Salmon (1984), Cartwright (1989), Eells (1991) の研究により発展した．しかし，その本来の目的を考えてみると，この方法論の現状は，我々を失望させるものである．Salmon はこれまでの努力をあきらめ，「因果関係は統計的関連性を用いて適切に解析することはできない」(1984, p.185) という結論を下し，その代わりに，「因果的過程」を基本的構成要素とする解析法を提案した．最近の Cartwright と Eells が与えた解釈は，Salmon が直面した問題のいくつかを解決しているものの，理論を見る影もなく複雑なものにしているか，あるいは本来の目的を妥協するという代償を払っている．Cartwright (1989) と Eells (1991) が示した確率的因果推論に関する主な成果，問題点，妥協点について，以下に簡単な説明を与える．

7.5.1 時間的順序の信頼性

因果性に関する標準的な確率的説明では，確率関数 P に加えて，解析に含まれている変数の順序が与えられていると仮定されている．統計的関連性が対称的関係であるのに対して，因果性が非対称的関係であることを考えると，これは当然のことである．X が Y の原因であるというモデルによって引き起こされる任意の同時分布 $P(x,y)$ は，Y が X の原因であるというモデルによっても引き起こされるため，時間情報がない場合，2 つの従属変数のうちどちらが原因でどちらが結果なのかを決定することはできない．したがって，対称性より，X が Y の原因であると推測する方法を用いて，Y が X の原因であるとも推測できる．実際，第 2 章では，DAG における矢線の方向を決定するためには，少なくとも 3 つの変数が必要であること，そして，もっ

と深刻な問題として，定常性や極小性を仮定しない場合には，確率情報だけから矢線を決定することはできないことを示した．結果が原因に先立って起こることはないという制約を課すことによって対称性が崩れ，因果推論が始まる．

時間情報の信頼性には限界がある．そのため，各プロセスの時間が重なっている，あるいは同時に起こっているために時間的な順序がうまく定義できない状況はあらかじめ解析の対象外となっている．たとえば，身体運動を継続的に行えばコレステロール値を下げることができるのか，それとも逆に，コレステロール値を下げれば身体運動を行おうという意欲が高まるのかについて，非制御的方法では決定することができない．同様に，確率的因果推論に関する哲学的理論では，「旗ざおが高くなるとその影は長くなる」と「影が長くなると旗ざおは長くなる」を区別しようとはしないだろう．実際，このような状況では，想定された原因と結果は同時に起こっている．

第2章で見たように，極小性と定常性という仮定を用いることによって，非時間的統計情報に基づいて因果的方向を決定できる場合がある．しかし，これらの仮定は，因果推論に対する構造的アプローチの基礎をなす不変性と自律性（2.9.1項を参照）という物理的過程に関する一般的な性質を暗黙に表現したものである．

7.5.2 循環構造の危険性

時間的先行性を信頼しているにもかかわらず，哲学者が因果関係を識別するために考案した基準では，循環性をうまく捉えることができない．事象 C が E の原因であるかどうかを決定するためには，他の因子が C や E とどのような因果的関連をもつのかをあらかじめ知らなければならない．直感的に，原因がその結果の確率を増加させるという考え方は，他の条件は同じであるという制約に基づくものなければならない．したがって，循環性は，因果関係を評価するための「背景状況」を定義する必要性から生まれたものである．たとえば，生徒の年齢を同じにしておくかぎりにおいては，「算数を勉強する」ことによって，理科の試験に合格する確率は高まる．そうでなければ，算数の勉強は年齢に依存するため，実際には，試験に合格する確率は低くなるかもしれない．したがって，次のことを提案するのは自然であるように思われる．

定義 7.5.1

背景状況 K において，$P(E|C,F) > P(E|\neg C,F)$ を満たす条件 F が少なくとも1つ存在するとき，事象 C は E と因果的に関連するという[30]． □

しかし，どのような条件を背景状況に取り入れるべきなのだろうか？ 物理的環境を完全に記述すれば，確率的因果推論は（量子論レベルの考察を除いた）決定論的物理学へ変わってしまう．その一方で，背景因子を完全に無視する，あるいは，それらを大雑把に記述すれば，擬似相関や他の交絡効果が生じてしまう．自然な妥協案としては，背景状況それ自身が興味ある変数と「因果的に関連」することを要件にするというものであるが，このやり方はまさに確率的因果推論の定義において循環性が生じる原因である．

Simpson のパラドックスに関連してすでにいくつかの章で議論したように（3.3節，5.1.3項，

---

[30] K を変数集合，F をこれらの変数に割り当てられた特定の真理値であると解釈してよい．

7.5 構造的因果推論と確率的因果推論

6.1節を参照），適切な背景因子を選択する問題は，適切な交絡調整法を見つける問題によく似ている．（6.1節からわかるように）交絡を調整するための適切な共変量集合を選択する基準は，確率関係だけではなく，因果的情報に基づくものでなければならない．特に，背景因子として列挙された要因が C の影響を受けないことを確かめなければならない．そうでなければ，C と E の間に介在し，C と E を分離するような因子 F を常に見つけることができるため，C は E の原因として適切ではないということになる[31]．このとき，循環性が現れてくる．C が E に対する因果的役割（たとえば，薬の回復への影響）を調べるためには，まず C と E に関するすべての因子 F（たとえば，性別）の因果的役割を調べなければならない．

C に先行する因子すべてを条件づけることによって，C と E の両方に影響を与える因子を循環性から救い出すことができる．しかし，残念ながら，時間的順序だけでは識別することができない因子についても評価しなければならない．7.2.2項で用いた賭博の例を考えてみよう．公正なコイン投げを行い，その結果に対して表か裏のどちらかに賭けなければならない．正しく推測していれば勝ち，そうでなければ負ける．もちろん，コインが投げられれば（そして結果がまだわからないとき），表か裏のどちらに賭けても勝つ確率が同じであっても，賭けは勝ちと因果的に関連すると考えられる．（あらかじめ賭けが勝利に関連すると断言しないかぎり）F は賭け (C) に対して影響を与えることもなく，勝ち (E) に対しても因果的に関連しないため，F は共通原因基準を満たさない．しかし，C の因果的関連性を明らかにするためには，背景状況にコイン投げの結果 (F) を含めなければならない．残念ながら，コインを投げるのは賭ける前なのか後なのかは，今の問題とはまったく無関係であるため，F が C よりも先に起こるという理由で，それを背景状況に含めるのは適切ではない．したがって，時間的先行性だけでは背景状況を識別するには十分ではなく，Eells (1991) が「相互作用原因」とよんでいるもの，すなわち，

(i) C の因果的影響を受けず，

(ii) C（あるいは $\neg C$）と結合することで E の確率を増加させる，

という条件を満たす（単純化された）因子 F を含めるように，背景状況の定義を洗練しなければならない．

循環性は因果的関連性に関するすべての定義に本来備わっている性質であるために，確率的因果推論は時間的確率情報から因果関係を引き出す方法論ではなく，提案された因果関係の集合が時間的確率関係と整合するかを調べる方法論とみなすべきである．もっと形式的に，（完全な）変数集合 V に関する確率分布 P と時間的順序 O が与えられたとしよう．さらに，V に含まれる任意の変数の組（X と Y とする）が記号 R あるいは I とラベルづけされるとする．ここに，R は「因果的に関連する」ことを表しており，I は「因果的に関連しない」ことを表す．確率的因果推論により，提案された R と I のラベルづけが (P, O) と一致するかどうか，そして原因が先に起こり，結果の確率を増加させるという制約と整合するかどうかを検証する問題を扱うことができる．

現在のところ，最も優れた一致性検証法は Eells (1991) によって与えられた関連性基準に基づくものであり，それは次のように与えられる．

---

[31] C と E が F と $\neg F$ を与えたときに条件付き独立となるとき，F は E と C を「分離している」という．

一致性検証法

ラベルづけされた任意の変数の組 $R(X,Y)$ に対して，次の2つが成り立つかどうかを検証する．

(i) O において，X は Y に先行する．
(ii) Z のある値 z に対して $P(y|x,z) > P(y|x',z)$ を満たす x, x', y が存在する．ここに，Z は背景状況 K に含まれる変数集合のうち，$I(X,Z)$ かつ $R(Z,Y)$ を満たすものである．

この検証法によって，さらに次のような問題が生じる．

(a) すべての組 (P,O) に対して，矛盾のないラベルづけができるのか？
(b) どのような場合に一意的なラベルづけができるのか？
(c) それが存在するとき，矛盾なくラベルをつける方法はあるのか？

これらの問題に対するいくつかの考察はグラフィカルな方法論によって与えられているが (Pearl 1996)，重要なことは，循環性が存在するため，確率的因果推論の目的が因果発見から一致性検証へと変わっているということである．

また，条件づけに基づいて因果性を定義するという基本的方法論は，それが成功したとしても，介入に関する記述という観点では因果関係という自然な概念とは一致しないものである．この方法論の場合，まず，認識論的条件づけ $P(E|C)$ と因果関係 $P(E|do(C))$ が混同され，その結果，修正的条件づけを行うことによって擬似相関が取り除かれ，$P(E|C,F)$ が得られる．一方，構造的説明の場合には，自然界の不変性に基づいて因果関係（すなわち，定義 7.1.2 における部分モデル M_x）が直接的に定義される．これについては，定理 3.2.2 に続く議論を参照されたい．

7.5.3 近隣世界という仮定

確率的因果推論の基礎となる最も深刻でかつ回避できないパラダイムは，研究者が興味の対象となる問題についてすべての変数からなる確率関数の情報をもっているという仮定に依存している．この仮定は，解析に含まれているいくつかの変数に（物理的に）影響を与えるけれども，解析者が見ることのできない非観測的な擬似原因に関する不安を解消してくれる．このような「交絡因子」が存在する場合，確率から導かれる因果的な結論が逆転したり，否定されたりすることはよく知られている．たとえば，蚊の役割がわからなければ「大気の汚染」がマラリアの原因であるという結論を下す可能性がある．また，気圧計の目盛りの低下が雨の原因であるという結論を下したり，仕事に向かうことが仕事に遅れる原因であるという結論を下したりすることになるかもしれない．このような交絡因子が測定されない（場合によっては，疑われることさえない）ため，条件づける，あるいは「固定」しても，その影響を打ち消すことはできない．したがって，Hume の方法論を用いて生データから因果的情報を引き出す場合，このような情報の有効性はすべての関連因子を把握しているという検証不可能な仮定に依存するという問題に対処しなければならなくなる．

これにより，人間は環境からどうやって因果的情報を獲得するのか，もっと具体的にいうならば，子どもはどうやって経験から因果的情報を引き出しているのかという疑問が生じる．この現象を学習の統計的理論を通して説明しようとする確率的因果推論の提案者たちは，閉鎖的で孤立

した環境では子どもは操作を行うことはないという事実を無視してはならない．見落とされている外部条件によって，すべての学習環境における操作が規定されており，この外部条件にはしばしば予想すらできない秘密の方法で原因と結果を交絡させる潜在的能力がある．

幸運にも，子どもたちが閉鎖的で無菌状態という環境で成長しているわけではないということには利点がある．受動的な観察以外には，子どもは普通の統計家が入手することのできない，操作的実験と言語的アドバイスという2つの価値のある因果的情報をもっている．操作によって，因果的事象は既知のメカニズムの影響だけを受けることになり，結果を生成する非制御因子の影響を抑えることができる．「もちろん，他の因子を識別できなくても，一定に固定することができるというところに，独立的操作の魅力がある」(Cheng 1992)．結果を生成すると思われる環境因子の影響を操作が受けないことを保証するために，興味ある対象を自分の気まぐれな考えに従わせることによって，独立性を達成することができる．したがって，たとえば，子どもは，おもちゃを揺さぶればガチャガチャという音が出ると推測することができる．なぜなら，おもちゃを揺さぶってガチャガチャという音を出させるのは子どもの手であり，それは子どもの意思によってのみ規定されるからである．自由な操作という気まぐれな性質はランダム化実験という統計的概念に代わるものであり，制御されない環境因子によって生成される音から子どもの行動によって生成される音を取り出すのに有用である．

しかし，我々の環境にある変数の多くは直接的に操作できるわけではないため，操作的実験を用いても人間が獲得して所有している因果的知識すべてを説明できるわけではない．2番目に価値のある因果的知識は言語的アドバイス，すなわち，我々が両親，友人，先生，書籍から得たり，先人たちが得た操作的経験を符号化したりした対象のはたらきについての明確な因果的記述である．この因果的情報源は明らかで退屈なもののように思えるが，おそらくは我々がもっている数多くの因果的知識を構成するものであり，この知識がどのように変換されるのかを理解することは簡単ではない．「あなたがコップを押したから割れた」という因果的記述を理解するためには，そのような状況が起こったときの因果的知識を子どもがすでにもっていなければならない．たとえ今までに起こったコップの破損すべてがあなたの兄弟の仕業だとしても，あなたがコップを押せばあなたの兄弟ではなくあなたが怒られると推測するためには，非常に精巧な推論ツールが必要となる．ほとんどの子どもには，このツールが本能的に備わっているようである．

しかし，言語的入力は概して定性的なものである．テーブルの端にコップを置いたら壊れる確率が 2.85 倍に増加すると子どもに説明する親の話を聞いたことがない．因果推論に関する確率的アプローチではそのような定性的情報を人工的な数値構造に取り込んでいるのに対して，構造的アプローチ（7.1 節を参照）は我々が獲得し言語的に伝える定性的知識に基づいている．

7.5.4　特異的原因と一般的原因

7.2.3 項では，一般的な原因（たとえば，「ヘムロックを飲むと死亡する」）と特異的な原因（たとえば，「Socrates はヘムロックを飲んだから死亡した」）を区別することが，説明という性質を理解するのに重要な役割を果たすことを明らかにした．また，因果推論の確率的説明では，特異的な原因という概念（「トークン」あるいは「単一事象原因」として知られている）を適切に概念化あるいは定式化することができないことも述べた．本項では，これらの問題に関する性質を詳

しく調べ，それらの問題は確率的説明がもつ根本的な欠陥によって生じることを示そう．

第1章（図1.6）では，特異的な因果効果を評価するためには，反事実あるいは関数関係の形式の知識が必要となり，制御された実験によって得られた統計データであっても，そこからこのような知識を引き出すことはできないことを述べた．この限界は，7.2.2項で述べた反事実的記述を裏づけるために必要な情報の時間的持続性（あるいは不変性）に起因するものである．この持続性は，時間情報や因果的情報の質を高めても，統計的記述を行った場合には（平均化することによって）除かれてしまう．この基本的限界について，確率的因果推論に関する文献では興味ある見解が与えられ，特異的記述と一般的記述の関係について激しい議論が展開されてきた（たとえば，Good 1961; Cartwright 1989; Eells 1991; Hausman 1998 を参照）．

確率的因果推論に関する基本的見解の一つによれば，原因は結果の確率を増加させる．しかし，条件付き確率 $P(y|x)$ が $P(y|x')$ より小さいとき，事象 x が y の原因であると判断する場合がある．たとえば，一般に，ワクチン (x) は疾病 (y) の確率を減少させる一方で，しばしばワクチンそのものが対象者 u の疾病を引き起こすことがある（それは医学的にも確かめることができる）．構造モデルを勉強している学生にとって，このような逆転現象が何ら問題となることはない．なぜならば，彼らは，「対象者 u がワクチンを受け取らなかったならば (x')，u はまだ健康 (y') であった」という特異的記述を説明することができるからである．同じ構造モデルから計算される確率であるにもかかわらず，条件付き確率 $P(y|x)$ は小さいのに反事実的記述 $P(Y_{x'} = y'|x,y)$ の確率が高くなることがある（これら2つの量に対する厳密な関係は9.2節で与えられる）．しかし，このような逆転現象は，さまざまな理由で反事実に対して疑いをもちつつも確率的因果推論を勉強している学生に精神的なショックを与えるものである．その理由の一つは，反事実は決定論特有の雰囲気を漂わせているというものであり (Kvart 1986, pp.256–63)，もう一つの理由は，反事実は「（可能世界における尺度というツールを通じて）それについての意味論の起源だけがある」(Cartwright 1983, p.34) という不安定な形式的基盤に依存しているというものである．

確率の増加という概念と特異的な原因という概念を調和させるために，確率論研究者は，x が y の原因であると判断できるすべてのシナリオをしっかりと調べれば，x が y の確率を増加させるような部分母集団 $Z = z$，すなわち，

$$P(y|x,z) > P(y|x',z) \tag{7.47}$$

なる部分母集団 $Z = z$ を常に見つけることができると主張している．ワクチンの例では，このような母集団はワクチンの逆の影響を受けやすい対象者によって構成される．定義より，ワクチンはこの部分母集団の疾病発生確率を必ず増加させる．おかしなことに，ほとんどの哲学者は「逆の影響を受けやすい」因子が反事実的に定義されることに気づいておらず，また，そのような因子を条件づけることによって，決定論と反事実情報をこっそりと解析に取り入れるための秘密の裏口が開かれるということにも気づいてない．

反事実のぼんやりとした姿は，おそらく，4.5.1項で議論した経口避妊薬に関する Hesslow の例 (Hesslow 1976) に現れている．Jones さんは妊娠していないのだが，経口避妊薬を服用していることが血栓症を引き起こす原因であるかどうかを尋ねると仮定しよう．このとき，妊娠していない女性を対象としてこの問題を調べるのは適切ではない．Jones さんが避妊薬を服用していなけ

7.5 構造的因果推論と確率的因果推論

れば妊婦となったであろうという女性のクラスに属する場合には，彼女が妊娠するのを防げれば，避妊薬を使用することにより血栓症となる確率は小さくなるであろう．一方，彼女が避妊薬に関係なく妊娠しなかったであろうという女性のクラスに属する場合には，彼女が避妊薬を服用することにより血栓症になる確率は確実に大きくなる．この例は，2 つのテスト母集団には国語表現（ワクチンの例の「感受性」とは異なり）による正式名称がなく，反事実的用語を用いて明確に定義しなければならない理由を示している．ある女性が前者のクラスに属するか，それとも後者のクラスに属するかは多くの社会的あるいは環境的な偶然性に依存しているが，一般にそのことは知られておらず，このような偶然性を用いて人間がもつ不変的な特徴を定義するのは適切ではない．しかし，避妊薬が Jones さんの血栓症の原因であるかどうかを評価するためには，2 つのクラスを個別に考えなければならないということは認識されている．

したがって，トークンレベルの原因を扱う場合には，反事実から逃れることはできない．確率論研究者はトークンレベルの因果的主張を定義する際に反事実的構文を使わないよう主張している．しかし，その主張によりワクチンの例における「逆の影響を受けやすいであろう」や Jones さんの例における「妊娠しなかったであろう」というように，反事実を用いなければ表現できない部分母集団が導かれたのである[32]．

確率論研究者は，$Z = z$ なる部分クラスを極端な決定論へと精緻化する必要はないと主張している．なぜなら，(7.47) 式で示した y の確率を増加させる部分クラスを見つけることができれば，精緻化しなくてもよいからである．$Z = z$ なるテスト母集団を識別したり，人間の知識という合理的で仮想的なモデルから (7.47) 式を計算したりするための形式的手続きを伴わないかぎり，この主張はトートロジーとほとんど同じものである．残念ながら，確率的因果推論の文献は，その手続きや表現に関する問題には沈黙している[33]．

特に，どうすれば人間は適切な部分母集団 z をすばやくかつ確実に見つけることができるのか，そして y を引き起こすのが x であったかどうかという問いに対してどうすれば多くの人々が同じ答えをするのかを説明するとき，確率論研究者は深刻なジレンマに直面する．たとえば，(Suppes (1970) で引用された Debra Rosen によれば) 一般に，ゴルフボールが木の枝にぶつかればホールに入る (y) 確率は下がるが，木の枝によって偶然ゴルフボールの方向が変わり最終的にゴルフボールがホールに入るという状況が起こったならば，人間は即座に木の枝をゴルフボールがホールに入った「原因」であると確実に判断する．明らかに，この例において (7.47) 式を満たす部分母集団 z がある (そして，それは誰の心にもないと思われる) 場合には，z は少なくとも 2 つの特徴をもたなければならない．

(1) x の前後で起こる事象を含まなければならない．たとえば，ゴルフボールが木の枝に当

---

[32] Cartwright (1989, chap. 3) は確率増加に関する主張を裏づけるのに観測可能な変数（たとえば，妊娠）は十分ではないと認識していたが，その主張を裏づけるもっと優れた変数という必然的で反事実的な性質を主張することはなかった．これは偶然ではなく，Cartwright は因果分析から反事実を排除するよう強く主張していたのである (Cartwright 1983, pp. 34–5)．

[33] Eells (1991, chap. 6) や Shafer (1996a) は，y を生成する世界という現実的軌道において確率を増加させる判別パターンを明らかにしようと努力したが，どのような情報によって適切な軌道が選択されるのか，あるいは与えられた軌道に関する確率を計算するためにどのような情報が必要なのかについて明らかにすることはなかった．

たる角度と，ゴルフボールが木の枝に当たって跳ねた芝生の状態が z の一部分でなければならない．

(2) x と y に依存しなければならない．なぜなら，木の枝がもう一つの結果 y' を引き起こすかどうか，たとえば，ゴルフボールがホールから 2 ヤード手前で止まったかどうかを検証するためには，(7.47) 式において異なる条件付き集合 z' が必要となる．

これによって，因果推論に関する確率的アプローチに大きな方法論的矛盾が生じる．もし x と y を無視することで誤った z を選択し，x と y を意識することで z を正しく選択できるようになるのであれば，x と y の生起状態を人間の意識に組み込むプロセスが存在するはずである．そのプロセスとは何なのであろうか？ 確率的認識論の基準によると，条件づけという方法を通して証拠は人間の知識に組み込まれる．では，そのような選択，すなわち，x と y の生起状態を導く証拠を z から取り除くことはどのように正当化されるのだろうか？

(7.47) 式をよく見ると，z から x と y を取り除くと $P(y|x',z)$ は未定義となって $P(y|x,z)=1$ となるため，構文的理由により，強制的に z から x と y が取り除かれていることがわかる．実際，確率計算の構文では，y が実際に起こったときの事象 y の確率は，(明らかに) 1 であるので，そのときの y の確率を考える意味はない．我々にできる最善の方法は，一時的に現実世界から離れ，y が生起したことを無視し，そのときの y の確率を求めることである．この方法は，まさに，$P(Y_{x'}=y'|x,y)$ を規定する 3 つのステップ (仮説形成，行動，予測) に対応しており (定理 7.1.7 を参照)，(本節の例では) 高い値が得られ，木の枝 (x) がゴルフボールがホールに入った原因 (y) であると正しく判断できる．この方法からわかるように，部分母集団 z をもち出さなくても，x と y を通常のように条件づけることによって求めたい量を表現し評価することができる[34]．

皮肉にも，確率論研究者は反事実的条件を否定したばかりに，彼らが守ろうとした標準的な条件づけを使うことができなくなり，証拠となる簡単な情報も間接的な方法で扱わなくてはならなくなった．このような構文論的障壁は確率論研究者が因果推論の周辺に築いたものであるが，これによって，特異的な原因と一般的な原因の間に意図的な対立関係が生み出されている．しかし，そのような対立関係は構造的説明には存在しない．10.1.1 項では，標準的条件と反事実的条件 (すなわち，Y_x) の両方を用いることによって，特異的な原因と一般的な原因を別々に解析しなくてもよいことを示す．これら 2 つの原因は，問題に関するシナリオ特有の情報レベル，すなわち，$P(Y_x=y|e)$ に加えられる特別な証拠 e の点で異なっているだけである．

7.5.5 要　約

Cartwright (1983, p.34) は，因果関係に対して，反事実的アプローチよりも確率的アプローチの研究を推し進める理由を以下のように述べた．

> [反事実的アプローチでは] 反事実確率を評価しなければならない．その反事実確率には (可能世界における尺度というツールを通じて) 意味論の起源だけがあって方法論がなく，なぜ

---

[34] このときの適切な部分母集団 z は，$X(u)=x, Y(u)=y, Y_{x'}(u)=y'$ へ写像されるすべての u からなる集合と等しい．

7.5 構造的因果推論と確率的因果推論

その方法論が意味論にとって適切なのかという説明もない．反事実確率に関する主張をどうやって検証したらよいのだろうか？それに対する答えはない．ましてや，意味論の起源にとってふさわしい答えもないのである．したがって，標準的な方法を用いて実際の世界で検証できる事象の確率だけを必要とする有効性の尺度を開発することが望ましい．

過去 20 年における確率的アプローチの発展を調べてみると，Cartwright が強く希望していたものは，彼女が主張してきたフレームワークではなく，むしろ構造モデルに埋め込まれた反事実フレームワークという競争相手によって実現されている．「検証可能な事象」に基づく「有効性」（本書では，「因果効果」）の十分な特徴づけは，Simon (1953) や Strotz and Wold (1960) による修正可能構造モデルという概念に基づいて行われ，そこからバックドア基準（定理 3.3.2）や（(3.13) 式のような）確率的基準を簡単で特別なケースとして含む一般的な定理，すなわち，定理 4.3.1 が導かれた．反事実確率 $P(Y_{x'} \neq y|x,y)$ の観点から特異的原因を説明するためには，有意義な形式的意味論（7.1 節を参照）と効率的な評価方法（定理 7.1.7 と 7.1.3〜7.2.1 項を参照）による裏づけが必要である．一方，(7.47) 式の確率的基準は，あいまいで手続きのない議論の中に居残っている．非観測的実体（たとえば，世界の状態，背景状況，因果的関連性，感受性）を解析に加えると，因果的主張を検証可能なものにするという確率的フレームワーク本来の目的をあきらめることになり，検証可能問題に対する方法論の開発は構造的−反事実的フレームワークへ場所を変えて行われることになった（第 9 章を参照）．

非決定論的な物理学の教訓と共存するという理想は，確率的因果推論という方法論における唯一の実行可能な側面であるように思われる．本節では，この理想をもち続けることによって犠牲となったものが正当であるのかどうかという問題を提起した．また，確率的因果推論という方法論が抱える基本問題をしっかりと再評価すべきであることを述べた．その方法論が認識論の問題であるというのであれば，人間の因果性に対する認識は準決定論的なものであり，かつ因果的会話を行っている主体は今もなお誤りやすい人間であるため，「確率的」という言葉は互いに矛盾した言葉を並べたようなものである．一方，この方法論が現代物理学の問題であるというのであれば，「因果性」という言葉は本質的なものではなく，量子レベルの因果性はそれ自身の規則と直観に従う．その場合には，ほかの名前（おそらく，"qua-sality"）のほうがもっと適切かもしれない．しかし，人工知能や認知科学に関していえば，Laplace と Einstein が与えた準決定論的でマクロ的な近似を模倣するようにプログラムされたロボットのほうが，Born や Heisenberg や Bohr が与えた正しくとも直観に反する理論に基づいたロボットよりもかなり性能がよいと，著者は大胆に予想している．

第8章

不完全実験：因果効果の存在範囲と反事実

私はこの誤謬を論駁するのと同じくらい容易に真理を発見できればと願ってやまない[a].
Cicero (44 B.C.)

序　文

本章では，理想的なランダム化実験のプロトコルを逸脱した不完全実験において，グラフィカル・モデルと反事実モデル（3.2節と7.1節を参照）を組み合わせて因果的情報を引き出す方法論について議論する．たとえば，ランダム化臨床試験では，対象者が割り付けられた治療に従わない場合には不完全実験となり，因果効果を識別することができなくなる．このように識別可能条件が成り立たない場合には，我々には因果効果を存在範囲——すなわち，データ生成過程に関する情報がない状況において因果効果がとりうる存在範囲で，標本数を増やしても改良されることのないもの——でしか評価することができない．本章の目的は

1. このような存在範囲は単純な代数的手法によって得られる，
2. 不完全実験であっても，因果効果について得られた存在範囲は研究に参加している特定の対象者だけでなく，母集団全体への政策の影響について評価する際にも重要で，時には正確な情報を与える

ことを示すことにある．

8.1　はじめに

8.1.1　不完全実験と間接実験

生物学，医学，行動科学で行われている標準的な実験研究では，例外なくランダム割り付けが行われている．すなわち，対象者はさまざまな群（治療あるいはプログラム）にランダムに割り付けられ，異なる群のそれぞれに属する対象者について平均をとったとき，その平均の差がプログラム効果の尺度とみなされる．実験的要件のいくつかが満たされない，あるいはこれらの要件を意図的に緩めようとした場合，このような理想的な設定から逸脱することがある．ランダム割り付けが適切ではない，あるいは望まれていない研究を**間接実験**という．このような実験でも対象

---

[a] 訳者注：山下太郎・五之治昌比呂訳 (2000).『キケロー選集 11・哲学 IV』，岩波書店．

者はランダムにさまざまな群に割り付けられるが，各群に属する対象者は割り付けられた群に関するプログラムに参加するように指示されるだけで，強制されるものではない．したがって，どのプログラムを選択するかは対象者の意志に任されている．

近年，社会科学や医学の分野では，厳密なランダム割り付けを行うにあたって，次のような問題が指摘されている．

1. 完全なコントロールを達成する，あるいは確かめることは難しい．ランダム割り付けが適切に実施されていると仮定されている実験において**不完全なコンプライアンス**が存在する場合には，実験そのものの意味が弱くなってしまう．たとえば，実験薬を服用して有害反応が現れた対象者は，割り付けられた投与量を減らそうとするであろう．また，薬が末期疾病の治療に有効であるかどうかを検証する実験では，コントロール群に属しているかもしれないと考えた対象者は，他のところから薬を入手するかもしれない．こういった不完全なコンプライアンスが生じた場合，実験は間接的なものとなり，データから得られる結論にバイアスを生じさせてしまう．コンプライアンスに関する詳しいモデルをつくらないかぎり，このようなバイアスを修正することはできない (Efron and Feldman 1991)．

2. コントロール群に割り付けられた対象者に最善の治療を受けさせない場合には，倫理的にも法律的にも問題が生じる．たとえば，エイズの研究では，プラセボ群を割り付けられた対象者は潜在的に延命治療を受けることができなくなるため，プラセボの使用を正当化することは難しい (Palca 1989)．

3. ランダム化は，まさにそれが存在することによって，参加意志や行動にも影響を与える (Heckman 1992)．たとえば，ある学校で入学資格が意図的にランダム化されていることがわかった場合，その学校を受験することを控える受験生もいるかもしれない．同様に，Kramer and Shapiro (1984) は，薬のランダム化臨床試験と非実験的研究を比べると，対象群における治療もコントロール群における治療も危険なものではないとわかっていても，対象者はランダム化臨床試験に参加するのに消極的であることを指摘している．

以上のことから，研究者は，ランダム化実験においても証拠の信頼性が低下する場合があること，そして，ヒトを対象とした実験はしばしば自己選択的な要素を含んでおり，場合によってはそのような要素を含まざるをえない状況もあることを認めつつあることがわかる．

本章では，対象者自らが，どのプログラムに参加するのかを最終的に選択できる状況を考え，この状況において因果効果を推測する問題を扱う．この問題では，ランダム化は対象者にプログラムに参加するように，あるいは参加しないように促すという間接的な**操作**（あるいは**割り付け**）を行うためだけに使われる．たとえば，あるトレーニングプログラムの効果を評価する場合，生徒をランダムに選択して資格通知書を送ったり，候補者をランダムに選択してプログラムに関する参加奨励金を支給したりする．同様に，薬の臨床試験では，対象者はランダムに選択された投与量を服用するよう指示されるが，最終的な投与量は必要性に応じて対象者自らの意志で決めることになる．

単純に治療群とコントロール群を比較した場合には，母集団全体に治療を適用した場合の有効性を誤って推定することがある．そのため，不完全なコンプライアンスは問題となる．たとえば，

8.1 はじめに

薬の使用を中止した対象者がまさに悪い反応が現れた患者である場合には，その薬が実際の臨床現場で使う場合よりも有用であるという結論を下すかもしれない．このような研究では治療の有効性を**評価することができない**ことは第 3 章（3.5 節，図 3.7(b) を参照）でも述べた．すなわち，モデルについて何らかの仮定を加えないかぎり，試験での対象者数がいくら多くても，そして対象者それぞれの行動と反応に関する情報を得ることができたとしても，治療の有効性をデータからバイアスなく推定することはできない．

本章では，間接的なランダム化実験から得られる情報を用いてプログラムの実質的有効性を近似的に評価できるのかどうか，たとえば，プログラムを母集団全体に一様に適用した場合の有効性を推測する問題を扱う．本章で紹介する解析法により，極小の仮定を与えた下では，プログラムあるいは治療の因果効果は正確な点推定量ではなく存在範囲の形式で与えられることにはなるが，実際にそれを推測することができることがわかる．この存在範囲を用いれば，興味あるプログラムの因果効果はある測定可能な量よりも大きく，かつもう一つの測定可能な量よりも小さいということを保証することができる．

本章で使われる最も重要な仮定は，対象者それぞれに対する治療の割り付けが対象者の治療選択に影響を与えることはあっても，割り付けそのものが反応に直接的に影響を与えることはないというものである（7.4.5 項の操作変数の定義を参照されたい）．そして，もう一つの仮定は，実験研究では常に使われているものであるが，対象者はそれぞれ独立して治療に反応するというものである．これら 2 つの仮定以外には，治療に反応する程度と治療選択との関係に対して制約を課していない．

8.1.2 ノンコンプライアンスと Intent to Treat

ノンコンプライアンス問題においてよく使われている代替的解析法は，コントロール群と治療群を実際に受けた治療とは関係なく比較する Intent to Treat（ITT，治療意図による）解析である[1]．この解析では，治療そのものが疾病に対してどの程度影響を与えるのかが評価されているわけではなく，治療の**割り付け**が疾病に対してどの程度影響を与えるかが評価されている．ITT 解析に基づく推定値は，試験条件が実際に治療で使われている条件を完全に表現しているかぎり有効であるが，その一方で，試験には治療を受けたいという対象者の意志が反映されるべきである．試験に基づく意志よりも実践に基づく意志が強い場合，たとえば，政府機関から薬の承認を受けた後では，実際に受ける治療の有効性と治療が割り付けられたときの有効性はかなり異なる．たとえば，

(a) 薬は母集団の多くの対象者に対する有害事象である，

(b) 治療「群」（部分母集団）から脱落した対象者だけが回復する，

という 2 つの条件を満たす試験を考えよう．ITT 解析を行った場合，これらの対象者は実際には治療を**避けた**ために回復したにもかかわらず，治療群に属していることになっているため，対象者はこの薬を服用したために回復したという結論が下されてしまう．

ノンコンプライアンス問題に対処するもう一つのアプローチとして操作変数 (Angrist et al.

---

[1] 現在，FDA（米国食品医薬品局）はこのアプローチを用いて新薬の承認を行っている．

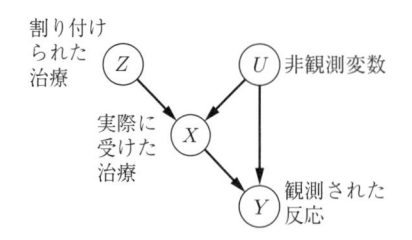

図 8.1 ノンコンプライアンスを伴うランダム化臨床試験での因果的従属関係を説明するためのグラフ

1996) を修正因子として用いる方法がある．これは，ITT 解析推定量を割り付けに従う対象者の割合で割ったものである．Angrist et al. (1996) は，ある条件の下で，割り付けられた治療に応じて治療状況を変えるような「敏感な」対象者からなる部分母集団においては，操作変数による推定が有用であることを示した．残念ながら，我々にはこのような部分母集団を識別することができないうえに，この方法は操作に依存する．すなわち，治療に対する動機づけと研究に対する動機づけが異なるような状況では，割り付けに対する選択が違ってくることがある．そのため，全母集団を対象とした政策の根拠として使うことができないという深刻な問題が生じる．本章では，コンプライアンス行動の変化によらない，治療の定常的な側面に着目する．

8.2 因果効果の存在範囲

8.2.1 問題の定式化

間接実験に関する基本的フレームワークを図 8.1 に示す．図 8.1 は図 3.7(b) や図 5.9 と同型である．本章ではノンコンプライアンス問題が生じる典型的な臨床試験を中心に考えるが，このモデルは，プログラムをランダムに選択するよう対象者に促すような一般的な研究に適用することができる．

ランダムに割り付けられた治療を Z，実際に受けた治療を X，反応を Y とおき，それぞれ二値の観測変数とする．また，U は観測変数や非観測変数からなる集合であり，対象者が治療を受けたときの反応に影響を与えるものである．したがって，U から Y へ矢線が引かれている．U から X へも矢線も引かれているが，これは U が対象者の治療選択 X に影響を与えることを示している．このような従属関係は割り付け (Z) と実際の治療 (X) の間にある複雑な決定過程を表している．

議論を簡単にするために，変数 Z, X, Y のとりうる値をそれぞれ z, x, y で表し，次のような意味をもつものとする．

$z \in \{z_0, z_1\}$, z_1 は治療が割り付けられたことを意味する (z_0 はその逆である)．
$x \in \{x_0, x_1\}$, x_1 は実際に治療を受けたことを意味する (x_0 はその逆である)．
$y \in \{y_0, y_1\}$, y_1 は良い反応が現れたことを意味する (y_0 は悪い反応を意味する)．

U については，特にその領域を規定しておく必要はなく，連続型確率変数と離散型確率変数を含むいくつかの確率変数の空間の組み合わせでよい．

8.2 因果効果の存在範囲

このグラフィカル・モデルは次のような仮定を表している.

1. 割り付けられた治療 Z が Y に直接影響を与えることはなく,実際に受けた治療 X を通して影響を与える.実際, Z から Y への直接効果はプラセボを利用することによって調整できる.
2. 変数 Z と U は周辺独立である.これは Z がランダムに割り付けられることによって保証されており,これによって Z と U の間にある共通原因を取り除くことができる.

これらの仮定により,同時分布は

$$P(y,x,z,u) = P(y|x,u)P(x|z,u)P(z)P(u) \tag{8.1}$$

と分解できる.この式では, U は非観測変数であるため,直接観測できないことはいうまでもない.一方,周辺分布 $P(y,x,z)$ と条件付き分布

$$P(y,x|z) = \sum_u P(y|x,u)P(x|z,u)P(u), \qquad z \in \{z_0, z_1\} \tag{8.2}$$

は観測可能である[2].このとき,治療を受けたときの Y の平均的変化をこの分布から評価することを考えよう.

治療効果は分布 $P(y|do(x))$ によって規定され,(3.10) 式の切断因数分解を使って

$$P(y|do(x)) = \sum_u P(y|x,u)P(u) \tag{8.3}$$

と表現することができる.ここに, $P(y|x,u)$ と $P(u)$ は (8.2) 式に現れている確率分布と同じである.このとき,治療を受けたときの Y の平均的変化に関心がある場合には,**平均因果効果** $\text{ACE}(X{\to}Y)$ を計算しなければならない (Holland 1988).ここに, $\text{ACE}(X{\to}Y)$ は

$$\begin{aligned}\text{ACE}(X{\to}Y) &= P(y_1|do(x_1)) - P(y_1|do(x_0)) \\ &= \sum_u [P(y_1|x_1,u) - P(y_1|x_0,u)]P(u) \end{aligned} \tag{8.4}$$

で与えられる.

ここで,(8.2) 式で与えられた観測変数の分布 $P(y,x|z_0)$ と $P(y,x|z_1)$ から (8.4) 式の存在範囲あるいは推定量を求めよう.この問題は,(8.2) 式で与えた等号制約の下で,(8.4) 式の最小値と最大値を求める制約つき最適化問題に帰着される.ここに,最適化は,制約条件 (8.2) 式を満たす関数

$$P(u), \quad P(y_1|x_0,u), \quad P(y_1|x_1,u), \quad P(x_1|z_0,u), \quad P(x_1|z_1,u)$$

のそれぞれがとりうる範囲で行われる.

8.2.2 潜在反応変数の展開

8.2.1 項で与えた存在範囲の問題は,数学的最適化技術を使うことによって解くことができる.

---
[2] 実際には, $P(y,x|z)$ に基づく標本は有限個しか観測されないことはいうまでもない.しかし,本書では推定ではなく識別を目的としているため,大標本が採取されていると仮定し, $P(y,x|z)$ は与えられたものとする.

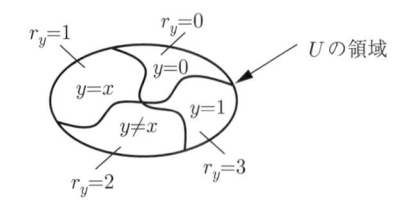

図 8.2 U の 4 つの同値クラスへの分割を表現したグラフ．任意の関数 $y = f(x, u)$ に対して，それぞれのクラスにより X から Y への異なる関数的写像が導かれる．

しかし，U の領域は明確ではなく，また，(8.2) 式の関数が連続であるため，この表現を用いて計算するのは困難である．そこで，U を有限個の状態をとる単一変数で置き換えることによって，Z, X, Y に関するすべての操作と観測について同値なモデルが得られるという事実を利用する (Pearl 1994a).

二値の確率変数 X と Y が

$$y = f(x, u)$$

という構造方程式で結びつけられた因果モデルを考えよう．任意の u に対して，X と Y の関係は

$$\begin{aligned} f_0 &: y = 0, \quad f_1 : y = x, \\ f_2 &: y \neq x, \quad f_3 : y = 1 \end{aligned} \tag{8.5}$$

のうちの 1 つを満たさなければならない．u はその領域の中だけで変動するため，どんなに複雑な変動であっても，u が与えるモデルへの影響は，これら 4 つの関数に従って X と Y の関係を変えるだけである．図 8.2 からわかるように，U の領域は 4 つの同値クラスに分割されており，それぞれのクラスは同じ関数に対応する u を含んでいる．したがって，U は 4 つの状態を示す変数 $R(u)$ を用いて書き直すことができる．ここに $R(u)$ の状態それぞれは 4 つの関数のうちの 1 つを表す．そして，確率 $P(u)$ は自動的に確率 $P(r), r = 0, 1, 2, 3$ に変換され，r に対応する同値なクラスに割り当てられた重みの和として与えられる．Balke and Pearl (1994a, b) は R のような状態極小変数を「反応」変数とよび，Heckerman and Shachter (1995) は「写像」変数とよんでいる[3].

Z, X, Y はすべて二値の確率変数であるから，U の状態を 16 個の同値クラスに分割することができる．各クラスは，Z から X への写像と，X から Y への写像という 2 種類の関数的写像を規定する．これらの同値クラスを表現するために，各クラスを 2 つの四値確率変数 R_x と R_y に関する同時空間上の点とみなすことにする．まず，

---

[3] Frangakis and Rubin (2002) はそれらを「主要層別」と名づけ，それらが洞察に富んだものであることに気づいた．潜在反応モデル (7.4.4 項を参照) では，u は対象者を表しており，$R(u)$ は治療 x を受けたときの対象者 u の潜在的な反応を表している．治療を受けたときの個々の対象者の反応状態を規定する因子は複雑に絡み合っており，しかもその多くは観測できない．そのため，対象者（たとえば，個人）それぞれが固有で，表向きは「運命的」な反応関数をもつという仮定に対して，いくつかの批判がある (Dawid 2000). 方程式 $y = f(x, u)$ によりそのような変数の存在が表現されていることを認め，$R(u)$ を用いて潜在変数に関するシステムを自然かつ数学的に記述すれば，$R(u)$ に基づいた同値クラスを表現できるため，こういった批判を和らげることができる．$y = f(x, u)$ により潜在変数の存在が表現されているということに対して量子力学的な観点から批判している研究者（たとえば Salmon 1998）は，$y = f(x, u)$ を (8.1) 式と (8.2) 式を満たす条件付き確率の集合 $P(y|x, u)$ の端点（頂点）を表す抽象的な数学的構造体とみなすべきである．

8.2 因果効果の存在範囲

$$x = f_X(z, r_x) = \begin{cases} x_0, & r_x = 0 \quad \text{であるとき} \\ x_0, & r_x = 1 \quad \text{かつ} \quad z = z_0 \quad \text{であるとき} \\ x_1, & r_x = 1 \quad \text{かつ} \quad z = z_1 \quad \text{であるとき} \\ x_1, & r_x = 2 \quad \text{かつ} \quad z = z_0 \quad \text{であるとき} \\ x_0, & r_x = 2 \quad \text{かつ} \quad z = z_1 \quad \text{であるとき} \\ x_1, & r_x = 3 \quad \text{であるとき} \end{cases} \tag{8.6}$$

という写像を定義すれば，変数 R_x により対象者のコンプライアンス行動を記述できる．$r = 0, 1, 2, 3$ というコンプライアンス行動をもつ対象者は（それぞれ）never-taker, complier, defier, always-taker とよばれる (Imbens and Rubin 1997)．同様に，

$$y = f_Y(x, r_y) = \begin{cases} y_0, & r_y = 0 \quad \text{であるとき} \\ y_0, & r_y = 1 \quad \text{かつ} \quad x = x_0 \quad \text{であるとき} \\ y_1, & r_y = 1 \quad \text{かつ} \quad x = x_1 \quad \text{であるとき} \\ y_1, & r_y = 2 \quad \text{かつ} \quad x = x_0 \quad \text{であるとき} \\ y_0, & r_y = 2 \quad \text{かつ} \quad x = x_1 \quad \text{であるとき} \\ y_1, & r_y = 3 \quad \text{であるとき} \end{cases} \tag{8.7}$$

という写像を定義すれば，変数 R_y により対象者の反応状態を記述できる．本書では，Heckerman and Shachter (1995) に従って，反応状態 $r_y = 0, 1, 2, 3$ を（それぞれ）never-recover, helped, hurt, always-recover とよぶことにする．

変数 R_y の状態と 7.1 節で定義された潜在的な反応変数 Y_{x_0}, Y_{x_1}（定義 7.1.4）の対応関係は

$$Y_{x_1} = \begin{cases} y_1, & r_y = 1 \text{ または } r_y = 3 \text{ であるとき} \\ y_0, & \text{その他} \end{cases}$$

$$Y_{x_0} = \begin{cases} y_1, & r_y = 2 \text{ または } r_y = 3 \text{ であるとき} \\ y_0, & \text{その他} \end{cases}$$

となる．

一般に，反応とコンプライアンスは独立ではないため，R_x と R_y の関係は図 8.3 のような双方向矢線 $R_x \leftarrow\text{-}\rightarrow R_y$ で表現される．$R_x \times R_y$ 上の同時分布は 15 個の独立なパラメータをもつ．X と Y はグラフにおける親を与えたときの決定論的な関数関係を表しているため，これらのパラメータを使って，図 8.3 で規定されたモデル $P(y, x, z, r_x, r_y) = P(y|x, r_y)P(x|r_x, z)P(z)P(r_x, r_y)$ を十分に記述することができる．したがって，因果効果は (8.7) 式より

$$P(y_1|do(x_1)) = P(r_y = 1) + P(r_y = 3) \tag{8.8}$$

$$P(y_1|do(x_0)) = P(r_y = 2) + P(r_y = 3) \tag{8.9}$$

$$\text{ACE}(X \to Y) = P(r_y = 1) - P(r_y = 2) \tag{8.10}$$

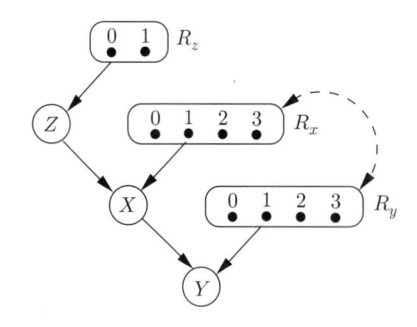

図 8.3 有限状態の反応変数 R_z, R_x, R_y を導入した図 8.1 と構造的に同値なモデル

と書くことができる．

8.2.3 線形計画法に基づく定式化

パラメータ $P(y,x|z)$ と $P(r_x, r_y)$ の関係を詳しく記述することによって，$P(y,x|z)$ を与えたときの $\mathrm{ACE}(X {\to} Y)$ の最大値と最小値を求めるのに必要な線形制約式を得ることができる．

観測変数の条件付き確率 $P(y,x|z)$ は 8 つのパラメータによって完全に規定される．ここでは，それらを

$$p_{00.0} = P(y_0, x_0|z_0), \quad p_{00.1} = P(y_0, x_0|z_1),$$
$$p_{01.0} = P(y_0, x_1|z_0), \quad p_{01.1} = P(y_0, x_1|z_1),$$
$$p_{10.0} = P(y_1, x_0|z_0), \quad p_{10.1} = P(y_1, x_0|z_1),$$
$$p_{11.0} = P(y_1, x_1|z_0), \quad p_{11.1} = P(y_1, x_1|z_1)$$

とおく．また，確率的制約

$$\sum_{n=00}^{11} p_{n.0} = 1 \quad \sum_{n=00}^{11} p_{n.1} = 1$$

より，$\vec{p} = (p_{00.0}, \cdots, p_{11.1})$ は 6 次元空間上の点によって規定されることがわかる．この空間を P とする．

一方，同時分布 $P(r_x, r_y)$ は

$$q_{jk} \triangleq P(r_x = j, r_y = k) \tag{8.11}$$

という 16 個のパラメータをもつ．ここに，$j, k \in \{0, 1, 2, 3\}$ である．確率的制約

$$\sum_{j=0}^{3}\sum_{k=0}^{3} q_{jk} = 1$$

より，$\vec{q}$ は 15 次元空間上の点によって規定されることがわかる．この空間を Q とする．

これより，(8.10) 式はパラメータ Q の線形結合として，

$$\mathrm{ACE}(X {\to} Y) = q_{01} + q_{11} + q_{21} + q_{31} - q_{02} - q_{12} - q_{22} - q_{32} \tag{8.12}$$

と表現することができる．(8.6) 式と (8.7) 式より，Q 上の点 $\vec{q}$ から P 上の点 $\vec{p}$ への線形変換として

8.2 因果効果の存在範囲

$$p_{00.0} = q_{00} + q_{01} + q_{10} + q_{11}, \quad p_{00.1} = q_{00} + q_{01} + q_{20} + q_{21},$$
$$p_{01.0} = q_{20} + q_{22} + q_{30} + q_{32}, \quad p_{01.1} = q_{10} + q_{12} + q_{30} + q_{32},$$
$$p_{10.0} = q_{02} + q_{03} + q_{12} + q_{13}, \quad p_{10.1} = q_{02} + q_{03} + q_{22} + q_{23},$$
$$p_{11.0} = q_{21} + q_{23} + q_{31} + q_{33}, \quad p_{11.1} = q_{11} + q_{13} + q_{31} + q_{33}$$

を得ることができる．これは $\vec{p} = \boldsymbol{R}\vec{q}$ という行列表現を用いて記述することができる．

P 上の点 $\vec{p}$ が与えられたとき，ACE$(X \to Y)$ の下限は

$$\begin{aligned} \sum_{j=0}^{3}\sum_{k=0}^{3} q_{jk} &= 1, \\ \boldsymbol{R}\vec{q} &= \vec{p} \\ q_{jk} &\geq 0 \quad j, k \in \{0, 1, 2, 3\} \end{aligned} \tag{8.13}$$

を制約式として，

$$q_{01} + q_{11} + q_{21} + q_{31} - q_{02} - q_{12} - q_{22} - q_{32}$$

を最小化する線形計画問題を解くことによって得ることができる．

なお，この程度の大きさの問題であれば，記号論的導出法を用いて存在範囲を求めることができる (Balke 1995)．その結果，治療効果の下限は

$$\text{ACE}(X \to Y) \geq \max \left\{ \begin{array}{c} p_{11.1} + p_{00.0} - 1 \\ p_{11.0} + p_{00.1} - 1 \\ p_{11.0} - p_{11.1} - p_{10.1} - p_{01.0} - p_{10.0} \\ p_{11.1} - p_{11.0} - p_{10.0} - p_{01.1} - p_{10.1} \\ -p_{01.1} - p_{10.1} \\ -p_{01.0} - p_{10.0} \\ p_{00.1} - p_{01.1} - p_{10.1} - p_{01.0} - p_{00.0} \\ p_{00.0} - p_{01.0} - p_{10.0} - p_{01.1} - p_{00.1} \end{array} \right\} \tag{8.14a}$$

で与えられ，上限は

$$\text{ACE}(X \to Y) \leq \min \left\{ \begin{array}{c} 1 - p_{01.1} - p_{10.0} \\ 1 - p_{01.0} - p_{10.1} \\ -p_{01.0} + p_{01.1} + p_{00.1} + p_{11.0} + p_{00.0} \\ -p_{01.1} + p_{11.1} + p_{00.1} + p_{01.0} + p_{00.0} \\ p_{11.1} + p_{00.1} \\ p_{11.0} + p_{00.0} \\ -p_{10.1} + p_{11.1} + p_{00.1} + p_{11.0} + p_{10.0} \\ -p_{10.0} + p_{11.0} + p_{00.0} + p_{11.1} + p_{10.1} \end{array} \right\} \tag{8.14b}$$

で与えられる．

また，(8.8) 式および (8.9) 式に対する存在範囲も（同じ制約条件の下で）得ることができ，それぞれ

$$P(y_1|do(x_0)) \geq \max \begin{Bmatrix} p_{10.0} + p_{11.0} - p_{00.1} - p_{11.1} \\ p_{10.1} \\ p_{10.0} \\ p_{01.0} + p_{10.0} - p_{00.1} - p_{01.1} \end{Bmatrix}$$

$$P(y_1|do(x_0)) \leq \min \begin{Bmatrix} p_{01.0} + p_{10.0} + p_{10.1} + p_{11.1} \\ 1 - p_{00.1} \\ 1 - p_{00.0} \\ p_{10.0} + p_{11.0} + p_{01.1} + p_{10.1} \end{Bmatrix}$$
(8.15)

$$P(y_1|do(x_1)) \geq \max \begin{Bmatrix} p_{11.0} \\ p_{11.1} \\ -p_{00.0} - p_{01.0} + p_{00.1} + p_{11.1} \\ -p_{01.0} - p_{10.0} + p_{10.1} + p_{11.1} \end{Bmatrix}$$

$$P(y_1|do(x_1)) \leq \min \begin{Bmatrix} 1 - p_{01.1} \\ 1 - p_{01.0} \\ p_{00.0} + p_{11.0} + p_{10.1} + p_{11.1} \\ p_{10.0} + p_{11.0} + p_{00.1} + p_{11.1} \end{Bmatrix}$$
(8.16)

となる．これらの表現は観測確率に基づく治療効果の最狭存在範囲となっており，仮定によらない[4]．

8.2.4 自然な存在範囲

ACE($X \rightarrow Y$)（(8.4) 式を参照）は簡単な公式によって存在範囲を与えることができ，(8.14a) 式と (8.14b) 式の最初の2つの式

$$\begin{aligned} \text{ACE}(X \rightarrow Y) &\geq P(y_1|z_1) - P(y_1|z_0) - P(y_1, x_0|z_1) - P(y_0, x_1|z_0) \\ \text{ACE}(X \rightarrow Y) &\leq P(y_1|z_1) - P(y_1|z_0) + P(y_0, x_0|z_1) + P(y_1, x_1|z_0) \end{aligned}$$
(8.17)

で与えられる (Robins 1989; Manski 1990; Pearl 1994a)．その簡単さと適用範囲の広さから，(8.17) 式は**自然な存在範囲**とよばれている (Balke and Pearl 1997)．自然な存在範囲は，2つの観測量の和 $P(y_1, x_0|z_1) + P(y_0, x_1|z_0)$ の分だけ，実際に治療を受けたときの因果効果が治療を割り付けたときの因果効果 $P(y_1|z_1) - P(y_1|z_0)$ よりも小さくなることはないことを保証している．また，$P(y_0, x_0|z_1) + P(y_1, x_1|z_0)$ の分だけ，治療効果が割り付けの因果効果 $P(y_1|z_1) - P(y_1|z_0)$ よりも大きくなることはないことも保証している．自然な存在範囲の幅は，驚くことではないが，ノンコンプライアンスの割合 $P(x_1|z_0) + P(x_0|z_1)$ となっている．

実際，(8.14ab) 式で与えられた存在範囲の幅をさらに狭くすることができる．Balke (1995) と Pearl (1995b) は，ノンコンプライアンスが50%存在している場合でも，上限と下限を一致させ

---

[4] 「透明な仮定」といったほうがよいのかもしれない．対象者のコンプライアンスを規定する要因については何も仮定していないが，グラフからわかるように（たとえば，図 8.1)，(1) ランダム割り付け，(2) Z は Y に直接的な影響を与えない，ことを仮定している．

ることができ，ACE($X \to Y$) の一致推定量を得ることができることを示している．これは，

(a) 割り付け z_0 に従う対象者の割合と z_1 に従う対象者の割合が同じであり，

(b) Y と Z が少なくとも1つの治療群 x を与えたときに完全な相関をもつ

場合にはいつでも得られる（8.5節の表 8.1 を参照）．

最狭存在範囲 (8.14ab) 式は自然な存在範囲 (8.17) 式よりも複雑ではあるが，8つのセルに対応する確率 $P(y,x|z)$ さえわかれば簡単に計算することができる．また，**あまのじゃくな対象者**，すなわち，割り付けとは反対の治療を常に選択する対象者はいない場合には，自然な存在範囲は最狭存在範囲であることが知られている (Balke 1995)．

また，反応 Y が連続型確率変数である場合には，二値の事象 $Y>t$ と $Y\le t$ のそれぞれを y_1 と y_0 に対応させ，t を Y の領域上で連続に変化させればよい．このとき，(8.15) 式と (8.16) 式は治療効果の母集団分布 $P(Y<t|do(x))$ の存在範囲となる．

8.2.5 実際に治療を受けた部分母集団における治療効果

ACE($X \to Y$) は，治療を一様（ランダム）に母集団全体に受けさせた場合の効果を表しているため，多くの文献においては ACE($X \to Y$) が興味あるパラメータとなっている．これに対して，本項では，政策立案者は新しい政策（治療）を導入することに関心はなく，既存のシステムで使われているプログラムをそのまま続けるか，あるいは中止するかを決定することに関心がある場合を考えよう．この場合，興味あるパラメータは実際に**治療を受けた**部分母集団における治療効果，すなわち，実際に治療を受けた対象者の平均的反応と同じ対象者が治療を受けなかった場合の平均的反応の比較である (Heckman 1992)．このときの適切なパラメータは

$$\begin{aligned}\text{ACE}^*(X \to Y) &= P(Y_{x_1} = y_1|x_1) - P(Y_{x_0} = y_1|x_1) \\ &= \sum_u [P(y_1|x_1,u) - P(y_1|x_0,u)]P(u|x_1)\end{aligned} \quad (8.18)$$

で与えられる．$X=x_1$ を与えたときの条件付き期待値で u の期待値を置き換えていることを除けば，(8.18) 式と (8.4) 式は同じ形である．

No-intrusion ($P(x_1|z_0) = 0$，すなわち，プラセボ群に割り付けられた対象者は新薬を入手することができないという仮定であり，多くの臨床試験で成り立つ）という仮定の下では，ACE$^*(X \to Y)$ を識別することができるが (Bloom 1984; Heckman and Robb 1986; Angrist and Imbens 1991)，一般に，ACE$^*(X \to Y)$ に対する自然な存在範囲は

$$\begin{aligned}\text{ACE}^*(X \to Y) &\ge \frac{P(y_1|z_1) - P(y_1|z_0)}{P(x_1)/P(z_1)} - \frac{P(y_0,x_1|z_0)}{P(x_1)} \\ \text{ACE}^*(X \to Y) &\le \frac{P(y_1|z_1) - P(y_1|z_0)}{P(x_1)/P(z_1)} - \frac{P(y_1,x_1|z_0)}{P(x_1)}\end{aligned} \quad (8.19)$$

で与えられる (Pearl 1995b)．最狭存在範囲は Balke (1995, p.113) で与えられている．明らかに，割り付けられた対象者だけが新治療を受けられる場合には $P(x_1|z_0) = 0$ となり，

$$\text{ACE}^*(X \to Y) = \frac{P(y_1|z_1) - P(y_1|z_0)}{P(x_1|z_1)} \quad (8.20)$$

が得られる．ACE($X \to Y$) とは異なり，ACE$^*(X \to Y)$ は割り付けという操作に依存しているた

め，ACE*$(X{\rightarrow}Y)$ は治療の本質的な部分を表しているわけではないが，現在参加している対象者にとって既存のプログラムの効果があるかどうかを評価するような研究では有用である．

8.2.6 例：コレスチラミンの効果

ACE$(X{\rightarrow}Y)$ の存在範囲から因果効果に対する重要な情報が得られることを示すために，高脂血症臨床試験のデータ (Lipid Research Clinics Program 1984) を考えよう．Efron and Feldman (1991) は，このデータの一部 (337 人) について解析を行っており，本項でもこのデータを用いることにする．この研究では，対象者は 2 つの治療群にほぼ同じサイズでランダムに割り付けられ，治療群に属する対象者にはコレスチラミンが処方され (z_1)，もう一つの群にはプラセボが処方されている (z_0)．治療が始まってから数年の間，対象者全員のコレステロール値が何度も測定され，その平均が治療後のコレステロール値として利用されている (連続変数 C_F)．また，対象者それぞれのコンプライアンスは，服用された処方量 (連続量) を調べることによって決定されている．

この研究で得られたデータに基づいて治療効果の存在範囲 (8.17) 式を評価するために，まず，割り付け Z，実際に受けた治療 X，反応 Y に対して閾値を設定し，連続データを二値のデータへ変換した．服用量に対する閾値として，最大服用量と最小服用量のおおむね中央の値が選択され，コレステロールの低下に対する閾値として 28 が設定された．このように閾値を設定した後に得られたデータに基づいて

$$P(y_0, x_0|z_0) = 0.919, \quad P(y_0, x_0|z_1) = 0.315,$$
$$P(y_0, x_1|z_0) = 0.000, \quad P(y_0, x_1|z_1) = 0.139,$$
$$P(y_1, x_0|z_0) = 0.081, \quad P(y_1, x_0|z_1) = 0.073,$$
$$P(y_1, x_1|z_0) = 0.000, \quad P(y_1, x_1|z_1) = 0.473$$

という 8 つの確率が得られた[5]．

このデータから，コンプライアンスの割合は

$$P(x_1|z_1) = 0.139 + 0.473 = 0.61$$

であることがわかる．$P(z_1) = 0.50$ である場合，平均的変化は

$$P(y_1|x_1) - P(y_1|x_0) = \frac{0.473}{0.473 + 0.139} - \frac{0.073 + 0.081}{1 + 0.315 + 0.073} = 0.662$$

となり，割り付けによる効果は (ITT 解析により)

$$P(y_1|z_1) - P(y_1|z_0) = 0.073 + 0.473 - 0.081 = 0.465$$

となる．一方，(8.17) 式より，ACE$(X{\rightarrow}Y)$ の存在範囲は

$$\text{ACE}(X{\rightarrow}Y) \geq 0.465 - 0.073 - 0.000 = 0.392$$
$$\text{ACE}(X{\rightarrow}Y) \leq 0.465 + 0.315 + 0.000 = 0.780$$

---

[5] ここでは，大標本を仮定しており，$P(y,x|z)$ に対して相対頻度を与えている．コントロール実験に関する伝統的なデータ解析と同じように，存在範囲にも有意水準や信頼区間を追加して，標本変動を説明しておいたほうがよい．8.5.1 項ではギブス・サンプリングを使って標本変動を評価している．

となる．

これらの結果は非常に有用な情報を与えている．すなわち，対象者の 38.8% が治療プロトコルから逸脱しているにもかかわらず，母集団全員にコレスチラミンを服用させた場合，少なくとも 39.2% の対象者についてはコレステロール値を 28 以上低下させることができると主張することができる．

「実際に治療を受けた部分母集団」における治療効果も非常に有用な情報を与えている．(8.20) 式を使うことによって，$\text{ACE}^*(X \to Y)$ は ($P(x_1|z_0) = 0$ より)

$$\text{ACE}^*(X \to Y) = \frac{0.465}{0.610} = 0.762$$

と正確に評価することができる．すなわち，この治療を受けた対象者がもし治療を受けなかった場合と比べると，かなり回復している．このことから，治療を受けることによって，この部分母集団のうち 76.2% の対象者についてはコレステロール値を少なくとも 28 以上低下させることができると主張することができる．

8.3 反事実と法的責任

原告が被告の行為によって不利益をこうむったと主張するような法律的訴訟では，反事実確率を評価することが重要となる．しかし，反事実が適切に扱われないまま，不当な判決が軽々と言い渡されることがある．以下では，Balke and Pearl (1994a) が与えた仮想例を用いて，因果効果と因果的寄与の違いを明らかにしよう．

PeptAid（制酸薬）の販売会社がカリフォルニア州ストレス市の 10% の世帯をランダムに選択し，製品サンプルを送った．追跡調査では，対象者が PeptAid サンプルを受け取ったかどうか，PeptAid を服用したかどうか，翌月に消化性潰瘍となったかどうかが調べられた．

このシナリオに関する因果構造は，図 8.1 のノンコンプライアンスモデルと同じである．ここに，販売会社から PeptAid を受け取ったことを z_1，PeptAid を服用したことを x_1，消化性潰瘍となったことを y_1 で表す．また，この追跡調査によって得られたデータを

$$P(y_0, x_0|z_0) = 0.32, \quad P(y_0, x_0|z_1) = 0.02,$$
$$P(y_0, x_1|z_0) = 0.32, \quad P(y_0, x_1|z_1) = 0.17,$$
$$P(y_1, x_0|z_0) = 0.04, \quad P(y_1, x_0|z_1) = 0.67,$$
$$P(y_1, x_1|z_0) = 0.32, \quad P(y_1, x_1|z_1) = 0.14$$

とする．このデータより，PeptAid を服用した対象者と消化性潰瘍となった対象者の間には

$$P(y_1|x_1) = 0.50, \quad P(y_1|x_0) = 0.26$$

という高い関連が見られることがわかる．また，ITT 解析により，

$$P(y_1|z_1) = 0.81, \quad P(y_1|z_0) = 0.36$$

となり，PeptAid のサンプルを受け取った対象者が消化性潰瘍となる割合は 45% ほど大きくなっ

ていることがわかる．

原告（Smith氏）はこの結果を聞いて，PeptAidの販売会社と製造会社の両方に対して訴訟を起こした．原告側弁護士は，PeptAidを服用することで，Smith氏は潰瘍となり医療費が増えたとして製薬会社を訴え，販売会社がサンプルを配布しなければ潰瘍となることはなかったとして販売会社を訴えた．PeptAidの製造会社と販売会社の被告側弁護士は，この訴えに対して，PeptAidの使用量と潰瘍に高い関連が見られるのは共通原因である潰瘍前の不快感によるものであると反論した．胃腸の不快感をもつ対象者はPeptAidを服用しかつ胃潰瘍となる傾向がある．被告側弁護士は「データ解析の専門家の見解によると，平均的に，PeptAidを服用することによって潰瘍が発症する割合は少なくとも15%程度減っている」と述べ，製造会社と販売会社側の主張を裏づけた．

実際，(8.14ab) 式より，PeptAid服用量の消化性潰瘍に対する治療効果の存在範囲は

$$-0.23 \leq \mathrm{ACE}(X \to Y) \leq -0.15$$

となり，PeptAidは母集団全体にとって有益なものであることがわかる．

しかし，原告側弁護士は，全母集団に対する治療効果とPeptAidのサンプルを受け取り，使用し，潰瘍となった対象者からなる部分母集団に対する治療効果とは違っていると主張した．母集団に基づくデータ解析を行うと，PeptAidが配布されなければ，Smith氏が潰瘍になる割合は，潰瘍前の痛みのような交絡因子とは関係なくせいぜい7%であり，Smith氏がPeptAidを服用しなければ，潰瘍になる確率もせいぜい7%であると述べた．

販売会社にとって不利となる解析結果は，原告が実際にPeptAidのサンプルを受け取り，服用し，消化性潰瘍となったという状況の下で，もしPeptAidのサンプルを受け取らなかったら，消化性潰瘍にはならなかったであろう反事実確率の存在範囲を評価することによって得られる．$\{r_x = 1, r_y = 3\}, \{r_x = 3, r_y = 1\}, \{r_x = 3, r_y = 3\}$ は結合事象 $\{X = x_1, Y = y_1, Y_{z_0} = y_1\}$ を満たすため ((8.6), (8.7), (8.11) 式を参照)，このときの因果効果は q_{13}, q_{31}, q_{33} を用いて

$$P(Y_{z_0} = y_1 | y_1, x_1, z_1) = \frac{P(r_z = 1)(q_{13} + q_{31} + q_{33})}{P(y_1, x_1, z_1)}$$

と書くことができる．このことから，

$$P(Y_{z_0} = y_1 | y_1, x_1, z_1) = \frac{q_{13} + q_{31} + q_{33}}{P(y_1, x_1 | z_1)}$$

を得ることができる．この表現はパラメータ q について線形であり，線形計画プログラムを使うことによって

$$P(Y_{z_0} = y_1 | z_1, x_1, y_1) \geq \frac{1}{p_{11.1}} \max \left\{ \begin{array}{c} 0 \\ p_{11.1} - p_{00.0} \\ p_{11.0} - p_{00.1} - p_{10.1} \\ p_{10.0} - p_{01.1} - p_{10.1} \end{array} \right\}$$

$$P(Y_{z_0} = y_1 | z_1, x_1, y_1) \leq \frac{1}{p_{11.1}} \min \left\{ \begin{array}{c} p_{11.1} \\ p_{10.0} + p_{11.0} \\ 1 - p_{00.0} - p_{10.1} \end{array} \right\}$$

という存在範囲を得ることができる．

同様に，反事実確率
$$P(Y_{x_0} = y_1|y_1, x_1, z_1) = \frac{q_{13} + q_{33}}{p_{11.1}}$$
の存在範囲を評価すると，PeptAid 製造会社にとって不利となる解析結果が導かれる．この存在範囲は（(8.13) 式に従って）分子を最大化および最小化することによって，

$$P(Y_{x_0} = y_1|y_1, x_1, z_1) \geq \frac{1}{p_{11.1}} \max \left\{ \begin{array}{c} 0 \\ p_{11.1} - p_{00.0} - p_{11.0} \\ p_{10.0} - p_{01.1} - p_{10.1} \end{array} \right\}$$

$$P(Y_{x_0} = y_1|y_1, x_1, z_1) \leq \frac{1}{p_{11.1}} \min \left\{ \begin{array}{c} p_{11.1} \\ p_{10.0} + p_{11.0} \\ 1 - p_{00.0} - p_{10.1} \end{array} \right\}$$

となる．

観測された分布 $P(y, x|z)$ をこれらの公式に代入することによって，

$$0.93 \leq P(Y_{z_0} = y_0|z_1, x_1, y_1) \leq 1.00$$
$$0.93 \leq P(Y_{x_0} = y_0|z_1, x_1, y_1) \leq 1.00$$

を得る．このことから，PeptAid の服用を勧められなければ (z_0)，原告のような対象者のうち少なくとも93%は，潰瘍を発症することにはならなかったであろうし，同じく，PeptAid を服用しなければ (x_0)，そのような対象者のうち少なくと93%は潰瘍にならなかったであろうということがわかる．これは，原告が販売会社の行動と製造会社の生産から不利益をこうむったという原告の主張を強く裏づけるものである．

第 9 章では，特定の事象に対する因果的寄与の解析を行い，実験データと非実験データの両方から寄与確率を正しく識別できる条件を与える．

8.4 操作性の検証

8.2 節で定義したように，不完全実験に関するモデルでは，Z はランダム化されていること，そして，Z は Y に対して直接的な影響を与えないことが仮定されている．この 2 つの仮定は，Z が U と独立であることを意味している．経済学者はこの条件を「外生性」とよんでおり，このときの Z は X と Y に対する操作変数とみなされる（5.4.3 項と 7.4.5 項を参照）．長い間，操作変数の定義には非観測因子 U（あるいは，通常，誤差とよばれている）が含まれているため，変数 Z が外生的あるいは操作的であるかどうかを経験的に検証することはできないと考えられてきた (Imbens and Angrist 1994)[6]．因果性の概念と同じく，外生性も非実験データから調べることはできず，モデルに関する主観的判断に基づいて得られるものと考えられてきた．

しかし，(8.14ab) 式で与えられた存在範囲はこれまでの流れとは異なっている．理解しにくい

---

[6] 経済学者 (Wu, 1973) によって与えられた検証法は，複数の操作変数を用いて推定量を比較しているだけであって，推定量が異なっている場合にはどれが誤っているかは簡単にはわからない．

性質ではあるが，経験的に外生性を検証することができる．この検証法は，外生性が成り立たないすべての状況を見つけ出すことができることを保証しているわけではないが，ある条件の下では操作変数として非常に不適切な変数を取り除くことができる．

(8.14b) 式の上限が (8.14a) 式の下限よりも大きいことに注意すると，観測分布に基づく検証可能な制約

$$\begin{aligned} P(y_0, x_0|z_0) + P(y_1, x_0|z_1) \leq 1 \\ P(y_0, x_1|z_0) + P(y_1, x_1|z_1) \leq 1 \\ P(y_1, x_0|z_0) + P(y_0, x_0|z_1) \leq 1 \\ P(y_1, x_1|z_0) + P(y_0, x_1|z_1) \leq 1 \end{aligned} \quad (8.21)$$

が得られる．これらの不等式がどれも成り立たない場合には，このモデルにおける仮定のうち少なくとも 1 つが成り立たないことを意味する．たとえば，割り付けがうまくランダム化されているのにもかかわらず，この不等式が成り立たない場合には，(たとえば，トラウマとなるような経験により) 割り付けが対象者の反応に直接的な影響を与えていると考えられる．一方，たとえば，プラセボを有効に利用したために Z から Y への直接効果が存在しないにもかかわらず，この観測された不等式が成り立たない場合には，Z と U の間に擬似相関，すなわち，割り付けの段階でバイアスが生じてしまい，外生性が成り立っていないと考えられる．

操作不等式

(8.21) 式の不等式を二値以上の値をとる変数へ一般化することにより

$$\max_x \sum_y \{\max_z P(y, x|z)\} \leq 1 \quad (8.22)$$

という式を得る．この式は**操作不等式**とよばれ，Pearl (1995b, c) でその証明が与えられている．操作不等式は，Z または Y が連続変数である場合へ簡単に拡張することができる．$f(y|x, z)$ を X と Z を与えたときの Y の条件付き密度関数とするとき，操作不等式は，任意の x に対して

$$\int_y \{\max_z f(y|x,z) P(x|z)\} dy \leq 1 \quad (8.23)$$

で与えられる．一方，X が連続変数である場合には状況が変わり，Pearl (1995c) は図 8.1 の構造が観測された密度関数に対して何の制約も与えないと予想したが，この予想は Bonet (2001) によって証明された．

(8.21) 式より，治療 X を一定にしたまま操作変数 Z が反応変数 Y を大きく変化させる場合には，操作不等式が成り立たなくなることがわかる．一般には，X を与えても Y と Z を無関係にすることはできないため，このような変化は U, X, Y の強い相関によるものであると解釈してもよい．しかし，この操作不等式は，この変化の大きさがある範囲に存在することを保証するものである．

操作不等式は量子物理学における Bell の不等式 (Suppes 1988; Cushing and McMullin 1989) と似ているが，これは単なる偶然ではない．どちらの不等式も潜在的な共通原因を仮定しても説明できない観測された相関のクラスを表している．操作不等式は，観測変数 X と Y の間に直接的

な因果関係があることを許しているという意味で，Bell の不等式の一般化と考えることができる．

また，対象者の行動について仮定を加える場合，たとえば，ある治療を勧めることで対象者が逆にその治療を受けたくなくなるという状況が存在しない，あるいは（数学的には）任意の u に対して

$$P(x_1|z_1,u) \geq P(x_1|z_0,u)$$

という仮定を加えることができる場合には，操作不等式をかなり制約することができる．このような仮定は母集団にあまのじゃくの対象者がいない，すなわち，割り付けとは逆の治療を常に選択する対象者はいないという仮定と同じである．この仮定の下では，(8.21) 式は任意の $y \in \{y_0, y_1\}$ に対して

$$\begin{aligned} P(y, x_1|z_1) &\geq P(y, x_1|z_0) \\ P(y, x_0|z_0) &\geq P(y, x_0|z_1) \end{aligned} \quad (8.24)$$

となり，制約することができる (Balke and Pearl 1997)．これらの不等式が成り立たない場合，選択バイアス，Z から Y への直接効果，あるいは defier が存在していることを意味している．

8.5 有限標本に基づく因果推論

8.5.1 ギブス・サンプリング

本節では，Chickering and Pearl (1997) によって提案された有限標本に基づく反事実確率と因果効果の推定法について述べよう[7]．この方法はベイズ推論のフレームワークにおいて適用可能であり，それに従って，

(i) 未知の統計パラメータに事前確率を割り当てる，

(ii) このパラメータを推定するために，標本データを条件づけたときの事後分布を計算する，

というステップからなる．本節では，興味あるパラメータは確率 $P(r_x, r_y)$（簡単に $P(r)$ と記す）であり，このパラメータから ACE$(X \to Y)$ を導くことができる．

$P(r)$ を確率ではなく，$R = r$ で与えられた反応特性をもつ母集団に属する対象者に関する変動 ν_r とみなすと，このような量に確率を割り当てるという考えは，ベイズ推論の哲学に従ったものとなっている．すなわち，ν_r は潜在的に測定可能な（とはいっても未知ではあるが）物理的量であり，それゆえ，その量に不確かさを表す事前確率を与えることができる．

実験に参加する m 人の対象者を考えよう．z^i, x^i, y^i をそれぞれ対象者 i に対して観測された Z, X, Y の値を表すものとする．同様に，対象者 i に対して（観測されない）コンプライアンス (r_x) と反応 (r_y) の組み合わせを r^i と記し，$\{z^i, x^i, y^i\}$ を χ^i と記す．

実験から得られる観測データ X と未知パラメータ ν_r の事前分布に基づいて，ACE$(X \to Y)$ に対する事後分布を求める問題を考えよう．ν_R と ACE$(X \to Y)$ の事後分布は図 8.4 のグラフィカル・モデルに基づいて得ることができる．このグラフは変数 $\{\chi, \nu_R, \text{ACE}(X \to Y)\}$ で定義された同時（ベイズ的）分布を表したものである．このモデルは図 8.3 の反応変数モデルから得ら

---

[7] 同様な方法論は Imbens and Rubin (1997) でも提案されているが，グラフィカル・モデルに関する記述はない．

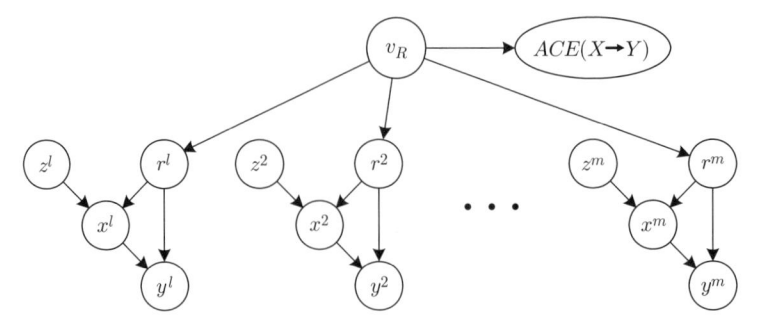

図 8.4 $P(\{\chi\}\cup\{\nu_R\}\cup\{\text{ACE}(X\to Y)\})$ での独立性を表現するために使われるモデル

れる m 個の実現値と解釈することができる．その実現値は χ に含まれる 3 つの変数に対応しており，それらの変数は未知パラメータ $\nu_R = \{\nu_{r_1}, \nu_{r_2}, \cdots, \nu_{r_{16}}\}$ を表す頂点を通して結びつけられる．このモデルには，パラメータ ν_R が与えられたとき，ある対象者が 16 種類の潜在反応からなる部分母集団のどれに属するかは，他の対象者の反応やコンプライアンスに依存しないという仮定が明示的に表されている．(8.10) 式より，ACE$(X\to Y)$ は ν_R の決定関数であり，16 種類の部分母集団の割合がわかれば，ACE$(X\to Y)$ はその他のすべての変数と独立となる．

このとき，ACE$(X\to Y)$ の推定問題は，十分に規定されたベイジアン・ネットワークに基づいてある変数の事後分布を計算するという推測問題に帰着される（この計算を行うためのグラフィカル・モデル技術は 1.2.4 項で簡単にまとめてある）．多くの場合，グラフに埋め込まれた独立関係を使って，推測作業を効率的に行うことができる．残念ながら，r^i を観測することはできないため，たとえ独立関係が得られたとしても，このモデルでの ACE$(X\to Y)$ に対する事後分布を簡単に計算することはできない．そこで，ギブス・サンプリングとよばれる近似的技術を使って (Robert and Casella 1999)，ACE$(X\to Y)$ に関する事後分布の推定を行うことにしよう．この技術のグラフィカルバージョンは，「確率的シミュレーション」ともよばれ，Pearl (1988b, p.210) に記述されている．図 8.4 のグラフへの適用については，Chickering and Pearl (1997) で詳しく議論されている．ここでは，ギブス・サンプリングを因果推論問題に適用することによって得られた主な結果を，ヒストグラムを用いて説明する．

8.5.2 標本数と事前分布の影響

この方法では，

(1) $\{z, x, y\}$ の 8 つの実現値に対応して観測される個体数として表現される観測データ χ，

(2) 16 個のパラメータで表現される未知のパラメータ ν_R のディリクレ事前分布

が入力され，ACE$(X\to Y)$ の事後分布がヒストグラムとして出力される．

出力に対する事前分布の影響を明らかにするために，2 種類の異なる事前分布を使った結果を紹介しよう．まず，無知の状態を表現するためによく使われる 16 次元ベクトル ν_R の平坦（一様）事前分布を考える．次に，歪形状事前分布を考え，対象者のコンプライアンスと反応特性に強い関連があることを表現することとする．図 8.5 はこの 2 つの事前分布から得られる ACE$(X\to Y)$ の分布を示している．このグラフから，図 8.5(b) の歪形状事前分布は ACE$(X\to Y)$ を負の方向

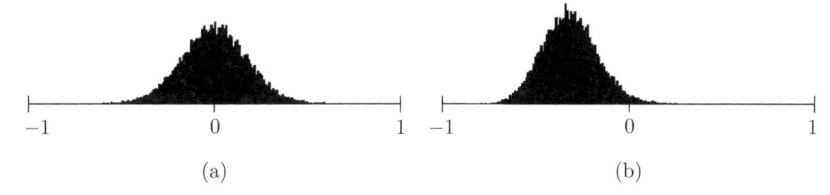

図 8.5 (a) パラメータ ν_R の平坦事前分布から得られた ACE($X{\to}Y$) の事後分布と (b) 歪形状事前分布から得られた ACE($X{\to}Y$) の事後分布

表 8.1 識別可能な ACE($X{\to}Y$) から得られる分布

z	x	y	$P(x,y,z)$
0	0	0	0.275
0	0	1	0.0
0	1	0	0.225
0	1	1	0.0
1	0	0	0.225
1	0	1	0.0
1	1	0	0.0
1	1	1	0.275

へ偏らせていることがわかる.

標本数の増加に伴って事前分布の影響がなくなることを示すために，ACE が識別可能である確率分布 $P(x,y|z)$ を考え，そこから得られるシミュレーションデータにこの方法を適用しよう．このような分布を表 8.1 に与える．この分布では (8.14ab) 式から得られる上限と下限は一致し，ACE($X{\to}Y$) = 0.55 となる．

平坦事前分布および歪形状事前分布を用いたとき，いくつかのサンプルサイズを設定し，その設定の下で表 8.1 に従う確率分布から得られたデータ集合に対して適用したときのギブス・サンプラーの結果を図 8.6 に示す．期待したとおり，標本数が大きくなればなるほど，事後分布は 0.55 に集中していることがわかる．一般に，ACE($X{\to}Y$) は歪形状事前分布のほうが平坦な事前分布を用いた場合よりも 0.55 から離れているため，事後分布が 0.55 に収束するためには多くの標本が必要となる．

8.5.3 ノンコンプライアンスを伴う臨床試験データに基づく因果効果

本項では，ノンコンプライアンスの下で得られた 2 つの臨床試験データを解析する．まず，8.2.6 項で説明した高脂血症臨床試験のデータを考えよう．（閾値に基づいて変換したときの）データ集合を表 8.2 に示す．大標本という仮定の下で，(8.14ab) 式より，治療効果の存在範囲 $0.39 \leq \text{ACE}(X{\to}Y) \leq 0.78$ を得ることができる．

このデータに基づく ACE($X{\to}Y$) の事後分布を図 8.7 に与える．驚くべきことに，データ数が 337 であるにもかかわらず，両方の事後分布とも大標本に基づく存在範囲 $[0.39, 0.78]$ にほとんど含まれている．

次の例として，ビタミン A 補充療法の幼児死亡に対する影響を調べる試験を考えよう (Sommer

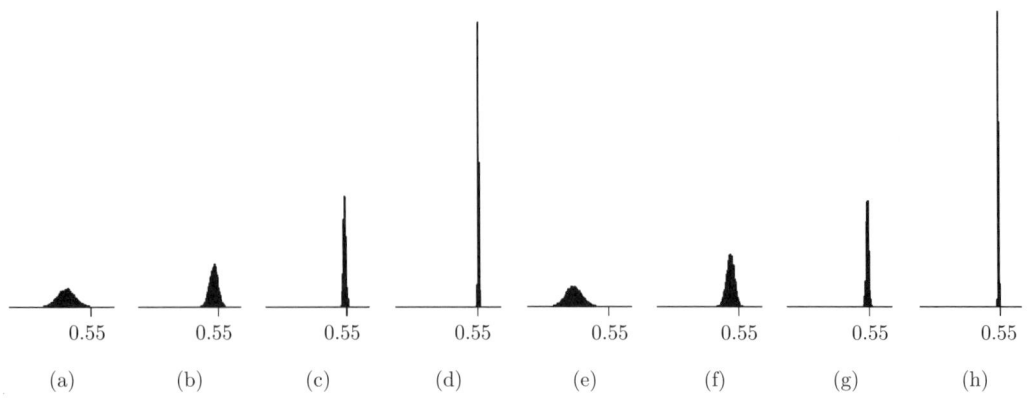

図 8.6 識別可能な治療効果について出力されたヒストグラム．(a), (b), (c), (d) は，平坦事前分布を用いたときの ACE($X{\to}Y$) の事後分布を示しており，標本数はそれぞれ 10, 100, 1,000, 10,000 である．(e), (f), (g), (h) は，歪形状事前分布を用いたときの ACE($X{\to}Y$) の事後分布を示しており，標本数はそれぞれ 10, 100, 1,000, 10,000 である（横軸は $(-1, 1)$ の範囲をとっている）．

表 8.2 高脂血症臨床試験とビタミン A 試験の観測データ

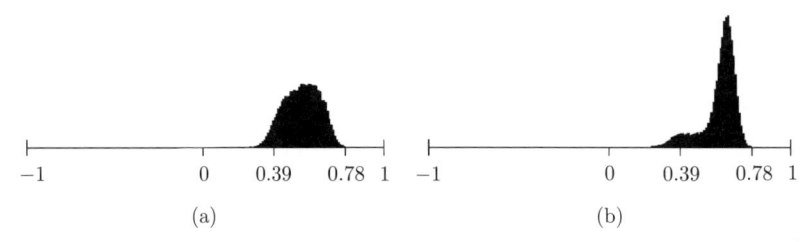

z	x	y	高脂血症臨床試験	ビタミン A 試験
0	0	0	158	74
0	0	1	14	11,514
0	1	0	0	0
0	1	1	0	0
1	0	0	52	34
1	0	1	12	2,385
1	1	0	23	12
1	1	1	78	9,663

図 8.7 高脂血症臨床試験データに基づいて出力されたヒストグラム．(a) は平坦事前分布を用いた場合であり，(b) は歪形状事前分布を用いた場合である．

et al. 1986)．この試験では，スマトラ島北部にある 450 の村が 1 年間ビタミン A 補充，あるいはコントロール群へランダムに割り付けられ，治療群に割り付けられた幼児は 2 回ビタミン A の補充を受け (x_1)，コントロール群に割り付けられた幼児は補充を受けなかった (x_0)．試験終了後，両群の死亡者数 (y_0) が観測された．この試験結果を表 8.2 に示す．

大標本という仮定の下で，(8.14ab) 式より，治療効果の存在範囲は $-0.19 \leq \text{ACE}(X{\to}Y) \leq 0.01$ で与えられることがわかる．2 つの事前分布に対して，データが与えられたときの ACE($X{\to}Y$) の事後分布を図 8.8 に示す．面白いことに，この試験では，事前分布の選択が事後分布に対して大きな影響を与えていることがわかる．これは，臨床家が事前分布に対して自信がない場合には，

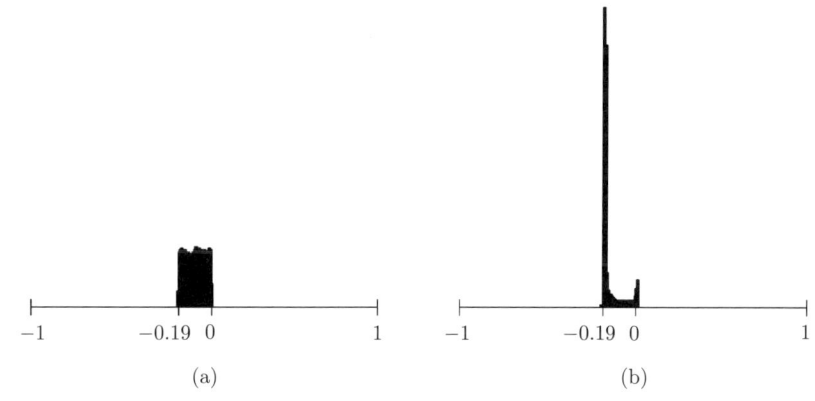

図 8.8 ビタミン A データに基づいて出力されたヒストグラム．(a) は平坦事前分布を使用した場合であり，(b) は歪形状事前分布を使用した場合である．

感度分析を行ったほうがよいことを示している．このような場合，漸近的存在範囲はベイズ推定よりも有用であり，この存在範囲周辺の境界のばらつきを示すことがギブス・サンプラーの主な役割となる．

8.5.4 単一事象因果関係に対するベイズ推定

本節で与えたベイズ的方法により因果効果を評価することができるが，この方法をわずかに修正することによって，ある特徴をもつ対象者に関する反事実的問題も解決することができる．大標本という仮定の下で 8.3 節で提案した存在範囲を用いれば，この問題を解決することができる．本項では，

(1) Joe は高脂血症臨床試験のコントロール群に属していた，
(2) Joe はプラセボを服用した，
(3) Joe のコレステロール値は改善されなかった，

という 3 つの条件を満たす状況の下で，コレスチラミンを服用した場合にコレステロール値が改善された確率はどのくらいであるか，という問題をベイズ解析の立場から説明しよう．

関数 $\text{ACE}(X \to Y)$（(8.10) 式を参照）が ν_R の関数で置き換えられることを除けば，図 8.4 で示される問題と同じモデルに基づいてギブス・サンプリングを実行することによって，この問題を解決することができる．Joe がコントロール群に属していてプラセボを服用したことから，彼は never-taker か complier であることがわかる．また，Joe のコレステロール値が改善されなかったことから，Joe の反応は never-recover か helped であることがわかる．以上から，Joe は，

$$\{(r_x = 0, r_y = 0), (r_x = 0, r_y = 1), (r_x = 1, r_y = 0), (r_x = 1, r_y = 1)\}$$

という 4 種類のコンプライアンスのうちの一つに属していることになる．Joe の反応が helped ($r_y = 1$) であるとき，かつその場合に限って，コレスチラミンを服用することにより回復していたであろうということになる．したがって，興味ある問題は関数

$$f(\nu_R) = \frac{\nu_{01} + \nu_{11}}{\nu_{00} + \nu_{01} + \nu_{10} + \nu_{11}}$$

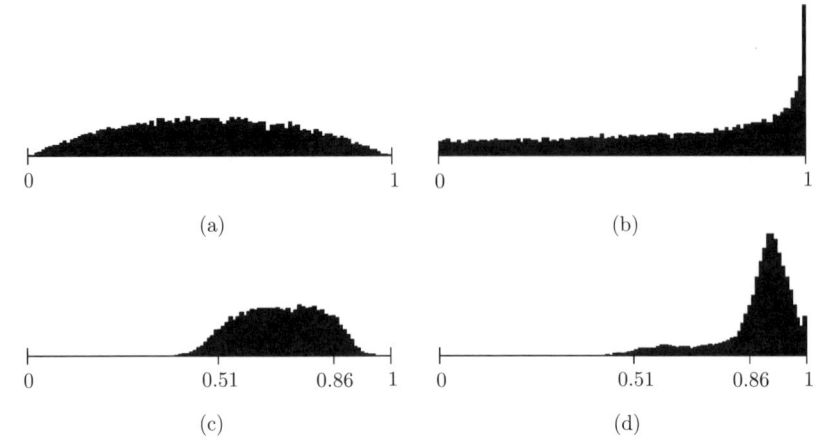

図 8.9 「Joe は実際には薬を服用せずに回復しなかったという状況の下で,彼が薬を服用したならば回復したであろうか？」という反事実的問題から得られる部分母集団 $f(\nu_R)$ の事前分布((a) と (b))と事後分布((c) と (d))．(a) は平坦事前分布に対応し, (b) は歪形状事前分布に対応している．

と記述できることがわかる．

平坦事前分布と歪形状事前分布に基づく $f(\nu_R)$ の事後分布をそれぞれ図 8.9(a) と (b) に示す．図 8.9(c) と (d) はそれぞれ平坦事前分布と歪形状事前分布を用いたとき，高脂血症臨床試験データから得られる事後分布 $P(f(\nu_R|\chi))$ を示している．参考までに大標本に基づいて存在範囲を計算すると $0.51 \leq f(\nu_R|\chi) \leq 0.86$ となる．

したがって，治療群のノンコンプライアンスの割合は 39% で対象者が 337 人しかいないにもかかわらず，この臨床試験では，特定の履歴をもつ Joe に対して，彼が薬を服用していればよくなっていたであろうという結論が強く裏づけられる．この結論はいずれの事前分布に対しても成り立つ．

8.6 結　論

本章では，臨床試験における主要課題の一つとして，不完全なコンプライアンスが存在する場合を考え，治療効果の評価を行うための因果推論技術を開発した．操作変数や ITT 解析に基づいて推定を行った場合，治療効果が理論的な存在範囲から外れるという誤った結果が生じることがある．本章で提案した公式は政策分析に対して操作独立的な保証を与えており，さらに，この結果によって，どのくらいコンプライアンスを守る努力をすれば治療効果の存在範囲を小さくすることができるのかも判断できる．

間接実験の重要性は人間を対象とした研究だけに限るものではない．ノンコンプライアンスと同様な実験条件は，処理変数を直接制御することはできないが間接的な方法であれば部分的に制御できるという状況ではいつでも起こりうる．代表的な例として，生産ラインの稼動中に故障原因を間接的な方法で調べなければならないという問題がある．なぜなら，疑いのある原因を直接的に操作することは物理的に不可能であるか，非常にコストがかかってしまうからである．後者

8.6 結　論

の場合，生産ラインの運転を中断してから，故障原因と疑われている物理的パラメータを直接的に制御することがあげられる．このような状況において，そのパラメータに対する間接的な制御を行うことができれば，非常に便利であり，生産を続けることができる．

　本章では，方法論的立場として，興味ある研究で使われている主要な変数関係に対して合理的仮定をおくことによって，因果効果が識別可能ではない場合でさえ，因果効果に関して有用な情報を得ることができることを示した．このような仮定をグラフで明示的に表現することができれば，この情報を取り入れて存在範囲を代数的に導出する，あるいは，もう一つの選択肢として，ギブス・サンプリング技術を導入して因果効果のベイズ推定を行うことができる．

第 9 章

原因の確率：説明と識別

> さあ，くじを引こうではないか，誰のために
> この災難が我々に降りかかったかを調べるために[a]
>
> Jonah 1:7

序　文

　ある事象がもう一つの事象の**原因である**可能性を評価することは，世界に対する理解と行動の役に立つものである．たとえば，原告が損害（あるいは死亡）を被った原因が被告の行動に「あるだろう」と考えられる場合，通常の司法基準により原告勝訴の判決が下されることになる．しかし，因果関係には，**必要性**と**十分性**という2つの側面がある．立法者は，これらのうちどちらを我々に考えさせたかったのだろうか？　そして，我々はこの確率をどう評価すべきなのだろうか？

　本章では，ある事象 x がもう一つの事象 y の**必要な原因である**，あるいは**十分な原因である**（あるいはその両方である）確率を得るための形式的意味論を紹介する．そして，統計データから必要な（あるいは十分な）原因の確率を推測するための条件を与えるとともに，実験研究と非実験研究の両方から得られるデータを組み合わせることによって，どちらか一方の研究だけからは得られない情報を得ることができることを示す．

9.1　はじめに

　因果性についての標準的な反事実的定義（すなわち，C が起こらなければ，E は起こらなかったであろう）は「必要な原因」の概念をとらえている．「十分な原因」や「必要十分な原因」といった重要な概念も，多くの応用の場面において興味あるものであり，構造モデル的意味論に基づいて簡潔な数学的定義を与えることができる（7.1節を参照）．必要な原因と十分な原因の区別はJ.S. Mill (1843) にまでさかのぼるが，条件付き確率 (Good 1961) と論理的含意 (Mackie 1965) を用いた準形式的な説明が与えられたのは，1960年代であった．この説明は基本的に意味論的な問題を抱えているため[1]，構造論的説明に基づく手続きのように効率よく原因の確率を計算することはできない（7.1.3項および8.3節を参照）．

---

[a] 訳者注：A・ヴァイザー著，秋田　稔・安積鋭二・大島征二・大島春子・熊井一郎・鈴木　皇・鈴木佳秀訳 (1982)．『ATD旧約聖書註解・十二小預言書（上）』．ATD・NTD聖書註解刊行会．

[1] 確率的説明と論理的説明の限界については，それぞれ7.5節と10.1.4項で議論されている．

本章では，必要な原因と十分な原因の反事実的説明について議論するとともに，構造モデル的意味論が原因の確率の識別問題へ適用できることを示す．また，例を通して，統計データから原因の確率を推定するための新しい方法論を提案する．さらに，必要性と十分性が因果性の2つの異なる側面であり，両方の側面が因果的解釈を行う際に取り入れられるべきものであることを述べる．

本章の結果は疫学，法的推論，人工知能，心理学の分野に適用できる．疫学研究者は疾病が特定の曝露に起因する確率を推定することに関心があり，その際，「疾病と曝露が実際に起こったとき，曝露を受けなかったなら疾病が起こらなかったであろう確率」という反事実的説明が行われる．Robins and Greenland (1989) はこの反事実的説明を原因の確率とよんでいる．原因の確率は原因が結果を生成するためにどのくらい**必要とされる**かを評価するものである[2]．この確率は，法的責任が争点となる訴訟でしばしば使われる（8.3節を参照）．本章では，この概念をその頭文字をとって記号 PN (probability of necessity) と表記する．

もう一つの因果性の概念は，原因が結果を引き起こすためにどのくらい**十分である**かを評価するものであり，政策分析，人工知能，心理学の分野に適用されている．政策立案者は，通常，ある曝露が健常人からなる母集団に危険性を及ぼすのかどうかに関心がある (Khoury et al. 1989)．反事実的には，この概念は「曝露を受けていない健常人が曝露を受けたなら疾病が起こったであろう確率」として表現される．これを，PS (probability of sufficiency) と記す．また，必要かつ十分な原因の確率 (PNS)，すなわち，個人が両方の影響をどのくらい受けるのかを評価することは自然な拡張である．

上述の例からわかるように，PS は結果を生成する現在の因果的過程の存在可能性を評価しているのに対して，PN は結果を説明できる他の過程が存在しない，すなわち，問題となる原因がほかには存在しないことを強調したものである．原因 (x) と結果 (y) の発生が十分に確立している法的状況においては，PN は非常に注目されている尺度であり，原告側は x が**起こらなければ** y が起こらなかったということを証明しなければならない (Robertson 1997)．また，十分性が乏しい場合には PN に基づく議論も弱くなることがある (Good 1993; Michie 1999)．

よく知られているように，一般に，PN は識別不能，すなわち，曝露と疾病を含むデータから推定することはできない (Greenland and Robins 1988; Robins and Greenland 1989)．それは次の2つの理由によるものである．

1. **交絡**：曝露を受けた対象者と曝露を受けていない対象者は，異なる関連因子をもっている可能性がある，あるいはもっと一般に，原因と結果は第三の因子の影響を受けているかもしれない．この場合，原因は結果について**外生的**ではない（7.4.5項を参照）．
2. **生成過程に対する感度**：交絡が存在しない場合でも，原因と結果を結びつける関数関係を規定しなければ，統計データを用いて反事実関係の確率を評価することはできない．すなわち，興味の対象となる事実が反事実的条件文（すなわち，曝露）の影響を受ける場合には関数を規定しておかなければならない（1.4節，7.5節，8.3節の例を参照）．

---

[2] Greenland and Robins (1988) は，原因の確率を評価するために，さらに2つの方法を区別している．一つ（「超過割合」）は特定の時点において結果（すなわち，疾病）が起こるかどうかだけに関心があり，もう一つ（「病因割合」）はいつ結果が起こるかに関心がある．本章では，特定の期間内に起こった事象，あるいは発生までの時間でなく発生の確率が重要とされる（先天性異常のような）「全か無か」の結果に議論を限定する．

9.2 必要な原因と十分な原因：識別可能条件

一般に，PN は識別不能であるにもかかわらず，疫学研究では統計データに基づいてさまざまな寄与を推定するための公式が提案されている (Breslow and Day 1980; Hennekens and Buring 1987; Cole 1997). 当然，そのような公式はデータ生成過程に関する暗黙の仮定に基づいている．9.2 節では，これらの仮定のいくつかを明らかにするとともに，これらの仮定を緩めるための条件について考察する[3]．また，原因が結果と交絡しているが，因果効果を推定できる場合（たとえば，臨床試験や補助測定により）において，PN と PS に関する新しい公式を与える．9.3 節では，法的状況および疫学的状況において，PN や PS がどのように使われるのかを説明する．9.4 節では，関数関係が部分的にわかっている状況において，PN と PS を識別するための一般的条件を与える．

必要な原因と十分な原因の区別は人工知能，特に自動的に言語説明を生成するシステムにおいて重要な意味をもつ（7.2.3 項を参照）．疫学の例からわかるように，十分な原因はある事象がもう一つの事象を引き起こす一般的傾向に基づいているのに対して，必要な原因は考察している特定事象（特異的な原因）に基づいた概念である．したがって，適切な説明を行うためには，両方の側面を考慮するべきである．もし説明が一般的な傾向に基づいているならば（十分な原因），重要な特定情報を失ってしまう．たとえば，1,000 メートル先からある人を射撃する場合，非常に長い距離であるために的中率は低くなることから，その人が死亡する原因として射撃は適切ではない．一方，どのような理由であっても，その特別な日に銃弾が人にあたった場合には，射撃手は明らかに犯人となるにもかかわらず，射撃が原因として適切ではないという説明は常識に反している．さらに，説明が特異的な事象の観察（必要な原因）にのみ基づいている場合には，通常現れるさまざまな背景因子は原因として認められなくなる．たとえば，酸素がなければ火がつかないため，室内の酸素は点火の原因として適切である．酸素でなくマッチを擦ったことが点火の実際の原因であると判断する場合には，現在の特異的な事象の状況を超え，火がつくためには酸素だけでは不十分であるという一般的な状況を考えることになる（しかし，このとき，どの要因も必要かつ十分である）．したがって，因果的説明における必要性の部分と十分性の部分のバランスを考えなければならない．本章では，これら 2 つの要素の基本的関係を形式的に説明することによって，このバランスを明らかにする．

9.2 必要な原因と十分な原因：識別可能条件

9.2.1 定義，概念，基本的関係

7.1 節で与えた反事実的概念と構造モデル的意味論を用いて，前節で議論した 3 つの原因に対して定義を与えよう．

定義 9.2.1（必要性の確率，PN）

X と Y を因果モデル M における二値の確率変数とする．x と y をそれぞれ命題 $X = $ 真と $Y = $ 真を表すものとし，x' と y' をその余事象とする．そのとき，**必要性の確率**は

$$\text{PN} \triangleq P(Y_{x'} = 偽 \mid X = 真, Y = 真)$$

---

[3] 病因割合の識別可能条件は Robins and Greenland (1989) によって与えられている．しかし，この条件は PN の識別可能条件としては厳しく，病因割合に関する時間的側面も考慮されていない．

$$\stackrel{\triangle}{=} P(y'_{x'}|x,y) \tag{9.1}$$

と定義される．　　　　　　　　　　　　　　　　　　　　　　　　　　　　　　　　□

言い換えると，PN は x と y が実際に起こったという条件の下での $y'_{x'}$（事象 x が起こらなければ事象 y も起こらなかったであろう）の確率を表している．

7.1 節で使われている記号との違いに注意しよう．7.1 節では，小文字（たとえば，x と y）は変数の値として記されているが，本節では命題（あるいは事象）を表している．また，y_x は $Y_x =$ 真を略記したものであり，y'_x は $Y_x =$ 偽を略記したものである[4]．反事実的記述「A だったなら B であったであろう」を「$A > B$」と記すことに慣れている読者は，(9.1) 式を PN $\stackrel{\triangle}{=} P(x' > y'|x,y)$ と書き換えてもよい[5]．

定義 9.2.2（十分性の確率，PS）

$$\text{PS} \stackrel{\triangle}{=} P(y_x|y', x') \tag{9.2}$$

　　　　　　　　　　　　　　　　　　　　　　　　　　　　　　　　　　　　　　□

PS は x が y を生成する能力を評価するものである．「生成」とは，x と y が存在しない状況から存在する状況への変化を示しているため，x と y の両方が存在しないという条件を確率 $P(y_x)$ に条件づけている．したがって，（PN で評価される）x の必要性とは対照的に，PS は x と y が実際には存在しないという状況の下で，x が y を生成する確率を表している．

定義 9.2.3（必要十分性の確率，PNS）

$$\text{PNS} \stackrel{\triangle}{=} P(y_x, y'_{x'}) \tag{9.3}$$

　　　　　　　　　　　　　　　　　　　　　　　　　　　　　　　　　　　　　　□

PNS は y が x の両方向に対して反応する確率であり，それゆえ x が y を生成するための必要性と十分性の両方を評価している．

実用的あるいは概念的に興味深い反事実量は，これら 3 つの基本概念と関連している．ここでは，そのうちの 2 つについて述べる．これらは PN，PS および PNS の議論から容易に推測できるので，その解析法については議論しない．

定義 9.2.4（無能化の確率，PD）

$$\text{PD} \stackrel{\triangle}{=} P(y'_{x'}|y) \tag{9.4}$$

　　　　　　　　　　　　　　　　　　　　　　　　　　　　　　　　　　　　　　□

---

[4] Peyman Meshkat は（講義の宿題で）この記号を提案し，簡単に導出できるようにした．
[5] 定義 9.2.1 は X と Y が多値，すなわち $x \in \{x_1, x_2, \cdots, x_k\}$，$y \in \{y_1, y_2, \cdots, y_l\}$ である場合にも自然に拡張できる．$E = \bigvee_{j \in J}(Y = y_j)$，$C = \bigvee_{i \in I}(X = x_i)$ とするとき，$X = x$ が C に含まれないとき Y_x も E に含まれないならば，事象 E に対して事象 C は反事実的に必要であるといい，$\overline{C} > \overline{E}$ と記す．したがって，C が E の必要な原因である確率は PN $\stackrel{\triangle}{=} P(\overline{C} > \overline{E}|C, E)$ と定義される．本書では，簡単のために，二値の場合を扱う．

9.2 必要な原因と十分な原因：識別可能条件

PD は，x でなかったら y が起こらなかった確率を評価している．それゆえ，この量はさまざまな予防プログラムの社会的効果を評価しようと考えている政策立案者にとって有用なものである (Fleiss 1981, pp.75–6).

定義 9.2.5 (可能化の確率，PE)

$$\mathrm{PE} \triangleq P(y_x|y')$$

□

x' を条件づけていないことを除けば，PE は PS と同じである．すでに曝露を受けている健常人を含めて，全健常人からなる母集団が曝露を受けたときの危険性を評価しようと考えている場合に，PE を用いることができる．

これらの量はいずれも他の量を決定するのに十分ではないが，完全に無関係というものでもない．このことを補題として次に与える．

補題 9.2.6

原因の確率 (PNS, PN, PS) は次の関係を満たす

$$\mathrm{PNS} = P(x,y)\mathrm{PN} + P(x',y')\mathrm{PS} \tag{9.5}$$

□

証明

(7.19) 式の一致性規則 $X = x \Rightarrow Y_x = Y$ より，

$$x \Longrightarrow y_x = y, \quad x' \Longrightarrow y_{x'} = y$$

を得る．したがって，

$$\begin{aligned} y_x \wedge y'_{x'} &= (y_x \wedge y'_{x'}) \wedge (x \vee x') \\ &= (y \wedge x \wedge y'_{x'}) \vee (y_x \wedge y' \wedge x') \end{aligned}$$

となる．x と x' は排反であるから，両辺の確率をとることによって，

$$\begin{aligned} P(y_x, y'_{x'}) &= P(y'_{x'}, x, y) + P(y_x, x', y') \\ &= P(y'_{x'}|x,y)P(x,y) + P(y_x|x',y')P(x',y') \end{aligned}$$

を得る．よって補題 9.2.6 が成り立つ． □

PN と PS で表される因果的性質を明らかにするために，これらの尺度を不変に保つ因果モデルに基づいて，その変化を特徴づけることが有用である．次の補題は，PN は y に対する潜在的抑制因子を取り入れることに対して感度が低く，PS は y に対するもう一つの原因を取り入れることに対して感度が低いことを示している．

補題 9.2.7

x が y の必要な原因である確率を $\mathrm{PN}(x,y)$ と記す．$z = y \wedge q$ を q' によって潜在的に抑制された y の結果とするとき，$q \perp\!\!\!\perp \{X, Y, Y_{x'}\}$ であるならば，

$$\mathrm{PN}(x,z) \triangleq P(z'_{x'}|x,z) = P(y'_{x'}|x,y) \triangleq \mathrm{PN}(x,y)$$

が成り立つ． □

論理積 $z = y \wedge q$ と $Y_x(u)$ を結びつけることによって，確率 $P(q')$ をもつ過程から得られる出力を抑制している．補題 9.2.7 は，q がランダム化されている場合には，PN に影響を与えることなくこのような論理積を加えることができることを述べている．その理由は明らかである．なぜなら，x と z を条件づけると，想定されるシナリオにおいて，追加された論理積が q' によって抑制されなくなるからである．

補題 9.2.7 の証明

$$\begin{aligned}
\mathrm{PN}(x,z) &= P(z'_{x'}|x,z) = \frac{P(z'_{x'}, x, z)}{P(x,z)} \\
&= \frac{P(z'_{x'}, x, z|q)P(q) + P(z'_{x'}, x, z|q')P(q')}{P(z,x,q) + P(z,x,q')}
\end{aligned} \quad (9.6)$$

である．ここで，$z = y \wedge q$ より，

$$q \implies (z = y), \qquad q \implies (z'_{x'} = y'_{x'}), \qquad q' \implies z'$$

となることから，

$$\begin{aligned}
\mathrm{PN}(x,z) &= \frac{P(y'_{x'}, x, y|q)P(q) + 0}{P(y,x,q) + 0} \\
&= \frac{P(y'_{x'}, x, y)}{P(y,x)} = P(y'_{x'}|x,y) = \mathrm{PN}(x,y)
\end{aligned}$$

を得る． □

補題 9.2.8

x が y の十分な原因である確率を $\mathrm{PS}(x,y)$ と記す．$z = y \vee r$ を r によって生成される可能性のある y の結果とするとき，$r \perp\!\!\!\perp \{X, Y, Y_x\}$ であるならば，

$$\mathrm{PS}(x,z) \triangleq P(z_x|x',z') = P(y_x|x',y') \triangleq \mathrm{PS}(x,y)$$

が成り立つ． □

補題 9.2.8 は，PS に影響を与えることなく，もう一つの（独立な）原因 (r) を加えることができることを述べたものである．その理由は明らかである．なぜなら，x' と y' を条件づけることにより，追加された原因 (r) が有効でなくなるからである．補題 9.2.8 の証明は補題 9.2.7 の証明と同様である．

これまでに定義した因果的尺度は，すべて y による条件づけを行っており，y は x の影響を受

9.2.2 外生性の下での存在範囲と基本的関係

定義 9.2.9（外生性）

モデル M において変数 X が次の条件を満たすとき，X は Y に関して外生であるという．

$$\{Y_x, Y_{x'}\} \perp\!\!\!\perp X \tag{9.7}$$

すなわち，Y が条件 x あるいは x' に対して潜在的にどう反応するかは，X の実現値とは独立である． □

(9.7) 式は第 5 章（(5.30) 式を参照）や第 6 章（同時変数 $\{Y_x, Y_{x'}\}$ を含んでいるという意味で (6.10) 式を参照）で使われたものを強くしたものである．この定義は Rosenbaum and Rubin (1983) によって「強い意味での無視可能性」とよばれており，古典的な誤差に基づく外生性の基準（Christ 1966, p.156; 7.4.5 項を参照）や定義 3.3.1 のバックドア基準と一致する．本章で得られる結果のうち，(9.11), (9.12), (9.19) 式では，強外生性（(9.7) 式を参照）が必要となるが，他のすべての結果に対しては (5.30) 式で与えた弱い定義で十分である．

$x \Rightarrow (y_x = y)$ より，

$$P(y_x) = P(y_x|x) = P(y|x) \tag{9.8}$$

であり，$P(y_{x'})$ に対しても同様に成り立つことから，外生性は X から Y への**因果効果** $\{P(y_x), P(y'_{x'})\}$ を識別可能にするのに重要である．

定理 9.2.10

外生性の下で，PNS の最狭存在範囲は

$$\max[0, P(y|x) - P(y|x')] \leq \text{PNS} \leq \min[P(y|x), P(y'|x')] \tag{9.9}$$

で与えられる．任意の同時分布 $P(x, y)$ に対して，u は x と独立であるようなモデル $y = f(x, u)$ が存在し，それによって，PNS の存在範囲内の任意の値を実現することができるため，この存在範囲は最も狭いものである． □

証明

任意の事象 A と B に対して，最狭存在範囲

$$\max[0, P(A) + P(B) - 1] \leq P(A, B) \leq \min[P(A), P(B)] \tag{9.10}$$

を得る．ここで，$A = y_x$, $B = y'_{x'}$ とおくと，$P(y_x) = P(y|x)$ と $P(y'_{x'}) = P(y'|x')$ であることから，(9.3) 式および (9.10) 式より (9.9) 式を得ることができる． □

外生性が成り立たない場合には，$P(y|x)$ と $P(y'|x')$ をそれぞれ $P(y_x)$ と $P(y'_{x'})$ とおくことにより，(9.9) 式と同様な方法で PNS の存在範囲を得ることができる．

定理 9.2.11

外生性の下で，PN, PS, PNS には

$$\text{PN} = \frac{\text{PNS}}{P(y|x)} \tag{9.11}$$

$$\text{PS} = \frac{\text{PNS}}{P(y'|x')} \tag{9.12}$$

という関係がある．したがって，PNS の存在範囲 (9.9) 式を用いれば，PN と PS に対する存在範囲を得ることができる．　□

PN に対する最狭存在範囲は

$$\frac{\max[0, P(y|x) - P(y|x')]}{P(y|x)} \leq \text{PN} \leq \frac{\min[P(y|x), P(y'|x')]}{P(y|x)} \tag{9.13}$$

で与えられる．これは，外生性が成り立つ実験研究においても，PN を識別することは困難であることを示している．

系 9.2.12

x と y が実験研究において生起し，かつ $P(y_x)$ と $P(y_{x'})$ がその研究で測定される因果効果であるならば，

$$\frac{\max[0, P(y_x) - P(y_{x'})]}{P(y_x)} \leq p \leq \frac{\min[P(y_x), P(y'_{x'})]}{P(y_x)}. \tag{9.14}$$

なる任意の p に対して，$P(y_x)$ および $P(y_{x'})$ と一致する因果モデル M が存在し，PN $= p$ となる．　□

実験研究と観察研究の両方からデータを得ることができる場合，非実験的事象に基づいた存在範囲を得ることができる（9.3.4 項を参照）．この範囲幅が 0 ではない場合，任意の u に対して，$Y_x(u)$ が単一の数値ではなく確率 $P(Y_x(u) = y)$ で規定されるような確率（非ラプラシアン）モデルにおいては，原因の確率を一意に決定することができない[6]．

定理 9.2.11 の証明

$x \Rightarrow (y_x = y)$ より，$x \wedge y_x = x \wedge y$ であることから

$$\text{PN} = P(y'_{x'}|x, y) = \frac{P(y'_{x'}, x, y)}{P(x, y)} \tag{9.15}$$

$$= \frac{P(y'_{x'}, x, y_x)}{P(x, y)} \tag{9.16}$$

---

[6] Robins and Greenland (1989) は $Y_x(u)$ に関する確率モデルを用いているが，原因の確率を (9.1) 式のような反事実的定義ではなく，

$$\text{PN}(u) = \frac{P(y|x, u) - P(y|x', u)}{P(y|x, u)}$$

で定義している．

9.2 必要な原因と十分な原因：識別可能条件

$$= \frac{P(y'_{x'}, y_x)P(x)}{P(x,y)} \tag{9.17}$$

$$= \frac{\text{PNS}}{P(y|x)} \tag{9.18}$$

を得る．これより (9.11) 式を得る．(9.12) 式も同じ手続きにより得ることができる．□

なお，PNS と可能化の確率や無能化の確率との関係は

$$\text{PD} = \frac{P(x)\text{PNS}}{P(y)}, \qquad \text{PE} = \frac{P(x')\text{PNS}}{P(y')} \tag{9.19}$$

で与えられる．

9.2.3 単調性と外生性の下での識別可能性

反事実量 (9.1)～(9.3) 式の一般的な識別問題に取り組む前に，**単調性**とよばれる特別な条件について議論しておくことは有用である．単調性はしばしば現実問題で仮定されており，これによって反事実量は識別可能となる．単調性から導かれる確率表現は，文献でよく目にするなじみのある因果性の尺度である．

定義 9.2.13（単調性）

因果モデル M における X と Y に対して，すべての u に関する関数 $Y_x(u)$ が x について単調であるとき，変数 Y は変数 X について単調であるという．同様に，

$$y'_x \wedge y_{x'} = 偽 \tag{9.20}$$

が成り立つとき，Y は X について単調であるという．□

単調性は，いかなる状況においても，$X = 偽$ から $X = 真$ へ変化させても Y を真から偽へ変化させることはできないという仮定を表したものである[7]．疫学の分野では，この仮定はしばしば "no prevention" とよばれており，母集団内の対象者がリスク要因の曝露を受けた場合には助からないことを意味する．

定理 9.2.14（外生性と単調性の下での識別可能性）

X が外生変数でかつ Y が X について単調であるならば，確率 PN, PS, PNS はすべて識別可能であり

$$\text{PNS} = P(y|x) - P(y|x') \tag{9.21}$$

を (9.11) 式と (9.12) 式に代入することによって得られる．□

(9.21) 式の右辺は疫学では「リスク差」とよばれており，「寄与割合」と誤ってよばれることもある (Hennekens and Buring 1987, p.87)．

(9.11) 式より，必要性の確率は識別可能であり，**超過割合**

---

[7] 本章の議論は，x または y（または両方）の余事象に対しても適用できる．したがって，単調性の一般的条件は，$y'_x \wedge y_{x'} = 偽$ または $y_x \wedge y'_{x'} = 偽$ である．しかし，簡単のために，(9.20) 式で与えられた定義を用いるものとする．注意：単調性は，(5.30) 式を得るのに (9.7) 式が必要であることを意味している．

$$\mathrm{PN} = \frac{P(y|x) - P(y|x')}{P(y|x)} \tag{9.22}$$

で与えられる．これは，「寄与割合」(Schlesselman 1982)，「寄与比」(Hennekens and Buring 1987, p.88)，「寄与比率」(Cole 1997) と誤ってよばれることがある．(9.22) 式を文面どおり受け取るならば，この比は因果的あるいは反事実的関係ではなく統計用語で構成されているため，寄与には関係がない．しかし，外生性と単調性を仮定することによって，PN の定義 ((9.1) 式を参照) に含まれている寄与の概念を純粋な統計的関連性の比へ変換することができる．これは，「曝露を受けて疾病を引き起こした対象者の中で曝露が疾病に対する真の原因となっている者の割合」の尺度として (9.22) 式を提案あるいは導いた多くの研究者は，外生性と単調性を暗黙に仮定していたことを示している．

Robins and Greenland (1989) は，確率的単調性（すなわち，$P(y_x) > P(y_{x'})$）という仮定の下で，PN の識別可能性について議論している．この場合，この仮定はゆるやかであるため，原因の確率を識別することはできず，(9.13) 式と同じ存在範囲を与えることになる．これは，確率的単調性が X と Y の間にある関数的メカニズムに対して何の制約も与えていないことを意味している．

PS ((9.12) 式を参照) に対する表現は同様に

$$\mathrm{PS} = \frac{P(y|x) - P(y|x')}{1 - P(y|x')} \tag{9.23}$$

で与えられる．これは疫学研究者が「相対差」(Shep 1958) とよんでいるものであり，母集団はリスク要因 x に対する**感受性**を評価するために使われる．感受性は「曝露を受け疾病を引き起こすのに十分な因子をもっている」対象者の割合として定義される (Khoury et al. 1989)．PS は感受性に対して形式的な反事実的説明を与えており，これによってこの定義は厳密になり，感受性に対する体系的な解析が行いやすくなっている．

Khoury et al. (1989) は一般に感受性が識別可能ではないことを認識し，非交絡，単調性，独立性（すなわち，曝露に対する感受性が曝露を含まない背景因子に対する感受性と独立であるという仮定）を仮定することによって (9.23) 式を導出している[8]．この最後の仮定については受け入れられておらず，しばしば批判されている．しかし，実際には，定理 9.2.14 より，独立性を仮定しなくてもよいことがわかる．すなわち，(9.23) 式は外生性と単調性だけから得ることができる．

(9.23) 式は，Cheng (1997) が「因果的効力」とよんでいたもの，すなわち「x 以外の y のすべての原因」を取り除いたときの x から y への効果と一致している．PS の反事実的定義 $P(y_x|x', y')$ は，この量に対するもう一つの説明を与えている．これは，x と y の両方が実際には存在しないという状況の下で，x が y を生成する確率を評価している．y' を条件づけることは，「x 以外の y のすべての原因」が実際に取り除かれた世界だけを選択する（と仮定する）ことと同じである．

原因の3つの概念に関する簡単な関係 ((9.11), (9.12) 式を参照) は，外生性の下でのみ成り立つことに注意しておかなければならない．非外生性のような一般的なケースにおいて，(9.5) 式で与えた緩やかな関係が成り立つ．また，この3つの原因に関する概念は $Y_x(u)$ と $Y_{x'}(u)$ に関す

---

[8] Khoury et al. (1989) は単調性について議論していないが，彼らの結果を得るためには暗黙に仮定しなければならない．

9.2 必要な原因と十分な原因：識別可能条件

る大域的関係に基づいて定義されているため，大雑把すぎて原因がもつ多くのニュアンスを十分に特徴づけることができない．「実際の原因」のような精錬された概念を展開するために，X から Y へ導く因果モデルに関する構造を詳しく知る必要がある（第10章を参照）．

定理 9.2.14 の証明

$y_{x'} \vee y'_{x'} = $真と記すと，単調性より $y_{x'} \wedge y'_x = $偽であることから

$$y_x = y_x \wedge (y_{x'} \vee y'_{x'}) = (y_x \wedge y_{x'}) \vee (y_x \wedge y'_{x'}) \tag{9.24}$$

$$y_{x'} = y_{x'} \wedge (y_x \vee y'_x) = (y_{x'} \wedge y_x) \vee (y_{x'} \wedge y'_x) = y_{x'} \wedge y_x \tag{9.25}$$

を得る．ここで，(9.25) 式を (9.24) 式に代入することにより，

$$y_x = y_{x'} \vee (y_x \wedge y'_{x'}) \tag{9.26}$$

を得る．また，(9.26) 式に対応する確率を考え，$y_{x'}$ と $y'_{x'}$ が排反であることに注意すると，

$$P(y_x) = P(y_{x'}) + P(y_x, y'_{x'})$$

あるいは

$$P(y_x, y'_{x'}) = P(y_x) - P(y_{x'}) \tag{9.27}$$

を得る．以上より，(9.27) 式と外生性（(9.8) 式を参照）より (9.21) 式を得る． □

9.2.4 単調性と非外生性の下での識別可能性

定理 9.2.10〜9.2.14 で得られた関係は外生性という仮定に基づいている．本項では，この仮定をゆるめ，X から Y への因果効果が交絡している状況，すなわち，$P(y_x) \neq P(y|x)$ である状況を考えよう．このような状況においても，補助的な方法（たとえば，共変量調整や実験研究）を使えば，$P(y_x)$ を推定できることがある．このとき，この補足情報を使うことによって原因の確率を識別できるかどうかが問題となる．この問題に対する答えは肯定的である．

定理 9.2.15

Y が X について単調であるとき，因果効果 $P(y_x)$ と $P(y_{x'})$ が識別可能であれば，PNS，PN，PS は識別可能であり，次式で与えられる．

$$\text{PNS} = P(y_x, y'_{x'}) = P(y_x) - P(y_{x'}) \tag{9.28}$$

$$\text{PN} = P(y'_{x'}|x, y) = \frac{P(y) - P(y_{x'})}{P(x, y)} \tag{9.29}$$

$$\text{PS} = P(y_x|x', y') = \frac{P(y_x) - P(y)}{P(x', y')} \tag{9.30}$$

□

(9.29) 式と (9.22) 式の違いを理解するために，$P(y)$ を展開し

$$\text{PN} = \frac{P(y|x)P(x) + P(y|x')P(x') - P(y_{x'})}{P(y|x)P(x)}$$

$$= \frac{P(y|x) - P(y|x')}{P(y|x)} + \frac{P(y|x') - P(y_{x'})}{P(x,y)} \qquad (9.31)$$

と変形しよう．(9.31) 式の右辺第一項は ((9.22) 式で与えた) なじみのある超過割合であり，外生性の下での PN の値を表している．第二項は X の非外生性，すなわち $P(y_{x'}){\neq}P(y|x')$ である場合に生じる**修正項**を表している．

したがって，(9.28)〜(9.30) 式は精錬された因果性の尺度を与えており，補助的な方法 (9.3.4 項の例 4) により因果効果 $P(y_x)$ が識別できる場合に利用することができる．一般に，(9.28)〜(9.30) 式は，非単調性の下での PNS, PN, PS の下限となっている (J. Tian, 私信)．

驚くべきことに，PS と PN は非負であることから，(9.29), (9.30) 式は単調性に対する必要性の検証法，すなわち

$$P(y_x) \geq P(y) \geq P(y_{x'}) \qquad (9.32)$$

を与えている．ここで，$x' \wedge y \Rightarrow y_{x'}, x \wedge y' \Rightarrow y'_x$ を用いると，これは標準的な不等式

$$P(y_{x'}) \geq P(x', y), \quad P(y'_x) \geq P(x, y') \qquad (9.33)$$

よりも狭いものである．事実，J. Tian はこれらの不等式が狭いことを示している．Y が X について単調である因果モデルに基づいて，これらの不等式を満たす実験および非実験データの任意の組み合わせを生成することができる．したがって，"no prevention" という広く用いられている仮定を経験的に検証することがまったくできないというわけではない．このことは，多くの疫学研究者に安心感を与えている．"no prevention" という仮定を理論的に否定することが困難である場合には，(9.32) 式を用いて実験データおよび非実験データの一致性を検討することができる．すなわち，(9.32) 式を用いて，臨床試験に参加している対象者が，同時分布 $P(x, y)$ によって特徴づけられるターゲット母集団を代表しているかどうかを検証することができる．

定理 9.2.15 の証明

(9.28) 式は (9.27) 式より得られる．ここでは，(9.30) 式を証明する．$x' \wedge y' = x' \wedge y'_{x'}$ (一致性) より

$$P(y_x | x', y') = \frac{P(y_x, x', y')}{P(x', y')} = \frac{P(y_x, x', y'_{x'})}{P(x', y')} \qquad (9.34)$$

を得る．(9.34) 式の分子を計算するために，(9.26) 式と x' を結合させることによって

$$x' \wedge y_x = (x' \wedge y_{x'}) \vee (y_x \wedge y'_{x'} \wedge x')$$

を得る．このとき，両辺について確率を考えると，($y_{x'}$ と $y'_{x'}$ は互いに排反であることから)

$$\begin{aligned}
P(y_x, y'_{x'}, x') &= P(x', y_x) - P(x', y_{x'}) \\
&= P(x', y_x) - P(x', y) \\
&= P(y_x) - P(x, y_x) - P(x', y) \\
&= P(y_x) - P(x, y) - P(x', y) \\
&= P(y_x) - P(y)
\end{aligned}$$

を得る．

これを (9.34) 式に代入して，

$$P(y_x|x',y') = \frac{P(y_x) - P(y)}{P(x',y')}$$

を得る．これは (9.30) 式にほかならない．(9.29) 式も同じ手続きによって得られる． □

第 3 章では，非外生性の下で $P(y_x)$ が識別可能であるモデルに関する一般的なクラスの例を与えている．3.2 節（(3.13) 式を参照）で示したように，正値マルコフ・モデル M における任意の変数 X と Y に対して因果効果 $P(y_x)$ は識別可能であり，

$$P(y_x) = \sum_{pa_X} P(y|pa_X, x) P(pa_X) \tag{9.35}$$

で与えられる．ここに，pa_X は M に関する因果グラフにおける X の**親集合**（の実現値）である．したがって，(9.35) 式と定理 9.2.15 を組み合わせることによって，原因の確率の識別可能条件を具体的に与えることができる．

系 9.2.16

任意の正値マルコフ・モデル M に対して，関数 $Y_x(u)$ が単調であるならば，原因の確率 PNS, PN, PS は識別可能であり，(9.35) 式で評価された $P(y_x)$ を用いることによって，(9.28)〜(9.30) 式で与えられる． □

より一般的な識別可能条件はバックドア基準やフロントドア基準（3.3 節を参照）より得ることができ，この結果はセミマルコフ・モデルに対しても適用できる．Galles and Pearl (1995)（4.3.1 項を参照）によりこの結果は一般化されているが，これより次の系が導かれる．

系 9.2.17

GP を定理 4.3.1 のグラフィカル基準を満たすセミマルコフ・モデルのクラスとする．$Y_x(u)$ が単調であるならば，原因の確率 PNS, PN, PS は識別可能である．そのときの PNS, PN, PS は，4.3.3 項で与えたアルゴリズムに基づいて得られるグラフ構造 $G(M)$ から決定される $P(y_x)$ を用いることにより，(9.28)〜(9.30) 式で与えられる． □

9.3 適 用 例

9.3.1 例 1：公正なコインに対する賭け

公正なコイン投げにおいて表か裏のどちらかに賭けることとし，当たりの方に賭けていれば 1 ドルもらえ，そうでなければ 1 ドル失うものとする．ここで，コイン投げの結果を見ることなく，表に賭けて 1 ドルもらったと仮定する．この賭けはゲームに勝つための必要原因（あるいは，十分な原因，それとも必要十分な原因）だったのであろうか？

この例は，1.4.4 項（図 1.6）で議論した臨床試験の例と同じ構造をもっている．x を「表に賭ける」，y を「1 ドルもらう」，u を「コインが表になる」とする．このとき，y, x, u の関数関係は

$$y = (x \land u) \lor (x' \land u') \tag{9.36}$$

である．この関係は単調ではないが，(9.1)〜(9.3) 式で与えた定義から原因の確率を計算することができる．たとえば，$x \land y \Rightarrow u$ でかつ $Y_{x'}(u) = $ 偽であることから，

$$\mathrm{PN} = P(y'_{x'}|x,y) = P(y'_{x'}|u) = 1$$

を得る．すなわち，現在賭けている状態 (x) と現在の賞金 (y) を知ることによって，コイン投げの結果が表 (u) でなければならなかったと推測できる．また，これより，表ではなく裏 (x') に賭けると損をしたであろうということを演繹的に導くことができる．同様に，

$$\mathrm{PS} = P(y_x|x',y') = P(y_x|u) = 1$$

を得ることができ，$x' \land y' = u$ より，

$$\begin{aligned}
\mathrm{PNS} &= P(y_x, y'_{x'}) \\
&= P(y_x, y'_{x'}|u)P(u) + P(y_x, y'_{x'}|u')P(u') \\
&= 1(0.5) + 0(0.5) = 0.5
\end{aligned}$$

を得ることができる．したがって，表に賭けることが勝つための必要十分な原因である確率は 50% であることがわかる．また，勝った場合には裏に賭けたことが勝つために必要であると 100% 確信でき，裏に賭けて負けた場合には表に賭けることが勝つために十分であると 100% 確信できる．このような反事実に関する経験的フレームワークは 7.2.2 項でも議論している．

(9.36) 式の関数関係は勝敗を決定する（決定論的）方策を与えている（1.4.4 項を参照）．この関数関係がわからなければ，これらの反事実確率を X と Y の同時分布から計算することができない．たとえば，この例では，ブックメーカーが賭けの状態を無視してコインだけに集中することによって，y が x と関数的に独立となるようなランダム的決定が行われている．これによって，等確率が達成される．このため，条件付き確率と因果効果について，

$$P(y|x) = P(y|x') = P(y_x) = P(y_{x'}) = P(y) = \frac{1}{2}$$

が得られる．このようなランダム的方策では，原因の確率 PN, PS, PNS はすべて 0 となる．したがって，識別可能性の定義（定義 3.2.3）より，2 つのモデルが P 上で一致していても，Q 上で異なる場合には，Q は識別可能ではないことがわかる．実際，定理 9.2.10（(9.9) 式を参照）で与えた存在範囲より，$0 \leq \mathrm{PNS} \leq (1/2)$ となるため，たとえ制御実験を行っていても X と Y に関する統計データだけでは 3 つの原因の確率を評価することはできない．したがって，(9.36) 式のような関数的メカニズムに関する知識が必要となる．

賭ける前にコインを投げるのか，賭けた後にコインを投げるのかが，原因の確率に関係しないという事実は興味深い．これとは対照的に，原因 (x) が発生する「前の世界の状態」に関するすべての確率を条件づけることによって，決定論的メカニズムを避けようとしている確率的因果推論

9.3 適用例

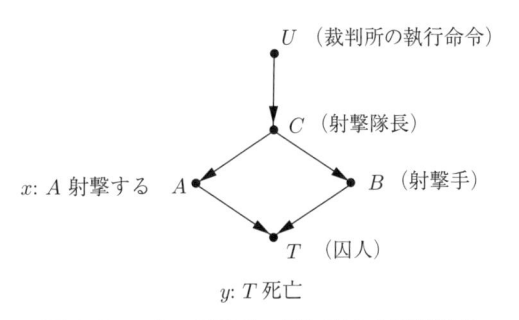

```
                    U （裁判所の執行命令）
                    ●
                    ↓
                    C （射撃隊長）
                    ●
                   ↙ ↘
    x: A 射撃する  A●   ●B （射撃手）
                   ↘ ↙
                    ●
                    T （囚人）
                  y: T 死亡
```

図 9.1　2 人の射撃手の例に関する因果関係

（たとえば，Good 1961）が提案されている．この理論を本節の賭けの例を用いて考えてみると，その意図はコインの状態 (u) に関するすべての確率を条件づけることであって，もし賭け金を置いた後にコインを投げる場合には，この意図を実現することはできない．一方，原因が起こった後に起こる事象を条件に取り入れることによって，反事実変数を含む決定論的関係が生み出される（Cartwright 1989, Eells 1991, 7.5.4 項を参照）．

もちろん，賭けた後にコインを投げた場合，我々の賭け金がコインの軌道に影響を与える可能性があるため，違うものに賭けていれば賞金をもらえたかどうかはまったくわからないと疑問に思う人もいるかもしれない (Dawid 2000)．そこで，x と u を離れた場所に置くこととし，コインを投げる部屋からコインに賭ける部屋へ何らかの情報が流される前に，賭け金が置かれた瞬間にコインを投げることにすれば，このような疑問を解消することができる．このような仮想的状況を考えると，「違うものに賭けていれば勝敗も違っていたであろう」という反事実的記述は，たとえ，原因 (x) が起こった後に条件付き事象 (u) が生起したとしても，むしろ説得力がある．したがって，適切な条件付け事象 (u) の集合を識別するのに，「x が起こる前の世界の状態」のような時間的記述を使うことができないという結論が下される．すなわち，複雑なメカニズムに関する決定論的モデルが「原因の確率」の概念を定式化するために必要となる．

9.3.2　例 2：射撃隊

ここでは，7.1.2 項の射撃隊の例を考えよう（図 9.1）．A と B は射撃手，C は（裁判所の命令 U を待っている）射撃隊長，T は囚人である．u を裁判所が死刑執行命令を下したという命題，x を A が引き金を引いたという命題，y を T が死亡したという命題とする．また，$P(u) = 1/2$ と仮定する．さらに，A と B は機敏で法を遵守する射撃の名手であり，T は恐怖などの外部的な理由で死亡することはないと仮定する．このとき，x が y に対して必要な（十分あるいは必要十分な）原因である確率（すなわち，PN, PS, PNS）を計算しよう．

U の値が決まれば，他の変数の値も決まるため，すべての関数とすべての確率を規定することができる．そして，与えられた因果モデルから，定義 9.2.1～9.2.3 に基づいてこれらの確率を計算することができる．まず，

$$P(y_x) = P(Y_x(u) = 真)P(u) + P(Y_x(u') = 真)P(u') \\ = \frac{1}{2}(1+1) = 1 \tag{9.37}$$

を得ることができる[9]. 同様に,

$$P(y_{x'}) = P(Y_{x'}(u) = 真)P(u) + P(Y_{x'}(u') = 真)P(u')$$
$$= \frac{1}{2}(1+0) = \frac{1}{2} \tag{9.38}$$

を得ることができる.

PNS を計算するためには, 積事象 $y_x \wedge y'_{x'}$ の確率を評価しなければならない. $U=$真である場合にかぎり, これらの2つの事象がともに真であるとすると,

$$\text{PNS} = P(y_x, y'_{x'})$$
$$= P(y_x, y'_{x'}|u)P(u) + P(y_x, y'_{x'}|u')P(u')$$
$$= \frac{1}{2}(0+1) = \frac{1}{2} \tag{9.39}$$

を得る.

PS と PN を計算するために, PN に対する条件付き事象 $x \wedge y$ と PS に対する条件付き事象 $x' \wedge y'$ のそれぞれが U の一つの状態の場合にのみ真であることを利用する. これにより

$$\text{PN} = P(y'_{x'}|x,y) = P(y'_{x'}|u) = 0$$

を得る. したがって, 裁判所が死刑執行命令 (u) を下すと, A が射撃を止めた (x') としても射撃手 B が射撃するため T は死亡することがわかる. 実際, T が死亡したことがわかれば, 射撃手 A による射撃が死亡原因ではないと判断できる. 同様に

$$\text{PS} = P(y_x|x',y') = P(y_x|u') = 1$$

を得ることができ, 裁判所の死刑執行命令とは関係なく, 射撃の名手による射撃が T を死亡させるのに十分であるという直観と一致している.

x は外生変数ではないため, 定理 9.2.10 と定理 9.2.11 をこの例に適用することはできないことに注意しよう. 事象 x と y の間には共通原因 (隊長の合図) があるため, $P(y|x') = 0 \neq P(y_{x'}) = 1/2$ となる. しかし, Y が X に対して単調であるため, 関数モデルを考慮しなくても, PNS, PS, PN を同時分布 $P(x,y)$ と因果効果 ((9.28)~(9.30)式を参照) を用いて計算することができる. 実際,

$$P(x,y) = P(x',y') = \frac{1}{2} \tag{9.40}$$
$$P(x,y') = P(x',y) = 0 \tag{9.41}$$

であるから, 期待したとおり

$$\text{PN} = \frac{P(y) - P(y_{x'})}{P(x,y)} = \frac{\frac{1}{2} - \frac{1}{2}}{\frac{1}{2}} = 0 \tag{9.42}$$

---

[9] $P(Y_x(u') = 真)$ には, U とは関係なく X を「真」とした部分モデル M_x が含まれていることに注意しよう. したがって, 条件 u' の下で射撃隊長は合図を出していなかったにもかかわらず, 潜在反応 $Y_x(u)$ は射撃手 A が違法に引き金を引いたことが仮定されている.

9.3 適用例

表 9.1

	曝露	
	高 (x)	低 (x')
死亡 (y)	30	16
生存 (y')	69,130	59,010

$$\text{PS} = \frac{P(y_x) - P(y)}{P(x', y')} = \frac{1 - \frac{1}{2}}{\frac{1}{2}} = 1 \tag{9.43}$$

を得る．

9.3.3 例 3：放射線の白血病への影響

ネバダ州で行われた核実験において，死の灰による放射線曝露の程度とユタ州の子どもの白血病による死亡率を比較するために採取されたデータ（表 9.1，Finkelstein and Levin (1990) のデータを改良したもの[10]）を考えよう．このデータを用いて，高濃度放射線の曝露を受けたことが白血病による死亡原因として必要（十分，あるいは必要十分）である確率を推定しよう．

単調性―対象者が核放射線の曝露を受けることによって白血病が治るわけではない―より，この過程は方程式

$$y = f(x, u, q) = (x \wedge q) \vee u \tag{9.44}$$

という簡単な選言的メカニズムを用いてモデル化することができる．ここに，u は「x 以外の y のすべての原因」を表し，q は「x が y を引き起こすためにすべての可能なメカニズム」を表している．q と u はともに非観測変数であると仮定すると，どのような条件の下で原因の確率 (PNS, PN, PS) が X と Y の同時分布から識別可能となるのかが問題となる．

(9.44) 式は x について単調であることから，定理 9.2.14 より，X が外生変数，すなわち，x が q, u と独立であるならば，3 つの量すべてが識別可能であることがわかる．この仮定の下では，(9.21)～(9.23) 式を用いることにより，データから原因の確率を計算することができる．分数表現を用いて確率を表現すると，表 9.1 に与えたデータから

$$\text{PNS} = P(y|x) - P(y|x') = \frac{30}{30 + 69{,}130} - \frac{16}{16 + 59{,}010} = 0.0001625 \tag{9.45}$$

$$\text{PN} = \frac{\text{PNS}}{P(y|x)} = \frac{\text{PNS}}{30/(30 + 69{,}130)} = 0.37535 \tag{9.46}$$

$$\text{PS} = \frac{\text{PNS}}{1 - P(y|x')} = \frac{\text{PNS}}{1 - 16/(16 + 59{,}010)} = 0.0001625 \tag{9.47}$$

を得ることができる．これらの数値は統計的には次のことを意味している．

1. ランダムに選ばれた子どもが放射線の曝露を受けたら白血病により死亡し，曝露を受けなければ生存する割合は，1 万人あたり 1.625 人である．

---
[10] Finkelstein and Levin (1990) のデータは「人–年」単位で与えられているが，説明のために，このデータを 10 年間の観察期間を仮定したときの（死亡者と生存者の）絶対数に変更している．

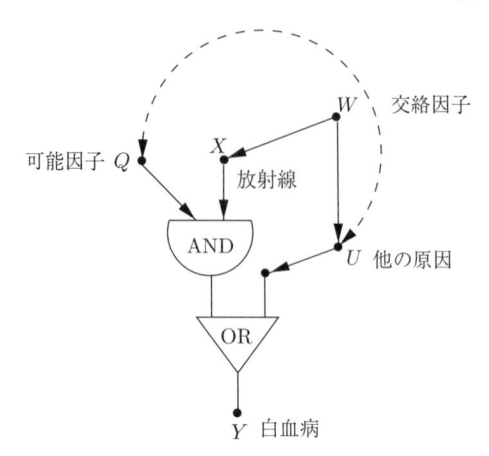

図 9.2 放射線と白血病の因果関係を表したグラフ．W は交絡因子を表す．

2. 放射線の曝露を受け白血病で死亡した子どもが，曝露を受けなかったときに生存する割合は，37.544% である．
3. 放射線の曝露を受けずに生存している子どもが，曝露を受けたときに死亡する割合は，1 万人あたり 1.625 である．

Glymour (1998) は確率 $P(q)$（Cheng の「因果的効力」）を識別するために，このデータを解析した．このときの $P(q)$ は PS と一致している（補題 9.2.8 を参照）．Glymour は，x, u, q が互いに独立である場合には $P(q)$ は識別可能であり，(9.23) 式で与えられることを示している．本章の結果を用いれば，いくつかの方向で Glymour の結果を一般化することができる．まず，Y は X について単調であることから，(9.23) 式は q と u が従属している場合でも成り立つと主張することができる．なぜなら，外生性は単に x と $\{u, q\}$ との独立関係だけを要求しているからである．対象者の核放射線に対する感受性は，それ以外の白血病の潜在的原因（たとえば，自然に存在する放射線）に対する感受性に関係すると考えられることから，この主張は疫学的状況において重要である．

また，定理 9.2.11 より，Glymour が q と u の独立関係を利用することにより得た PN, PS, PNS の関係（(9.11), (9.12) 式を参照）は，u と q が従属している場合でも成り立つと主張することができる．

さらに，定理 9.2.15 より，(9.44) 式のメカニズムが $P(y_x)$ および $P(y'_{x'})$ が識別可能であるような大きな因果構造に含まれている場合には，x が $\{u, q\}$ と独立でなくても PN と PS は識別可能であると主張することができる．例として，地形や標高が核放射能に対する被曝量に関係している疑いがあり，宇宙放射線に対する被曝量を決定する際の要素ともなっていると仮定しよう．この状況を表現するモデルを図 9.2 に与える．ここに W は X と U の両方に影響を与える背景因子である．X から Y への因果効果を推定する際に交絡バイアスを修正する自然な方法として，W の調整をあげることができる．すなわち，標準的な調整公式（(3.19) 式を参照）を用いることにより $P(y_x)$ と $P(y'_{x'})$ は（$P(y|x)$ と $P(y|x')$ ではなく）

9.3 適用例

$$P(y_x) = \sum_w P(y|x,w)P(w), \quad P(y_{x'}) = \sum_w P(y|x',w)P(w) \qquad (9.48)$$

と計算することができる．ここに，和は W の水準すべてについてとることを意味する．この調整公式は，(9.35) 式より導かれるが，W が X と Y の両方に影響を与えるすべての共通因子を表す場合には，X と Y の間に存在するメカニズムとは関係なく交絡バイアスを修正できる（3.3.1 項を参照）．

定理 9.2.15 により，(9.48) 式を (9.29) 式と (9.30) 式に代入することによって PN と PS が得られ，これは PN と PS の一致推定量となっている．この一致推定量は，単調性と（仮定された）因果グラフの構造によって保証される．

(9.20) 式で定義された単調性は，x と y の間のすべての道に対する大域的性質である．(9.20) 式に影響を与えないのであれば，これらの道に伴っていくつかの非単調的メカニズムが因果モデルに含まれていてもかまわない．しかし，単調性は一般に検証可能ではないため，その有効性に関する議論は現実的な情報に基づかなければならない．たとえば，日常の臨床現場では，放射線ががん患者を治療するために使われているため，Robins and Greenland (1989) は核放射線曝露は一部の対象者に対しては有益であるかもしれないと述べている．不等式 (9.32) 式は，実験研究および観察研究に基づく（緩やかなものではあるが）単調性の統計的検証法となっている．

9.3.4 例4：実験および非実験データに基づく法律的責任

A 氏は疾病 D による症状 S を和らげる薬 x を服用して死亡した．その薬が A 氏が死亡した原因であると告発され，製薬メーカーに対する訴訟が起こされた．

製薬メーカーは，症状 S をもつ患者の臨床試験データを用いて，薬 x によって死亡率がほとんど増加することはないと主張した．しかし，原告側は，このデータは試験が参加者全員の効果を表しているものであって，A 氏のような実際に薬 x を服用して死亡した患者を代表していないので，実験研究とこの問題とはほとんど関係がないと主張した．さらに，原告側は，A 氏は試験のプロトコルに従って薬を服用している試験参加者とは異なり，彼は自分の意志で薬を服用したとも主張した．この主張を裏づけるために，原告側は非実験データを与え，薬 x を服用している多くの患者がもしその薬を服用しなかったら生存していたという結果を示した．製薬メーカーは次のように反論した．

(1) 患者が死亡したかどうかに関する反事実的推論はわかりにくいものであり，そのような議論は避けるべきである (Dawid 2000)．

(2) 非実験データでは外部の因子によって強い交絡が生じる可能性があるため，そのようなデータを優先的に使用するべきではない．

そこで，裁判所は実験研究と非実験研究の両方に基づいて，薬 x が実際に A 氏の死亡の原因となっている確率がどのくらいなのか評価しなければならない．

2つの研究に関する（仮想的）データを表 9.2 に与える．実験データより

$$P(y_x) = 16/1000 = 0.016 \qquad (9.49)$$

$$P(y_{x'}) = 14/1000 = 0.014 \qquad (9.50)$$

表 9.2

	実験		非実験	
	(x)	(x')	(x)	(x')
死亡 (y)	16	14	2	28
生存 (y')	984	986	998	972

となり，非実験データより

$$P(y) = 30/2000 = 0.015 \tag{9.51}$$

$$P(y,x) = 2/2000 = 0.001 \tag{9.52}$$

を得る．

薬 x は死亡のみを引き起こす（予防効果がない）と仮定すると，定理 9.2.15 を適用することができる．したがって，(9.29) 式より

$$\text{PN} = \frac{P(y) - P(y_{x'})}{P(y,x)} = \frac{0.015 - 0.014}{0.001} = 1.00 \tag{9.53}$$

を得ることができ，原告側は正しいことになる．サンプリングによる誤差を除けば，データから 100% の確信をもって薬 x が実際に A が死亡した原因であると主張できる．その一方で，実験データを用いて超過割合を計算すると

$$\frac{P(y_x) - P(y_{x'})}{P(y_x)} = \frac{0.016 - 0.014}{0.016} = 0.125 \tag{9.54}$$

という低い（正しくない）値が得られる．

もちろん，末期患者が選択できるのであれば薬 x の服用を避けるということを実験研究から示すことはできない．実際，（選択できるのであれば）x を選択する末期患者がいれば，コントロール群 (x') も（ランダム化によって）末期患者を含むことになり，コントロール群の死亡割合 $P(y_{x'})$ は x の服用を避けている末期患者の割合 $P(x',y)$ よりも高くなるであろう．しかし，$P(y_{x'}) = P(y,x')$ より，このような患者はコントロール群には存在しないことがわかる．したがって，末期患者がランダム化された母集団の中に存在するようなことはなく，x を自由に選択できた患者の中に末期患者はいない．すなわち，すべての患者が x に対する感受性が高いことがわかる．

表 9.2 で与えたデータは明らかに極端なケースを表しており，(9.29) 式の有効性を定性的に説明するためにつくられたものである．しかし，この例より，実験研究と非実験研究を組み合わせることによって，実験研究だけでは明らかにならないものを解明できることがわかる．また，9.2.4 項（(9.32) 式を参照）で述べたように，この組み合わせを用いることにより，"no prevention" というの仮定に対する必要性も検証することができる．たとえば，表 9.2 の度数がわずかに異なっていれば，(9.53) 式より PN は負値となり，基本不等式 (9.32), (9.33) 式が成り立たないことがわかる．これは実験群と非実験群の不一致性あるいは非単調性によるものかもしれない．

最後に，異なる実験条件の下で，2 つの異なる群からとられた 2 つのデータセットが，なぜお互いに制約しあっているのか読者が疑問に思うことのないように，その根拠について説明しよう．

9.3 適用例

表9.3 関数とデータに対応する PN

仮定			得られるデータ		
外生性	単調性	付加	実験	観察	組み合わせ
+	+		ERR	ERR	ERR
+	−		存在範囲	存在範囲	存在範囲
−	+	共変量調整	—	修正 ERR	修正 ERR
−	+		—	—	修正 ERR
−	−		—	—	存在範囲

注:ERR は超過割合 $1 - P(y|x')/P(y'|x')$ を表し,修正 ERR は (9.31) 式で与えられる.

2つの部分母集団が一般的な母集団から適切に抽出される場合,これらの部分母集団から得られる量が異なる実験条件においても不変であると期待できる.この不変的な量とは因果効果 $P(y_{x'})$ と $P(y_x)$ にすぎない.これらの反事実確率は非実験群において評価できるものではないが,(定義より)実験群で評価したものと同じでなければならない.因果効果がもつ不変性は,実験研究から母集団の一般的行動への推測が可能となる制御実験の基本原則である.この不変性と単調性により,不等式 (9.32), (9.33) 式が与えられる.

9.3.5 結果の要約

疫学研究者と政策立案者の実践に役立つように,9.2節と9.3節から得られる結果をまとめておこう.表9.3にその結果を与える.この表は,さまざまな仮定とさまざまなタイプのデータに基づいた(非実験的事象に対する)PN の最良推定量を与えており,仮定が強ければ強いほど,有用な推定量となる.

疫学研究者はしばしば超過割合 (ERR) をよく原因の確率と同じものと考えているが,これは,外生性(すなわち,交絡がない)と単調性(すなわち,"no prevention")という2つの仮定が成り立つときのみ,PN に対する有効な尺度となっている.(9.13) 式からわかるように,単調性が成り立たない場合には,ERR は単なる PN の下限を与えているにすぎない(上限は 1 となることが多い).表 9.3 の右側にあるダーシ(—)は無意味な存在範囲(すなわち,0≤PN≤1)が与えられることを示している.(9.31) 式からわかるように,交絡因子が存在している場合には,追加項 $[P(y|x') - P(y_{x'})]/P(x,y)$ の分だけ ERR を補正する必要がある.すなわち,(因果効果に対する)交絡バイアスが正である場合には,この補正項の分だけ PN は ERR よりも大きくなる.$P(x,y)$ で割っているため,PN に対するバイアスが因果効果に対するバイアス $P(y|x') - P(y_{x'})$ よりも大きくなることは明らかである.しかし,交絡は結果に影響を与える因子と曝露との関連のみから生じる.したがって,そのような因子と曝露に対する感受性の関係については考慮しなくてもよい(図 9.2 を参照).

表 9.3 の最後の行は何も仮定をおかない場合に対応している.このとき,実験データと非実験データの両方が得られなければ,PN に対して無意味な存在範囲が与えられることになる.しかし,このことは単調性と外生性以外の正当な仮定が PN を識別するのに有用ではないということを意味しているわけではない.このような仮定については次節で議論する.

9.4 非単調性モデルにおける識別可能性

本節では，単調性が成り立たない場合の原因の確率の識別問題について議論する．すべての関数関係が既知である因果モデル M が与えられているが，背景変数 U は非観測変数であるため，この分布は未知であり，モデルも完全には規定されないと仮定しよう．

最初のステップは，どのような条件の下で関数 $P(u)$ が識別可能であるのか，すなわち，モデル全体が識別可能となるのかを調べることである．M がマルコフ的である場合には，各親—子関係ごとに問題を考えることによって解析することができる．M の方程式

$$\begin{aligned} y &= f(pa_Y, u_Y) \\ &= f(x_1, x_2, \cdots, x_k, u_1, \cdots, u_m) \end{aligned} \qquad (9.55)$$

を考えよう．ここに，$U_Y = \{U_1, \cdots, U_m\}$ は Y の方程式に現れる背景変数（従属していてもよい）からなる集合である．一般に，U_Y はモデルから除かれた非観測変数を表しているので，この定義域は任意でよく，離散でも連続でもよい．しかし，観測変数が二値であるので，PA_Y から Y への関数は有限個 ($2^{(2^k)}$) であり，任意の点 $U_Y = u$ に対して，これらの関数の一つだけが実現される．これにより，U_Y の定義域を同値クラスの集合に分割することができる．ここに，それぞれの同値クラス $s \in S$ より，PA_Y から Y へ同じ関数 $f^{(s)}$ が得られる（8.2.2 項を参照）．したがって，u はその定義域内の値をとるので，このような関数の集合 S を構成することができ，この S を新しい背景変数とみなすことができる．このとき，S の値が U_Y に基づいて構成される PA_Y から Y への関数集合 $\{f^{(s)} : s \in S\}$ に対応している．一般に，そのような関数の数は $2^{(2^k)}$ よりも小さい[11]．

例として，図 9.2 で記述されるモデルを考えよう．背景変数 (Q, U) はそれぞれの定義域内の値をとるので，X と Y の関係は 3 つの異なる関数で記述される．

$$f^{(1)} : T = 真, \quad f^{(2)} : Y = 偽, \quad f^{(3)} : Y = X$$

$f_Y(\cdot)$ は単調であることから，第四の関数 $Y \neq X$ を構成することはできない．セル (q, u) と (q', u) は X と Y の関係に対して同じ関数が定義されるため，それらは同じ同値クラスに属する．

分布 $P(u_Y)$ が与えられると，分布 $P(s)$ を計算することができる．そして，pa_Y から「真」に写す関数 $f^{(s)}$ すべてについて $P(s)$ を加えることによって，条件付き確率 $P(y|pa_Y)$ を決定することができる．その結果，

$$P(y|pa_Y) = \sum_{s: f^{(s)}(pa_Y) = 真} P(s) \qquad (9.56)$$

が得られる．モデルが識別可能であることを保証するためには，この過程を逆にし，$P(y|pa_Y)$ から $P(s)$ を決定できればよい．条件付き確率 $P(y|pa_Y)$ の集合を (2^k 次元) ベクトル $\vec{p}$ によって表現し，$P(s)$ を $\vec{q}$ によって表現すると，(9.56) 式によって $\vec{p}$ と $\vec{q}$ の間に線形関係が定義される．その結果，((8.13) 式のような) 行列の積

---

[11] 8.2.2 項で述べたように，Balke and Pearl (1994a, b) はこれらの変数 S を「反応変数」とよび，Heckerman and Shachter (1995) は「写像変数」とよんでいる．

9.4 非単調性モデルにおける識別可能性

$$\vec{p} = \boldsymbol{R}\vec{q} \tag{9.57}$$

が得られる．ここに，$\boldsymbol{R}$ は各成分が 0 または 1 であるような $2^k \times |S|$ 行列である．したがって，識別可能であるための十分条件は，正規方程式 $\sum_j \vec{q}_j = 1$ の下で R が可逆となることである．

一般に，$\vec{q}$ の次元は $\vec{p}$ の次元よりも大きいので，$\boldsymbol{R}$ は可逆ではない．しかし，「noisy OR」メカニズム

$$Y = U_0 \bigvee_{i=1,\cdots,k} (X_i \wedge U_i) \tag{9.58}$$

のようなケースでは，対称性を用いることによって，$U_0, U_1, \cdots, U_k$ が互いに独立ではない状況においても，$P(y|pa_Y)$ により $\vec{q}$ を識別することができる．これは，$U_0=$偽になる任意の点 u で一意関数 $f^{(s)}$ が定義されることからわかる．なぜなら，T が $U_i=$真である添え字 i の集合である場合には，PA_Y と Y の関係は

$$Y = U_0 \bigvee_{i \in T} X_i \tag{9.59}$$

となり，$U_0=$偽の場合にはこの方程式は T のそれぞれに対して異なる関数を定義するからである．方程式の数は $2^k + 1$（正規化のための 1 を引いている）であり，これはまさに PA_Y の実現値の数である．また，$\vec{p}$ と $\vec{q}$ をつなぐ行列が可逆であることを簡単に示すことができる．したがって，noisy OR メカニズムで構成される任意のマルコフ・モデルでは，各方程式の背景変数が互いに独立であるかどうかとは関係なく，反事実命題の確率はすべて識別可能である．また，各方程式が一つのメカニズムに従って構成される場合には，否定するようなメカニズムを含めて，noisy AND メカニズムや，noisy OR メカニズムと noisy AND メカニズムの組み合わせに対しても同じことが成り立つ．

この例で与えられた $f_Y(\cdot)$ は X のそれぞれに対して単調であるが，この結果を noisy OR や noisy AND メカニズム以外のメカニズムへ一般化する際，その識別可能性は $f_Y(\cdot)$ の単調性ではなく**冗長性**によって保証されている．$\boldsymbol{R}$ が可逆な単調関数である例として，次の関数を考えよう．

$$Y = (X_1 \wedge U_1) \vee (X_2 \wedge U_1) \vee (X_1 \wedge X_2 \wedge U_3)$$

この関数は $U_3 =$ 偽のとき noisy OR ゲートとなり，$U_3 =$ 真と $U_1 = U_2 =$ 偽のとき noisy AND メカニズムとなる．生成される同値クラスの数は 6 であり，これらの確率を決定するために 5 つの独立した方程式が必要となるが，$P(y|pa_Y)$ は 4 つの方程式だけが与えられる．

一方，次の関数によって規定されるメカニズムは，非単調ではあるが，可逆である．

$$Y = \mathrm{XOR}(X_1, \mathrm{XOR}(U_2, \cdots, \mathrm{XOR}(U_{k-1}, \mathrm{XOR}(X_k, U_k))))$$

ここに，$\mathrm{XOR}(\cdot)$ は排他的 OR を表す．この方程式により PA_Y から Y へ 2 つの方程式

$$Y = \begin{cases} \mathrm{XOR}(X_1, \cdots, X_k) & \mathrm{XOR}(U_1, \cdots, U_k) = \text{偽のとき} \\ \neg \mathrm{XOR}(X_1, \cdots, X_k) & \mathrm{XOR}(U_1, \cdots, U_k) = \text{真のとき} \end{cases}$$

が導かれる．それゆえ，一つの条件付き確率 $P(y|x_1, \cdots, x_k)$ がわかれば，識別するために必要なパラメータ $P[\mathrm{XOR}(U_1, \cdots, U_k) = \text{真}]$ を計算することができる．

これらの考察は次の定理でまとめられる．

定義 9.4.1（局所的可逆性）

任意の変数 $V_i \in V$ に対して，$2^k + 1$ 個の方程式からなる集合

$$P(y|pa_i) = \sum_{s|f^{(s)}(pa_i)=\text{真}} q_i(s) \tag{9.60}$$

$$\sum_s q_i(s) = 1 \tag{9.61}$$

が $q_i(s)$ に対して唯一の解をもつとき，モデル M は局所的に可逆であるという．ここに，$f^{(s)}(pa_i)$ はそれぞれ，同値クラス s における u_i によって導かれる関数 $f_i(pa_i, u_i)$ に対応している． □

定理 9.4.2

$\{f_i\}$ が既知で外生変数 U が非観測変数であるマルコフ・モデル $M = \langle U, V, \{f_i\}\rangle$ に対して，M が局所的に可逆であるならば，反事実命題の確率は同時分布 $P(v)$ より識別可能である． □

証明

(9.60) 式が $q_i(s)$ に対して唯一の解をもつならば，U を S で置き換えることにより，同値モデル

$$M' = \langle S, V, \{f'_i\}\rangle$$

を得ることができる．ここに，$f'_i = f_i^{(s)}(pa_i)$ である．マルコフ条件より，モデル M' と $q_i(s)$ を用いて確率的因果モデル $(M', P(S))$ は完全に規定される．したがって，定義より，確率的因果モデルから反事実確率を得ることができる． □

定理 9.4.2 は原因の確率を識別するための十分条件を与えているが，識別可能であるための有用な仮定すべてを網羅しているわけではない．多くのケースでは，モデルの構造に対する仮定を追加すること——たとえば，各方程式に含まれている変数 U は独立である——が理にかなっているかもしれない．そのような場合，確率 $P(s)$ に対して追加的な制約が与えられ，S に含まれる要素の個数が条件付き確率 $P(y|pa_Y)$ の数より多くても，(9.60) 式を解くことができるかもしれない．

9.5 結論

本章では，原因の必要性の部分と十分性の部分の相互作用について議論を展開し，解析した．構造モデル的意味論に基づく反事実的説明を通して，原因の確率を評価し，識別問題を解決し，統計データから原因の確率を推定できる条件を明らかにし，そして解析者および研究者によって（しばしば無意識ではあるが）日常的に使われている仮定に対する検証法を開発するために，反事実確率に関する簡単な計算方法がどのように使われるのかを説明した．

本章では，実用的な観点から，疫学研究者や健康科学研究者にとって有用なツールのいくつかを与えるとともに，部分的に表 9.3 にまとめた．また，超過割合のような統計的尺度を寄与リスクや原因の確率（定理 9.2.14）のような因果的量として評価する前に，検証しなければならない

9.5 結論

仮定を定式化するとともに注意を喚起した．さらに，実験データと非実験データの両方を組み合わせることによって，どちらか一方の研究だけからは得られない情報を得ることができることを示した（定理 9.2.15, 9.3.4 項を参照）．最後に，広く用いられている "no prevention" に対する検証法，そして臨床研究がその対象となる母集団を代表しているかどうかという問題に対する検証法も提案した（(9.32) 式を参照）．

また，概念的な観点から，必要性の確率 (PN) と十分性の確率 (PS) はどちらも因果関係を理解するために重要な役割を果たし，それぞれ論理規則と計算規則をもつことを示した．必要な原因に関する反事実的概念（すなわち，行動が起こらなかったら，結果は起こらなかったであろう）は訴訟 (Robertson 1997) や日常会話でよく使われているが，十分な原因に関する反事実的概念は明らかに因果的思考に影響を与えている．

因果関係の必要性が暗黙に仮定されている，あるいは保証されている例を用いて，十分性の重要性を明らかにすることができる．我々はなぜ酸素が存在することよりも，マッチを擦ったことのほうが点火するための適切な説明であると考えるのだろうか？ PN, PS を用いて問題を整理しなおしてみると，酸素とマッチの両方が点火するための必要条件であるため，両方の PN は 1 になることがわかる（実際，点火するための他の方法を許すのであれば，酸素の PN はマッチの PN よりも高い）．したがって，酸素よりもマッチのほうに強い説明力を与えるのは因果関係の十分性しかないのである．マッチによる点火と酸素の存在に対する確率をそれぞれ p_m と p_o で表すと，この 2 つに関する PS の尺度は PS(マッチ) $= p_o$ と PS(酸素) $= p_m$ と評価される．このとき，$p_o \gg p_m$ である場合には，明らかにマッチのほうがより適切な説明となる．したがって，なぜ点火したのかを説明するよう指示されたロボットには，PN と PS の両方をよく考える以外に選択肢はない．

犯罪や不法行為に対する法律的考察を行う際に，PS を導入すべきなのであろうか？ 著者も Good (1993) も PS の概念を導入すべきであると考えている．なぜなら，十分性に着目すれば，人の行動によって引き起こされた結果に注目することにつながるからである．酸素を供給した人，あるいは酸素を除去できたのに実際には除去しなかった人は，一般にマッチを擦ることを考えていないが，点火した人は酸素の存在を予想したであろう．

しかし，法律では必要な原因と十分な原因に対してどのような重みが割り当てられるべきなのだろうか？ この問題は明らかに本書の研究範囲を超えており，誰にこの問題に取り組む資格があるのか，法律的システムはこの提案を受け入れるかどうかについてはまったくわからない．しかし，このような問題に取り組もうと考える人にとって，本章の議論は，ある程度役に立つものであろう．次章では，必要性と十分性を組み合わせ，もっと精錬された概念である「実際の原因」について議論する．

第 10 章

実際の原因

> さて残る問題はこの結果の原因を，と申しますより，
> この欠陥の原因を突き止めることでございます[a].
> Shakespeare (Hamlet II.ii. 100-4)

序　文

　本章では，「ヘムロックを飲んだことが，Socrates が死んだ本当の原因である」といった具体的なシナリオにおいて，ある結果を引き起こす原因として認められる「実際の原因」という概念に対して形式的な解釈を与える．人間の直観は，このような因果関係を見つけ，突き止めることに非常に優れている．このため，この直観は，因果関係を説明する際に重要な役割を果たしており（7.2.3 項を参照），そして法的責任を決定する最終的な判定基準（「事実上の原因」として知られている）と考えられている．

　実際の原因は自然な思考の至るところに現れているにもかかわらず，簡単に定式化できる概念ではない．Wright (1988) が与えた代表的な例として，ある家に向かって燃え広がっていく 2 つの火について考えよう．火 B が来る前に火 A によって家が全焼した場合，火そのものは家が全焼するための十分条件にすぎないのだが，（必要条件でなくても）我々は（陪審員も）火 A が全焼させた「実際の原因」であると考えるであろう．実際の原因を判断するためには，原因と結果の間に介在する因果的過程を考慮しなければならない．そのため，必要性や十分性を超えた情報が必要となる．しかし，構造モデルにおいて，「因果的過程」とはいったい何なのであろうか？ 因果的過程のどのような性質に基づいて実際の原因が定義されるのだろうか？ シナリオの不確実な部分についての根拠をどうやって作り出し，実際の原因の確率を計算したらよいのだろうか？

　本章では，構造モデル的意味論に基づいて実際の原因を定式化し，それに対して適切な解釈を与える．この解釈は，10.2 節で定義される**持続性**という概念に基づいている．これは，必要性と十分性を結びつけることによって，モデルの一部において**構造**が変化しても結果が変わらないような原因の大きさを評価するものである．本章では，例を通して，この解釈によってどうやって Lewis (1986) が与えた反事実的従属性の説明に関する問題を避けることができるのか，そして具体的なシナリオに対して説明を与え，実際にその説明が正しいという確率を計算するために，この解釈をどのように使えばよいのかを明らかにする．

---

[a] 訳者注：野島秀勝訳 (2003)．『ハムレット・シェイクスピア作』．岩波書店．

10.1 はじめに：必要な原因の不十分性

10.1.1 特異的原因再考

「Joe は交通事故で死亡した」といった具体的なシナリオは，「特異的」，「単一事象」あるいは「トークンレベル」の因果表現に分類される．「交通事故が死亡を引き起こす」といった事象あるいはクラスに関する記述は，「一般的」あるいは「タイプレベル」の因果表現に分類される（7.5.4 項を参照）．本章では，単一事象に関する表現を**実際の原因**とよび，タイプレベルに関する表現を**一般的な原因**とよぶことにする．

哲学の文献では，タイプレベルの因果表現とトークンレベルの因果表現の関係が議論の中心となっている (Woodward 1990; Hitchcock 1995)．そこでは，「どちらが最初に起こるのか？」あるいは「一方のレベルがもう一方のレベルに縮約できるのか？」(Cartwright 1989; Eells 1991; Hausman 1998) という問題が優先的に議論されるあまり，「トークンレベルの表現とタイプレベルの表現を用いてどのくらい確実な主張ができるのか？ そして，そのような主張を実証するために因果的知識をどうやって構成すればよいのか？」という根本的な問題が軽視されてきた．この論争によりタイプレベルとトークンレベルを異なる因果関係とみなす理論 (Good 1961, 1962) が提案されたが，「両者が融合した幸せな状態にはならず」(Hitchcock 1997)，それぞれに対して哲学的な説明（たとえば，Sober 1985; Eells 1991, chap. 6）が必要とされている．一方，構造的説明では，タイプレベルの表現とトークンレベルの表現は，その問題に関係するシナリオ特有の情報が異なるだけで，同じ類のものとして扱われている．こうして，構造的説明を用いることにより，2 つのレベルの因果表現を分析するための形式的基盤が開発され，どのような情報がそれぞれのレベルを表現するために必要とされているのか，そしてなぜ哲学者がそれらの関係を解決することが難しいということがわかったのかが明らかとなった．

構造的説明に関する基本的な構成要素は関数 $\{f_i\}$ である．それは法則的メカニズムを表しており，タイプレベルの主張とトークンレベルの主張を行うための情報を表現している．この関数は，変数間の一般的関係と反事実的関係を表しており，実現されたシナリオだけでなく，すべての仮想的シナリオに適用できるという意味で，タイプレベルである．同時に，この関係に関する具体的な裏づけはトークンレベルの主張を表現している．あるシナリオをもう一つのシナリオと区別するための構成要素は背景変数 U で表される．この背景変数がすべてわかっている場合には $U = u$ となり，すべての興味ある事象を詳しく説明することができ，偶然や憶測のない具体的なシナリオに関する理想的な「世界」（定義 7.1.8）を得ることができる．世界レベルで表現された因果的主張はトークンレベルの因果的主張の極端なケースとなっている．しかし，一般には，世界 $U = u$ を規定するために必要となる知識を得ることはできないため，確率 $P(u)$ を用いて未知の知識を要約する．これによって，確率的因果モデル $(M, P(u))$（定義 7.1.6）が導かれる．そのようなモデルに基づいて得られた因果的主張は，実際のシナリオには触れていないため，タイプレベルに属する．たとえば，因果効果 $P(Y_x = y) = p$ は，すべての潜在的なシナリオにおいて x が y を引き起こす一般的な傾向を表現している．したがって，タイプレベルとなる[1]．しか

---

[1] $G(M)$ と $P(v)$ だけが与えられているという不完全な確率モデルに基づいて，因果効果を判定することができ
（次ページにつづく）

10.1 はじめに：必要な原因の不十分性

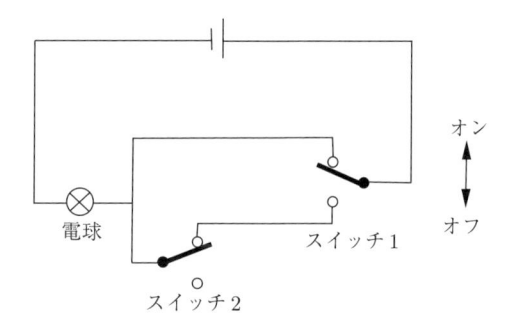

図 10.1 （スイッチ2ではなく）スイッチ1は電気をつける原因であるが，両方とも必要な原因ではない．

し，多くの場合，

(i) Joe が死亡した，

(ii) 彼が交通事故にあった，

(iii) おそらく彼はスポーツカーを運転していて，頭部損傷を受けた，

といったシナリオに関する部分的な情報しか得られない．そのようなエピソード特有の情報は「証拠」(e) とよばれ，それを利用することによって $P(u)$ を $P(u|e)$ に更新することができる．モデル $\langle M, P(u|e) \rangle$ から得られる因果的主張は特定の e に応じて意味合いが変わるため，トークンレベルの主張を表現している．

以上のことから，タイプレベルの主張とトークンレベルの主張の違いは，構造的説明においては程度の問題であることがわかる．我々が集めたエピソード特有の証拠が多ければ多いほど，代表的なトークンレベルの主張や実際の原因といった理想状態に近づいていく．（第9章で議論した）PS や PN の概念は，この理想状態に向かう途中にあるものである．実際のシナリオは考慮されることなく，考察にも取り込まれないため，十分性の確率 (PS) はタイプレベルの主張に近い．必要性の確率 (PN) では，x と y が真であるという単純なシナリオでありながら，実際のシナリオが考慮されている．本節では，さらに付加的な情報を考えることによって実際の原因という概念を明らかにする．

10.1.2 取り替えと構造的情報の役割

9.2 節では，PN と PS はともに因果モデルの大域的な入出力の特徴をもっており，関数 $Y_x(u)$ にだけ依存し，原因 (x) と結果 (y) を結びつけるプロセスの構造には依存しないことを明らかにした．そのような構造が因果的説明において役立っていることを，以下の例でみてみよう．

図 10.1 のような，1つの電球と2つのスイッチで構成される電気回路を考えよう．利用者から見ると，電球は2つのスイッチに対して対称的に反応する，すなわち，どちらかのスイッチが入れば点灯するようになっている．しかし，回路内部を見てみると，スイッチ1をオンにすると，電球が点灯するだけでなく，スイッチ2は回路から切り離され操作できなくなる．したがって，この

る場合がある．これは識別可能性の問題である（第3章を参照）．しかし，$\{f_i\}$ あるいは $P(u)$ に関する知識（もちろん，x と y が起こったと仮定すると）がなければ，それに基づいてトークンレベルの記述を行うことはできない．

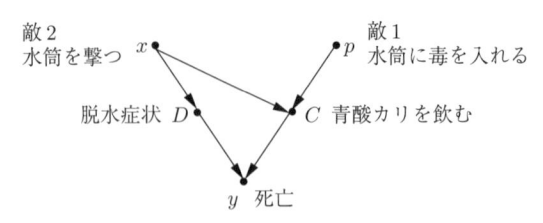

```
敵2            x •              • p   敵1
水筒を撃つ        ↘          ↙       水筒に毒を入れる
                  ↘      ↙
     脱水症状  D •      • C  青酸カリを飲む
                  ↘  ↙
                   • y  死亡
```

図 10.2 砂漠旅行者の例における因果関係を説明するためのグラフ

ような特定の状態においてスイッチ 2 が電気回路に影響を与えないことがわかっていれば，両方のスイッチがオンになった場合，スイッチ 1 が電球へ電気が流れる実際の原因であるとすぐに判断することができる．PN と PS ではこのような非対称性を説明することはできない．すなわち，両方とも反応関数 $Y_x(u)$ に基づいているため，回路の内部作用が考慮されていないのである．

この例は**取り替え**を含んだ代表的なものであり，Lewis の因果関係に対する反事実的説明の反例として持ち出されたものである．この反例は，ある事象（たとえば，スイッチ 1 を入れる）が存在しない場合でも結果は存在するが，それにもかかわらずその事象がなぜ原因と考えられるかを説明している．この反例に対する Lewis (1986) の答えは，反事実に基づいた基準を修正したうえで，x と y の間にある中間変数からなる**反事実的な従属連鎖**が存在するかぎりにおいて，x を y の原因とするというもの，すなわち，連鎖内のすべての辺に対する出力はその入力と反事実的に従属するというものである．しかし，このような連鎖はスイッチ 2 に対しては存在しない．なぜなら，現在の状態（両方のスイッチがオンになる）が与えられると，回路のどの部分もスイッチ 2 の切り替えによる（電気的な）影響を受けないからである．このことを次の例を用いてもっと明確に説明することができる．

例 10.1.1（砂漠の旅行者—P. Suppes の続き） 砂漠を旅行している旅行者 T が 2 人の敵に遭遇した．敵 1 は T の水筒に毒を入れ，敵 2 は敵 1 の行動を知らずに，射撃して水筒を空にした．1 週間後，T は死亡した状態で発見され，2 人の敵は自分の意図と行動を自白した．陪審員は T が死亡した**実際の原因**がどちらの行動によるものであるかを判断しなければならない．

x と p をそれぞれ「敵 2 が水筒を射撃した」と「敵 1 が水筒に毒を入れた」とし，y を「T が死亡した」という事象を表すとしよう．図 10.2 には，これらの事象に加えて，中間変数として C（青酸カリ）と D（脱水症状）を与えている．図 10.2 には関数 $f_i(pa_i, u)$ が明確に示されているわけではないが，このシナリオに関する一般的な理解により

$$
\begin{aligned}
c &= px' \\
d &= x \\
y &= c \vee d
\end{aligned}
\tag{10.1}
$$

を得ることができ，グラフにおける親変数の値によって子変数の値が決定されると考えることが

できる². c と d を y に対する方程式に代入することにより，簡単な論理和

$$y = x \vee px' \equiv x \vee p \tag{10.2}$$

が得られることから，対称性があるように見える．

ここで，構造的情報が果たす役割を記号論的な観点からみてみよう．$x \vee x'p$ が論理的に $x \vee p$ と等しいことは事実であるが，これらは構造的には同じではない．すなわち，$x \vee p$ は x と p の交換に関して完全に対称であるが，$x \vee x'p$ は x が真である場合には，p は y だけでなく，y に対して潜在的な影響を与えるいかなる中間変数にも影響を与えない．この非対称性により，死亡した原因は p でなく x であると主張することができる．

Lewis によれば，x と p の区別は，これらと y をつなぐ連鎖の特徴により生じる．x について，各要素がその前の要素と反事実的に従属するような因果連鎖 $x \rightarrow d \rightarrow y$ が存在する．一方，そのような連鎖は p から y には存在しない．なぜなら，x が真であるとき，連鎖 $p \rightarrow c \rightarrow y$ は（要素 c で $x \rightarrow d \rightarrow y$ に）**取り替えられている**からである．すなわち，このとき，p とは関係なく c は偽となる．言い換えると，x は y を引き起こすための反事実に基づく基準を満たしていないが，その結果の一つ (d) を引き起こすための基準を満たしている．したがって，x と p が真であるとき，d が成り立たない場合には y は偽となる．

Lewis の連鎖基準は因果関係と反事実の関係を保存しているが，特別な場合に限られている．それにもかかわらず，なぜ法廷訴訟において被告が有罪か否かを決定する「実際の原因」のような重要な概念を定義するための基準として，反事実的な従属連鎖が受け入れられているのだろうか？ 反事実という基本的基準はまさにその実用的な根拠を与えている．すなわち，我々は，避けることのできない損害を理由にして処罰したくはないし，行動によって本質的な差が生じるような状況があるということについて人々に注意を呼びかけたいと考えている．しかし，行動と結果の間にある反事実的従属性が他の原因によって成り立たなくなる場合，これらをつなぐ連鎖の間にある反事実的従属性を主張することがどれだけ適していることなのだろうか？

10.1.3 過剰決定と準従属性

Lewis の連鎖が抱えるもう一つの問題は，同時に起こるそれぞれの原因をとらえていないことである．たとえば，図 9.1 の射撃隊の例において，射撃手 A と射撃手 B が同時に発射し，囚人を射殺したと仮定しよう．直観的には，どちらの射撃手も囚人を死亡させた**一因**であるが，どちらの射撃手も反事実に基づいた基準を満たしておらず，両者が存在する場合には反事実的従属関係が成り立たない．

この例は，**過剰決定**とよばれる代表的な状況であり，反事実的説明を混乱させるものである．Lewis は，この問題を解決するために，さらに反事実に基づく基準を修正している．彼は，反事実的従属性の連鎖はその過程に本質的なもの（たとえば，銃弾が A から D へ飛ぶ）とみなすべきであり，特殊な状況に応じてその従属性が消えてしまうとき（たとえば，銃弾が B から D まで飛ぶ）に従属性の本質が失われると考えるべきではなく，「状況だけが異なるならば」，それを

---

² 簡単のため，今後は記号「∧」を省略する．

準従属性とみなすべきであると述べている (Lewis 1986, p.206).

Hall (2004) は，準従属性の概念により次のような困難な問題が生じると述べている．「まず，過程とはいったい何なのであろうか？　次に，どうすれば，ある過程がその本質的特徴において他の過程に準じているということができるのであろうか？　さらに，どうやって状況の変化を正確に測定すればよいのだろうか？」本書では，**因果的選択肢**（10.3.1 項を参照）を使ってこれらの問題に答えることにする．この因果的選択肢は「過程」という概念に対する構造–意味論的な解釈とみなすことができる．10.2 節では連鎖と選択肢，そして取り替えと過剰決定の問題を議論する．しかし，その前に，異なる視点から，実際の原因に関する問題に取り組んできた Mackie のアプローチについても少し話をすることにしよう．

10.1.4　Mackie の INUS 条件

前節で紹介した問題は，哲学者が単一事象の原因の概念（ここでは，「実際の原因」）に納得のいく論理的解釈を与えるために行った多くの試みの代表的なものである．これらの試みは，原因は結果に対して必要でも十分でもないという Mill の考察 (Mill 1843, p.398) から始まったようである．それ以降，十分条件と必要条件をうまく組み合わせた説明が数多く提案されてきたが，それらはすべて解決不可能な問題を抱えている (Sosa and Tooley 1993, pp.1–8)．Mackie の方法 (1965) は，この論理的なフレームワークにおいて「実際の原因」に準形式的な説明を与える初期の試みであり，その解釈は INUS 条件としてよく知られている．

INUS 条件は，事象 C が「事象 E に対する**不必要** (unneccessary) だが**十分な** (sufficient) 条件の中で，**不十分** (insufficient) だが**必要な** (necessary) 部分である」とき，事象 C は事象 E の原因であると認める (Mackie 1965) というものである[3]．Mackie (1980) による定式化を含め，INUS を正確に定式化する試みを行っても，一貫した提案を得ることはできなかったが (Sosa and Tooley 1993, pp.1–8)，INUS 条件の背後にある基本的なアイデアは魅力的なものである．$\{S_1, S_2, S_3, \cdots\}$ を E に対する条件の極小かつ十分な集合すべてから構成される集まりとするとき，事象 C がある S_i の連言肢であるならば，C は E に対する INUS 条件である．さらに，C が E に対する INUS 条件であり，そして，ある状況の下で C がこれらの S_i の一つに対して十分であったならば，C は E の原因とみなされる．したがって，たとえば，E が積和標準形を用いて

$$E = AB \vee CD$$

と書けるならば，論理和 CD は E に対して極小かつ十分であり，C はその一つの要素となっているため，C は INUS 条件である．このことから，D が考察に現れているならば，C を E の原因とみなすことができる[4]．

さまざまな分野の研究者はこういった基本的な直観をもっている．たとえば，法律学者は，「十

---

[3] この 4 つの単語の頭文字からなる INUS は，哲学的文献においても覚えにくいものである．簡単に覚えるためには，「十分な条件集合に含まれている必要な要素 (a necessary element in a sufficient set of conditions; NESS)」(Wright 1988) と理解すればよい．

[4] Mackie (1965) は，論理積として C を含まない E のすべての論理和が存在しないことも要件としているが，これによって Lewis の反事実に基づいた基準と Mackie の定義は同じものになる．本書では，同時原因と過剰決定を考慮に入れるために広義の定義を使う (Mackie 1980, pp.43–7)．

10.1 はじめに：必要な原因の不十分性

分な集合に含まれている必要な要素」を表す NESS (Wright 1988) とよばれる関係を提案した．これは，Mackie の INUS 条件の言い換えにすぎない．疫学において，Rothman (1976) は，どのようなときに曝露が疾病を引き起こすといえるかを識別するために，類似の基準を次のように与えた．「曝露 E を含む十分な原因が完成された最初の十分な原因であるとき，曝露 E は疾病を引き起こす」(Rothman and Greenland 1998, p.53)．計量経済学の分野において，Hoover (1990, p.218) は，「Simon の意味である変数の原因となる任意の変数は，この変数に対する INUS 条件とみなしてもよい」として，INUS 条件と因果性を結びつけた．

しかし，必要性と十分性に関する論理言語は，このような直観を説明するには不十分であり (Kim 1971)，Cartwright (1989, pp.25–34) も同様な結論を導いた．彼女は初めは INUS という直観に大いに喜んだが，最終的には INUS 条件の誤りを訂正しなければならなかった．

論理的な説明の基本的な限界は，定常的メカニズム（Mackie の用語を用いるならば，「傾向的関係」）を表現する方程式と周囲の状況を表す方程式との記号論的区別が十分ではないことに由来している．この限界は次の対偶から簡単にわかる．「A ならば B である」は論理的には「B ではないならば A ではない」と同じであるが，この逆は因果的な意味では成り立たない．たとえば，「疾病が症状を引き起こす」からといって，症状を取り除くことによって疾病が治るという結論を導くことはできない．対偶をうまくとることができないために，共通原因を通した推論へ形を変えて問題が引き起こされる．たとえば，疾病 D が 2 つの症状 A と B を引き起こすというのであれば，症状 A を治すことによって（論理的には）症状 B も消えることになるであろう．

もう一つの問題は記号論的構成法の感度に由来する．Mackie の INUS 条件を図 9.1 で与えた射撃隊の例に適用してみよう．囚人が死亡する条件を

$$D = A \lor B$$

と書くことにすると，A は INUS 基準を満たし，A が D の原因であるという結論を適切に下すことができる．しかし，$A = C$ とおくと，これはこのモデルで明示的に記述されるが，結果として

$$D = C \lor B$$

となり，D の論理積の表現から A が消えてしまう．A は D の原因ではないという結論を下してよいのだろうか？　もちろん，このような置き換えを禁止し，A が B や C とともに論理和の中に存在すると主張することによってこのような問題を回避することができる．しかし，このとき，「射撃隊長が合図 (C) を出したが，2 人の射撃手のどちらも射撃しそこなったという状況においても，囚人は死亡する」というもっとおかしな問題が起こる．すなわち，この例では，因果の流れを記述する構造的情報を標準的な記号論的構成法を用いて符号化することはできない．

最後に，砂漠の旅行者の例を考えよう．この例では，旅行者の死亡は (10.2) 式により，

$$y = x \lor x'p$$

と表される．この表現は極小な積和標準形ではない．なぜなら，

$$y = x \lor p$$

と書き直すことができるからである．これによって，直観に反して「x と p が対等に y を引き起こす」という結論が導かれてしまう．一方，$y = x \vee x'p$ のような非極小表現を許すのであれば，同値表現 $y = xp' \vee p$ と記述することができる．これによって，誰かが水筒を撃った (x) ならば，水筒に毒を入れなかったこと (p') が旅行者が死亡した原因であるという不合理な結論が導かれることになる．

そこで，このような記号論的構造問題が起こることのない構造解析を見てみよう．環境的情報は，具体的な世界 $U = u$ を参照する命題的表現 (たとえば，$X(u) = x$) によって伝えられるのに対して，傾向的情報は構造的あるいは反事実的表現 (たとえば，$v_i = f_i(pa_i, u)$) によって伝えられ，そのときの u は一般的世界を表している．構造モデルでは，真の値が変わらないからといって，変換や代入を自由に行うことはできない．たとえば，c (青酸カリの摂取量) が y を規定するメカニズムとは関係のない他のメカニズムによって規定されると考えられる場合には，$y = d \vee c$ の中の c を他の表現へ変換することはできない．

本章では，構造解析を使って，Mackie と Lewis の直観を反映した形式的基礎を与える．この解析は**持続性**とよばれる因果的性質に基づいており，それは十分性と必要性の要素を組み合わせ，構造的情報も考慮したものである．

10.2 産出性，従属性，持続性

因果的な十分性を表現する確率的概念 PS (定義 9.2.2) は因果関係についての反事実的説明を容易にする方法論を与えている．ここで，もう一度，射撃隊の例を用いて対称的な過剰決定の問題を考えよう．囚人が生きている状態 u' の下では，射撃手それぞれの射撃が囚人の死亡原因となるため，このときの PS の値は 1 となる ((9.43) 式を参照)．PN の値が小さい (PN = 0) にもかかわらず PS の値が高いということは，射撃が死亡を引き起こした実際の原因であるという直観を正当化するものである．したがって，我々の直観に基づいて十分性を考察し，PN と PS を正しく融合させることによって，実際の原因であるための適切な基準を定式化できるであろう．

Hall (2004) も同様な考えを述べている．反事実的アプローチを用いたときに生じる問題を解決するために，Hall は因果関係に関する 2 つの概念を提案している．その一つは反事実的アプローチを用いて説明することができるが，もう一つの概念については反事実的アプローチを用いても説明することができないため，我々の直観からずれていることがわかる．Hall は第一の概念を「従属性」とよび，第二の概念を「産出性」とよんでいる．射撃隊の例の場合，直観ではそれぞれの射撃が死亡を引き起こす対等の「産出者」と考えられる．一方，反事実的説明を用いた場合，「従属性」だけが検証される．この例では，囚人の状態はどちらか一方だけの射撃に依存しているわけではないため，従属性は成り立たない．

従属性と産出性の概念はそれぞれ，必要性と十分性の概念とよく似ている．したがって，PS の定式化は Hall が提案した産出性の概念に対する数学的基礎を与えており，実際の原因を定式化するための第一歩となっている．しかし，この考えを成功させるためには，基本的なハードルを最初に乗り越えなければならない．すなわち，次の考察からわかるように，産出的原因にはシナリオ固有の情報が考慮されていない (Pearl 1999)．

10.2 産出性，従属性，持続性

偶然的事態に遭遇した場合，因果関係の**従属性**は，原因 x の必要性に依存して結果 y は持続しており，そうではない場合には y を否定することを意味している（定義 9.2.1）．

$$X(u) = x, \quad Y(u) = y, \quad Y_{x'}(u) = y' \tag{10.3}$$

一方，**産出性**は，結果 (y) と原因 (x) の両方が起こらなかったという状況 (u') の下で，結果 (y) を引き起こす原因 (x) の能力に依存している（定義 9.2.2）．

$$X(u') = x', \quad Y(u') = y', \quad Y_x(u') = y \tag{10.4}$$

これら 2 つの定義を比べてみると，産出性は奇妙な特徴をもっていることがわかる．すなわち，産出性を検証するためには，一時的に外部世界へ出て，x と y が起こらない新しい世界 u' を想像し，x を適用したときに y が起こるかどうかを調べなければならない．それゆえ，x と y が偽であるような世界 u' のみにおいて，「x が y を引き起こした」という文言は真となる可能性がある．したがって，

(a) 現実世界に現れた事象を（産出性の観点から）説明できるものは何もない，
(b) 現実世界 u において集められた証拠を，産出性を定義した仮想的世界 u' へ適用することはできない，

ということになるのである．

この問題を解決するためには，持続性とよばれる因果的性質を導入しなければならない．これは，x と y がともに真である世界 u の中にありながら，従属性の概念に産出的特徴を加えたものである．x が偶然性によらずに常に y を持続させるという意味で，持続性は従属性と異なっている．(10.3) 式で考えられている偶然性は「状況的」，すなわち，手持ちにあるシナリオ固有の状況 $U = u$ の集合から生じたものである．これに対して，持続性はモデルそのものを**構造的**に修正することによって生じた偶然性に対しても，x が y を持続させると考えられる (Pearl 1998b)．

定義 10.2.1（持続性）

W を V に含まれる変数集合とし，w と w' をこの集合にある変数の具体的な実現値とする．次の条件を満たすとき，W に含まれる偶然性に対して，u において x は y を**持続させる**という．

(i) $X(u) = x$
(ii) $Y(u) = y$ (10.5)
(iii) 任意の w に対して $Y_{xw}(u) = y$ が成り立つ．
(iv) ある $x' \neq x$ とある w' に対して $Y_{x'w'}(u) = y' \neq y$ が成り立つ． □

持続性の特徴 (10.5) 式は条件 (iii) $Y_{xw}(u) = y$ で表されているが，ここでは x だけが y を持続させる十分条件であることが要求されている．これは次のように理解することができる．もし X を u における現実の値 (x) に固定したとき，W が現実とは異なる任意の値 (w) をとったとしても，Y は u における現実の値 (y) を保っている．条件 (iv) $Y_{x'w'}(u) = y' \neq y$ は，そのような逆の条件においても $Y = y$ を持続させる「責任」が $X = x$ にあると述べたものである．したがって，X を他の値 (x') に固定した場合，少なくとも一つの $W = w'$ において，Y は現在の値

(y) をとらなくなる．以上より，条件 (iii) と条件 (iv) が成り立つならば，x が y に対する必要十分条件となる状況 $W = w'$ が存在することがわかる．

持続性は「実際の原因」が満たすべき合理的な要件なのだろうか？　もう一度，図 9.1 の囚人が死亡する原因となった2人の射撃手の例を考えよう．B が射撃しなくても，A は T を1人で射殺しただろうから，A は D の実際の原因であると考えられる．しかし，実際には B が射撃したという条件の下では，シナリオ $U = u$ において，B が射撃しないことをどのように定式化したらよいのだろうか？　u によって生じる状況において，B は射撃していないと仮定したい場合には，構造的偶然性を使って，規則 $B = C$ を逸脱させるような介入（あるいは「奇跡」），たとえば，射撃手 B が機械系統の故障によって射撃しそこなったということによって，B を偽としなければならない．そのような故障は起こらなかったことは十分にわかっているが，それでもなお，図 9.1 のような多段階の因果モデルで与えられるシナリオを表現するために，そのような介入を考えなければならない．

因果モデルが一つのモデルではなく，モデルの集合を表しており，それぞれのモデルは $do(\cdot)$ オペレータの可能な状態に対応しているため，介入による偶然性を考慮することが，そのモデルに固有な特徴となっている．すなわち，モデルに含まれるメカニズムがもつ自律性によって，メカニズムそれぞれの故障が知られ，その故障により正常な因果的働きに反する偶然性が示される．それゆえ，このような偶然性を，実際の原因の定義に組み込むことは理にかなっており，それは因果関係に対する一つの解釈となっている．

定義 10.2.1 にある W を選択する際には注意を要する．明らかに，W は X と Y の間にある中間変数すべてを含んではならない．なぜなら，これによって x が y を持続させられなくなるからである．もっと深刻なことに，W を制限しない場合には，取り替えるべきものが阻まれ，原因ではないものを原因とみなしてしまう危険性がある．たとえば，砂漠の旅行者の例（図 10.2）において，$W = \{X\}, w' = 0$ とおくと，我々の直観や現実のシナリオ（青酸カリを服用していない）に反して，敵 1 が旅行者が死亡する実際の原因となる．「因果的選択肢」(Pearl 1998b) の概念は，現実のシナリオをできるかぎり壊さないような W を選択するように工夫されている[5]．

10.3　因果的選択肢と持続性に基づく因果関係

10.3.1　因果的選択肢：定義とその意味

7.1 節で定義された因果モデル M において，各 u と対応する家族それぞれに対して，**持続的親変数**からなる部分集合 S を選択することを考えよう．関数集合 $\{f_i\}$ について，f_i それぞれから冗長的な変数が取り除かれ，$f_i(pa_i, u)$ の値を変化させる親変数 pa_i だけが残っている（定義 7.1.1）．そのため，因果モデルにおいては，$\{f_i\}$ に含まれる変数がある意味で極小であることを思い出しておこう．しかし，定義 7.1.1 では，u のとる値に関する非自明性に関心があった．本節では，特定の状態 $U = u$ を考え，変数をさらに取り除く．

これを説明するために，関数 $f_i = ax_1 + bux_2$ を考えよう．いま，f_i には x_1 または x_2 の変化

---

[5] Halpern and Pearl (1999) によれば，W を選択する際に，その補集合 $Z = V - W$ が x により持続するような集合，すなわち，任意の w に対して $Z_{xw}(u) = Z(u)$ が成り立てばよいとされている．

に反応するような値 u が存在するため，$PA_i = \{X_1, X_2\}$ とおくことができる．しかし，$u=0$ においてある状態が与えられると，明らかに X_2 が f_i の値を変化させることはない．そのため，f_i を $f_i^0 = ax_1$ で置き換えることができ，f_i^0 に対する重要な変数は X_1 だけであると考えることができる．そこで，本書では，f_i^0 を f_i の $u=0$ への**射影**とよぶことにする．もっと一般に，$\{f_i\}$ のすべての関数を特定の u と重要ではない変数の具体的な値に関する射影で置き換えることによって得られるモデル M の射影を考える．これにより新しいモデルが導かれるが，本書ではこれを**因果的選択肢**とよぶ．

定義 10.3.1（因果的選択肢）

モデル $M = \langle U, V, \{f_i\}\rangle$ と状態 $U = u$ に対して，$\{f_i\}$ に基づいて次のように構成された関数集合 f_i^u からなる新しいモデル $M_u = \langle u, V, \{f_i^u\}\rangle$ を**因果的選択肢**という．

1. 任意の変数 $V_i \in V$ に対して，PA_i を2つの部分集合 $PA_i = S \cup \overline{S}$ に分割する．ここに，S（「持続する」ことを意味する）は，すべての $\overline{s'}$ に対して

$$f_i(S(u), \overline{s}, u) = f_i(S(u), \overline{s'}, u) \tag{10.6}$$

を満たす PA_i の任意の部分集合である[6]．すなわち，S に含まれない PA_i の要素をどの値に固定したとしても，S は $V_i(u)$ の実際の値を引き起こすのに十分な PA_i の部分集合である．

2. 任意の変数 $V_i \in V$ に対して，s において関数 $f_i(s, \overline{S}_w(u), u)$ が非自明となる W の実現値 $W = w$ をもつような $\overline{S}$ の部分集合 W が存在する．すなわち，ある s' に対して

$$f_i(s', \overline{S}_w(u), u) \neq V_i(u)$$

が成り立つ．ここに，$\overline{S}$ は，変数 $V_j (j \neq i)$ の持続的親変数からなる集合と共通部分をもってはならない（$W = w$ とおくとき，$\overline{S}_w$ も同様に変数 $V_j (j \neq i)$ の持続的親変数からなる集合と共通部分をもってはならない）．

3. $f_i(s, \overline{s}, u)$ を射影 $f_i^u(s)$ で置き換える．これは

$$f_i^u(s) = f_i(s, \overline{S}_w(u), u) \tag{10.7}$$

で与えられる．したがって，V_i に対する新しい親集合は $PA_i^u = S$ となり，関数 f^u は新しい親集合 S の値によって変化する． □

定義 10.3.2（自然な選択肢）

任意の $V_i \in V$ に対して $W = \phi$ であるとき，定義 10.3.1 の条件 2 を満たすならば，因果的選択肢 M_u は**自然である**という． □

---

[6] Pearl (1998b) では S が極小であることを要件としている．この制約は本書では不要であるが，本書の例ではすべて極小かつ十分な集合となっている．いつものとおり，小文字（たとえば，$s, \overline{s}$）を用いて変数（たとえば，$S, \overline{S}$）に対する特定の実現値を表すことにし，$S_x(u)$ を用いて $U = u$ でかつ $do(x)$ の下での S の実現値を表すことにする．もちろん，親集合 PA_i のそれぞれについて，互いに排反となる $PA_i = S_i \cup \overline{S}_i$ という分割を行うことができるが，表記を簡潔にするために，添え字の i を省略している．

言い換えると，自然な選択肢は持続集合に含まれないすべての変数を現実の値 $\overline{S}(u)$ に「固定すること」によって構成される．したがって，射影 $f_i^u(s) = f_i(s, \overline{S}(u), u)$ となる．

定義 10.3.3（実際の原因）

$$Y_x = y \tag{10.8}$$

であり，かつある $x' \neq x$ に対して

$$Y_{x'} \neq y \tag{10.9}$$

を満たす自然な選択肢 M_u が存在するとき，状態 u において事象 $X = x$ は $Y = y$ の**実際の原因**であった（略して「x は y の原因であった」）という． □

(10.8) 式は

$$Y_x(u) = y \tag{10.10}$$

に等しいことに注意しよう．これは $X(u) = x$ かつ $Y(u) = y$ から得られる．(10.9) 式は，$\overline{S}$ で表される「自明な変数を固定した」後では，X の値 x' によって $Y = y$ が持続することはないことを保証するものである．

定義 10.3.4（寄与原因）

(10.8) 式と (10.9) 式を満たす自然な選択肢は存在しないが因果的選択肢は存在するとき，状態 u において x は y の**寄与原因**であるという． □

要約すると，因果的選択肢は，$do(\cdot)$ オペレータによっていくつかの変数 ($\overline{S}$) を仮想的に固定したという条件の下で，実際の値 $V_i(u) = v_i$ に対して十分かつ自明ではない説明を与える理論であると解釈することができる．この新しい理論を使って，事象 $X = x$ を反事実的に検証し，X が x でなかった場合に Y が変化したかどうかを調べる．$\overline{S}$ を現実の値に固定した場合（すなわち，$W = \phi$），Y に変化が起こるならば，「x は y の実際の原因である」ということができる．$\overline{S}$ を現実ではない値に固定した場合（すなわち，$W \neq \phi$），Y に変化が起こるならば，「x は y の寄与原因である」ということができる．

注意：適切な W を選択することによって，V_i は S の変化に反応するが，これは $S(u)$ が $V_i(u)$ に対して必要かつ十分であることを保証するものではない．なぜなら，局所的な反応だけでは，$f_i^u(s'') = V_i(u)$ を満たすもう一つの状態 $s'' \neq S(u)$ が存在する可能性を排除できないからである．したがって，(10.8) 式は x が y に対して必要かつ十分であることを保証しているわけではない．そういった理由により，(10.9) 式を用いて反事実的検証を行わなければならない．S の任意の値 s に対して f^u が変化するような w を選択するという要件は厳しすぎるものであり，実際には，そのような W は存在しないかもしれない．(10.8), (10.9) 式を満たす場合には，$W = w$ は，x が y に対して必要かつ十分であるという現実のモデルを仮想的に修正したモデルを表現している．

多変数事象についての注意：定義 10.3.3 と定義 10.3.4 は単一変数に限らず多変数の原因と結

果に対しても適用できるが，X と Y が変数集合からなる場合へ精緻化を行っておくことが重要である[7]．結果 E が変数集合 $Y = \{Y_1, \cdots, Y_k\}$ のブール関数からなる場合には，(10.8) 式を Y のすべての要素 Y_i に適用し，(10.9) 式を修正して $Y_{x'} \neq y$ の代わりに $Y_{x'} \Rightarrow \neg E$ と置き換える．また，X がいくつかの変数からなる場合には，X が極小であること，すなわち，これらの変数の部分集合はいずれも (10.8)，(10.9) 式で与えられる基準を満たさないことを要求していることは理にかなっている．この要件により，X から無関係で冗長的な記述が取り除かれる．たとえば，毒薬を服用したことが Joe が死亡した実際の原因として適切である場合，厄介なことに，毒薬の服用もくしゃみも (10.8)，(10.9) 式を満たすこととなり，Joe が死亡した原因として適切となる．極小性により，因果的事象 $X = x$ から「くしゃみ」が取り除かれる．

確率と証拠の結合

状態 u が不確かなもので，その不確かさが確率 $P(u)$ で表されると仮定する．e がその状況において得られた証拠である場合には，x が y の原因であった確率は，「x が y の原因であった」という主張が真であるすべての状態 u について，多くの証拠 $P(u|e)$ の重みを足し合わせることによって得られる．

定義 10.3.5（実際の原因の確率）

U_{xy} を「x が y の実際の原因である」という主張が真である（定義 10.3.2）という状態の集合とし，U_e を証拠 e に対応する状態の集合であるとする．このとき，証拠 e を考慮した下で x が y の原因であった確率 $P(\text{caused}(x, y|e))$ は，

$$P(\text{caused}(x, y|e)) = \frac{P(U_{xy} \cap U_e)}{P(U_e)} \tag{10.11}$$

で与えられる． □

10.3.2 例：論理和から一般的定式化へ

過剰決定と寄与原因

寄与原因は，2 つの行動が同時に起こっても，そのうちの一つが起こってもその事象が引き起こされるようなケースの代表的なものである．このようなケースでは，モデルは一つのメカニズムから構成されており，結果 E と 2 つの行動は簡単な論理和 $E = A_1 \vee A_2$ によって結びつけられる．E の実際の原因として A_1 または A_2 のどちらかが適切であると主張できるような自然な選択肢は存在しない．A_1 または A_2 のどちらかを現在の値（すなわち，真）に固定すると，E はもう一つの行動の影響を受けない関数となる．しかし，現在の状況から離れて A_2 を偽に固定すると（すなわち，$W = \{A_2\}$ という選択肢を構成し，W を偽とすると），E は A_1 の値によって変化し，反事実に基づいた基準 (10.9) 式を満たす．

この例を用いて，選択肢という基準が Lewis が与えた準従属性の概念を要約している理由を説

---

[7] Joseph Halpern は，Halpern and Pearl (1999) が与えた定義に従って，これらを定式化した．

明することができる．もし，$do(A_2 = 偽)$ という操作によって生成された仮想的部分モデルにおいて従属性が成り立つのであれば，事象 E は A_1 に準従属すると考えることができる．10.2 節では，このような仮想的検証は現在のシナリオ u とは矛盾するが，すべての因果モデルに対してこの仮想的検証を行うことが暗黙に認められていることをすでに述べた．したがって，因果的選択肢を Lewis の準従属過程についての形式的説明とみなしてもよい．また，結合された集合 W は因果的過程の「特殊な状況」を表しており，その過程を適切に修正することによって $X = x$ が $Y = y$ に対する必要条件となる．

積和標準形

ブール関数

$$y = f(x, z, r, h, t, u) = xz \vee rh \vee t$$

で特徴づけられる単一のメカニズムを考えよう．ここに，(議論を簡単にするために) X, Z, R, H, T は互いに因果的に独立である（すなわち，どれも因果モデル $G(M)$ において他の変数の子孫ではない）とする．ここで，x が y に対して寄与または実際の原因として適切となる条件を説明しよう．

まず，すべての変数が真である，すなわち

$$X(u) = Z(u) = R(u) = H(u) = T(u) = Y(u) = 真$$

であるような状態 $U = u$ を考える．この状態では，すべての論理和は持続変数の極小集合となる．特に，$S = \{X, Z\}$ とすると，射影 $f^u(x, z) = f(x, z, R(u), H(u), T(u))$ は明らかに真である．したがって，自然な選択肢 M_u は存在せず，x は y の実際の原因とはならない．$w = \{r', t'\}$ または $w = \{h', t'\}$ とおけば，存在可能な因果的選択肢を得ることができる．ここに，プライム記号 ($'$) は余事象を表す．w をこのように選択することによって，射影 $f^u(x, z) = xz$ が導かれる．明らかに M_u は (10.8) 式および (10.9) 式を満たしていることから，x が y に対する寄与原因であることがわかる．

同様な議論により，

$$X(u') = Z(u') = 真 \quad かつ \quad R(u') = T(u') = 偽$$

という状態 u' において，自然な選択肢が存在することは簡単にわかる．すなわち，冗長的な変数 ($\overline{S}$) である R, H, T を状態 u' における実際の値とおくことにより，自明ではない射影 $f^{u'}(x, z) = xz$ を得ることができる．したがって，x は y の実際の原因として適切である．

この例により，構造的フレームワークにおいて Mackie が提案した INUS 条件に関する直観をどうすれば説明できるのかがわかる．厳密な論理説明では構造的（あるいは「傾向的」）知識（たとえば，$f_i(pa_i, u)$）と環境的知識（$X(u) = 真$）を明確に区別することはできないが，構造的フレームワークを用いればこの 2 種類の知識が果たす役割を正確に説明することができる．

次の例を用いて，INUS 条件が任意のブール関数，特に，いくつかの極小な積和標準形で記述されるブール関数へどのように一般化できるのかを説明しよう．

一般的ブール関数における単一メカニズム

関数

$$y = f(x, z, h, u) = xz' \vee x'z \vee xh' \tag{10.12}$$

を考えよう．この関数は

$$y = f(x, z, h, u) = xz' \vee x'z \vee zh' \tag{10.13}$$

と同値な式である．

前述と同様に，(a) X, Z, H が真である状態 u において，(b) 事象 x:「X = 真」が事象 y:「Y = 偽」の原因であるかどうか，について考えてみよう．この状態では，持続集合は $S = \{X, Z, H\}$ のみである．なぜなら，状態 u においてある値をもつ 2 つの変数を任意に選択しても，第三の変数とは関係なく「Y = 偽」を引き起こすことはないからである．$\overline{S}$ は空集合であるため，選択肢は一意であり，$M_u = M$ となる．そのとき，$y = f^u(x, z, h) = xz' \vee x'z \vee xh'$ が成り立つ．$f^u(x', z, h) =$ 真であるため，この M_u は (10.9) 式の反事実に基づいた基準を満たしている．それゆえ，x は y の実際の原因であるという結論を下すことができる．同様に，事象「H = 真」は「Y = 偽」に対する実際の原因であったことがわかる．これは，反事実に基づく基準

$$Y_h(u) = \text{偽} \quad \text{かつ} \quad Y_{h'}(u) = \text{真}$$

より直接導かれる．

定義 10.3.3 と定義 10.3.4 は意味論的考察に依存しているため，f が単一メカニズムであるかぎり，f と論理的に同値な形式（必ずしも，極小の論理和形式でなくてよい）に基づいて同じ直観を得ることができる．それゆえ，単純な単一メカニズムモデルでは，選択肢基準を INUS 条件に関する直観の背後にある意味論的基礎とみなすことができる．次項では，2 つの例を用いて，選択肢基準の構造について優れた側面を明らかにする．そこではいくつかの層からなるモデルが考えられている．

10.3.3 選択肢，取り替え，単一事象原因の確率

本項では，確率で表現された砂漠の旅行者の例に選択肢基準を適用することを考えよう．この例を用いて，

(i) 構造的情報が取り替えに関する問題でどのように利用されるのか，

(ii) 観測値の集合が与えられたとき，ある事象が「もう一つの事象に対する実際の原因であった」という確率をどのように計算すればよいか，

を説明する．

砂漠の旅行者の例を少し修正して，水筒が空になる前に，旅行者が毒の入った水を飲んでしまったかどうかわからない状況を考えよう．この不確かさをモデル化するために，毒を飲んだ ($u = 0$) か飲まなかった ($u = 1$) かを示す二値の変数 U を加える．U は D と C の両方に影響を与えるので，図 10.3 のような構造で記述できる．このモデルを詳しく記述するためには，関数 $f_i(pa_i, u)$ をダイアグラムにおける家族に割り当て，$P(u)$ を u の確率分布に割り当てなければならない．このモデルの形式的で完全な記述を行うために，ダミー背景変数 U_X と U_P を導入し，敵の行動

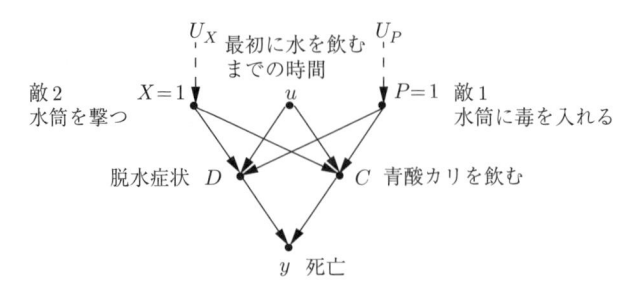

図 10.3 確率で表現された砂漠の旅行者の例における因果関係を説明するためのグラフ

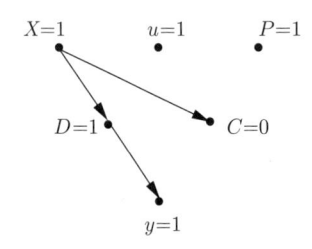

図 10.4 状態 $u=1$ を表す自然な因果的選択肢

の背後にある要因を表すことにする．

この例に関する一般的な理解により

$$c = p(u' \vee x')$$
$$d = x(u \vee p')$$
$$y = c \vee d$$

という関数関係と証拠情報

$$X(u_X) = 1, \quad P(u_P) = 1$$

を得ることができる（T は，射撃される前に毒の入っていない水を飲んだ（$p'u'$）あとでも，空の水筒では生きていくことはできないと仮定する）．

因果的選択肢 M_u を構成するために，3 つの関数のそれぞれを考察し，u についてそれぞれの射影を構成する．たとえば，$u=1$ に対しては (10.1) 式で与えた関数を得ることができる．このとき，極小の持続的親集合は C と D に対しては X であり，Y に対しては D である．このとき，射影関数は

$$\begin{aligned} c &= x' \\ d &= x \\ y &= d \end{aligned} \tag{10.14}$$

となる．したがって，モデル $M_{u=1}$ は自然な選択肢であり，その構造は図 10.4 で与えられることがわかる．x（または p）が y の原因であったかどうかを検証するために，(10.8), (10.9) 式を適用すると

$$\begin{aligned} &M_{u=1} \text{ において } Y_x = 1 \text{ かつ } Y_{x'} = 0 \\ &M_{u=1} \text{ において } Y_p = 1 \text{ かつ } Y_{p'} = 1 \end{aligned} \tag{10.15}$$

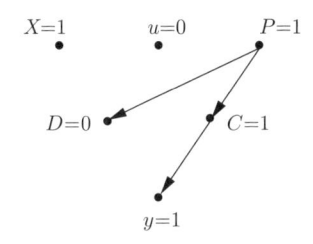

10.3 因果的選択肢と持続性に基づく因果関係

図 10.5 状態 $u=0$ を表す自然な因果的選択肢

が得られる．したがって，敵 2 が水筒 (x) を撃ったことは T が死亡した (y) 実際の原因となるが，敵 1 が水に毒を入れたこと (p) は y の実際の原因とはならない．

次に，$u=0$ という状態を考える．これは，敵 2 が水筒を撃つ前に水を飲んだという事象を表している．$M_{u=0}$ に対応するグラフを図 10.5 に与える．このとき，

$$\begin{aligned} M_{u=0} \text{ において } Y_x = 1 \text{ かつ } Y_{x'} = 1 \\ M_{u=0} \text{ において } Y_p = 1 \text{ かつ } Y_{p'} = 0 \end{aligned} \quad (10.16)$$

を得る．したがって，この状態では，敵 1 の行動は T が死亡した実際の原因となるが，敵 2 の行動は死亡原因とはならない．

もし，状態が $u=1$ か $u=0$ なのかわからない場合には，x が y を引き起こす**確率**で妥協しなければならない．同様に，確率 $P(u)$ に影響を与える証拠 e を観測した場合には，その証拠を用いると，(10.11) 式より，

$$P(\text{caused}(x, y|e)) = P(u=1|e)$$

$$P(\text{caused}(p, y|e)) = P(u=0|e)$$

を得る．たとえば，法廷資料により「旅行者の体から青酸カリが検出されなかった」ことが確認された場合，状態 $u=0$ の代わりに状態 $u=1$ が決定され，x が y の原因である確率は 100% になる．もっと精緻化された確率モデルについては Pearl (1999) で議論されている．

10.3.4 パス切替型の因果関係

例 10.3.6 二値型位置切替器の状態を示す変数を x とする．位置 1 ($x=1$) にあるとき，スイッチを押せば電灯がつき ($z=1$)，懐中電灯が消える ($w=0$)．位置 2 ($x=0$) にあるとき，スイッチを押せば懐中電灯がつき ($w=1$)，電灯が消える ($z=0$)．$Y=1$ を部屋の明かりがついているという命題とする．

スイッチが位置 1 と 2 にある状態の場合の因果的選択肢をそれぞれ M_u と $M_{u'}$ とする．これらの選択肢を図 10.6 のグラフで表す．M_u では $Y_x = 1$ と $Y_{x'} = 0$ となり，同様に，$M_{u'}$ では $Y_x = 1$ と $Y_{x'} = 0$ となる．したがって，「位置 1 にあるスイッチ」と「位置 2 にあるスイッチ」は両方とも必要な原因ではないにもかかわらず，「部屋に電気がついている」という事象に対する実際の原因となる．

この例は，「実際の原因」の概念の緻密さを強調するものである．すなわち，X を 1 から 0 へ

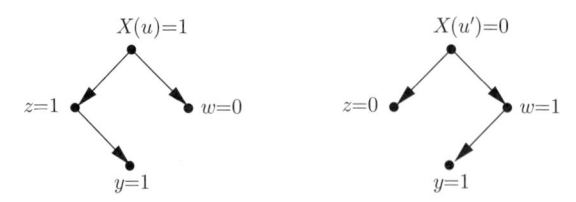

図 10.6 例 10.3.6 のパス切替器を表す自然な選択肢

変えても，因果的経路が変化するだけであり，その出発点と行き先が変わることはない．それでは，現在のスイッチの位置 ($X = 1$) が部屋に明かりがつく実際の原因（または説明）とみなせるであろうか？

$X = 1$ という状況においては，電流は電灯へ流れているため，$X = 1$ が現在の明かりを持続させる唯一のメカニズムとなる．しかし，一般的には，$X = 1$ は「実際の原因」としてふさわしくないという人もいるかもしれない．たとえば，$X = 1$ が強盗の侵入を防ぐ原因であったであろうということはおかしなことである．しかし，構造的偶然性によって生成された異常な状況にも因果的説明が適用できることを思い出してみると，懐中電灯の故障はモデルに含まれる独立なメカニズムであると考えられる．この偶然性を考慮しておけば，スイッチの位置が強盗の侵入を防ぐ原因として取り上げることはそこまでおかしいことではない．

10.3.5 時間的な取り替え

本章のはじめに述べた家に向かって燃え広がってくる 2 つの火の例を考えよう．火 B が来る前に火 A が家を全焼させた場合，火 A がなければ火 B によって同じことが起こっていたとしても，火 A は全焼させた実際の原因であると考えられる．ここで，構造モデルを

$$H = A \vee B$$

と簡単に書くことにする．ここに，H は「家が全焼する」ことを表す．このとき，選択肢法により，どちらの火も H に対する寄与原因となっている．これは，我々の直観に反している．というのも，我々の直観では，火 B は H に対する寄与原因とは考えられないからである．

この例は，砂漠の旅行者と似ているようで，実は異なっている．砂漠の旅行者の例では，ある原因がもう一つの原因を取り替えるという奇妙な現象が起こっている．すなわち，結果がすでに起こってしまったために第二の原因の効果がなくなっているのである．Hall (2004) はこのような取り替えを通常の取り替えと同じであると考え，H が一度起こってしまうと自分自身の親の効果が抑えられてしまうような因果ダイアグラムを用いてそれをモデル化した．定義 7.1.1 で与えた一意的解に関する仮定に反して，このような抑止的なフィードバックループから不可逆的な行動が導かれる．

家が一度燃え始めると，火の原因がなくなっても家は燃えたままであるという事実を直接的に表現する方法は，（図 3.3 のような）動的因果モデルを利用することであり，このとき変数には時間に関する添え字が付けられている．実際，7.1 節で定義された定常的因果モデルを用いても，「最初に来た」という時間的関係をとらえることはできないため，そのときには動的因果モデルを

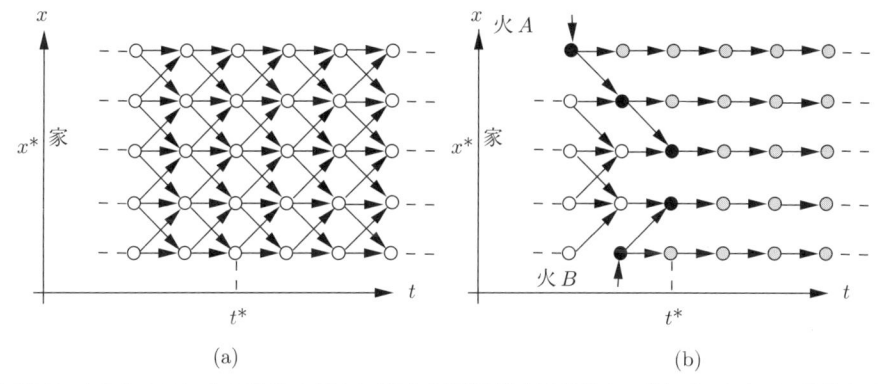

10.3 因果的選択肢と持続性に基づく因果関係

図 10.7 (a) (10.17) 式の動的モデルに関する因果ダイアグラム．(b) 火 A と B は異なる時間帯に発生しているために火 B と家の状態 $x = x^*$ は関係がないことを示した因果的選択肢

用いなければならない．

場所 x, 時刻 t での火 $V(x,t)$ の状態が3つの値，g（安全），f（火），b（全焼），をとるものとする．このとき，延焼する状態を特徴づける動的な構造方程式を簡単に記述すると

$$V(x,t) = \begin{cases} f & V(x,t-1) = g \text{ かつ } V(x-1,t-1) = f \text{ であるとき} \\ f & V(x,t-1) = g \text{ かつ } V(x+1,t-1) = f \text{ であるとき} \\ b & V(x,t-1) = b \text{ かつ } V(x,t-1) = f \text{ であるとき} \\ g & \text{その他} \end{cases} \quad (10.17)$$

となる．

このモデルに関する因果ダイアグラムを図 10.7(a) に与える．図 10.7(a) では，各変数 $V(x,t)$ に対して3つの親，すなわち，一時点前の北隣の状態 $V(x+1,t-1)$，南隣の状態 $V(x-1,t-1)$，そして場所 x における状態 $V(x,t-1)$ が指定されている．図 10.7(b) は，火 A が火 B より一時点前に発生したというシナリオを示している（火 A は行動 $do(V(x^*+2,t^*-2) = f)$ に対応し，火 B は $do(V(x^*-2,t^*-1) = f)$ に対応する）．黒丸と灰色の丸は，それぞれ状態 f（火）と b（全焼）における時空間的領域を示している．(10.17) 式からわかるように，この選択肢は自然でありかつ一意である．図 10.7(b) の矢線は家族のそれぞれにおいて（一意的で）極小かつ十分な集合 S に基づいて構成された自然な選択肢を表している．この選択肢が各変数に割り当てる親集合 S の状態は，（$\overline{S}$ に含まれる変数をそれらの現実の値に固定すると仮定すると，）その変数の現実の状態に対して必要かつ十分な事象を構成する．

(10.9) 式をこの選択肢に適用することによって，事象 $V(x^*-2,t^*-2) = f$（火 A の発生）とその結果 $V(x^*,t), t > t^*$（時間の経過における家の状態）には反事実的従属関係が存在することがわかる．しかし，火 B に対してはそのような従属性は存在しない．これに基づいて，火 A を家が全焼した実際の原因と考えることができる．驚くべきことに，結果を早めに生成させるような事象を原因とみなすという直観は，このシナリオの時空間表現における選択肢基準の系となっているようである．しかし，Paul (1998) が述べたように，この直観を，実際の原因を定義するための基本原則として利用することはできない．たとえば，この例では，どちらの火も単独では，$E = $ 家主が翌日に朝食を摂らなかった，という事象を早める（または遅らせる，性質を変える）

ことはない．それでも，選択肢基準によって予測されたように，火 B ではなく火 A を E の実際の原因であるとみなす．

　この基準の概念的根拠は，図 10.7(b) で与えられる極小的選択肢の構成を考察することによって解明することができる．この構成を行う際の重要なポイントは，火が到着したときの家を表す時空間領域 (x^*, t^*) である．そのときの家の状態を表す変数 $V(x^*, t^*)$ は，2 つの変数からなる親持続集合 $S = \{V(x^*+1, t^*-1), V(x^*, t^*-1)\}$ をもつ．この 2 つの変数はそれぞれ値 f と g をもつ．(10.17) 式より，$V(x^*, t^*)$ の値は S に含まれる 2 つの親の値によって（f と）決定されるため，南側の親 $V(x^*-1, t^*-1)$ はほかに影響を与えないことがわかる．したがって，この親は選択肢から取り除かれ，$V(x^*, t^*)$ が火 A に依存することがわかる．さらに，南側の親の値は g であるため，その親は極小持続集合の要素とはならず，$V(x^*, t^*)$ が火 B と独立であることが保証されている（もちろん，この親を S に加えることができるが，$V(x^*, t^*)$ は火 B とは独立のままである）．考察すべき次の変数は $V(x^*, t^*+1)$ であり，その親 $V(x^*-1, t^*), V(x^*, t^*), V(x^*-1, t^*)$ はそれぞれ値 b, f, f をとる．(10.17) 式より，中間にある親の値 f はその子が b をとることを十分に保証している．したがって，この親は単一の持続集合 $S = \{V(x^*, t^*)\}$ として適切であり，それによって選択肢から他の 2 つの親が取り除かれ，$V(x^*, t^*)$ の子は火 B ではなく火 A に依存することになる．北側と南側の親は，$V(x^*, t^*)$ の子の現在の値 b を持続させるのに不十分である（隣接地域の火が火事の原因とはなっても，すぐに全焼するというわけではない）．したがって，中間にある親を S に含めることによって，すべての変数 $V(x^*, t), t > t^*$ は火 B と独立になる．

　こうして，持続性という考えにより，次の 2 つの重要なステップを通して直観的な結果が導びかれる．

　　ステップ (1) すべての変数 $V(x^*, t), t > t^*$ の南側の親を（選択肢から）取り除くことが可能となり，それによって，$V(x^*, t)$ と火 A の従属関係を保存する，

　　ステップ (2) すべての変数 $V(x^*, t), t > t^*$ の中間にある親を（選択肢に）加えることが必要となり，それによって，$V(x^*, t)$ と火 B の従属関係を防ぐ．

ステップ (1) は，原因から結果への本質的なプロセスを選択し，本質的ではない状況の影響を抑制することに相当する．ステップ (2) は，因果的過程がその本質的境界線を超えることを防いでいる．

10.4　結　論

　持続性（定義 10.2.1）は，選択肢基準（定義 10.3.3）に取り入れられたように，実際の原因（法律用語では「事実上の原因」）の概念を説明するための鍵であることが明らかになった．したがって，持続性によって，多段階シナリオのケースにおける「否定的反事実」の検証はいくつかの潜在的原因へ置き換えられる．構造的偶然性が起こった場合においても，持続性という概念により推測上の原因が結果の値を持続できるようになる．また，特別なケースとして，構造的偶然性が禁止された場合（すなわち，$W = \phi$ のとき），持続性は必要性の反事実的検証基準を含んでいる．本章では，

10.4 結論

(a) 状況的偶然性ではなく構造的偶然性により，因果的主張が意味するものを伝えることができる，

(b) そのため，構造的偶然性は因果的説明の基礎として利用できる，

ことを示した．また，構造的偶然性に基づく説明により，単一事象の因果関係について反事実的説明を与える際の難しさ——取り替え，過剰決定，時間的取り替え，切り替え型因果関係——がどのように解決されていくのかを明らかにした．

しかし，持続性は十分条件の第二要素である産出性——すなわち，結果が生じていないという状況の下で推測上の原因が結果を引き起こす能力——を完全に置き換えているわけではない．たとえば，マッチと酸素の例（9.5 節を参照）を考えた場合，酸素とマッチは（$W = \phi, \overline{S} = \phi$ としたとき）それぞれ定義 10.3.3 の持続性基準を満たしている．したがって，どちらの要素も観測された火の実際の原因として適切である．しかし，我々にとって酸素が実際の原因であることは理解し難い．その理由は，偶然性が生じた場合には酸素が火を持続させるのに不適切であるということにあるわけではなく（偶然性集合 W は空集合），マッチを擦らない（そして点火しない）という一般的な状況 ($U = u'$) では火が生じないことにある．

このような理由によって，マッチと酸素の例を含めて，本章で与えた持続性によりうまく規定されたすべての例に対して，なぜ仮想的状況 ($U = u'$) を考えなければならないのかが明らかになるわけではない．マッチを擦っていないという世界 $U = u'$ と同じように現実世界での規則性と共通性を十分に認めることにしても，現実には火がついているため，これらは現実に反した世界である．それでは，現実の世界で事象（火）に説明を与える場合，なぜ仮想的世界へ旅立たなければならないのだろうか？

その答えは因果的説明を追求するための語用論にあると著者は信じている．マッチと酸素の例の場合，因果的説明を行う暗黙の目標は，「どうやって火を防ぐことができたのだろうか？」という問題に対して答えることである．この目標を達成するためには，（火がついた）現実の世界をあきらめ，火を防ぐことができる世界 ($U = u'$) へ旅をせざるをえない[8]．

例 10.3.6 で与えた電灯の切り替えの例では，因果的説明を与えるために異なる語用論が用いられている．この例では，部屋の電灯がついていることに関心がある場合，「予想できない出来事が起こっても部屋の電灯がついていることをどうやって保証するのか？」という問題に答えることになる．この目的を達成するためには，あえて仮想世界へ旅立たず，現実世界 $U = u$ でくつろいで，産出性ではなく持続性の基準を適用したほうがよい．

語用論的問題こそ因果的説明を与える際に因果関係のどの側面を使うべきかを判断する鍵であり，この語用論を数学的に定式化することが，適切な説明を自動的に生成するための重要な足がかりとなると思われる．残念ながら，このことは今後の研究課題として残さなければならない．

---

[8] Herbert Simon は，しばしば踏切事故に適用され，傷害賠償責任問題でよく使われている基準が "last clear chance" の原則（事故を最後に避けることができた者がその事故に対して責任をもつという原則）であると著者に説明した．

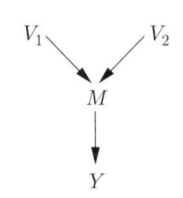

図 10.8 選択肢を精緻化しなければならないことを示すための例

10.5 追　記

Halpern and Pearl (2001a, b) は定義 10.3.3 で与えた因果的選択肢の定義を精緻化しなければならないことに気づいた．彼らは，偶然性によって乱された世界における反事実的従属性を用いて実際の原因を定義するというアイデアを保ちつつ，もっと広い意味での偶然性も許容している．

因果的選択肢の定義を精緻化しなければならないことを理解するために，次の例を考えよう．

例 10.5.1 有権者 2 人による投票が行われるとしよう．彼らのうちの 1 人が賛成票を投じれば，法案 Y は採決される．実際，彼らが 2 人とも賛成票を投じたため，法案 Y は採決された．

このシナリオは 10.1.4 項で議論した積和標準形に基づくシナリオと同じである．そこで，それぞれの賛成票 $V_1 = 1$, $V_2 = 1$ が $Y = 1$ の寄与原因であると主張したい．

ここでは，投票結果をまとめる投票計算機があると仮定する．M を計算機によって記録された投票総数とする．明らかに，$M = V_1 + V_2$ であり，$Y = 1$ であることと $M \geq 1$ であることとは同値である．図 10.8 はこの話をもっと精緻化したものである．

このシナリオでは，V_2 を M に関して「活動していない」とみなすことができないため，選択肢基準により，もはや $V_1 = 1$ を $Y = 1$ の寄与原因とみなすことはできない．したがって，単純な積和標準形の場合とは異なり，偶然性を $V_2 = 0$ と設定して Y と V_1 の反事実的従属性を検証することはできない．

このような反例を適切に扱うための精緻化が Halpern and Pearl (2001a, b) によって行われたが，その後，Hopkins and Pearl (2002) はその偶然性に対する制約があまりにも弱すぎることを示した．このことにより，さらに精緻化が進み，以下のような定義が導かれた (Halpern and Pearl 2005a, b).

定義 10.5.2（実際の原因） (Halpern and Pearl 2005a, b)

次の 3 つの条件が成り立つとき，世界 $U = u$ において $X = x$ は $Y = y$ の実際の原因であるという．

AC1. $X(u) = x, Y(u) = y$.

AC2. V を $X \subset Z$ を満たす 2 つの部分集合 Z と W に分解することができ，x' と w をそれぞれ X と W に含まれる変数の値とする．$Z(u) = z^*$ であるとき，次の 2 つの条件が成り立つ．

(a) $Y_{x',w} \neq y$

10.5 追　記

　　(b) W の任意の部分集合 W' と Z の任意の部分集合 Z' に対して，W' が w であってかつ Z' の z^* である設定が W' が w であってかつ Z が z^* である設定と同じならば，$Y_{x,w,z^*} = y$

AC3. W は極小である．すなわち，X のいかなる部分集合も条件 AC1 と AC2 を満たさない． □

　AC2(a) で示したように，割り付け $W = w$ は反事実的検証 $X = x$ を行う際に起こる偶然性を表す．

　AC2 は偶然性の選択を制限している．大雑把にいえば，たとえ偶然性 $W = w$ の下であっても，そして Z に含まれるいくつかの変数に最初の値（すなわち，z^* に含まれる値）が与えられても，X に含まれる変数が最初の値に再び固定されたならば，$Y = y$ が成り立つ．

　投票計算機の場合，もし $V_2 = 0$ のとき $W = w$，$V_1 = 1$ のとき $Z = z^*$ と識別できるならば，$V_i = 1$ は AC2 の下では原因とみなせる．すなわち，M が偶然性 $V_2 = 0$ の下で不変であることは必要ではなく，$Y = 1$ の不変性があれば十分である．

　この定義は，文献で提起された多くの問題 (Hitchcock 2007; Hiddleston 2005; Hitchcock 2008; Hall 2007) を適切に解決するものであるが，それでもなお1つの欠点をもっており，ある偶然性を非合理的なものとして取り除かなければならない．Halpern (2008) は，デフォルト論理の「正規性」という概念 (Kraus et al. 1990; Spohn 1988; Pearl 1990b) を用いることによって，この問題の解決策を与え，現実世界における偶然性と同じ「正規性」のレベルである偶然性だけを考慮すべきであると述べている．

エピローグ

因果関係の芸術と科学

1996年11月に開催された
UCLA Faculty Research Lectureship Program
での講演より

　本講演では，因果関係，すなわち，世の中では何が何によって引き起こされているのかということに対する私たちの認識と，なぜそれが重要なのかということについてお話したいと思います．

　因果関係は人間の思考の基本となるものですが，科学者や哲学者にとっては「どのような場合に，ある事象がもう一つの事象の**原因となっているのか**」といった問題を明確にするのが難しく，そのために，神秘，論争，そして警告で覆い隠された概念となっています．

　たとえば，私たちは雄鶏の鳴き声で夜が明けるわけではないことはわかっていますが，このような単純な事実さえ，数式で記述するのは簡単なことではないのです．

　本講演では，このような現象を解明するうえで大変有用なアイデアをみなさんに紹介したいと思います．このアイデアは，みなさんが将来因果関係に関する問題に取り組む際に役に立つ実用的ツールを導くためのものです．

　ここにいるみなさんは，毎日因果関係を扱っているのではないかと思います．

　2か国語教育プログラムの効果を評価したり，マウスがどのように危険と食べ物を区別するのかという実験を行ったり，Julius Caesarがルビコン川を渡った理由を調べたり，患者を診断したり，1996年の大統領選挙では誰が勝つのかを予想したり，みなさんはこのような複雑な因果関係に関する問題を毎日扱っているのではないでしょうか．

　私がこれから話す内容は，みなさんがこのような複雑な問題を扱う際の手助けをし，その意味を明らかにすることを目的としています．

　本講演は3つのパートに分かれています．

　まず，さまざまな学問分野で因果関係を扱う際に遭遇する問題について，その歴史的概観を簡単にお話します．

　次に，この歴史的問題のいくつかを解決するアイデアについてお話します．

　最後に，私が工学的バックグラウンドをもっていることから，工学的アイデアからどうやって単純で実用的なツールが導かれるのかを，統計学と社会科学の例を使って説明したいと思います．

　まず，私たちが知るかぎり，因果関係は難しい概念ではありません．

　人間は，大昔から「なぜ」と考える衝動と因果的な説明を見つけだす能力をもっていました．

　たとえば，聖書には，Adamは善悪の知識の木から実をとって食べた数時間後に，因果関係の

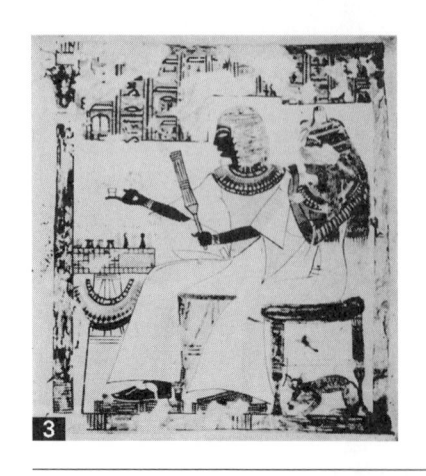

専門家となったことが記述されています [1].

実際，神様が『あの木の実をとって食べたのか』と尋ねたのに対して，Adam は『あなたが一緒にしてくれた女性が木から果物をとって私にくれました．だから私は食べたのです』と答えています．

Eve は Adam と同じくらい賢く，『蛇が私をだましたので，私は食べたのです』と答えているのです．

この物語では，神様は説明を求めているわけではなく，事実だけを尋ねているということに注意しなければなりません．説明をしなければならないと考えたのは Adam 自身なのです．このことから，因果的な説明は人間がつくった概念であることがわかります．

この物語のもう一つの面白いところは，因果的な説明がもっぱら責任を逃れるために使われているということです．

実際，数千年の間，因果的な説明は責任を逃れること以外の目的に使われることはありませんでした．それゆえ，物体や事象や物理的プロセスがさまざまな現象を引き起こすことはなく，神様と人間と動物だけがさまざまな現象を引き起すことができると考えられていたのです．

大昔，自然現象は**あらかじめ決まっている**ものと単純に考えられており，それが因果的に説明されるようになったのはかなり後になってからのことです．

神様が怒ったために嵐や地震が起きる [2] と考えられており，災害それ自身に因果的な責任があるとは考えられていなかったのです．

サイコロ投げ [3] のような不規則で予測不可能な現象でさえ偶然的なものではなく，むしろ神様の啓示だと考えられており，それに対して適切な説明を求めなければならなかったのです．

そのような啓示のために，預言者 Jonah は生命の危険にさらされました．Jonah は神に対する裏切り者とされ，海へ投げ込まれたのです [4].

ヨナ書には，『そこで水夫たちは語り合った，「さあくじを引こうではないか．誰のせいでこの災難が我々に降りかかったかを調べるために」．そして彼らはくじを引いた．そのくじは Jonah に当たった』[a] と書かれています．

---

[a] 訳者注：A・ヴァイザー著，秋田 稔・安積鋭二・大島征二・大島春子・熊井一郎・鈴木 皇・鈴木佳秀訳 (1982).『ATD 旧約聖書註解・十二小預言書（上）』．ATD・NTD 聖書註解刊行会.

エピローグ　因果関係の芸術と科学

　明らかに，このフェニキア豪華客船上で行われたくじ引きはレクリエーションのためではなく，神様からの重要なお告げを受けるために使われていたのです．

　要するに，大昔に原因となる力をもつ者は，ある目的のために現象を引き起こすことのできる神様，あるいは信賞必罰の対象となる自由意志をもった人間と動物とされていたのです．

　因果関係に対するこの考え方は素朴なものですが，明快で，問題をはらんでいないものです．

　ところで，仕事の役に立つ機械をつくらなくてはならなくなったとき，工学の分野である問題が起こってしまいました [5]．

　技術者たちの野望が大きくなるにつれて，Archimēdēs のようにてこで動かすわけではありませんが，地球でさえも動かそうと考え始めたのです [6]．

　大規模なプロジェクトを立ち上げるために，多くの滑車や車輪から構成され，それぞれが連動するシステムが必要となりました [7]．

　そして，多段階システムを構築し始めると，因果関係について興味深いことが起こりました．すなわち，**物理的物体が因果的特徴をもち始めたのです**．

　たとえば，このシステムが故障したとき，神様や作業者を非難しても仕方ありません．むしろ，ロープが切れているとか，滑車がさびているといった原因を探すほうが適切です．なぜなら，ロープや滑車は簡単に取り替えることができ，そうすることでシステムを再び動かすことができるからです．

　歴史的には，この時点で神様や人間は因果的な力をもつ唯一の行為者ではなくなっており，生命のない物体やプロセスも因果的な力をもつ者の仲間入りをしたのです．

　前輪の動きが止まれば，後輪の動きも止まります．このとき，作業者である人間は二次的な行為者になり，この新しい行為者が神様や人間といった前任者がもっていた特徴をもつようになったのです．

　自然物体が責任や信用だけでなく，力，意志，そして目的さえももつようになったのです．

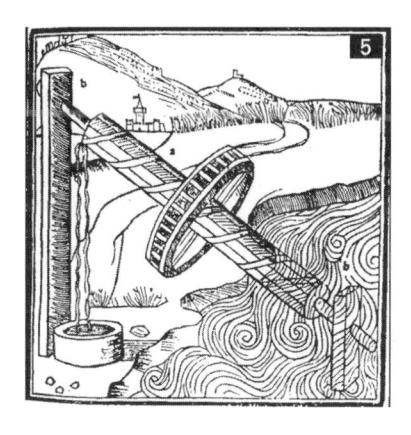

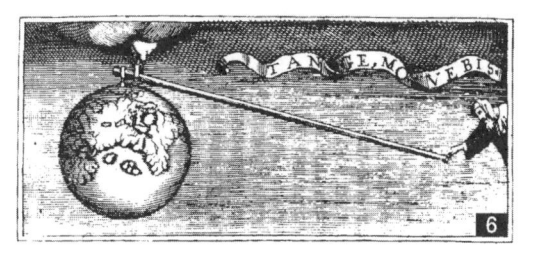

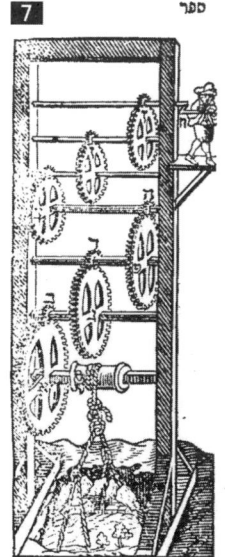

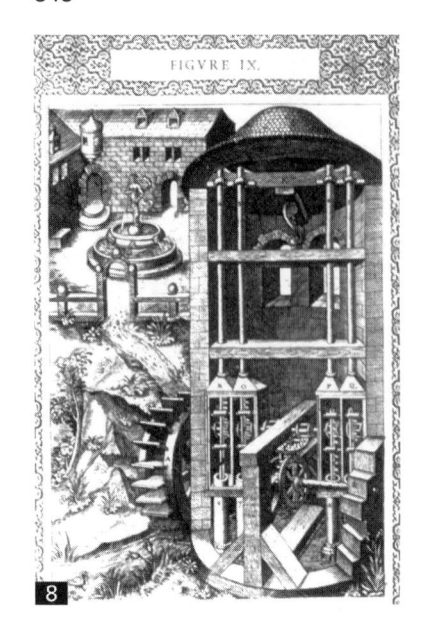

Aristotle は「なぜものが今そこにあるように存在しているのか」という問題に対して，目的に基づく説明が完全で満足できる説明であると考えていました．彼は，これを**目的因**とよんでいましたが，これこそ科学的探求の最終目的なのです．

これ以降，因果関係は，2つの役割を担うことになります．すなわち，**因果関係は評価と非難の対象**という役割を担う一方で，物理的な運動プロセスを記述するツールという役割も担うことになったのです．

この2つの役割はルネサンスの時期くらいまで比較的平安な状態で生き残っていましたが，その後，概念的な問題が生じたのです [8]．

何が起こったかは，Records によって書かれた "The Castle of Knowledge" のタイトルページを見ればわかります [9]．この本は 1575 年に出版されたものであり，英語で書かれた最初の科学書です．

スライド [9] を見ればわかりますが，因果関係という運命の紡ぎ車は，神の知恵ではなく，人間の無知によって回っています．

そして，目的因としての神の役割が人間の知識に引き継がれると，因果的説明の考え全体が非難されるようになったのです．

この非難は Galileo の著作から始まりました [10]．

Galileo は，地動説を唱えたために宗教裁判にかけられ，投獄された研究者として知られています [11]．

しかし，その審理が行われている間に，Galileo はひそかに科学史上最も重大な革命を成し遂げたのです．

この革命は，1638 年にローマから遠く離れたライデンで出版された Galileo の著書 "Discorsi" [12] に詳しく書かれています．

この本には，次の2つの格言が書かれてあります．

第一の格言は，記述が第一であり，説明が第二であるということ，すなわち，「どのように」が「なぜ」よりも前にあるということであり，第二の格言は，記述は数学言語，すなわち方程式を用いて行われるということです．

Galileo が言ったように，物体が落ちた原因が下から引っ張られたことにあるのか，それとも上から押されたことにあるのかを問うのではなく，物体が一定の距離を移動するのに必要な時間をどのくらい精度良く予測できるか，そして物体が変わったとき，あるいは軌跡が変わったとき，移

エピローグ　因果関係の芸術と科学

動時間はどのくらい変化するのかを問うべきなのです.

また，この問題に答えるために，定性的であいまいなニュアンスをもつ日常言語ではなく，数学言語を使うべきなのです [13].

Vieta が代数的概念を導入した 50 年後に当たる 1638 年に，そのアイデアがどのくらい奇妙なものであったのかを現在の私たちが理解することはできません．代数学を普遍的科学言語であると宣言することは，現在ではエスペラント語を経済言語であると宣言するようなものなのかもしれません．

なぜ，自然界はすべての言語の中で代数学を公用語と認めているのでしょうか？

これについては，誰もうまく論じることはできません．

まず，物体の移動距離は時間の 2 乗に比例するという事実があるのです．

代数学の方程式には現代のコンピュータ計算機能があり，この機能は実験結果を予測するよりずっと正確です．

代数方程式を用いることによって，技術者は初めて「～したらどうなるか」だけでなく，「どのように」という問題を考えるようになりました．

「甲板を狭くしたら，荷物を運べるだろうか？」という問題だけでなく，「荷物を運ぶためには，甲板をどうやって作ったらよいか」というもっと難しい問題を考えるようになりました [14].

方程式の解法を利用することによって，このようなことができるようになったのです．

代数的方法では変数に区別はありません．パラメータに基づいて行動を予測するのではなく，逆に望ましい行動を実現するためのパラメータについて方程式を解けばよいのです.

「記述が第一であり，説明が第二である」という Galileo の第一の格言に注目してみると，このアイデアは科学者に非常に大きな影響を与えており，これによって推論的なものから経験的なものへと科学の特徴が変わりました．

そして，物理学の世界に，非常に有用な経験則があふれ始めました．

Snell の法則 [15], Hooke の法則, Ohm の法則, そして Joul の法則は，それらが基本原則によって説明されるずっと以前に発見され，よく使われていた経験がそのまま一般化された例です．

しかし，哲学者は因果的説明という考えをあきらめようとはせず，成功を収めた Galileo 流方程式の正当性とその起源を追求し続けました．

たとえば，Descrates は原因を**永遠の真理**であるとし，Liebniz は原因を充足理由の原則であるとしたのです．

ついに，Galileo の死の約 100 年後，スコットランドの哲学者 David Hume [16] は Galileo の第一の格言を強力に推し進めました [17]．

Hume は，「なぜ」は「どうやって」の次に来る質問であるだけでなく，「なぜ」が「どうやって」に含まれる場合には「なぜ」はまったく不要なものとなるということを説得力ある形で論じました．

Hume の "Treatise of Human Nature" [18] の 156 ページには因果関係に関する議論が記述されていますが，この議論が徹底的に因果推論に揺さぶりをかけたために，今日でもなお因果推論は復権されていません．

私はこの部分を読むたびにぞくぞくとするのです．では，実際に読んでみましょう．『こうして，**炎**とよばれる種類の対象を見たこと，または**熱さ**とよばれる種類の感覚を感じたことを思い出す．それにまた，過去のすべての実例で両者の間に恒常的な相伴があったことを思い起こす．そのとき，もはやこれ以上こだわらずに，我々は炎を原因，熱さを結果とよび，一方の存在から他方の存在を推理するのである』[b]．

すなわち，Hume の考えによれば，因果関係は観察結果から得られる産物ということになるのです．因果関係は，学習可能な心の習慣であり，錯覚と同じくらい虚構的で，そして Pavlov の条件と同じくらい一時的なものです．

Hume が彼自身が提案した方法に潜む難しさに気づいていなかったとは信じがたいことです．

彼は，雄鶏はいつも夜明けとともに鳴いていても，それが夜明けの**原因**となっているわけではないことをよく認識していましたし，気圧計の目盛りが常に雨量に関連していても，雨が降る**原因**ではないことをよくわかっていたのです．

今日では，このような難しさは**擬似相関**，すなわち「因果関係を意味しない相関」によって生じるものとして知られています．

Hume の考えによると，知識はすべて心に刻まれた経験に基づくものです．そのような知識を相関であるとみなし，相関は因果関係を意味しないという事実を受け入れた場合，人間はどうやって**因果的**知識を得ることができるのか，という因果関係に関する最初の難問が導かれるのです．

雄鶏の例からわかるように，継続性は因果関係を説明するのに十分ではありません．

では，何が十分なのでしょうか？

どのような経験パターンがあれば，ある関係が「因果的

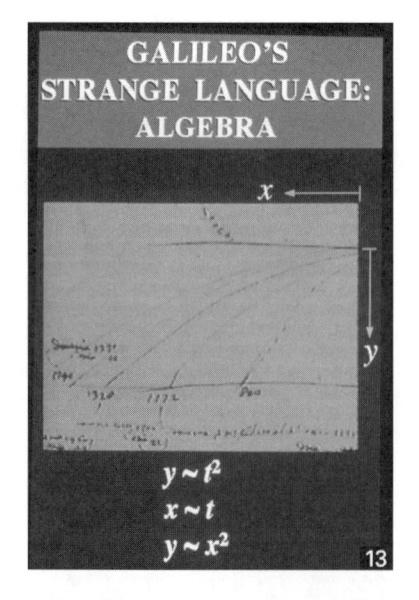

---

[b] 訳者注：土岐邦夫訳 (1968)．「人性論」（抄訳）『世界の名著 ロック・ヒューム』．中央公論社．

エピローグ　因果関係の芸術と科学

である」ことを正当化できるのでしょうか？　また，どのような経験パターンがあれば，ある関係が因果的であると確信できるのでしょうか？

最初の問題が因果関係の**学習**に関連しているとすれば，その次の問題は使い方に関するものです．みなさんがある関係が因果的である，または因果的ではないとわかった場合，どのような**違い**が生じるのでしょうか？

たとえば，私がみなさんに雄鶏の鳴き声によって夜が明けるわけではないとお伝えすることで，どのような違いが生じるのでしょうか？

これは当たり前のことのように聞こえるかもしれません．「何が何を引き起こすのか」を知ることによって，私たちの行動に大きな違いが生じるというのが明快な答えです．

たとえば，雄鶏の鳴き声が夜明けの原因であるというのであれば，雄鶏に『寝過ごしてるよ』と冗談を言って早く起こして鳴かせれば，夜を短くすることができるということになるのです．

しかし，この問題は思っているほど簡単に解けるものではありません．

もし因果的情報に継続性を超えた経験的意味があるのならば，その情報は物理法則に現れてくるはずなのです．

しかし，因果的情報は物理法則には現れていません．

哲学者 Bertrand Russell は 1913 年にこれについて次のように述べています [19]．

『哲学者はみんな因果関係が科学の基本原理の一つであると考えているが，不思議なことに，最先端の科学の中にさえ"因果"という言葉は出てこない．私は因果関係という法則は君主政治のような，過去の遺跡であると思っている．というのも，それは無害であるという誤解のために生きながらえているだけだからである…』

Patrick Suppes も因果関係の重要性を論じた哲学者の一人ですが，彼は，また『Physical Review 誌のほぼすべての冊子には，タイトルに"原因"あるいは"因果"とついた論文が少なくとも一報掲載されている』と述べています．

このやりとりから，物理学者が物理法則について話し，書き，そして考えることと，物理法則を定式化することと

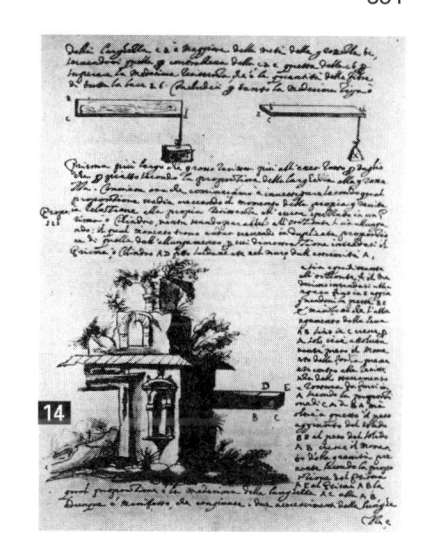

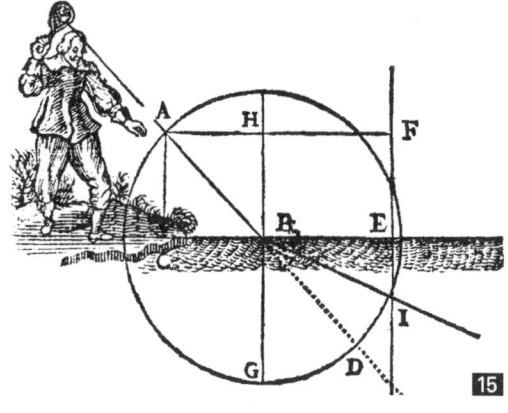

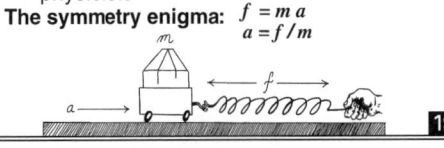

は異なっているということがわかります．

因果関係が，多くの方程式を必要とする複雑な物理的関係を記述する簡便法，すなわち，便利な記述道具としてのみ使われるのであれば，このようなダブルスタンダード的な状況が存在してもおかしくありません．

なんといっても，科学は略語で満ちあふれているのです．たとえば，私たちは「x を 5 回足す」とはいわずに「x に 5 をかける」といいます．また，「体積と重さの比」とはいわずに「密度」といいます．

なぜ因果関係を酷評するのでしょうか？

「なぜなら因果は違う」と Russell は述べています．「それは略記することができない．なぜなら，物理法則は対照的であり，両方向に進むことができるのに対して，因果関係は一方向であり，原因から結果へしか進むことができないからである．」

Newton の法則

$$f = ma$$

を例に考えてみましょう．

代数学の規則を用いれば，さまざまな構文論的形式に基づいてこの法則を記述することができます．すなわち，3 つの量のうち 2 つを知ることができれば，残りの 1 つの量を決定することができるという意味で，すべての法則が同じことを意味することになります．

しかし，日常会話では，力が加速を引き起こすとはいっても，加速が力を引き起こすということはありません．私たちはこの違いを強く認識しています．

同様に，f/a が質量を**決定する**のに役に立つとはいっても，それが質量の**原因である**とはいうことはありません．

このような区別は物理学に現れる方程式では立証されておらず，因果という言葉が本当に「君主政治の生き残りような…」形而上学的なものであるかどうかを私たちに考えさせようとしているのです．

幸運にも，Russell が提示した問題に注目した物理学者はほとんどいませんでした．物理学者たちは研究室で方程式を書き，カフェテリアで因果関係について語り続けました．そして，原子の崩壊や，レーザーやトランジス

エピローグ　因果関係の芸術と科学

ターの開発といった目覚ましい成功を収めたのです．

工学の分野にも同じことが当てはまります．

しかし，ある分野では，因果関係とそれ以外の関係を明確に区別する必要があったため，Russell が提示した問題に注目しなければなりませんでした．

その分野とは，統計学なのです．

この話は，約 100 年前の相関の発見から始まりました．

Francis Galton [20] は指紋採取法の開発者であり，Charles Darwin の従兄弟でもあります．その彼が才能や徳行の家族への遺伝可能性について研究を始めたことはもっともなことです．

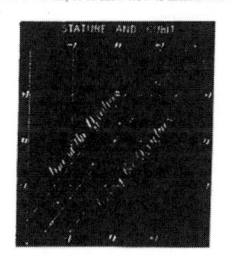

この研究を通して，Galton は，あるクラスに属する個人あるいは対象がもつ性質が他のクラスとどのように関連するのかを測定するためのさまざまな方法を開発しました．

1888 年，Galton は人の前腕の長さと頭の大きさを測定し，これらの数値が互いにどの程度予測できるのかを調べました [21]．

彼は，2 つの軸をとったうえで，これら 2 つの数値を 2 次元平面上にプロットすると，最も適合する直線の傾きはすばらしい数学的性質をもつという事実を偶然に発見したのです．たとえば，ある量がもう一つの量を正確に予測できるときにかぎり，傾きは 1 となります．一方，でたらめに値を決める程度にしか予測できない場合には 0 となります．もっと驚くべきことに，傾きは X に対して Y をプロットしても，Y に対して X をプロットしてもまったく変わらないのです．

Galton は『ある共通原因によって 2 つの器官に変化が引き起こされたために相関関係が生じたということが簡単にわかる』と述べています．

このとき，私たちは，初めて，2 つの変数が互いにどのくらい関係しあっているのかについて，人間の判断あるいは意見を排除し，厳密にデータに基づいた客観的な指標を得ることができたのです．

Galton の学生である Karl Pearson [22] は，この発見に目を輝かせました．Karl Pearson は現代統計学の創設者として知られています．

Pearson は当時 30 歳で，法律家への転進を考えていた優れた物理学者・哲学者でした．45 年後に [23]，Galton の発見に対する最初の印象を次のように述べています．

『私は Drake 時代の海賊のような気分だった⋯．

私は，Galton が考えているものは，因果関係よりも広いカテゴリー，すなわち相関関係であり，因果関係は単なる相関関係の極端な事例にすぎないと解釈した．そして，この相関関係という新しい概念によって，心理学，人類学，

医学，社会学といった多くの分野を数学的に取り扱うことができるようになったのである』．

現在では，Pearson はアルプスを越えた Hanniba，中国を冒険した Marco Polo のような，やる気と決意に満ちた研究者であったといわれています．

Pearson が海賊になったような気分を感じたとき，みなさんはきっと彼が宝物を得たに違いないと思うでしょう．

1911 年，"The Grammar of Science" の第三版が出版されました．そこには，"Contingency and Correlation—The Insufficiency of Causation"，という新しい章が加えられています．そこで，Pearson は『「物体」や「力」のような放棄された基本原理を超えたところに，現代科学の神秘となるもう一つの崇拝物，すなわち，因果関係というカテゴリーが存在している』と述べています．

Pearson は，因果関係という古いカテゴリーの代わりに何を使うのでしょうか？ 分割表 [24] と聞いて，みなさんは耳を疑うかもしれません．

『そのような表は分割表とよばれる．2 つの事象どうしの関係を表現する際にこのような分割表を用いれば，常に基本的で科学的な記述を得ることができる．

いったん分割表の特徴がわかれば，因果関係に関する概念の本質を十分にとらえることができるだろう』．

このように，Pearson は，相関とは異なる因果関係という独立した概念の必要性を完全に否定したのです．

彼は，生涯この立場を貫き，いかなる学術論文においても因果関係について議論することはありませんでした．

彼が行った「意志」と「力」のようなアニミズム的概念に対する戦いはすさまじく，むしろ因果関係をなくそうとしていたので，決定論に対する拒否反応は相当なものでした．そのため，統計学において因果関係という概念が定着する機会を得る前に，彼は統計学の世界から因果関係を消滅させてしまったのです．

その後，もう一人の強い意志をもった統計学者 Ronald Fisher [25] が現れ，ランダム化実験を定式化するのに 25 年かかりました．ランダム化実験は，データに基づいて因果関係を検証できることが科学的に証明された唯一の

方法論であり，今日に至るまで，統計学の主流において因果関係の概念を扱うことのできるたった1つの方法論です．

現在，因果推論がおかれている立場は大体このようなものです．

因果関係について書かれた博士論文，研究論文，教科書のページ数を数えてみると，Pearsonが現在もなお統計学を支配しているという印象を受けます．

"Encyclopedia of Statistical Science" には12ページにわたって相関に関する事項が記述されていますが，因果関係に対してはたった2ページしかありません．しかも，「相関は因果を意味しない」という説明に1ページが費やされているのです．

では，現代統計学者が因果関係についてどのようなことを考えているのかみてみましょう．

Biometrika誌（これはPearsonによって創刊された学術誌ですが）の現編集委員Philip Dawidは『因果推論は統計学において最も重要で，最も捉えがたく，最も無視されている問題の一つである』と述べています．

元計量生物学会会長のTerry Speed（O. J. Simpsonの殺人事件の鑑定人として覚えていらっしゃる方もいるかもしれませんが）は，『因果関係に対する考えについては，これまで統計学において扱われてきたように今後も扱うべきである．すなわち，まったく考えないのが一番よいのだが，必要であれば，扱う際に細心の注意を払わなければならない』と述べています．

また，David CoxとNanny Wermuthは，数か月前に出版された本の中で，次のように述べています．『本書では，因果や因果関係という言葉を使うことはない．…なぜなら，因果関係に関する確たる結論が一つの研究から導かれることはほとんどないからである』．

このような因果関係に対する警告や回避という立場は，統計学に活路を見出そうとしている多くの研究分野，特に経済学や社会科学を停滞させるものでした．

1987年に，ある一流の社会科学者は『多くの研究者が原因や結果といった言葉を考えたり使ったりすることをやめれば，大変健全な状態になるだろう』と述べています．

このような状況はたった一人の人間がつくり出したことなのでしょうか？ Pearsonのような海賊であってもつくり出せることなのでしょうか？

私はそうは思いません．

しかし，仮説検定や実験計画法という非常に強力な概念を与えた統計学が，なぜ因果関係についてはそんなに早い時期にあきらめたのか，ほかに理由はないのでしょうか？

もちろん，因果関係は相関と比べると，非常に測定しにくいというのが明快な理由の一つです．

相関は一つの研究に基づいて直接推定することができますが，因果関係に関する結論を導くためには，コントロールされた実験を行わなければならないのです．

しかし，この理由はあまりにも単純すぎます．統計学者はそのような難問に出会っても簡単にあきらめるようなことはありませんし，子どもたちはコントロールされた実験を行わなくてもちゃんと因果関係を学習しています．

私は，その答えはもっと深いところにあると信じています．それは統計学の公式言語，すなわち確率言語に関係するものです．

確率論では「原因」という言葉を扱うことができないと聞くと驚かれる方もいるかもしれませんが，「ぬかるみが雨の原因ではない」という文を確率言語で説明することはできません．私たちにいえることといえば，2つの事象が互いに相関をもつあるいは従属しているということ，すなわち，一つの事象がわかればもう一つの事象も期待できるということくらいなのです．

当然，概念を明確に表現する言葉がなければ，その概念に関連する科学技術を開発することはできません．

科学技術を発展させるためには，高い信頼性を保ったまま一つの研究からもう一つの研究へ知識が伝えられていかなければなりません．350年前にGalileoが述べたように，知識を移行させるためには，形式的言語の正確さと計算しやすさが必要でなのです．

言語や記号の重要性を議論する前に，同じく因果関係が難しいと思われていたもう一つの分野についてお話をして，この歴史的概観についての話を終わりたいと思います．

その分野というのは，記号の科学とよばれるコンピュータサイエンスです．これは，比較的新しい研究分野ですが，現在では言語と記号が非常に重視されているため，この問題に明るい見通しを与えることになるかもしれません．

研究者がコンピュータを使って因果関係を符号化し始めると，因果関係に関する2つの問題に対して新たな活力が呼び起こされたのです．

さて，台所あるいは研究室で何が起こっているかを理解しようとしているロボット[26]の身になって考えてみましょう．

概念的には，このロボットの問題は，国債のモデル化を行おうとしている経済学者や疾病の広がり方を解明しようとしている疫学研究者が直面している問題と同じものです．

このロボット，経済学者，疫学研究者はみんな限られた行動と不確実な情報を含んだ観測値に基づいて，その環境で引き起こされている因果関係を解明しなければなりません．

この状況は，ちょうどHumeの第一の問題「どうやって」に当たっています．

Humeの第二の問題は，ロボットの世界に存在しています．

たとえば，この部屋で引き起こされている因果関係について，簡単な方法で，私たちが知っていることすべてをロボットに教えるとしましょう[27]．

ロボットはこの情報をどのように整理し，利用すべきなのでしょうか？

そこで，因果関係にまつわる2つの哲学的問題は，次のような具体的で実際的な問題に書き直すことができます．

ロボットは環境とのやりとりを通してどのように因果的情報を得るべきなのでしょうか？ ロボットはその開発者から得た因果的情報をどのように処理すべきなのでしょうか？

エピローグ　因果関係の芸術と科学　　　　　　　　　　　　　　　　　　　　　　　　　　　357

もう一度いいますが，第二の問題は思ったほど簡単に解けるものではありません．Russel が指摘したように，因果関係と物理的方程式が一致しないという問題は，明らかな論理上の欠点として現れています．

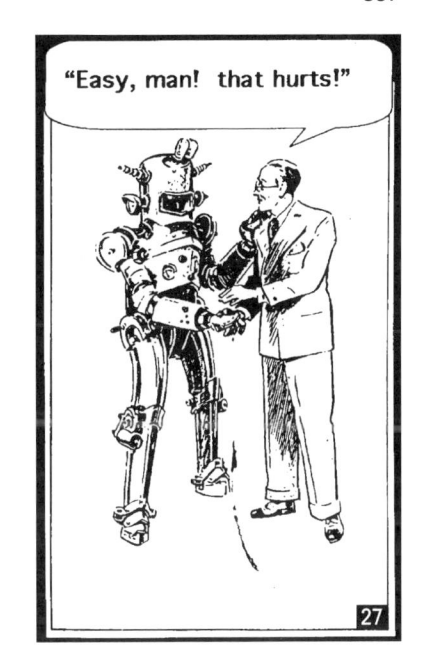

たとえば，「芝生が濡れているならば，雨が降った」という情報と「このボトルを割ると，芝生は濡れる」という情報が与えられた場合，コンピュータは「このボトルを割ると，雨が降った」という結論を導いてしまうのです [28]．

このようなプログラミング上の誤りはすぐに現れ特定されるため，人工知能プログラムは因果関係を詳しく研究する理想的な研究環境となっています．

これから，本講演の第二部に入ります．第二部では，因果関係に関する第二の問題がグラフと方程式を融合させることによってどうやって解決されていくのか，そしてこれが解決されることによって第一の問題を解く難しさがどのくらい軽減されるのか，という問題についてお話したいと思います．

この問題を解決するための主なアイデアは，

第一に介入を行ったときの行動の要約として因果関係を扱うこと，

第二に因果的な考えを表現し，操作する数学言語としてグラフと方程式を使うこと，

です．

そして，これら2つのアイデアを融合させるために，第三の概念，すなわち，介入を方程式に対する手術とみなすことが必要なのです．

それでは，因果関係を幅広く扱いながらも，一度もトラブルが起こったことのない研究領域，工学について議論することにしましょう．

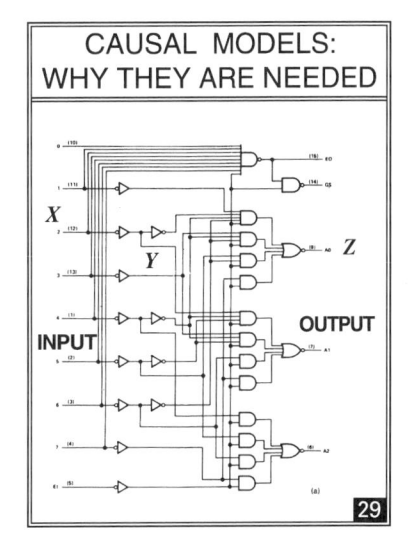

これは，技術者が描いた回路図 [29] であり，回路内における信号間の因果関係を示したものです．この回路は，入出力論理関数である AND ゲートと OR ゲートから構成されています．この回路は扱いやすく，かつなじみやすいがゆえに思い違いすることがあります．そこで，この回路図を詳しく調べてみることにしましょう．実際，この回路図は科学が与えたすばらしい奇跡の一つです．この回路図は，数千数万の代数方程式，確率関数，あるいは論理表現よりも多くの情報を伝えることができます．もっと優れた

特徴として，この回路図から，正常状態だけでなく，さまざまな異常状態で回路がどのようにはたらくのかも予測することができます．たとえば，この回路図から，入力が 0 から 1 に変わったら出力がどうなるのかということを簡単に知ることができます．これは正常状態の場合ですが，この場合には単純な入出力関数によって簡単に表現することができるのです．次に，異常状態の場合について考えてみましょう．私たちは，Y を 0 としたり，Y を X と同じ値としたり，AND ゲートを OR ゲートに変えり，あるいは何百万とあるこれらの操作の組み合わせのうちのどれを行っても出力がどうなるのかを知ることができます．この回路の設計者は，このような異常な介入について予期していませんし，そもそもそのような介入というものを思っても考えてもいません．しかし，驚くべきことに，私たちは異常な介入が起こったときの結果を予測することができるのです．でも，どうやって？ この表現能力は何に由来するのでしょうか？

これは初期の経済学者が**自律性**とよんでいたものから得られます．すなわち，この回路図に描かれているゲートは独立なメカニズムを表しており，一つのゲートを変化させるのに，他のゲートを変化させる必要はないのです．この回路図は，このような独立関係を利用することによって，**あるゲートに介入を行ってもそれ以外のゲートは変化することのない**構成要素からなる回路の正常状態を表現しているのです．

Boelter Hall から来た私の同僚は，なんで私がここに立って，工学的にはつまらない話を，まるで世界の第八番目の不思議であるかのように話しているのか，おかしく思っていることでしょう．これには，3 つの理由があります．まず，第一の理由として，技術者は当然と思っていても実はまだ開発されていない知識がたくさんあることをわかってほしいということです．

第二の理由は，経済学者と社会科学者にこのグラフィカルな方法論が有用であることを思い出してほしいということです．彼らは 75 年以上もの間，構造方程式モデルやパスダイアグラムというよく似た方法論をしばしば利用してきました．しかし，最近では，代数的な扱いやすさという観点から，グラフィカル表現およびその利点は抑えられています．最後に，私の個人的な意見ですが，このダイアグラムが，異常状態や新しい操作を行った際の結果を予測する能力といった因果関係の本質を捉えていることをわかってほしいというのが第三の理由です．たとえば，S. Wright が与えたダイアグラム [30] から，入力 (E) で表されている環境要因，あるいは親と子孫の間にある頂点で表される遺伝要素 (H) を変えた場合，同じ親から生まれるモルモットがどのような毛並みをもつのかを予測することができます．代数的，あるいは相関分析を用いてもこのような予測を行うことはできないのです．

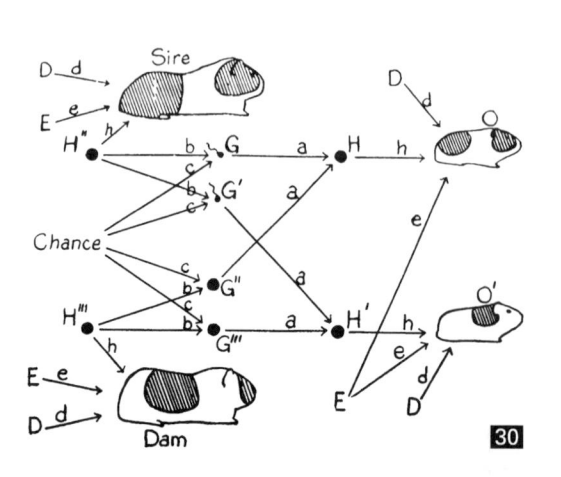

この観点から因果関係をみてみれば，なぜ科学者が熱心に因果的説明を捜し求めているのか，そしてなぜ因果モデルの獲得ということが「深い理解」や「管理している状態」という感覚とつながっているのかを説明できるのです．

深い理解 [31] とは，物体が昨日どのように振る舞っていたかだけでなく，新しい仮想的

エピローグ　因果関係の芸術と科学　　　　　　　　　　　　　　　　　　　　　　　　　359

な状況の下でどのように振る舞うのかもわかるということを意味しています．面白いことに，「深い理解」が得られると，物体を実際に制御する方法がなくても，私たちは管理している状態にあると感じます．たとえば，天体の動きを実際に制御する方法はありません．しかし，重力場の理論は仮想的制御という青写真を与えているため，理解や制御の感覚が得られるのです．また，私たちは思いもしない新しい現象，たとえば隕石が月にぶつかったとき，あるいは重力定数が突然2だけ減少して7.8となったとき，このような現象の津波への影響を予測することができます．ここでまさに重要なことは，重力場の理論は，地球上の物体に対していつもどおりの操作を行っても津波を制御することはできないことを示しているということなのです．したがって，因果モデルが，熟慮された推論と反応的・本能的応答を区別するためのリトマス試験紙とみなされるのは不思議なことではありません．鳥や猿に途切れたワイヤを修復するような複雑な作業を行う訓練をさせれば，そのような作業を行えるようになるかもしれませんが，それは試行錯誤を伴います．一方，思慮深い推論者は新しい操作を実際に**試さなく**てもその作業が結果に与える影響を予想することができるのです．

　なぜダイアグラムを使えば方程式では予測できないような結果を予測できるのかということを理解するために，回路図の一部を拡大してみましょう [32]．ここにいるみなさんに理解してもらうために，論理ゲートを線形方程式に置き換え，2つの構成要素，加算回路と乗算回路を含むシステムを扱うものと仮定しましょう．**乗算回路**は信号が入力されると，それを2倍にするというものです．加算回路は信号が入力されると，それに1を加えるというものです．この2つの構成要素を表現する方程式は，スライド [32] の左側に示してあります．

　しかし，この方程式は右側にあるダイアグラムと**同じもの**なのでしょうか？　もちろん，違います．それらが同じものであるならば，変数を入れ替えることによって得られる方程式は下に示している回路と同じものになるはずです．しかし，2つの回路は異なっています．上のグラフは Y に対する物理的操作が Z に対して影響を与えることを示すものですが，下のグラフの場合，Y に対する操作は X に影響を与えていますが，Z には影響を与えていません．また，これらの方程式に対してさらに代数的操作を行うことによって，私たちは下に示されているような新しい連立方程式を得ることができます．しかし，この方程式では構造がまったく考慮されていません．この連立方程式は単に3つの変数に対する2つの制約を表現してい

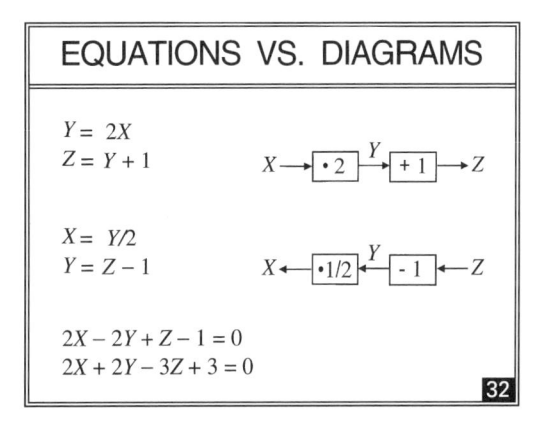

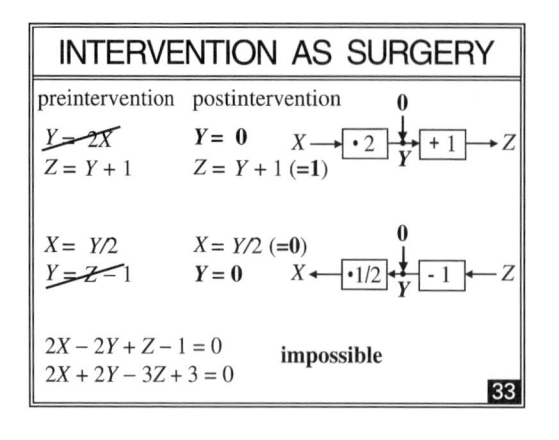

るだけであって，変数どうしがどのような影響を与え合うのかについては何もわからないのです．

Y に対する物理的操作を行ったときの影響を評価する，たとえば，Y を 0 と固定する心理過程をもっと詳しく調べてみましょう [33]．

Y を 0 と固定した場合，明らかに，X と Y の関係はもはや乗算回路によって生成されたものではなく，X とは関係なく Y を制御する新しいメカニズムとなっています．これを方程式で表現し，$Y = 2X$ を新しい方程式 $Y = 0$ で置き換えた新しい連立方程式を解くと $Z = 1$ となります．一方，その次にあるモデルに対応する連立方程式に対して同じような操作を行うと，異なる解が得られてしまいます．実際，二番目の方程式を置き換えることによって $X = 0$ が得られますが，Z については何の制約も加えられていないのです．

したがって，この介入モデルを用いることによって，「Y を操作することによって Z を変えることができるならば，Y は Z の原因である，すなわち，Y に対する方程式を取り除いた後で Z が変化するならば，Z の解は Y を置き換えた新しい値に依存する」という因果関係の定義を導くことができるのです．また，ダイアグラムがこの手続きにおいてどのくらい重要であるかについてもわかります．ダイアグラムは「Y を操作する場合，どの方程式を取り除くべきか」を明らかにしています．方程式を代数的に同値な形式へ変換すると，このスライドの下方のように，このような情報は完全に消えてしまいます．したがって，どのような手術を行うべきかわからないし，「Y に対する方程式」のようなものもないので，この連立方程式から Y を 0 としたときの結果を予測することはできないのです．

要するに，介入とはダイアグラムに対応する方程式モデルに対して手術を行うのと同じ行為であり，**因果推論とはこのような手術が結果に与える影響を予測することなのです**．

これは，物理的システムを超えた普遍的テーマです．実際，方程式を取り除くことによって介入をモデリングするというアイデアは，最初に経済学者である Herman Wold が 1960 年に提案したものです．しかし，彼の学説は経済学の文献からほとんど消え去っています．歴史の教科書には，この謎めいた消失理由を Wold の性格によるものであると書かれているのですが，私はその理由はもっと深いところにあると思っています．初期の計量経済学者は非常に用心深い数学者であったため，彼らは全力で代数学のきれいで完全な形を守り，ダイアグラムのようなトリックで汚されることが許せなかったのではないかと思います．このスライド [34]

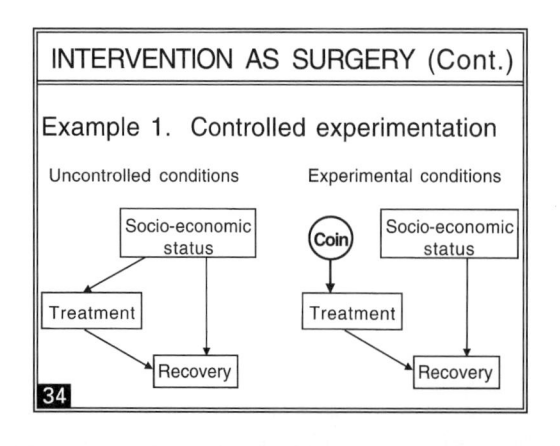

からわかるように，手術という操作は方程式という記述の影響を受けやすいので，ダイアグラムを用いなければ数学的な意味をもたないのです．

この新しい数学的操作の性質を詳しく説明する前に，これが統計学と経済学の基本理念を明らかにするためにどのくらい有用なのかを説明しましょう．

私たちはなぜ非制御研究よりも制御実験を好むのでしょうか？ある薬物療法の効果を評価する研究を行いたいとします．患者の行動を規定するメカニズムは，先ほどの回路図と構造的に似ています．回復という現象は薬物療法，社会経済的条件，ライフスタイル，食生活，年齢などといった要因からなる関数です．このスライド[34]では，このような要因のうちの一つだけを取り上げています．非制御条件の下では，治療法の選択は患者に依存しており，場合によっては患者の社会経済的背景にも依存しています．そのため，回復率に変化が起こった場合，それが治療法によるものなのか，背景要因によるものなのか判断できず，問題となるのです．私たちにできることは，同じ背景をもつ患者を比較することであり，それはまさに Fisher が提案した**ランダム化実験**が行われた状況と同じです．しかし，どうやってそれを行うのでしょうか？これはランダム化と**介入**という2つの構成部分からなります．

介入とは，対象者のあるがままの行為を変化させることを意味しています．まず，対象者を治療とコントロールという2つのグループに分け，対象者に実験的方針に従ってもらうよう説得します．そのとき，普通の状態なら治療を受ける必要のない対象者の中に治療を割り当てられる者もいれば，実際には治療を受けている患者の中にプラセボを割り当てられる者もいます．本講演で提案した新しい用語を用いると，これが手術ということになるわけですが，このことはある一つの関数関係を考え，もう一つの方程式をこれで置き換えることを意味しています．というのも，Fisher のすばらしい洞察力は，新しい関数関係とランダムなコイン投げを結びつけることによって，私たちが切断したいと思っている関係が実際に切断できることを**保証する**というところにあります．ランダムなコインは肉眼のレベルで測定できるいかなるもの，もちろん患者の社会経済的背景も含むすべての要因の影響を受けないと仮定されていることにその理由があります．

このグラフは，広く受け入れられているランダム化実験の手順について，その重要でかつ形式面で理論的な根拠を与えています．一方，次の例では，手術というアイデアを使って，広く受け入れられている手順の不十分性を指摘したいと思います．

このグラフ[35]は政府がある政策，たとえば税収政策による経済効果を評価しようとしている例を示したものです．税金を上げる，あるいは下げるという計画的決定は，既存モデルに基づいてある条件を修正することにつながるので，経済モデルに対する手術と同じです．経済モデルはある期間中に採取されたデータに基づいて構築されますが，この期間中に，いくつかの経済条件あるいは政治的圧力に反応して税金が上がったり下がったりします．ここで，ある政策を**評価**しようとする場合，**同**じ経済条件の下で，代替案と比較することを

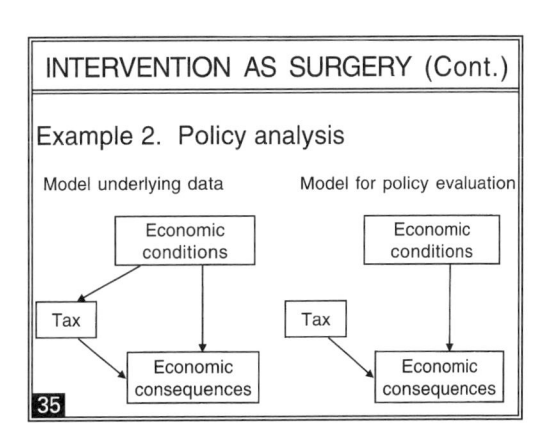

考えます．このとき，同じ条件とするために，これまで政策と経済条件をしばりつけていた関係を切断しなければなりません．この計画の企画段階では，コイン投げに基づいて政策の選択を行ったり，コントロールされた実験を行うことは不可能です．私たちには実験する時間もありませんし，そんなことをしているうちに経済は崩壊しているかもしれません．それにもかかわらず，切断されていないモデルから得られるデータを用いて切断されたモデルの挙動を**解析**すべきなのです．

私は「すべきである」であると言いました．なぜなら，みなさんは経済学の教科書でそのような解析を目にしていないからです．すでにお話ししたように，Herman Wold が提案した手術というアイデアは，1970 年代に経済学の文献からは踏み消されてしまい，私が見つけた政策分析に関係する議論では，最初から切断されたモデルが仮定されているのです．評価期間中においては税収政策が政府の管理の下に行われているため，税収政策を完全に外生変数としてみなしてもよいと仮定されています．実際には，税収政策はモデル構築段階においては内生変数であるにもかかわらず，評価を行うときには外生変数として扱われてしまうのです．もちろん私は，手術モデルを再び取り上げることによって，政府は一夜にして収支の均衡をはかることができるということをいっているわけではなく，試してみる価値があるといいたいのです．

ここで，手術という解釈を用いることによって，因果関係の方向性と物理方程式の対称性との不一致に関する Russell の問題が，どのようにして解決されていくのか調べてみましょう．実際に，物理方程式は対称的ですが，「A が B を引き起こす」という表現と「B が A を引き起こす」という表現を比べてみると，私たちは一つの方程式集合に基づいて話をしているわけではなく，2 つの異なる方程式集合によって表現される 2 つの世界，すなわち，A に関する方程式が手術によって取り除かれたモデルと B に関する方程式が手術によって取り除かれたモデルを比べていることがわかります．おそらく，このとき，Russel は私たちの議論をさえぎって，『すべての物理方程式が与えられた条件の下では，1 つの世界に対するモデルしか存在しないのに，2 つの世界のモデルを議論できるのか？』とたずねるでしょう．答えは "Yes" です．世界全体をモデルに含めたい場合には，操作するものと操作されるものに区別がなくなり介入が消えてしまうので，因果関係は消滅します．しかし，科学者たちは研究対象として世界全体を考えることはほとんどなく，世界全体から断片を切り取り，その断片を「範囲**内**」，すなわち研究対象とする場合が多いのです．世界の残りの部分は「範囲**外**」，あるいは背景とみなされ，境界条件とよばれるものによって要約されます．この「内部」と「外部」という違いは，私たちがものを見るのと同じ方法で非対称性を作り出し，この非対称性によって「外部からの介入」について議論できるようになり，さらには因果推論や因果関係の方向性について議論できるようになるのです．

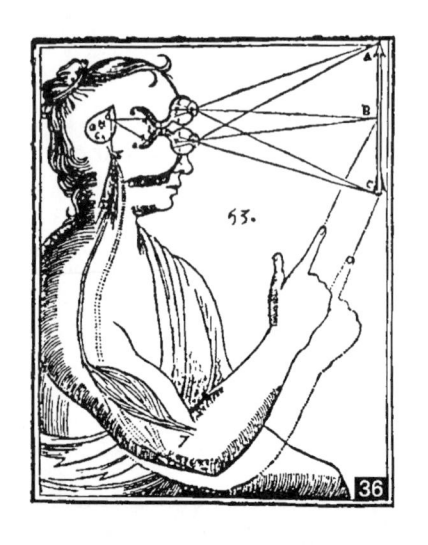

このことは，Descartes の古典的な絵を使えばうまく説明することができます [36]．全体からみると，このハンド・アイシステムでは因果関係について何もわかりません．それは対称的な Schrödinger 方程式に従って現れた光子と粒子の乱雑なプラズマにすぎないのです．

エピローグ　因果関係の芸術と科学　　　　　　　　　　　　　　　　　　　　　363

　しかし，そこから断片を切り取り，これを対象部分 [37] ということにします．このとき，手の動きがライトの光の角度を変えるという**結論**が導びかれます．

　一方，方法を変えて脳の部分を切り取る [38] と，驚いたことに，光は手の動きを変えているという，まさに逆の方向の結論が導かれるのです．このような議論から，世界の切り取り方に依存して因果関係が決まるということがわかります．このような切り取り方は，科学研究のすべてにおいて暗黙のうちに仮定されています．人工知能の分野において J. McCarthy はこの仮定を「極小限定」とよんでいます．経済学における極小限定は，どの変数が内生変数でどの変数が外生変数であるか，すなわちモデルの**中にある**のか，あるいはモデルの**外にある**のかを決定することと同じものなのです．

　ここで，方程式モデルと因果モデルの本質的違いについてまとめてみましょう [39]．両方とも，対称的な方程式集合を使って正常状態を表現します．しかし，因果モデルは，さらに (i) **内部**と**外部**の区別，(ii) 方程式それぞれが独立なメカニズムに対応しており，数学的にも独立して記述しなければならないという仮定，(iii) メカニズムに対する手術という介入，という3つの要素をもっています．この3つの要素は因果関係を物理学の一部にするという夢の実現に近づけてくれるのです．ところで，一つの要素，**代数学**を忘れています．本講演のはじめに，代数学を用いた計算技術が Galileo 時代の科学者と技術者にとってどのくらい重要なものであるのかについてお話しました．因果関係を議論する際にもこのような代数的技術を適用できるのでしょうか？　代数学を違う方法で表現してみましょう．

　ご存知のとおり，科学的活動は，観察 [40] と介入 [41] という2つの基本要素から構成されています．

　2つの組み合わせは**実験室** [42]，すなわち，条件のいくつかを制御し，それ以外のものを観察する場所で行われています．標準的な代数学は観察研究に対して大きな貢献をしましたが，介入に対してはそれまで役に立たなかったのです．このことは，方程式の代数，ブール代数，確率計算に対して当てはまります．こ

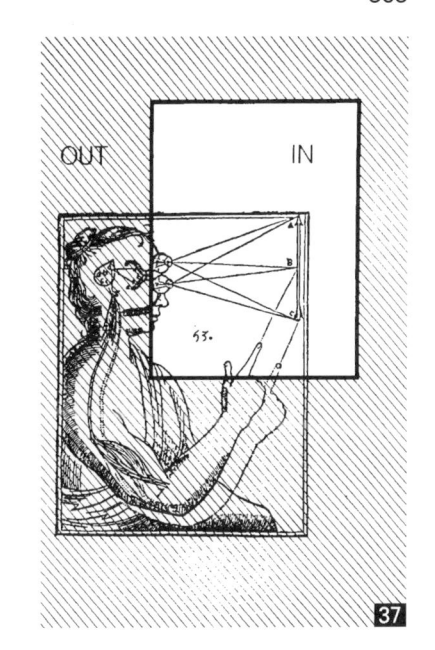

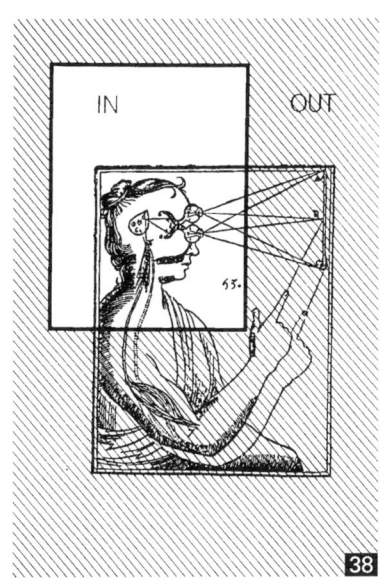

FROM PHYSICS TO CAUSALITY

Physics:
　Symmetric equations of motion

Causal models:
Symmetric equations of motion
　Circumsciption (in vs. out)
　Locality (autonomy of mechanisms)
　Intervention = surgery on mechanisms

[39]

れらはすべて介入的記述ではなく，観察的記述に役立つように整備されているのです．

例として，確率論を考えましょう．芝生が濡れていることがわかったときに雨が降った確率を調べる場合，$P(雨 | 濡れる)$ という形式的記述を用いて問題を表現します．これは，芝生が濡れているという条件の下で雨が降った確率であり [43]，垂直の線は「観察したという条件の下では」ということを意味しています．私たちは，形式的記述を用いてこの問題を表現できるだけでなく，確率論のツールを使ってこの記述を他の表現に書き換えることもできます．この例では，$P(濡れる | 雨)P(雨)/P(濡れる)$ という表現が便利もしくは有用である場合には，$P(雨 | 濡れる)$ ではなく，$P(濡れる | 雨)P(雨)/P(濡れる)$ を使ってもかまわないのです．

しかし，ここで，「もし芝生を濡らしたら，雨が降った確率はどうなるか？」という異なる問題を考えてみましょう．垂直の線は「観察したという条件の下では」という意味なので，確率論のフレームワークでは，この問題を記述することさえできないことがわかります．そこで，"*do*" という新しい記号を考え，線のあとに **do** がついている場合には，それを「私たちが実行したという条件の下では」と解釈することにします．しかし，この新しい記号に対して確率論の規則を適用することはできないため，これだけでは問題に対する答えを計算するのに役には立ちません．芝生を濡らしたからといって雨が降る確率が変わるわけではないので，直観的にその答えが $P(雨)$ であるということはわかります．しかし，直観がはたらかない場合でも簡単に考えることができるようにするために，このような直観的な答えやそれと似たような答えを機械的に得る方法はないものでしょうか？

答えは "Yes" で，そのために新しい代数を使います．まず，「私たちが実行したという条件の下では」という新しいオペレータに対して記号を割り当て，次にこの新しい記号を含む記述を扱うための規則を開発します．この規則は，数学者が標準的な代数規則を発見したのと同じような方法で開発することができるのです．

みなさん，自分が 16 世紀の数学者で，足し算の専門家になっている姿を想像してみてく

ださい．そして，一日中ある数にそれ自身を足していることに疲れ，新しい演算子である**乗算**を導入しなければならないと思っているとしましょう[44]．みなさんは，最初に，新しい演算子に記号 × を割り当てるという作業を行わなくてはなりません．次に，その演算子に意味を与え，それに基づいて変換規則を導き出します．たとえば，掛け算に関する交換法則や結合法則はこの方法で導くことができます．これらはすべて高校時代に習っているものです．

これとまったく同じ方法で，新しい記号 $do(x)$ を規定する規則を導くことができます．まず，観察するいうことに対する代数，すなわち確率論があります．また，手術から得られる明確な意味をもつ新しい演算子があります．これで $do(x)$ に関する規則を導く準備が整いました．その結果，このスライド[45]のような規則を得ることができるのです．

おどろかないでください．私はみなさんにこれらの方程式をすぐに理解してもらおうとは思っていません．この新しい計算規則のニュアンスを感じてもらいたいと思っているだけです．この新しい計算規則は，行動と観察を含む表現を他の表現に書き換えるための3つの規則から構成されています．最初の規則は関係のない観測値を無視するために使われるものであり，二番目の規則は行動を同じ値をもつ観測値と交換するために使われるもの，最後の規則は関係のない行動を取り除くために使われるものです．右側にある記号は何でしょうか？　これは，変換が正当である場合にはいつでもダイアグラムが示す「青信号」です．このことを次の例で示してみます．

ここから講演の第三部に入ります．ここでは，実用上重要でかつ新しい問題を解決するために，これまで紹介してきたアイデアをどのように使ったらよいのかについてお話しましょう．

ここでは，喫煙による肺がんへの影響に関する1世紀にわたる論争を考えてみましょう[46]．1964年，公衆衛生局は喫煙と死亡やがん，がんのなかでも特に肺がんとの関係を指摘した報告書を出版しました．その報告書は非実験的研究に基づいているのですが，喫煙と肺がんに強い相関が見られました．その報告書に書かれている結論は，その相関は因果

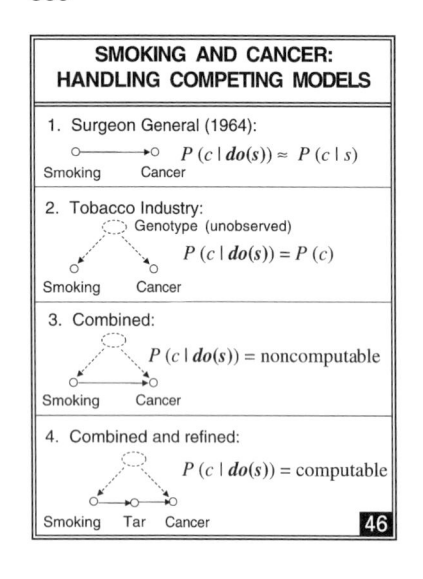

的なものである，すなわち，喫煙を禁止した場合，がん死亡率は母集団内の非喫煙者のがん死亡率とほぼ同じとなるというものでした．

この研究は，Ronald Fisher をはじめとする著名な統計学者の援護を受けたタバコ産業から厳しい批判を受けました．彼らは『観察された相関は喫煙と肺がんには因果関係はないというモデルを使っても説明できる』と主張しました．肺がんと先天的ニコチン欲求を同時に引き起こすような観測されない遺伝子が存在するかもしれません．形式的に，本講演で紹介した記号を用いると，この主張は $P(\text{がん} \mid do(\text{喫煙})) = P(\text{がん})$ と表現することができます．ここに，この式は母集団内の対象者に喫煙させても禁煙させても，がんの発生率は変わらないということを述べています．コントロールされた実験なら2つのモデルのうちのどちらが正しいのかを判断することができますが，これを行うことは不可能（しかも，現在では違法）です．

ここまではすべて歴史的なお話でした．ここからは，双方の代理人がそれらの違いを議論し，解決するという仮想的なお話をしたいと思います．タバコ産業は，喫煙と肺がんには緩やかな因果関係があることを認め，健常人のグループの代表者は喫煙と遺伝的要素に緩やかな関係があることを認めました．そこで，双方の意見を組み合わせたモデルを描き，そして問題としてデータを用いてこれら2つの関係の大きさを評価することになりました．彼らはその質問を統計学者に提出したところ，**不可能**であるとの回答がすぐに返ってきました．つまり，どんなデータであっても，これら2つのモデルのどちらにも完全に当てはめることができるので，データからその大きさを推定する方法はないということなのです．そのため，彼らはあきらめ，いつもどおり政治的論争を続けることにしたのです．議論が物別れに終わるころ，あるアイデアが提案されました．補助的な要因をいくつか観測できるのであれば，この問題を解決できるかもしれない．たとえば，この因果モデルは，肺に蓄積されるタールを通して喫煙が肺がんに影響を与えているという考えに基づいています．そこで，対象者の肺に蓄積されているタール量を観測すれば，因果関係を定量的に評価するための必要な情報を得ることができるかもしれません．双方ともこれが合理的な提案であることを認め，統計学者に『タールの蓄積量が中間測定値として得られるとき，喫煙の肺がんへの影響を評価することができるのか』と改めて質問しました．統計学者から，肺がんへの影響を**計算することは可能**であり，しかも明示的な数式で与えられるという吉報が届きました．しかし，それはどのように与えられるのでしょうか？

統計学者はこの質問を受け取り，これを高校**数学**の問題のように扱いました．まず，非実験データ，すなわち**行動を含まない**表現を用いて，仮想的行動の下での $P(\text{肺がん})$ を計算します．つまり，$P(\text{がん} \mid do(\text{喫煙}))$ から "do" という記号を取り除けばよいのです．このような作業は代数方程式の解法と同じように行われます．それぞれのステップ[47]において，ダイアグラムのある部分グラフの情報に基づいて新しい規則を適用すると，最終的には，"do" のない表現，すなわち，非実験データから計算できる表現になるのです．

もしかすると，この導出法を用いれば喫煙・肺がん論争を解決できるのかと疑問に思う方もいるかもしれません．答えは"No"です．たとえタールの蓄積量をデータとして得ることができたとしても，双方から同意を得られない可能性のある仮定，たとえば，喫煙と肺がんはタールの蓄積量を介在して関係しており，直接的な関係はないという仮定に基づいているため，ここで考えているモデルは簡単すぎるものです．この場合にはモデルを洗練しなければなりませんが，それによって，最終的には，20以上の変数を含むグラフを考えなければならないかもしれません．誰かに『○○○などの要因が考慮されていない』といわれても，気にする必要はありません．それどころか，そのような測定量や要因はモデルに簡単に加えることができるので，むしろ，このような新しいアイデアはグラフにとって歓迎されるものです．こうして，グラフを一目見るだけで，ある変数からもう一つの変数への影響を計算できるかどうかを判断できる簡単な方法を得ることができました．

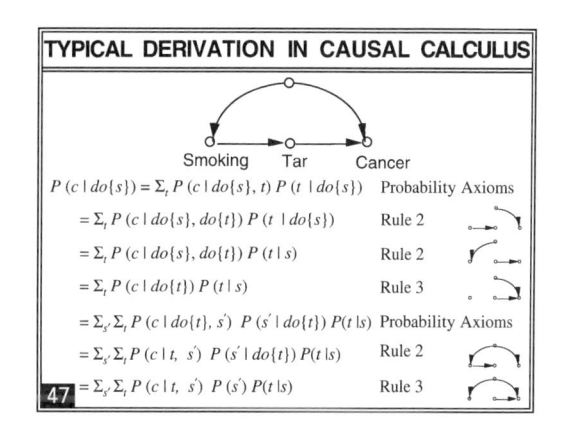

次の例では，長年解決されることのなかった問題が，この新しい代数学によって拡張されたグラフィカルな方法論を用いることで，どのように解決されるのか説明しましょう．その問題は**調整問題**あるいは「**共変量選択問題**」とよばれており，Simpsonのパラドックスの実質科学的側面を表したものです [48]．

Simpsonのパラドックスは，1899年にKarl Pearsonによって初めて指摘された憂慮すべき事実であり，2つの変数間の統計的関連性が解析を行う際に他の要因を取り入れることによって，逆になってしまうというものです．たとえば，ある研究において喫煙している学生がよい成績を取っているという結果が出ているけれども，**年齢**で調整するとすべての**年齢層**で逆の結論が下されてしまう，すなわち喫煙している学生は悪い成績を取ると評価されることがあります．さらに，**両親の収入**で調整を行うと再びすべての**年齢−収入**といったグループごとに喫煙者が良い成績を取るという結論が導かれたりすることがあるのです．

この事実と同じく憂慮すべきこととして，どの要因を解析に加えたらよいのかは誰にもわからないという事実があります．しかし，今では，このような要因は簡単なグラフィカル手法によって識別することができるのです．Simpsonのパラドックスの古典的な例は，1975年にUCバークレー校で調査された大学入学試験における性差別調査で見ることができます．この研究では，全体的なデータに基づいて解析を行った結果，男性受験生については高い合格率を示したのですが，学部ごとに解析してみるとこの考察が当てはまらず，女性受験生の

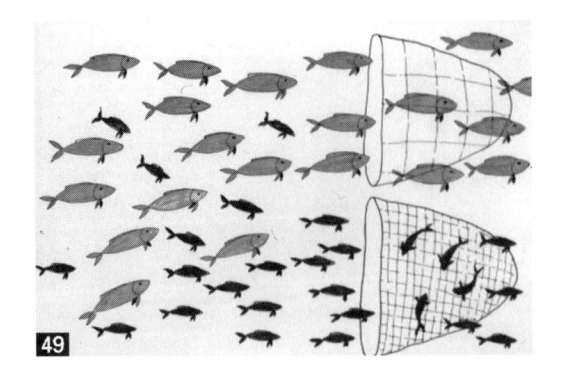

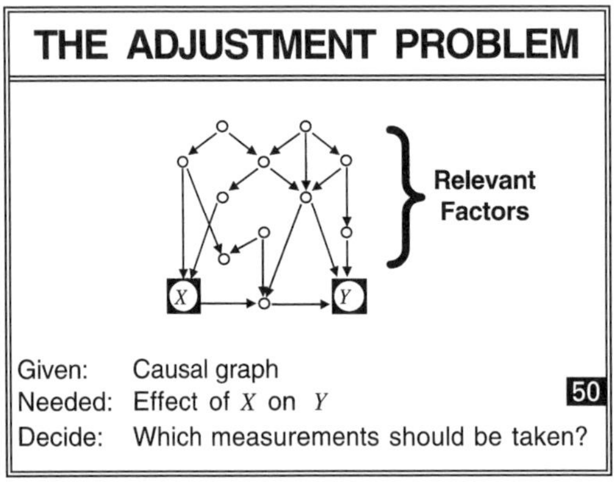

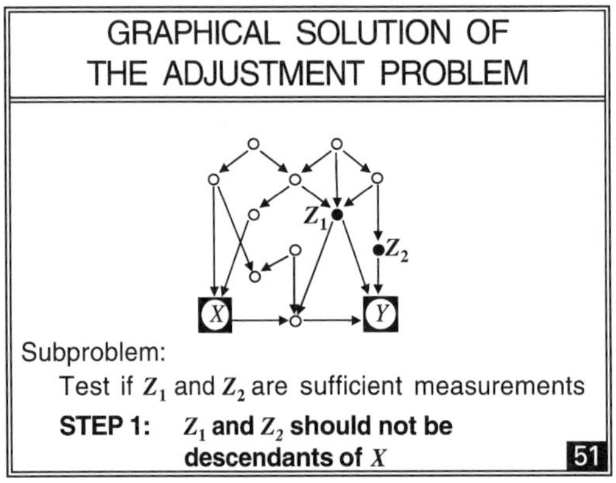

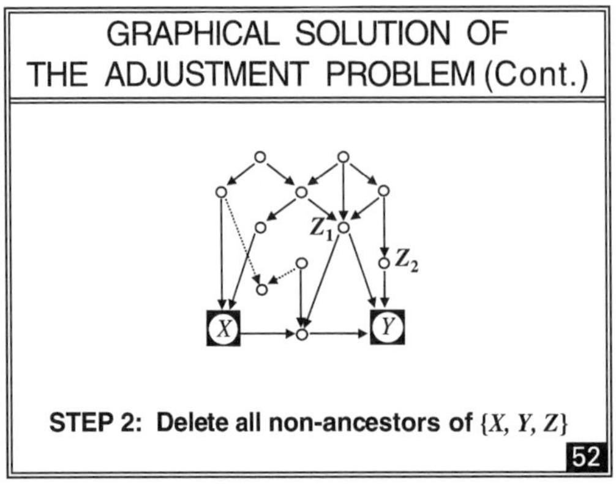

ほうが少しだけ合格率が高いということがわかったのです．その理由は簡単で，女性受験生は男性受験生よりも人気のある学部を志望する傾向があるため，このような学部では性別に関係なく合格率が低かったのです．

このことを説明するために，大きな目の網と小さな目の網という2つの網を積んだ釣り船を想像してみて下さい[49]．魚の群れは船に向かって泳いできて，それを通ろうとします．雌魚は小さい目の網を通ろうとし，雄魚は大きな目の網を通り抜けようとします．そのため，雄魚は通り抜け，雌魚だけが捕まります．最終的に捕まえた魚に基づいて判断すると，明らかに雌魚のほうが捕まえやすいということになります．しかし，もし別々に解析すれば，どちらの網を使っても雌魚よりも雄魚のほうが確実に捕まえられるということになるに違いありません．

もう一つの例は，1970年代に社会科学の文献でよく見られた「逆回帰」問題に関係しています．給与差別問題を調査するとき，同じ技能をもつ男女の給与を比較すべきなのでしょうか？　それとも同じ給与が支払われた男女の技能を比較すべきなのでしょうか？

おどろくべきことに，これから反対の結論が導かれてしまうのです．男性には同じ技能をもつ女性よりも高い給与が支払われていましたが，同時に男性は同じ給与が支払われている女性よりも高い技能をもっていました．これから得られる教訓は，比較を行う場合，選択する変数によって結論が大きく変わってしまうということであり，そのために，調整問題が観察研究における重要なテーマとなっているのです．

観察研究において，X から Y，たとえば治療を行うことによって回復するのかどうかを評価したいとしましょう[50]．このとき，治療の影響を受ける要因もあれば，治療に影響

エピローグ　因果関係の芸術と科学

を与える要因もあるし，治療と回復の両方に影響を与える要因もあります．多くの要因がこの問題に関係すると考えられるのです．これらの要因の中には，遺伝要因や生活習慣といった測定できないものもありますが，そのほかにも年齢，性別，給与水準のように測定できるものもあります．ここで，このような要因の部分集合を選択して測定・調整を行い，そして同じ値の測定値をもつ対象者を比較し，最後に平均をとると，正しい結果を導くことができるのです．

　候補となる測定量 Z_1 と Z_2 が十分であるかどうかを検証するステップに進みましょう [51]．このステップは簡単で，大きなグラフであっても手計算で行うことができます．しかし，このからくりについて少しだけ感じ取ってもらえればいいので，さっさとこれを進めます．それでは，いきます [52～56]．

　このステップの最後に，この問題に対して「X が Y とつながっていないので，Z_1 と Z_2 は適切な測定量である」という答えが得られます．

　最後に，本講演を通じて，私がどうしてもお伝えしたいメッセージを簡単にお話ししたいと思います．因果関係を検証することは困難であるということは間違いありません．ある結果を引き起こす原因を発見することはもっと困難です．しかし，因果関係は**神秘的**なものでも**形而上学的**なものでもありません．手順さえ踏めば簡単に理解できるものであり，親しみやすい数学言語を使って表現できるので，計算機による解析を行うこともできるのです．

　本日，私がみなさんにお話した内容は電卓やそろばん [57] のように簡単なものですが，数学に基づいて因果関係を厳密に調べるのに役立つものです．これで因果関係に関する問題すべてが解決されるわけではありませんが，**記号や数学のパワー**を過小評価してはいけま

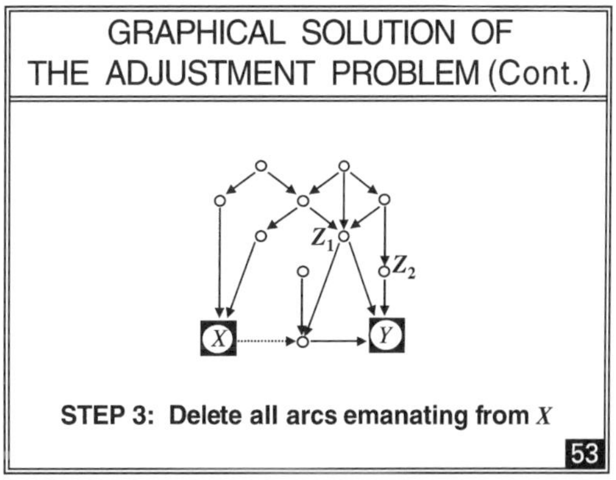

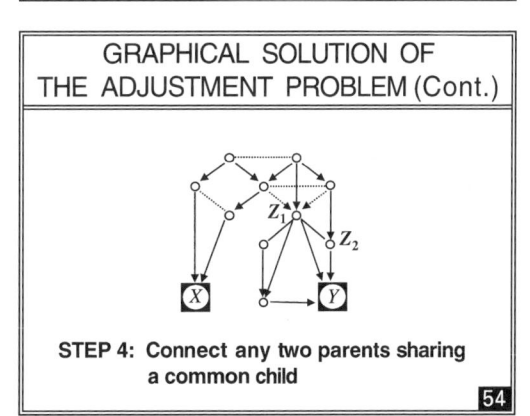

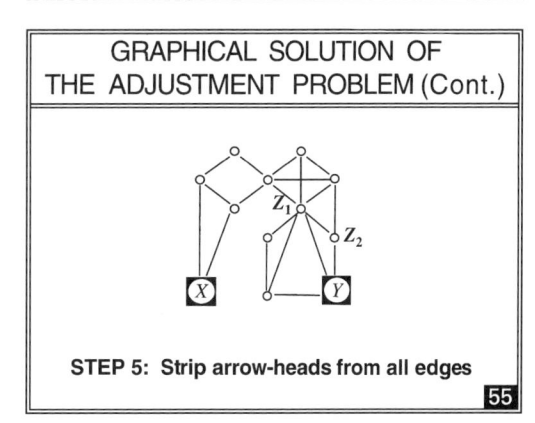

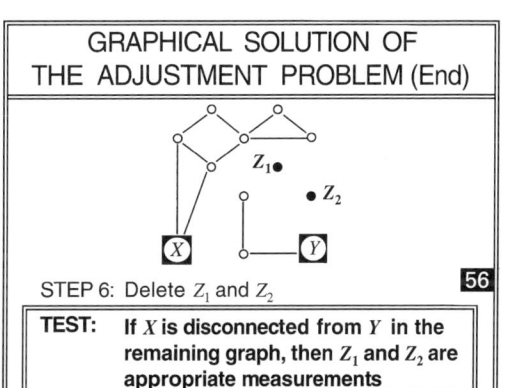

Fig. 155 Little Johnny and his "calculating machine." 57

せん [58].

　アイデアを展開し，結果を共有する数学言語がないばかりに，多くの科学的発見が数世紀も遅れてしまいました．そして，因果関係を記述する数学言語がないために，今でも多くの発見が遅れていると思います．たとえば，Karl Pearson が因果ダイアグラムの理論を使っていれば，1901年に**ランダム化実験**のアイデアを思いついたのではないかと思います．

　しかし，本当に挑戦すべき問題はもっと先にあります．現在もなお，**貧困**，**がん**，**アレルギー**に対する因果的説明は行われていません．しかし，データの蓄積と深い洞察力によって最終的にはその理解にたどり着けるのではないかと思います．

　データは至るところにあり，みなさんにはその洞察力があるのです．また，そろばんはご自由に使っていただいてかまいません．これらを組み合わせることによって，因果推論が発展していくことを願っています．御清聴ありがとうございました．

参 考 文 献

[Abbring, 2003] J.H. Abbring. Book reviews: Causality: Models, reasoning, and inference. *Economica*, 70:702–703, 2003.

[Adams, 1975] E. Adams. *The Logic of Conditionals*, chapter 2. D. Reidel, Dordrecht, Netherlands, 1975.

[Agresti, 1983] A. Agresti. Fallacies, statistical. In S. Kotz and N.L. Johnson, editors, *Encyclopedia of Statistical Science*, volume 3, pages 24–28. John Wiley, New York, 1983.

[Aldrich, 1989] J. Aldrich. Autonomy. *Oxford Economic Papers*, 41:15–34, 1989.

[Aldrich, 1993] J. Aldrich. Cowles' exogeneity and core exogeneity. Technical Report Discussion Paper 9308, Department of Economics, University of Southampton, England, 1993.

[Aldrich, 1995] J. Aldrich. Correlations genuine and spurious in Pearson and Yule. *Statistical Science*, 10, 1995.

[Andersson et al., 1997] S.A. Andersson, D. Madigan, and M.D. Perlman. A characterization of Markov equivalence classes for acyclic digraphs. *Annals of Statistics*, 24:505–541, 1997.

[Andersson et al., 1998] S.A. Andersson, D. Madigan, M.D. Perlman, and T.S. Richardson. Graphical Markov models in multivariate analysis. In S. Ghosh, editor, *Multivariate Analysis, Design of Experiments and Survey Sampling*, pages 187–229. Marcel Dekker, Inc., New York, 1998.

[Angrist and Imbens, 1991] J.D. Angrist and G.W. Imbens. Source of identifying information in evaluation models. Technical Report Discussion Paper 1568, Department of Economics, Harvard University, Cambridge, MA, 1991.

[Angrist et al., 1996] J.D. Angrist, G.W. Imbens, and D.B. Rubin. Identification of causal effects using instrumental variables (with comments). *Journal of the American Statistical Association*, 91(434):444–472, June 1996.

[Angrist, 2004] J.D. Angrist. Treatment effect heterogeneity in theory and practice. *The Economic Journal*, 114:C52–C83, 2004.

[Arah, 2008] O.A. Arah. The role of causal reasoning in understanding Simpson's paradox, Lord's paradox, and the suppression effect: Covariage selection in the analysis of observational studies. *Emerging Themes in Epidemiology*, 4:doi:10.1186/1742–7622–5–5, 2008.

[Austin, 2008] P.C. Austin. A critical appraisal of propensity-score matching in the medical literature from 1996 to 2003. *Statistics in Medicine*, 27(12):2037–2049, 2008.

[Avin et al., 2005] C. Avin, I. Shpitser, and J. Pearl. Identifiability of path-specific effects. In *Proceedings of the Nineteenth International Joint Conference on Artificial Intelligence IJCAI-05*, pages 357–363. Morgan Kaufmann, Edinburgh, UK, 2005.

[Bagozzi and Burnkrant, 1979] R.P. Bagozzi and R.E. Burnkrant. Attitude organization and the attitude-behavior relationship. *Journal of Personality and Social Psychology*, 37:913–929, 1979.

[Balke and Pearl, 1994a] A. Balke and J. Pearl. Counterfactual probabilities: Computational methods, bounds, and applications. In R. Lopez de Mantaras and D. Poole, editors, *Uncertainty in Artificial Intelligence 10*, pages 46–54. Morgan Kaufmann, San Mateo, CA, 1994.

[Balke and Pearl, 1994b] A. Balke and J. Pearl. Probabilistic evaluation of counterfactual queries. In *Proceedings of the Twelfth National Conference on Artificial Intelligence*, volume I, pages 230–237. MIT Press, Menlo Park, CA, 1994.

[Balke and Pearl, 1995a] A. Balke and J. Pearl. Counterfactuals and policy analysis in structural models. In P. Besnard and S. Hanks, editors, *Uncertainty in Artificial Intelligence 11*, pages 11–18. Morgan Kaufmann, San Francisco, 1995.

[Balke and Pearl, 1995b] A. Balke and J. Pearl. Universal formulas for treatment effect from noncompliance data. In N.P. Jewell, A.C. Kimber, M.-L. Lee, and G.A. Whitmore, editors, *Lifetime Data: Models in Reliability and Survival Analysis*, pages 39–43. Kluwer Academic Publishers, Dordrecht, 1995.

[Balke and Pearl, 1997] A. Balke and J. Pearl. Bounds on treatment effects from studies with imperfect compliance. *Journal of the American Statistical Association*, 92(439):1172–1176, 1997.

[Balke, 1995] A. Balke. Probabilistic Counterfactuals: Semantics, Computation, and Applications. PhD thesis, Computer Science Department, University of California, Los Angeles, CA, November 1995.

[Barigelli and Scozzafava, 1984] B. Barigelli and R. Scozzafava. Remarks on the role of conditional probability in data exploration. *Statistics and Probability Letters*, 2(1):15–18, January 1984.

[Bayes, 1763] T. Bayes. An essay towards solving a problem in the doctrine of chances. *Philosophical Transactions*, 53:370–418, 1763. Reproduced in W.E. Deming.

[Becher, 1992] H. Becher. The concept of residual confounding in regression models and some applications. *Statistics in Medicine*, 11:1747–1758, 1992.

[Berk and de Leeuw, 1999] R.A. Berk and J. de Leeuw. An evaluation of California's inmate classification system using a generalized regression discontinuity design. *Journal of the American Statistical Association*, 94:1045–1052, 1999.

[Berk, 2004] R.A. Berk. *Regression Analysis: A Constructive Critique*. Sage, Thousand Oaks, CA, 2004.

[Berkson, 1946] J. Berkson. Limitations of the application of fourfold table analysis to hospital data. *Biomet. Bull.*, 2:47–53, 1946.

[Bertsekas and Tsitsiklis, 1996] D.P. Bertsekas and J.M. Tsitsiklis. *Neuro-dynamic Programming*. Athena, Belmont, MA, 1996.

[Bessler, 2002] D. Bessler. On world poverty: Its causes and effects, 2002. http://agecon2.tamu.edu/people/faculty/bessler-david/WebPage/poverty.pdf.

[Bickel et al., 1975] P.J. Bickel, E.A. Hammel, and J.W. O'Connell. Sex bias in graduate admissions: Data from Berkeley. *Science*, 187:398–404, 1975.

[Bishop et al., 1975] Y.M.M. Bishop, S.E. Fienberg, and P.W. Holland. *Discrete multivariate analysis: theory and practice*. MIT Press, Cambridge, MA, 1975.

[Bishop, 1971] Y.M.M. Bishop. Effects of collapsing multidimensional contingency tables. *Biometrics*, 27:545–562, 1971.

[Blalock, Jr., 1962] H.M. Blalock, Jr. Four-variable causal models and partial correlations. *American Journal of Sociology*, 68:182–194, 1962.

[Bloom, 1984] H.S. Bloom. Accounting for no-shows in experimental evaluation designs. *Evaluation Review*, 8(2):225–246, April 1984.

[Blumer et al., 1987] A. Blumer, A. Ehrenfeucht, D. Haussler, and M.K. Warmuth. Occam's razor. *Information Processing Letters*, 24, 1987.

[Blyth, 1972] C.R. Blyth. On Simpson's paradox and the sure-thing principle. *Journal of the American Statistical Association*, 67:364–366, 1972.

[Bollen, 1989] K.A. Bollen. *Structural Equations with Latent Variables*. John Wiley, New York, 1989.

[Bonet, 2001] B. Bonet. A calculus for causal relevance. In *Proceedings of the Seventeenth Conference on Uncertainty in Artificial Intelligence*, pages 40–47. Morgan Kaufmann, San Francisco, CA, 2001.

[Boumans, 2004] M. Boumans. Book reviews: Causality: Models, reasoning, and inference. *Review of Social Economy*, LXIII:129–135, 2004.

[Bowden and Turkington, 1984] R.J. Bowden and D.A. Turkington. *Instrumental Variables*. Cambridge University Press, Cambridge, England, 1984.

[Breckler, 1990] S.J. Breckler. Applications of covariance structure modeling in psychology: Cause for concern? *Psychological Bulletin*, 107(2):260–273, 1990.

[Breslow and Day, 1980] N.E. Breslow and N.E. Day. *Statistical Methods in Cancer Research; Vol. 1, The Analysis of Case-Control Studies*. IARC, Lyon, 1980.

[Brito and Pearl, 2002a] C. Brito and J. Pearl. Generalized instrumental variables. In A. Darwiche and N. Friedman, editors, *Uncertainty in Artificial Intelligence, Proceedings of the Eighteenth Conference*, pages 85–93. Morgan Kaufmann, San Francisco, 2002.

[Brito and Pearl, 2002b] C. Brito and J. Pearl. A graphical criterion for the identification of causal effects in linear models. In *Proceedings of the Eighteenth National Conference on Artificial Intelligence*, pages 533–538. AAAI Press/The MIT Press, Menlo Park, CA, 2002.

[Brito and Pearl, 2002c] C. Brito and J. Pearl. A new identification condition for recursive models with correlated errors. *Structural Equation Modeling*, 9(4):459–474, 2002.

[Brito and Pearl, 2006] C. Brito and J. Pearl. Graphical condition for identification in recursive SEM. In *Proceedings of the Twenty-Third Conference on Uncertainty in Artificial Intelligence*, pages 47–54. AUAI Press, Corvallis, OR, 2006.

[Butler, 2002] S.F. Butler. Book review: A structural approach to the understanding of causes, effects, and judgment. *Journal of Mathematical Psychology*, 46:629–635, 2002.

[Byerly, 2000] H.C. Byerly. Book reviews: Causality: Models, reasoning, and inference. *Choice*, November:548, 2000.

[Cai and Kuroki, 2006] Z. Cai and M. Kuroki. Variance estimators for three 'probabilities of causation'. *Risk Analysis*, 25(6):1611–1620, 2006.

[Campbell and Stanley, 1966] D.T. Campbell and J.C. Stanley. *Experimental and Quasi-Experimental Designs for Research*. R. McNally and Co., Chicago, IL, 1966.

[Cartwright, 1983] N. Cartwright. *How the Laws of Physics Lie*. Clarendon Press, Oxford, 1983.

[Cartwright, 1989] N. Cartwright. *Nature's Capacities and Their Measurement*. Clarendon Press, Oxford, 1989.

[Cartwright, 1995a] N. Cartwright. False idealisation: A philosophical threat to scientific method. *Philosophical Studies*, 77:339–352, 1995.

[Cartwright, 1995b] N. Cartwright. Probabilities and experiments. *Journal of Econometrics*, 67:47–59, 1995.

[Cartwright, 1997] N. Cartwright. Causality: Independence and determinism. Unicom Seminar Series: Causal Models and Statistical Learning, March 1997.

[Cartwright, 2007] N. Cartwright. *Hunting Causes and Using Them: Approaches in Philosophy and Economics*. Cambridge University Press, New York, NY, 2007.

[Chajewska and Halpern, 1997] U. Chajewska and J.Y. Halpern. Defining explanation in probabilistic systems. In D. Geiger and P.P. Shenoy, editors, *Uncertainty in Artificial Intelligence 13*, pages 62–71. Morgan Kaufmann, San Francisco, CA, 1997.

[Chakraborty, 2001] R. Chakraborty. A rooster crow does not cause the sun to rise: Review of *Causality: Models, reasoning and inference*. *Human Biology*, 110(4):621–624, 2001.

[Chalak and White, 2006] K. Chalak and H. White. An extended class of instrumental variables for the estimation of causal effects. Technical Report Discussion Paper, UCSD, Department of Economics, July 2006.

[Cheng, 1992] P.W. Cheng. Separating causal laws from causal facts: Pressing the limits of statistical relevance. *Psychology of Learning and Motivation*, 30:215–264, 1992.

[Cheng, 1997] P.W. Cheng. From covariation to causation: A causal power theory. *Psychological Review*, 104(2):367–405, 1997.

[Chickering and Pearl, 1997] D.M. Chickering and J. Pearl. A clinician's tool for analyzing non-compliance. *Computing Science and Statistics*, 29(2):424–431, 1997.

[Chickering, 1995] D.M. Chickering. A transformational characterization of Bayesian network structures. In P. Besnard and S. Hanks, editors, *Uncertainty in Artificial Intelligence 11*, pages 87–98. Morgan Kaufmann, San Francisco, 1995.

[Chou and Bentler, 1995] C.P. Chou and P. Bentler. Estimations and tests in structural equation modeling. In R.H. Hoyle, editor, *Structural Equation Modeling*, pages 37–55. Sage, Thousand Oaks, CA, 1995.

[Christ, 1966] C. Christ. *Econometric Models and Methods*. John Wiley and Sons, New York, 1966.

[Cliff, 1983] N. Cliff. Some cautions concerning the application of causal modeling methods. *Multivariate Behavioral Research*, 18:115–126, 1983.

[Cohen and Nagel, 1934] M.R. Cohen and E. Nagel. *An Introduction to Logic and the Scientific Method*. Harcourt, Brace and Company, New York, 1934.

[Cole and Hernán, 2002] S.R. Cole and M.A. Hernán. Fallibility in estimating direct effects. *International Journal of Epidemiology*, 31(1):163–165, 2002.

[Cole, 1997] P. Cole. Causality in epidemiology, health policy, and law. *Journal of Marketing Research*, 27:10279–10285, 1997.

[Cooper and Herskovits, 1991] G.F. Cooper and E. Herskovits. A Bayesian method for constructing Bayesian belief networks from databases. In B.D. D'Ambrosio, P. Smets, and P.P. Bonissone, editors, *Proceedings of Uncertainty in Artificial Intelligence Conference, 1991*, pages 86–94. Morgan

Kaufmann, San Mateo, 1991.

[Cooper, 1990] G.F. Cooper. Computational complexity of probabilistic inference using Bayesian belief networks. *Artificial Intelligence*, 42(2):393–405, 1990. research note.

[Cowell et al., 1999] R.G. Cowell, A.P. Dawid, S.L. Lauritzen, and D.J. Spielgelhalter. *Probabilistic Networks and Expert Systems*. Springer Verlag, New York, NY, 1999.

[Cox and Wermuth, 1993] D.R. Cox and N. Wermuth. Linear dependencies represented by chain graphs. *Statistical Science*, 8(3):204–218, 1993.

[Cox and Wermuth, 1996] D.R. Cox and N. Wermuth. *Multivariate Dependencies – Models, Analysis and Interpretation*. Chapman and Hall, London, 1996.

[Cox and Wermuth, 2003] D.R. Cox and N. Wermuth. A general condition for avoiding effect reversal after marginalization. *Journal of the Royal Statistical Society, Series B (Statistical Methodology)*, 65(4):937–941, 2003.

[Cox and Wermuth, 2004] D.R. Cox and N. Wermuth. Causality: a statistical view. *International Statistical Review*, 72(3):285–305, 2004.

[Cox, 1958] D.R. Cox. *The Planning of Experiments*. John Wiley and Sons, New York, 1958.

[Cox, 1992] D.R. Cox. Causality: Some statistical aspects. *Journal of the Royal Statistical Society*, 155, Series A:291–301, 1992.

[Crámer, 1946] H. Crámer. *Mathematical Methods of Statistics*. Princeton University Press, Princeton, NJ, 1946.

[Cushing and McMullin, 1989] J.T. Cushing and E. McMullin, editors. *Philosophical Consequences of Quantum Thoery: Reflections on Bell's Theorem*. University of Notre Dame Press, South Bend, IA, 1989.

[Darlington, 1990] R.B. Darlington. *Regression and Linear Models*. McGraw-Hill, New York, 1990.

[Darnell, 1994] A.C. Darnell. *A Dictionary of Econometrics*. Edward Elgar Publishing, Brookfield, VT, 1994.

[Davidson and MacKinnon, 1993] R. Davidson and J.G. MacKinnon. *Estimation and Inference in Econometrics*. Oxford University Press, New York, 1993.

[Dawid, 1979] A.P. Dawid. Conditional independence in statistical theory. *Journal of the Royal Statistical Society, Series B*, 41(1):1–31, 1979.

[Dawid, 2000] A.P. Dawid. Causal inference without counterfactuals (with comments and rejoinder). *Journal of the American Statistical Association*, 95(450):407–448, June 2000.

[Dawid, 2002] A.P. Dawid. Influence diagrams for causal modelling and inference. *International Statistical Review*, 70:161–189, 2002.

[De Kleer and Brown, 1986] J. De Kleer and J.S. Brown. Theories of causal ordering. *Artificial Intelligence*, 29(1):33–62, 1986.

[Dean and Wellman, 1991] T.L. Dean and M.P. Wellman. *Planning and Control*. Morgan Kaufmann, San Mateo, CA, 1991.

[Dechter and Pearl, 1991] R. Dechter and J. Pearl. Directed constraint networks: A relational framework for casual modeling. In J. Mylopoulos and R. Reiter, editors, *Proceedings of the 12th International Joint Conference of Artificial Intelligence (IJCAI-91)*, pages 1164–1170. Morgan Kaufmann, San Mateo, CA, Sydney, Australia, 1991.

[Dechter, 1996] R. Dechter. Topological parameters for time-space tradeoff. In E. Horvitz and F. Jensen, editors, *Proceedings of the Twelfth Conference on Uncertainty in Artificial Intelligence*, pages 220–227. Morgan Kaufmann, San Francisco, CA, 1996.

[Decock, 2002] L. Decock. Bibliografische notities: Causality. models, reasoning, and inference. *Tijdschrift voor Filosofie*, 64:201, 2002.

[DeFinetti, 1974] B. DeFinetti. *Theory of Probability: A Critical Introductory Treatment*. Wiley, London, 1974. 2 volumes. Translated by A. Machi and A. Smith.

[Dehejia and Wahba, 1999] R.H. Dehejia and S. Wahba. Causal effects in nonexperimental studies: Re-evaluating the evaluation of training programs. *Journal of the American Statistical Association*, 94:1053–1063, 1999.

[Demiralp and Hoover, 2003] S. Demiralp and K. Hoover. Searching for the causal structure of a vector autoregression. *Oxford Bulletin of Economics*, 65:745–767, 2003.

[Dempster, 1990] A.P. Dempster. Causality and statistics. *Journal of Statistics Planning and Inference*,

25:261–278, 1990.

[Dhrymes, 1970] P.J. Dhrymes. *Econometrics*. Springer-Verlag, New York, 1970.

[Didelez and Pigeot, 2001] V. Didelez and I. Pigeot. Discussions: Judea Pearl, Causality: Models, reasoning, and inference. *Politische Vierteljahresschrift*, 42(2):313–315, 2001.

[Didelez, 2002] V. Didelez. Book reviews: *Causality: Models, Reasoning, and Inference*. *Statistics in Medicine*, 21:2292–2293, 2002.

[Dong, 1998] J. Dong. Simpson's paradox. In P. Armitage and T. Colton, editors, *Encyclopedia of Biostatistics*, pages 4108–4110. John Wiley, New York, 1998.

[Dor and Tarsi, 1992] D. Dor and M. Tarsi. A simple algorithm to construct a consistent extension of a partially oriented graph. Technical Report R-185, UCLA, Computer Science Department, 1992.

[Druzdzel and Simon, 1993] M.J. Druzdzel and H.A. Simon. Causality in Bayesian belief networks. In D. Heckerman and A. Mamdani, editors, *Proceedings of the Ninth Conference on Uncertainty in Artificial Intelligence*, pages 3–11, Morgan Kaufmann, San Mateo, CA, 1993.

[Duncan, 1975] O.D. Duncan. *Introduction to Structural Equation Models*. Academic Press, New York, 1975.

[Edwards, 2000] D. Edwards. *Introduction to Graphical Modelling*. Springer-Verlag, New York, 2nd edition, 2000.

[Eells and Sober, 1983] E. Eells and E. Sober. Probabilistic causality and the question of transitivity. *Philosophy of Science*, 50:35–57, 1983.

[Eells, 1991] E. Eells. *Probabilistic Causality*. Cambridge University Press, Cambridge, MA, 1991.

[Efron and Feldman, 1991] B. Efron and D. Feldman. Compliance as an explanatory variable in clinical trials. *Journal of the American Statistical Association*, 86(413):9–26, March 1991.

[Engle et al., 1983] R.F. Engle, D.F. Hendry, and J.F. Richard. Exogeneity. *Econometrica*, 51:277–304, 1983.

[Epstein, 1987] R.J. Epstein. *A History of Econometrics*. Elsevier Science, New York, 1987.

[Eshghi and Kowalski, 1989] K. Eshghi and R.A. Kowalski. Abduction compared with negation as falure. In G. Levi and M. Martelli, editors, *Proceedings of the Sixth International Conference on Logic Programming*, pages 234–254. MIT Press, 1989.

[Everitt, 1995] B. Everitt. Simpson's paradox. In B. Everitt, editor, *The Cambridge Dictionary of Statistics in the Medical Sciences*, page 237. Cambridge University Press, New York, 1995.

[Feller, 1950] W. Feller. *Probability Theory and its Applications*. Wiley, New York, 1950.

[Fikes and Nilsson, 1971] R.E. Fikes and N.J. Nilsson. STIRPS: A new approach to the application of theorem proving to problem solving. *Artificial Intelligence*, 2(3/4):189–208, 1971.

[Fine, 1975] K. Fine. Review of Lewis' counterfactuals. *Mind*, 84:451–458, 1975.

[Fine, 1985] K. Fine. *Reasoning with Arbitrary Objects*. B. Blackwell, New York, 1985.

[Finkelstein and Levin, 1990] M.O. Finkelstein and B. Levin. *Statistics for Lawyers*. Springer-Verlag, New York, 1990.

[Fisher, 1925] R.A. Fisher. *Statistical Methods for Research Workers*. Oliver and Boyd, Edinburgh, 1925.

[Fisher, 1926] R.A. Fisher. The arrangement of field experiments. *Journal of the Ministry of Agriculture of Great Britain*, 33:503–513, 1926. *Collected Papers*, 2, no.48, and *Contributions*, paper 17.

[Fisher, 1970] F.M. Fisher. A correspondence principle for simultaneous equations models. *Econometrica*, 38(1):73–92, January 1970.

[Fleiss, 1981] J.L. Fleiss. *Statistical Methods for Rates and Proportions*. John Wiley and Sons, New York, second edition, 1981.

[Frangakis and Rubin, 2002] C.E. Frangakis and D.B. Rubin. Principal stratification in causal inference. *Biometrics*, 1(58):21–29, 2002.

[Freedman and Stark, 1999] D. A. Freedman and P. B. Stark. The swine flu vaccine and Guillain-Barré syndrome: A case study in relative risk and specific causation. *Evaluation Review*, 23(6):619–647, December 1999.

[Freedman, 1987] D. Freedman. As others see us: A case study in path analysis (with discussion). *Journal of Educational Statistics*, 12(2):101–223, 1987.

[Freedman, 1997] D.A. Freedman. From association to causation via regression. In V.R. McKim and S.P. Turner, editors, *Causality in Crisis?*, pages 113–161. University of Notre Dame Press, Indiana, 1997.

[Frisch, 1938] R. Frisch. Autonomy of economic relations. Reprinted [with Tinbergen's comments]. In

D.F. Hendry and M.S. Morgan, editors, *The Foundations of Econometric Analysis*, pages 407–423. Cambridge University Press, 1938.

[Frydenberg, 1990] M. Frydenberg. The chain graph Markov property. *Scandinavian Journal of Statistics*, 17:333–353, 1990.

[Gail, 1986] M.H. Gail. Adjusting for covariates that have the same distribution in exposed and unexposed cohorts. In S.H. Moolgavkar and R.L. Prentice, editors, *Modern Statistical Methods in Chronic Disease Epidemiology*, pages 3–18. John Wiley and Sons, New York, 1986.

[Galles and Pearl, 1995] D. Galles and J. Pearl. Testing identifiability of causal effects. In P. Besnard and S. Hanks, editors, *Uncertainty in Artificial Intelligence 11*, pages 185–195. Morgan Kaufmann, San Francisco, 1995.

[Galles and Pearl, 1997] D. Galles and J. Pearl. Axioms of causal relevance. *Artificial Intelligence*, 97(1–2):9–43, 1997.

[Galles and Pearl, 1998] D. Galles and J. Pearl. An axiomatic characterization of causal counterfactuals. *Foundation of Science*, 3(1):151–182, 1998.

[Gardenfors, 1988] P. Gardenfors. Causation and the dynamics of belief. In W. Harper and B. Skyrms, editors, *Causation in Decision, Belief Change and Statistics II*, pages 85–104. Kluwer Academic Publishers, 1988.

[Geffner, 1992] H. Geffner. *Default Reasoning: Causal and Conditional Theories*. MIT Press, Cambridge, MA, 1992.

[Geiger and Pearl, 1993] D. Geiger and J. Pearl. Logical and algorithmic properties of conditioinal independence. *The Annals of Statistics*, 21(4):2001–2021, 1993.

[Geiger et al., 1990] D. Geiger, T.S. Verma, and J. Pearl. Identifying independence in Bayesian networks. In *Networks*, volume 20, pages 507–534. John Wiley, Sussex, England, 1990.

[Geneletti, 2007] S. Geneletti. Identifying direct and indirect effects in a noncounterfactual framework. *Journal of the Royal Statistical Society, Series B (Methodological)*, 69(2):199–215, 2007.

[Geng et al., 2002] Z. Geng, J. Guo, and W-K. Fung. Criteria for confounders in epidemiological studies. *Journal of the Royal Statistical Society, Series B*, 64(1):3–15, 2002.

[Geng, 1992] Z. Geng. Collapsibility of relative risk in contingency tables with a response variable. *Journal Royal Statistical Society*, 54(2):585–593, 1992.

[Gibbard and Harper, 1976] A. Gibbard and L. Harper. Counterfactuals and two kinds of expected utility, 1976. In W.L. Harper, R. Stalnaker, and G. Pearce, editors, *Ifs*, pages 153–169. D. Reidel, Dordrecht, 1981.

[Gillies, 2001] D. Gillies. Critical notice: J. Pearl. Causality: models, reasoning, and inference. *British Journal of Science*, 52:613–622, 2001.

[Ginsberg and Smith, 1987] M.L. Ginsberg and D.E. Smith. Reasoning about action I: A possible worlds approach. In F.M. Brown, editor, *The Frame Problem in Artificial Intelligence*, pages 233–258. Morgan Kaufmann, Los Altos, CA, 1987.

[Ginsberg, 1986] M.L. Ginsberg. Counterfactuals. *Artificial Intelligence*, 30 (35–79), 1986.

[Glymour and Cooper, 1999] C. Glymour and G. Cooper, editors. *Computation, Causation, and Discovery*. MIT Press, Cambridge, MA, 1999.

[Glymour and Greenland, 2008] M.M. Glymour and S. Greenland. Causal diagrams. In K.J. Rothman, S. Greenland, and T.L. Lash, editors, *Modern Epidemiology*, pages 183–209 LippincottWilliams & Wilkins, Philadelphia, PA, 3rd edition, 2008.

[Glymour, 1998] C. Glymour. Psychological and normative theories of causal power and the probabilities of causes. In G.F. Cooper and S. Moral, editors, *Uncertainty in Artificial Intelligence*, pages 166–172. Morgan Kaufmann, San Francisco, CA, 1998.

[Glymour, 2001] C.N. Glymour. *The Mind's Arrows: Bayes Nets and Graphical Causal Models in Psychology*. The MIT Press, Cambridge, MA, 2001.

[Goldberger, 1972] A.S. Goldberger. Structural equation models in the social sciences. *Econometrica: Journal of the Econometric Society*, 40:979–1001, 1972.

[Goldberger, 1973] A.S. Goldberger. Structural equation models: An overview. In A.S. Goldberger and O.D. Duncan, editors, *Structural Equation Models in the Social Sciences*, pages 1–18. Seminar Press, New York, NY, 1973.

[Goldberger, 1991] A.S. Goldberger. *A Course of Econometrics*. Harvard University Press, Cambridge,

1991.

[Goldberger, 1992] A.S. Goldberger. Models of substance; comment on N. Wermuth, 'On block-recursive linear regression equations'. *Brazilian Journal of Probability and Statistics*, 6:1–56, 1992.

[Goldszmidt and Pearl, 1992] M. Goldszmidt and J. Pearl. Rank-based systems: A simple approach to belief revision, belief update, and reasoning about evidence and actions. In B. Nebel, C. Rich, and W. Swartout, editors, *Proceedings of the Third International Conference on Knowledge Representation and Reasoning*, pages 661–672. Morgan Kaufmann, San Mateo, CA, 1992.

[Good and Mittal, 1987] I.J. Good and Y. Mittal. The amalgamation and geometry of two-by-two contingency tables. *The Annals of Statistics*, 15(2):694–711, 1987.

[Good, 1961a] I.J. Good. A causal calculus. *Philosophy of Science*, 11:305–318, 1961.

[Good, 1961b] I.J. Good. A causal calculus, I-II, *British Journal for the Philosophy of Science*, 11:305–318, 1961.

[Good, 1962] I.J. Good. A causal calculus, II. *British Journal for the Philosophy of Science*, 12:43–51; 13:88, 1962.

[Good, 1993] I.J. Good. A tentative measure of probabilistic causation relevant to the philosophy of the law. *Journal of Statistical Computation and Simulation*, 47:99–105, 1993.

[Gopnik et al., 2004] A. Gopnik, C. Glymour, D.M. Sobel, L.E. Schulz, T. Kushnir, and D. Danks. A theory of causal learning in children: Causal maps and Bayes nets. *Psychological Review*, 111(1):3–32, 2004.

[Granger, 1969] C.W.J. Granger. Investigating causal relations by econometric models and cross spectral methods. *Econometrica; Journal of the Econometric Society*, 37(3):424–438, July 1969.

[Granger, 1988] C.W.J. Granger. Causality testing in a decision science. In W. Harper and B. Skyrms, editors, *Causation in Decision, Belief Change and Statistics I*, pages 1–20. Kluwer Academic Publishers, 1988.

[Grayson, 1987] D.A. Grayson. Confounding confounding. *American Journal of Epidemiology*, 126:546–553, 1987.

[Greene, 1997] W.H. Greene. *Econometric Analysis*. Prentice Hall, Upper Saddle River, NJ, 1997.

[Greenland and Brumback, 2002] S. Greenland and B. Brumback. An overview of relations among causal modelling methods. *International Journal of Epidemiology*, 31:1030–1037, 2002.

[Greenland and Neutra, 1980] S. Greenland and R. Neutra. Control of confounding in the assessment of medical technology. *International Journal of Epidemiology*, 9(4):361–367, 1980.

[Greenland and Robins, 1986] S. Greenland and J.M. Robins. Identifiability, exchangeability, and epidemiological confounding. *International Journal of Epidemiology*, 15(3):413–419, 1986.

[Greenland and Robins, 1988] S. Greenland and J. Robins. Conceptual problems in the definition and interpretation of attributable fractions. *American Journal of Epidemiology*, 128:1185–1197, 1988.

[Greenland et al., 1989] S. Greenland, H. Morgenstern, C. Poole, and J.M. Robins. Re: 'Confounding confounding'. *American Journal of Epidemiology*, 129:1086–1089, 1989.

[Greenland et al., 1999a] S. Greenland, J. Pearl, and J.M Robins. Causal diagrams for epidemiologic research. *Epidemiology*, 10(1):37–48, 1999.

[Greenland et al., 1999b] S. Greenland, J.M. Robins, and J. Pearl. Confounding and collapsibility in causal inference. *Statistical Science*, 14(1):29–46, February 1999.

[Greenland, 1998] S. Greenland. Confounding. In P. Armitage and T. Colton, editors, *Encyclopedia of Biostatistics*, page 905 or 906. John Wiley, New York, 1998.

[Gursoy, 2002] K. Gursoy. Book reviews: Causality: Models, reasoning, and inference. *IIE Transactions*, 34:583, 2002.

[Haavelmo, 1943] T. Haavelmo. The statistical implications of a system of simultaneous equations. *Econometrica*, 11:1–12, 1943. Reprinted in D.F. Hendry and M.S. Morgan, editors, *The Foundations of Econometric Analysis*, pages 477–490. Cambridge University Press, 1995.

[Haavelmo, 1944] T. Haavelmo. The probability approach in econometrics (1944)*. Supplement to *Econometrica*, 12:12–17, 26–31, 33–39, 1944. Reprinted in D.F. Hendry and M.S. Morgan, editors, *The Foundations of Econometric Analysis*, pages 440–453, Cambridge University Press, 1995.

[Hadlock, 2005] C.R. Hadlock. Book reviews: Causality: Models, reasoning, and inference. *Journal of the American Statistical Association*, 100:1095–1096, 2005.

[Hall, 2004] N. Hall. Two concepts of causation. In N. Hall, J. Collins and L.A. Paul, editors, *Causation and Counterfactuals*, Chapter 9. MIT Press, Cambridge, MA, 2004.

[Hall, 2007] N. Hall. Structural equations and causation. *Philosophical Studies*, 132:109–136, 2007.

[Halpern and Pearl, 1999] J. Halpern and J. Pearl. Actual causality. Technical Report R-266, University of California Los Angeles, Cognitive Systems Lab, Los Angeles, 1999.

[Halpern and Pearl, 2000] J.Y. Halpern and J. Pearl. Causes and explanations. Technical Report R-266, Cognitive Systems Laboratory, Department of Computer Science, University of California, Los Angeles, CA, March 2000.
www.cs.ucla.edu/~judea/

[Halpern and Pearl, 2001a] J.Y. Halpern and J. Pearl. Causes and explanations: A structural-model approach—Part I: Causes. In *Proceedings of the Seventeenth Conference on Uncertainty in Artificial Intelligence*, pages 194–202. Morgan Kaufmann, CA, 2001.

[Halpern and Pearl, 2001b] J.Y. Halpern and J. Pearl. Causes and explanations: A structural-model approach—Part II: Explanations. In *Proceedings of the International Joint Conference on Artificial Intelligence*, pages 27–34. Morgan Kaufmann, CA, 2001.

[Halpern and Pearl, 2005a] J.Y. Halpern and J. Pearl. Causes and explanations: A structural-model approach—Part I: Causes. *British Journal of Philosophy of Science*, 56:843–887, 2005.

[Halpern and Pearl, 2005b] J.Y. Halpern and J. Pearl. Causes and explanations: A structural-model approach—Part II: Explanations. *British Journal of Philosophy of Science*, 56:843–887, 2005.

[Halpern, 1998] J.Y. Halpern. Axiomatizing causal reasoning. In G.F. Cooper and S. Moral, editors, *Uncertainty in Artificial Intelligence*, pages 202–210. Morgan Kaufmann, San Francisco, CA, 1998. Also, *Journal of Artificial Intelligence Research* 12:3, 17–37, 2000.

[Halpern, 2008] J. Halpern. Defaults and normality in causal structures. In G. Brewka and J. Lang, editors, *Proceedings of the Eleventh International Conference on Principles of Knowledge Representation and Reasoning (KR 2008)*, pages 198–208. Morgan Kaufmann, San Mateo, CA, 2008.

[Hauck et al., 1991] W.W. Hauck, J.M. Heuhaus, J.D. Kalbfleisch, and S. Anderson. A consequence of omitted covariates when estimating odds ratios. *Journal of Clinical Epidemiology*, 44(1):77–81, 1991.

[Hausman, 1998] D.M. Hausman. *Causal Asymmetries*. Cambridge University Press, New York, 1998.

[Hayduk, 1987] L.A. Hayduk. *Structural Equation Modeling with LISREL, Essentials and Advances*. Johns Hopkins University Press, Baltimore, 1987.

[Heckerman and Shachter, 1995] D. Heckerman and R. Shachter. Decision-theoretic foundations for causal reasoning. *Journal of Artificial Intelligence Research*, 3:405–430, 1995.

[Heckerman et al., 1994] D. Heckerman, D. Geiger, and D. Chickering. Learning Bayesian networks: The combination of knowledge and statistical data. In R. Lopez de Mantaras and D. Poole, editors, *Uncertainty in Artificial Intelligence 10*, pages 293–301. Morgan Kaufmann, San Mateo, CA, 1994.

[Heckerman et al., 1995] Guest Editors: D. Heckerman, A. Mamdani, and M.P. Wellman. Real-world applications of Bayesian networks. *Communications of the ACM*, 38(3):24–68, March 1995.

[Heckerman et al., 1999] D. Heckerman, C. Meek, and G. Cooper. A Bayesian approach to causal discovery. To appear in C. Glymour and G. Cooper, editors, *Computation, Causation, and Discovery*, pages 143–167. The MIT Press, Cambridge, MA, 1999.

[Heckman and Honoré, 1990] J.J. Heckman and B.E. Honoré. The empirical content of the Roy model. *Econometrica*, 58:1121–1149, 1990.

[Heckman and Robb, 1986] J.J. Heckman and R.R. Robb. Alternative methods for solving the problem of selection bias in evaluating the impact of treatments on outcomes. In Howard Wainer, editor, *Drawing Inference From Self Selected Samples*, pages 63–107. Springer-Verlag, New York, NY, 1986.

[Heckman and Vytlacil, 1999] J.J. Heckman and E.J. Vytlacil. Local instrumental variables and latent variable models for identifying and bounding treatment effects. *Proceedings of the National Academy of Sciences, USA*, 96(8):4730–4734, April 1999.

[Heckman and Vytlacil, 2007] J.J. Heckman and E.J. Vytlacil. *Handbook of Econoetrics*, volume 6B, chapter Econometric Evaluation of Social Programs, Part I: Causal Models, Structural Models and Econometric Policy Evaluation, pages 4779–4874. Elsevier B.V., 2007.

[Heckman et al., 1998] J. Heckman, H. Ichimura, and P. Todd. Matching as an econometric evaluation estimator. *Review of Economic Studies*, 65:261–294, 1998.

[Heckman, 1992] J.J. Heckman. Randomization and social policy evaluation. In C. Manski and I. Garfinkle, editors, *Evaluations: Welfare and Training Programs*, pages 201–230. Harvard University Press, 1992.

[Heckman, 1996] J.J. Heckman. Comment on 'Identification of causal effects using instrumental variables'.

Journal of the American Statistical Association, 91(434):459–462, June 1996.

[Heckman, 2000] J.J. Heckman. Causal parameters and policy analysis in economics: A twentieth century retrospective. *The Quarterly Journal of Economics*, 115(1):45–97, 2000.

[Heckman, 2003] J.J. Heckman. Conditioning causality and policy analysis. *Journal of Econometrics*, 112(1):73–78, 2003.

[Heckman, 2005] J.J. Heckman. The scientific model of causality. *Sociological Methodology*, 35:1–97, 2005.

[Heise, 1975] D.R. Heise. *Causal Analysis*. John Wiley and Sons, New York, 1975.

[Hendry and Morgan, 1995] D.F. Hendry and M.S. Morgan. *The Foundations of Econometric Analysis*. Cambridge University Press, Cambridge, 1995.

[Hendry, 1995] David F. Hendry. *Dynamic Econometrics*. Oxford University Press, New York, 1995.

[Hennekens and Buring, 1987] C.H. Hennekens and J.E. Buring. *Epidemiology in Medicine*. Brown, Little, Boston, 1987.

[Hernán et al., 2002] M.A. Hernán, S. Hernández-Díaz, M.M. Werler, and A.A. Mitchell. Causal knowledge as a prerequisite for confounding evaluation: An application to birth defects epidemiology. *American Journal of Epidemiology*, 155(2):176–184, 2002.

[Hernán et al., 2004] M.A. Hernán, S. Hernández-Díaz, and J.M. Robins. A structural approach to selection bias. *Epidemiology*, 15(5):615–625, 2004.

[Hernández-Díaz et al., 2006] S. Hernández-Díaz, E.F. Schisterman, and Hernán M.A. The birth weight "paradox" uncovered? *American Journal of Epidemiology*, 164(11):1115–1120, 2006.

[Hesslow, 1976] G. Hesslow. Discussion: Tow notes on the probabilistic approach to causality. *Philosophy of Science*, 43:290–292, 1976.

[Hiddleston, 2005] E. Hiddleston. Causal powers. *British Journal for Philosophy of Science*, 56:27–59, 2005.

[Hitchcock, 1995] C. Hitchcock. The mishap of Reichenbach's fall: Singular vs. general causation. *Philosophical Studies*, 78:257–291, 1995.

[Hitchcock, 1996] C.R. Hitchcock. Causal decision theory and decision theoretic causation. *Nous*, 30(4):508–526, 1996.

[Hitchcock, 1997] C. Hitchcock. Causation, probabilistic, 1997. In *Stanford Encyclopedia of Philosophy*, ⟨http://plato.stanford.edu/entries/causation-probabilistic⟩.

[Hitchcock, 2001] C. Hitchcock. Book reviews: *Causality, Models, Reasoning and Inference*. *The Philosophical Review*, 110(4):639–641, 2001.

[Hitchcock, 2007] C.R. Hitchcock. Prevention, preemption, and the principle of sufficient reason. *Philosophical Review*, 116:495–532, 2007.

[Hitchcock, 2008] C.R. Hitchcock. Structural equations aned causation: Six counterexamples. *Philosophical Studies*, page Forthcoming, 2008.

[Hoel et al., 1971] P.G. Hoel, S.C. Port, and C.J. Stone. *Introduction to Probability Theory*. Houghton Mifflin, Boston, 1971.

[Holland and Rubin, 1983] P.W. Holland and D.B. Rubin. On Lord's paradox. In H. Wainer and S. Messick, editors, *Principals of Modern Psychological Measurement*, pages 3–25. Lawrence Earlbaum, Hillsdale, NJ, 1983.

[Holland, 1986] P.W. Holland. Statistics and causal inference. *Journal of the American Statistical Association*, 81(396):945–960, December 1986.

[Holland, 1988] P.W. Holland. Causal inference, path analysis, and recursive structural equations models. In C. Clogg, editor, *Sociological Methodology*, pages 449–484. American Sociological Association, Washington, D.C., 1988.

[Holland, 1995] P.W. Holland. Some reflections on Freedman's critiques. *Foundations of Science*, 1:50–57, 1995.

[Holland, 2001] P.W. Holland. The false linking of race and causality. *Race and Society*, 4:219–233, 2001.

[Hoover, 1990] K.D. Hoover. The logic of causal inference. *Economics and Philosophy*, 6:207–234, 1990.

[Hoover, 2001] K. Hoover. *Causality in Macroeconomics*. Cambridge University Press, Cambridge, MA, 2001.

[Hoover, 2003] K.D. Hoover. Book reviews: *Causality: Models, Reasoning, and Inference*. *Economic Journal*, 113:F411–F413, 2003.

[Hoover, 2004] K.D. Hoover. Lost causes. *Journal of the History of Economic Thought*, 26(2):149–164, June 2004.

[Hoover, 2008] K.D. Hoover. Causality in economics and econometrics. In S.N. Durlauf and L.E. Blume, editors, *From The New Palgrave Dictionary of Economics*. Palgrave Macmillan, New York, NY, 2nd edition, 2008.

[Hopkins and Pearl, 2002] M. Hopkins and J Pearl. Strategies for determining causes of events. In *Proceedings of the Eighteenth National Conference on Artificial Intelligence*, pages 546–552. AAAI Press/The MIT Press, Menlo Park, CA, 2002.

[Howard and Matheson, 1981] R.A. Howard and J.E. Matheson. Influence diagrams. *Principles and Applications of Decision Analysis*, 1981. Strategic Decisions Group, Menlo Park, CA.

[Howard, 1960] R.A. Howard. *Dynamic Programming and Markov Processes*. MIT Press, Cambridge, MA, 1960.

[Howard, 1990] R.A. Howard. From influence to relevance to knowledge. In R.M. Oliver and J.Q. Smith, editors, *Influence Diagrams, Belief Nets, and Decision Analysis*, pages 3–23. John Wiley and Sons, New York, NY, 1990.

[Hoyer et al., 2006] P. Hoyer, S. Shimizu, and A.J. Kerminen. Estimation of linear, non-gaussian causal models in presence of confounding latent variables. In *Proceedings of the Third European Workshop on Probabilsitic Graphical Models (PGM'06)*, pages 155–162. Prague, Czech Republic, 2006.

[Huang and Valtorta, 2006] Y. Huang and M. Valtorta. Pearl's calculus of intervention is complete. In R. Dechter and T.S. Richardson, editors, *Proceedings of the Twenty-Second Conference on Uncertainty in Artificial Intelligence*, pages 217–224. AUAI Press, Corvallis, OR, 2006.

[Hume, 1739] D. Hume. *A Treatise of Human Nature*. Oxford University Press, Oxford, 1739. Reprinted 1888.

[Hume, 1748] D. Hume. *An enquiry concerning human understanding*, 1748. Reprinted Open Court Press, LaSalle, 1958.

[Hume, 1939] D. Hume. *A Treatise of Human Nature*. Oxford University Press, Oxford, 1939. Reprinted 1888.

[Humphreys and Freedman, 1996] P. Humphreys and D. Freedman. The grand leap. *British Journal of the Philosophy of Science*, 47:113–123, 1996.

[Hurwicz, 1962] L. Hurwicz. On the structural form of interdependent systems. In E. Nagel, P. Suppes, and A. Tarski, editors, *Logic, Methodology, and Philosophy of Science*, pages 232–239. Stanford University Press, 1962.

[Imbens and Angrist, 1994] G.W. Imbens and J.D. Angrist. Identification and estimation of local average treatment effects. *Econometrica*, 62(2):467–475, March 1994.

[Imbens and Rubin, 1997] G.W. Imbens and D.R. Rubin. Bayesian inference for causal effects in randomized experiments with noncompliance. *Annals of Statistics*, 25:305–327, 1997.

[Imbens, 1997] G.W. Imbens. Book review of "The Foundations of Ecometric Analysis" by David Hendny and Mary Morgan. *Journal of Applied Econometrics*, 12:91–94, 1997.

[Imbens, 2004] G.W. Imbens. Nonparametric estimation of average treatment effects under exogeneity: A review. *The Review of Economics and Statistics*, 86(1):4–29, 2004.

[Intriligator et al., 1996] M.D. Intriligator, R.G. Bodkin, and C. Hsiao. *Econometric Models, Techniques, and Applications*. Prentice-Hall, Saddle River, NJ, 2nd edition, 1996.

[Isham, 1981] V. Isham. An introduction to spatial point processes and Markov random fields. *International Statistical Review*, 49:21–43, 1981.

[Iwasaki and Simon, 1986] Y. Iwasaki and H.A. Simon. Causality in device behavior. *Artificial Intelligence*, 29(1):3–32, 1986.

[James et al., 1982] L.R. James, S.A. Mulaik, and J.M. Brett. *Causal Analysis: Assumptions, Models, and Data*. Studying Organizations, 1. Sage, Beverly Hills, 1982.

[Jeffrey, 1965] R. Jeffrey. *The Logic of Decisions*. McGraw-Hill, New York, 1965.

[Jensen, 1996] F.V. Jensen. *An Introduction to Bayesian Networks*. Springer, New York, 1996.

[Jordan, 1998] M.I. Jordan. *Learning in Graphical Models*. Kluwer Academic Publishers, Dordrecht, series D: Behavioural and Social Sciences – vol. 89 edition, 1998.

[Katsuno and Mendelzon, 1991] H. Katsuno and A.O. Mendelzon. On the difference between updating a knowledge base and revising it. In *Principles of Knowledge Representation and Reasoning: Proceedings of the Second International Conference*, pages 387–394, Boston, MA, 1991.

[Kaufman et al., 2005] S. Kaufman, J.S. Kaufman, R.F. MacLenose, S. Greenland, and C. Poole. Improved estimation of controlled direct effects in the presence of unmeasured confounding of intermediate variables. *Statistics in Medidine*, 25:1683–1702, 2005.

[Kennedy, 2003] P. Kennedy. *A Guide to Econometrics*. MIT Press, Cambridge, MA, fifth edition, 2003.

[Khoury et al., 1989] M.J. Khoury, W.D Flanders, S. Greenland, and M.J. Adams. On the measurement of susceptibility in epidemiologic studies. *American Journal of Epidemiology*, 129(1):183–190, 1989.

[Kiiveri et al., 1984] H. Kiiveri, T.P. Speed, and J.B. Carlin. Recursive causal models. *Journal of Australian Math Society*, 36:30–52, 1984.

[Kim and Pearl, 1983] J.H. Kim and J. Pearl. A computational model for combined causal and diagnostic reasoning in inference systems. In *Proceedings IJCAI-83*, pages 190–193, Karlsruhe, Germany, 1983.

[Kim, 1971] J. Kim. Causes and events: Mackie on causation. *Journal of Philosophy*, 68:426–471, 1971. Reprinted in E. Sosa and M. Tooley, editors, *Causation*, Oxford University Press, 1993.

[King et al., 1994] G. King, R.O. Keohane, and S. Verba. *Designing Social Inquiry: Scientific Inference in Qualitative Research*. Princeton University Press, Princeton, NJ, 1994.

[Kleinbaum et al., 1982] D.G. Kleinbaum, L.L. Kupper, and H. Morgenstern. *Epidemiologic Research*. Lifetime Learning Publications, Belmont, California, 1982.

[Kline, 1998] R.B. Kline. *Principles and Practice of Structural Equation Modeling*. The Guilford Press, New York, 1998.

[Koopmans et al., 1950] T.C. Koopmans, H. Rubin, and R.B. Leipnik. Measuring the equation systems of dynamic economics. In T.C. Koopmans, editor, *Statistical Inference in Dynamic Economic Models*, pages 53–237. John Wiley, New York, 1950.

[Koopmans, 1950] T.C. Koopmans. When is an equation system complete for statistical purposes? In T.C. Koopmans, editor, *Statistical Inference in Dynamic Economic Models*, Cowles Commission, Monograph 10. Wiley, New York, 1950. Reprinted in D.F. Hendry and M.S. Morgan, editors, *The Foundations of Econometric Analysis*, pages 527–537. Cambridge University Press, 1995.

[Koopmans, 1953] T.C. Koopmans. Identification problems in econometric model construction. In W.C. Hood and T.C. Koopmans, editors, *Studies in Econometric Method*, pages 27–48. Wiley, New York, 1953.

[Korb and Wallace, 1997] K.B. Korb and C.S. Wallace. In search of the philosopher's stone: Remarks on Humphreys and Freedman's critique of causal discovery. *British Journal of the Philosophy of Science*, 48:543–553, 1997.

[Koster, 1999] J.T.A. Koster. On the validity of the Markov interpretation of path diagrams of Gaussian structural equations systems with correlated errors. *Scandinavian Journal of Statistics*, 26:413–431, 1999.

[Kramer and Shapiro, 1984] M.S. Kramer and S. Shapiro. Scientific challenges in the application of randomized trials. *Journal of the American Medical Association*, 252:2739–2745, November 1984.

[Kraus et al., 1990] S. Kraus, D. Lehmann, and M. Magidor. Nonmonotonic reasoning, preferential models and cumulative logics. *Artificial Intelligence*, 44:167–207, 1990.

[Kuroki and Cai, 2004] M. Kuroki and Z. Cai. Selection of identifiability criteria for total effects by using path diagrams. In M. Chickering and J. Halpern, editors, *Uncertainty in Artificial Intelligence, Proceedings of the Twentieth Conference*, pages 333–340. AUAI Press, Arlington, VA, 2004.

[Kuroki and Miyakawa, 1999a] M. Kuroki and M. Miyakawa. Estimation of causal effects in causal diagrams and its application to process analysis (in Japanese). *Journal of the Japanese Society for Quality Control*, 29:237–247, 1999..

[Kuroki and Miyakawa, 1999b] M. Kuroki and M. Miyakawa. Identifiability criteria for causal effects of joint interventions. *Journal of the Japan Statistical Society*, 29:105–117, 1999.

[Kuroki and Miyakawa, 2003] M. Kuroki and M. Miyakawa. Covariate selection for estimating the causal effect of control plans using causal diagrams. *Journal of the Royal Statistical Society, Series B*, 65:209–222, 2003.

[Kuroki et al, 2003] M. Kuroki, M. Miyakawa, and Z. Cai. Joint causal effect in linear structural equation model and its application to process analysis. *Artificial Intelligence and Statistics*, 9:70–77, 2003.

[Kvart, 1986] I. Kvart. *A Theory of Counterfactuals*. Hackett Publishing, Indianapolis, 1986.

[Kyburg Jr., 2005] H.E. Kyburg Jr. Book review: Judea Pearl, *Causality*, Cambridge University Press, 2000. *Artificial Intelligence*, 169:174–179, 2005.

[Laplace, 1814] P.S. Laplace. *Essai Philosophique sure les Probabilites*. Courcier, New York, 1814. English translation by F.W. Truscott and F.L. Emory, Wiley, NY, 1902.

[Lauritzen and Richardson, 2002] S.L. Lauritzen and T.S. Richardson. Chain graph models and their causal interpretations. *Royal Statistical Society*, 64 (Part 2):1–28, 2002.

[Lauritzen and Spiegelhalter, 1988] S.L. Lauritzen and D.J. Spiegelhalter. Local computations with probabilities on graphical structures and their application to expert systems (with discussion). *Journal of the Royal Statistical Society, Series B*, 50(2):157–224, 1988.

[Lauritzen et al., 1990] S.L. Lauritzen, A.P. Dawid, B.N. Larsen, and H.G. Leimer. Independence properties of directed Markov fields. *Networks*, 20:491–505, 1990.

[Lauritzen, 1982] S.L. Lauritzen. *Lectures on Contingency Tables*. University of Aalborg Press, Aalborg, Denmark, 2nd edition, 1982.

[Lauritzen, 1996] S.L. Lauritzen. *Graphical Models*. Clarendon Press, Oxford, 1996.

[Lauritzen, 2004] S.L. Lauritzen. Discussion on causality. *Scandinavian Journal of Statistics*, 31:189–192, 2004.

[Lawry, 2001] J. Lawry. Review: Judea Pearl, Causality: models, reasoning, and inference. *MathSciNet, Mathematical Reviews on the Web*, MR1744773((2001d:68213)): 2001.
http://www.ams.org/mathscinet–getitem?mr=1744773

[Leamer, 1985] E.E. Leamer. Vector autoregressions for causal inference? *Carnegie-Rochester Conference Series on Public Policy*, 22:255–304, 1985.

[Lee and Hershberger, 1990] S. Lee and S.A Hershberger. A simple rule for generating equivalent models in covariance structure modeling. *Multivariate Behavioral Research*, 25(3):313–334, 1990.

[Lemmer, 1993] J.F. Lemmer. Causal modeling. In D. Heckerman and A. Mamdani, editors, *Proceedings of the Ninth Conference on Uncertainty in Artificial Intelligence*, pages 143–151, Morgan Kaufmann, San Mateo, CA, 1993.

[LeRoy, 1995] S.F. LeRoy. Causal orderings. In K.D. Hoover, editor, *Macroeconometrics: Developments, Tensions, Prospects*, pages 211–227. Kluwer Academic, Boston, 1995.

[Leroy, 2002] S.F. Leroy. A review of Judea Pearl's *Causality*. *Journal of Economic Methodology*, 9(1):100–103, 2002.

[Levi, 1988] I. Levi. Iteration of conditionals and the ramsey test. *Synthese*, 76:49–81, 1988.

[Lewis, 1973a] D. Lewis. Causation. *Journal of Philosophy*, 70:556–567, 1973.

[Lewis, 1973b] D. Lewis. *Counterfactuals*. Harvard University Press, Cambridge, MA, 1973.

[Lewis, 1973c] D. Lewis. Counterfactuals and comparative possibility, 1973. In W.L. Harper, R. Stalnaker, and G. Pearce, editors, *Ifs*, pages 57–85. D. Reidel, Dordrecht, 1981.

[Lewis, 1976] D. Lewis. Probabilities of conditionals and conditional probabilities. *Philosophical Review*, 85:297–315, 1976.

[Lewis, 1979] D. Lewis. Counterfactual dependence and time's arrow. *Nous*, 13:418–446, 1979.

[Lewis, 1986] D. Lewis. *Philosophical Papers*, volume II. Oxford University Press, New York, 1986.

[Lin, 1995] F. Lin. Embracing causality in specifying the indeterminate effects of actions. In *Proceedings of the Fourteenth International Joint Conference on Artificial Intelligence (IJCAI-95)*, Montreal, Quebec, 1995.

[Lindley and Novick, 1981] D.V. Lindley and M.R. Novick. The role of exchangeability in inference. *The Annals of Statistics*, 9(1):45–58, 1981.

[Lindley, 2002] D.V. Lindley. Seeing and doing: The concept of causation. *International Statistical Review*, 70:191–214, 2002.

[Lucas Jr., 1976] R.E. Lucas Jr. Econometric policy evaluation: a critique. In K. Brunner and A.H. Meltzer, editors, *The Phillips Curve and Labor Markets*, volume CRCS, Vol. 1, pages 19–46. North-Holland, Amsterdam, 1976.

[Luellen et al., 2005] J.K. Luellen, W.R. Shadish, and M.H. Clark. Propensity scores: An introduction and experimental test. *Evaluation Review*, 29(6):530–558, 2005.

[MacCallum et al., 1993] R.C. MacCallum, D.T. Wegener, B.N. Uchino, and L.R. Fabrigar. The problem of equivalent models in applications of covariance structure analysis. *Psychological Bulletin*, 114(1):185–199, 1993.

[Mackie, 1965] J.L. Mackie. Causes and conditions. *American Philosophical Quarterly*, 2/4:261–264, 1965. Reprinted in E. Sosa and M. Tooley, editors, *Causation*, Oxford University Press, 1993.

[Mackie, 1980] J.L. Mackie. *The Cement of the Universe: A Study of Causation*. Clarendon Press, Oxford,

参考文献

1980.
[Maddala, 1992] G.S. Maddala. *Introduction to Econometrics*. McMillan, New York, NY, 1992.
[Manski, 1990] C.F. Manski. Nonparametric bounds on treatment effects. *American Economic Review, Papers and Proceedings*, 80:319–323, 1990.
[Manski, 1995] C.F. Manski. *Identification Problems in the Social Sciences*. Harvard University Press, Cambridge, MA, 1995.
[Marschak, 1950] J. Marschak. Statistical inference in economics. In T. Koopmans, editor, *Statistical Inference in Dynamic Economic Models*, pages 1–50. Wiley, New York, 1950. Cowles Commission for Research in Economics, Monograph 10.
[Maudlin, 1994] T. Maudlin. *Quantum Non-Locality and Relativity: Metaphysical intimations of modern physics*. Blackwell, Oxford, UK, 1994.
[McDonald, 1997] R.P. McDonald. Haldane's lungs: A case study in path analysis. *Multivariate Behavioral Research*, 32(1):1–38, 1997.
[McDonald, 2001] R.P. McDonald. Book reviews: Causality: Models, reasoning, and inference. *Chance*, 14(1):36–37, 2001.
[McDonald, 2002] R.P. McDonald. Review: J. Pearl. Causality: Models, reasoning, and inference. *Psychometrika*, 67(2):321–322, 2002.
[McKim and Turner, 1997] V.R. McKim and S.P. Turner, editors. *Causality in Crisis?* University of Notre Dame Press, 1997.
[Meek and Glymour, 1994] C. Meek and C. Glymour. Conditioning and intervening. *British Journal of Philosophy Science*, 45:1001–1021, 1994.
[Meek, 1995] C. Meek. Causal inference and causal explanation with background knowledge. In P. Besnard and S. Hanks, editors, *Uncertainty in Artificial Intelligence 11*, pages 403–410. Morgan Kaufmann, San Francisco, 1995.
[Mesarovic, 1969] M.D. Mesarovic. Mathematical theory of general systems and some economic problems. In H.W. Kuhn and G.P. Szego, editors, *Mathematical Systems and Economics I*, pages 93–116. Springer Verlag, Berlin, 1969.
[Michie, 1999] D. Michie. Adapting Good's q theory to the causation of individual events. *Machine Intelligence*, 15:60–86, 1999.
[Miettinen and Cook, 1981] O.S. Miettinen and E.F. Cook. Confounding essence and detection. *American Journal of Epidemiology*, 114:593–603, 1981.
[Mill, 1843] J.S. Mill. *System of Logic*, volume 1. John W. Parker, London, 1843.
[Mitchell, 1982] T.M. Mitchell. Generalization as search. *Artificial Intelligence*, 18:203–226, 1982.
[Mittelhammer et al., 2000] R.C. Mittelhammer, G.G. Judge, and D.J. Miller. *Econometric Foundations*. Cambridge University Press, New York, NY, 2000.
[Moertel et al., 1985] C. Moertel, T. Fleming, E. Creagan, J. Rubin, M. O'Connell, and M. Ames. High-dose vitamin C versus placebo in the treatment of patients with advanced cancer who have had no prior chemotherapy: A randomized double-blind comparison. *New England Journal of Medicine*, 312:137–141, 1985.
[Moneta and Spirtes, 2006] A. Moneta and P. Spirtes. Graphical models for identification of causal structures in multivariate time series. In *Proceedings of the Joint Conference on Information Sciences*, Atlantis Press, 2006.
[Moole, 1997] B.R. Moole. Parallel construction of Bayesian belief networks. Master's thesis, Department of Computer Science, University of South Carolina, Columbia, SC, 1997.
[Moore and McCabe, 2005] D.S. Moore and G.P. McCabe. *Introduction to the Practice of Statistics*. W.H. Freeman, Gordonsville, VA, 2005.
[Morgan and Winship, 2007] S.L. Morgan and C. Winship. *Counterfactuals and Causal Inference: Methods and Principles for Social Research (Analytical Methods for Social Research)*. Cambridge University Press, New York, NY, 2007.
[Morgan, 2004] S.L. Morgan. Book reviews: Causality: Models, reasoning, and inference. *Sociological Methods and Research*, 32(3):411–416, 2004.
[Mueller, 1996] R.O. Mueller. *Basic Principles of Structural Equation Modeling*. Springer, New York, 1996.
[Muthen, 1987] B. Muthen. Response to Freedman's critique of path analysis: Improve credibility by better methodological training. *Journal of Educational Statistics*, 12(2):178–184, 1987.

[Nayak, 1994] P. Nayak. Causal approximations. *Artificial Intelligence*, 70:277–334, 1994.

[Neuberg, 2003] L.G. Neuberg. *Causality: Models, Reasoning, and Inference*, reviewed by leland gerson neuberg. *Econometric Theory*, 19:675–685, 2003.

[Neyman, 1923a] J. Neyman. On the application of probability theory to agricultural experiments. Essay on principles. Section 9. *Statistical Science*, 5(4):465–480, 1923.

[Neyman, 1923b] J. Neyman. Sur les applications de la thar des probabilities aux experiences Agaricales: Essay des principle, 1923. English translation of excerpts (1990) by D. Dabrowska and T. Speed, in *Statistical Science*, 5:463–472.

[Niles, 1922] H.E. Niles. Correlation, causation, and Wright theory of 'path coefficients. *Genetics*, 7:258–273, 1922.

[Novick, 1983] M.R. Novick. The centrality of Lord's paradox and exchangeability for all statistical inference. In H. Wainer and S. Messick, editors, *Principals of modern psychological measurement*. Earlbaum, Hillsdale, NJ, 1983.

[Nozick, 1969] R. Nozick. Newcomb's problem and two principles of choice. In N. Rescher, editor, *Essays in Honor of Carl G. Hempel*, pages 114–146. D. Reidel, Dordrecht, 1969.

[Orcutt, 1952] G.H. Orcutt. Toward a partial redirection of econometrics. *Review of Economics and Statistics*, 34:195–213, 1952.

[O'Rourke, 2001] J. O'Rourke. Book reviews: Causality: Models, Reasoning, and Inference. *Intelligence*, 12(3):47–54, 2001.

[Ortiz, Jr., 1999] C.L. Ortiz, Jr. Explanatory update theory: Applications of counterfactual reasoning to causation. *Artificial Intelligenct*, 108(1–2):125–178, 1999.

[Otte, 1981] R. Otte. A critque of suppes' theory of probabilistic causality. *Synthese*, 48:167–189, 1981.

[Palca, 1989] J. Palca. Aids drug trials enter new age. *Science Magazine*, pages 19–21, October 1989.

[Paul, 1998] L.A. Paul. Keeping track of the time: Emending the counterfactual analysis of causation. *Analysis*, 3:191–198, 1998.

[Payson, 2001] S. Payson. Book review: Causality: Models, Reasoning, and Inference. *Technological forecasting & Social Change*, 68:105–108, 2001.

[Paz and Pearl, 1994] A. Paz and J. Pearl. Axiomatic characterization of directed graphs. Technical Report R-234, UCLA Computer Science Department, October 1994.

[Paz et al., 1996] A. Paz, J. Pearl, and S. Ur. A new characterization of graphs based on interception relations. *Journal of Graph Theory*, 22(2):125–136, 1996.

[Pearl and Dechter, 1996] J. Pearl and R. Dechter. Identifying independencies in causal grpahs with feedback. In E. Horvitz and F. Jensen, editors, *Proceedings of the Twelfth Conference on Uncertainty in Artificial Intelligence*, pages 240–246. Morgan Kaufmann, San Francisco, CA, 1996.

[Pearl and Meshkat, 1999] J. Pearl and P. Meshkat. Testing regression models with fewer regressors. In D. Heckerman and J. Whittaker, editors, *Artificial Intelligence and Statistics 99*, pages 255–259. Morgan Kaufmann, San Francisco, CA, 1999.

[Pearl and Paz, 1987] J. Pearl and A. Paz. Graphoids: A graph-based logic for reasoning about relevance relations. In B. Du Boulay et. al., editor, *Advances in Artificial Intelligence-II*, pages 357–363. North-Holland, 1987.

[Pearl and Robins, 1995] J. Pearl and J.M. Robins. Probabilistic evaluation of sequential plans from causal models with hidden variables. In P. Besnard and S. Hanks, editors, *Uncertainty in Artificial Intelligence 11*, pages 444–453. Morgan Kaufmann, San Francisco, 1995.

[Pearl and Verma, 1987] J. Pearl and T. Verma. The logic of representing dependencies by directed acyclic graphs. In *Proceedings of 6th National Conference on AI (AAAI-87)*, pages 374–379, Seattle, WA, July 1987.

[Pearl and Verma, 1991] J. Pearl and T. Verma. A theory of inferred causation. In J.A. Allen, R. Fikes, and E. Sandewall, editors, *Principles of Knowledge Representation and Reasoning: Proceedings of the Second International Conference*, pages 441–452. Morgan Kaufmann, San Mateo, CA, 1991.

[Pearl, 1978] J. Pearl. On the connection between the complexity and credibility of inferred models. *International Journal of General Systems*, 4:255–264, 1978.

[Pearl, 1982] J. Pearl. Reverend Bayes on inference engines: A distributed hierarchical approach. In *Proceedings AAAI National Conference on AI*, pages 133–136, Pittsburgh, PA, 1982.

[Pearl, 1985] J. Pearl. Bayesian networks: A model of self-activated memory for evidential reasoning. In

Proceedings, Cognitive Science Society, pages 329–334, Irvine, CA, 1985.

[Pearl, 1988a] J. Pearl. Embracing causality in formal reasoning. *Artificial Intelligence*, 35(2):259–271, 1988.

[Pearl, 1988b] J. Pearl. *Probabilistic Reasoning in Intelligent Systems*. Morgan Kaufmann, San Mateo, CA, 1988.

[Pearl, 1990a] J. Pearl. Probabilistic and qualitative abduction. In *Proceedings of AAAI Spring Symposium on Abduction*, pages 155–158, Stanford, CA, 1990.

[Pearl, 1990b] J. Pearl. System Z: A natural ordering of defaults with tractable applications to default reasoning. In R. Parikh, editor, *Proceedings of the Conference on Theoretical Aspects of Reasoning About Knowledge*, pages 121–135, Morgan Kaufmann, San Mateo, CA, 1990.

[Pearl, 1993a] J. Pearl. Belief networks revisited. *Artificial Intelligence*, 59:49–56, 1993.

[Pearl, 1993b] J. Pearl. Comment: Graphical models, causality, and intervention. *Statistical Science*, 8(3):266–269, 1993.

[Pearl, 1993c] J. Pearl. From conditional oughts to qualitative decision theory. In D. Heckerman and A. Mamdani, editors, *Proceedings of the Ninth Conference on Uncertainty in Artificial Intelligence*, pages 12–20, Morgan Kaufmann, San Mateo, CA, July 1993.

[Pearl, 1994a] J. Pearl. From Bayesian networks to causal networks. In A. Gammerman, editor, *Bayesian Networks and Probabilistic Reasoning*, pages 1–31. Alfred Walter, London, 1994.

[Pearl, 1994b] J. Pearl. A probabilistic calculus of actions. In R. Lopez de Mantaras and D. Poole, editors, *Uncertainty in Artificial Intelligence 10*, pages 454–462. Morgan Kaufmann, San Mateo, CA, 1994.

[Pearl, 1995a] J. Pearl. Causal diagrams for empirical research. *Biometrika*, 82(4):669–710, December 1995.

[Pearl, 1995b] J. Pearl. Causal inference from indirect experiments. *Artificial Intelligence in Medicine*, 7(6):561–582, 1995.

[Pearl, 1995c] J. Pearl. On the testability of causal models with latent and instrumental variables. In P. Besnard and S. Hanks, editors, *Uncertainty in Artificial Intelligence 11*, pages 435–443. Morgan Kaufmann, 1995.

[Pearl, 1996] J. Pearl. Structural and probabilistic causality. In D.R. Shanks, K.J. Holyoak, and D.L. Medin, editors, *The Psychology of Learning and Motivation*, volume 34, pages 393–435. Academic Press, San Diego, CA, 1996.

[Pearl, 1998a] J. Pearl. Graphs, causality, and structural equation models. *Sociological Methods and Research*, 27(2):226–284, 1998.

[Pearl, 1998b] J. Pearl. On the definition of actual cause. Technical Report R-259, Department of Computer Science, University of California, Los Angeles, CA, 1998.

[Pearl, 1999] J. Pearl. Probabilities of causation: Three counterfactual interpretations and their identification. *Synthese*, 121(1–2):93–149, November 1999.

[Pearl, 2000] J. Pearl. Comment on A.P. Dawid's, causal inference without counterfactuals. *Journal of the American Statistical Association*, 95(450):428–431, June 2000.

[Pearl, 2001a] J. Pearl. Bayesianism and causality, or, why I am only a half-bayesian. In D. Corfield and J. Williamson, editors, *Foundations of Bayesianism*, Applied Logic Series, Volume 24, pages 19–36. Kluwer Academic Publishers, the Netherlands, 2001.

[Pearl, 2001b] J. Pearl. Causal inference in the health sciences: A conceptual introduction. *Health Services and Outcomes Research Methodology*, 2:189–220, 2001. Special issue on Causal Inference.

[Pearl, 2001c] J. Pearl. Direct and indirect effects. In *Proceedings of the Seventeenth Conference on Uncertainty in Artificial Intelligence*, pages 411–420. Morgan Kaufmann, San Francisco, CA, 2001.

[Pearl, 2003a] J. Pearl. Comments on Neuberg's review of *causality*. *Econometric Theory*, 19:686–689, 2003.

[Pearl, 2003b] J. Pearl. Reply to Woodward. *Economics and Philosophy*, 19:341–344, 2003.

[Pearl, 2003c] J. Pearl. Statistics and causal inference: A review. *Test Journal*, 12(2):281–345, December 2003.

[Pearl, 2004] J. Pearl. Robustness of causal claims. In M. Chickering and J. Halpern, editors, *Proceedings of the Twentieth Conference Uncertainty in Artificial Intelligence*, pages 446–453. AUAI Press, Arlington, VA, 2004.

[Pearl, 2005a] J. Pearl. Direct and indirect effects. In *Proceedings of the American Statistical Association, Joint Statistical Meetings*, pages 1572–1581. MIRA Digital Publishing, Minn., MN, 2005.

[Pearl, 2005b] J. Pearl. Influence diagrams – historical and personal perspectives. *Decision Analysis*,

2(4):232–234, 2005.

[Pearl, 2008a] J. Pearl. Confounding equivalence in observational studies. Technical Report TR-343, University of California Los Angeles, Cognitive Systems Lab, Los Angeles, 2008.

[Pearl, 2008b] J. Pearl. The mathematics of causal relevance. Technical Report TR-338, University of California Los Angeles, Cognitive Systems Lab, Los Angeles, 2008. Presented at the American Psychopathological Association (APPA) Annual Meeting, NYC, March 6–8, 2008. http://ftp.cs.ucla.edu/pub/stat_ser/r338.pdf

[Pearson et al., 1899] K. Pearson, A. Lee, and L. Bramley-Moore. Genetic (reproductive) selection: Inheritance of fertility in man. *Philosophical Transactions of the Royal Society A*, 73:534–539, 1899.

[Peikes et al., 2008] D.N. Peikes, L. Moreno, and S.M. Orzol. Propensity scores matching: A note of caution for evaluators of social programs. *The American Statistician*, 62(3):222–231, 2008.

[Peng and Reggia, 1986] Y. Peng and J.A. Reggia. Plausibility of diagnostic hypotheses. In *Proceedings of 5th National Conference on AI (AAAI-86)*, pages 140–145, Philadelphia, 1986.

[Petersen et al., 2006] M.L. Petersen, S.E. Sinisi, and M.J. van der Laan. Estimation of direct causal effects. *Epidemiology*, 17(3):276–284, 2006.

[Poole, 1985] D. Poole. On the comparison of theories: Preferring the most specific explanations. In *Proceedings of International Conference on Artificial Intelligence (IJCAI-85)*, pages 144–147, Los Angeles, CA, 1985.

[Popper, 1959] K.R. Popper. *The Logic of Scientific Discovery*. Basic Books, New York, 1959.

[Pratt and Schlaifer, 1988] J.W. Pratt and R. Schlaifer. On the interpretation and observation of laws. *Journal of Econometrics*, 39:23–52, 1988.

[Price, 1991] H. Price. Agency and probabilistic causality. *British Journal for the Philosophy of Science*, 42:157–176, 1991.

[Price, 1996] H. Price. *Time's arrow and Archimedes' point: New directions for the physics of time*. Oxford University Press, New York, 1996.

[Program, 1984] Lipid Research Clinic Program. The Lipid Research Clinics Coronary Primary Prevention Trial results, parts I and II. *Journal of the American Medical Association*, 251(3):351–374, January 1984.

[Quandt, 1958] R.E. Quandt. The estimation of the parameters of a linear regression system obeying two separate regimes. *Journal of the American Statistical Association*, 53:873–880, 1958.

[Rebane and Pearl, 1987] G. Rebane and J. Pearl. The recovery of causal poly-trees from statistical data. In *Proceedings, 3rd Workshop on Uncertainty in AI*, pages 222–228, Seattle, WA, 1987.

[Reichenbach, 1956] H. Reichenbach. *The Direction of Time*. University of California Press, Berkeley, 1956.

[Reiter, 1987] R. Reiter. A theory of diagnosis from first principles. *Artificial Intelligence*, 32(1):57–95, 1987.

[Richard, 1980] J.F. Richard. Models with several regimes and changes in exogeneity. *Review of Economic Studies*, 47:1–20, 1980.

[Richardson, 1996] T. Richardson. A discovery algorithm for directed cyclic graphs. In E. Horvitz and F. Jensen, editors, *Proceedings of the Twelfth Conference on Uncertainty in Artificial Intelligence*, pages 454–461. Morgan Kaufmann, San Francisco, CA, 1996.

[Rigdon, 2002] E.E. Rigdon. New books in review: *Causality, Models, Reasoning and Inference* and Causation, Prediction, and Search. *Journal of Marketing Research*, XXXIX:137–140, 2002.

[Robertson, 1997] D.W. Robertson. The common sense of cause in fact. *Texas Law Review*, 75(7):1765–1800, 1997.

[Robins and Greenland, 1989] J.M. Robins and S. Greenland. The probability of causation under a stochastic model for individual risk. *Biometrics*, 45:1125–1138, 1989.

[Robins and Greenland, 1991] J.M. Robins and S. Greenland. Estimability and estimation of expected years of life lost due to a hazardous exposure. *Statistics in Medicine*, 10:79–93, 1991.

[Robins and Greenland, 1992] J.M. Robins and S. Greenland. Identifiability and exchangeability for direct and indirect effects. *Epidemiology*, 3(2):143–155, 1992.

[Robins and Wasserman, 1999] J.M. Robins and L. Wasserman. On the impossibility of inferring causation from association without background knowledge. In C.N. Glymour and G.F. Cooper, editors, *Computation, Causation, and Discovery*, pages 305–321. AAAI/MIT Press, Cambridge, MA, 1999.

[Robins et al., 1992] J.M. Robins, D. Blevins, G. Ritter, and M. Wulfsohn. g-estimation of the effect of prophylaxis therapy for pneumocystis carinii pneumonia on the survival of aids patients. *Epidemiology*, 3:319–336, 1992.

[Robins et al., 2003] J.M. Robins, R. Scheines, P. Spirtes, and L. Wasserman. Uniform consistency in causal inference. *Biometrika*, 90:491–512, 2003.

[Robins, 1986] J.M. Robins. A new approach to causal inference in mortality studies with a sustained exposure period – applications to control of the healthy workers survivor effect. *Mathematical Modeling*, 7:1393–1512, 1986.

[Robins, 1987] J. Robins. Addendum to "A new approach to causal inference in mortality studies with sustained exposure periods – application to control of the healthy worker survivor effect". *Computers and Mathematics, with Applications.*, 14:923–945, 1987.

[Robins, 1989] J.M. Robins. The analysis of randomized and non-randomized aids treatment trials using a new approach to causal inference in longitudinal studies. In L. Sechrest, H. Freeman, and A. Mulley, editors, *Health Service Research Methodology: A Focus on AIDS*, pages 113–159. NCHSR, U.S. Public Health Service, 1989.

[Robins, 1993] J.M. Robins. Analytic methods for estimating hiv treatment and cofactors effects. In D.G. Ostrow and R. Kessler, editors, *Methodological issues in AIDS behavioral research*, pages 213–290. Plenum Publishing, New York, 1993.

[Robins, 1995] J.M. Robins. Discussion of "Causal diagrams for empirical research" by J. Pearl. *Biometrika*, 82(4):695–698, 1995.

[Robins, 1997] J.M. Robins. Causal inference from complex longitudinal data. In M. Berkane, editor, *Latent Variable Modeling and Applications to Causality*, pages 69–117. Springer-Verlag, New York, 1997.

[Robins, 1999] J.M. Robins. Testing and estimation of directed effects by reparameterizing directed acyclic with structural nested models. To appear in C. Glymour and G. Cooper, editors, *Computation, Causation, and Discovery*, The MIT Press, Cambridge, MA, 1999.

[Robins, 2001] J.M. Robins. Data, design, and background knowledge in etiologic inference. *Epidemiology*, 12(3):313–320, 2001.

[Rosenbaum and Rubin, 1983] P. Rosenbaum and D. Rubin. The central role of propensity score in observational studies for causal effects. *Biometrica*, 70:41–55, 1983.

[Rosenbaum, 1984] P.R. Rosenbaum. The consequences of adjustment for a concomitant variable that has been affected by the treatment. *Journal of the Royal Statistical Society Series A (General)*, Part 5(147):656–666, 1984.

[Rosenbaum, 1995] P.R. Rosenbaum. *Observational Studies*. Springer-Verlag, New York, 1995.

[Rosenbaum, 2002] P.R. Rosenbaum. *Observational Studies*. Springer-Verlag, New York, second edition, 2002.

[Rothman and Greenland, 1998] K.J. Rothman and S. Greenland. *Modern Epidemiology*. Lippincott-Rawen, 2nd edition, 1998.

[Rothman, 1976] K.J. Rothman. Causes. *American Journal of Epidemiology*, 104:587–592, 1976.

[Rothman, 1986] K.J. Rothman. *Modern epidemiology*. Brown Little, 1st edition, 1986.

[Roy, 1951] A.D. Roy. Some thoughts on the distribution of earnings. *Oxford Economic Papers*, 3:135–146, 1951.

[Rubin, 1974] D.B. Rubin. Estimating causal effects of treatments in randomized and nonrandomized studies. *Journal of Educational Psychology*, 66:688–701, 1974.

[Rubin, 1978] D.B. Rubin. Bayesian inference for causal effects: The role of randomization. *Annals of Statistics*, 6(1):34–58, 1978.

[Rubin, 1990] D.B. Rubin. Formal models of statistical inference for causal effects. *Journal of Statistical Planning and Inference*, 25:279–292, 1990.

[Rubin, 2004] D.B. Rubin. Direct and indirect causal effects via potential outcomes. *Scandinavian Journal of Statistics*, 31:161–170, 2004.

[Rubin, 2005] D.B. Rubin. Causal inference using potential outcomes: Design, modeling, decisions. *Journal of the American Statistical Association*, 100(469):322–331, 2005.

[Rubin, 2007] D.B. Rubin. The design *versus* the analysis of observational studies for causal effects: Parallels with the design of randomized trials. *Statistics in Medicine*, 26:20–36, 2007.

[Rubin, 2008] D.B. Rubin. Author's reply (to Ian Shrier's Letter to the Editor). *Statistics in Medicine*, 27:2741–2742, 2008.

[Rücker and Schumacher, 2008] G. Rücker and M. Schumacher. Simpson's paradox visualized: The example of the Rosiglitazone meta-analysis. *BMC Medical Research Methodology*, 8(34), 2008.

[Salmon, 1984] W.C. Salmon. *Scientific Explanation and the Causal Structure of the World*. Princeton University Press, Princeton, 1984.

[Salmon, 1998] W.C. Salmon. *Causality and Explanation*. Oxford University Press, New York, NY, 1998.

[Sandewall, 1994] E. Sandewall. *Features and Fluents*, volume 1. Clarendon Press, Oxford, 1994.

[Savage, 1954] L.J. Savage. *The Foundations of Statistics*. John Wiley and Sons, New York, 1954.

[Scheines, 2002] R. Scheines. Public administration and health care: Estimating latent causal influences: TETRAD III variable selection and bayesian parameter estimation. In W. Klosgen, J.M. Zytkow, and J. Zyt, editors, *Handbook of Data Mining and Knowledge Discovery*, pages 944–952. Oxford University Press, New York, 2002.

[Schlesselman, 1982] J.J. Schlesselman. *Case-Control Studies: Design Conduct Analysis*. Oxford University Press, New York, 1982.

[Schumaker and Lomax, 1996] R.E. Schumaker and R.G. Lomax. *A Beginner's Guide to Structural Equation Modeling*. Lawrence Erlbaum Associations, Mahwah, NJ, 1996.

[Serrano and Gossard, 1987] D. Serrano and D.C. Gossard. Constraint management in conceptual design. In D. Sriram and R.A. Adey, editors, *Knowledge Based Expert Systems in Engineering: Planning and Design*, pages 211–224. Computational Mechanics Publications, 1987.

[Shachter et al., 1994] R.D. Shachter, S.K. Andersen, and P. Szolovits. Global conditioning for probabilistic inference in belief networks. In R.Lopez de Mantaras and D. Poole, editors, *Uncertainty in Artificial Intelligence*, pages 514–524. Morgan Kaufmann, San Francisco, CA, 1994.

[Shachter, 1986] R.D. Shachter. Evaluating influence diagrams. *Operations Research*, 34(6):871–882, 1986.

[Shadish and Cook, 2009] W.R. Shadish and T.D. Cook. The renaissance of field experimentation in evaluating interventions. To appear in *Annual Review of Psychology*, 60:1.1–1.23, 2009.

[Shafer, 1996a] G. Shafer. *The Art of Causal Conjecture*. MIT Press, Cambridge, 1996.

[Shafer, 1996b] G. Shafer. *Probabilistic expert systems*. Society for Industrial and Applied Mathematics, Philadelphia, 1996.

[Shafer, 1997] G. Shafer. Advances in the understanding and use of conditional independence. *Annals of Mathematics and Artificial Intelligence*, 21(1):1–11, 1997.

[Shapiro, 1997] S.H. Shapiro. Confounding by indication? *Epidemiology*, 8:110–111, 1997.

[Shep, 1958] M.C. Shep. Shall we count the living or the dead? *New England Journal of Medicine*, 259:1210–1214, 1958.

[Shimizu et al., 2005] A. Shimizu, A. Hyvärinen, Y. Kano, and P.O. Hoyer. Discovery of non-Gaussian linear causal models using ICA. In R. Dechter and T.S. Richardson, editors, *Proceedings of the Twenty-First Conference on Uncertainty in Artificial Intelligence*, pages 525–533. AUAI Press, Edinburgh, Schotland, 2005.

[Shimizu et al., 2006] S. Shimizu, P.O. Hoyer, A. Hyvärinen, and A.J. Kerminen. A linear non-Gaussian acyclic model for causal discovery. *Journal of the Machine Learning Research*, 7:2003–2030, 2006.

[Shimony, 1991] S.E. Shimony. Explanation, irrelevance and statistical independence. In *Proceedings of the Ninth Conference on Artificial Intelligence (AAAI'91)*, pages 482–487, 1991.

[Shimony, 1993] S.E. Shimony. Relevant explanations: Allowing disjunctive assignments. In D. Heckerman and A. Mamdani, editors, *Proceedings of the Ninth Conference on Uncertainty in Artificial Intelligence*, pages 200–207. Morgan Kaufmann, San Mateo, CA, July 1993.

[Shipley, 1997] B. Shipley. An inferential test for structural equation models based on directed acyclic graphs and its nonparametric equivalents. Technical report, Department of Biology, University of Sherbrooke, Canada, 1997. Also in *Structural Equation Modelling*, 7:206–218, 2000.

[Shipley, 2000a] B. Shipley. Book reviews: Causality: Models, reasoning, and inference. *Structural Equation Modeling*, 7(4):637–639, 2000.

[Shipley, 2000b] B. Shipley. *Cause and correlation in biology: A user's guide to path analysis, structural equations and causal inference*. Cambridge University Press, New York, 2000.

[Shoham, 1988] Y. Shoham. *Reasoning About Change: Time and Causation from the Standpoint of Artificial Intelligence*. MIT Press, Cambridge, MA, 1988.

[Shpitser and Pearl, 2006a] I. Shpitser and J Pearl. Identification of conditional interventional distributions. In R. Dechter and T.S. Richardson, editors, *Proceedings of the Twenty-Second Conference on*

Uncertainty in Artificial Intelligence, pages 437–444. AUAI Press, Corvallis, OR, 2006.

[Shpitser and Pearl, 2006b] I. Shpitser and J Pearl. Identification of joint interventional distributions in recursive semi-Markovian causal models. In *Proceedings of the Twenty-First National Conference on Artificial Intelligence*, pages 1219–1226. AAAI Press, Menlo Park, CA, 2006.

[Shpitser and Pearl, 2007] I. Shpitser and J Pearl. What counterfactuals can be tested. In *Proceedings of the Twenty-Third Conference on Uncertainty in Artificial Intelligence*, pages 352–359. AUAI Press, Vancouver, BC, Canada, 2007.

[Simon and Rescher, 1966] H.A. Simon and N. Rescher. Cause and counterfactual. *Philosophy and Science*, 33:323–340, 1966.

[Simon, 1953] H.A. Simon. Causal ordering and identifiability. In Wm. C. Hood and T.C. Koopmans, editors, *Studies in Econometric Method*, pages 49–74. Wiley and Sons, 1953.

[Simpson, 1951] E.H. Simpson. The interpretation of interaction in contingency tables. *Journal of the Royal Statistical Society, Series B*,13:238–241, 1951.

[Sims, 1977] C.A. Sims. Exogeneity and causal ordering in macroeconomic models. In *New Methods in Business Cycle Research: Proceedings from a Conference, November 1975*, pages 23–43. Federal Reserve Bank, Minneapolis, 1977.

[Singh and Valtorta, 1995] M. Singh and M. Valtorta. Construction of Bayesian network structures from data-a brief survey and an efficient algorithm. *International Journal of Approximate Reasoning*, 12(2):111–131, 1995.

[Skyrms, 1980] B. Skyrms. *Causal Necessity*. Yale University Press, New Haven, 1980.

[Smith and Todd, 2005] J. Smith and P. Todd. Does matching overcome LaLonde's critique of nonexperimental estimators? *Journal of Econometrics*, 125:305–353, 2005.

[Sobel, 1990] M.E. Sobel. Effect analysis and causation in linear structural equation models. *Psychometrika*, 55(3):495–515, 1990.

[Sobel, 1998] M.E. Sobel. Causal inference in statistical models of the process of socioeconomic achievement. *Sociological Methods & Research*, 27(2):318–348, November 1998.

[Sober and Barrett, 1992] E. Sober and M. Barrett. Conjunctive forks and temporally asymmetric inference. *Australian Journal of Philosophy*, 70:1–23, 1992.

[Sober, 1985] E. Sober. Two concepts of cause. In P. Asquith and P. Kitcher, editors, *PSA: Proceedings of the Biennial Meeting of the Philosophy of Science Association*, volume II, pages 405–424. Philosophy of Science Association, East Lansing, MI, 1985.

[Sommer et al., 1986] A. Sommer, I. Tarwotjo, E. Djunaedi, K. P. West, A. A. Loeden, R. Tilden, and L. Mele. Impact of vitamin A supplementation on childhood mortality: A randomized controlled community trial. *The Lancet*, i:1169–1173, 1986.

[Sosa and Tooley, 1993] E. Sosa and M. Tooley, editors. *Causation*. Oxford readings in Philosophy. Oxford University Press, Oxford, 1993.

[Spiegelhalter et al., 1993] D.J. Spiegelhalter, S.L. Lauritzen, P.A. Dawid, and R.G. Cowell. Bayesian analysis in expert systems (with discussion). *Statistical Science*, 8:219–283, 1993.

[Spirtes and Glymour, 1991] P. Spirtes and C. Glymour. An algorithm for fast recovery of sparse causal graphs. *Social Science Computer Review*, 9(1):62–72, 1991.

[Spirtes and Richardson, 1996] P. Spirtes and T. Richardson. A polynomial time algorithm for determinint DAG equivalence in the presence of latent variables and selection bias. *Proceedings of the 6th International Workshop on Artificial Intelligence and Statistics*, 1996.

[Spirtes and Verma, 1992] P. Spirtes and T. Verma. Equivalence of causal models with latent variables. Technical Report CMU-PHIL-33, Carnegie Mellon University, Pittsburgh, Pennsylvania, October 1992.

[Spirtes et al., 1993] P. Spirtes, C. Glymour, and R. Scheines. *Causation, Prediction, and Search*. Springer-Verlag, New York, 1993.

[Spirtes et al., 1995] P. Spirtes, C. Meek, and T. Richardson. Causal inference in the presence of latent variables and selection bias. In P. Besnard and S. Hanks, editors, *Uncertainty in Artificial Intelligence 11*, pages 499–506. Morgan Kaufmann, San Francisco, 1995.

[Spirtes et al., 1996] P. Spirtes, T. Richardson, C. Meek, R. Scheines, and C. Glymour. Using d-separation to calculate zero partial correlations in linear models with correlated errors. Technical Report CMU-PHIL-72, Carnegie-Mellon University, Department of Philosophy, Pittsburg, PA, 1996.

[Spirtes et al., 1998] P. Spirtes, T. Richardson, C. Meek, R. Scheines, and C. Glymour. Using path diagrams as a structural equation modelling tool. *Socioligical Methods and Research*, 27(2):182–225, November 1998.

[Spirtes et al., 2000] P. Spirtes, C. Glymour, and R. Scheines. *Causation, Prediction, and Search*. MIT Press, Cambridge, MA, 2nd edition, 2000.

[Spirtes, 1995] P. Spirtes. Directed cyclic graphical representation of feedback. In P. Besnard and S. Hanks, editors, *Proceedings of the Eleventh Conference on Uncertainty in Artificial Intelligence*, pages 491–498. Morgan Kaufmann, San Mateo, 1995.

[Spohn, 1980] W. Spohn. Stochastic independence, causal independence, and shieldability. *Journal of Philosophical Logic*, 9:73–99, 1980.

[Spohn, 1983] W. Spohn. Deterministic and probabilistic reasons and causes. *Erkenntnis*, 19:371–396, 1983.

[Spohn, 1988] W. Spohn. A general non-probabilistic theory of inductive reasoning. In *Proceedings of the Fourth Workshop on Uncertainty in Artificial Intelligence*, pages 315–322, Minneapolis, MN, 1988.

[Stalnaker, 1968] R.C. Stalnaker. A theory of conditionals. In N. Rescher, editor, *Studies in Logical Theory*, volume No. 2, American Philosophical Quarterly Monograph Series. Blackwell, Oxford, 1968. Reprinted in W.L. Harper, R. Stalnaker, and G. Pearce, editors, *Ifs*, pages 41–55. D. Reidel, Dordrecht, 1981.

[Stalnaker, 1972] R.C. Stalnaker. Letter to David Lewis, 1972. In W.L. Harper, R. Stalnaker, and G. Pearce, editors, *Ifs*, pages 151–152. D. Reidel, Dordrecht, 1981.

[Stelzl, 1986] I. Stelzl. Changing a causal hypothesis without changing the fit: Some rules for generating equivalent path models. *Multivariate Behavioral Research*, 21:309–331, 1986.

[Steyer et al., 1996] R. Steyer, S. Gabler, and A.A. Rucai. Individual causal effects, average causal effects, and unconfoundedness in regression models. In F. Faulbaum and W. Bandilla, editors, *SoftStat'95, Advances in Statistical Software 5*, pages 203–210. Lucius & Lucius, Stuttgart, 1996.

[Steyer et al., 1997] R. Steyer, A.A. Davier von, S. Gabler, and C. Schuster. Testing unconfoundedness in linear regression models with stochastic regressors. In W. Bandilla and F. Faulbaum, editors, *SoftStat'97, Advances in Statistical Software 6*, pages 377–384. Lucius & Lucius, Stuttgart, 1997.

[Stone, 1993] R. Stone. The assumptions on which causal inferences rest. *Royal Statistical Society*, 55(2):455–466, 1993.

[Strotz and Wold, 1960] R.H. Strotz and H.O.A. Wold. Recursive versus nonrecursive systems: An attempt at synthesis. *Econometrica*, 28:417–427, 1960.

[Suermondt and Cooper, 1993] H.J. Suermondt and G.F. Cooper. An evaluation of explanations of probabilistic inference. *Computers and Biomedical Research*, 26:242–254, 1993.

[Suppes and Zaniotti, 1981] P. Suppes and M. Zaniotti. When are probabilistic explanations possible? *Synthese*, 48:191–199, 1981.

[Suppes, 1970] P. Suppes. *A Probabilistic Theory of Causality*. North-Holland, Amsterdam, 1970.

[Suppes, 1988] P. Suppes. Probabilistic causality in space and time. In B. Skyrms and W.L. Harper, editors, *Causation, Chance, and Credence*. Kluwer Academic Publishers, Dordrecht, The Netherlands, 1988.

[Swanson and Clive, 1997] N.R. Swanson and W.J. Clive. Impulse response functions based on a causal approach to residual orthogonalization in vector autoregressions. *Journal of the American Statistical Association*, 92:357–367, 1997.

[Swanson, 2002] N.R. Swanson. Book reviews: Causality: Models, reasoning, and inference. *Journal of Economic Literature*, XL:925–926, 2002.

[Tian and Pearl, 2001a] J. Tian and J. Pearl. Causal discovery from changes. In *Proceedings of the Seventeenth Conference on Uncertainty in Artificial Intelligence*, pages 512–521. Morgan Kaufmann, San Francisco, CA, 2001.

[Tian and Pearl, 2001b] J. Tian and J. Pearl. Causal discovery from changes: A Bayesian approach. Technical Report R-285, Computer Science Department, University of California, Los Angeles, February 2001.

[Tian and Pearl, 2002] J. Tian and J. Pearl. A general identification condition for causal effects. In *Proceedings of the Eighteenth National Conference on Artificial Intelligence*, pages 567–573. AAAI Press/The MIT Press, Menlo Park, CA, 2002.

[Tian et al., 1998] J. Tian, A. Paz, and J. Pearl. Finding minimal separating sets. Technical Report R-254, University of California, Los Angeles, CA, 1998.

[Tian et al., 2006] J. Tian, C. Kang, and J. Pearl. A characterization of interventional distributions in semi-Markovian causal models. In *Proceedings of the Twenty-First National Conference on Artificial Intelligence*, pages 1239–1244. AAAI Press, Menlo Park, CA, 2006.

[Tversky and Kahneman, 1980] A. Tversky and D. Kahneman. Causal schemas in judgments under uncertainty. In M. Fishbein, editor, *Progress in Social Psychology*, pages 49–72. Lawrence Erlbaum, Hillsdale, NJ, 1980.

[VanderWeele and Robins, 2007] T.J. VanderWeele and J.M. Robins. Four types of effect modification: A classification based on directed acyclic graphs. *Epidemiology*, 18(5):561–568, 2007.

[Verma and Pearl, 1988] T. Verma and J. Pearl. Causal networks: Semantics and expressiveness. In *Proceedings of the 4th Workshop on Uncertainty in Artificial Intelligence*, pages 352–359, Mountain View, CA, 1988. Also in R. Shachter, T.S. Levitt, and L.N. Kanal, editors, *Uncertainty in AI 4*, Elesevier Science Publishers, 69–76, 1990.

[Verma and Pearl, 1990] T. Verma and J. Pearl. Equivalence and synthesis of causal models. In *Proceedings of the Sixth Conference on Uncertainty in Artificial Intelligence*, pages 220–227, Cambridge, MA, July 1990. Also in P. Bonissone, M. Henrion, L.N. Kanal and J.F. Lemmer editors, *Uncertainty in Artificial Intelligence 6*, Elsevier Science Publishers, B.V., 255–268, 1991.

[Verma and Pearl, 1992] T. Verma and J. Pearl. An algorithm for deciding if a set of observed independencies has a causal explanation. In D. Dubois, M.P. Wellman, B. D'Ambrosio, and P. Smets, editors, *Proceedings of the Eighth Conference on Uncertainty in Artificial Intelligence*, pages 323–330. Morgan Kaufmann, Stanford, CA, 1992.

[Verma, 1993] T.S. Verma. Graphical aspects of causal models. Technical Report R-191, University of California, Los Angeles, Computer Science Department, 1993.

[Vovk, 1996] V.G. Vovk. Another semantics for Pearl's action calculus. In *Computational Learning and Probabilistic Reasoning*, pages 124–144. John Wiley and Sons, New York, 1996.

[Wainer, 1989] H. Wainer. Eelworms, bullet holes, and geraldine ferraro: Some problems with statistical adjustment and some solutions. *Journal of Educational Statistics*, 14:121–140, 1989.

[Waldmann et al., 1995] M.R. Waldmann, K.J. Holyoak, and A. Fratiannea. Causal models and the acquisition of category structure. *Journal of Experimental Psychology*, 124:181–206, 1995.

[Wang et al., 2008] X. Wang, Z. Geng, H. Chen, and X. Xie. Detecting multiple confounders. *Journal of Statistical Planning and Inference*, 139(3):1073–1081, 2009.

[Weinberg, 1993] C.R. Weinberg. Toward a clearer definition of confounding. *American Journal of Epidemiology*, 137:1–8, 1993.

[Weinberg, 2007] C.R. Weinberg. Can dags clarify effect modification? *Epidemiology*, 18:569–572, 2007.

[Wermuth and Lauritzen, 1983] N. Wermuth and S.L. Lauritzen. Graphical and recursive models for contingency tables. *Biometrika*, 70:537–552, 1983.

[Wermuth and Lauritzen, 1990] N. Wermuth and S.L. Lauritzen. On substantive research hypotheses, conditional independence graphs and graphical chain models (with discussion). *Journal of the Royal Statistical Society, Series B*, 52:21–72, 1990.

[Wermuth, 1987] N. Wermuth. Parametric collapsibility and the lack of moderating effects in contingency tables with a dichotomous response variable. *Journal of the Royal Statistical Society, B*, 49(3):353–364, 1987.

[Wermuth, 1992] N. Wermuth. On block-recursive regression equations. *Brazilian Journal of Probability and Statistics (with discussion)*, 6:1–56, 1992.

[Whittaker, 1990] J. Whittaker. *Graphical Models in Applied Multivariate Statistics*. John Wiley, Chichester, England, 1990.

[Whittemore, 1978] A.S. Whittemore. Collapsibility of multidimensional contingency tables. *Journal of the Royal Statistical Society, Series B*, 40(3):328–340, 1978.

[Wickramaratne and Holford, 1987] P.J. Wickramaratne and T.R. Holford. Confounding in epidemiologic studies: The adequacy of the control group as a measure of confounding. *Biometrics*, 43:751–765, 1987.

[Winship and Morgan, 1999] C. Winship and S.L. Morgan. The estimation of causal effects from observational data. Technical report, Department of Sociology, Harvard University, Cambridge, MA, 1999. *Annual Review of Sociology*, 25:659–707.

[Winslett, 1988] M. Winslett. Reasoning about action using a possible worlds approach. In *Proceedings of the Seventh American Association for Artificial Intelligence Conference*, pages 89–93, 1988.

[Woodward, 1990] J. Woodward. Supervenience and singular causal claims. In D. Knowles, editor, *Explanation and its Limits*, pages 211–246. Cambridge University Press, New York, 1990.

[Woodward, 1995] J. Woodward. Causation and explanation in econometrics. In D. Little, editor, *On the Reliability of Economic Models*, pages 9–61. Kluwer Academic, Boston, 1995.

[Woodward, 1997] J. Woodward. Explanation, invariance and intervention. *Philosophy of Science*, 64(S):26–S41, 1997.

[Woodward, 2003] J. Woodward. *Making Things Happen*. Oxford University Press, New York, NY, 2003.

[Wright, 1921] S. Wright. Correlation and causation. *Journal of Agricultural Research*, 20:557–585, 1921.

[Wright, 1923] S. Wright. The theory of path coefficients: A reply to Niles' criticism. *Genetics*, 8:239–255, 1923.

[Wright, 1925] S. Wright. Corn and hog correlations. Technical Report 1300, U.S. Department of Agriculture, 1925.

[Wright, 1928] P.G. Wright. *The Tariff on Animal and Vegetable Oils*. MacMillan, New York, NY, 1928.

[Wright, 1988] R.W. Wright. Causation, responsibility, risk, probability, naked statistics, and proof: Prunning the bramble bush by clarifying the concepts. *Iowa Law Review*, 73:1001–1077, 1988.

[Wu, 1973] D.M. Wu. Alternative tests of independence between stochastic regressors and disturbances. *Econometrica*, 41:733–750, 1973.

[Yanagawa, 1984] T. Yanagawa. Designing case-contol studies. *Environmental health perspectives*, 32:219–225, 1984.

[Yule, 1903] G.U Yule. Notes on the theory of association of attributes in statistics. *Biometrika*, 2:121–134, 1903.

[Zelterman, 2001] D. Zelterman. Book reviews: Causality: Models, reasoning, and inference. *Technometrics*, 32(2):239, 2001.

[Zidek, 1984] J. Zidek. Maximal simpson disaggregations of 2×2 tables. *Biometrika*, 71:187–190, 1984.

索 引

英 字

Bell の不等式 (Bell's inequality) 286
Berkson のパラドックス (Berkson's paradox) 18, 22

do 計算（法）(do calculus) 189
　——の定理 89

ERR → 超過割合

G 識別可能 (G-identification) 131, 132
G–推定値 (G-estimation) 107

IC* アルゴリズム 55
IC アルゴリズム (inductive causation) 52
INUS 条件 (INUS condition) 326, 327, 334, 335
ITT 解析 (Intent to Treat analysis) 273

Laplace のモデル (Laplacian model) 27

MDP → マルコフ決定過程

Newcomb のパラドックス (Newcomb's paradox) 114, 166
noisy OR gate 31

Occam の剃刀 (Occam's razor) 44, 47, 49, 62

PC アルゴリズム (PC algorithm) 53

SEM → 構造方程式モデル
Simpson のパラドックス (Simpson's paradox) 136, 147, 184
　——と確率性原理 191
　——の非統計的な特性 187, 188
　——の例 367
　——の歴史 186, 187

TETRAD II プログラム (TETRAD II program) 43, 66

v 字合流 (v-structure) 20, 52, 53, 154, 259

あ 行

言い逃れの効果 (explain away effect) 18
一意性 (uniqueness) 243
一致性 (consistency) 48, 241
　——規則 104
一般的外生性 (general exogeneity) 176
イメージング (imaging) 118, 254
因果決定理論 (causal decision theory) 114
因果効果 (causal effect) 74
　——の記号論に基づく導出法 90–93
　——の識別可能性 81
　——の推定法 287–292
　——の存在範囲 274–287
　反事実論による—— 244–246
因果構造 (causal structure) 22, 46–52, 61, 63, 66, 261, 283, 312
因果ダイアグラム (causal diagram) 30, 215
　——対パスダイアグラム 71
因果的仮定 (causal assumption) 30, 40, 69, 72, 99, 103, 104, 146, 179, 190
　——の定義 39
因果的関連性 (causal relevance) 262
　——の原理 246–249
因果的効力 (causal power) 304, 312
因果的世界 (causal world) 218, 322
　——の定義 24
因果的選択肢 (causal beam) 330–332
因果的無関連性 (causal irrelevance) 247
因果パラメータ (causal parameter) 39, 40, 233
因果分岐経路 (causal fork) 17
因果ベイジアン・ネットワーク (causal Bayesian network) 22–27
因果マルコフ条件 (causal Markov condition) 30, 31
因果モデル (causal model) 50, 63–66, 98, 149, 213
　——と単調性 303
　——の定義 46, 215
　確率的—— 217
　関数—— 26–32, 35, 37
　構造的—— 28, 217
　セミマルコフ的な—— 30, 73
　マルコフ的な—— 31, 73

因果理論 (causal theory)　218
因果連鎖経路 (causal chain)　17
因数分解 (factorization)
　切断——　24
　マルコフ的——　16

後向き (retrospective)　7, 8

影響ダイアグラム (influence diagram)　117

オッズ (odds)　7, 8, 40, 204
親 (parent)　27, 215
　グラフにおける——　13
　マルコフ的——　14
親マルコフ条件 (parental Markov condition)　19, 30, 31

か行

回帰係数 (regression coefficient)　10
外生性 (exogeneity)　40, 102, 144, 193, 285, 286, 312, 315
　——の定義　175, 301
　——の反事実的定義とグラフ的定義　258–261
　一般的——　176
　誤差に基づく——　178, 259
外生変数 (exogenous variable)　215, 229
介入 (intervention)　23, 30
　——の計算　89–94
　関数モデルにおける——　32
　原子的——　74
　変数としての——　74–76, 117
可逆性 (reversibility)　242
確実性原則 (sure-thing principle)　191
確率 (probability)
　条件付き——　3–5
　周辺——　3, 36, 76, 177
確率空間 (probability space)　6
確率計算の基本原理 (axiom of probability calculus)　3
確率的因果関係 (probabilistic causality)　65, 71
確率的因果モデル (probabilistic causal model)　217
確率的政策 (stochastic policy)　32, 113, 120
確率パラメータ (probabilistic parameter)　38
確率変数 (random variable)　8
確率モデル (probabilistic model)　6
確率論 (probability theory)　2–6
　——のベイズ的解釈　2
過剰決定 (overdetermination)　325, 326, 328, 341
仮説形成 (abduction)　20, 218–220
カットセット・コンディショニング法 (cut-set conditioning)　21
可能化の確率 (probability of enablement)　299, 303
観察的同値性 (observational equivalence)　19, 20, 56
関数因果モデル (functional causal model)　26–32, 35, 37
関数方程式 (functional equation)　26
関数モデル (functional model)　26–32
　——と反事実　33
　——における介入　32
　ノンパラメトリック——　71, 73, 99, 163–165
間接効果 (indirect effect)　139, 173
間接実験 (indirect experiment)　271, 273, 274, 292
完全 (complete)　13
完全性 (completeness)　243

擬似相関 (spurious association)　22, 57–60, 350
期待値 (expected value)　9, 102, 171
基底 (basis)　151, 152
ギブス・サンプリング (Gibbs sampling)　21, 287, 288, 291
強外生性 (strong exogeneity)　40, 174, 301
共通原因原則 (common-cause principle)　202
共分散 (covariance)　9
共変量 (covariate)
　——の選択問題　147, 367
　——の調整　82, 147, 367
極小性原則 (minimality)　47, 48, 51, 64
寄与原因 (contributory cause)　332–334, 338
許容列 (admissible sequence)　131–133

グラフ (graph)
　介入モデルとしての——　72–74
　完全な——　13
　巡回——　12, 100
　切断——　23
　有向——　12
グラフォイド (graphoid)　10, 11, 247, 249

傾向スコア (propensity score)　100
原因の確率 (probability of causation)
　——と必要性の確率 (PN)　297
　——と十分性の確率 (PS)　298
　——の存在範囲　301
　——の定義　297
健全性 (soundness)　242

子 (child)　12
交換可能性 (exchangeability)　186, 190
　——と交絡　207–210
　De Finetti の——　189
交差性 (intersection)　11, 12, 207, 248
構成性 (composition)　241
構造的因果モデル (structural causal model)　28
構造的で定常的な非交絡 (structurally stable no-confounding)　202
構造的反事実 (structural counterfactual)

——の原理 240–244
構造の優位性 (structure preference) 48
構造方程式 (structural equation) 27–30, 143–174
　——における介入の説明 165–167
　——における誤差項 102, 171
　——の操作性定義 169, 170
　——のノンパラメトリック・モデル 73, 163–167
　——の不変性 169
　経済学における—— 27, 28, 101, 143–146, 227–229
　非線形—— 29
構造方程式モデル (structural equation model, SEM) 142
構造モデル (structural model) 28, 214
工程管理 (process control) 78–80
行動 (action) 37, 218
　——と決定理論 116–118
　——と反事実 118, 119, 216, 223
　——の局所性 236
　——の効果 216
　条件付き—— 119, 120
交絡因子 (confounder, confounding bias) 12
　——と交換可能性 207
　——と併合可能性 204
　——の制御 82
交絡しない (no-confounding) 194, 195
合流 (collider) 17, 18, 91, 94, 226
合流経路 (inverted fork) 17, 18
誤差項 (error term) 27
　——と外生性 178, 259
　——と操作変数 259
　神秘的な—— 170, 171, 178
根元事象 (elementary event) 6, 8

===== さ 行 =====

最狭存在範囲 (tightest bound) 280, 281, 301, 302
産出性 (production) 328, 329, 341

時間的先入観 (temporal bias) 61
識別可能性 (identifiability, identification) 81
　グラフによる—— 94–99, 118–134
　計画の—— 118–134
　直接効果と—— 134–138
識別可能モデル (identifying model) 96–98
識別不能モデル (nonidentifying model) 98
事後オッズ (posterior odds) 7
事後確率 (posterior probability) 5, 224, 225
事実上の原因 (cause in factactual cause) 321, 340
事象 (event) 9
事前オッズ (prior odds) 7
事前確率 (prior probability) 5, 66, 77, 101, 232, 257, 287
自然な選択肢 (natural beam) 331–334, 336, 338, 339
自然な存在範囲 (natural bound) 280, 281
持続性 (sustenance) 34, 223, 266, 321, 328–330, 340, 341
子孫 (descendant) 12
実際の原因 (actual causation) 297, 304, 319, 321–343
　——と過剰決定 325, 333
　——と産生性 328, 341
　——と持続性 329–333
　——と取り替え 323–325, 335–340
　——の確率 333
実数値確率変数 (real random variable) 9
射影 (projection) 54, 55, 331, 332, 334, 336
弱外生性 (weak exogeneity) 174, 176, 177
弱結合性 (weak union) 11, 12
従属性 (dependence) 328, 329, 334
従属変数 (dependent variable) 28, 29, 76, 261
十分性の確率 (probability of sufficiency) 298, 319, 323
十分な原因 (suffcient cause) 295–297, 300, 307, 319, 327
周辺確率 (marginal probability) 3, 36, 76, 177
周辺独立 (marginal independence) 11, 26, 50, 275
縮約性 (contraction) 11, 12, 206
準従属性 (quasi-dependence) 326, 333
順序つきマルコフ条件 (ordered Markov condition) 19
準同型 (homomorphy)
　イメージングにおける—— 255
ジョイン・ツリー・プロパゲーション法 (join tree propagation) 21
条件付き確率 (conditional probability) 3–5
条件付き共分散 (conditional covariance) 10
条件付き相関係数 (partial correlation coefficient) 10, 149
条件付き独立 (conditional independence) 3, 10
　——の性質 11
　——の定義 10
　——の定常 31
　——の判断 22, 31
条件付き分散 (conditional variance) 10
条件付き平均 (conditional mean) 9
証拠に基づく決定理論 (evidential decision theory) 114
冗長性 (redundancy) 163, 317
自律性 (autonomy) 23, 24, 28, 66, 262, 330, 358
シンク (sink) 13
シングルドア基準 (single-door criterion) 159
診断的 (diagnostic) 7

推測された因果関係 (inferred causation) 47–50, 62
　——のアルゴリズム 54
スケルトン (skelton) 12

整合性 (compatibility)
　マルコフ—　16, 21
世界 (world)　218
切断 (disconnect)　12
切断因数分解 (truncated factorization)　24, 25, 32, 275
セミマルコフ・モデル (semi-Markovian model)　30, 80, 150, 173, 307
全確率の公式 (law of total probability)　3
線形構造方程式モデル (linear structural equation model)　27, 31, 84, 152, 199
潜在構造 (latent structure)　48, 49, 52
潜在的原因 (potential cause)　57–59, 61, 312, 340
潜在反応 (potential outcome, potential response)　102, 106, 142, 216
　—の構造的説明　103
　—の射影　54
　—の定義　216
　—の統計的妥当性　101
　—の復元　54–57
先祖 (ancestor)　12
選択バイアス (selection bias)　18, 64, 172, 287

相関係数 (correlation coefficient)　10, 149
　条件付き—　10, 149
総合効果 (total effect)　134, 142, 159–162, 167, 173
操作グラフ (manipulated graph)
　—の定義　259–261
操作不等式 (instrumental inequality)　286, 287
操作変数 (instrumental variable)　94, 95, 161, 163, 177, 285, 286
　—の定義　259–261
相対差 (relative difference)　304
存在性 (existence)　243
存在範囲 (bound)　289–293, 301, 302
　因果効果の—　274–287
存在論的 (ontological)　25, 26

════════════ た 行 ════════════

対称性 (symmetry)　11
タイプレベル (type-level)　322, 323
単調性 (monotonicity)　38, 303–306, 311, 313, 315–317

逐次性 (recursiveness)　243
逐次的完全性 (recursive completeness)　243
超外生性 (superexogeneity)　174, 176
超過割合 (excess risk ratio, ERR)　315
　—と寄与　303
　—の修正　305
頂点 (vertex)　12
直接原因による調整 (adjustment for direct causes)　77

直接効果 (direct effect)　107, 113, 134–138, 147, 159, 162, 172, 184, 249, 275, 287
　—の定義　135, 173
　識別可能な—　136, 159
　平均的—　138, 139

ツイン・ネットワーク (twin network)　225–227
強い意味での無視可能性 (strong ignorability)　301
ツリー (tree)　13

定常 (stable)　31
定常性 (stability)　50, 65
　—と因果関係　25
定常性原則 (stability)　50, 51
定常的非交絡 (stable no-confounding)　203
定常的不偏性 (stable unbiasness)　194, 200, 202
点 (point)　6

統計的仮定 (statistical assumption)　39, 146
統計的時間 (statistical time)　61
統計パラメータ (statistical parameter)　38–40, 165, 177, 287
同時分布関数 (joint distribution function)　6, 13
同値モデル (equivalent model)
　—の重要性　156–158
　—の生成　154–156
独立（性）(independence)　3
　条件付き—　3, 10, 11, 22, 31
独立規定 (independence restriction)　105, 244
トークンレベル (token-level)　322, 323
取り替え (preemption)　324, 326, 335, 341

════════════ な 行 ════════════

認識論的 (epistemic)　25, 172

ノード (node)　12
ノンコンプライアンス (noncompliance, imperfect compliance)　273, 274, 292

════════════ は 行 ════════════

配偶者 (spouse)　12
排除規定 (exclusion restriction)　105, 244
配列 (configulation)　6
パス係数 (path coefficient)　159
パターン (pattern)　52
　マーク付き—　55
バックドア基準 (back door criterion)　83–86, 87, 92, 104, 120, 121, 127, 164, 178, 189, 195, 301, 307
　—とパラメータの識別可能条件　159–161
反事実 (counterfactual)　27, 30, 33
　—的な従属　324

—と Hume　250
　—と行動　118
　—と非決定論　232
　—とベイジアン・ネットワークの不十分性　35
　—と法的責任　283–285, 313–315
　—の確率　33, 217, 224, 238
　—のグラフ表現　226
　—の経験的意味　34, 229–232
　—の原理　240–244, 252
　—の説明　233
　—の定義　216
　—の独立関係　104, 108, 226
　関数モデルにおける—　33–38

非交絡 (no-confounding)　183, 184, 195, 198, 208, 304
非巡回的 (acyclic)　12
非巡回的有向グラフ (directed acyclic graph, DAG)　12
　—の観察的同値性　19, 154
必要十分な原因 (necessary and suffcient cause)　295, 307, 308
必要性の確率 (probability of necessity)　297, 303, 319, 323
必要な原因 (necessary cause)　295–298, 300, 307, 319, 323, 337
病的割合 (etiological fraction)　296
標本空間 (sample space)　6, 8

部分的効果 (partial effect)　160
部分モデル (submodel)　215, 264, 310
　—の定義　215
ブロック (block)　17
フロントドア基準 (front door criterion)　85–88, 92, 120, 121, 131, 307
分解性 (decomposition)　11, 12, 244
分割 (partition)　3, 8
分散 (variance)　9

平均 (mean)　9
平均的直接効果 (average direct effect)　138
併合可能性 (collapsibility)　40, 183, 184, 204, 206
　—の定義　204
ベイジアン・ネットワーク (Bayesian network)　13–16, 19–22, 31, 33, 35, 73, 108, 226, 288
　—による推論　20
　—の例　15
　因果—　22–27
ベイズ推論 (Bayesian inference)　2, 5, 287
ベイズの規則 (celebrated inversion formula, Bayes' rule)　5, 7, 20, 66
辺 (edge)　12
変数 (variable)　3, 8
　外生—　215, 229

確率—　8
制御—　63
潜在—　47
操作—　94, 161, 163, 177, 259–261, 285

本質的な原因 (genuine cause)　57–59, 61, 62

━━━━━ ま 行 ━━━━━

前向き (prospective)　7
マーク付きパターン (marked pattern)　55
マルコフ決定過程 (Markov decision process, MDP)　79
マルコフ条件 (Markov condition)
　因果—　30, 31
　親—　19, 30, 31
　順序付き—　19
マルコフ・チェーン (Markov chain)　61
マルコフ・ネットワーク (Markov network)　13, 53
マルコフ・モデル (Markovian model)　30, 31, 33, 64, 72, 73, 141, 149–151, 154, 307, 317, 318
マルコフ因果モデル (Markov causal model)　30
マルコフ整合性 (Markov compatibility)　16, 21
マルコフ的親 (Markovian parent)　14

道 (path)　12
　ブロックされた—　16
　有向—　12

無意味な代替変数 (barren proxies)　197, 210
無行動 (null action)　241
無視可能性 (ignorability)
　—とバックドア基準　84, 104
無能化の確率 (probability of disablement)　298, 303

メッセージ・パッシング・アーキテクチャー (message passing architecture)　21

モデルの同値性 (model equivalence)　153–158

━━━━━ や 行 ━━━━━

有向グラフ (directed graph)　12
有効性 (effectiveness)　241
有向道 (directed path)　12
有向分離 (d-separation)　16
　—と巡回グラフ　100
　—と条件付き独立性　18
　—の確率論的意味　18
　—の定義　16
尤度比 (likelihood ratio)　7, 204, 233
弓パターン (bow pattern)　94, 95

予測 (prediction)　30, 37, 218
予測的 (predictive)　7, 231

ら行

ランダム化 (randomization)　40, 66, 70, 93, 94, 176, 192, 193, 260, 271, 272, 285, 300, 314, 354, 361, 369
ランダム化臨床試験 (randomized trial)　33, 35, 104, 271, 272, 274
ランダム割り付け (random assignment)　93, 104, 271, 272, 280

リスク差 (risk difference)　204, 303
理論 (theory)　218
リンク (link)　12
隣接 (adjacent)　12

ルート (root)　13, 15, 25, 28, 54, 61, 85, 232

連結 (connect)　12
連鎖経路 (chain)　13, 17, 21, 53, 59, 60, 226
連鎖公式 (chain rule)　5, 14, 15

訳者紹介

黒木 学 〈くろき まなぶ〉

2001 年 東京工業大学大学院社会理工学研究科経営工学専攻博士後期課程修了．同年，東京工業大学大学院社会理工学研究科経営工学専攻・助手．
2003 年 大阪大学大学院基礎工学研究科システム創成専攻・助教授．2011 年より現職．この間，UCLA コンピュータサイエンス学科および北京大学数学科学学院において在外研究．
現　在 統計数理研究所・准教授（工学博士）
専　攻 統計科学

| 統計的因果推論 | 訳　者 黒木 学　Ⓒ 2009 |

―― モデル・推論・推測

Causality:
Models, Reasoning, and Inference

発行者 南條光章

2009 年 3 月 1 日　初版 1 刷発行
2023 年 5 月 1 日　初版 6 刷発行

発行所 共立出版株式会社
郵便番号 112–0006
東京都文京区小日向 4-6-19
電話 03-3947-2511（代表）
振替口座 00110-2-57035
URL www.kyoritsu-pub.co.jp

印　刷 藤原印刷
製　本 ブロケード

一般社団法人
自然科学書協会
会員

検印廃止
NDC 007.13, 350.1
ISBN 978–4–320–01877–8

Printed in Japan

JCOPY ＜出版者著作権管理機構委託出版物＞
本書の無断複製は著作権法上での例外を除き禁じられています．複製される場合は，そのつど事前に，出版者著作権管理機構（ＴＥＬ: 03-5244-5088，ＦＡＸ: 03-5244-5089，e-mail: info@jcopy.or.jp）の許諾を得てください．

◆ **色彩効果の図解と本文の簡潔な解説により数学の諸概念を一目瞭然化！**

ドイツ Deutscher Taschenbuch Verlag 社の『dtv-Atlas事典シリーズ』は，見開き2ページで1つのテーマが完結するように構成されている。右ページに本文の簡潔で分り易い解説を記載し，かつ左ページにそのテーマの中心的な話題を図像化して表現し，本文と図解の相乗効果で理解をより深められるように工夫されている。これは，他の類書には見られない『dtv-Atlas 事典シリーズ』に共通する最大の特徴と言える。本書は，このシリーズの『dtv-Atlas Mathematik』と『dtv-Atlas Schulmathematik』の日本語翻訳版。

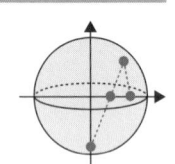

カラー図解 数学事典

Fritz Reinhardt・Heinrich Soeder [著]
Gerd Falk [図作]
浪川幸彦・成木勇夫・長岡昇勇・林　芳樹 [訳]

数学の最も重要な分野の諸概念を網羅的に収録し，その概観を分り易く提供。数学を理解するためには，繰り返し熟考し，計算し，図を書く必要があるが，本書のカラー図解ページはその助けとなる。

【主要目次】　まえがき／記号の索引／序章／数理論理学／集合論／関係と構造／数系の構成／代数学／数論／幾何学／解析幾何学／位相空間論／代数的位相幾何学／グラフ理論／実解析学の基礎／微分法／積分法／関数解析学／微分方程式論／微分幾何学／複素関数論／組合せ論／確率論と統計学／線形計画法／参考文献／索引／著者紹介／訳者あとがき／訳者紹介

■菊判・ソフト上製本・508頁・定価6,050円（税込）■

カラー図解 学校数学事典

Fritz Reinhardt [著]
Carsten Reinhardt・Ingo Reinhardt [図作]
長岡昇勇・長岡由美子 [訳]

『カラー図解 数学事典』の姉妹編として，日本の中学・高校・大学初年級に相当するドイツ・ギムナジウム第5学年から13学年で学ぶ学校数学の基礎概念を1冊に編纂。定義は青で印刷し，定理や重要な結果は緑色で網掛けし，幾何学では彩色がより効果を上げている。

【主要目次】　まえがき／記号一覧／図表頁凡例／短縮形一覧／学校数学の単元分野／集合論の表現／数集合／方程式と不等式／対応と関数／極限値概念／微分計算と積分計算／平面幾何学／空間幾何学／解析幾何学とベクトル計算／推測統計学／論理学／公式集／参考文献／索引／著者紹介／訳者あとがき／訳者紹介

■菊判・ソフト上製本・296頁・定価4,400円（税込）■

www.kyoritsu-pub.co.jp　　共立出版　（価格は変更される場合がございます）

https://www.facebook.com/kyoritsu.pub